컴퓨터응용
선반·밀링 기능사
필기 총정리

하종국 편저

🌀 일진사

머리말

날로 치열해져가는 생산 현장에서 국제 경쟁력을 갖추기 위해서는 생산 제품의 정밀성과 생산 원가의 절감에 따르는 생산성 향상이 필수적이다. 이를 위해 기존의 범용 공작기계가 CNC 공작기계로 급속하게 바뀌어가고 있으며, CNC 공작기계를 이용한 각종 제품의 생산이 증대되고 있는 상황이다. 이에 따라 컴퓨터응용 가공 분야의 기능 인력 수요는 앞으로도 지속적으로 증가할 전망이다.

이러한 흐름에 맞추어 이 책은 컴퓨터응용 선반 · 밀링기능사 필기시험을 준비하는 수험생들의 실력 배양 및 합격에 도움이 되고자 다음과 같은 부분에 중점을 두어 구성하였다.

첫째, 새로운 출제 기준에 따라 반드시 알아야 하는 핵심 이론을 과목별로 이해하기 쉽도록 일목요연하게 정리하였다.

둘째, 지금까지 출제된 과년도 문제를 면밀히 검토하여 적중률 높은 예상문제를 수록하였으며, 각 문제마다 상세한 해설을 곁들여 이해를 도왔다.

셋째, 부록에는 최근에 시행된 기출문제를 철저히 분석하여 실제 시험과 유사한 실전 모의고사를 수록하여 줌으로써 출제 경향을 파악할 수 있도록 하였다.

끝으로 이 책으로 컴퓨터응용 선반 · 밀링기능사 필기시험을 준비하는 수험생 여러분께 합격의 영광이 함께 하길 바라며, 이 책이 나오기까지 여러모로 도와주신 모든 분들과 도서출판 **일진사** 직원 여러분께 깊은 감사를 드린다.

저자 씀

컴퓨터응용선반기능사 출제기준(필기)

직무 분야	기계	중직무 분야	기계제작	자격 종목	컴퓨터응용선반기능사	적용 기간	2022. 1. 1.~2026. 12. 31.

○ 직무내용 : 부품을 가공하기 위하여 가공 도면을 해독하고 작업계획을 수립하며 적합한 공구를 선택하여 내·외경, 홈, 테이퍼, 나사 등을 선반과 CNC 선반을 운용하여 가공하고, 공작물의 측정 및 수정작업 등을 하는 직무 수행

필기 검정방법	객관식	문제수	60	시험시간	1시간

필기 과목명	문제수	주요항목	세부항목
도면 해독, 측정 및 선반 가공	60	1. 기계제도	(1) 도면 파악　　(2) 제도 통칙 등 (3) 기계요소　　(4) 도면 해독
		2. 측정	(1) 작업계획 파악 (2) 측정기 선정 (3) 기본 측정기 사용 (4) 측정 개요 및 기타 측정 등
		3. 선반 가공	(1) 선반의 개요 및 구조 (2) 선반용 절삭 공구, 부속품 및 부속장치 (3) 선반 가공
		4. CNC 선반	(1) CNC 선반 조작 준비 (2) CNC 선반 조작 (3) CNC 선반 가공 프로그램 준비 (4) CNC 선반 가공 프로그램 작성 (5) CNC 선반 프로그램 확인
		5. 기타 기계 가공	(1) 공작기계 일반 (2) 연삭기 (3) 기타 기계 가공 (4) 정밀 입자 가공 및 특수 가공 (5) 손다듬질 가공 (6) 기계 재료
		6. 안전 규정 준수	(1) 안전 수칙 확인 (2) 안전 수칙 준수 (3) 공구·장비 정리 (4) 작업장 정리 (5) 장비 일상 점검 (6) 작업일지 작성

컴퓨터응용밀링기능사 출제기준(필기)

직무 분야	기계	중직무 분야	기계제작	자격 종목	컴퓨터응용밀링기능사	적용 기간	2022.1.1.~2026.12.31.

○ 직무내용 : 부품을 가공하기 위하여 가공 도면을 해독하고 작업계획을 수립하며 적합한 공구를 선택하여 평면, 윤곽, 홈, 구멍 등을 밀링과 머시닝센터를 운용하여 가공하고, 공작물의 측정 및 수정작업 등을 하는 직무 수행

필기 검정방법	객관식	문제수	60	시험시간	1시간

필기 과목명	문제수	주요항목	세부항목
도면 해독, 측정 및 밀링 가공	60	1. 기계 제도	(1) 도면 파악　　(2) 제도 통칙 등 (3) 기계요소　　(4) 도면 해독
		2. 측정	(1) 작업계획 파악 (2) 측정기 선정 (3) 기본 측정기 사용 (4) 측정 개요 및 기타 측정 등
		3. 밀링 가공	(1) 밀링의 종류 및 부속품 (2) 밀링 절삭 공구 및 절삭 이론 (3) 밀링 절삭 가공
		4. CNC 밀링 (머시닝센터)	(1) CNC 밀링(머시닝센터) 조작 준비 (2) CNC 밀링(머시닝센터) 조작 (3) CNC 밀링(머시닝센터) 가공 프로그램 작성 준비 (4) CNC 밀링(머시닝센터) 가공 프로그램 작성 (5) CNC 밀링(머시닝센터) 가공 프로그램 확인 (6) CNC 밀링(머시닝센터) 가공 CAM 프로그램 작성 　　준비 (7) CNC 밀링(머시닝센터) 가공 CAM 프로그램 작성 (8) CNC 밀링(머시닝센터) 가공 CAM 프로그램 확인
		5. 기타 기계 가공	(1) 공작기계 일반 (2) 연삭기 (3) 기타 기계 가공 (4) 정밀 입자 가공 및 특수 가공 (5) 손다듬질 가공 (6) 기계 재료
		6. 안전 규정 준수	(1) 안전 수칙 확인 (2) 안전 수칙 준수 (3) 공구 · 장비 정리 (4) 작업장 정리 (5) 장비 일상 점검 (6) 작업일지 작성

차 례

제3장 ○ 선반 가공

제4장 ○ CNC 선반

제5장 ○ 밀링 가공

제6장 ○ CNC 밀링(머시닝센터)

제7장 ○ 기타 기계 가공

제8장 ○ 안전 규정 준수

부록 o 실전 모의고사

제 **1** 장

기계 제도

제1장 기계 제도

1. 도면 파악

1-1 KS, ISO 표준

(1) KS

한국산업표준(KS : Korean Industrial Standards)은 대한민국의 산업 전 분야의 제품 및 시험, 제작 방법 등에 대하여 규정하는 국가 표준이다. 다음 [표]는 KS의 분류 기호를 표시한 것이다.

KS의 분류

기호	부문	기호	부문	기호	부문
KS A	기본(통칙)	KS H	식품	KS R	수송기계
B	기계	I	환경	S	서비스
C	전기전자	K	섬유	T	물류
D	금속	L	요업	V	조선
E	광산	M	화학	W	항공우주
F	건설	P	의료	X	정보

(2) ISO

국제표준화기구(ISO : International Organization for Standardization)는 표준화를 위한 국제 위원회이며, 각종 분야의 제품/서비스의 국제적 교류를 용이하게 하고, 상호 협력을 증진시키는 것을 목적으로 하고 있다.

(3) 각국의 표준 규격

① **영국 규격 :** BS(British Standards)

② **독일 공업 규격 :** DIN(Deutsche Industrie Normen)

③ **미국 국가 표준 :** ANSI(American National Standard Industrial)

④ **스위스 규격** : SNV(Schweitzerish Normen−Vereinigung)

⑤ **프랑스 규격** : NF(Norme Francaise)

⑥ **일본 공업 규격** : JIS(Japanese Industrial Standards)

예상문제

1. 다음 중 KS 규격 중 기계 부문에 해당하는 것은?

① KS D   ② KS C

③ KS B   ④ KS A

해설 (1) KS A : 기본 사항
(2) KS B : 기계 부문
(3) KS C : 전기 부문
(4) KS D : 금속 부문

2. 다음 중 KS의 부문별 분류 기호로 맞지 않은 것은?

① KS C : 전기   ② KS X : 정보

③ KS D : 금속   ④ KS A : 기계

3. 각국의 표준 규격에 관한 것 중 틀린 것은 어느 것인가?

① ISO : 국제 표준 규격

② DIN : 독일 규격

③ GB : 영국 규격

④ JIS : 일본 규격

해설 영국 규격은 BS이다.

정답 1. ③   2. ④   3. ③

1-2 공작물 재질

(1) 재료 기호의 표시

① **제1위 문자** : 재질을 나타내는 기호이며, 영어 또는 로마자의 머리문자 또는 원소 기호를 표시한다.

② **제2위 문자** : 규격명과 제품명을 표시하는 기호로서 판, 봉, 관, 선, 주조품 등 제품의 형상별 종류와 용도 등을 표시한다.

③ **제3위 문자** : 금속종별의 기호로서 최저 인장 강도 또는 재질 종류 기호를 숫자 다음에 기입한다.

④ **제4위 문자** : 제조법을 표시한다.

⑤ **제5위 문자** : 제품 형상 기호를 표시한다.

(2) 재료 기호의 보기

기호	첫째 자리	둘째 자리	셋째 자리
SS400(일반 구조용 압연 강재)	S(강)	S(일반 구조용 압연재)	400(최저 인장 강도)
SM45C(기계 구조용 탄소 강재)	S(강)	M(기계 구조용)	45C(탄소 함유량 중간값의 100배)
SF340A(탄소강 단강품)	S(강)	F(단조품)	340A(최저 인장 강도)
PW 1(피아노 선)	없음	PW(피아노 선)	1(1종)
SC410(탄소강 주강품)	S(강)	C(주조품)	410(최저 인장 강도)

예상문제

1. 재료의 기호는 3부분을 조합 기호로 하고 있다. 제1부분(첫째 자리)이 나타내는 것은 어느 것인가?

① 최저 인장 강도
② 재질
③ 규격 또는 제품명
④ 재료의 종별

해설 재료 기호에서 제1부분은 재질, 제2부분은 규격 또는 제품명, 제3부분은 재료의 종별 또는 최저 인장 강도를 표시한다.

2. 다음 중 백심 가단 주철의 기호는 어느 것인가?

① GC
② GCD
③ WMC
④ BMC

해설 • GC : 회주철
• GCD : 구상 흑연 주철
• BMC : 흑심 가단 주철

3. 다음 중 합금 공구강은 어느 것인가?

① STS
② SKH
③ STC
④ SNC

해설 • SKH : 고속도강
• STC : 탄소 공구강
• SNC : 니켈 크롬강

4. 다음 중 SM 55C를 설명한 것으로서 옳지 않은 것은?

① SM은 기계 구조용 탄소강을 뜻한다.
② 55는 인장 강도를 뜻한다.
③ C는 탄소를 뜻한다.
④ S는 강을 뜻한다.

해설 55는 탄소 함유량으로 C 0.52~0.58%를 의미한다.

5. 다음 중 기계 구조용 탄소강의 기호는?

① SM
② STC
③ STS
④ SF

해설 • STC : 탄소 공구강
• STS : 합금 공구강

정답 1. ② 2. ③ 3. ① 4. ② 5. ①

• SF : 탄소강 단강품

6. 재료 기호가 "GC 200"으로 표시된 경우 재료명은?

① 탄소 공구강
② 탄소강 단강품
③ 회주철
④ 알루미늄 합금

해설 회주철 기호는 GC이고, 200의 의미는 최소 인장강도이다.

7. 아래는 KS 제도 통칙에 따른 재료 기호이다. 보기의 기호에 대한 설명 중 옳은 것을 모두 고르면?

KS D 3752 SM 45C

| 보기 |

ㄱ. KS D는 KS 분류 기호 중 금속 부문에 대한 설명이다.
ㄴ. S는 재질을 나타내는 기호로 강을 의미한다.
ㄷ. M은 기계 구조용을 의미한다.
ㄹ. 45C는 재료의 최저 인장 강도가 45 kgf/mm^{2}를 의미한다.

① ㄱ, ㄴ   ② ㄱ, ㄹ
③ ㄱ, ㄴ, ㄷ   ④ ㄴ, ㄷ, ㄹ

해설 45C는 탄소 함유량 중간값의 100배로 C 0.42~0.48%를 의미한다.

8. 다음 중 일반 구조용 압연 강재에 속하는 재료 기호는?

① SM 35C
② SM 275C
③ SS 400
④ STKM 13C

해설 SS 400에서 400의 의미는 최저 인장 강도이다.
• SM 35C : 기계 구조용 탄소 강재
• SM 400C : 용접 구조용 압연 강재
• STKM 13C : 기계 구조용 탄소 강관

9. 재료 기호가 "GCD 350-22"으로 표시된 경우 재료 명칭으로 옳은 것은?

① 탄소 공구강
② 고속도강
③ 구상 흑연 주철
④ 회주철

해설 • STC : 탄소공구강
• SKH : 고속도강
• GC : 회주철

정답 6. ③ 7. ③ 8. ③ 9. ③

1-3 도면의 구성요소

(1) 도면의 크기

① 도면의 크기는 사용하는 제도용지의 크기로 나타낸다.
② 제도용지의 크기는 한국 산업 규격에 따라 'A열' 용지의 사용을 원칙으로 한다.
③ **제도용지의 크기** : 세로(폭)와 가로(길이)의 비는 $1 : \sqrt{2}$이며, A0의 크기는 841× 1189이다.

④ 도면은 길이 방향을 좌, 우로 놓고 그리는 것이 바른 위치이다. A4 도면은 세로 방향으로 놓고 그려도 좋다.

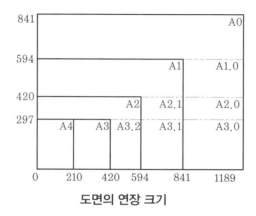

도면의 연장 크기

(2) 도면의 양식(KS B ISO 5457)

도면에서는 윤곽선을 긋고 그 안에 표제란과 부품란을 그려 넣는다.

① **표제란** : 제도영역의 오른쪽 아래 구석에 마련한다. 도면 번호, 도명, 기업(단체)명, 책임자 서명(도장), 도면 작성 년 월 일, 척도 및 투상법 등을 기입한다. 큰 도면을 접을 때는 A4 크기로 접는 것이 좋다. (KS B 0001)

② **경계와 윤곽** : 제도용지 내의 제도 영역을 4개의 변으로 둘러싸는 윤곽은 0.7mm 굵기의 실선으로 그린다. 왼쪽에서는 20mm, 다른 변에서는 10mm의 간격을 띄어 그린다.

③ **중심 마크** : 도면을 다시 만들거나 마이크로필름을 만들 때, 도면의 위치를 잘 잡기 위하여 4개의 중심 마크를 표시한다. 중심 마크는 구역 표시의 경계에서 시작해서 도면의 윤곽을 지나 10mm까지 0.7mm의 굵기의 실선으로 그린다.

④ **구역 표시** : 도면에서 상세, 추가, 수정 등의 위치를 알기 쉽도록 용지를 여러 구역으로 나눈다. 각 구역은 용지의 위쪽에서 아래쪽으로 대문자, 왼쪽에서 오른쪽으로는 숫자로 표시한다. A4 크기의 용지에서는 단지 위쪽과 오른쪽에만 표시한다. 한 구역의 길이는 중심 마크에서 시작해서 50mm이다.

⑤ **재단 마크** : 수동이나 자동으로 용지를 잘라내는 데 편리하도록 재단된 용지의 4변의 경계에 재단 마크를 표시한다. 이 마크는 10×5mm의 두 직사각형이 합쳐진 형태로 표시된다.

⑥ **부품란** : 부품란의 위치는 도면의 오른쪽 윗부분 또는 도면의 오른쪽 아래일 경우에는 표제란 위에 위치하며, 품번, 품명, 재질, 수량, 무게, 공정, 비고란 등을 기입한다.

예상문제

1. 제도용지의 세로(폭)와 가로(길이)의 비는 어느 것인가?

① $1 : \sqrt{2}$

② $\sqrt{2} : 1$

③ $1 : \sqrt{3}$

④ $1 : 2$

해설 제도용지의 세로(폭)와 가로(길이)의 비는 $1 : \sqrt{2}$이다.

2. KS B 0001에 규정된 도면의 크기에 해당하는 A열 사이즈의 호칭에 해당되지 않은 것은?

① A0

② A1

③ A5

④ A4

해설 도면의 크기는 폭과 길이로 나타내는데, 그 비는 $1 : \sqrt{2}$가 되며 A0~A4를 사용한다.

3. 제도 용지에서 A0 용지의 가로길이 : 세로길이의 비와, 그 면적으로 옳은 것은?

① $\sqrt{3} : 1$, 약 $1\,m^2$

② $\sqrt{2} : 1$, 약 $1\,m^2$

③ $\sqrt{3} : 1$, 약 $2\,m^2$

④ $\sqrt{2} : 1$, 약 $2\,m^2$

해설 A0의 크기는 $841\,mm \times 1189\,mm$이며, A0의 면적을 계산하면 $0.841 \times 1.189 ≒ 1\,m^2$이다.

4. 도면에 마련하는 양식 중에서 마이크로필름 등으로 촬영하거나 복사 및 철할 때의 편의를 위하여 마련하는 것은?

① 윤곽선

② 표제란

③ 중심 마크

④ 구역 표시

5. 다음 그림의 도면 양식에 관한 설명 중 틀린 것은?

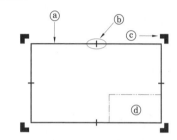

① ⓐ는 0.5mm 이상의 굵은 실선으로 긋고 도면의 윤곽을 나타내는 선이다.

② ⓑ는 0.5mm 이상의 굵은 실선으로 긋고 마이크로필름으로 촬영할 때 편의를 위하여 사용한다.

③ ⓒ는 도면에서 상세, 추가, 수정 등의 위치를 알기 쉽도록 용지를 여러 구역으로 나누는 데 사용된다.

④ ⓓ는 표제란으로 척도, 투상법, 도번, 도명, 설계자 등 도면에 관한 정보를 표시한다.

해설 ⓐ는 윤곽선, ⓑ는 중심 마크, ⓒ는 재단 마크, ⓓ는 표제란이다.

6. 다음 중 부품란에 기입할 사항이 아닌 것은 어느 것인가?

① 품번

② 품명

③ 재질

④ 투상법

1-4 가공 기호

(1) 가공 방법의 기호

가공 방법의 기호는 다음 [표]와 같다.

가공 방법의 기호

가공 방법	기호	가공 방법	기호
선반 가공	L	연삭 가공	G
드릴 가공	D	호닝 가공	GH
보링 머신 가공	B	베벨 연마 가공	SPBR
밀링 가공	M	래핑 다듬질	FL
평삭 가공	P	줄 다듬질	FF
형삭 가공	SH	주조	C
브로치 가공	BR	용접	W
리머 가공	FR	압연	R

예상문제

1. 다음 가공 방법의 약호 중 선반 가공을 나타내는 것은?

① FR ② L
③ B ④ FL

2. 표면거칠기 기호를 기입할 때 가공 방법의 지시 기호가 바르게 연결된 것은?

① D : 밀링 가공 ② S : 선반 가공
③ M : 연삭 가공 ④ B : 보링 가공

3. 아래와 같은 표면의 결 표시 기호에서 가

공 방법은 어느 것인가?

① 밀링 ② 연삭
③ 선삭 ④ 줄 다듬질

4. 가공 방법의 표시 방법 중 M은 어떤 가공 방법인가?

① 선반 가공 ② 밀링 가공
③ 평삭 가공 ④ 주조

정답 1. ② 2. ④ 3. ① 4. ②

해설 •L : 선반 가공
  •P : 평삭 가공
  •C : 주조

5. 보기 도면에서 'FR'은 무슨 가공 방법의 약호인가?

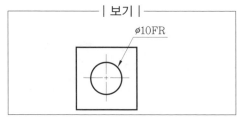

| 보기 |

∅10FR

① 드릴   ② 줄 다듬질
③ 리머   ④ 래핑

해설 •D : 드릴
  •FF : 줄 다듬질
  •FL : 래핑

6. 표면의 결 기호와 함께 사용하는 가공 방법의 약호에서 리머 작업 기호는?

① BR   ② FR
③ SH   ④ FL

해설 •BR : 브로치 가공
  •SH : 형삭반 가공
  •FL : 래핑 다듬질

7. 면의 지시 기호에서 가공 방법의 기호 중 "B"가 나타내는 것은?

① 보링 머신 가공   ② 브로칭 가공
③ 리머 가공   ④ 호닝 가공

해설 •BR : 브로칭 가공
  •FR : 리머 가공
  •GH : 호닝 가공

정답 **5.** ①   **6.** ②   **7.** ①

1-5 체결용 기계요소

(1) 나사의 제도법

① 수나사의 바깥지름과 암나사의 안지름을 나타내는 선은 굵은 실선으로 그린다.
② 수나사와 암나사의 골을 표시하는 선은 가는 실선으로 그린다.
③ 완전 나사부와 불완전 나사부의 경계선은 굵은 실선으로 그린다.
④ 불완전 나사부의 골 밑을 나타내는 선은 축선에 대하여 30°의 가는 실선으로 그린다.
⑤ 암나사 탭 구멍의 드릴 자리는 120°의 굵은 실선으로 그린다.
⑥ 가려서 보이지 않는 나사부의 산봉우리와 골을 나타내는 선은 같은 굵기의 파선으로 한다.
⑦ 수나사와 암나사의 결합 부분은 수나사로 표시한다.
⑧ 수나사와 암나사의 측면 도시에서 각각의 골지름은 가는 실선으로 약 3/4만큼 그린다.
⑨ 단면 시 나사부의 해칭은 수나사는 바깥지름, 암나사는 안지름까지 해칭한다.

(2) 나사의 호칭과 등급

① **나사의 표시 방법** : 나사의 호칭, 나사의 등급, 나사 산의 감김 방향 및 나사산의 줄의 수에 대하여 다음과 같이 구성한다.

나사산의 감김 방향	나사산의 줄의 수	나사의 호칭	나사의 등급

② **나사의 등급과 기호**

나사 종류	미터 나사			유니파이 나사			파이프용 평행 나사
수나사	4h	6g	8g	3A	2A	1A	A
암나사	5H	6H	7H	3B	2B	1B	B

(3) 키(key)의 제도법

① **키의 호칭법** : 표준 치수로 만들어지므로 부품도에 도시하지 않고 부품표의 품명란에 그 호칭만 적는다. 그러나 표준 이외의 것은 도시하고 치수를 적는다. 키는 긴 쪽으로 절단하여 도시하지 않는다. 품명란에 기입하여 표시할 때에는 다음과 같이 표기한다.

규격 번호 또는 명칭	호칭 치수	×	길이	끝 모양의 특별지정	재료
KS B 1313 또는 미끄럼 키	11×8	×	50	양끝 둥금	SM 45C
평행 키	25×14	×	90	양끝 모짐	SM 40C

② **키의 호칭 치수** : 키의 호칭 치수는 폭×높이로 표시하며 KS 규격에서 키의 호칭 치수를 선택할 때는 적용하는 축의 지름을 기준으로 한다.

(4) 핀의 제도법

둥근 핀(round pin)의 단면은 원형이며 테이퍼 핀(tapered pin)과 평행 핀(dowel pin)이 있다. 테이퍼 핀은 대개 $\frac{1}{50}$의 테이퍼를 가진다. 끝 부분이 갈라진 것은 슬롯 테이퍼 핀이라고 한다. 테이퍼 핀의 호칭 지름은 작은 쪽 지름이다.

분할 핀(split pin)은 핀을 박은 후 끝을 벌려 주어 풀림을 방지하기 위해 사용한다.

① **평행 핀의 호칭법**

평행 핀 또는 KS B 1320	–	호칭 지름	공차	×	호칭 길이	–	재질

② **테이퍼 핀의 호칭법**

규격 번호 또는 명칭	등급	호칭 지름 × 길이	재료

예상문제

1. 다음 중 유니파이 가는 나사를 표시하는 것은?

① UNC   ② UNF
③ UNS   ④ UNA

해설 UNC는 Unified National Coarse thread의 약자로서 유니파이 거친 또는 보통 나사를, UNF는 Unified National Fine thread의 약자로서 유니파이 가는 나사를, UNS는 Unified National Special thread 의 약자로서 유니파이 특수 나사를 나타낸다.

2. 다음 사다리꼴 나사를 설명한 것 중 옳은 것은?

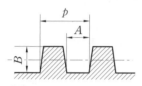

① A는 1/2, B는 p
② A는 $p/2$, B는 $p/2$
③ A는 p, B는 $p/2$
④ A는 $2p/3$, B는 $p/2$

해설 애크미 나사(사다리꼴 나사)는 TW(인치계)와 TM(미터계)이 있으며, 나사산 각도는 TW는 29°, TM은 30°이다.

3. 볼트(bolt), 너트(nut)를 다듬질 정도에 따라 나누면 몇 등급인가?

① 2등급   ② 3등급
③ 4등급   ④ 5등급

해설 볼트와 너트는 다듬질 정도에 따라 상·중·보통 3등급으로 나눈다.

4. M10-2/1과 같은 나사의 표시가 있다. 다

음 중 틀린 것은?

① M-미터 나사
② 10-호칭 지름
③ 암나사 1급, 수나사 2급
④ 수나사 1급, 암나사 2급

해설 나사의 등급 표시에서 분모에 수나사의 급수를, 분자에 암나사의 급수를 표시한다.

5. 나사의 호칭 지름이 같을 때 미터 보통 나사와 관용 평행 나사의 유효 지름은 어느 쪽이 더 큰가?

① 미터 보통 나사   ② 관용 평행 나사
③ 둘 다 같다.   ④ 경우에 따라 다르다.

해설 호칭 지름이 같을 경우 관용 평행 나사가 미터 보통 나사보다 산이 적으므로 유효 지름 $(d = \dfrac{d_1 + d_2}{2})$은 관용 평행 나사가 크다.

6. 키의 기울기는 얼마인가 ?

① 1/20   ② 1/25
③ 1/50   ④ 1/100

해설 코터의 기울기는 1/20, 키의 기울기는 1/100이고, 핀의 기울기는 1/50이다.

7. 핀에서 명칭, 등급, $d \times l$, 재료를 호칭으로 나타내는 핀은 무엇인가?

① 평행 핀   ② 분할 핀
③ 테이퍼 핀   ④ 슬롯 테이퍼 핀

해설 (1) 평행 핀의 호칭 : 명칭, 종류, 형식 $d \times l$, 재료
(2) 분할 핀, 슬롯 테이퍼 핀의 호칭 : 명칭, $d \times l$, 재료

정답 1. ②   2. ②   3. ②   4. ③   5. ②   6. ④   7. ③

8. KS 나사 표시법에서 "왼 2줄 M20×1.5-6H"로 표시된 경우 "1.5"는 나사의 무엇을 나타낸 것인가?

① 피치
② 1인치당 나사 산수
③ 등급
④ 산의 높이

> **해설** • M20 : 미터계 가는 나사
> • 1.5 : 나사의 피치
> • 6H : 나사의 등급

9. 아래 도시된 내용은 리벳 작업을 위한 도면 내용이다. 바르게 설명한 것은?

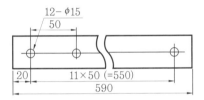

① 양끝 20mm 띄워서 50mm 피치로 지름 15mm의 구멍을 12개 뚫는다.
② 양끝 20mm 띄워서 50mm 피치로 지름 12mm의 구멍을 15개 뚫는다.
③ 양끝 20mm 띄워서 12mm 피치로 지름 15mm의 구멍을 50개 뚫는다.
④ 양끝 20mm 띄워서 15mm 피치로 지름 50mm의 구멍을 12개 뚫는다.

> **해설** 12-ϕ15에서 12는 구멍 개수를 말하고 ϕ15는 지름 15mm의 구멍을 뜻한다.

10. 도면에 나사 표시가 M50×2-6H로 표시되었을 때 해석으로 틀린 것은?

① 오른나사이다.
② 한 줄 나사이다.
③ 피치는 6mm이다.
④ 호칭 지름은 50mm이다.

> **해설** 피치는 2mm이다.

11. 나사의 호칭 지름은 다음 중 어느 것으로 나타내는가?

① 피치
② 암나사의 안지름
③ 유효 지름
④ 수나사의 바깥지름

> **해설** 수나사는 바깥지름으로 나타내고, 암나사는 상대 수나사의 바깥지름으로 나타낸다.

12. 분할 핀의 호칭법으로 알맞은 것은?

① 분할 핀 KS B 1321-등급-형식
② 분할 핀 KS B 1321-호칭 지름×길이-재료
③ 분할 핀 KS B 1321-호칭 지름, 호칭 지름×길이, 재료
④ 분할 핀 KS B 1321-길이-재료

> **해설** KS B는 기계를 의미하고, 1321은 KS 규격번호로 분할 핀을 의미한다.

13. 세 줄 나사의 피치가 3mm일 때 리드는 얼마인가?

① 1mm   ② 3mm
③ 6mm   ④ 9mm

> **해설** 리드=나사의 줄수×피치=3×3=9

14. 도면의 나사 표시가 M10-6H/6g일 때 올바른 설명은?

① 호칭 지름이 10mm인 미터 나사로 피치가 6mm
② 호칭 지름이 10mm인 미터 나사로 나사의 높이가 6mm
③ 미터 보통 나사로 암나사 6H급, 수나사는 6g급
④ 호칭 지름이 10mm인 미터 가는 나사로 수량은 6개 조합

해설 • M : 미터 보통 나사
- 10 : 나사의 호칭 지름
- 6H : 암나사의 등급
- 6g : 수나사의 등급

15. 나사의 각 부분을 표시하는 선에 관한 설명으로 맞는 것은?

① 수나사의 골지름과 암나사의 골지름은 굵은 실선으로 표시한다.
② 완전 나사부와 불완전 나사부의 경계는 가는 실선으로 표시한다.
③ 나사의 끝면에서 본 투상도에서는 나사의 골밑은 굵은 실선으로 그린 원주에 거의 같은 원의 일부로 표시한다.
④ 수나사의 바깥지름과 암나사의 안지름은 굵은 실선으로 표시한다.

해설 (1) 수나사의 바깥지름과 암나사의 안지름은 굵은 실선으로 표시한다.
(2) 수나사와 암나사의 골지름은 가는 실선으로 표시한다.
(3) 완전 나사부와 불완전 나사부의 경계는 굵은 실선으로 표시한다.
(4) 불완전 나사부의 골 밑을 나타내는 선은 축선에 대하여 30°의 가는 실선으로 그린다.
(5) 암나사 탭 구멍의 드릴 자리는 120°의 굵은 실선으로 그린다.
(6) 가려서 보이지 않는 나사부의 산봉우리와 골을 나타내는 선은 같은 굵기의 파선으로 한다.
(7) 수나사와 암나사의 결합 부분은 수나사로 표시한다.
(8) 수나사와 암나사의 측면 도시에서 각각의 골지름은 가는 실선으로 약 3/4만큼 그린다.
(9) 단면 시 나사부의 해칭은 수나사는 바깥지름, 암나사는 안지름까지 해칭한다.

16. 도면에서 도시된 키에 대해 "KS B 1311 TG 20×12×70"으로 지시된 경우 이에 대한 설명으로 올바른 것은?

① 나사용 구멍 없는 평행 키이다.
② 키의 길이가 20mm이다.
③ 키의 높이가 12mm이다.
④ 둥근 바닥 형상을 가지고 있다.

해설 KS B 1311은 묻힘 키 및 키 홈을 나타내는 KS 규격이며, 20은 키의 너비, 12는 키의 높이, 70은 키 홈의 너비이다.

17. 다음 중 분할 핀의 호칭 지름에 해당하는 것은?

① 분할 핀 구멍의 지름
② 분할 상태의 핀의 단면 지름
③ 분할 핀의 길이
④ 분할 상태의 두께

해설 분할 핀은 두 갈래로 갈라지기 때문에 너트의 풀림 방지에 쓰이며, 테이퍼 핀의 호칭 지름은 작은 쪽의 지름으로 표시한다.

18. 관용 테이퍼 나사 종류 중 테이퍼 수나사 R에 대하여만 사용하는 3/4인치 평행 암나사를 표시하는 KS 나사 표시 기호는?

① PT 3/4 ② Rp 3/4
③ PF 3/4 ④ Rc 3/4

해설 관용 테이퍼 나사
- 테이퍼 수나사 : R
- 테이퍼 암나사 : Rc
- 평행 암나사 : Rp

19. 나사 표시 기호가 Tr10×2로 표시된 경우 이는 어떤 나사인가?

① 미터 사다리꼴 나사
② 미니추어 나사
③ 관용 테이퍼 암나사
④ 유니파이 가는 나사

해설 • S : 미니추어 나사
- UNF : 유니파이 가는 나사

20. 보기와 같은 나사 가공 도면의 M12×16/⌀10.2×20으로 표시된 치수 기입의 도면 해독으로 올바른 것은?

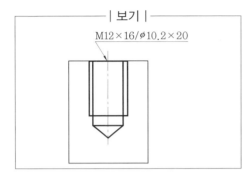

── | 보기 | ──

M12×16/⌀10.2×20

① 암나사를 가공하기 위한 구멍 가공 드릴 지름은 12mm
② 암나사를 가공하기 위한 구멍 가공 드릴 지름은 16mm
③ 암나사를 가공하기 위한 구멍 가공 드릴 지름은 10.2mm
④ 암나사를 가공하기 위한 구멍 가공 드릴 지름은 20mm

해설 • M12 : 암나사의 골지름
• 16 : 나사의 깊이
• ⌀10.2 : 암나사 가공용 드릴 지름
• 20 : 드릴 깊이

21. 미터 사다리꼴 나사에서 나사의 호칭 지름인 것은?

① 수나사의 골지름
② 수나사의 유효지름
③ 암나사의 유효지름
④ 수나사의 바깥지름

해설 미터 사다리꼴 나사를 표시하는 기호는 Tr이고 호칭 지름은 수나사의 바깥지름이다.

22. 비경화 테이퍼 핀의 호칭 지름을 나타내는 부분?

① 가장 가는 쪽의 지름
② 가장 굵은 쪽의 지름
③ 중간 부분의 지름
④ 핀 구멍 지름

해설 테이퍼 핀의 호칭 지름은 작은 쪽의 지름으로 표시한다.

23. 나사를 그릴 때 가려서 보이지 않는 나사부를 표시하는 선의 종류는?

① 가는 파선
② 가는 2점 쇄선
③ 가는 1점 쇄선
④ 굵은 1점 쇄선

해설 • 가는 1점 쇄선 : 중심선, 기준선, 피치선
• 가는 2점 쇄선 : 가상선, 무게중심선
• 굵은 1점 쇄선 : 특수지정선

24. 나사의 기호 표시가 틀린 것은?

① 미터계 사다리꼴 나사 : TM
② 미터계 보통 나사 : M
③ 유니파이 보통 나사 : UNC
④ 유니파이 가는 나사 : UNF

해설 미터계 사다리꼴 나사는 Tr이다.

25. 테이퍼 핀의 테이퍼 값과 호칭 지름을 나타내는 부분은?

① 1/100, 큰 부분의 지름
② 1/100, 작은 부분의 지름
③ 1/50, 큰 부분의 지름
④ 1/50, 작은 부분의 지름

해설 테이퍼 핀은 1/50의 테이퍼를 가지며, 호칭 지름은 작은 부분의 지름으로 표시한다.

26. 다음 중 30° 사다리꼴 나사의 종류를 표

정답 20. ③   21. ④   22. ①   23. ①   24. ①   25. ④   26. ④

시하는 기호는?

① Rc　　② Rp
③ TW　　④ TM

해설 • Rc : 관용 테이퍼 암나사
• Rp : 관용 평행 암나사
• TW : 29° 사다리꼴 나사

27. No.4−40UNC−2A로 표시된 나사에 대한 설명으로 틀린 것은?

① No. 4는 지름을 표시하는 번호이다.
② 40은 인치당 산의 수이다.
③ UNC는 유니파이 보통 나사를 나타낸다.
④ 2A는 줄수를 나타낸다.

해설 유니파이 나사
• A : 수나사
• B : 암나사

28. 보기와 같은 맞춤핀에서 호칭 지름은 몇 mm인가?

───| 보기 |───
맞춤핀 KS B 1310−6×30−A−St

① 13mm　　② 6mm
③ 10mm　　④ 30mm

해설 6×30은 호칭 지름×길이이다.

29. 수나사의 측면을 도시하고자 할 때, 다음 중 가장 적합하게 나타낸 것은?

해설 수나사와 암나사의 측면 도시에서 각각의 골지름은 가는 실선으로 약 3/4만큼 그린다.

30. 다음은 나사의 표시 방법에 대한 설명으로 틀린 것은?

왼 2줄 M50×2−6H

① 2줄 왼나사이다.
② 미터 가는 나사이다.
③ 유니파이 나사를 의미한다.
④ 6H는 나사의 등급을 의미한다.

해설 호칭지름이 50mm, 피치 2mm인 미터 가는 나사로 2줄 왼나사이며, 암나사 등급이 6이다.

정답 27. ④　28. ②　29. ③　30. ③

1-6　운동용 기계요소

(1) 롤링 베어링의 호칭 번호와 치수

롤링 베어링은 KS B 2012 호칭 번호로 정해져 있다.

| 베어링 형식 번호 | 치수 계열 번호 | 안지름 번호 | 등급 기호 |

① 형식 번호(첫 번째 숫자)

　1 : 복렬 자동 조심형　　　2, 3 : 복렬 자동 조심형(큰 나비)　　　5 : 스러스트 베어링

　6 : 단열 홈형　　　7 : 단열 앵귤러 볼형　　　N : 원형 롤러형

② 치수 계열(두 번째 숫자)

　0, 1 : 특별 경하중형　　　2 : 경하중형　　　3 : 중간 하중형　　　4 : 중하중형

③ 안지름 번호(세 번째, 네 번째 숫자) : 안지름 9mm 이하에서는 안지름 번호가 안지름과 같고, 20mm 이상에서는 지름을 5로 나눈 값이 안지름 번호이다.

　00 : 안지름 10mm　　　01 : 안지름 12mm

　02 : 안지름 15mm　　　03 : 안지름 17mm

④ 등급 기호(다섯 번째 이후의 기호)

　무기호 : 보통급　　　H : 상급　　　P : 정밀급　　　SP : 초정밀급

호칭 번호의 구성

기본 기호				보조 기호					
베어링 계열 번호		안지름 번호	접촉각 기호	리테이너 기호	실, 실드 기호	궤도륜 모양 기호	조합 기호	내부 틈새 기호	등급 기호
형식 번호	치수 계열								

(2) 기어의 제도법

기어는 약도로 나타내되, 축에 직각인 방향에서 본 것을 정면도, 축 방향에서 본 것을 측면도로 하여 다음과 같이 도시한다.

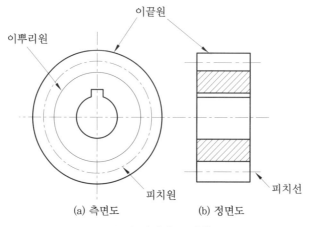

(a) 측면도　　　(b) 정면도

스퍼 기어의 도시법

① 이끝원은 굵은 실선으로 그린다.

② 피치원은 가는 1점 쇄선으로 그린다.

③ 이뿌리원은 가는 실선으로 그린다. 단, 정면도를 단면으로 도시할 때는 굵은 실선으로 그린다.

④ 이뿌리원은 측면도에서 생략해도 좋다.

⑤ 스퍼 기어의 표준 압력각은 20°로 규정하고 있다.

⑥ 맞물리는 한 쌍의 스퍼 기어를 그릴 때에는 측면도의 이끝원은 항상 굵은 실선으로 그리고, 정면도를 단면도로 나타낼 때는 물리는 부분의 한쪽 이끝원을 파선으로 그린다.

예상문제

1. 다음은 기어의 간략도이다. 더블 헬리컬 기어를 나타내는 것은?

 ① 　 ②

 ③ 　 ④

해설 ①은 스퍼 기어, ②는 헬리컬 기어, ④는 스파이럴 베벨 기어이다.

2. 구름 베어링의 등급을 표시할 때 정밀 등급의 표시는?

① H 　　　　　 ② P

③ SP 　　　　　 ④ 표시 없음

해설 구름 베어링에서 보통급은 표시가 없고 상급은 H, 초정밀급은 SP로 표시한다.

3. 안지름이 65 mm인 구름 베어링에서 안지

름 번호가 맞게 표시된 것은?

① 12 　　　　　 ② 13

③ 01 　　　　　 ④ 03

해설 베어링에서 안지름은 실제 치수(숫자)를 사용하지 않고, 안지름이 10 mm인 경우 00, 12 mm는 01, 15 mm는 02, 17 mm는 03으로 표시하며, 안지름 20 mm 이상 500 mm 미만인 경우 안지름을 5로 나눈 수가 안지름 번호(2자리)이다.

∴ 안지름 번호 $= \dfrac{65}{5} = 13$

4. 다음 베어링에서 단열 깊은 홈형 레이디얼 볼 베어링은?

① 　　　　　 ②

③ 　　　　　 ④

해설 ②는 복렬 자동 조심형, ③은 단식 평면 스러스트 볼 베어링, ④는 단열 앵귤러 콘택트 레이디얼 볼 베어링이다.

정답 1. ③　 2. ②　 3. ②　 4. ①

5. 구름 베어링의 경하중에서 지름 기호는?

① 0   ② 1

③ 2   ④ 3

해설 0, 1은 특별 경하중, 3은 중간 하중을 표시한다.

6. 구름 베어링에서 6020 P6이라 표시되어 있다. 이에 해당되지 않는 것은?

① 베어링 형식
② 베어링의 안지름
③ 등급 번호
④ 사용할 윤활유의 점도

해설 6은 베어링 형식 번호로서, 깊은 홈 볼 베어링을 나타내며 20은 안지름이 100mm(20×5)이고, P6은 등급 번호 6급을 나타낸다.

7. 다음 베어링에서 단열 홈형 레이디얼 볼 베어링은?

①   ②

③   ④

해설 ②는 복렬 자동 조심형, ③은 N형 원통 롤러 베어링, ④는 단식 평면 좌형 스러스트 볼 베어링을 나타낸다.

8. 구름 베어링의 호칭 번호가 6420 C2 P6으로 표시된 경우 베어링 안지름은 몇 mm 인가?

① 20   ② 64

③ 100   ④ 420

해설 안지름을 나타내는 숫자는 끝에서 2개

자리이며, 00 : 안지름 10mm, 01 : 12mm, 02 : 15mm, 03 : 17mm를 나타낸다. 04부터는 숫자×5=안지름(mm)이므로 20×5=100mm이다.

9. 기어의 도시 방법으로 틀린 것은?

① 잇봉우리원은 굵은 실선으로 그린다.
② 피치원은 가는 1점 쇄선으로 그린다.
③ 이골원은 가는 파선으로 그린다.
④ 잇줄 방향은 통상 3개의 가는 실선으로 그린다.

해설 이끝원은 굵은 실선으로 그리고, 이골원 (이뿌리원)은 가는 실선으로 그린다.

10. 다음 그림과 같은 도면은 무슨 기어의 맞물리는 기어 간략도인가?

① 헬리컬 기어
② 베벨 기어
③ 웜 기어
④ 스파이럴 베벨 기어

해설 스파이럴 베벨 기어는 톱니줄이 직선이고, 정점에 향하고 있지 않은 베벨 기어로 고속으로 원활한 전동을 할 수 있으며, 직선 베벨 기어에 비해 물림률이 크고 진동이나 소음이 작다.

11. 베어링 기호 "6203 ZZ"에서 "ZZ" 부분이 의미하는 것은?

① 실드 기호
② 궤도륜 모양 기호
③ 정밀도 등급 기호
④ 레이디얼 내부 틈새 기호

정답 5. ③   6. ④   7. ①   8. ③   9. ③   10. ④   11. ①

해설 • 62 : 베어링 계열 번호
• 03 : 안지름 번호
• ZZ : 실드 기호

12. 구름 베어링의 기호가 7206 C DB P5로 표시되어 있다. 이 중 정밀도 등급을 나타내는 것은?

① 72　　　　② 06
③ DB　　　　④ P5

해설 72는 베어링 계열 번호이고, 06은 안지름 번호이며, P5는 등급 기호(5급)를 의미한다.

13. 스퍼 기어의 도면에서 항목표에 기입해야 하는 사항으로 가장 거리가 먼 것은?

① 치형　　　　② 모듈
③ 압력각　　　　④ 리드

해설 스퍼 기어 도면

스퍼 기어 요목표		
기어 치형		표준
공구	치형	보통이
	모듈	2
	압력각	20°
잇수		31
피치원 지름		62
다듬질 방법		호브 절삭
정밀도		KS B ISO 1328-1, 5급

14. 베어링 기호가 "F684C2P6"으로 나타나 있을 때 "68"이 나타내는 뜻은?

① 안지름 번호
② 베어링 계열 기호
③ 궤도륜 모양 기호
④ 정밀도 등급 기호

해설 F : 궤도륜 모양 기호, 68 : 베어링 계열 기호, 4 : 안지름 번호(4mm), C2 : 레이디

얼 내부 틈새 기호(C2 틈새), P6 : 정밀도 등급 기호(6급)

15. 스퍼 기어를 그리는 방법에 대한 설명으로 올바른 것은?

① 잇봉우리원은 가는 실선으로 그린다.
② 피치원은 가는 2점 쇄선으로 그린다.
③ 이골원은 가는 파선으로 나타낸다.
④ 축에 직각인 방향에서 본 단면도일 경우 이골의 선은 굵은 실선으로 그린다.

해설 • 이끝원(잇봉우리원) : 굵은 실선
• 피치원 : 1점 쇄선
• 이뿌리원 : 가는 실선

16. 스퍼 기어의 요목표가 다음과 같을 때 빈칸의 모듈값은 얼마인가?

스퍼 기어		
기어 모양		표준
공구	치형	보통이
	모듈	
	압력각	20°
잇수		36
피치원 지름		108

① 1.5　　　　② 2
③ 3　　　　④ 6

해설 모듈$(M)=\dfrac{D}{Z}=\dfrac{108}{36}=3$

17. 호칭 번호 6303 ZNR인 베어링에서 안지름의 치수는 몇 mm인가?

① 15mm　　　　② 17mm
③ 30mm　　　　④ 63mm

해설 • 00 : 안지름 10mm
• 01 : 안지름 12mm
• 02 : 안지름 15mm
• 03 : 안지름 17mm

18. 축의 도시 방법에 관한 설명으로 옳은 것은?

① 축은 길이 방향으로 온단면 도시한다.

② 길이가 긴 축은 중간을 파단하여 짧게 그릴 수 있다.

③ 축의 끝에는 모떼기를 하지 않는다.

④ 축의 키 홈을 나타낼 경우 국부 투상도로 나타내어서는 안 된다.

해설 길이가 긴 축은 중간 부분을 파단하여 짧게 그릴 수 있는데, 잘라낸 부분은 파단선으로 나타낸다.

19. 스프로킷 휠의 도시 방법 중 가는 1점 쇄선으로 그려야 할 곳은?

① 바깥지름

② 이뿌리원

③ 키홈

④ 피치원

해설 이끝원은 굵은 실선, 이뿌리원은 가는 실선으로 그린다.

20. 베어링의 상세한 간략 도시 방법 중 다음과 같은 기호가 적용되는 베어링은 어느 것인가?

① 단열 앵귤러 콘택트 분리형 볼 베어링

② 단열 깊은 홈 볼 베어링 또는 단열 원통 롤러 베어링

③ 복렬 깊은 홈 볼 베어링 또는 복렬 원통 롤러 베어링

④ 복렬 자동 조심 볼 베어링 또는 복렬 구형 롤러 베어링

해설 베어링의 상세한 간략 도시 방법

간략도	적용	
	볼 베어링	롤러 베어링
┼	단열 깊은 홈 볼 베어링	단열 원통 롤러 베어링
┼┼	복렬 깊은 홈 볼 베어링	복렬 원통 롤러 베어링
⌒		단열 구형 롤러 베어링

21. 구름 베어링의 호칭 번호가 6303 NR일 때 기호 NR는 무엇을 뜻하는가?

① 보통급

② 내부 틈새 기호

③ 초정밀급

④ 궤도륜 모양(멈춤링붙이)

해설 63은 베어링 계열 기호이고, 03은 안지름 번호(안지름 17 mm)이다.

22. 외접 헬리컬 기어 제도에서 주투상도를 단면으로 도시할 때 잇줄의 방향을 나타내는 선으로 올바른 것은?

① 3개의 가는 2점 쇄선

② 3개의 가는 1점 쇄선

③ 3개의 가는 실선

④ 한 개의 굵은 실선

해설 잇줄의 방향은 3개의 가는 2점 쇄선으로 나타낸다.

23. 구름 베어링의 안지름이 140mm일 때 구름 베어링의 호칭번호에서 안지름 번호로 가장 적합한 것은?

① 14   ② 28

③ 70   ④ 140

정답 18. ②   19. ④   20. ④   21. ④   22. ①   23. ②

해설 안지름 20 mm 이상 500 mm 미만은 안
지름을 5로 나눈 수가 안지름 번호이다.

$$\therefore 안지름 번호 = \frac{140}{5} = 28$$

24. 구름 베어링의 종류 중에서 스러스트 볼
베어링의 형식 기호는 어느 것인가?

① 형식 기호 : 2　　② 형식 기호 : 5

③ 형식 기호 : 6　　④ 형식 기호 : 7

해설

형식 기호	베어링
2	자동 조심 롤러 베어링
6	단열 깊은 홈 볼 베어링
7	단열 앵귤러 볼 베어링

정답 **24.** ②

1-7　제어용 기계요소

(1) 스프링 도시법

① **코일 스프링 도시의 일반사항**

㈎ 무하중 상태에서 그리는 것이 원칙이나, 하중 시에는 치수와 하중을 명기한다.

㈏ 하중과 높이 또는 처짐과의 관계를 표시할 필요가 있을 때에는 선도 또는 표로
표시한다.

㈐ 특별한 단서가 없는 한 모두 오른쪽 감은 것을 기본으로 하며, 왼쪽으로 감는 경
우에는 "감긴 방향 왼쪽"이라고 요목표에 표기한다.

㈑ 그림 안에 기입하기 힘든 사항은 요목표에 모두 표시한다.

② **일부분을 생략하여 도시하는 경우** : 양끝을 제외한 동일 모양을 일부 생략하는 경
우에는 생략한 부분의 선 지름 중심선을 가는 1점 쇄선 또는 가는 2점 쇄선으로 표
시한다.

③ **종류 및 모양만을 도시하는 경우** : 스프링 재료의 중심선은 굵은 실선으로 표시한다.

(2) 평벨트 풀리의 도시법

① **호칭법**

명칭	종류	호칭 지름	×	호칭 폭	재료
평벨트 풀리 일체형	1	125	×	25	주철

② **제도법**

㈎ 벨트 풀리와 같이 대칭형인 것은 전체를 표시하지 않고, 그 일부분만을 표시할
수 있다.

⒩ 암(arm)과 같은 방사형의 것은 수직 또는 수평 중심선까지 회전하여 투상한다.

⒟ 암은 길이 방향으로 절단하여 도시하지 않는다.

⒭ 암의 단면형은 도형의 밖이나 도형의 안에 회전 도시 단면도로 도시하고, 도형의 안에 도시할 경우에는 가는 실선으로 그린다. 단면형은 대개 타원이며, 근사 화법으로 원호를 그린다.

⒨ 테이퍼 부분의 치수를 기입할 때, 치수 보조선은 경사선(수평과 $60°$ 또는 $30°$)으로 긋는다.

⒡ 끼워 맞춤은 축 기준식인지 구멍 기준식인지를 명기한다.

⒮ 벨트 풀리는 축직각 방향의 투상을 정면도로 한다.

(3) V벨트 풀리의 도시법

① 호칭법

규격 번호 또는 규격 명칭	호칭 지름	풀리의 종류	보스 위치의 구별	구멍의 치수	구멍의 종류 및 등급
KS B 1400	250	A1	Ⅱ	40	H8
주철제 V벨트 풀리	200	B3	Ⅴ		

⒢ 호칭 지름 : V벨트 풀리는 피치원 지름을 호칭 지름으로 한다.

⒩ 풀리의 종류 : V벨트의 종류와 홈의 수를 조합하여 나타낸다.

② V벨트 풀리의 홈의 각도 : $34°$, $36°$, $38°$의 3가지 종류가 있다.

(4) 스프로킷 휠의 도시법

① 호칭법

명칭	체인 호칭 번호	잇수	치형
스프로킷	40	N30	S

② 제도법

⒢ 이끝원은 굵은 실선, 피치원은 가는 일점 쇄선, 이뿌리원은 가는 실선으로 긋고, 이 모양은 2~3개 그린다.

⒩ 이의 부분을 상세히 그릴 때에는 단면 부위를 나타내고 부분 확대도로 그린다.

⒟ 간략하게 그릴 때에는 이끝원과 피치원만을 그린다.

⒭ 요목표에는 톱니의 특성을 기입한다.

예상문제

1. 스프링을 도시할 경우 그림 안에 기입하기 힘든 사항은 일괄하여 스프링 요목표에 기입한다. 압축 코일 스프링의 경우 스프링 요목표에 기입되지 않는 내용은?

① 재료의 지름   ② 감김 방향
③ 자유 길이   ④ 초기 장력

해설 ①, ②, ③ 이외에 코일 평균 지름, 코일 바깥지름, 총 감김수 등을 기입한다.

2. 다음 중 스프링의 제도에 관한 설명으로 틀린 것은?

① 코일 스프링의 종류와 모양만을 간략도로 나타내는 경우에는 재료의 중심선만을 굵은 실선으로 도시한다.
② 코일 부분의 양끝을 제외한 동일 모양 부분의 일부를 생략할 때는 생략한 부분의 선지름의 중심선을 굵은 2점 쇄선으로 도시한다.
③ 스프링의 모양만을 간략도로 나타내는 경우에는 스프링 재료의 중심선만을 굵은 실선으로 그린다.
④ 코일 부분의 양끝을 제외한 동일 모양 부분의 일부를 생략할 때는 선지름의 중심선을 가는 1점 쇄선으로 나타낸다.

해설 (1) 스프링 전체의 겉모양이나 전체 단면을 나타낸다.
(2) 코일 부분은 같은 나선이 되고, 피치는 유효 길이를 유효 감김수로 나눈 값으로 한다.
(3) 중간 일부를 생략할 때에는 생략 부분을 가는 일점 쇄선 또는 가는 이점 쇄선으로 표시한다.
(4) 스프링의 종류 및 모양만을 간략하게 그릴 때에는 스프링 소선의 중심선을 굵은 실선으로 그리며, 정면도만 그리면 된다.

---

⑤ 조립도나 설명도 등에는 단면만을 나타낼 수도 있다.

3. 그림과 같이 코일 스프링의 간략도를 그릴 때 A부분에 나타내야 할 선으로 옳은 것은?

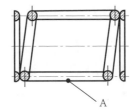

① 굵은 실선   ② 가는 실선
③ 굵은 파선   ④ 가는 2점 쇄선

해설 코일 스프링 제도 시 중간 일부를 생략할 때에는 아래 그림과 같이 생략 부분을 가는 1점 쇄선 또는 가는 2점 쇄선으로 표시한다.

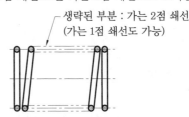
생략된 부분 : 가는 2점 쇄선 (가는 1점 쇄선도 가능)

4. 일반적으로 무하중 상태에서 그리는 스프링이 아닌 것은?

① 겹판 스프링   ② 코일 스프링
③ 벌류트 스프링   ④ 스파이럴 스프링

해설 코일 스프링, 벌류트 스프링, 스파이럴 스프링 및 접시 스프링은 일반적으로 무하중 상태에서 그리며, 겹판 스프링은 일반적으로 스프링 판이 수평인 상태에서 그린다. 겹판 스프링을 무하중의 상태로 그릴 때에는 가상선으로 표시한다.

정답 **1.** ④ **2.** ② **3.** ④ **4.** ①

5. 평벨트 풀리의 호칭 지름은 어느 것을 말하는가?

① 축 지름   ② 피치원 지름

③ 바깥 지름   ④ 보스 지름

해설 평벨트 풀리의 호칭 지름은 바깥 지름을 말한다.

6. 그림과 같은 V−벨트 풀리의 호칭 지름(피치원 지름) 값은?

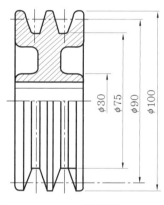

① 30   ② 75

③ 90   ④ 100

해설 V벨트 풀리의 호칭 지름은 V벨트를 걸었을 때 V벨트 단면의 중앙을 지나는 가상원의 지름이다.

7. 평벨트 풀리의 제도 방법을 설명한 것 중 틀린 것은?

① 암은 길이 방향으로 절단하여 단면도를 표시한다.

② 암의 테이퍼 부분 치수를 기입할 때 치수 보조선은 경사선으로 긋는다.

③ 벨트 풀리는 대칭형이므로 그 일부분만을 도시할 수 있다.

④ 암의 단면 모양은 도형의 안이나 밖에 회전 단면을 도시한다.

해설 암은 길이 방향으로 절단하여 도시하지

않는다.

8. V벨트 풀리의 호칭이 도면에 다음과 같이 기입되어 있다. 잘못 설명된 것은?

> KS B 1400 250 A1 Ⅱ 40H8

① 250 : 호칭 지름

② A1 : 풀리의 종류

③ Ⅱ : 등급

④ 40H8 : 보스의 구멍 기공 치수

해설 Ⅱ는 보스 위치의 구별이다.

9. V벨트 풀리에 대한 설명으로 틀린 것은?

① V벨트 풀리는 피치원 지름을 호칭 지름으로 한다.

② V벨트 종류 중 단면적이 가장 작은 것은 M형이다.

③ V벨트 풀리는 호칭 지름에 따라 홈의 각도를 달리 하는데, 40°를 사용한다.

④ V벨트 풀리는 림(rim)을 제외한 나머지 부분은 평벨트 풀리와 같다.

해설 V벨트 풀리는 호칭 지름에 따라 홈의 각도를 달리하는데, 일반적으로 34°, 36°, 38°를 사용한다.

10. 벨트 풀리의 도시 방법으로 틀린 것은?

① 벨트 풀리는 축 직각 방향의 투상을 주투상도로 할 수 있다.

② 벨트 풀리는 대칭형이므로 그 일부분만을 나타낼 수 있다.

③ 암은 길이 방향으로 절단하여 도시하지 않는다.

④ 암의 단면형은 도형의 안이나 밖에 부분 단면으로 나타낸다.

해설 암의 단면형은 회전 단면으로 나타낸다.

정답   5. ③   6. ③   7. ①   8. ③   9. ③   10. ④

2. 제도 통칙

일반사항

(1) 도면의 크기 및 양식

기계 제도에 사용되는 도면은 A열 사이즈를 사용하며, 표시할 도형이 길 경우 연장 사이즈를 사용한다. 도면에는 반드시 도면의 윤곽, 표제란 및 중심 마크를 마련해야 한다. 또한 도면의 크기는 폭과 길이로 나타내는데, 그 비는 $1 : \sqrt{2}$가 되며 A0(841mm×1189mm)~A4(210mm×297mm)를 사용한다.

(2) 척도

척도는 도면에서 그려진 길이와 대상물의 실제 길이와의 비율로 나타낸다. 도면에 그려진 길이와 대상물의 실제 길이가 같은 현척이 가장 보편적으로 사용되고, 실물보다 축소하여 그린 축척, 실물보다 확대하여 그린 배척이 있다.

현척, 배척 및 축척의 값

종류	권장 척도		
현척	1 : 1		
배척	50 : 1 5 : 1	20 : 1 2 : 1	10 : 1
축척	1 : 2 1 : 20 1 : 200 1 : 2000	1 : 5 1 : 50 1 : 500 1 : 5000	1 : 10 1 : 100 1 : 1000 1 : 10000

① **척도의 표시 방법** : 척도의 표시법은 다음과 같다.

$$\text{A} : \text{B}$$

└─ 물체의 실제 크기
└─ 도면에서의 크기

현척의 경우에는 A, B 모두를 1로 나타내고, 축척의 경우에는 A를 1, 배척의 경우에는 B를 1로 나타낸다.

② **척도 기입 방법** : 척도는 표제란에 기입하는 것이 원칙이나, 표제란이 없는 경우에는 도명이나 품번의 가까운 곳에 기입한다. 또, 그림의 형태가 치수와 비례하지 않을 때에는 치수 밑에 밑줄을 긋거나 '비례가 아님' 또는 NS(Not to Scale) 등의 문자를 기입한다.

(3) 선의 종류

① **모양에 따른 선의 종류**

㈎ 실선(continuous line) ———— : 연속적으로 그어진 선

㈏ 파선(dashed line) ------ : 일정한 길이로 반복되게 그어진 선

㈐ 1점 쇄선(chain line) _ _ _ _ _ : 길고 짧은 길이로 반복되게 그어진 선

㈑ 2점 쇄선(chain double-dashed line) —··—··— : 긴 길이, 짧은 길이 두 개로 반복되게 그어진 선

② **굵기에 따른 선의 종류**

㈎ 가는 선 ———— : 굵기가 0.18~0.5mm인 선

㈏ 굵은 선 ———— : 굵기가 0.35~1mm인 선(가는 선의 2배 정도)

㈐ 아주 굵은 선 ━━━ : 굵기가 0.7~2mm인 선(가는 선의 4배 정도)

용도에 의한 명칭	선의 종류	선의 용도	
외형선	굵은 실선	————	대상물이 보이는 부분의 모양을 표시하는 데 쓰인다.
치수선	가는 실선	————	치수를 기입하기 위하여 쓴다.
치수 보조선			치수를 기입하기 위하여 도형으로부터 끌어내는 데 쓰인다.
지시선			기술·기호 등을 표시하기 위하여 끌어내는 데 쓰인다.
회전 단면선			도형 내에 그 부분의 끊은 곳을 90° 회전하여 표시하는 데 쓰인다.
중심선			도형의 중심선을 간략하게 표시하는 데 쓰인다.
수준면선			수면, 유면 등의 위치를 표시하는 데 쓰인다.
숨은선	가는 파선 또는 굵은 파선	------	대상물의 보이지 않는 부분의 모양을 표시하는 데 쓰인다.

중심선	가는 1점 쇄선	‒ ‒ ‒ ‒ ‒	① 도형의 중심을 표시하는 데 쓰인다. ② 중심이 이동한 중심 궤적을 표시하는 데 쓰인다.
기준선			특히 위치 결정의 근거가 된다는 것을 명시할 때 쓰인다.
피치선			되풀이하는 도형의 피치를 취하는 기준을 표시하는 데 쓰인다.
특수 지정선	굵은 1점 쇄선	▬‒∙▬‒∙▬	특수한 가공을 하는 부분 등 특별한 요구 사항을 적용할 수 있는 범위를 표시하는 데 사용한다.
가상선	가는 2점 쇄선	‒∙∙‒∙∙‒	① 인접 부분을 참고로 표시하는 데 사용한다. ② 공구, 지그 등의 위치를 참고로 나타내는 데 사용한다. ③ 가동 부분을 이동 중의 특정한 위치 또는 이동 한계의 위치로 표시하는 데 사용한다. ④ 가공 전 또는 가공 후의 모양을 표시하는 데 사용한다. ⑤ 되풀이하는 것을 나타내는 데 사용한다. ⑥ 도시된 단면의 앞쪽에 있는 부분을 표시하는 데 사용한다.
무게 중심선			단면의 무게중심을 연결한 선을 표시하는 데 사용한다.
파단선	불규칙한 파형의 가는 실선 또는 지그재그선	∿∿	대상물의 일부를 파단한 경계 또는 일부를 떼어낸 경계를 표시하는 데 사용한다.
절단선	가는 1점 쇄선으로 끝부분 및 방향이 변하는 부분을 굵게 한 것		단면도를 그리는 경우, 그 절단 위치를 대응하는 그림에 표시하는 데 사용한다.
해칭	가는 실선으로 규칙적으로 줄을 늘어놓은 것	⁄⁄⁄	도형의 한정된 특정 부분을 다른 부분과 구별하는 데 사용한다. 보기를 들면 단면도의 절단된 부분을 나타낸다.

| 특수한 용도의 선 | 가는 실선 | ——— | ① 외형선 및 숨은 선의 연장을 표시하는 데 사용한다.
② 평면이란 것을 나타내는 데 사용한다.
③ 위치를 명시하는 데 사용한다. |
| | 아주 굵은 실선 | ━━━ | 얇은 부분의 단면을 도시하는 데 사용한다. |

주 가는 선, 굵은 선 및 극히 굵은 선의 굵기의 비율은 1 : 2 : 4로 한다.

예상문제

1. 다음 중 도면에서 굵은 일점쇄선이 사용되는 선은?

① 숨은 선 ② 파단선
③ 특수 지정선 ④ 무게 중심선

해설 • 파선 : 숨은 선
• 굵은 실선 : 외형선
• 가는 실선 : 치수선, 치수보조선, 지시선, 회전단면선

2. 가는 실선을 사용하지 않는 것은?

① 치수선 ② 해칭선
③ 회전 단면 외형선 ④ 은선

해설 은선은 물체가 보이지 않는 부분을 나타내는 선이다.

3. 다음 중 가는 2점 쇄선을 사용하여 도시하는 경우는?

① 도시된 물체의 단면 앞쪽 형상을 표시
② 다듬질한 형상이 평면임을 표시
③ 수면, 유면 등의 위치를 표시
④ 중심이 이동한 중심 궤적을 표시

해설 가는 2점 쇄선을 사용하여 도시하는 경우는 다음과 같다.

(1) 인접 부분을 참고로 표시하는 데 사용한다.
(2) 공구, 지그 등의 위치를 참고로 나타내는 데 사용한다.
(3) 가동 부분을 이동 중의 특정한 위치 또는 한계의 위치로 표시하는 데 사용한다.
(4) 가공 전 또는 가공 후의 모양을 표시하는 데 사용한다.
(5) 되풀이하는 것을 나타내는 데 사용한다.
(6) 도시된 단면의 앞쪽에 있는 부분을 표시하는 데 사용한다.

4. 기계 제도에서 가는 1점 쇄선이 사용되지 않는 것은?

① 중심선 ② 피치선
③ 기준선 ④ 숨은선

해설 숨은선은 가는 파선 또는 굵은 파선으로 그린다.

5. 불규칙한 파형의 가는 실선 또는 지그재그선을 사용하는 것은?

① 파단선 ② 절단선
③ 해칭선 ④ 수준면선

해설 파단선은 대상물의 일부를 파단한 경계 또는 일부를 떼어낸 경계를 표시하는 데 쓰인다.

정답 1. ③ 2. ④ 3. ① 4. ④ 5. ①

6. 도면에서 두 종류 이상의 선이 같은 장소에서 겹칠 경우 우선순위가 높은 순서대로 외형선부터 치수 보조선까지 옳게 나타낸 것은?

① 외형선–무게 중심선–중심선–절단선–숨은선–치수 보조선
② 외형선–숨은선–절단선–중심선–무게 중심선–치수 보조선
③ 외형선–중심선–무게 중심선–숨은선–절단선–치수 보조선
④ 외형선–절단선–무게 중심선–숨은선–중심선–치수 보조선

해설

외형선	굵은 실선
숨은선	가는 파선 또는 굵은 파선
절단선	가는 1점 쇄선으로 끝부분 및 방향이 변하는 부분을 굵게 한 것
중심선	가는 1점 쇄선
무게 중심선	가는 2점 쇄선
치수 보조선	가는 실선

7. 그림과 같은 도면에서 A, B, C, D 선과 선의 용도에 의한 명칭이 틀린 것은?

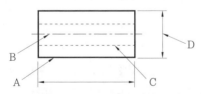

① A : 외형선   ② B : 중심선
③ C : 숨은선   ④ D : 치수 보조선

해설 D는 치수선이다.

8. 기계 제도에서 선의 굵기가 굵은 실선인 것은?

① 숨은선   ② 지시선

③ 외형선   ④ 해칭선

해설 • 숨은선 : 가는 파선 또는 굵은 파선
• 지시선 : 가는 실선
• 해칭선 : 가는 실선으로 규칙적으로 줄을 늘어 놓은 것

9. 기계 제도에서 가동 부분을 이동 중의 특정한 위치 또는 이동 한계의 위치로 표시하는 데 사용하는 선은?

① 지시선   ② 중심선
③ 파단선   ④ 가상선

해설 • 지시선 : 기술 · 기호 등을 표시하기 위하여 끌어내는 데 사용
• 중심선 : 도형의 중심 또는 중심이 이동한 중심 궤적을 표시하는 데 사용
• 파단선 : 대상물의 일부를 파단한 경계 또는 일부를 떼어낸 경계를 표시하는 데 사용

10. 실제 길이가 50mm인 것을 "1 : 2"로 축척하여 그린 도면에서 치수 기입은 얼마로 해야 하는가?

① 25   ② 50
③ 100   ④ 150

해설 실제 길이 50mm는 도면에서 25mm로 그리지만 치수 기입은 50으로 한다.

11. 물체의 보이는 면이 평면임을 나타내고자 할 때 그 면을 특정 선을 가지고 "×" 표시로 나타내는데, 이때 사용하는 선은?

① 가는 실선
② 굵은 실선
③ 가는 1점 쇄선
④ 굵은 1점 쇄선

해설 • 굵은 실선 : 외형선
• 가는 1점 쇄선 : 중심선, 기준선, 피치선
• 굵은 1점 쇄선 : 특수 지정선

12. 절단된 면을 다른 부분과 구분하기 위하여 가는 실선으로 규칙적으로 줄을 늘어놓은 선들의 명칭은?

① 기준선
② 파단선
③ 피치선
④ 해칭선

[해설] 기준선, 피치선은 가는 1점 쇄선을 사용하고, 파단선은 불규칙한 파형의 가는 실선 또는 지그재그선을 사용한다.

13. 기계 제도에서 굵은 1점 쇄선을 사용하는 경우로 가장 적합한 것은?

① 대상물의 보이는 부분의 겉모양을 표시하기 위하여 사용한다.
② 치수를 기입하기 위하여 사용한다.
③ 도형의 중심을 표시하기 위하여 사용한다.
④ 특수한 가공 부위를 표시하기 위하여 사용한다.

[해설] 굵은 1점 쇄선은 특수 지정선으로 특수한 가공을 하는 부분(예를 들면 수면, 유면 등의 위치를 표시하는 선) 등 특별한 요구 사항을 적용할 수 있는 범위를 표시하는 데 사용한다.

14. 도형의 한정된 특정 부분을 다른 부분과 구별하기 위해 사용하는 선으로 단면도의 절단된 면을 표시하는 선을 무엇이라고 하는가?

① 가상선
② 파단선
③ 해칭선
④ 절단선

[해설] 해칭선은 가는 실선으로 규칙적으로 줄을 늘어놓은 것이다.

15. 도형의 중심을 표시하거나 중심이 이동한 중심 궤적을 표시하는 데 쓰이는 선의 명칭은?

① 지시선
② 기준선
③ 중심선
④ 가상선

[해설] 중심선은 가는 1점 쇄선으로 표시한다.

16. KS 기계 제도에서 도면에 기입된 길이 치수는 단위를 표기하지 않으나 실제 단위는 어느 것인가?

① μm
② cm
③ mm
④ m

[해설] 기계 제도에서의 길이 치수는 단위 표기가 없으면 mm이다.

17. 기계 제도에서 사용하는 다음 선 중 가는 실선으로 표시되는 선은?

① 물체의 보이지 않는 부분의 형상을 나타내는 선
② 물체의 특수한 표면 처리 부분을 나타내는 선
③ 단면도를 그릴 경우에 그 절단 위치를 나타내는 선
④ 절단된 단면임을 명시하기 위한 해칭선

[해설] ① 가는 파선 또는 굵은 파선, ② 굵은 1점 쇄선, ③ 가는 1점 쇄선

18. 기계 제도에서 평면이란 것을 나타내는 데 사용하는 선은?

① 가는 1점 쇄선
② 가는 파선
③ 가는 2점 쇄선

정답 12. ④ 13. ④ 14. ③ 15. ③ 16. ③ 17. ④ 18. ④

④ 가는 실선

해설 평면, 치수선, 치수 보조선, 지시선 등은 가는 실선을 사용한다.

19. 기계 제도에서 도형에 나타나지 않으나 공작 시의 이해를 돕기 위하여 가공 전이나 공구의 위치 등을 나타내는 데 사용하는 선은 어느 것인가?

① 파단선
② 숨은선
③ 중심선
④ 가상선

해설 (1) 숨은선 : 대상물의 보이지 않는 부분의 모양을 표시하는 데 사용
(2) 파단선 : 대상물의 일부를 파단한 경계 또는 일부를 떼어낸 경계를 표시하는 데 사용

20. 일부의 도형이 그 치수 수치에 비례하지 않을 때 치수 표시 방법으로 올바른 것은 어느 것인가?

① 치수 숫자의 아래쪽에 굵은 실선을 긋는다.
② 치수 숫자의 아래쪽에 가는 숨은선을 긋는다.
③ 치수 숫자의 아래쪽에 가는 실선 2줄을 긋는다.
④ 치수 숫자를 정삼각형 속에 기입한다.

해설 NTS(not to scale)로 표시한다.

21. 기계 조립 도면에서 투상도의 일부분과 그 부분에 기입된 치수가 비례하지 않는 경우 이를 표시할 필요가 있을 때에는 어떻게 표시하는가?

① 치수 위에 굵은 실선을 긋는다.

② 치수 아래쪽에 굵은 실선을 긋는다.
③ 다른 치수보다 더 굵게 기입한다.
④ 다른 치수보다 더 크게 기입한다.

해설 기입된 치수가 비례하지 않는 경우에는 치수 아래쪽에 굵은 실선을 긋는다.

22. 부분 단면의 경계나 물체의 일부를 생략할 때 사용하는 선의 명칭은?

① 절단선
② 가상선
③ 파선
④ 파단선

해설 파단선은 불규칙한 파형의 가는 실선 또는 지그재그선으로 대상물의 일부를 파단한 경계 또는 일부를 떼어낸 경계를 표시하는 데 사용한다.

23. 보기 그림에서 대각선으로 나타낸 도면 중앙의 가는 실선 부분(⊠)의 설명으로 올바른 것은?

| 보기 |
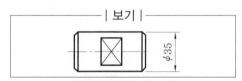

① 사각형의 관통된 구멍임을 뜻한다.
② 가공 완료 후의 열처리를 뜻한다.
③ 가공 전의 모양이 다이아몬드형임을 뜻한다.
④ 가공 후의 모양이 평면임을 뜻한다.

해설 도형 내의 특정한 부분이 평면이란 것을 표시할 필요가 있을 경우에는 가는 실선으로 대각선을 기입한다.

2-2 투상법 및 도형 표시법

(1) 투상법의 종류

어떤 입체물을 도면으로 나타내려면 그 입체를 어느 방향에서 보고 어떤 면을 그렸는지 명확히 밝혀야 한다. 공간에 있는 입체물의 위치, 크기, 모양 등을 평면 위에 나타내는 것을 투상법이라 한다. 이때 평면을 투상면이라 하고, 투상면에 투상된 물건의 모양을 투상도(projection)라고 한다. 투상법의 종류는 다음과 같다.

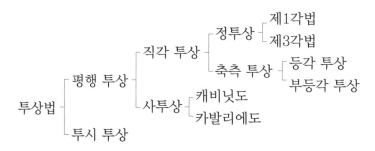

① **정투상법** : 물체를 네모진 유리 상자 속에 넣고 바깥에서 들여다보면 물체를 유리판에 투상하여 보고 있는 것과 같다. 이때 투상선이 투상면에 대하여 수직으로 되어 투상하는 것을 정투상법(orthographic projection)이라 한다. 물체를 정면에서 투상하여 그린 그림을 정면도(front view), 위에서 투상하여 그린 그림을 평면도(top view), 옆에서 투상하여 그린 그림을 측면도(side view)라 한다.

② **축측 투상법** : 정투상도로 나타내면 평행 광선에 의해 투상이 되기 때문에 경우에 따라서는 선이 겹쳐서 이해하기가 어려울 때가 있다. 이를 보완하기 위해 경사진 광선에 의해 투상하는 것을 축측 투상법이라 한다. 축측 투상법의 종류에는 등각 투상도, 부등각 투상도가 있다.

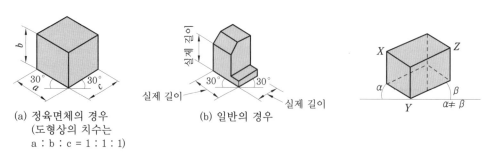

(a) 정육면체의 경우
(도형상의 치수는
a : b : c = 1 : 1 : 1)

등각 투상도

부등각 투상도

③ **사투상법** : 정투상도에서 정면도의 크기와 모양은 그대로 사용하고, 평면도와 우측면도를 경사시켜 그리는 투상법을 사투상법이라 한다. 사투상법의 종류에는 카발리

에도와 캐비닛도가 있다. 경사각은 임의의 각도로 그릴 수 있으나 통상 30°, 45°, 60°로 그린다.

(2) 투상각

① **제1각법** : 물체를 제1상한에 놓고 투상하며, 투상면의 앞쪽에 물체를 놓는다. 즉, 순서는 그림과 같이 눈 → 물체 → 화면이다.

② **제3각법** : 물체를 제3상한에 놓고 투상하며, 투상면의 뒤쪽에 물체를 놓는다. 즉, 순서는 그림과 같이 눈 → 화면 → 물체의 순서이다.

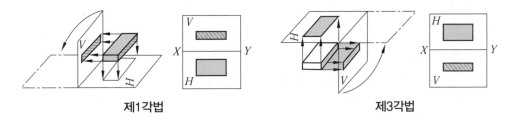

③ **제1각법과 제3각법의 비교와 도면의 기준 배치** : [그림]에서와 같이 제1각법에서 평면도는 정면도의 바로 아래에 그리고 측면도는 투상체를 왼쪽에서 보고 오른쪽에 그리므로 비교·대조하기가 불편하지만, 제3각법은 평면도를 정면도 바로 위에 그리고 측면도는 오른쪽에서 본 것을 정면도의 오른쪽에 그리므로 비교·대조하기가 편리하다.

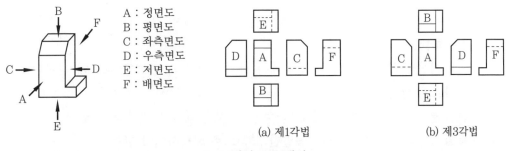

A : 정면도
B : 평면도
C : 좌측면도
D : 우측면도
E : 저면도
F : 배면도

(a) 제1각법   (b) 제3각법

도면의 표준 배치

④ **투상각법의 기호** : 제1각법, 제3각법을 특별히 명시해야 할 때에는 표제란 또는 그 근처에 "1각법" 또는 "3각법"이라 기입하고 문자 대신 [그림]과 같은 기호를 사용한다.

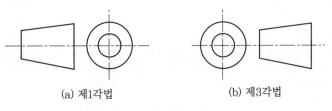

(a) 제1각법   (b) 제3각법

투상법의 기호

(3) 도형 표시법

① **단면도의 표시 방법** : 물체 내부와 같이 볼 수 없는 것을 도시할 때, 숨은선으로 표시하면 복잡하므로 이와 같은 부분을 절단하여 내부가 보이도록 하면, 대부분의 숨은선이 없어지고 필요한 곳이 뚜렷하게 도시된다. 이와 같이 나타낸 도면을 단면도(sectional view)라고 하며 다음 법칙에 따른다.

㈎ 단면도와 다른 도면과의 관계는 정투상법에 따른다.

㈏ 절단면은 기본 중심선을 지나고 투상면에 평행한 면을 선택하되, 같은 직선상에 있지 않아도 된다.

㈐ 투상도는 전부 또는 일부를 단면으로 도시할 수 있다.

㈑ 단면에는 절단하지 않은 면과 구별하기 위하여 해칭이나 스머징을 한다. 또한 단면도에 재료 등을 표시하기 위해 특수한 해칭 또는 스머징을 할 수 있다.

㈒ 단면 뒤에 있는 숨은선은 물체가 이해되는 범위 내에서 되도록 생략한다.

㈓ 절단면의 위치는 다른 관계도에 절단선으로 나타낸다. 다만, 절단 위치가 명백할 경우에는 생략해도 좋다.

② **해칭과 스머징**

㈎ 해칭(hatching)이란 단면 부분에 가는 실선으로 빗금선을 긋는 방법이며, 스머징(smudging)이란 단면 주위를 색연필로 엷게 칠하는 방법이다.

㈏ 중심선 또는 주요 외형선에 45° 경사지게 긋는 것이 원칙이나, 부득이한 경우에는 다른 각도(30°, 60°)로 표시한다.

㈐ 해칭선의 간격은 도면의 크기에 따라 다르나, 보통 2~3mm의 간격으로 하는 것이 좋다.

㈑ 2개 이상의 부품이 인접할 경우에는 해칭의 방향과 간격을 다르게 하거나 각도를 다르게 한다.

㈒ 간단한 도면에서 단면을 쉽게 알 수 있는 것은 해칭을 생략할 수 있다.

㈓ 동일 부품의 절단면 해칭은 동일한 모양으로 해칭하여야 한다.

㈔ 해칭 또는 스머징을 하는 부분 안에 문자, 기호 등을 기입하기 위하여 해칭 또는 스머징을 중단한다.

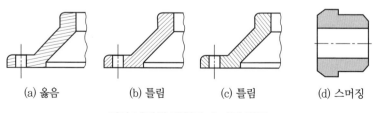

(a) 옳음   (b) 틀림   (c) 틀림   (d) 스머징

경사 단면의 해칭과 스머징 방법

예상문제

1. 제1각법과 제3각법의 설명 중 틀린 것은?

① 제1각법은 물체를 1상한에 놓고 정투상법으로 나타낸 것이다.

② 제1각법은 눈 → 투상면 → 물체의 순서로 나타낸다.

③ 제3각법은 물체를 3상한에 놓고 정투상법으로 나타낸 것이다.

④ 한 도면에 제1각법과 제3각법을 같이 사용해서는 안 된다.

해설 제1각법은 눈 → 물체 → 투상면의 순서로 나타낸다. 특히 3각법의 장점은 양 투상면의 비교·대조가 용이하고, 투상면의 중간에 상관된 치수를 나타낼 수 있어 이해하기 쉬우며 보조 투상도를 나타낼 때 1각보다 쉽게 이해할 수 있다는 것이다.

2. 다음 그림은 정투상 방법의 몇 각법을 나타내는가?

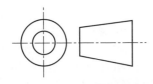

① 1각법   ② 등각 방법
③ 3각법   ④ 부등각 방법

3. 투상도법 중 제1각법과 제3각법이 속하는 투상도법은?

① 경사 투상법
② 등각 투상법
③ 다이메트릭 투상법
④ 정투상법

4. 투상선이 평행하게 물체를 지나 투상면에 수직으로 닿고 투상된 물체가 투상면에 나란하기 때문에 어떤 물체의 형상도 정확하게 표현할 수 있는 투상도는?

① 사투상도   ② 등각 투상도
③ 정투상도   ④ 부등각 투상도

해설 투사선에 평행하게 물체를 지나 투상면에 수직으로 닿고, 투상된 물체가 투상면에 나란하기 때문에 어떤 물체의 형상도 정확하게 표현할 수 있다. 이러한 투상법을 정투상법이라 하며 1각법과 3각법이 있다.

5. 다음은 온 단면도에 대하여 설명한 것이다. 틀린 것은?

① 물체의 전면을 절단한 것이다.
② 물체의 전면을 단면도로 표시한 것이다.
③ 단면선은 30°로 긋는 것을 원칙으로 한다.
④ 중심선을 지나는 절단 평면으로 전면을 자르는 것이다.

해설 단면선은 해칭선을 말한다.

6. 다음 단면을 표시한 것 중 틀린 것은?

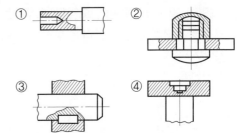

해설 ①, ②, ③은 부분 단면도이며, ④는 단면 도시의 어느 것에도 속하지 않는다.

정답 1. ②   2. ③   3. ④   4. ③   5. ③   6. ④

7. 다음 설명 중 한쪽 단면도에 대한 것은?

① 중심선을 경계로 하여 대칭인 물체를 반 쪽만 단면으로 표시한 것이다.

② 실물의 1/2을 절단하여 단면으로 나타낸 것이다.

③ 도형 전체가 단면으로 표시된 것이다.

④ 물체의 필요한 부분만 단면으로 표시한 것이다.

[해설] ②, ③은 전 단면도, ④는 부분 단면도에 대한 설명이다. 반단면은 실물의 형상이 대칭으로서 실물의 1/4을 잘라낸 단면으로 나타낼 때의 도형이다.

8. 다음 그림 중 공통점이 아닌 것은?

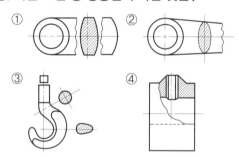

[해설] ①, ②, ③은 회전 도시 단면도이고, ④는 부분 단면을 표시한 것이다. ①은 파단선을 써서 가운데에 그려 넣는 경우, ②는 파단하지 않고 직접 도형 안에 그려 넣는 경우, ③은 절단선을 연장하여 그 위에 그려 넣는 경우이다.

9. 그림과 같이 키 홈만의 모양을 도시하는 것으로 충분할 경우 사용하는 투상법의 명칭은?

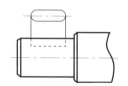

① 국부 투상도   ② 부분 확대도

③ 보조 투상도   ④ 회전 투상도

[해설] • 부분 확대도 : 특정 부분의 도형이 작아서 그 부분의 상세한 도시나 치수 기입을 할 수 없을 때 사용

• 보조 투상도 : 경사면부가 있는 물체를 정투상도로 그릴 때 그 물체의 실형을 나타낼 수 없을 경우에 사용

• 회전 투상도 : 투상면이 어느 각도를 가지고 있기 때문에 그 실형을 표시하지 못할 때 사용

10. 다음 중 그림과 같은 단면도의 명칭으로 올바른 것은?

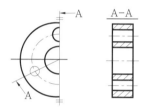

① 온 단면도

② 회전 도시 단면도

③ 한쪽 단면도

④ 조합에 의한 단면도

[해설] • 온 단면도 : 물체를 기본 중심선에서 전부 절단해서 도시한 것

• 한쪽 단면도 : 기본 중심선에 대칭인 물체의 1/4만 잘라내어 절반은 단면도로 다른 절반은 외형도로 나타내는 단면법

11. 대칭형인 대상물을 외형도의 절반과 온 단면도의 절반을 조합하여 표시한 단면도는 어느 것인가?

① 계단 단면도   ② 한쪽 단면도
③ 부분 단면도   ④ 회전 단면도

[해설] 한쪽 단면도는 물체의 외형과 내부를 동시에 나타낼 수 있으며, 절단선은 기입하지 않는다.

[정답]   **7.** ①   **8.** ④   **9.** ①   **10.** ④   **11.** ②

12. 바퀴의 암, 리브 등을 단면할 때 가장 적합한 단면도로 그림과 같은 단면도의 명칭은?

① 부분 단면도
② 한쪽 단면도
③ 회전 도시 단면도
④ 계단 단면도

해설 그림과 같은 회전 도시 단면도는 절단할 곳의 전후를 끊어서 그 사이에 그린다.

13. 보기와 같이 대상물의 구멍, 홈 등 일부분의 모양을 도시하는 것으로 충분한 경우 사용되는 투상도는?

──── | 보기 | ────

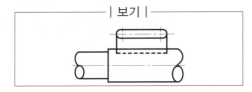

① 보조 투상도
② 국부 투상도
③ 회전 투상도
④ 부분 투상도

해설 (1) 보조 투상도 : 경사면부가 있는 물체는 정투상도로 그리면 그 물체의 실형을 나타낼 수가 없으므로 그 경사면과 맞서는 위치에 보조 투상도를 그려 경사면의 실형을 나타낸다.
(2) 회전 투상도 : 투상면이 어느 각도를 가지고 있기 때문에 그 실형을 표시하지 못할 때에는 그 부분을 회전해서 실형을 도시한다.
(3) 부분 투상도 : 그림의 일부를 도시하는 것으로 충분한 경우에는 그 필요 부분만을 표시한다.

14. 투상면이 어느 각도를 가지고 있기 때문에 그 실형을 도시하기 위하여 그림과 같이 나타내는 투상법의 명칭은?

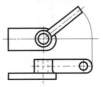

① 보조 투상도   ② 부분 투상도
③ 회전 투상도   ④ 국부 투상도

해설 회전 투상도는 투상면이 어느 각도를 가지고 있기 때문에 실형을 표시하지 못할 때에는 그 부분을 회전해서 실형을 도시할 수 있다.

15. 다음 중 보조 투상도를 사용해야 될 곳으로 가장 적합한 경우는?

① 가공 전 · 후의 모양을 투상할 때 사용
② 특정 부분의 형상이 작아 이를 확대하여 자세하게 나타낼 때 사용
③ 물체 경사면의 실형을 나타낼 때 사용
④ 물체에 대한 단면을 90° 회전하여 나타낼 때 사용

해설 경사면부가 있는 물체는 정투상도로 그리면 그 물체의 실형을 나타낼 수가 없으므로 그 경사면과 맞서는 위치에 보조 투상도를 그려 경사면의 실형을 나타낸다.

16. 주로 대칭인 물체의 중심선을 기준으로 내부 모양과 외부 모양을 동시에 표시하는 단면도는?

① 온 단면도   ② 부분 단면도
③ 한쪽 단면도   ④ 회전 도시 단면도

해설 한쪽 단면도는 기본 중심선에 대칭인 물체의 1/4만 잘라내어 절반은 단면도로, 다른 절반은 외형도로 나타내는 단면법이다.

정답 12. ③   13. ②   14. ③   15. ③   16. ③

17. 단면도의 표시 방법에서 그림과 같은 단면도의 종류는?

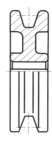

① 온 단면도
② 한쪽 단면도
③ 부분 단면도
④ 회전 도시 단면도

18. 그림과 같은 정면도와 우측면도에 가장 적합한 평면도는?

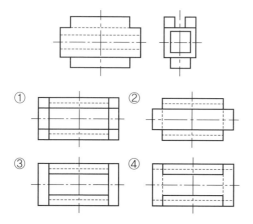

19. 투상법에서 그림과 같이 경사진 부분의 실제 모양을 도시하기 위하여 사용하는 투상도의 명칭은?

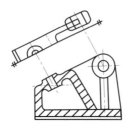

① 부분 투상도
② 국부 투상도
③ 회전 투상도
④ 보조 투상도

해설 경사면부가 있는 물체는 정투상도로 그리면 그 물체의 실형을 나타낼 수가 없으므로 그 경사면과 맞서는 위치에 보조 투상도를 그려 경사면의 실형을 나타낸다.

20. 정면, 평면, 측면을 하나의 투상도면 위에서 동시에 볼 수 있도록 두 개의 옆면 모서리가 수평선에 30°가 되고 3개의 축간 각도가 120°가 되는 투상도는?

① 등각 투상도
② 정면 투상도
③ 입체 투상도
④ 부등각 투상도

해설 투상도법은 정투상 도법과 회화식 투상 도법으로 크게 나눌 수 있으며, 회화식 투상 도법에는 사투상도, 등각 투상도, 부등각 투상도, 투시도 등이 있다.

21. 대칭형인 대상물을 외형도의 절반과 온 단면도의 절반을 조합하여 표시한 단면도는 어느 것인가?

① 계단 단면도
② 한쪽 단면도
③ 부분 단면도
④ 회전 도시 단면도

해설 한쪽 단면도는 물체의 외부와 내부를 동시에 나타낼 수가 있으며, 절단선은 기입하지 않는다.

22. 그림의 조립도에서 부품 ①의 기능과 조립 및 가공을 고려할 때, 가장 적합하게 투상된 부품도는?

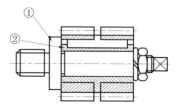

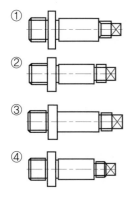

① ② ③ ④

23. 다음 중 밑면에서 수직한 중심선을 포함하는 평면으로 절단했을 때 단면이 사각형인 것은?

① 원뿔   ② 원기둥
③ 정사면체   ④ 사각뿔

해설 원기둥의 단면은 밑면에 수평으로 잘랐을 때는 원이고, 비스듬히 잘랐을 때는 타원이다.

24. 보기 도면과 같이 나타내는 단면도의 명칭은?

┤ 보기 ├

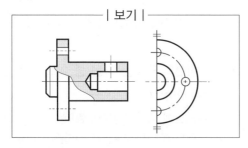

① 온 단면도
② 한쪽 단면도
③ 부분 단면도
④ 회전 단면도

해설 필요로 하는 요소의 일부분만 잘라서 표현한 것을 부분 단면도라 하며, 파단선에 의하여 그 경계를 나타낸다.

25. 다음 중 회전 도시 단면도로 나타내기에 가장 적합한 물체는?

① 바퀴의 암   ② 리벳
③ 테이퍼 핀   ④ 너트

해설 회전 도시 단면도는 핸들이나 바퀴 등의 암 및 림, 리브, 훅 등의 도시에 적당하다.

26. 보기 투상도의 중심선 양끝 부분에 짧은 2개의 평행한 가는 선의 의미는?

┤ 보기 ├

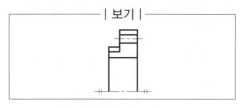

① 대칭 도형의 생략
② 회전 투상도
③ 반복 도형의 생략
④ 부분 확대도

해설 대칭 도형의 경우 짧은 2개의 평행한 가는 선을 붙인다.

27. 보기와 같은 단면도의 명칭은?

┤ 보기 ├

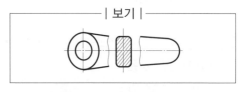

① 온 단면도   ② 한쪽 단면도
③ 부분 단면도   ④ 회전 단면도

해설 단면도의 종류
- 온 단면도 : 물체를 기본 중심선에서 전부 절단해서 도시한 것
- 한쪽 단면도 : 기본 중심선에서 물체의 4만 잘라내어 도시한 것
- 부분 단면도 : 외형도에 있어서 필요로 하는 요소의 일부분만을 도시한 것

28. 절단면을 사용하여 대상물을 절단하였다고 가정하고 절단면의 앞부분을 제거하고 그리는 도형은?

① 단면도   ② 입체도

③ 전개도   ④ 투시도

해설 • 입체도 : 대상물의 정면 한 방향에서 투상한 도면
• 전개도 : 입체 도형을 펼쳐서 평면에 나타낸 그림

29. 회전 도시 단면도에 대한 설명이다. 틀린 것은?

① 회전 도시 단면도는 핸들, 벨트 풀리, 기어 등과 같은 바퀴의 암, 리브 등의 절단한 단면의 모양을 90°로 회전하여 표시한 것이다.

② 회전 도시 단면도는 투상도의 안이나 밖에 그릴 수 있다.

③ 회전 도시 단면도를 투상의 절단한 곳과 겹쳐서 그릴 때에는 가는 2점 쇄선으로 그린다.

④ 회전 도시 단면도를 절단한 곳의 전후를 파단하여 그 사이에 그릴 경우에는 굵은 실선으로 그린다.

30. 다음 중 센터 구멍의 간략 도시 기호로서 옳지 않은 것은?

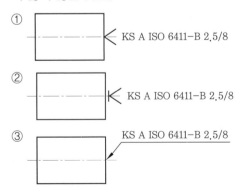

① KS A ISO 6411-B 2.5/8

② KS A ISO 6411-B 2.5/8

③ KS A ISO 6411-B 2.5/8

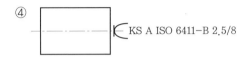

④ KS A ISO 6411-B 2.5/8

해설 센터 구멍 표시 방법에서 ①은 반드시 남겨 두어야 하며, ②는 남겨 있어서는 안되는 것을 의미한다.

31. 다음 그림에서 A~D에 관한 설명으로 가장 옳은 것은?

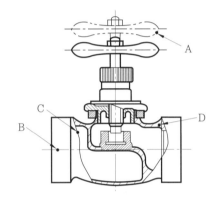

① 선 A는 물체의 이동 한계의 위치를 나타낸다.

② 선 B는 도형의 숨은 부분을 나타낸다.

③ 선 C는 대상의 앞쪽 형상을 가상으로 나타낸다.

④ 선 D는 대상이 평면임을 나타낸다.

32. 해칭선의 각도는 다음 중 어느 것을 원칙으로 하는가?

① 수평선에 대하여 45°로 한다.

② 수평선에 대하여 60°로 한다.

③ 수평선에 대하여 30°로 긋는다.

④ 수직 또는 수평으로 긋는다.

해설 해칭선은 원칙적으로 수평선에 대하여 45° 등간격(2~3mm)으로 긋는다. 그러나 45°로 넣기가 힘들거나 필요할 때는 30°, 60°로 하며, 해칭선의 굵기는 0.3mm 이하이다.

정답 28. ①   29. ③   30. ④   31. ④   32. ①

33. 다음 그림과 같이 절단면에 색칠한 것을 무엇이라고 하는가?

① 해칭　　　　　② 단면

③ 투상　　　　　④ 스머징

해설 스머징(smudging)이란 단면 주위를 연필 또는 색연필로 엷게 칠하는 방법이고 해칭(hatching)은 단면 부분에 가는 실선으로 빗금선을 긋는 방법이다.

정답　33. ④

2-3　치수 기입

(1) 치수 기입의 원칙

도면에 치수를 기입하는 경우에는 다음 사항에 유의하여 기입한다.

① 대상물의 기능 · 제작 · 조립 등을 고려하여 필요하다고 생각되는 치수를 명료하게 도면에 지시한다.

② 치수는 대상물의 크기, 자세 및 위치를 가장 명확하게 표시하는 데 필요하고 충분한 것을 기입한다.

③ 도면에 나타내는 치수는 특별히 명시하지 않는 한, 그 도면에 도시한 대상물의 다듬질 치수를 표시한다.

④ 치수에는 기능상 필요한 경우 치수의 허용 한계를 기입한다. 다만, 이론적으로 정확한 치수는 제외한다.

⑤ 치수는 되도록 주투상도에 기입한다.

⑥ 치수는 중복 기입을 피한다.

⑦ 치수는 되도록 계산해서 구할 필요가 없도록 기입한다.

⑧ 치수는 필요에 따라 기준으로 하는 점, 선 또는 면을 기준으로 하여 기입한다.

⑨ 관련되는 치수는 되도록 한곳에 모아서 기입한다.

⑩ 치수는 되도록 공정마다 배열을 분리하여 기입한다.

⑪ 치수 중 참고 치수에 대하여는 치수 수치에 괄호를 붙인다.

(2) 치수 기입 방법

치수 기입에는 [그림]과 같이 치수, 치수선, 치수 보조선, 지시선, 화살표, 치수 숫자 등이 쓰인다.

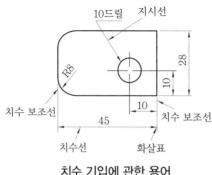
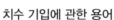

치수 기입에 관한 용어

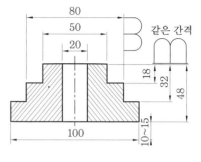

등간격 기입

(3) 치수 보조 기호

치수 보조 기호의 종류

기호	설명	기호	설명
∅	지름	⌒	원호의 길이
S∅	구의 지름	C	45° 모따기
□	정육면체의 변	t =	두께
R	반지름	⌴	카운터 보어
SR	구의 반지름	∨	카운터 싱크(접시 자리파기)
CR	제어 반지름	▽	깊이

예상문제

1. 치수선에 관한 설명 중 맞는 것은?

① 치수를 기입하기 위하여 외형선에 평행하게 그은 선
② 치수를 기입하기 위하여 외형선에서 2~3mm 연장하여 그은 선
③ 치수를 기입하기 위하여 알맞은 각도 (60°)로 직선을 그은 선
④ 중간 실선으로 프리핸드로 그은 선

해설 ②는 치수 보조선, ③은 지시선, ④는 파단선을 설명하고 있다.

2. 다음 그림에서 테이퍼(taper)의 값은?

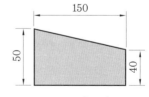

① 1/10   ② 1/15
③ 1/50   ④ 1/100

해설 $T = \dfrac{D-d}{l} = \dfrac{50-40}{150} = \dfrac{10}{150} = \dfrac{1}{15}$

정답 1. ①   2. ②

3. 치수 기입상의 주의사항 중 틀린 것은?

① 치수는 계산을 하지 않아도 되게끔 기입한다.

② 도형의 외형선이나 중심선을 치수선으로 대용해서는 안 된다.

③ 원형의 그림에서는 치수를 방사상으로 기입해도 좋다.

④ 서로 관련이 있는 치수는 될 수 있는 대로 한곳에 모아서 기입한다.

해설 치수 기입 시 특별 지시가 없는 한 마무리(완성) 치수로 기입한다.

4. 다음 치수 보조 기호의 사용 방법이 올바른 것은 어느 것인가?

① ϕ : 구의 지름 치수 앞에 붙인다.

② R : 원통의 지름 치수 앞에 붙인다.

③ □ : 정육면체의 변의 치수 수치 앞에 붙인다.

④ SR : 원형의 지름 치수 앞에 붙인다.

5. 치수 표시에 쓰이는 기호 중 반지름의 의미를 나타낼 때 사용하는 문자 기호는?

① R   ② P

③ C   ④ t

6. 다음 중 치수 보조 기호와 그 의미 연결이 틀린 것은?

① R : 반지름

② SR : 구의 반지름

③ t= : 판의 두께

④ ( ) : 이론적으로 정확한 치수

해설 이론적으로 정확한 치수에는 사각 테두리를 하며, 괄호가 나타내는 것은 참고 치수이다.

7. 기계 가공 면을 모떼기할 때 그림과 같이

"C5"라고 표시하였다. 어느 부분의 길이가 5인 것을 나타내는가?

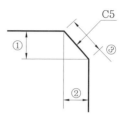

① ③이 5   ② ①과 ②가 모두 5

③ ①+②가 5   ④ ①+②+③이 5

해설 C는 45° 모따기를 의미하며, C 다음의 수치는 가로, 세로 각각의 치수를 나타낸다.

8. 기계 제도 도면에서 치수 앞에 표시하여 치수의 의미를 정확하게 나타내는 데 사용하는 기호가 아닌 것은?

① t=   ② C

③ □   ④ ◇

해설 • t= : 두께
  • C : 45° 모따기
  • □ : 정육면체의 변

9. 그림의 치수 기입 방법 중 옳게 나타난 것을 모두 고른 것은?

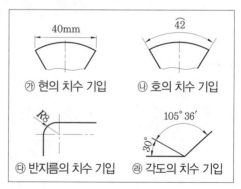

① ㉮, ㉯, ㉰, ㉱   ② ㉯, ㉰, ㉱

③ ㉮, ㉯, ㉰   ④ ㉯, ㉰

해설 현의 치수 기입 시 길이 단위인 mm는 사용하지 않는다.

정답 3. ③ 4. ③ 5. ① 6. ④ 7. ② 8. ④ 9. ②

10. 치수와 병기하여 사용되는 다음 치수 기호 중 KS 제도 통칙으로 올바르게 기입된 것은?

① 25□   ② 25C

③ SR25   ④ 25ϕ

> **해설** 기호는 치수 숫자와 같은 크기로 치수 앞에 기입한다. □는 정육면체의 변, C는 45° 모따기, SR은 구의 반지름, ϕ는 지름이다.

11. 보기 도면과 같이 표시된 치수의 해독으로 가장 적합한 것은?

| 보기 |

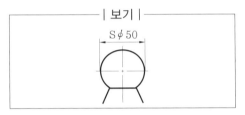

Sϕ50

① 호의 지름이 50mm

② 구의 지름이 50mm

③ 호의 반지름이 50mm

④ 구의 반지름이 50mm

> **해설** ϕ는 지름을 나타내고 Sϕ는 구의 지름을 나타낸다.

12. 다음과 같은 도면에서 [100]으로 표현된 치수 표시가 의미하는 것은?

100

① 정사각형의 변을 표시

② 평면도를 표시

③ 이론적으로 정확한 치수 표시

④ 참고 치수 표시

> **해설** 참고 치수 표시는 (   )로 나타낸다.

정답   **10.** ③   **11.** ②   **12.** ③

2-4   누적치수 계산

(1) 직렬 치수 기입법

이 기입법은 직렬로 나란히 연결된 개개의 치수에 주어진 공차가 누적되어도 관계없는 경우에 사용한다.

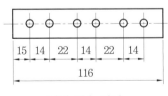

15 14 22 14 22 14
116

직렬 치수 기입

(2) 병렬 치수 기입법

기입된 개개의 치수 공차는 다른 치수의 공차에는 영향을 주지 않으며, 기준이 되는 치수 보조선의 위치는 기능, 가공 등의 조건을 고려하여 적절히 선택한다.

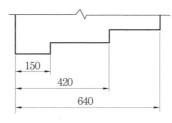

병렬 치수 기입

(3) 누진 치수 기입법

치수 공차에 대해서는 병렬 치수 기입법과 같은 의미를 가지면서 한 개의 연속된 치수선으로 간단하게 표시할 수 있다. 이 경우 치수의 기준이 되는 위치는 기호(○)로 표시하고, 치수선의 다른 끝은 화살표를 그린다. 치수 수치는 치수 보조선에 나란히 기입하거나 화살표 가까운 곳의 치수선 위쪽에 쓴다.

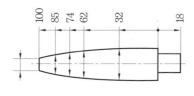

누진 치수 기입

(4) 좌표 치수 기입법

구멍의 위치나 크기 등의 치수는 좌표를 사용하여 표로 기입하여도 좋다. 이때, 표에 표시한 X, Y의 수치는 기준점에서의 수치이다. 기준점은 기능 또는 가공 조건을 고려하여 적절히 선택한다.

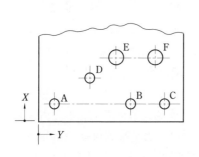

구분	X	Y	ϕ
A	20	20	13.5
B	140	20	13.5
C	200	20	13.5
D	60	60	13.5
E	100	90	26
F	180	90	26

좌표 치수 기입

예상문제

1. KS 기계 제도에서의 치수 배치에서 한 개의 연속된 치수선으로 간편하게 표시하는 것으로 치수의 기점의 위치를 기점 기호(○)로 나타내는 치수 기입법은?

① 직렬 치수 기입빕 ② 좌표 치수 기입법
③ 병렬 치수 기입법 ④ 누진 치수 기입법

해설 (1) 직렬 치수 기입법 : 직렬로 나란히 연결된 개개의 치수에 주어진 공차가 누적되어도 관계없는 경우에 사용한다.
(2) 병렬 치수 기입법 : 기입된 개개의 치수 공차는 다른 치수의 공차에는 영향을 주지 않는다.
(3) 좌표 치수 기입법 : 구멍의 위치나 크기 등의 치수는 좌표를 사용하여 표로 기입하여도 좋다.

2. 다음 그림과 같은 치수 기입법을 무엇이라 하는가?

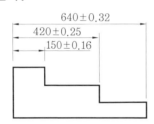

① 직렬 기입 방법 ② 병렬 기입 방법
③ 누진 기입 방법 ④ 복합 기입 방법

3. 보기와 같은 도면에서 C부의 치수는?

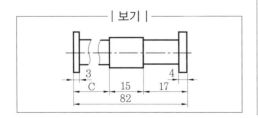

| 보기 |

① 43 ② 47
③ 50 ④ 53

해설 $82-(15+17)=50$

4. 그림과 같은 도면에서 'K'의 치수 크기는 얼마인가?

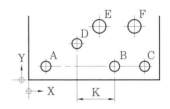

	X	Y	ϕ
A	20	20	13.5
B	140	20	13.5
C	200	20	13.5
D	60	60	13.5
E	100	90	26
F	180	90	26

① 50 ② 60
③ 70 ④ 80

해설 D의 X값이 60이고, B의 X값이 140이므로 K=140-60=80이다.

5. 여러 개의 관련되는 치수에 허용 한계를 지시하는 경우로 틀린 것은?

① 누진 치수 기입은 가격 제한이 있거나 다른 산업 분야에서 특별히 필요한 경우에 사용해도 된다.
② 병렬 치수 기입 방법 또는 누진 치수 기입 방법에서 기입하는 치수 공차는 다른 치수 공차에 영향을 주지 않는다.
③ 직렬 치수 기입 방법으로 치수를 기입할

때에는 치수 공차가 누적된다.
④ 직렬 치수 기입 방법은 공차의 누적이 기능에 관계가 있을 경우에 사용하는 것이 좋다.

해설 직렬 치수 기입법은 직렬로 나란히 연결된 개개의 치수에 주어진 공차가 누적되더라도 관계없는 경우에 사용한다.

6. 보기 도면에서 괄호 안에 들어갈 치수는 얼마인가?

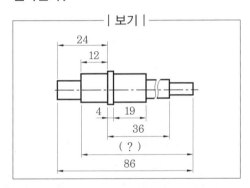

| 보기 |

① 74　　　　② 70
③ 62　　　　④ 60

해설 86−(24−12)=74

7. 그림에 사용된 치수의 배치 방법으로 옳은 것은?

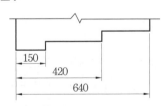

① 직렬 치수 기입
② 병렬 치수 기입
③ 누진 치수 기입
④ 좌표 치수 기입

8. 치수 기입 중 치수의 배치 방법이 아닌 것

은 어느 것인가?

① 누진 치수 기입법
② 병렬 치수 기입법
③ 가로 치수 기입법
④ 좌표 치수 기입법

해설 치수의 배치 방법에는 직렬 치수 기입법, 병렬 치수 기입법, 누진 치수 기입법, 좌표 치수 기입법이 있다.

9. 기계 제도에서 (A)의 치수는 얼마인가?

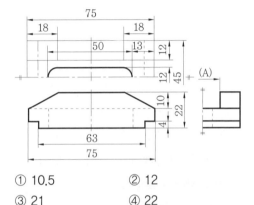

① 10.5　　　　② 12
③ 21　　　　④ 22

해설 45−(12+12)=21

10. 보기의 도면에서 기준면으로 가장 적합한 면은?

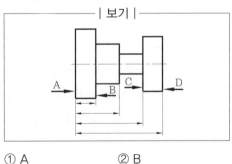

| 보기 |

① A　　　　② B
③ C　　　　④ D

해설 병렬 치수 기입법인데, 기준이 되는 치수 보조선 위치는 기능, 가공 조건 등을 고려하여 A 위치에 기준면을 정한다.

2-5 치수 공차

(1) 용어의 뜻

① **구멍** : 주로 원통형의 내측 형체를 말하나, 원형 단면이 아닌 내측 형체도 포함된다.

② **축** : 주로 원통형의 외측 형체를 말하나, 원형 단면이 아닌 외측 형체도 포함된다.

③ **기준 치수(basic dimension)** : 치수 허용 한계의 기본이 되는 치수이다. 도면상에는 구멍, 축 등의 호칭 치수와 같다.

④ **기준선(zero line)** : 허용 한계 치수와 끼워 맞춤을 도시할 때 치수 허용차의 기준이 되는 선으로, 치수 허용차가 0(zero)인 직선이며 기준 치수를 나타낼 때 사용한다.

⑤ **허용 한계 치수(limits of size)** : 형체의 실치수가 그 사이에 들어가도록 정한, 허용할 수 있는 대소 2개의 극한의 치수(최대 허용 치수 및 최소 허용 치수)

⑥ **실치수(actual size)** : 형체를 측정한 실측 치수

⑦ **최대 허용 치수(maximum limits of size)** : 형체의 허용되는 최대 치수

⑧ **최소 허용 치수(minimum limits of size)** : 형체의 허용되는 최소 치수

⑨ **공차(tolerance)** : 최대 허용 한계 치수와 최소 허용 한계 치수와의 차이며, 치수허용차라고도 한다.

⑩ **치수 허용차(deviation)** : 허용 한계 치수에서 기준 치수를 뺀 값으로서 허용차라고도 한다.

⑪ **위 치수 허용차(upper deviation)** : 최대 허용 치수에서 기준 치수를 뺀 값

⑫ **아래 치수 허용차(lower deviation)** : 최소 허용 치수에서 기준 치수를 뺀 값

(2) 기본 공차

기본 공차는 IT 01부터 IT 18까지 20등급으로 구분하여 규정되어 있으며, IT 01과 IT 0에 대한 값은 사용 빈도가 적으므로 별도로 정하고 있다. IT 공차를 구멍과 축의 제작 공차로 적용할 때 제작의 난이도를 고려하여 구멍에는 IT_n, 축에는 IT_{n-1}을 부여하며 다음과 같다.

기본 공차의 적용

용도	게이지 제작 공차	끼워 맞춤 공차	끼워 맞춤 이외 공차
구멍	IT 01~IT 5	IT 6~IT 10	IT11~IT18
축	IT 01~IT 4	IT 5~IT 9	IT10~IT18

예상문제

1. ϕ50H7에 대한 설명 중 틀린 것은?

① ϕ50 – 기준 치수 ② H – 축의 종류
③ 7 – 공차의 등급 ④ ϕ – 지름 표시

해설 H는 대문자이므로 구멍 기호이다.

2. 다음 중 최대 틈새가 가장 큰 끼워 맞춤은? (단, 기준 치수는 동일하다.)

① H6/f6 ② H6/g6
③ H6/t6 ④ H6/m6

해설 구멍 H가 일정할 때 축 기호가 a쪽으로 갈수록 허용 치수가 작아진다.

기준	축의 공차역 클래스					
구멍	헐거운 끼워 맞춤			중간 끼워 맞춤		
H6	f6	g6	h6	js6	k6	m6

3. 끼워 맞춤에서 축 기준식은 몇 등급으로 되어 있는가?

① 4등급 ② 5등급
③ 6등급 ④ 7등급

해설 구멍 기준식은 H6~H10의 5등급, 축 기준식은 h5~h9의 5등급이다.

4. IT 공차의 구멍 기본 공차에서 주로 게이지류에 적용되는 IT 공차는?

① IT 5~IT 9 ② IT 01~IT 4
③ IT 6~IT 10 ④ IT 01~IT 5

해설 IT 기본 공차(I.S.O. tolerance)의 등급은 IT 01급, IT 0급~IT 18급의 모두 20등급으로 구분하며, 구멍 기본 공차에서는 IT 01~IT 5급은 게이지류, IT 6~IT 10급은 끼워 맞춤 부분, IT 11~IT 18급은 끼워 맞춤이 아닌 부분에 적용된다.

5. 다음 중 허용 한계 치수에서 기준 치수 뺀 값을 의미하는 용어로 가장 적합한 것은?

① 치수 공차 ② 공차역
③ 치수 허용차 ④ 실치수

해설 치수 공차는 최대 허용 한계 치수와 최소 허용 한계 치수의 차를 말하며, 공차역은 기하학적으로 자세 또는 위치로부터 벗어나는 것이 허용되는 영역을 말한다.

6. 조립 부품에 대해 치수 허용차를 기입할 경우 다음 중 잘못 기입한 것은?

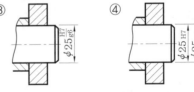

해설 $\phi25\dfrac{H7}{g6}$에서 ϕ25는 기준 치수, H는 구멍의 표준 공차 등급, g는 축의 표준 공차 등급이며, 6 및 7은 IT 등급이다. 기입 방법은 $\phi25\dfrac{H7}{g6}$, ϕ25H7/g6이다.

7. 치수 공차의 범위가 가장 큰 치수는?

① $50^{+0.05}_{-0.03}$ ② $60^{+0.03}_{+0.01}$
③ $70^{-0.02}_{-0.05}$ ④ 80 ± 0.02

해설 ① $0.05-(-0.03)=0.08$
② $0.03-0.01=0.02$
③ $-0.02-(-0.05)=0.03$
④ $0.02-(-0.02)=0.04$

8. 다음 중 치수 $\phi 40H7$에 대한 설명으로 틀린 것은?

① 기준 치수는 40 mm
② 7은 IT공차의 등급
③ 아래 치수 허용차는 +0.25 mm
④ 대문자 H는 구멍 기준을 의미

해설 • $\phi 40$: 기준 치수
  • H : 구멍 기준
  • 7 : 공차의 등급

9. 기준 치수가 60, 최대 허용 치수가 59.96이고 치수 공차가 0.02일 때 아래 치수 허용차는?

① −0.06   ② +0.06
③ −0.04   ④ +0.04

해설 위 치수 허용차=최대 허용 치수−기준 치수=59.96−60=−0.04이며, 치수 공차가

0.02이므로, 아래 치수 허용차=최소 허용 치수−기준 치수=59.94−60=−0.06이다.

10. 축과 구멍의 끼워 맞춤에서 축의 치수는 $\phi 50^{-0.012}_{-0.028}$, 구멍의 치수는 $\phi 50^{+0.025}_{0}$일 경우 최소 틈새는 몇 mm인가?

① 0.053   ② 0.037
③ 0.028   ④ 0.012

해설 최소 틈새=구멍의 최소 허용 치수−축의 최대 허용 치수=50−(50−0.012)=0.012

11. 구멍 치수가 $\phi 50^{+0.005}_{0}$이고, 축 치수가 $\phi 50^{0}_{-0.004}$일 때, 최대 틈새는?

① 0   ② 0.004
③ 0.005   ④ 0.009

해설 최대 틈새=구멍의 최대 허용 치수−축의 최소 허용 치수=$(50+0.005)-(50-0.004)$ =0.009

정답 8. ③   9. ①   10. ④   11. ④

2-6 기하 공차

(1) 기하 공차의 기호

용도	공차의 명칭		기호
단독 형체	모양 공차	진직도 공차	—
		평면도 공차	▱
		진원도 공차	○
		원통도 공차	⌀
단독 형체 또는 관련 형체		선의 윤곽도 공차	⌒
		면의 윤곽도 공차	⌓

		평행도 공차	//
	자세 공차	직각도 공차	⊥
		경사도 공차	∠
관련 형체		위치도 공차	⊕
	위치 공차	동축도 공차 또는 동심도 공차	◎
		대칭도 공차	＝
	흔들림 공차	원주 흔들림 공차	/
		온 흔들림 공차	//

(2) 기하공차의 표시 방법

① 공차의 종류를 나타내는 기호와 공차값은 [그림 (a)]와 같이 나타내며, 데이텀 (datum, 기준선 또는 기준면)을 지시하는 문자 기호는 [그림 (b), (c)]와 같이 기입 한다.

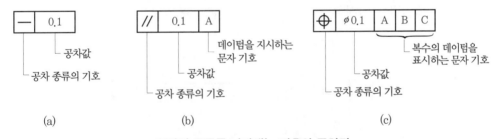

(a)　　　　　　　　(b)　　　　　　　　(c)

공차의 종류를 나타내는 기호와 공차값

② '6구멍', '4면'과 같이 형체의 공차에 연관시켜 지시할 때에는 [그림 (a)]와 같이 기 입한다.

③ 1개의 형체에 2개 이상의 공차를 표시할 때에는 [그림 (b)]와 같이 겹쳐서 기입 한다.

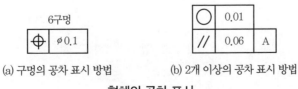

(a) 구멍의 공차 표시 방법　　　　(b) 2개 이상의 공차 표시 방법

형체의 공차 표시

(3) 데이텀 지정 방법

① 형체에 지정하는 공차가 데이텀과 관련되는 경우에는 데이텀은 영문자의 대문자를 정사각형으로 둘러싸고, 이것과 데이텀 삼각 기호 지시선을 연결해서 나타낸다. 이 때 데이텀 삼각 기호는 까맣게 칠해도 좋고 칠하지 않아도 좋다.

② 선 또는 면 자체가 데이텀 형체인 경우에는 형체의 외형선 위 또는 외형선을 연장한 가는 선 위에 (치수선의 위치를 피해서) 데이텀 삼각 기호를 붙인다[그림 (a)].

③ 치수가 지정되어 있는 형체의 축 직선, 또는 중심 평면이 데이텀인 경우에는 치수선의 연장선을 데이텀의 지시선으로 사용하여 붙인다[그림 (b)].

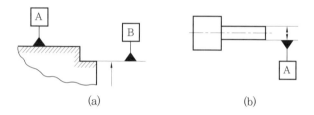

(a)   (b)

④ 축 직선 또는 중심 평면이 공통인 형체에 데이텀을 표시할 경우에는 축 직선, 또는 중심 평면을 나타내는 중심선에 데이텀 삼각 기호를 붙인다[그림 (c)].

⑤ 잘못 볼 염려가 없는 경우에는 공차 기입란과 데이텀 삼각 기호를 직접 지시선에 연결하여 데이텀을 지시하는 문자 기호를 생략할 수 있다[그림 (d)].

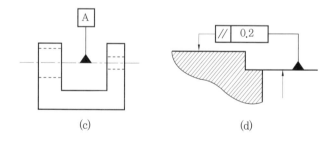

(c)   (d)

예상문제 📖

1. 기하 공차의 종류 중 모양 공차인 것은?

  ① 원통도 공차

  ② 위치도 공차

  ③ 동심도 공차

  ④ 대칭도 공차

2. 형상 공차의 기호의 연결이 틀린 것은?

  ① ▱ : 평면도   ② ○ : 원통도

  ③ ⌖ : 위치도   ④ — : 진직도

  해설 ○ : 진원도, ⌀ : 원통도

정답 1. ①   2. ②

3. 형상 공차의 기호(ISO) 중에서 원주의 흔들림을 나타내는 것은?

① ◎   ② ○

③ ◠   ④ ⟋

해설 ① 동축도, ② 진원도, ③ 표면 윤곽도

4. 다음과 같은 기하 공차에 대한 설명으로 틀린 것은?

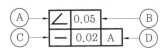

① A : 경사도 공차

② B : 공차값

③ C : 평행도 공차

④ D : 데이텀을 지시하는 문자 기호

해설 ─는 진직도 공차이며, 평행도 공차는 ⫽이다.

5. 다음 기하 공차 기입 틀에서 ⊕가 의미하는 것은?

⊕	0.02Ⓜ	C

① 진원도   ② 동축도

③ 진직도   ④ 위치도

해설

공차의 명령	기호
진원도 공차	○
동축도 공차	◎
진직도 공차	─

6. 도면에 보기와 같은 형상 공차가 기입되어 있을 때 올바르게 설명한 것은?

─────── | 보기 | ───────

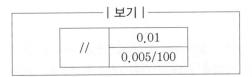

① 소정의 길이 100mm에 대하여 0.005mm, 전체 길이에 대하여 0.01mm의 평행도

② 소정의 길이 100mm에 대하여 0.005mm, 전체 길이에 대하여 0.01mm의 대칭도

③ 소정의 길이 100mm에 대하여 0.005mm, 전체 길이에 대하여 0.01mm의 직각도

④ 소정의 길이 100mm에 대하여 0.005mm, 전체 길이에 대하여 0.01mm의 경사도

해설 • ⫽ : 평행도
• 0.01 : 형상의 전체 공차값
• 0.005 : 지정 길이의 공차값
• 100 : 지정 길이

7. 기하 공차 기호에서 자세 공차에 해당하는 것은?

① ⌀̸   ② ⊕

③ ⫽   ④ ⟋

해설 ①은 원통도 공차, ②는 위치도 공차, ④는 원주 흔들림 공차이다.

8. 다음 중 대칭도를 나타내는 기호는 어느 것인가?

① ⌀̸   ② ⫽

③ ⟋   ④ ═

해설 ①은 원통도 공차, ②는 평행도 공차이며, ③은 온 흔들림 공차이다.

9. 기하 공차 중 데이텀이 적용되지 않는것은?

① 평행도   ② 평면도

③ 동심도   ④ 직각도

해설 단독 형상이 아닌 관련되는 형체의 기준으로부터 기하 공차를 규제하는 경우 어느 부분의 형체를 기준으로 기하 공차를 규제하느냐에 따른 기준이 되는 형체를 데이텀이라 하며, 평면도는 적용되지 않는다.

10. 그림과 같은 기하 공차 기입틀에서 첫째 구획에 들어가는 내용은?

첫째 구획	둘째 구획	셋째 구획

① 공차 값
② MMC 기호
③ 공차의 종류 기호
④ 데이텀을 지시하는 문자 기호

해설 기하 공차 기입

11. 그림과 같은 도면에서 데이텀 표적 도시 기호의 의미로 옳은 것은?

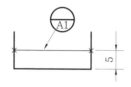

① 두 개의 X를 연결한 선의 데이텀 표적
② 두 개의 점 데이텀 표적
③ 두 개의 X를 연결한 선을 반지름으로 하는 원의 데이텀 표적
④ 10mm 높이의 직사각형 영역의 면 데이텀 표적

해설 데이텀 표적 도시 기호

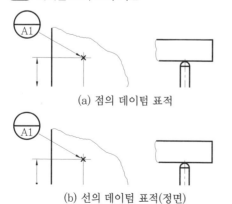

(a) 점의 데이텀 표적

(b) 선의 데이텀 표적(정면)

12. 최대 실체 공차 방식의 적용을 표시하는 방법으로 옳지 못한 것은?

① ⊕ | $\phi 0.04$ Ⓜ | A
② ⊕ | $\phi 0.04$ | AⓂ
③ ⊕Ⓜ | $\phi 0.04$ | A
④ ⊕ | $\phi 0.04$Ⓜ | AⓂ

해설 ① : 최대 실체 공차 방식을 공차의 대상으로 적용하는 경우에는 공차값 뒤에 Ⓜ을 기입한다.
② : 최대 실체 공차 방식을 공차의 대상으로 데이텀 형체에 적용하는 경우에는 데이텀을 나타내는 문자 기호 뒤에 Ⓜ을 기입한다.
④ : 최대 실체 공차 방식을 공차의 대상으로 공차붙이 형체와 그 데이텀 형체의 양자에 적용하는 경우에는 공차값 뒤에 데이텀을 나타내는 문자 기호 뒤에 Ⓜ을 기입한다.

13. 다음 중 데이텀 표적에 대한 설명으로 틀린 것은?

① 데이텀 표적은 가로선으로 2개 구분한 원형의 테두리에 의해 도시한다.
② 데이텀 표적이 점일 때는 해당 위치에 굵은 실선으로 × 표시를 한다.
③ 데이텀 표적이 선일 때는 굵은 실선으로 표시한 2개의 × 표시를 굵은 실선으로 연결한다.
④ 데이텀 표적이 영역일 때는 원칙적으로 가는 2점 쇄선으로 그 영역을 둘러싸고 해칭을 한다.

해설 데이텀 선은 검사 또는 공구 설계 등을 위한 참조선과 같이 길이는 있으나 폭이 없는 것으로 두 개의 ×선을 가는 실선으로 연결하여 나타낸다.

14. 데이텀을 지시하는 문자 기호를 공차기입틀 안에 기입할 때의 설명으로 틀린 것

은 어느 것인가?

① 1개를 설정하는 데이텀은 1개의 문자기호
로 나타낸다.

② 2개의 공통 데이텀을 설정할 때는 2개의
문자 기호를 하이픈(–)으로 연결한다.

③ 여러 개의 데이텀을 지정할 때는 우선순
위가 높은 것을 오른쪽에서 왼쪽으로 각각
다른 구획에 기입한다.

④ 2개 이상의 데이텀을 지정할 때, 우선순위
가 없을 경우는 문자 기호를 같은 구획 내
에 나란히 기입한다.

해설 우선순위가 높은 순서대로 왼쪽에서 오
른쪽으로 기입한다.

15. 기하 공차 기입 틀에서 B가 의미하는 것은 무엇인가?

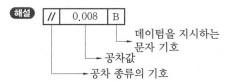

① 데이텀   ② 공차 등급
③ 공차 기호   ④ 기준 치수

해설

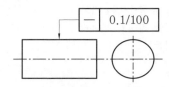

16. 다음 그림에 대한 설명으로 옳은 것은 어느 것인가?

① 지시한 면의 진직도가 임의의 100mm 길
이에 대해서 0.1mm만큼 떨어진 2개의 평
행면 사이에 있어야 한다.

② 지시한 면의 진직도가 임의의 구분 구간

길이에 대해서 0.1mm만큼 떨어진 2개의
평행 직선 사이에 있어야 한다.

③ 지시한 원통면의 진직도가 임의의 모선
위에서 임의의 구분 구간 길이에 대해서
0.1mm만큼 떨어진 2개의 평행면 사이에
있어야 한다.

④ 지시한 원통면의 진직도가 임의의 모선
위에서 임의로 선택한 100mm 길이에 대
해, 축선을 포함한 평면 내에 있어 0.1mm
만큼 떨어진 2개의 평행한 직선 사이에 있
어야 한다.

해설 화살표 한 원통이 이루는 0.1mm만큼 떨
어진 2개의 평행 직선 사이에 있어야 한다.

17. 기하학적 허용공차에서 최대실체상태(MMC)에 대한 설명으로 가장 옳은 것은?

① 부품의 길이가 가장 짧은 상태
② 부품의 길이가 가장 긴 상태
③ 재료의 형태가 최소 크기인 상태
④ 재료의 형태가 최대 크기인 상태

해설 부품에 존재하는 실체의 중량이 가장 무
거운 상태일 때를 최대 실체 상태(MMC :
Maximum Material Condition)에 있다고
말한다.

18. 지정넓이 100mm×100mm에서 평면도 허용값이 0.02mm인 것을 옳게 나타낸 것은 어느 것인가?

① ⟋ 0.02×□100
② ⟋ 0.02×□10000
③ ⟋ 0.02/100×100
④ ⟋ 0.02×100×100

해설 공차값을 지정된 길이 또는 지정된 넓이
에 대하여 지시할 때에는 공차값 다음에 사
선을 긋고, 지정길이 또는 지정넓이를 기입
한다.

19. 다음 기하 공차 도시 기호에서 "A⑩"이 의미하는 것은?

| ⊕ | ∅0.04 | A⑩ |

① 위치도에 최소 실체 공차 방식을 적용한다.
② 데이텀 형체에 최대 실체 공차 방식을 적용한다.
③ ∅0.04mm의 공차 값에 최소 실체 공차 방식을 적용한다.
④ ∅0.04mm의 공차 값에 최대 실체 공차 방식을 적용한다.

해설 최대 실체 공차 방식을 공차의 대상으로 데이텀 형체에 적용하는 경우에는 데이텀을 나타내는 문자 기호 뒤에 ⑩을 기입한다.

20. 다음 중 기하 공차 기입 틀의 설명으로 옳은 것은?

| // | 0.02 | A |

① 표준 길이 100mm에 대하여 0.02mm의 평행도를 나타낸다.
② 구분 구간에 대하여 0.02mm의 평면도를 나타낸다.
③ 전체 길이에 대하여 0.02mm의 평행도를 나타낸다.
④ 전체 길이에 대하여 0.02mm의 평면도를 나타낸다.

해설 //는 평행도를 나타내며, A는 데이텀을 지시하는 문자 기호이다.

21. 기하 공차의 종류 구분에서 자세 공차에 해당하는 것은?

① 위치도 공차
② 직각도 공차
③ 동심도 공차
④ 대칭도 공차

해설 자세 공차
• 평행도 공차 : //
• 직각도 공차 : ⊥
• 경사도 공차 : ∠

22. 기하 공차의 정의와 도시에서 데이텀의 표적 기호가 점일 때의 기호는?

①
②
③
④

해설 데이텀의 표적 기호

용도	기호	
데이텀 표적 기입 테두리	⟋A₁	⟋∅5 A₁
데이텀 표적이 점일 때	×	
데이텀 표적이 선일 때	× — ×	
데이텀 표적이 영역일 때	⊘	▨

23. 형상 공차 중 데이텀 기호가 필요 없는 것은?

① 경사도
② 평행도
③ 평면도
④ 직각도

해설 형상(모양) 공차는 대상 물체(부품)의 형상을 결정하는 기본적인 기하 공차로서 데이텀을 지시할 필요가 없으며 진직도, 진원도, 원통도, 평면도가 이에 속한다.

24. 기하 공차의 종류 중에서 데이텀 없이 단독 형체로 기입할 수 있는 공차는?

① 위치 공차
② 자세 공차
③ 모양 공차
④ 흔들림 공차

2-7   끼워 맞춤

구명과 축이 조립되는 관계를 끼워 맞춤(fitting)이라 한다.

(1) 틈새와 죔새

① **틈새(clearance)** : 구멍의 지름이 축의 지름보다 큰 경우 두 지름의 차이다.
   ㈎ 최소 틈새 : 구멍의 최소 허용 치수−축의 최대 허용 치수
   ㈏ 최대 틈새 : 구멍의 최대 허용 치수−축의 최소 허용 치수
② **죔새(interference)** : 축의 지름이 구멍의 지름보다 큰 경우 두 지름의 차이다.
   ㈎ 최소 죔새 : 축의 최소 허용 치수−구멍의 최대 허용 치수
   ㈏ 최대 죔새 : 축의 최대 허용 치수−구멍의 최소 허용 치수

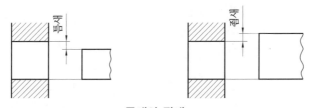

틈새와 죔새

(2) 끼워 맞춤의 종류

① **헐거운 끼워 맞춤** : 구멍의 최소 치수가 축의 최대 치수보다 큰 경우이며, 항상 틈새가 생기는 끼워 맞춤이다.
② **억지 끼워 맞춤** : 구멍의 최대 치수가 축의 최소 치수보다 작은 경우이며, 항상 죔새가 생기는 끼워 맞춤이다.
③ **중간 끼워 맞춤** : 중간 끼워 맞춤은 축, 구멍의 치수에 따라 틈새 또는 죔새가 생기는 끼워 맞춤으로, 헐거운 끼워 맞춤이나 억지 끼워 맞춤으로 얻을 수 없는 더욱 작은 틈새나 죔새를 얻는 데 적용된다.

A : 구멍의 최소 허용 치수 B : 구멍의 최대 허용 치수 a : 축의 최대 허용 치수 b : 축의 최소 허용 치수

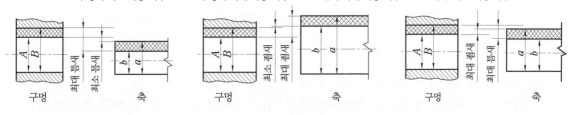

(a) 헐거운 끼워 맞춤   (b) 억지 끼워 맞춤   (c) 중간 끼워 맞춤

끼워 맞춤의 종류

예상문제

1. 치수 공차 및 끼워 맞춤에 관한 용어 설명 중 틀린 것은?

① 허용한계 치수 : 형체의 실 치수가 그 사이에 들어가도록 정한 허용할 수 있는 대소 2개의 극한의 치수

② 기준 치수 : 위 치수 허용차 및 아래 치수 허용차를 적용하는 데 따라 허용한계치수가 주어지는 기준이 되는 치수

③ 공차 등급 : 치수공차 방식·끼워 맞춤 방식으로 전체의 기준 치수에 대하여 동일 수준에 속하는 치수 공차의 한 그룹

④ 최대 실체 치수 : 형체의 실체가 최대가 되는 쪽의 허용 한계치수로서 내측 형체에 대해서는 최대허용치수, 외측 형체에 대해서는 최소허용치수를 의미

해설 최대 실제 치수란 형체의 최대 실체 상태를 정하는 치수이며, 축과 같은 외측 형체에서는 최대허용치수가 되며, 구멍과 같은 내측 형태에서는 최소허용치수가 된다.

2. 구멍 $50^{+0.025}_{+0.009}$에 조립되는 축의 치수가 $50^{0}_{-0.016}$이라면 이는 어떤 끼워 맞춤인가?

① 구멍 기준식 헐거운 끼워 맞춤
② 구멍 기준식 중간 끼워 맞춤
③ 축 기준식 헐거운 끼워 맞춤
④ 축 기준식 중간 끼워 맞춤

해설 헐거운 끼워 맞춤은 구멍의 최소 치수가 축의 최대 치수보다 큰 경우이며, 항상 틈새가 생기는 끼워 맞춤이다.

3. 끼워 맞춤 방식에서 구멍의 치수가 축의 치수보다 큰 경우 그 치수의 차를 무엇이

라고 하는가?

① 위치수 공차
② 죔새
③ 틈새
④ 허용차

해설 죔새란 축의 지름이 구멍의 지름보다 큰 경우 두 지름의 차를 말한다.

4. 헐거운 끼워 맞춤에서 구멍의 최소 허용 치수와 축의 최대 허용 치수와의 차를 무엇이라 하는가?

① 최대 틈새   ② 최소 죔새
③ 최소 틈새   ④ 최대 죔새

해설 ① 최소 틈새=구멍의 최소 허용 치수-축의 최대 허용 치수
② 최대 틈새=구멍의 최대 허용 치수-축의 최소 허용 치수
③ 최소 죔새=축의 최소 허용 치수-구멍의 최대 허용 치수
④ 최대 죔새=축의 최대 허용 치수-구멍의 최소 허용 치수

5. 축의 치수가 $\phi 300^{-0.05}_{-0.20}$, 구멍의 치수가 $\phi 300^{+0.15}_{0}$인 헐거운 끼워 맞춤에서 최소 틈새는?

① 0   ② 0.2
③ 0.15   ④ 0.05

해설 최소 틈새=구멍의 최소 허용 치수-축의 최대 허용 치수$=300-(300-0.05)=0.05$

6. 구멍의 치수가 $\phi 50^{+0.05}_{+0.02}$이고 축의 치수가

$\phi50^{-0.03}_{-0.05}$인 경우의 끼워 맞춤은?

① 헐거운 끼워 맞춤 ② 중간 끼워 맞춤
③ 억지 끼워 맞춤   ④ 고정 끼워 맞춤

해설 구멍의 최소 허용 치수는 50.02, 축의 최대 허용 치수는 49.97이므로 헐거운 끼워 맞춤(항상 틈새가 생기는 끼워 맞춤)이다.

7. 끼워 맞춤 공차 중 G7/h6는 어떤 끼워 맞춤에 해당하는가?

① 구멍 기준식에서 헐거운 끼워 맞춤
② 축 기준식에서 헐거운 끼워 맞춤
③ 구멍 기준식에서 억지 끼워 맞춤
④ 축 기준식에서 억지 끼워 맞춤

해설 h6는 축 기준식이며 대문자 기호는 구멍 기호이다.
• 헐거운 끼워 맞춤 : F, G, H
• 중간 끼워 맞춤 : JS, K, M
• 억지 끼워 맞춤 : N, P, R, S, T

8. 상용하는 구멍 기준 끼워 맞춤에서 다음 중 중간 끼워 맞춤에 해당하는 것은?

① H7/e7   ② H7/k6
③ H7/t6   ④ H7/r6

해설 • e7 : 헐거운 끼워 맞춤
• r6, t6 : 억지 끼워 맞춤

9. 선형 치수에 대한 공차 적용 시 그 표기 방법이 잘못된 것은?

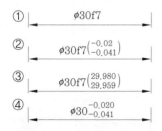

① $\phi30f7$
② $\phi30f7\binom{-0.02}{-0.041}$
③ $\phi30f7\binom{29.980}{29.959}$
④ $\phi30^{-0.020}_{-0.041}$

해설 f7은 헐거운 끼워 맞춤이다.

10. 다음 공차역의 위치 기호 중 아래 치수 허용차가 0인 기호는?

① H   ② h
③ G   ④ g

해설 아래 치수 허용차가 0인 H 기호 구멍을 기준 구멍으로 한다.

11. $\phi50$ H7/g6으로 표시된 끼워 맞춤 기호 중 "g6"에서 "6"이 뜻하는 것은?

① 공차의 등급
② 끼워맞춤의 종류
③ 공차역의 위치
④ 아래 치수 허용차

해설

$\phi50$ g 6
└── 공차의 등급
└── 축의 종류
└── 기준 치수

12. $\phi50$ H7/g6은 다음 중 어떤 종류의 끼워 맞춤인가?

① 축 기준식 억지 끼워 맞춤
② 구멍 기준식 중간 끼워 맞춤
③ 축 기준식 헐거운 끼워 맞춤
④ 구멍 기준식 헐거운 끼워 맞춤

해설 H는 대문자이므로 구멍 기호이며 g6은 헐거운 끼워 맞춤이다.

13. 다음 중 억지 끼워 맞춤은?

① F6h6   ② G6h6
③ H6h6   ④ S7h6

해설 축 기준식 h는 모두 같은데(일정한데), 대문자 기호인 구멍 기호는 Z쪽으로 갈수록 허용 치수가 작아지므로 억지 끼워 맞춤이 된다.

14. 길이 치수의 허용 한계를 지시한 것 중 잘못 나타낸 것은?

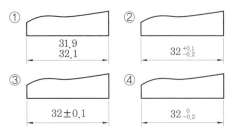

① 31.9 / 32.1
② $32^{+0.1}_{-0.2}$
③ 32 ± 0.1
④ $32^{\ 0}_{-0.2}$

해설 허용 한계를 기입할 때는 위쪽에 큰 값, 아래쪽에 작은 값을 기입해야 한다.

15. 기계 부품도에서 ϕ50H7g6로 표시된 끼워 맞춤의 설명이 틀린 것은?

① 억지 끼워 맞춤이다.
② 끼워 맞춤 구멍이 H7 등급이다.
③ 끼워 맞춤 축이 g6이다.
④ 구멍 기준식 끼워 맞춤이다.

해설 H7은 헐거운 끼워 맞춤이다.

ϕ50	H7	g6	형식
구멍 지름	구멍의 허용 공차	축의 허용 공차	구멍 기준식 헐거운 끼워 맞춤

16. 축과 구멍의 끼워 맞춤 도시 기호를 옳게 나타낸 것은?

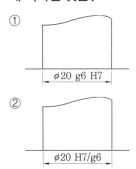

① ϕ20 g6 H7
② ϕ20 H7/g6

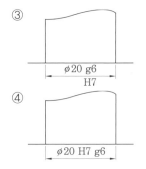

③ ϕ20 g6 / H7
④ ϕ20 H7 g6

해설 H7/g6은 구멍 기준식 헐거운 끼워 맞춤이다.

17. 끼워 맞춤 기호의 치수 기입에 관한 것이다. 바르게 기입된 것은?

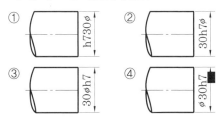

① h730ϕ
② 30h7ϕ
③ 30ϕh7
④ ϕ30h7

18. 다음 중 40 G7/h6의 끼워 맞춤에 해당하는 것은?

① 축 기준식 중간 끼워 맞춤
② 구멍 기준식 억지 끼워 맞춤
③ 축 기준식 헐거운 끼워 맞춤
④ 구멍 기준식 고정 끼워 맞춤

해설 • ϕ40 : 구멍 지름
• G7 : 구멍의 허용 공차
• h6 : 축의 허용 공차
• 형식 : 축 기준식 헐거운 끼워 맞춤

19. 다음 중 죔새가 가장 크게 발생하는 끼워 맞춤은?

① 50H7e6
② 50H7h6
③ 50H7k6
④ 50H7m6

해설 구멍의 크기가 일정할 때 알파벳 순서가 늦을수록 죔새가 크다.

정답 14. ① 15. ① 16. ② 17. ④ 18. ③ 19. ④

2-8 표면 거칠기

(1) 표면 조직의 파라미터

다듬질한 면을 수직한 피측정면으로 절단했을 때, 그 단면에 나타난 윤곽을 표면 프로파일이라고 하며, 프로파일 필터 λ_c를 이용해 장파 성분을 억제한 것을 거칠기 프로파일이라고 한다. 이 프로파일은 거칠기 파라미터를 산출하는 근거가 된다. 거칠기 파라미터는 산술 평균 높이(Ra), 최대 높이(Rz) 등으로 표기되며, KS B ISO 4287에 규정되어 있다.

> **참고** 이전의 표면 거칠기 파라미터 Rz(10점 높이)는 ISO에 의해 더 이상 표준이 아니다. Rz는 이전의 기호 Ry를 대체하였다(이전에는 Ry가 최대 높이 기호였음).
> (출처 : KS A ISO 1302 부속서 H "새로운 ISO 표면의 결 표준의 중요성")

(2) 대상면을 지시하는 기호

기본 그림 기호는 대상 면을 나타내는 선에 약 $60°$ 경사되게 서로 다른 길이의 2개 직선으로 구성된다.

기본 그림 기호   완전 그림 기호

(3) 표면 거칠기 값의 지시

표면의 결 특성에 대한 상호 보완적 요구사항이 지시되어야 할 때는 기본 그림 기호에 보다 긴 선(팔)을 선 끝에 가로로 추가한다.

면의 지시 기호에 대한 각 지시 사항의 기입 위치는 다음 그림과 같다.

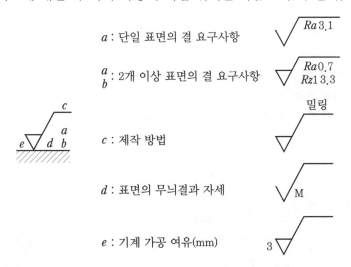

a : 단일 표면의 결 요구사항

$\begin{matrix} a \\ b \end{matrix}$: 2개 이상 표면의 결 요구사항

c : 제작 방법

d : 표면의 무늬결과 자세

e : 기계 가공 여유(mm)

면의 지시 기호에 대한 각 지시 사항의 위치

> **참고** 아래와 같은 지시 방법은 제도 규칙 개정에 의해 새로운 도면에서는 피하여야 하고, 이전
> 에는 수치 값 단독이라면 Ra 파라미터를 나타내었으나, 제도 규칙이 개정되어 "Ra"를 관련 수치
> 값과 함께 표기해야 한다.

x : 표면의 결 요구사항
a : 샘플링 길이

개정 전   개정 후

개정 전   개정 후

(4) 무늬결 방향의 지시 기호

표면의 무늬결 방향을 지시할 때에는 표 [표면의 무늬결 지시]에 나타낸 기호를 사용
한다.

표면의 무늬결 지시

기호	뜻	설명도
=	가공에 의한 커터의 줄무늬 방향이 기호를 기입한 그림의 투상면에 평행 **예** 셰이핑 면	
⊥	가공에 의한 커터의 줄무늬 방향이 기호를 기입한 그림 투상면에 직각 **예** 셰이핑 면(수평으로 본 상태) 선삭, 원통 연삭면	
×	가공에 의한 커터의 줄무늬 방향이 기호를 기입한 그림의 투상면에 경사지고 두 방향으로 교차 **예** 호닝 다듬질면	
M	가공에 의한 커터의 줄무늬가 여러 방향으로 교차 또는 무방향 **예** 래핑 다듬질면, 슈퍼 피니싱면, 가로 이송을 한 정면 밀링, 또는 엔드 밀 절삭면	
C	가공에 의한 커터의 줄무늬가 기호를 기입한 면의 중심에 대하여 대략 동심원 모양 **예** 끝면 절삭면 그림	
R	가공에 의한 커터의 줄무늬가 기호를 기입한 면의 중심에 대하여 대략 반지름 방향	

| P | 무늬결 방향이 특별하여 방향이 없거나 돌출(돌기가 있는) | |

예상문제

1. 주조, 압연, 단조 등으로 생산되어 제거 가공을 하지 않은 상태로 그대로 두고자 할 때 사용하는 지시 기호는?

2. 표면의 결의 지시 기호가 틀린 것은?

3. 주로 금형으로 생산되는 플라스틱 눈금자와 같은 제품 등에 제거 가공 여부를 묻지 않을 때 사용되는 기호는?

4. 다음의 표면 거칠기 기호에서 2.5가 의미하는 거칠기 값의 종류는?

① 산술 평균 거칠기

② 최대 높이 거칠기
③ 10점 평균 거칠기
④ 최소 높이 거칠기

5. 표면 거칠기의 표시법에서 산술 평균 거칠기를 표시하는 기호는?

① *Rz*　　　　② *Wz*
③ *Ra*　　　　④ *Rxmax*

6. 다음 중 가장 고운 다듬면을 나타내는 것은 어느 것인가?

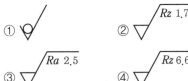

7. 다음 그림에서 면의 지시 기호에 대한 각 지시 사항의 기입 위치 중 *e*에 해당되는 것은?

① 표면의 결 요구사항
② 제작 방법
③ 표면의 무늬결
④ 기계 가공 여유

8. 다음과 같이 특정한 가공 방법을 지시하려고 한다. 가공 방법의 지시 기호 위치로 옳은 것은?

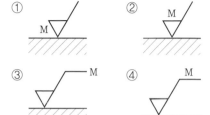

9. 다음 그림은 면의 지시 기호이다. 그림에서 M은 무엇을 의미하는가?

① 밀링 가공
② 가공에 의한 무늬결
③ 표면 거칠기
④ 선반 가공

2-9 기타 제도 통칙에 관한 사항

(1) 스케치의 필요성과 원칙

① 현재 사용 중인 기기나 부품과 동일한 모양을 만들 때
② 부품을 교환할 때(마모나 파손 시)
③ 실물을 모델로 하여 개량 기계를 설계할 때의 참고 자료를 그릴 때
④ 보통 3각법에 의한다.
⑤ 3각법으로 곤란한 경우는 사투상도나 투시도를 병용한다.
⑥ 자나 컴퍼스보다는 프리핸드법에 의하여 그린다.
⑦ 스케치도는 제작도를 만드는 데 기초가 된다.
⑧ 스케치도가 제작도를 겸하는 경우도 있다(급히 기계를 제작하는 경우와 도면을 보존할 필요가 없을 때)

(2) 스케치 방법

① **프린트법** : 부품의 표면에 광명단을 칠한 후, 종이를 대고 눌러서 실제 모양을 뜨는 방법이다.
② **모양 뜨기** : 불규칙한 곡선을 가진 물체를 직접 종이에 대고 그리거나, 납선 또는 동선 등을 부품의 윤곽 곡선과 같이 만들어 종이에 옮기는 방법이다.
③ **사진 촬영** : 사진기로 직접 찍어서 도면을 그리는 방법이다.
④ **프리핸드법** : 손으로 직접 그리는 방법이다.

예상문제

1. 스케치에 의해 제작도를 완성할 때 제일 끝에 그리는 것은?

① 부품 조립도
② 부품도
③ 전체 조립도
④ 배치도

해설 스케치로 제작도를 완성할 때는 부분 조립도 → 부품도 → 전체 조립도의 순으로 그린다.

2. 스케치도를 작성할 필요가 없는 경우는?

① 도면이 없는 부품을 제작하고자 할 경우
② 도면이 없는 부품이 파손되어 수리 제작할 경우
③ 현품을 기준으로 개선된 부품을 고안하려 할 경우
④ 제품 제작을 위해 도면을 복사할 경우

해설 스케치도는 제작도를 만드는 데 기초가 된다.

정답 1. ③ 2. ④

3. 기계요소

3-1 기계 설계 기초

(1) 단위계의 종류

① **국제 단위계(SI : The International System of Units)**

㈎ 현재 세계 대부분의 나라에서 채택 사용하고 있는 국제 표준의 단위계

㈏ 7개의 기본 단위로 길이(m), 온도(K : 켈빈), 질량(kg), 물질량(mol : 몰), 시간(s), 광도(cd : 칸델라), 전류(A : 암페어)가 있다.

② **MKS 단위계** : 길이(m), 질량(kg), 시간(s)을 기본 단위로 하는 단위계

③ **CGS 단위계** : 길이(cm), 질량(g), 시간(s)을 기본 단위로 하는 단위계

(2) 하중의 종류

① **하중이 작용하는 방향에 따른 분류**

㈎ 인장(tension) 하중 : 재료를 축선 방향으로 늘어나게 작용하는 하중(P_t)

㈏ 압축(compression) 하중 : 재료를 축 방향으로 수축(압축)되게 작용하는 하중(P_c)

(다) 비틀림(torsion) 하중 : 재료를 비틀어서 파괴시키려는 하중으로 축(shaft)에서 중요시되며 전단 하중의 일종(P_{tor})

(라) 휨(bending) 하중 : 재료를 휘어지게 하는 하중(P_b)=만곡 하중

(마) 전단(shearing) 하중 : 재료를 가위로 자르려는 것 같은 하중으로 단면에 평행하게 작용되는 하중[접선 하중(tangential load)] : P_s

② **하중이 걸리는 속도에 의한 분류**

(가) 정하중(static load) : 시간에 따라서 크기가 변하지 않거나 변화를 무시할 수 있는 하중(사하중(dead load))

(나) 동하중(dynamic load) : 하중의 크기가 시간과 더불어 변화하는 하중으로, 계속적으로 반복되는 반복 하중(repeated load), 하중의 크기와 방향이 바뀌는 교번 하중(alternate load), 그리고 순간적으로 충격을 주는 충격 하중(impact load)이 있다.

③ **분포 상태에 의한 분류**

(가) 집중 하중 : 전 하중이 부재의 한 곳에 작용하는 하중(P, W, Q)[kN]

(나) 분포 하중 : 전 하중이 부재의 특정 면적 위에 분포하여 걸리는 하중으로 등분포 하중과 부등 분포 하중이 있다.

(3) 응력

① **인장 응력(tensile stress)=정(+)응력(positive stress)** : 인장력 P_t[N], 하중에 직각인 단면적을 A[m²]라 하면, 인장 응력 $\sigma_t = \dfrac{P_t}{A}$[N/m²(Pa)]

② **압축 응력(compression stress)=부(−)응력(negative stress)** : 압축력 P_c[N], 하중에 직각인 단면적을 A[m²]라 하면, 압축 응력 $\sigma_c = \dfrac{P_c}{A}$[N/m²(Pa)]

③ **전단 응력(shearing stress)** : 전단력 P_s[N], 하중에 평행한 단면적을 A[m²]라 하면, 전단 응력 $\tau = \dfrac{P_s}{A}$[N/m²(Pa)]

(4) 변형률

① **변형률의 종류**

(가) 세로 변형률(longitudinal strain) : 인장 하중(P_t) 또는 압축 하중(P_c)이 작용하면 하중의 방향으로 늘어나거나 줄어들어 변형이 생긴다.

$$세로\ 변형률(\varepsilon) = \frac{\lambda}{l} = \frac{l'-l}{l}$$

여기서, l : 최초 재료의 길이(mm)

l' : 변형 후 재료의 길이(mm)

λ : 변형량(늘어난 양)

변형률을 백분율로 표시한 것을 연신율이라고 하며, 연신율$=\dfrac{\lambda}{l}\times100(\%)$

(나) 가로 변형률(lateral strain) : 최초의 막대의 지름 d[mm], 지름의 변화량을 δ[mm]라고 하면 하중의 방향과 직각이 되는 방향의 변형률은 $\varepsilon'=\dfrac{\delta}{d}$가 된다. 여기서 직각 방향의 변형률을 가로 변형률(lateral strain)이라고 한다.

(다) 전단 변형률 : 전단력(P_s)에 의하여 재료가 A′B′CD로 변형되었을 때, 즉 λ_s만큼 밀려났을 때 평행면의 거리 l의 단위 높이당의 밀려남을 전단 변형(shearing strain)이라고 한다.

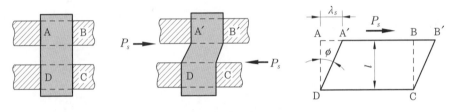

전단 변형률

② 훅의 법칙과 탄성률

(가) 훅의 법칙(Hooke's law) : 비례 한도 범위 내에서 응력과 변형률은 정비례하는데 이것을 훅의 법칙(정비례 법칙)이라 한다.

(나) 세로 탄성 계수 E[GPa] : 축하중을 받는 재료에 생기는 수직응력을 σ[GPa], 그 방향의 세로 변형률을 ε이라 하면 훅의 법칙에 의하여 다음 식이 성립된다.

$$\frac{응력(\sigma)}{변형률(\varepsilon)}=E \text{ 또는 } \sigma=E\varepsilon\,[\text{GPa}]$$

여기서, 비례상수 E : 세로 탄성 계수 또는 영률

$$E=\frac{\sigma}{\varepsilon}=\frac{P/A}{\lambda/l}=\frac{Pl}{A\lambda}\,[\text{GPa}] \text{ 또는 } \lambda=\frac{Pl}{AE}=\frac{\sigma l}{E}\,[\text{cm}]$$

(다) 가로 탄성 계수 G[GPa] : 전단 하중을 받는 경우의 재료에서도 한도 이내에서는 훅의 법칙이 성립한다.

즉, $\dfrac{전단 응력(\tau)}{변형률(\gamma)}=G$, 따라서, $\tau=G\gamma\,[\text{GPa}]$

여기서, 비례상수 G : 가로 탄성 계수 또는 전단 탄성률

$$\gamma=\frac{\tau}{G}=\frac{P_s/A}{G}=\frac{P_s}{AG}\,[\text{radian}]$$

③ **응력과 변형률의 관계** : 시험편을 인장 시험기에 걸어 하중을 작용시키면 재료는 변형한다. 이와 같이 하중에 따른 응력과 변형률의 관계를 나타낸 것을 응력−변형률 선도라 한다.

㈎ 비례한도(A점) : OA는 직선부로 하중의 증가와 함께 변형이 비례(선형)적으로 증가한다.

㈏ 탄성한도(B) : 응력을 제거했을 때 변형이 없어지는 한도를 탄성한도라 하며, B점 이상 응력을 가하면 응력을 제거해도 변형은 완전히 없어지지 않는다. 이 변형을 소성 변형이라 한다.

㈐ 항복점(C, D) : 응력이 증가하지 않아도 변형이 계속해서 갑자기 증가하는 점이다. C점을 상항복점, D점을 하항복점이라 한다.

㈑ 인장 강도(E) : E점은 최대응력점으로 E점에서의 하중을 변화하기 전의 단면적으로 나눈 값을 인장 강도로 한다.

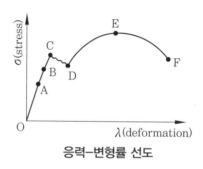

응력−변형률 선도

예상문제

1. 연신율이 20%이고, 파괴되기 직전에 늘어난 시편의 전체 길이가 30cm일 때 이 시편의 본래 길이는?

① 20cm   ② 25cm
③ 30cm   ④ 35cm

해설 연신율$(\varepsilon) = \dfrac{l - l_0}{l_0} \times 100\%$

본래의 길이(l_0)를 구하면 다음과 같다.

$20 = \dfrac{30 - l_0}{l_0} \times 100\%$

$20 l_0 = (30 - l_0) \times 100 = 3000 - 100 l_0$에서

$20 l_0 + 100 l_0 = 3000$이므로

$l_0 = \dfrac{3000}{120} = 25$

2. 하중이 걸리는 속도에 의한 분류 중 동하중이 아닌 것은?

① 정하중   ② 충격하중
③ 반복하중   ④ 교번하중

해설 동하중은 하중의 크기가 시간과 더불어 변화하는 하중으로 계속적으로 반복되는 반복하중, 하중의 크기와 방향이 바뀌는 교번

하중, 순간적으로 충격을 주는 충격하중이
이에 속한다.

3. 물체의 단면에 따라 평행하게 생기는 접
선응력에 해당하는 것은?

① 전단응력　　② 인장응력
③ 압축응력　　④ 변형응력

해설 응력은 작용하는 하중의 종류에 따라 전
단응력, 인장응력, 압축응력으로 나누는데
전단응력은 단면에 평행인 응력(접선 성분)
으로 접선응력이라 하고, 인장응력과 압축응
력은 단면에 수직인 응력(법선 성분)으로 수
직응력 또는 법선응력이라고도 한다.

4. 하중을 가했을 때 단위면적에 작용하는
힘의 크기를 무엇이라 하는가?

① 응력　　② 변형률
③ 탄성　　④ 소성

해설 응력은 내부에 생기는 저항력으로 단위
면적당 힘의 크기로 표시하며, 종류에는 인장
응력, 압축응력, 전단응력이 있다.

5. 지름이 6 cm인 원형 단면의 봉에 500 kN
의 인장하중이 작용할 때 이 봉에 발생되
는 응력은 약 몇 N/mm²인가?

① 170.8　　② 176.8
③ 180.8　　④ 200.8

해설 응력 $= \dfrac{하중}{단면적} = \dfrac{500000\text{N}}{\dfrac{\pi}{4} \times (60\,\text{mm})^2}$

$\qquad = 176.8\,\text{N/mm}^2$

6. 다음 중 훅의 법칙에서 늘어난 길이를 구
하는 공식은 어느 것인가? (단, λ : 변형량,
W : 인장하중, A : 단면적, E : 탄성계수,
l : 길이이다.)

① $\lambda = \dfrac{Wl}{AE}$ 　　② $\lambda = \dfrac{AE}{W}$

③ $\lambda = \dfrac{AE}{Wl}$ 　　④ $\lambda = \dfrac{Al}{WE}$

해설 훅의 법칙은 비례한도 범위 내에서 응력
과 변형률은 정비례한다는 원리이다.

7. 시편의 표점거리가 40 mm이고 지름이
15 mm일 때 최대하중이 6 kN에서 시편이
파단되었다면 연신율은 몇%인가? (단, 연
신된 길이는 10 mm이다.)

① 10　　② 12.5
③ 25　　④ 30

해설 연신율$(\varepsilon) = \dfrac{l - l_0}{l_0} \times 100(\%)$

(여기서, l_0 : 원래의 길이, l : 늘어난 길이)

$\therefore \varepsilon = \dfrac{10}{40} \times 100 = 25\%$

8. 그림과 같이 두께 4 mm인 강판에 한쪽 길
이가 25 mm인 정사각형 구멍을 뚫기 위한
펀치의 전단 하중은 몇 kN인가? (단, 강판
은 전단 응력이 300 N/mm² 이상이면 전
단된다.)

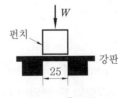

① 3　　② 12
③ 30　　④ 120

해설 $\tau = \dfrac{W}{A}$ 에서 $W = \tau A = 4\tau l t$

$\qquad = 4 \times 300 \times 25 \times 4$

$\qquad = 120000 = 120\,\text{kN}$

9. 재료의 전단 탄성 계수를 바르게 나타낸 것은?

① $\dfrac{\text{굽힘 응력}}{\text{전단 변형률}}$ 　② $\dfrac{\text{전단 응력}}{\text{수직 변형률}}$

③ $\dfrac{\text{전단 응력}}{\text{전단 변형률}}$ 　④ $\dfrac{\text{수직 응력}}{\text{전단 변형률}}$

해설 전단 탄성 계수는 전단 응력을 전단 변형률로 나눈 값이다.

10. 단면적이 100mm²인 강재에 300N의 전단하중이 작용할 때 전단응력(N/mm²)은 얼마인가?

① 1　　　　② 2
③ 3　　　　④ 4

해설 $\tau = \dfrac{P_s}{A} = \dfrac{300\,\text{N}}{100\,\text{mm}^2} = 3\,\text{N/mm}^2$

11. 3140N·mm의 비틀림 모멘트를 받는 실체 축의 지름은 약 몇 mm인가? (단, 허용전단응력(τ_a)=2N/mm²이다.)

① 10mm　　　② 12.5mm
③ 16.7mm　　④ 20mm

해설 $T = \tau_a \cdot Z_p = \tau_a \cdot \dfrac{\pi d^3}{16}$에서

$d = \sqrt[3]{\dfrac{16T}{\pi \tau_a}} = \sqrt[3]{\dfrac{16 \times 3140}{\pi \times 2}} = 20$

12. 하중 18kN, 응력 5MPa일 때, 하중을 받는 정사각형의 한 변의 길이는 몇 mm인가?

① 40　　　　② 50
③ 60　　　　④ 70

해설 $\sigma = \dfrac{P}{A} = \dfrac{P}{a \times a}$

$a^2 = \dfrac{P}{\sigma} = \dfrac{18000}{5} = 3600$

$\therefore a = \sqrt{3600} = 60\,\text{mm}$

13. 한 변의 길이가 20mm인 정사각형 단면에서 4kN의 압력하중이 작용할 때 내부에서 발생하는 압축응력은 얼마인가?

① 10N/mm²　　② 20N/mm²
③ 100N/mm²　　④ 200N/mm²

해설 $\sigma_c = \dfrac{P_c}{A} = \dfrac{4000}{20 \times 20} = 10\,\text{N/mm}^2$

14. 물체의 일정 부분에 걸쳐 균일하게 분포하여 작용하는 하중은?

① 집중하중　　② 분포하중
③ 반복하중　　④ 교번하중

해설 집중하중은 물체의 한 곳에 작용하는 하중이다.

15. 길이 100cm의 봉이 압축력을 받고 3mm만큼 줄어들었다. 이때, 압축 변형률은 얼마인가?

① 0.001　　　② 0.003
③ 0.005　　　④ 0.007

해설 $\varepsilon = \dfrac{\delta}{d} = \dfrac{3}{1000} = 0.003$

16. 42500kgf·mm의 굽힘 모멘트가 작용하는 연강 축 지름은 약 몇 mm인가? (단, 허용 굽힘 응력은 5kgf/mm²이다.)

① 21　　　　② 36
③ 44　　　　④ 92

해설 $M = \sigma_b \cdot Z = \sigma_b \cdot \dfrac{\pi d^3}{32}$에서

$$d = \sqrt[3]{\frac{32M}{\pi\sigma_b}} = \sqrt[3]{\frac{32 \times 42500}{\pi \times 5}} \fallingdotseq 44\,\mathrm{mm}$$

17. 2kN의 짐을 들어 올리는 데 필요한 볼트의 바깥지름은 몇 mm 이상이어야 하는가? (단, 볼트 재료의 허용인장응력은 400 N/cm²이다.)

① 20.2 ② 31.6
③ 36.5 ④ 42.2

해설 볼트의 지름$(d) = \sqrt{\frac{2W}{\sigma}}$

여기서, W : 하중, σ : 허용 인장응력

$\therefore d = \sqrt{\frac{2W}{\sigma}} = \sqrt{\frac{2 \times 2000}{4}} = 31.6\,\mathrm{mm}$

18. 바깥지름이 500mm, 안지름이 490mm인 얇은 원통의 내부에 3MPa의 압력이 작용할 때 원주 방향의 응력은 약 몇 MPa인가?

① 75 ② 147
③ 222 ④ 294

해설 바깥지름을 D, 안지름을 d라 하면

원통의 두께 $t = \frac{D-d}{2} = \frac{500-490}{2} = 5\,\mathrm{mm}$

원주 방향의 응력$(\sigma) = \frac{pd}{2t}$

여기서, p : 내압, d : 안지름, t : 두께

$\therefore \sigma = \frac{pd}{2t} = \frac{3 \times 490}{2 \times 5} = 147\,\mathrm{MPa}$

19. 다음 중 하중의 크기 및 방향이 주기적으로 변화하는 하중으로 양진하중을 말하는 것은?

① 집중하중 ② 분포하중
③ 교번하중 ④ 반복하중

해설 ① 집중하중 : 전 하중이 부재의 한 곳에 작용하는 하중

② 분포하중 : 전 하중이 부재의 특정 면적 위에 분포하여 걸리는 하중
③ 교번하중 : 하중의 크기와 방향이 충격 없이 주기적으로 변화하는 하중(양진하중)
④ 반복하중 : 계속하여 반복 작용하는 하중으로 진폭이 일정하고 주기가 규칙적인 하중(편진하중)

20. 다음 중 단위를 단면적에 대한 힘의 크기로 나타내는 것은?

① 응력(stress)
② 변형률
③ 연신율 (elongation)
④ 단면 수축률

해설 응력은 내부에 생기는 저항력으로 단위 면적당 힘의 크기로 표시한다.

21. 단면이 고르지 못한 재료에 하중을 가하면 노치의 밑바닥, 구멍의 양끝, 단의 모서리 등에 큰 응력이 발생하는데 이러한 현상은?

① 열응력 ② 피로 한도
③ 분산 응력 ④ 응력 집중

해설 응력 집중이란 재료 내 불균일한 부분에서 응력이 집중되는 현상을 말한다. 예를 들면 재료 내 존재하는 기공, 수축공, 그리고 표면에 존재하는 표면 노치 등 여러 가지 요소에서 응력 집중의 위험이 존재한다.

22. 다음 중 방향이 변화하지 않고 일정한 방향에 반복적으로 연속하여 작용하는 하중은?

① 집중하중 ② 분포하중
③ 교번하중 ④ 반복하중

해설 분포하중은 전하중이 부재의 특정 면적 위에 분포하여 걸리는 하중이다.

23. 외부로부터 작용하는 힘이 재료를 구부려 휘어지게 하는 형태의 하중은?

① 인장하중
② 압축하중
③ 전단하중
④ 굽힘하중

해설 • 인장하중 : 재료를 축선 방향으로 늘어나게 작용하는 하중
• 압축하중 : 재료를 축방향으로 수축 (압축) 되게 작용하는 하중
• 전단하중 : 재료를 가위로 자르려는 것 같은 하중으로 단면에 평행하게 작용하는 하중

24. 3kN의 짐을 들어 올리는 데 필요한 볼트의 바깥지름은 약 몇 mm 이상이어야 하는가? (단, 볼트 재료의 허용 인장응력은 4MPa이다.)

① 32.24mm
② 38.73mm
③ 42.43mm
④ 48.45mm

해설 볼트의 지름$(d) = \sqrt{\dfrac{2W}{\sigma_t}}$ [mm]

여기서, W : 하중(N)
σ_t : 허용 인장응력(MPa)

$\therefore d = \sqrt{\dfrac{2 \times 3000}{4}} = \sqrt{1500} = 38.73\,\text{mm}$

25. 국제단위계(SI)의 기본단위에 해당되지 않는 것은?

① 길이 : m
② 질량 : kg
③ 광도 : mol
④ 열역학 온도 : K

해설 광도 : 칸델라(cd)

26. 연강재 볼트에 8000N의 하중의 축방향으로 작용할 때, 볼트의 골지름은 몇 mm 이상이어야 하는가? (단, 허용압축응력은 40N/mm²이다.)

① 6.63
② 20.02
③ 12.85
④ 15.96

해설 압축응력$(\sigma_B) = \dfrac{W}{A_0}$ 에서

$\pi d^2 \times \sigma_B = 4W$

$d^2 = \dfrac{4W}{\sigma_B \pi} = \dfrac{4 \times 8000}{40 \times 3.14} = 254.8$

$\therefore d = 15.96\,\text{mm}$

27. 아이볼트에 로프를 걸어 20000N의 물체를 들어올릴 때 아이볼트 나사의 크기로 가장 적당한 것은? (단, 나사는 미터 보통 나사를 사용하며, 허용 인장응력은 48N/mm²이다.)

① M26
② M30
③ M32
④ M36

해설 $d = \sqrt{\dfrac{2W}{\sigma_a}} = \sqrt{\dfrac{2 \times 20000}{48}} = 28.87$이므로 M30이 적당하다.

28. 키(key)와 축이 동일 재료를 사용하고 전단응력이 같을 경우 키의 길이를 구하는 식으로 올바른 것은? (단, l은 키의 길이(mm), b는 키의 높이(mm), d는 축의 지름(mm)을 뜻한다.)

① $l = \dfrac{\pi d^2}{8b}$
② $l = \dfrac{\pi d^2}{16b}$
③ $l = \dfrac{8b}{\pi d^2}$
④ $l = \dfrac{16b}{\pi d^2}$

해설 $bl = \dfrac{\pi d^2}{8}$이므로 $l = \dfrac{\pi d^2}{8b}$

3-2 재료의 강도와 변화

(1) 보의 종류

정정보	부정정보
① 외팔보 : 한 끝은 고정되고 다른 끝이 자유 단인 보 ② 단순보 : 양단지지보라고도 하며, 보의 양 끝을 받치고 있는 보 ③ 내다지보 : 스팬(막대)이 지점 밖으로 돌출 되어 있는 보	① 양단 고정보 : 양 끝이 모두 고정단으로 되 어 있는 보 ② 연속보 : 지점이 3개 이상이고 스팬이 2개 연장인 보 ③ 일단 고정·타단 지지보(고정 지지보) : 한 끝을 고정하고 다른 한 끝을 받치고 있는 보

(2) 재료의 성질

① **피로** : 재료가 정하중보다 작은 반복 하중이나 교번 하중에 파단되는 현상

  (개) **피로한도** : 재료가 어느 한도까지는 아무리 반복해도 피로 파괴 현상이 생기지
    않는다. 이 응력의 한도를 피로한도라고 한다.

  (내) **반복횟수** : 응력(σ) – 횟수(N) 곡선에서 강철은 공기 중에서 $10^6 \sim 10^7$ 정도, 경합
    금은 10^8 정도 반복하여 하중을 작용시킨다.

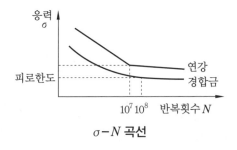

$\sigma - N$ 곡선

② **크리프(creep)** : 재료에 일정한 하중이 작용했을 때, 일정한 시간이 경과하면 변형
  이 커지는 현상을 말한다. 대개 10^4 시간 후의 변형량이 1%일 때를 크리프 한도라
  고 하며, 특히 고온에서 더욱 고려되어야 한다.

③ **허용 응력** : 기계나 구조물에 실제로 사용하는 응력을 사용 응력(working stress)
  이라고 하며, 재료를 사용할 때 허용할 수 있는 최대 응력을 허용 응력(allowable
  stress)이라고 한다. 극한 강도(σ_u) > 허용 응력(σ_a) ≧ 사용 응력(σ_w)

④ **안전율** : 재료의 극한 강도(σ_u)와 허용 응력(σ_a)과의 비를 안전율(S_f)이라고 한다.

$$S_f = \frac{\text{극한 강도}(\sigma_u)}{\text{허용 응력}(\sigma_a)}$$

예상문제

1. 양끝을 모두 받치고 있는 보는?

① 단순보   ② 내다지보
③ 고정보   ④ 외팔보

2. 정정보에 속하지 않는 보는?

① 내다지보   ② 외팔보
③ 연속보   ④ 단순보

해설 연속보는 부정정보이다.

3. 기계 재료에 반복 하중이 작용하여도 영구히 파괴되지 않는 최대 응력을 무엇이라 하는가?

① 탄성한계   ② 크리프한계
③ 피로한도   ④ 인장강도

해설 반복 하중을 받아도 파괴되지 않는 한계를 피로한도라 한다.

4. 일반적으로 사용하는 안전율은?

① $\dfrac{\text{사용응력}}{\text{허용응력}}$ ② $\dfrac{\text{허용응력}}{\text{기준강도}}$

③ $\dfrac{\text{기준강도}}{\text{허용응력}}$ ④ $\dfrac{\text{허용응력}}{\text{사용응력}}$

해설 안전율은 극한강도를 허용응력으로 나눈 값이다.

5. 안전율(S) 크기의 개념에 대한 가장 적합한 표현은?

① $S > 1$ ② $S < 1$
③ $S \geq 1$ ④ $S \leq 1$

해설 기계를 설계할 때는 각 부분에 가해지는 힘을 견딜 수 있도록 안전율을 계산해야 하므로 1보다 커야 한다.

6. 재료의 안전성을 고려하여 허용할 수 있는 최대 응력을 무엇이라 하는가?

① 주 응력   ② 사용 응력
③ 수직 응력   ④ 허용 응력

해설 응력은 단위면적당 외력에 저항하는 내력의 크기이며, 안전을 고려한 최대 응력을 허용 응력이라 한다.

정답 1. ① 2. ③ 3. ③ 4. ③ 5. ① 6. ④

3-3 결합용 기계요소

(1) 나사, 볼트와 너트

① 나사 각부의 명칭

㈎ 피치(pitch) : 일반적으로 같은 형태의 것이 같은 간격으로 떨어져 있을 때 그 간격을 말하며, 나사에서는 인접하는 나사산과 나사산의 축방향의 거리를 피치라 한다.

⒩ 리드(lead) : 나사가 1회전하여 진행한 축방향의 거리를 말하며, 1줄 나사의 경우는 리드와 피치가 같지만 2줄 나사인 경우 리드는 피치의 2배가 된다.

$$리드(l)=줄수(n)\times피치(p) \qquad \therefore\ p=\frac{l}{n}$$

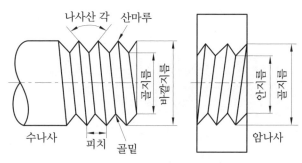

나사 각부의 명칭

⒟ 유효 지름(effective diameter) : 수나사와 암나사가 접촉하고 있는 부분의 평균 지름, 즉 나사산의 두께와 골의 틈새가 같은 가상 원통의 지름을 말하며, 바깥지름이 같은 나사에서는 피치가 작은 쪽의 유효 지름이 크다.

⒭ 호칭 지름(normal diameter) : 수나사는 바깥지름으로 나타내고, 암나사는 상대 수나사의 바깥지름으로 나타낸다.

② **나사의 종류**

⒤ 삼각 나사(triangular screw) : 체결용으로 가장 많이 쓰이는 나사이며, 미터 나사가 있고 유니파이 나사는 미국, 영국, 캐나다의 세 나라 협정에 의하여 만들었기 때문에 ABC 나사라고도 한다.

⒩ 사각 나사(square screw) : 나사산의 모양이 4각이며, 3각 나사에 비하여 풀어지긴 쉬우나 저항이 작아 동력 전달용 잭(jack), 나사 프레스, 선반의 피드(feed)에 쓰인다.

⒟ 사다리꼴 나사(trapezoidal screw) : 애크미 나사(acme screw) 또는 제형 나사라고도 하며, 사각 나사보다 강력한 동력 전달용에 쓰인다. 나사산의 각도는 미터 계열(TM)은 30°, 휘트워드 계열(TW)은 29°이다. ISO 규정에는 기호 Tr로 되어 있다.

⒭ 톱니 나사(buttress screw) : 축선의 한쪽에만 힘을 받는 곳에 사용(잭, 프레스, 바이스)되며, 힘을 받는 면은 축에 직각이고, 받지 않는 면은 30°의 각도로 경사져 있다.

⒨ 둥근 나사(round screw) : 너클 나사라고도 하며, 나사산과 골이 다같이 둥글기 때문에 먼지, 모래가 끼기 쉬운 전구, 호스 연결부 등에 쓰인다.

ⓑ 볼 나사(ball screw) : 수나사와 암나사의 홈에 강구(steel ball)가 들어 있어서 일반 나사보다 매우 마찰계수가 작고 운동 전달이 가볍기 때문에 수치 제어(NC) 공작기계나 자동차용 스티어링 장치에 쓰인다.

③ 나사의 등급

나사의 등급 표시

나사의 종류	미터 나사			유니파이 나사						관용 평행 나사	
				수나사			암나사				
등급 표시법	1	2	3	3A	2A	1A	3B	2B	1B	A	B
비고	급수의 숫자가 작을수록 등급의 정도가 높다.			수나사는 A, 암나사는 B로 표시되며, 급수의 숫자가 클수록 등급의 정도가 높다.						A급과 B급으로 구분된다.	

④ 볼트의 종류

(개) 보통 볼트의 종류

㉮ 관통 볼트(through bolt) : 가장 널리 쓰이며, 맞뚫린 구멍에 볼트를 넣고 너트를 조이는 것이다.

㉯ 탭 볼트(tap bolt) : 너트를 사용하지 않고 직접 암나사를 낸 구멍에 죄어 넣는다.

㉰ 스터드 볼트(stud bolt) : 환봉의 양끝에 나사를 낸 것으로 기계 부품의 한쪽 끝을 영구 결합시키고 너트를 풀어 기계를 분해하는 데 쓰인다.

(내) 특수 볼트의 종류

㉮ 스테이 볼트(stay bolt) : 부품의 간격을 유지하기 위하여 턱을 붙이거나 격리 파이프를 넣는다.

㉯ 기초 볼트(foundation bolt) : 기계 구조물을 설치할 때 쓰인다.

㉰ T 볼트(T-bolt) : 공작 기계 테이블의 T홈 등에 끼워서 공작물을 고정시키는 데 쓰인다.

㉱ 아이 볼트(eye bolt) : 부품을 들어올리는 데 사용되며, 링 모양이나 구멍이 뚫려 있다.

㉲ 충격 볼트(shock bolt) : 볼트에 걸리는 충격 하중에 견디게 만들어진 것이다.

㉳ 리머 볼트(reamer bolt) : 정밀 가공된 리머 구멍에 중간 끼워 맞춤 또는 억지 끼워 맞춤하여 사용하며 볼트에 걸리는 전단 하중에 견디게 만들어진 것이다.

⑤ 너트의 종류

(개) 보통 너트 : 머리 모양에 따라 4각, 6각, 8각이 있으며, 6각이 가장 많이 쓰인다.

(나) 특수 너트의 종류

㉮ 사각 너트(square nut) : 외형이 4각으로서 주로 목재에 쓰이며, 기계에서는 간단하고 조잡한 것에 사용된다.

㉯ 둥근 너트(circular nut) : 자리가 좁아서 육각 너트를 사용하지 못하는 경우나 너트의 높이를 작게 했을 때 쓴다.

㉰ 모따기 너트(chamfering nut) : 중심 위치를 정하기 쉽게 축선이 조절되어 있으며, 밑면인 경우는 볼트에 휨 작용을 주지 않는다.

㉱ 캡 너트(cap nut) : 유체의 누설을 막기 위하여 위가 막힌 것이다.

㉲ 아이 너트(eye nut) : 물건을 들어올리는 고리가 달려 있다.

㉳ 홈붙이 너트(castle nut) : 너트의 풀림을 막기 위하여 분할 핀을 꽂을 수 있게 홈이 6개 또는 10개 정도 있는 것이다.

㉴ T 너트(T-nut) : 공작 기계 테이블의 T홈에 끼워지도록 모양이 T형이며, 공작물 고정에 쓰인다.

㉵ 나비 너트(fly nut) : 손으로 돌릴 수 있는 손잡이가 있다.

㉶ 턴 버클(turn buckle) : 오른나사와 왼나사가 양끝에 달려 있어서 막대나 로프를 당겨서 조이는 데 쓰인다.

⑥ 와셔가 사용되는 경우

(가) 볼트 머리의 지름보다 구멍이 클 때

(나) 접촉면이 바르지 못하고 경사졌을 때

(다) 자리가 다듬어지지 않았을 때

(라) 너트가 재료를 파고 들어갈 염려가 있을 때

(마) 너트의 풀림을 방지할 때

⑦ 너트의 풀림 방지법

(가) 탄성 와셔에 의한 법 : 주로 스프링 와셔가 쓰이며, 와셔의 탄성에 의한다.

(나) 로크너트(locknut)에 의한 법 : 가장 많이 사용되는 방법으로서 2개의 너트를 조인 후에 아래의 너트를 약간 풀어서 마찰 저항면을 엇갈리게 하는 것이다.

(다) 핀 또는 작은 나사를 쓰는 법 : 볼트, 홈붙이 너트에 핀이나 작은 나사를 넣는 것으로 가장 확실한 고정 방법이다.

(라) 철사에 의한 법 : 철사로 잡아맨다.

(마) 너트의 회전 방향에 의한 법 : 자동차 바퀴의 고정 나사처럼 축의 회전 방향에 대한 반대 방향으로 너트를 조이면 풀림 방지가 된다.

(바) 자동 죔 너트에 의한 법

(사) 세트 스크루에 의한 법

(2) 키, 핀, 리벳

① 키의 종류와 특성

키의 종류와 특성

키의 명칭		형상	특징
① 묻힘 키 (성크 키) (sunk key)	때려박음 키(드라이 빙 키)		• 축과 보스에 다같이 홈을 파는 것으로, 가장 많이 쓰인다. • 미리붙이와 머리 없는 것이 있으며, 해머로 때려 박는다. • 테이퍼(1/100)가 있다.
	평행 키		• 축과 보스에 다같이 홈을 파는 가장 많이 쓰는 종류이다. • 키는 축심에 평행으로 끼우고 보스를 밀어 넣는다. • 키의 양쪽 면에 조임 여유를 붙여 상하 면은 약간 간격이 있다.
② 평 키(플랫 키) (flat key)			• 축은 자리만 편편하게 다듬고 보스에 홈을 판다. • 경하중에 쓰이며, 키에 테이퍼(1/100)가 있다. • 안장 키보다는 강하다.
③ 안장 키(새들 키) (saddle key)			• 축은 절삭하지 않고 보스에만 홈을 판다. • 마찰력으로 고정시키며, 축의 임의의 부분에 설치 가능하다. • 극경하중용으로 키에 테이퍼(1/100)가 있다.
④ 반달 키 (woodruff key)			• 축에 원호상의 홈을 판다. • 홈에 키를 끼워 넣은 다음 보스를 밀어 넣는다. • 축이 약해지는 결점이 있으나 공작 기계 핸들축과 같은 테이퍼 축에 사용된다.
⑤ 페더 키(미끄럼 키) (feather key)			• 묻힘 키의 일종으로 키는 테이퍼가 없이 길다. • 축 방향으로 보스의 이동이 가능하며, 보스와 간격 이 있어 회전 중 이탈을 막기 위해 고정하는 수가 많다. • 미끄럼 키라고도 한다.
⑥ 접선 키 (tangential key)			• 축과 보스에 축의 접선 방향으로 홈을 파서 서로 반대의 테이퍼(1/60~1/100)를 가진 2개의 키를 조합하여 끼워 넣는다. • 중하중용이며 역전하는 경우는 120° 각도로 두 군데 홈을 판다. • 정사각형 단면의 키를 90°로 배치한 것을 케네디 키(kennedy key)라고 한다.

⑦ 원뿔 키 (cone key)		• 축과 보스에 홈을 파지 않는다. • 한 군데가 갈라진 원뿔통을 끼워넣어 마찰력으로 고정시킨다. • 축의 어느 곳에도 장치 가능하며 바퀴가 편심되지 않는다.
⑧ 둥근 키(핀 키) (round key, pin key)		• 축과 보스에 드릴로 구멍을 내어 홈을 만든다. • 구멍에 테이퍼 핀을 끼워 넣어 축 끝에 고정시킨다. • 경하중에 사용되며 핸들에 널리 쓰인다.
⑨ 스플라인 (spline)		• 축의 둘레에 4~20개의 턱을 만들어 큰 회전력을 전달할 경우에 쓰인다.
⑩ 세레이션 (serration)		• 축에 작은 삼각형의 작은 이를 만들어 축과 보스를 고정시킨 것으로 같은 지름의 스플라인에 비해 많은 이가 있으므로 전동력이 크다. • 주로 자동차의 핸들 고정용, 전동기나 발전기의 전기자 축 등에 이용된다.

② **핀의 종류**

(개) 테이퍼 핀(taper pin) : 1/50의 테이퍼가 있다. 호칭 지름은 작은 쪽의 지름으로 표시한다.

(내) 평행 핀(dowel pin) : 분해 조립을 하게 되는 부품의 맞춤면의 관계 위치를 항상 일정하게 유지하도록 안내하는 데 사용한다.

(대) 분할 핀(split pin) : 두 갈래로 갈라지기 때문에 너트의 풀림 방지 등에 쓰인다.

(래) 코터 핀(cotter pin) : 두 부품 결합용 핀으로 양끝에 분할용 핀의 구멍이 있다.

(매) 스프링 핀(spring pin) : 세로 방향으로 쪼개져 있어 구멍의 크기가 정확하지 않을 때 해머로 때려 박을 수가 있다.

③ **리벳 이음의 작업 및 특징**

(개) 리벳 이음의 작업 : 보일러, 철교, 구조물, 탱크와 같은 영구 결합에 널리 쓰인다.

(내) 리벳 이음의 특징

㉮ 초응력에 의한 잔류 변형률이 생기지 않으므로 취약 파괴가 일어나지 않는다.

㉯ 구조물 등에서 현지 조립할 때는 용접 이음보다 쉽다.

㉰ 경합금과 같이 용접이 곤란한 재료에는 신뢰성이 있다.

㉱ 강판의 두께에 한계가 있으며, 이음 효율이 낮다.

예상문제

1. 축 방향에 큰 하중을 받아 운동을 전달하는 데 적합하도록 나사산을 사각 모양으로 만들었으며, 하중의 방향이 일정하지 않고 교번하중을 받는 곳에 사용하기에 적합한 나사는?

① 볼 나사   ② 사각 나사
③ 톱니 나사   ④ 너클 나사

해설 사각 나사는 삼각 나사에 비하여 풀어지긴 쉬우나 저항이 작아 동력 전달용 잭 (jack), 나사 프레스, 선반의 피드(feed) 등에 쓰인다.

2. 두 물체 사이의 거리를 일정하게 유지시키는 데 사용하는 볼트는?

① 스터드 볼트   ② 탭 볼트
③ 리머 볼트   ④ 스테이 볼트

해설 스테이 볼트는 부품의 간격을 유지하기 위하여 턱을 붙이거나 격리 파이프를 넣는다.

3. 나사에서 리드(lead)의 정의를 가장 옳게 설명한 것은?

① 나사가 1회전했을 때 축 방향으로 이동한 거리
② 나사가 1회전했을 때 나사산상의 1점이 이동한 원주거리
③ 암나사가 2회전했을 때 축 방향으로 이동한 거리
④ 나사가 1회전했을 때 나사산상의 1점이 이동한 원주각

해설 1줄 나사의 경우는 리드와 피치가 같지만 2줄 나사인 경우 리드는 피치의 2배가 된다.

리드(l) = 줄수(n) × 피치(p)

$$\therefore p = \frac{l}{n}$$

4. 다음 중 리베팅이 끝난 뒤에 리벳머리의 주위 또는 강판의 가장자리를 정으로 때려 그 부분을 밀착시켜 틈을 없애는 작업은 어느 것인가?

① 시밍   ② 코킹
③ 커플링   ④ 해머링

해설 코킹은 보일러, 가스 저장 용기 등과 같은 압력 용기에 사용하는 리벳 체결에 있어서 기밀을 유지하기 위하여 틈새를 없애는 작업이다.

5. 나사의 풀림을 방지하는 용도로 사용되지 않는 것은?

① 스프링 와셔   ② 캡 너트
③ 분할 핀   ④ 로크 너트

해설 캡 너트는 유체의 누설을 막기 위한 용도로 사용된다.

6. 양끝에 수나사를 깎은 머리 없는 볼트로 한쪽은 본체에 조립한 상태에서, 다른 한쪽에는 결합할 부품을 대고 너트를 조립하는 볼트는?

① 탭 볼트   ② 관통 볼트
③ 기초 볼트   ④ 스터드 볼트

해설 • 탭 볼트 : 너트를 사용하지 않고 직접 암나사를 낸 구멍에 죄어 넣는다.
• 관통 볼트 : 가장 널리 쓰이며, 맞뚫린 구멍에 볼트를 넣고 너트를 조이는 것이다.

정답 1. ②   2. ④   3. ①   4. ②   5. ②   6. ④

7. 다음 중 분할 핀에 관한 설명으로 틀린 것은 어느 것인가?

① 핀 한쪽 끝이 두 갈래로 되어 있다.

② 너트의 풀림 방지에 사용된다.

③ 축에 끼워진 부품이 빠지는 것을 방지하는 데 사용된다.

④ 테이퍼 핀의 일종이다.

해설 테이퍼 핀은 1/50의 테이퍼가 있으며, 호칭 지름은 작은 쪽의 지름으로 표시한다.

8. 1/100의 기울기를 가진 2개의 테이퍼 키를 한 쌍으로 하여 사용하는 키는?

① 원뿔 키 　　② 둥근 키

③ 접선 키 　　④ 미끄럼 키

해설 • 원뿔 키 : 축과 보스에 홈을 파지 않는다.

• 둥근 키 : 축과 보스에 드릴로 구멍을 내어 홈을 만든다.

• 미끄럼 키 : 묻힘 키의 일종으로 키는 테이퍼가 없이 길다.

9. 나사의 풀림 방지법으로 적당하지 않은 것은?

① 나비 너트를 사용하는 방법

② 로크 너트에 의한 방법

③ 핀 또는 멈춤 나사에 의한 방법

④ 자동 죔 너트에 의한 방법

해설 나사 및 너트의 풀림 방지 방법

• 스프링 와셔에 의한 방법

• 로크 너트에 의한 방법

• 분할 핀에 의한 방법

• 철사에 의한 법

10. 다음 중 축에는 키 홈을 가공하지 않고 보스에만 테이퍼 진 키 홈을 만들어서 홈

속에 키를 끼우는 것은?

① 묻힘 키 　　② 새들 키

③ 반달 키 　　④ 성크 키

해설 • 반달 키 : 축의 원호상에 홈을 판다.

• 묻힘 키 : 축과 보스에 다같이 홈을 판다.

11. 공작 기계의 이송 나사로 널리 사용되고 나사의 밑이 두꺼워 산 마루와 골에 틈이 생기므로 공작이 용이하고 맞물림이 좋으며 마모에 의하여 조정하기 쉬운 이점이 있는 나사는?

① 유니파이 나사

② 너클 나사

③ 톱니 나사

④ 사다리꼴 나사

해설 사다리꼴 나사는 애크미(acme) 나사 또는 제형 나사라고도 하며, 사각 나사보다 강력한 동력 전달용에 쓰인다.

12. 다음 중 미터 나사에 관한 설명으로 잘못된 것은?

① 기호는 M으로 표기한다.

② 나사산의 각은 60°이다.

③ 호칭 지름을 인치(inch)로 나타낸다.

④ 부품의 결합 및 위치의 조정 등에 사용된다.

해설 미터 나사

단위		mm
호칭 기호		M
나사산 크기 표시		피치
나사산 각도		60°
나사의 모양	산	평평하다
	골	둥글다

정답 **7.** ④ **8.** ③ **9.** ① **10.** ② **11.** ④ **12.** ③

13. 나사에서 리드(l), 피치(p), 나사 줄수(n)와의 관계식으로 바르게 나타낸 것은?

① $L=P$ ② $L=2P$
③ $L=nP$ ④ $L=n$

해설 리드는 나사가 1회전하여 진행한 축 방향의 거리를 말하며, 1줄 나사의 경우에는 리드와 피치가 같지만 2줄 나사의 경우 리드는 피치의 2배가 된다.
리드(L)＝줄수(n)×피치(P)

14. 축에는 키 홈을 파지 않고 보스(boss)에만 키 홈을 파는 키는?

① 성크 키   ② 스플라인 키
③ 평 키   ④ 새들 키

해설 • 성크 키 : 축과 보스에 다같이 홈을 만들어 사용
• 스플라인 키 : 축의 둘레에 4~20개 턱을 만들어 큰 회전력을 전달할 때 사용

15. 전달 토크가 큰 축에 주로 사용되며 회전 방향이 양쪽 방향일 때 일반적으로 중심각이 120° 되도록 한 쌍을 설치하여 사용하는 키(key)는?

① 드라이빙 키   ② 스플라인
③ 원뿔 키   ④ 접선 키

해설 (1) 원뿔 키
• 축과 보스에 홈을 파지 않는다.
• 한군데가 갈라진 원뿔통을 끼워 넣어 마찰력으로 고정시킨다.
• 축의 어느 곳에도 장치 가능하며 바퀴가 편심되지 않는다.
(2) 스플라인 : 축의 둘레에 4~20개의 턱을 만들어 큰 회전력을 전달할 때 쓰인다.

16. 결합용 기계요소가 아닌 것은?

① 축   ② 핀

③ 리벳   ④ 볼트

해설 축은 전달용 기계요소이다.

17. 다음 중 핀(pin)의 용도가 아닌 것은?

① 핸들과 축의 고정
② 너트의 풀림 방지
③ 볼트의 마모 방지
④ 분해 조립할 때 조립할 부품의 위치 결정

해설 핀의 용도
(1) 2개 이상의 부품을 결합시키는 데 사용
(2) 나사 및 너트의 이완 방지
(3) 핸들을 축에 고정하거나 힘이 적게 걸리는 부품을 설치하는 경우
(4) 분해 조립할 부품의 위치 결정

18. 다음 나사 중 백래시를 작게 할 수 있고 높은 정밀도를 오래 유지할 수 있으며 효율이 가장 좋은 것은?

① 사각 나사   ② 톱니 나사
③ 볼 나사   ④ 둥근 나사

해설 볼 나사는 수나사와 암나사의 홈에 강구(steel ball)가 들어 있어서 일반 나사보다 마찰계수가 작고 운동 전달이 가볍기 때문에 CNC 공작기계에 쓰인다.

19. 너트의 풀림 방지를 위해 주로 사용하는 핀은?

① 테이퍼 핀   ② 스프링 핀
③ 평행 핀   ④ 분할 핀

해설 분할 핀(split pin)은 두 갈래로 갈라지기 때문에 너트의 풀림 방지 등에 쓰인다.

20. 키의 전단응력이 35N/mm²이고, 키의 유효 길이가 40mm, 축과 보스의 경계면에 작용하는 접선력은 3000N일 때 키의

정답 13. ③   14. ④   15. ④   16. ①   17. ③   18. ③   19. ④   20. ③

너비는 약 몇 mm인가?

① 1.6mm ② 1.8mm
③ 2.2mm ④ 2.8mm

해설 $\tau = \dfrac{W}{bl}$ 에서

$$b = \frac{W}{\tau l} = \frac{3000\,\mathrm{N}}{35\,\mathrm{N/mm^2} \times 40\,\mathrm{mm}} = 2.2\,\mathrm{mm}$$

21. 볼트를 결합시킬 때 너트를 2회전하면 축방향으로 10mm, 나사산 수는 4산이 진행한다. 이와 같은 나사의 조건은?

① 피치 2.5mm, 리드 5mm
② 피치 5mm, 리드 5mm
③ 피치 5mm, 리드 10mm
④ 피치 2.5mm, 리드 10mm

해설 2회전에 축방향 10mm이므로 1회전할 때 축방향으로 진행한 거리인 리드는 5mm이고, 1회전 시 나사산 수는 2산이 진행한다. 리드＝나사의 줄수×피치이므로 5＝2×피치가 되며, 따라서 피치는 2.5mm이다.

22. 나사의 끝을 이용하여 축에 바퀴를 고정시키거나 위치를 조정할 때 사용되는 나사는 어느 것인가?

① 태핑 나사 ② 사각 나사
③ 볼 나사 ④ 멈춤 나사

해설 ・태핑 나사 : 나사 끝부분은 테이퍼를 주고 태핑 나사를 돌리면 나사산이 생겨 박판을 고정, 전기 기구 조립 등에 사용
・사각 나사 : 삼각 나사에 비해 풀어지긴 쉬우나 저항이 작아 동력 전달용 잭, 나사 프레스, 선반의 피드 등에 사용

23. 나사를 기능상으로 분류했을 때 운동용 나사에 속하지 않는 것은?

① 볼 나사 ② 관용 나사
③ 둥근 나사 ④ 사다리꼴 나사

해설 관용 나사는 결합용 나사로 수도관, 가스관 등의 이음 부분, 고정부, 유체 기계 등의 접촉을 목적으로 하는 부분에 사용된다.

24. 기어, 풀리, 커플링 등의 회전체를 축에 고정시켜서 회전운동을 전달시키는 기계요소는?

① 나사 ② 리벳
③ 핀 ④ 키

해설 ・나사 : 볼트와 너트의 회전운동을 직선운동으로 변환하여 끼워맞춤을 하는 결합요소
・리벳 : 보일러, 철교, 구조물, 탱크와 같은 영구 결합에 사용
・핀 : 2개 이상의 부품을 결합시키는 데 사용

25. 하중 20kN을 지지하는 훅 볼트에서 나사부의 바깥지름은 약 몇 mm인가? (단, 허용응력 $\sigma_a = 50\mathrm{N/mm^2}$이다.)

① 29 ② 57
③ 10 ④ 20

해설 $d = \sqrt{\dfrac{2W}{\sigma_a}} = \sqrt{\dfrac{2 \times 20000}{50}} = 28.28\,\mathrm{mm}$

26. 체결하려는 부분이 두꺼워서 관통구멍을 뚫을 수 없을 때 사용되는 볼트는?

① 탭 볼트
② T홈 볼트
③ 아이 볼트
④ 스테이 볼트

해설 탭 볼트는 너트를 사용하지 않고 직접 암나사를 낸 구멍에 죄어 넣는다.

27. 우드러프 키라고도 하며, 일반적으로 60mm 이하의 작은 축에 사용되고, 특히 테이퍼 축에 편리한 키는?

① 평 키   ② 반달 키
③ 성크 키   ④ 원뿔 키

해설 • 평 키 : 축은 자리만 편편하게 다듬고 보스에 홈을 파는 데 경하중에 사용
• 원뿔 키 : 축과 보스에 홈을 파지 않고 한 군데가 갈라진 원뿔통을 끼워 넣어 마찰력으로 고정

28. 24산 3줄 유니파이 보통 나사의 리드는 몇 mm인가?

① 1.175   ② 2.175
③ 3.175   ④ 4.175

해설 $p=\dfrac{25.4}{n}$ 이므로 $p=\dfrac{25.4}{24}=1.0583$

리드=피치×나사 줄수이므로
$=1.0583\times3=3.175$

29. 키의 종류 중 페더 키(feather key)라고도 하며, 회전력의 전달과 동시에 축 방향으로 보스를 이동시킬 필요가 있을 때 사용되는 것은?

① 미끄럼 키   ② 반달 키
③ 새들 키   ④ 접선 키

해설 • 반달 키 : 축의 원호상에 홈을 판다.
• 새들 키 : 안장 키라고도 하며 축은 절삭하지 않고 보스에만 홈을 판다.
• 접선 키 : 축과 보스에 축의 접선 방향으로 홈을 파서 서로 반대의 테이퍼를 가진 두 개의 키를 조합하여 끼워 넣는다.

30. 평판 모양의 쐐기를 이용하여 인장력이나 압축력을 받는 2개의 축을 연결하는 결합용 기계요소는?

① 코터   ② 커플링
③ 아이 볼트   ④ 테이퍼 키

해설 커플링은 한 축에서 다른 축으로 동력을 전달하는 장치이고, 아이 볼트는 부품을 들어올리는 데 사용되며 링 모양이나 구멍이 뚫려 있다.

31. 주로 강도만을 필요로 하는 리벳 이음으로서 철교, 선박, 차량 등에 사용하는 리벳은?

① 용기용 리벳
② 보일러용 리벳
③ 코킹
④ 구조용 리벳

해설 리벳의 분류
(1) 보일러용 리벳 : 강도와 기밀이 목적, 보일러, 고압탱크에 사용
(2) 저압용기용 리벳 : 강도보다는 기밀이 목적, 물탱크, 저압 탱크에 사용
(3) 구조용 리벳 : 주로 강도만이 목적, 철교, 선박, 차량, 구조물에 사용

32. 결합용 기계요소인 와셔를 사용하는 이유가 아닌 것은?

① 볼트 머리보다 구멍이 클 때
② 볼트 길이가 길어 체결여유가 많을 때
③ 자리면이 볼트 체결압력을 지탱하기 어려울 때
④ 너트가 닿는 자리면이 거칠거나 기울어져 있을 때

해설 와셔의 용도
(1) 볼트 머리의 지름보다 구멍이 클 때
(2) 접촉면이 바르지 못하고 경사졌을 때
(3) 자리가 다듬어지지 않았을 때
(4) 너트가 재료를 파고 들어갈 염려가 있을 때
(5) 너트의 풀림을 방지할 때

정답 27. ②   28. ③   29. ①   30. ①   31. ④   32. ②

33. 나사의 풀림 방지법이 아닌 것은?

① 철사를 사용하는 방법
② 와셔를 사용하는 방법
③ 로크 너트에 의한 방법
④ 사각 너트에 의한 방법

해설 나사의 풀림 방지법은 ①, ②, ③ 이외에 핀 또는 작은 나사에 의한 방법, 세트 스크루에 의한 방법, 자동 죔 너트에 의한 방법이 있다.

34. 수나사 중심선의 편심을 방지하는 목적으로 사용되는 너트는?

① 플레이트 너트 　② 슬리브 너트
③ 나비 너트 　　④ 플랜지 너트

해설 • 나비 너트 : 손으로 가볍게 죌 수 있는 모양
• 플랜지 너트 : 너트와 와셔를 일체형으로 붙인 형상으로 구멍이 크거나 접촉면이 거칠 때 사용

35. 키의 너비만큼 축을 평평하게 가공하고, 안장키보다 약간 큰 토크 전달이 가능하게 제작된 키는?

① 접선 키 　　② 평 키
③ 원뿔 키 　　④ 둥근 키

해설 • 둥근 키 : 축과 보스에 드릴로 구멍을 내어 홈을 만든다.
• 원뿔 키 : 축과 보스에 홈을 파지 않는다.

36. 큰 토크를 전달시키기 위해 같은 모양의 키 홈을 등 간격으로 파서 축과 보스를 잘 미끄러질 수 있도록 만든 기계요소는?

① 코터 　　　② 묻힘 키
③ 스플라인 　④ 테이퍼 키

해설 스플라인은 축의 둘레에 4~20개의 턱을

만들어 큰 회전력을 전달할 경우에 쓰인다.

37. 유체가 나사의 접촉면 사이의 틈새나 볼트의 구멍으로 흘러나오는 것을 방지할 필요가 있을 때 사용하는 너트는?

① 캡 너트
② 홈붙이 너트
③ 플랜지 너트
④ 슬리브 너트

해설 • 홈붙이 너트 : 너트의 풀림을 막기 위하여 분할 핀을 꽂을 수 있게 홈이 6개 또는 10개 정도 있는 것이다.
• 플랜지 너트 : 볼트 구멍이 클 때, 접촉면이 거칠거나 큰 면압을 피하려 할 때 쓰인다.
• 슬리브 너트 : 머리 밑에 슬리브가 달린 너트로서 수나사의 편심을 방지하는 데 사용한다.

38. 회전체의 균형을 좋게 하거나 너트를 외부에 돌출시키지 않으려고 할 때 주로 사용하는 너트는?

① 캡 너트 　　② 둥근 너트
③ 육각 너트 　④ 와셔붙이 너트

해설 둥근 너트는 자리가 좁아서 육각 너트를 사용하지 못하는 경우나 너트의 높이를 작게 했을 때 사용된다.

39. 볼트 머리부의 링(ring)으로 물건을 달아올리는 구조로 훅(hook)을 걸 수 있는 형상의 고리가 있는 볼트는 무엇인가?

① 아이 볼트 　　② 나비 볼트
③ 리머 볼트 　　④ 스테이 볼트

해설 아이 볼트는 부품을 들어올리는 데 사용되며, 링 모양이나 구멍이 뚫려 있다.

40. 진동이나 충격에 의한 너트의 풀림을 방지하는 것은?

① 로크 너트　　　② 플레이트 너트

③ 슬리브 너트　　　④ 나비 너트

해설 로크 너트는 와셔 볼트의 너트가 진동 등으로 인해 이완되는 것을 방지하기 위하여 너트의 안쪽에 사용하는 것으로, 스프링의 힘으로 볼트에 장력을 주어 회전 풀림을 방지한다.

41. 3줄 나사에서 피치가 2mm일 때 나사를 6회전시키면 이동하는 거리(mm)는?

① 6　　　　　　　② 12

③ 18　　　　　　　④ 36

해설 리드$(l) = n \cdot p = 3 \times 2 = 6$mm이므로, 6회전시키면 이동 거리는 $6 \times 6 = 36$mm이다.

42. 볼트와 볼트 구멍 사이에 틈새가 있어 전단응력과 휨 응력이 동시에 발생하는 현상을 방지하기 위한 가장 올바른 방법은 어느 것인가?

① 와셔를 사용한다.

② 로크 너트를 사용한다.

③ 멈춤 나사를 사용한다.

④ 링이나 봉을 끼워 사용한다.

해설 와셔나 로크 너트는 너트의 풀림 방지에 사용하며, 볼트와 볼트 구멍 사이에 틈새가 있어 전단 및 휨 응력이 동시에 발생하는 것을 방지하기 위해서는 링이나 봉을 끼워 사용한다.

43. 진동이나 충격으로 일어나는 나사의 풀림 현상을 방지하기 위하여 사용하는 기계요소가 아닌 것은?

① 태핑 나사　　　② 로크 너트

③ 스프링 와셔　　　④ 자동 죔 너트

해설 태핑 나사는 나사를 돌림에 따라 스스로 구멍을 파며 돌아가게 되어 있는 나사이다.

44. 피치가 2mm인 2줄 나사를 180° 회전시키면 나사가 축 방향으로 움직인 거리는 몇 mm인가?

① 1　　　　　　　② 2

② 3　　　　　　　④ 4

해설 리드＝나사 줄수(n)×피치$(p)=2 \times 2 = 4$인데 180° 회전이므로 2mm이다.

45. 운동용 나사에 해당하는 것은?

① 미터 가는 나사　　② 유니파이 나사

③ 볼 나사　　　　　④ 관용 나사

해설 ①, ②, ④는 결합용 나사이다.

46. 막대의 양끝에 나사를 깎은 머리 없는 볼트로서 한쪽 끝을 본체에 튼튼하게 박고, 다른 끝에는 너트를 끼워, 조일 수 있도록 한 볼트는?

① 관통 볼트

② 탭 볼트

③ 스터드 볼트

④ T 볼트

해설 관통 볼트는 부품에 구멍을 뚫고 너트를 죄는 것으로 가장 많이 사용되고 있으며, 탭 볼트는 구멍을 뚫을 수 없을 때 암나사를 만들어 끼워서 조여주는 볼트이다.

47. 다음 중 나사에 관한 설명으로 틀린 것은 어느 것인가?

① 나사에서 피치가 같으면 줄수가 늘어나도 리드는 같다.

정답 40. ①　41. ④　42. ④　43. ①　44. ②　45. ③　46. ③　47. ①

② 미터계 사다리꼴 나사산 각도는 30°이다.

③ 나사에서 리드라 하면 나사축 1회전당 전진하는 거리를 말한다.

④ 톱니나사는 한 방향으로 힘을 전달시킬 때 사용한다.

해설 리드=나사 줄수×피치이므로 줄수가 늘어나면 리드는 커진다.

48. 너트 위쪽에 분할 핀을 끼워 풀리지 않도록 하는 너트는?

① 원형 너트
② 플랜지 너트
③ 홈붙이 너트
④ 슬리브 너트

해설 • 플랜지 너트 : 너트 바닥면에 테가 붙은 모양의 와셔 겸용 너트

• 슬리브 너트 : 통 모양의 길쭉한 너트로 그 축을 일직선으로 연결하는 데 사용

49. 원형 나사 또는 둥근 나사라고도 하며, 나사산의 각(α)은 30°로 산마루와 골이 둥근 나사는?

① 톱니 나사
② 너클 나사
③ 볼 나사
④ 세트 스크루

해설 둥근 나사(round screw)는 너클 나사라고도 하며, 나사산과 골이 다같이 둥글기 때문에 먼지, 모래가 끼기 쉬운 전구, 호스 연결부 등에 쓰인다.

정답 48. ③ 49. ②

3-4 전달용 기계요소

(1) 축

① 작용하는 힘에 의한 분류

(가) **차축(axle)** : 주로 휨을 받는 정지 또는 회전 축을 말한다.

(나) **스핀들(spindle)** : 주로 비틀림을 받으며 길이가 짧다. 모양, 치수가 정밀하고 변형량이 적어 공작 기계의 주축에 쓰인다.

(다) **전동축(transmission shaft)** : 주로 비틀림과 휨을 받으며 동력 전달이 주목적이다. 전동축에는 주축, 선축, 중간축의 3가지가 있다.

② 모양에 의한 분류

(가) **직선축(straight shaft)** : 흔히 쓰이는 곧은 축을 말한다.

(나) **크랭크 축(crank shaft)** : 왕복 운동을 회전 운동으로 전환시키고, 크랭크핀에 편심륜이 끼워져 있다.

(다) **플렉시블 축(flexible shaft)** : 전동축에 가요성(휨성)을 주어서 축의 방향을 자유롭게 변경할 수 있는 축을 말한다.

(2) 축 이음

① 커플링

(가) 플랜지 커플링(flange coupling)

㉮ 가장 널리 쓰이며 주철, 주강, 단조 강재의 플랜지를 이용한다.

㉯ 플랜지의 연결은 볼트 또는 리머 볼트로 조인다.

㉰ 축지름 50~150mm에서 사용되며 강력전달용이다.

㉱ 플랜지 지름이 커져서 축심이 어긋나면 원심력으로 인하여 진동되기 쉽다.

(나) 슬리브 커플링(sleeve coupling) : 가장 간단한 방법으로 주철제의 원통 또는 분할 원통 속에 양축을 끼워놓고 키로 고정한다. 0mm 이하의 작은 축에 사용되며, 축 방향으로 인장이 걸리는 것에는 부적당하다.

(다) 플렉시블 커플링(flexible coupling) : 두 축의 중심선을 완전히 일치시키기 어려운 경우, 고속 회전으로 진동을 일으키는 경우, 내연 기관 등에 사용된다. 탄성체에 의해 진동, 충격을 완화시키며, 양축의 중심이 다소 엇갈려도 상관없다.

(라) 올덤 커플링(Oldham's coupling) : 두 축의 거리가 짧고 평행이며 중심이 어긋나 있을 때 사용한다. 진동과 마찰이 많아서 고속에는 부적당하며 윤활이 필요하다.

(마) 유니버설 조인트(universal joint) : 두 축이 서로 만나거나 평행해도 그 거리가 멀 때 사용하며, 축각도는 $30°$ 이내이다. 회전하면서 그 축의 중심선의 위치가 달라지는 것에 동력을 전달하는 데 사용한다.

② 클러치

(가) 맞물림 클러치(claw clutch) : 플랜지에 축을 축 방향으로 붙였다, 떼었다 하면서 동력을 전달하는 클러치이다.

(나) 마찰 클러치 : 원동축과 종동축에 설치된 마찰 면을 서로 밀어 그 마찰력으로 회전을 전달시키는 클러치로서 마찰 면의 모양에 따라 원판 클러치, 원뿔 클러치, 원통 클러치, 밴드 클러치 등으로 나눈다.

(다) 유체 클러치 : 원동축의 회전에 따라 중간 매체인 유체가 회전하여 그 유압에 의하여 종동축이 회전하는 클러치이다.

(3) 저널과 베어링

① 저널의 종류

(가) 레이디얼 저널(radial journal) : 하중이 축의 중심선에 직각으로 작용한다(반지름 방향 하중을 받는다).

(나) 스러스트 저널(thrust journal) : 축선 방향으로 하중이 작용한다(축 방향 하중을 받는다).

㈐ 원뿔 저널(cone journal)과 구면 저널(spherical journal) : 원뿔은 축선과 축선의 각 방향에 동시에 하중이 작용하는 것이고, 구면은 축을 임의의 방향으로 기울어지게 할 수 있다.

② **베어링의 종류**

㈎ 하중의 작용에 따른 분류

㉮ 레이디얼 베어링(radial bearing) : 하중을 축의 중심에 대하여 직각으로 받는다.

㉯ 스러스트 베어링(thrust bearing) : 축의 방향으로 하중을 받는다.

㉰ 원뿔 베어링(cone bearing) : 합성 베어링이라고도 하며, 축 방향과 축의 직각 방향의 합성 방향으로 하중을 받는다.

㈏ 접촉면에 따른 분류

㉮ 미끄럼 베어링(sliding bearing) : 저널 부분과 베어링이 미끄럼 접촉을 하는 것으로 슬라이딩 베어링이라고도 한다.

㉯ 구름 베어링(rolling bearing) : 저널과 베어링 사이에 볼이나 롤러를 넣어서 구름 마찰을 하게 한 베어링으로 롤링 베어링이라고도 한다.

③ **볼 베어링(ball bearing)**

㈎ 단열 깊은 홈형 레이디얼 볼 베어링 : 레이디얼 하중과 스러스트 하중에 받으며, 구조가 간단하다.

㈏ 단열 볼 베어링 : 고속용에는 작은 것이 쓰이며, 스러스트 하중에도 견딜 수 있다.

㈐ 복렬 자동 조심형 레이디얼 볼 베어링 : 전동 장치에 많이 사용하고 외륜의 내면이 구면이므로 축심이 자동 조절되며, 무리한 힘이 걸리지 않는다.

㈑ 단식 스러스트 볼 베어링 : 스러스트 하중만 받으며, 고속에 곤란하고 충격에 약하다.

④ **롤러 베어링(roller bearing)**

㈎ 원통 롤러 베어링 : 레이디얼 부하 용량이 매우 크며 충격에 강하다(중하중용).

㈏ 니들 베어링 : 롤러 길이가 길고 가늘며 내륜 없이 사용이 가능하다. 마찰 저항이 크며, 충격 하중에 강하다(중하중용).

㈐ 원뿔 롤러 베어링 : 스러스트 하중과 레이디얼 하중에도 분력이 생긴다. 내·외륜 분리가 가능하며, 공작 기계 주축에 쓰인다.

㈑ 구면 롤러 베어링 : 고속 회전은 곤란하며, 자동 조심형으로 쓸 경우 복력으로 쓴다.

(4) 전동 장치

① 마찰차 전동

(가) 마찰차 종류

㉠ 원통 마찰차 : 두 축이 평행하며, 마찰차 지름에 따라 속도비가 다르다(외접하는 경우와 내접하는 경우가 있다).

㉡ 원뿔 마찰차 : 두 축이 서로 교차하며, 동력을 전달할 때 사용된다.

㉢ 홈붙이 마찰차 : 마찰차에 홈을 붙인 것이며, 두 축이 평행하다.

㉣ 무단 변속 마찰차 : 속도 변환을 위한 특별한 마찰차로서 원판 마찰차, 원뿔 마찰차, 구면 마찰차 등이 있다.

(나) 마찰차의 응용 범위

㉠ 속도비가 중요하지 않은 경우

㉡ 회전 속도가 커서 보통의 기어를 사용하지 못하는 경우

㉢ 전달 힘이 크지 않아도 되는 경우

㉣ 두 축 사이를 단속할 필요가 있는 경우

(다) 마찰차의 전동 효율 : 원통 마찰차의 전동 효율은 주철 마찰차와 비금속 마찰차에서는 90%, 2개가 주철 마찰차일 경우에는 80%가 된다.

② 기어 전동

(가) 기어의 종류

㉠ 두 축이 만나는 경우

• 베벨 기어(bevel gear) : 원뿔면에 이를 만든 것으로 이가 직선인 것을 베벨 기어라고 한다.

• 마이터 기어(miter gear) : 잇수가 같은 한 쌍의 베벨 기어이다.

• 스파이럴 베벨 기어(spiral bevel gear) : 이가 구부러진 기어이다.

㉡ 두 축이 서로 평행한 경우

• 스퍼 기어(spur gear) : 이가 축에 평행하다.

• 헬리컬 기어(helical gear) : 이를 축에 경사시킨 것으로 물림이 순조롭고 축에 스러스트가 발생한다.

• 더블 헬리컬 기어(double helical gear) : 방향이 반대인 헬리컬 기어를 같은 축에 고정시킨 것으로 축에 스러스트가 발생하지 않는다.

• 인터널 기어(internal gear) : 맞물린 2개 기어의 회전 방향이 같다.

• 래크(rack) : 피니언과 맞물려서 피니언이 회전하면 래크는 직선 운동한다.

㉢ 두 축이 만나지도 않고 평행하지도 않은 경우

• 하이포이드 기어(hypoid gear) : 스파이럴 베벨 기어와 같은 형상이고 축만

엇갈린 기어이다.

- 스크루 기어(screw gear) : 비틀림 각이 서로 다른 헬리컬 기어를 엇갈리는 축에 조합시킨 것이다. 헬리컬 기어가 구름 전동을 하는 데 반해 스크루 기어(나사 기어)는 미끄럼 전동을 하여 마멸이 많은 결점이 있다.
- 웜 기어(worm gear) : 웜과 웜 기어를 한 쌍으로 사용하며, 큰 감속비를 얻을 수 있고, 원동차를 웜으로 한다.

(나) 기어의 각부 명칭과 이의 크기

㉮ 기어 각부 명칭

- 피치원(pitch circle) : 피치면의 축에 수직한 단면상의 원
- 이끝원(addendum circle) : 이 끝을 지나는 원
- 이뿌리원(dedendum circle) : 이 밑을 지나는 원
- 이 폭 : 축 단면에서의 이의 길이
- 이의 두께 : 피치상에서 잰 이의 두께
- 총 이높이 : 이 끝 높이와 이 뿌리의 높이의 합, 즉 이의 총 높이
- 이끝 높이(addendum) : 피치원에서 이끝원까지의 거리
- 이뿌리 높이(dedendum) : 피치원에서 이뿌리원까지의 거리

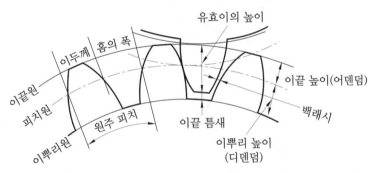

기어의 각부 명칭

㉯ 이의 크기

모듈(module, m)	지름 피치(p_d)	원주 피치(p)
피치원의 지름 D[mm]를 잇수 Z로 나눈 값, 미터 단위 사용 $$m = \frac{\text{피치원의 지름}}{\text{잇수}}$$ $$= \frac{D}{Z}\,[\text{mm}]$$	잇수 Z를 피치원의 지름 D[inch]로 나눈 값으로 인치 단위 사용 $$p_d = \frac{\text{잇수}}{\text{피치원의 지름}}$$ $$= \frac{Z}{D\,[\text{inch}]}$$	피치원의 원주를 잇수로 나눈 것으로 근래에는 많이 사용하지 않음 $$p = \frac{\text{피치원의 둘레}}{\text{잇수}}$$ $$= \frac{\pi D}{Z}\,[\text{mm}]$$

따라서 모듈과 지름 피치 및 원주 피치 사이에는 다음과 같은 관계가 있다.

$$p = \pi m, \quad p_d = \frac{25.4}{m} \, [\text{mm}]$$

모듈과 지름 피치에서 이의 크기는 값이 클수록 커지며, 지름 피치는 그 반대이다.

(다) 기어 열(gear train)과 속도비

⑦ 기어 열(gear train) : 기어의 속도비가 6 : 1 이상 되면 전동 능력이 저하되므로 원동차와 피동차 사이에 1개 이상의 기어를 넣는다. 이와 같은 것을 기어 열(gear train)이라고 한다.

- 아이들 기어(idle gear) : 두 기어 사이에 있는 기어로 속도비에 관계없이 회전 방향만 변한다.
- 중간 기어(mid gear) : 3개 이상의 기어 사이에 있는 기어로 회전 방향과 속도비도 변한다.

⑭ 기어의 속도비 : 원동차, 종동차의 회전수를 각각 n_A, n_B[rpm], 잇수를 Z_A, Z_B, 피치원의 지름을 D_A, D_B[mm]라고 하면,

- 속도비$(i) = \dfrac{n_B}{n_A} = \dfrac{D_A}{D_B} = \dfrac{mZ_A}{mZ_B} = \dfrac{Z_A}{Z_B}$

- 중심 거리$(C) = \dfrac{D_A + D_B}{2} = \dfrac{m(Z_A + Z_B)}{2} \, [\text{mm}]$

  단, m은 모듈(module)이며, $D = mZ$가 된다.

③ 벨트 전동 장치

(가) 평벨트

⑦ 벨트 거는 법

- 두 축이 평행한 경우
  - 평행 걸기(open belting) : 동일 방향으로 회전한다.
  - 엇 걸기(cross belting) : 반대 방향으로 회전하며, 십자 걸기라고도 한다.
- 두 축이 수직인 경우 : 역회전이 불가능하며, 역회전을 가능하게 하기 위해서는 안내 풀리(guide pulley)를 사용하면 된다.

⑭ 벨트의 접촉 중심각 : 벨트의 미끄러짐을 적게 하려면 풀리와 벨트의 접촉각을 크게 하면 된다. 접촉각을 크게 하는 방법은 이완 쪽이 원동차의 위가 되게 하거나 인장 풀리(tension pulley)를 사용하면 된다.

⑭ 벨트의 길이 : 두 풀리의 지름을 D_1, D_2[cm], 중심 거리를 C[cm], 벨트의 길이를 L[cm]이라 하면

- 평행 걸기의 경우 : $L \fallingdotseq 2C + \dfrac{\pi(D_2+D_1)}{2} + \dfrac{(D_2-D_1)^2}{4C}$[mm]

- 엇 걸기의 경우 : $L \fallingdotseq 2C + \dfrac{\pi(D_2+D_1)}{2} + \dfrac{(D_2+D_1)^2}{4C}$[mm]

(나) V벨트 : 축간 거리 5 m 이하, 속도비 1 : 7, 속도 10~15 m/s에 사용되며, 단면이 V형, 이음매가 없다. 전동 효율은 95~99% 정도이며, 홈밑에 접촉하지 않게 되어 있으므로 홈의 빗변으로 벨트가 먹혀 들어가기 때문에 마찰력이 큰데, 이것을 쐐기 작용이라 한다.

④ 체인 전동

(가) 체인의 종류 : 롤러 체인, 사일런트 체인

(나) 체인 전동의 특징

㉮ 미끄럼이 없다.

㉯ 속도비가 정확하다.

㉰ 큰 동력이 전달된다(효율 95% 이상).

㉱ 수리 및 유지가 쉽다.

㉲ 체인의 탄성으로 어느 정도 충격이 흡수된다.

㉳ 내열, 내유, 내습성이 있다.

㉴ 진동, 소음이 심하다.

㉵ 고속 회전에는 부적당하다.

예상문제

1. 벨트를 걸었을 때 이완 쪽에 설치하여 벨트와 벨트 풀리의 접촉각을 크게 하는 것을 무엇이라고 하는가?

① 단차
② 안내 풀리
③ 중간 풀리
④ 긴장 풀리

해설 벨트의 장력을 항상 일정하게 유지하기 위해 사용하는 풀리를 긴장 풀리라 한다.

2. 벨트 전동에 관한 설명으로 틀린 것은?

① 벨트 풀리에 벨트를 감는 방식은 크로스 벨트 방식과 오픈 벨트 방식이 있다.
② 오픈 벨트 방식에서는 양 벨트 풀리가 반대 방향으로 회전한다.
③ 벨트가 원동차에 들어가는 쪽을 인장쪽이라 한다.
④ 벨트가 원동차로부터 풀려 나오는 쪽을 이완쪽이라 한다.

정답 1. ④ 2. ②

해설 오픈 벨트 방식은 동일 방향으로, 크로스 벨트 방식은 반대 방향으로 회전한다.

3. 모듈이 같은 두 기어가 외접하여 서로 물려 있다. 두 기어의 잇수가 30, 50이고 축간거리가 80mm일 때 모듈은?

① 4 　　　　　② 3
③ 2 　　　　　④ 1

해설 중심거리$(C) = \dfrac{M(Z_A + Z_B)}{2}$에서

$$M = \dfrac{2C}{Z_A + Z_D} = \dfrac{2 \times 80}{30 + 50} = 2$$

4. 다음 중 원주피치 P와 모듈 m과의 관계를 올바르게 표시한 것은?

① $P = \pi m$ 　　② $\dfrac{\pi}{m}$

③ $P = 2\pi m$ 　　④ $\dfrac{m}{\pi}$

해설 $P = \dfrac{\pi D}{Z}$, $m = \dfrac{D}{Z}$이므로 $P = \pi m$

5. 원동차의 잇수 28, 종동차의 잇수 84인 쌍의 스퍼기어의 속도비(i)는 얼마인가?

① $i = \dfrac{1}{3}$ 　　② $i = \dfrac{1}{4}$

③ $i = \dfrac{1}{6}$ 　　④ $i = \dfrac{1}{8}$

해설 속도비 $= \dfrac{Z_A}{Z_B} = \dfrac{28}{84} = \dfrac{1}{3}$

6. 전달마력 30kW, 회전수 200rpm인 전동축에서 토크 T는 몇 kgf·m인가?

① 1461 　　　　② 146.1
③ 1074.3 　　　④ 107.43

해설 $T = \dfrac{102 \times 60 \times 30}{2 \times \pi \times 200} = 146.1$

7. 일반적인 제동장치의 제동부 조작에 이용하는 에너지가 아닌 것은?

① 유압 　　　　② 전자력
③ 압축 공기 　　④ 빛 에너지

해설 제동부 조작을 위해 사용하는 에너지로 유압, 압축 공기, 전자력 등이 있다.

8. 풀리 간 동력을 선달하는 운전 중인 벨트에 작용하는 유효 장력은? (단, F_t는 인장쪽 (팽팽한 쪽, 긴장측) 장력, F_s는 이완쪽(느슨한 쪽, 이완측) 장력)

① $F_t - F_s$ 　　② $F_s - F_t$

③ $\dfrac{F_t}{F_s}$ 　　④ $\lambda = \dfrac{F_s}{F_t}$

해설 벨트의 유효 장력은 인장측 장력과 이완측 장력의 차이이다.

9. 회전수 1500rpm의 2줄 웜이 잇수가 50인 웜 휠에 물려 돌아가고 있다. 이때 웜 휠의 회전수(rpm)는?

① 10 　　　　　② 30
③ 45 　　　　　④ 60

해설 $\dfrac{n_2}{n_1} = \dfrac{Z_1}{Z_2}$이므로 $\dfrac{n_2}{1500} = \dfrac{2}{50}$

$$\therefore n_2 = \dfrac{2 \times 1500}{50} = 60$$

10. 비틀림 모멘트를 받는 회전축으로 치수가 정밀하고 변형량이 적어 주로 공작기계의 주축에 사용하는 축은?

① 차축 　　　　② 스핀들
③ 플렉시블축 　④ 크랭크축

해설 스핀들은 공작기계에서 공작물 또는 연장을 회전시키기 위한 축이다.

정답 3. ③ 4. ① 5. ① 6. ② 7. ④ 8. ① 9. ④ 10. ②

11. 직접 전동 기계 요소인 홈 마찰차에서 홈의 각도(α)는?

① $2\alpha = 10 \sim 20°$　　② $2\alpha = 20 \sim 30°$

③ $2\alpha = 30 \sim 40°$　　④ $2\alpha = 40 \sim 50°$

해설 홈의 깊이는 $10 \sim 20\,\text{mm}$, 홈의 수는 5가닥 정도로 한다.

12. 동력 전달용 기계요소가 아닌 것은?

① 기어　　　　　② 체인

③ 마찰차　　　　④ 유압 댐퍼

해설 유압 댐퍼(damper)란 유압을 이용하여 진동을 약하게 하거나 충격을 흡수하는 장치이다.

13. 맞물림 클러치에서 턱의 형태에 해당하지 않는 것은?

① 사다리꼴 형　　② 나선 형

③ 유선 형　　　　④ 톱니 형

해설 맞물림 클러치는 턱을 가진 한 쌍의 플랜지를 원동축과 종동축의 끝에 붙여서 만든 것으로 종동축의 플랜지를 축 방향으로 이동시켜 단속하는 클러치이다.

14. 축의 설계 시 고려해야 할 사항으로 거리가 먼 것은?

① 강도　　　　　② 제동장치

③ 부식　　　　　④ 변형

해설 축 설계 시 고려할 사항
 (1) 강도(strength) : 여러 가지 하중의 작용에 충분히 견딜 수 있는 강함의 크기
 (2) 강성도(stiffness) : 충분한 강도 이외에 처짐이나 비틀림의 작용에 견딜 수 있는 능력
 (3) 진동(vibration) : 회전 시 고유 진동과 강제 진동으로 인하여 공진 현상이 생길

때 축이 파괴된다. 이때 축의 회전 속도를 임계 속도라 한다.
 (4) 부식(corrosion) : 방식(防蝕) 처리를 하거나 또는 굵게 설계한다.
 (5) 온도 : 고온의 열을 받는 축은 크리프와 열팽창을 고려해야 한다.

15. 축 이음을 차단시킬 수 있는 장치인 클러치의 종류가 아닌 것은?

① 맞물림 클러치

② 마찰 클러치

③ 유체 클러치

④ 유니버설 클러치

해설 기관과 변속기 사이에 동력을 잇고 끊는 장치로 맞물림 클러치, 마찰 클러치, 유체 클러치, 전자기 클러치 등이 있다.

16. 평 벨트의 이음 방법 중 이음 효율이 가장 좋은 것은?

① 이음쇠 이음　　② 가죽 끈 이음

③ 철사 이음　　　④ 접착제 이음

해설 평 벨트는 고무 접착제를 붙여 사용한다.

17. 짝(pair)을 선짝과 면짝으로 구분할 때 선짝의 예에 속하는 것은?

① 선반의 베드와 왕복대

② 축과 미끄럼 베어링

③ 암나사와 수나사

④ 한 쌍의 맞물리는 기어

해설 면짝의 종류
 • 미끄럼짝 : 각 기구가 서로 직선운동만을 하는 짝으로 선반의 베드와 왕복대
 • 회전짝 : 회전하는 표면을 접촉면으로 하는 짝으로 축과 미끄럼 베어링
 • 나사짝 : 나사면을 접촉면으로 하는 짝으로 암나사와 수나사

18. 원동차의 지름이 160mm, 종동차의 반지름이 50mm인 경우 원동차의 회전수가 300rpm이라면 종동차의 회전수는 몇 rpm인가?

① 150 ② 200
③ 360 ④ 480

해설 회전비$(i) = \dfrac{N_2}{N_1} = \dfrac{D_1}{D_2}$

여기서, N_1 : 원동차의 회전수(rpm)
N_2 : 종동차의 회전수(rpm)
D_1 : 원동차의 지름(mm)
D_2 : 종동차의 지름(mm)
$\therefore N_2 = \dfrac{D_1}{D_2} \times N_1 = \dfrac{160}{100} \times 300 = 480\,\text{rpm}$

19. 축 방향에 하중이 작용하면 피스톤이 이동하여 작은 구멍인 오리피스(orifice)로 기름이 유출되면서 진동을 감소시키는 완충장치는?

① 토션 바
② 쇼크 업소버
③ 고무 완충기
④ 링 스프링 완충기

해설 (1) 토션 바 : 비틀림 변형이 생기는 원리를 이용한 스프링
(2) 고무 완충기 : 고무를 여러 장 겹쳐서 충격 에너지의 흡수나 감쇠를 목적으로 사용
(3) 링 스프링 완충기 : 충격이나 진동을 흡수하는 곳에 사용

20. 아래 그림의 기어열에서 잇수가 $Z_A =$ 30, $Z_B = 50$, $Z_C = 20$, $Z_D = 40$일 때 I축을 1000rpm으로 회전시키면 III축의 회전수는 몇 rpm인가?

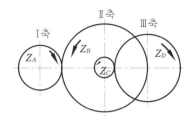

① 150 ② 300
③ 600 ④ 1200

해설 $i = \dfrac{N_{III}}{1000} = \dfrac{30 \times 20}{50 \times 40}$

$\therefore N_{III} = \dfrac{30 \times 20}{50 \times 40} \times 1000 = 300\,\text{rpm}$

21. 웜 기어의 특징이 아닌 것은?

① 큰 감속비를 얻을 수 있다.
② 역회전을 방지하는 기능이 있다.
③ 물림이 조용하다.
④ 전동 효율이 높다.

해설 웜과 웜 기어를 한 쌍으로 사용하는 형식으로, 감속비를 크게 할 수 있으나 전동 효율이 낮다.

22. 내연기관과 같이 전달 토크의 변동이 많은 원동기에서 다른 기계로 동력을 전달하는 경우 또는 고속 회전으로 진동을 일으키는 경우에 베어링이나 축에 무리를 적게 하고 진동이나 충격을 완화시키기 위한 축이음은?

① 고정 커플링(fixed coupling)
② 플렉시블 커플링(flexible coupling)
③ 올덤 커플링(oldham's coupling)
④ 자재 이음 (universal joint)

해설 올덤 커플링은 두 축의 거리가 짧고 평행이며 중심이 어긋나 있을 때 사용한다. 진동과 마찰이 많아서 고속에는 부적당하며 윤활이 필요하다.

23. 기계요소 부품 중에서 직접 전동용 기계 요소에 속하는 것은?

① 벨트   ② 기어
③ 로프   ④ 체인

해설 간접 전달장치는 벨트, 체인, 로프 등을 매개로 한 전달장치로 축간 거리가 클 경우에 사용한다.

24. 회전하고 있는 원동 마찰차의 지름이 250mm이고 종동차의 지름이 400mm일 때 최대 토크는 몇 N·m인가? (단, 마찰차의 마찰계수는 0.2이고 서로 밀어붙이는 힘은 2kN이다.)

① 20   ② 40
③ 80   ④ 16

해설 전달 토크$(T) = \mu p \dfrac{D_B}{2}$

$= 0.2 \times 2 \times \dfrac{400}{2} = 80 \text{N} \cdot \text{m}$

25. 평벨트 풀리의 구조에서 벨트와 직접 접촉하여 동력을 전달하는 부분은?

① 림   ② 암
③ 보스   ④ 리브

해설 평벨트에서 동력을 전달하는 부분은 림이고, 벨트의 미끄러짐을 적게 하려면 풀리와 벨트의 접촉각을 크게 한다.

26. 회전에 의한 동력 전달 장치에서 인장측 장력과 이완측 장력의 차이는?

① 초기 장력   ② 인장 측 장력
③ 이완측 장력   ④ 유효 장력

해설 벨트나 로프 등의 전동에서 당기는 측의 장력으로부터 느슨한 측의 장력을 뺀 힘이 원동차에서 종동차로 전해지는 것을 유효 장력이라 한다.

27. 두 축이 같은 평면 내에 있으면서 그 중심선이 어느 각도로 교차하고 있을 때 사용하는 축 이음으로 자동차, 공작기계 등에 사용되는 것은?

① 플렉시블 커플링
② 플랜지 커플링
③ 유니버설 커플링
④ 셀러 커플링

해설 플랜지 커플링은 가장 널리 쓰이며 주철, 주강, 단조 강재의 플랜지를 이용한다. 플렉시블 커플링은 두 축의 중심선을 완전히 일치시키기 어려운 경우, 고속회전으로 진동을 일으키는 경우, 내연기관 등에 사용된다.

28. 원통 마찰차의 접선력을 F[kgf], 원주속도를 v[m/s]라고 할 때, 전달동력 H[kW]를 구하는 식은? (단, 마찰계수는 μ이다.)

① $H = \dfrac{\mu F v}{102}$ ② $H = \dfrac{F v}{102\mu}$
③ $H = \dfrac{\mu F v}{75}$ ④ $\lambda = \dfrac{F v}{75\mu}$

해설 전달마력 $H = \dfrac{\mu F v}{75}$[PS]이다.

29. 엔드 저널에서 지름 40mm의 전동축을 받치고 있는 베어링의 압력은 5N/mm²이고 저널길이를 100mm라고 할 때 베어링의 하중은 몇 kN인가?

① 15kN   ② 20kN
③ 25kN   ④ 30kN

해설 $P = \dfrac{W}{dl}$이므로,

$W = Pdl = 5 \text{N/mm}^2 \times 40\text{mm} \times 100\text{mm}$
$= 20000 \text{N} = 20 \text{kN}$

정답 **23.** ②   **24.** ③   **25.** ①   **26.** ④   **27.** ③   **28.** ①   **29.** ②

30. 직선운동을 회전운동으로 변환하거나, 회전운동을 직선운동으로 변환하는 데 사용되는 기어는?

① 스퍼 기어　　　② 베벨 기어
③ 헬리컬 기어　　④ 래크와 피니언

해설 • 스퍼 기어 : 이가 축에 평행
• 헬리컬 기어 : 이를 축에 경사시킨 것으로 물림이 순조롭고 축에 스러스트가 발생
• 베벨 기어 : 원뿔면에 이를 만든 것으로 이가 직선인 것

31. 다음 동력 전달용 기계요소 중 간접 전동요소가 아닌 것은?

① 체인　　　② 로프
③ 벨트　　　④ 기어

해설 직접 전달장치란 기어나 마찰차와 같이 직접 접촉으로 전달하는 것으로 축 사이가 비교적 짧은 경우에 쓰인다.

32. 축 이음 중 두 축이 평행하고 각 속도의 변동 없이 토크를 전달하는 데 가장 적합한 것은?

① 올덤 커플링　　② 플렉시블 커플링
③ 유니버설 커플링　④ 플랜지 커플링

해설 유니버설 커플링은 두 축이 서로 만나거나 평행해도 그 거리가 멀 때 사용한다.

33. 레이디얼 엔드 저널 베어링에서 저널의 지름이 d[mm]이고 레이디얼 하중이 W[N]일 때, 저널의 길이 l[mm]를 구하는 식으로 옳은 것은 어느 것인가? (단, 베어링 압력은 p[N/mm²]이다.)

① $l=\dfrac{pd}{2W}$　　② $l=\dfrac{pd}{W}$
③ $l=\dfrac{2W}{pd}$　　④ $l=\dfrac{W}{pd}$

해설 베어링 압력(p)은 하중(W)을 투상면적($d\times l$)으로 나눈 값이므로 $p=\dfrac{W}{dl}$이다.
따라서 $l=\dfrac{W}{pd}$

34. 너클 핀 이음에서 축에 발생하는 인장력이 120kN이고, 두 축을 연결한 너클 핀의 허용전단응력이 100N/mm²이라 할 때 핀의 지름은 약 몇 mm인가?

① 17.6mm　　② 23.6mm
③ 27.6mm　　④ 33.6mm

해설 $d=\sqrt{\dfrac{2P}{\pi\tau}}=\sqrt{\dfrac{2\times120000}{\pi\times100}}\fallingdotseq27.6\,\text{mm}$

35. 저널 베어링에서 저널의 지름이 30mm, 길이가 40mm, 베어링의 하중이 2400N일 때 베어링의 압력(N/mm²)은?

① 1　　② 2
③ 3　　④ 4

해설 베어링 압력
$=\dfrac{하중}{저널의\ 길이\times저널의\ 지름}$
$=\dfrac{2400}{40\times30}=2\,\text{N/mm}^2$

36. 웜 기어에서 웜이 3줄이고 웜 휠의 잇수가 60개일 때의 속도비는?

① $\dfrac{1}{10}$　　② $\dfrac{1}{20}$
③ $\dfrac{1}{30}$　　④ $\dfrac{1}{60}$

해설 속도비(i)$=\dfrac{Z_1}{Z_2}$
여기서, Z_1 : 웜 줄수, Z_2 : 웜 휠의 잇수
$\therefore i=\dfrac{3}{60}=\dfrac{1}{20}$

37. 부품의 위치 결정 또는 고정 시에 사용되는 체결 요소가 아닌 것은?

① 핀(pin)　　② 너트(nut)
③ 볼트(bolt)　④ 기어(gear)

해설 기어는 마찰면을 피치원으로 하여 여기에 이(tooth)를 만들어 미끄럼 없이 일정한 속도비로 큰 동력을 전달하는 것이다.

38. 평기어에 잇수가 40개, 모듈이 2.5인 기어의 피치원 지름은 몇 mm인가?

① 100　　② 125
③ 150　　④ 250

해설 $m = \dfrac{D}{Z}$에서

$D = mZ = 2.5 \times 40 = 100$

39. 평벨트 전동과 비교한 V벨트 전동의 특징이 아닌 것은?

① 고속운전이 가능하다.
② 미끄럼이 적고 속도비가 크다.
③ 바로걸기와 엇걸기 모두 가능하다.
④ 접촉 면적이 넓으므로 큰 동력을 전달한다.

해설 V벨트는 평행한 두 축간으로부터 같은 방향의 회전의 경우에 한하여 사용되며 그 길이를 조정할 수가 없다.

40. 축계 기계 요소에서 레이디얼 하중과 스러스트 하중을 동시에 견딜 수 있는 베어링은?

① 니들 베어링
② 원추 롤러 베어링
③ 원통 롤러 베어링
④ 레이디얼 볼 베어링

해설 • 니들 베어링 : 긴 원통형 롤러를 사용한

베어링
• 원통 롤러 베어링 : 레이디얼 부하 용량이 매우 크므로 중하중용에 사용
• 레이디얼 볼 베어링 : 회전축에 수직으로 작용하는 하중을 받을 때 사용

41. 축이나 구멍에 설치한 부품이 축 방향으로 이동하는 것을 방지하는 목적으로 주로 사용하며, 가공과 설치가 쉬워 소형 정밀 기기나 전자기기에 많이 사용되는 기계요소는?

① 키　　② 코터
③ 멈춤링　④ 커플링

해설 멈춤링의 종류는 축용과 구멍용의 2종류가 있으며 흔히 스냅링(snap ring)이라고도 한다.

42. 기어에서 이의 간섭 방지 대책으로 틀린 것은?

① 압력각을 크게 한다.
② 이의 높이를 높인다.
③ 이끝을 둥글게 한다.
④ 피니언의 이뿌리면을 파낸다.

해설 이의 간섭 방지를 위하여 이의 높이를 줄인다.

43. 원뿔 베어링이라고도 하며 축 방향 및 축과 직각 방향의 하중을 동시에 받는 베어링은?

① 레이디얼 베어링　② 테이퍼 베어링
③ 스러스트 베어링　④ 슬라이딩 베어링

해설 • 레이디얼 베어링 : 축의 중심에 대하여 직각 방향으로 하중을 받는다.
• 스러스트 베어링 : 축의 방향으로 하중을 받는다.

44. 왕복 운동 기관에서 직선 운동과 회전 운동을 상호 전달할 수 있는 축은?

① 직선 축   ② 크랭크 축
③ 중공 축   ④ 플렉시블 축

해설 직선 축은 흔히 쓰이는 곧은 축을 말하며, 플렉시블 축은 전동 축에 가요성(휨성)을 주어서 축의 방향을 자유롭게 변경할 수 있는 축을 말한다.

45. 스퍼 기어에서 Z는 잇수(개)이고, P가 지름 피치(인치)일 때 피치원 지름(D, mm)을 구하는 공식은 ?

① $D = \dfrac{PZ}{25.4}$ ② $D = \dfrac{25.4}{PZ}$

③ $D = \dfrac{P}{25.4Z}$ ④ $D = \dfrac{25.4Z}{P}$

해설 $P = \dfrac{25.4Z}{D}$ 이므로

피치원 지름$(D) = \dfrac{25.4Z}{P}$

46. 다음 벨트 중에서 인장강도가 대단히 크고 수명이 가장 긴 벨트는?

① 가죽 벨트   ② 강철 벨트
③ 고무 벨트   ④ 섬유 벨트

해설 가죽 벨트는 강하고 질기나 가격이 고가이며, 고무 벨트는 기름에 약하다.

47. 축이음 기계요소 중 플렉시블 커플링에 속하는 것은?

① 올덤 커플링
② 셀러 커플링
③ 클램프 커플링
④ 마찰 원통 커플링

해설 올덤 커플링은 두 축의 거리가 짧고 평행이며 중심이 어긋나 있을 때 사용한다.

48. 모듈이 2이고 피치원의 지름이 60mm인 스퍼 기어와 이에 맞물려 돌아가고 있는 피니언의 피치원의 지름이 38mm일 때 피니언의 잇수는?

① 18개   ② 19개
③ 30개   ④ 38개

해설 $m = \dfrac{D}{Z}$, $Z = \dfrac{D}{m} = \dfrac{38}{2} = 19$

49. 다음 중 웜 기어의 특징으로 가장 거리가 먼 것은?

① 큰 감속비를 얻을 수 있다.
② 중심거리에서 오차가 있을 때는 마멸이 심하다.
③ 소음이 작고 역회전 방지를 할 수 있다.
④ 웜 휠의 정밀 측정이 쉽다.

해설 웜 기어는 웜과 웜 기어를 한 쌍으로 사용하며, 큰 감속비를 얻을 수 있고 원동차를 웜으로 한다.

50. 사용 기능에 따라서 분류한 기계요소에서 직접 전동 기계요소는?

① 마찰차   ② 로프
③ 체인   ④ 벨트

해설 직접 전동 장치는 기어나 마찰차와 같이 직접 접촉으로 전달하는 것으로 축 사이가 비교적 짧은 경우에 쓰인다.

51. 기준 래크 공구의 기준 피치선이 기어의 기준 피치원에 접하지 않는 기어는?

① 웜 기어   ② 표준 기어
③ 전위 기어   ④ 베벨 기어

해설 베벨 기어는 원뿔면에 이를 만든 것으로 이가 직선이다.

정답 44. ②   45. ④   46. ②   47. ①   48. ②   49. ④   50. ①   51. ③

52. 외접하고 있는 원통 마찰차의 지름이 각각 240mm, 360mm일 때, 마찰차의 중심 거리는?

① 60mm   ② 300mm
③ 400mm   ④ 60mm

해설 중심거리 $=\dfrac{D_1+D_2}{2}$
$=\dfrac{240+360}{2}=300\,mm$

53. 각속도(ω, rad/s)를 구하는 식 중 옳은 것은? (단, N : 회전수(rpm), H : 전달마력(PS)이다.)

① $\omega=\dfrac{2\pi N}{60}$ ② $\omega=\dfrac{60}{2\pi N}$
③ $\omega=\dfrac{2\pi N}{60H}$ ④ $\omega=\dfrac{60H}{2\pi N}$

해설 각속도란 원운동을 하고 있는 물체가 단위 시간에 회전하는 중심각의 크기를 말한다.

54. 두 축이 나란하지도 교차하지도 않으며, 베벨 기어의 축을 엇갈리게 한 것으로, 자동차의 차동 기어장치의 감속 기어로 사용되는 것은?

① 베벨 기어
② 웜 기어
③ 베벨 헬리컬 기어
④ 하이포이드 기어

해설 하이포이드 기어는 스파이럴 베벨 기어와 같은 형상이고 축만 엇갈린 기어이다.

55. 간헐운동(intermittent motion)을 제공하기 위해서 사용되는 기어는?

① 베벨 기어   ② 헬리컬 기어
③ 웜 기어   ④ 제네바 기어

해설 • 베벨 기어 : 원뿔면에 이를 만든 것으로 이가 직선임
• 웜 기어 : 큰 감속비를 얻을 수 있음

56. 지름 5mm 이하의 바늘 모양 롤러를 사용하는 베어링으로서 단위면적당 부하용량이 커서 협소한 장소에서 고속의 강한 하중이 작용하는 곳에 주로 사용하는 베어링은?

① 스러스트 롤러 베어링
② 자동 조심형 롤러 베어링
③ 니들 롤러 베어링
④ 테이퍼 롤러 베어링

해설 전동체로서 매우 가늘고 긴 침상 롤러(지름 5mm 이하, 길이는 지름의 3~4배)를 사용한 구름 베어링을 말한다.

57. 전동축이 350rpm으로 회전하고 전달 토크가 120N·m일 때 이 축이 전달하는 동력은 약 몇 kW인가?

① 2.2   ② 4.4
③ 6.6   ④ 8.8

해설 $T[N\cdot m]=9550\dfrac{P[kW]}{n[rpm]}$ 이므로
$P=\dfrac{Tn}{9550}=\dfrac{120\times350}{9550}=4.4\,kW$

58. 두 축이 평행하지도 교차하지도 않으며 나사 모양을 가진 기어로, 주로 큰 감속비를 얻고자 할 때 사용하는 기어 장치는?

① 웜 기어   ② 제롤 베벨 기어
③ 래크와 피니언   ④ 내접 기어

해설 웜과 웜 기어를 한 쌍으로 사용하며, 큰 감속비를 얻을 수 있고 원동차를 웜으로 한다.

정답 52. ②   53. ①   54. ④   55. ④   56. ③   57. ②   58. ①

59. 다음 중 V-벨트의 단면적이 가장 작은 형식은?

① A   ② B
③ E   ④ M

> **해설** M, A, B, C, D, E의 6종류가 있으며, 단면적은 M이 가장 작고 A에서 E쪽으로 가면 단면이 커진다.

60. 다음 중 축 중심에 직각 방향으로 하중이 작용하는 베어링을 말하는 것은 어느 것인가?

① 레이디얼 베어링(radial bearing)
② 스러스트 베어링(thrust bearing)
③ 원뿔 베어링(cone bearing)
④ 피벗 베어링(pivot bearing)

> **해설** • 스러스트 베어링 : 축 방향으로 하중을 받는다.
> • 원뿔 베어링 : 축 방향과 축의 직각 방향의 합성 방향으로 받는다.

61. 동력 전달을 직접 전동법과 간접 전동법으로 구분할 때, 직접 전동법으로 분류되는 것은?

① 체인 전동   ② 벨트 전동
③ 마찰차 전동   ④ 로프 전동

> **해설** • 직접 전동법 : 기어나 마찰차와 같이 직접 접촉으로 전달하는 것으로 축 사이가 비교적 짧은 경우에 쓰인다.
> • 간접 전동법 : 벨트, 체인, 로프 등을 매개로 한 전달 장치로 축 사이가 클 경우에 쓰인다.

62. 보기 도면과 같은 제품을 드릴 지름 18mm로 구멍을 뚫을 때, 관통 구멍부인 플랜지의 두께 치수는?

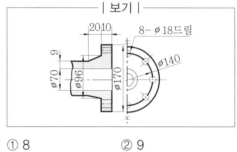

| 보기 |

① 8   ② 9
③ 10   ④ 18

> **해설** 관 이음의 접속 부분을 플랜지라 하며, 위 도면에서 보는 바와 같이 플랜지의 두께는 10mm이다.

정답   59. ④   60. ①   61. ③   62. ③

3-5   제어용 기계요소

(1) 스프링

① 스프링의 휨과 하중

(개) 스프링에 하중을 걸면 하중에 비례하여 인장 또는 압축, 휨 등이 일어난다.

$$W = K\delta \,[\text{kN}]$$

(내) 스프링 상수 K_1, K_2의 2개를 접속시켰을 때 스프링 상수는

• 병렬의 경우 : $K = K_1 + K_2$ [그림 (a), (b)]

• 직렬의 경우 : $\dfrac{1}{K}=\dfrac{1}{K_1}+\dfrac{1}{K_2}$ [그림 (c)]

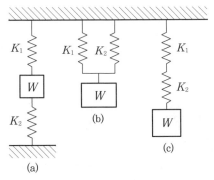

스프링 상수

② 코일 스프링의 강도

(가) 스프링의 소선에 작용하는 비틀림 모멘트 : $T=\tau Z_P=\dfrac{\pi}{16}d^3\tau\,[\text{kJ}]$

(나) 스프링의 소선이 받는 전단 응력 : $\tau=\dfrac{8Wd}{\pi d^3}\,[\text{Pa}]$

(다) $\delta=\dfrac{8nD^3W}{Gd^4}=\dfrac{64nR^3W}{Gd^4}$

(라) 스프링 상수 $K=\dfrac{W}{\delta}=\dfrac{Gd^4}{8nD^3}=\dfrac{GD}{8nC^4}=\dfrac{Gd^4}{64R}\,[\text{N/m}]$

여기서, τ : 전단 응력(Pa), W : 하중(N), d : 스프링의 처짐(mm), G : 가로 탄성 계수(GPa), R : 코일의 평균 반지름(mm), n : 감김 수, C : 스프링 지수, D : 코일의 평균 지름(mm), d : 소선의 지름(mm), T : 토크(kJ)

③ 코일 스프링의 용어

(가) **지름** : 재료의 지름(소선의 지름 : d), 코일의 평균 지름(D), 코일의 안지름(D_1), 코일의 바깥지름(D_2)이 있다.

(나) **스프링의 종횡비** : 하중이 없을 때의 스프링 높이를 자유 높이(H_f)라 하는데, 그 자유 높이와 코일의 평균 지름(D)의 비이다.

종횡비$(\lambda)=\dfrac{H_f}{D}$(보통 $0.8\sim4$)

(다) **피치** : 서로 이웃하는 소선의 중심간 거리(P)이다.

(라) **스프링 지수** : 코일의 평균 지름(D)과 재료의 지름(d)의 비이다.

스프링 지수$(C)=\dfrac{D}{d}$(보통 $4\sim10$)

㈐ 스프링 상수(K) : 훅의 법칙에 의한 스프링의 비례 상수·스프링의 세기를 나타내며, 스프링 상수가 크면 잘 늘어나지 않는다. 스프링 상수는 작용 하중과 변위량의 비이다.

$$스프링 상수(K) = \frac{작용하중(N)}{변위량(mm)} = \frac{W}{\delta}$$

(2) 브레이크(brake)

브레이크는 기계의 운동 부분의 에너지를 흡수해서 속도를 낮게 하거나 정지시키는 장치로 다음과 같은 종류가 있다.

① 반지름 방향으로 밀어붙이는 형식 : 블록 브레이크, 밴드 브레이크, 팽창 브레이크

② 축 방향으로 밀어붙이는 형식 : 원판 브레이크, 원추 브레이크

③ 자동 브레이크 : 웜 브레이크, 나사 브레이크, 캠 브레이크, 원심력 브레이크

예상문제

1. 그림과 같은 스프링에서 스프링의 상수가 $K_1 = 10$N/mm, $K_2 = 15$N/mm일 때, 합성 스프링 상수(N/mm)는 얼마인가?

① 3　　　　② 6
③ 9　　　　④ 25

해설 그림과 같이 직렬로 연결했을 때, 전체 스프링 정수는 $\frac{1}{K_{eq}} = \frac{1}{K_1} + \frac{1}{K_2}$

$K_{eq} = \frac{1}{\frac{1}{K_1}+\frac{1}{K_2}} = \frac{K_1 \cdot K_2}{K_1+K_2} = \frac{10 \times 15}{10+15}$

$= 6$N/mm

2. 그림에서 스프링 정수 $K_1 = 3.92$N/mm,

$K_2 = 1.96$N/mm일 때, 전체 스프링 상수는 얼마인가?

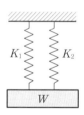

① 2.44N/mm　　② 3.88N/mm
③ 4.44N/mm　　④ 5.88N/mm

해설 병렬로 스프링을 연결할 경우의 전체 스프링 상수 $K = K_1 + K_2$이므로
$K = K_1 + K_2 = 3.92 + 1.96 = 5.88$N/mm

3. 다음 브레이크 재료 중 마찰계수가 가장 큰 것은?

① 주철　　　　② 석면 직물
③ 청동　　　　④ 황동

해설 마찰계수란 2개의 물체가 접하고 있는 면

의 마찰 정도를 나타낸 것으로 금속보다는 비금속인 석면이 마찰계수가 크다.

4. 스프링 상수의 단위로 옳은 것은?

① N · mm 　　② N/mm
③ N · mm² 　　④ N/mm²

해설 스프링 상수$(K)=\dfrac{작용\ 하중(N)}{변위량(mm)}$
$=\dfrac{W}{\delta}$ [N/mm]

5. 코일 스프링에서 코일의 평균 지름과 소선 지름과의 비를 무엇이라 하는가?

① 스프링 상수
② 스프링 지수
③ 스프링의 종횡비
④ 스프링 피치

해설 스프링 상수는 훅의 법칙에 의한 스프링의 비례 상수 · 스프링의 세기를 나타내며, 작용하중과 변위량의 비이다.

6. 화물을 아래로 내릴 때 화물 자중에 의한 제동 작용으로 화물의 속도를 조절하거나 정지시키는 것은?

① 블록 브레이크
② 밴드 브레이크
③ 자동하중 브레이크
④ 축압 브레이크

해설 자동 하중 브레이크는 적재함의 화물 무게에 따라 뒤쪽으로 보내지는 브레이크 유압을 증가 또는 감소시키는 장치이다.

7. 다음 스프링 중에서 볼트의 머리와 중간재 사이 또는 너트와 중간재 사이에 사용하며 충격을 흡수하는 역할을 하는 것은

어느 것인가?

① 와이어 스프링　② 토션바
③ 와셔 스프링　　④ 벌류트 스프링

해설 와셔 스프링은 주로 너트의 풀림을 방지하기 위하여 진동이 있는 곳에 사용한다.

8. 다음 스프링 중 나비가 좁고 얇은 긴 보의 형태로 하중을 지지하는 것은?

① 원판 스프링
② 겹판 스프링
③ 인장 코일 스프링
④ 압축 코일 스프링

해설 겹판 스프링은 자동차의 차체에 사용되는 스프링이다.

9. 소선의 지름 8mm, 스프링의 지름 80mm 인 압축 코일 스프링에서 하중이 200N 작용하였을 때 처짐이 10mm가 되었다. 이 때 스프링 상수(K)는 몇 N/mm인가?

① 5　　　　　② 10
③ 15　　　　④ 20

해설 $K=\dfrac{W(하중)}{\delta(스프링의\ 처짐)}=\dfrac{200N}{10mm}$
$=20N/mm$

10. 다음 중 스프링을 사용하는 목적이 아닌 것은?

① 힘 축적　　② 진동 흡수
③ 동력 전달　④ 충격 완화

해설 스프링의 용도
• 진동 흡수, 충격 완화
• 에너지 저축
• 압력의 제한 및 힘의 측정
• 기계 부품의 운동 제한 및 운동 전달

정답 4. ②　5. ②　6. ③　7. ③　8. ②　9. ④　10. ②

11. 비틀림 모멘트를 받는 회전축으로 치수가 정밀하고 변형량이 적어 주로 공작기계의 주축에 사용하는 축은?

① 차축   ② 스핀들
③ 플렉시블축   ④ 크랭크축

해설 스핀들은 공작기계에서 공작물 또는 연장을 회전시키기 위한 축이다.

12. 다음 중 스프링의 용도에 가장 적합하지 않은 것은?

① 충격 완화용   ② 무게 측정용
③ 동력 전달용   ④ 에너지 축적용

13. 회전운동을 하는 드럼이 안쪽에 있고 바깥에서 양쪽 대칭으로 드럼을 밀어 붙여 마찰력이 발생하도록 한 브레이크는?

① 블록 브레이크
② 밴드 브레이크
③ 드럼 브레이크
④ 캘리퍼형 원판 브레이크

해설 블록 브레이크는 회전축에 고정시킨 브레이크 드럼에 브레이크 블록을 눌러 그 마찰력으로 통제하며, 밴드 브레이크는 브레이크 드럼 주위에 강철 밴드를 감아 놓고 레버로 밴드를 잡아당겨 밴드와 브레이크 드럼 사이에 마찰력을 발생시켜서 제동하는 브레이크이다. 드럼 브레이크는 회전하는 드럼의 안쪽에 있는 브레이크 슈를 캠이나 유압 실린더를 이용하여 브레이크 드럼에 밀어붙여 제동하는 브레이크로서 자동차 등에 널리 쓰이고 있다.

14. 캠이나 유압장치를 사용하는 브레이크로서 브레이크 슈(shoe)를 바깥쪽으로 확장하여 밀어붙이는 것은?

① 드럼 브레이크
② 원판 브레이크
③ 원추 브레이크
④ 밴드 브레이크

해설 • 원판 브레이크 : 축과 일체로 회전하는 원판의 한 면 또는 양면을 뉴압피스톤 등에 의해 작동되는 마찰 패드로 눌러 제동시키는 브레이크
• 원추 브레이크 : 반지름 방향으로 밀어 마찰력으로 제동하는 브레이크
• 밴드 브레이크 : 자동 변속기에서 유성기어장치의 회전을 조절하는 브레이크

15. 강철 줄자를 쭉 뺐다가 집어넣을 때 자동으로 빨려 들어간다. 그 내부에 어떤 스프링을 사용하였는가?

① 코일 스프링   ② 판 스프링
③ 와이어 스프링   ④ 태엽 스프링

해설 태엽 스프링에 이용되는 곡선은 아르키메데스 곡선이다.

16. 다음 제동장치 중 회전하는 브레이크 드럼을 브레이크 블록으로 누르게 한 것은?

① 밴드 브레이크   ② 원판 브레이크
③ 블록 브레이크   ④ 원추 브레이크

해설 블록 브레이크는 브레이크 중 가장 간단한 장치로, 차량용 브레이크에 사용한다.

17. 원통형 코일의 스프링 지수가 9이고, 코일의 평균 지름이 180mm이면 소선의 지름은 몇 mm인가?

① 9   ② 18
③ 20   ④ 27

해설 스프링 지수 = $\dfrac{\text{코일 평균 지름}}{\text{소선 지름}}$ 이므로,

$$소선\ 지름 = \frac{코일\ 평균\ 지름}{스프링\ 지수} = \frac{180}{9}$$
$$= 20\,mm$$

18. 브레이크 블록의 길이와 너비가 60mm ×20mm이고, 브레이크 블록을 미는 힘이 900N일 때 브레이크 블록의 평균 압력은 얼마인가?

① 0.75N/mm²   ② 7.5N/mm²
③ 10.8N/mm²   ④ 108N/mm²

해설 $p = \dfrac{F}{st} = \dfrac{900}{60 \times 20} = 0.75\,N/mm^2$

19. 다음 중 자동 하중 브레이크에 속하지 않는 것은?

① 원추 브레이크   ② 웜 브레이크
③ 캠 브레이크   ④ 원심 브레이크

해설 원추 브레이크는 축 방향으로 밀어 붙이는 형식이다.

20. 브레이크 드럼이 브레이크 블록을 밀어 붙이는 힘이 1000N이고 마찰계수가 0.45 일 때 드럼과 블록 사이에 작용하는 마찰력은 몇 N인가?

① 150   ② 250
③ 350   ④ 450

해설 $f = \mu p = 0.45 \times 1000 = 450\,N$

21. 에너지 흡수 능력이 크고, 스프링 작용 외에 구조용 부재로서의 기능을 겸하고 있으며, 재료 가공이 용이하여 자동차 현가용으로 많이 사용하는 스프링은?

① 태엽 스프링   ② 판 스프링
③ 공기 스프링   ④ 코일 스프링

해설 태엽 스프링에는 아르키메데스 곡선을 이용한다.

22. 자동 하중 브레이크에 대한 설명 중 맞는 것은?

① 내릴 때에는 브레이크 작용을 한다.
② 감아 올릴 때에는 브레이크 작용을 한다.
③ 감아 올릴 때에는 자동적으로 브레이크가 걸린다.
④ 내릴 때에는 자동적으로 브레이크가 작동하지 않는다.

해설 내릴 때에 하중 자신에 의한 브레이크 작용을 행하여 속도를 억제한다.

23. 스프링이 반복하중을 받을 때 그 반복 속도가 스프링의 고유진동수에 가까워지면 심한 진동을 일으켜 스프링 파손의 원인이 된다. 이 현상을 무엇이라 하는가?

① 서징   ② 포징
③ 채터링   ④ 호닝

해설 서징(surging) 현상을 방지하기 위해서는 밸브 스프링의 고유진동수를 크게 하거나, 부등 피치 스프링 또는 고유진동수가 다른 이중 스프링 또는 원추 스프링 등을 사용한다.

24. 다음 중 전동축의 동력 전달 순서가 옳게 된 것은?

① 주축 – 중간축 – 선축
② 선축 – 중간축 – 주축
③ 주축 – 선축 – 중간축
④ 선축 – 주축 – 중간축

해설 전동축은 주로 비틀림과 휨을 받으며 동력 전달이 주목적이다.

25. 원통형 코일 스프링 소선의 지름을 d [mm], 스프링 지수를 C라 하면, 스프링의 평균지름 D[mm]를 구하는 식으로 옳은 것은?

① $D = C + d$ ② $D = d - C$

③ $D = C \times d$ ④ $D = \dfrac{C}{d}$

해설 스프링의 평균지름은 스프링 지수와 소선의 지름을 곱한 값이다.

26. 다음 중 스프링의 작용으로 틀린 것은 어느 것인가?

① 에너지를 축적
② 하중을 측정
③ 진동이나 충격 흡수
④ 제동 작용

해설 스프링은 ①, ②, ③ 작용 이외에 기계부품의 운동 제한 및 운동 전달을 한다.

27. 태엽스프링을 축 방향으로 감아 올려 사용하는 것으로 압축용, 오토바이 차체 완충용으로 쓰이는 스프링은?

① 벌류트 스프링
② 접시 스프링
③ 고무 스프링
④ 공기 스프링

해설 • 접시 스프링 : 프레스의 완충장치로 공작기계에 사용
• 고무 스프링 : 고무 고유의 탄성을 이용한 보조 스프링
• 공기 스프링 : 공기의 탄성을 이용

28. 축 방향 하중이 브레이크 접촉면에 수직한 하중을 발생시켜 이 수직력으로 접촉면

에 마찰을 가하는 브레이크는?

① 원추 브레이크
② 밴드 브레이크
③ 캠 브레이크
④ 블록 브레이크

해설 브레이크의 제동형식에 따른 분류
(1) 반지름 방향으로 밀어 붙이는 형식 : 밴드 브레이크, 블록 브레이크
(2) 축 방향으로 밀어 붙이는 형식 : 원추 브레이크, 원판 브레이크
(3) 자동 브레이크 : 캠 브레이크, 웜 브레이크

29. 다음 중 충격 완화장치에 해당하지 않는 것은?

① 쇼크 업소버
② 대시 포트
③ 댐퍼
④ 오프셋 링크

해설 (1) 쇼크 업소버(shock absorber) : 진동을 줄이고 충격을 흡수하는 장치
(2) 대시 포트(dash pot) : 충격을 완화하기 위한 장치
(3) 댐퍼(damper) : 용수철이나 고무와 같은 탄성체를 이용하여 충격이나 진동을 약하게 하기 위한 장치

30. 길이가 200mm인 스프링의 한 끝을 천장에 고정하고, 다른 한 끝에 무게 100N의 물체를 달았더니 스프링의 길이가 240mm로 늘어났다. 스프링 상수(N/mm)는?

① 1   ② 2
③ 2.5   ④ 4

해설 스프링 상수$(S_f) = \dfrac{\text{작용하중(N)}}{\text{변위량(mm)}}$

$= \dfrac{100}{240 - 200} = 2.5$

31. 길이 130mm의 스프링에 W[N]의 추를 달았더니 135mm가 되었다. 추의 무게는 얼마인가? (단, 스프링 정수는 11.76N/mm 로 한다.)

① 58.8N　　　② 68.5N
③ 70.5N　　　④ 86.5N

해설 복원력$(W) = K(l'-l) = 11.76(135-130)$
$= 58.8\,\text{N}$

32. 복식 블록 브레이크의 설명 중 틀린 것은 어느 것인가?

① 브레이크 드럼을 양쪽에서 누른다.
② 축에 구부림이 작용하지 않는다.
③ 큰 회전력의 전달에 적당하다.
④ 주로 윈치나 크레인 등에 쓰인다.

해설 자동 하중 브레이크는 주로 윈치나 크레인 등에 쓰인다.

정답 31. ①　32. ④

---

4. 도면 해독

4-1 투상도면 해독

(1) 투상도의 누락된 부분 완성하기

투상도를 해독한다는 것은 투상도를 보고 정투상의 원리를 이용하여 머릿속에 그 물체의 형상을 재현시키는 것이다. 누락된 투상도를 완성하기 위해서는 투상도를 해독하여 물체의 형상을 완전히 이해해야 한다.

(2) 3각 투상도를 보고 입체도 완성하기

3각 투상도에 선이 나타나는 경우는 면의 선화도, 면의 교차선, 표면의 극한선 중의 하나이다. 인접한 투상도에 나타나는 대응하는 선 또는 점을 참고하여 면의 형상을 재현해서 입체도를 완성한다.

(3) 입체도를 보고 3각 투상도 완성하기

아래와 같은 원리를 참고하여 정면도, 측면도, 평면도에 선을 작도한다.
① 투상면과 나란한 직선은 실장으로 나타난다.
② 투상면과 경사진 직선은 축소된 선으로 나타난다.
③ 투상면과 수직으로 만나는 직선은 점으로 나타난다.

예상문제

1. 보기의 투상도에 해당하는 입체도는 어느 것인가? (3각법)

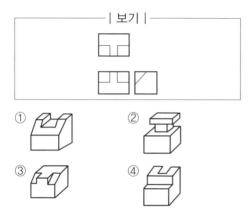

2. 다음과 같은 3각법에 의한 투상도에 가장 적합한 입체도는? (단, 화살표 방향이 정면이다.)

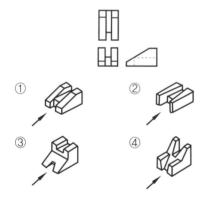

3. 그림과 같은 입체를 제3각 정투상법으로 가장 올바르게 투상한 것은? (단, 화살표 방향이 정면이다.)

① 정면도   ② 우측면도

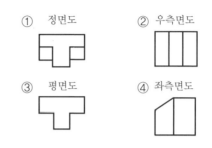

③ 평면도   ④ 좌측면도

4. 그림과 같이 제3각법으로 정투상도를 작도할 때 정면도와 우측면도에 가장 적합한 평면도는?

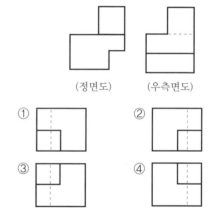

(정면도)   (우측면도)

5. 보기의 입체도에서 화살표 방향으로 보았을 때 투상한 도면으로 가장 적합한 것은 어느 것인가?

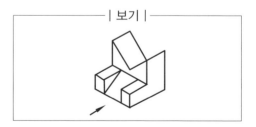

| 보기 |

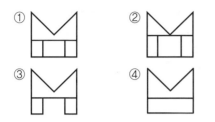

6. 보기 그림과 같은 입체도에서 화살표 방향에서 본 것을 정면도로 할 때 가장 적합한 정면도는?

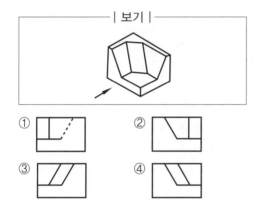

7. 제3각법으로 나타낸 보기와 같은 투상도에 적합한 입체도는?

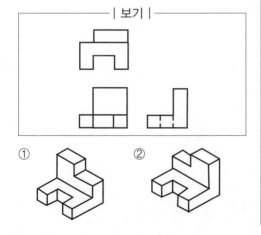

8. 그림과 같은 정면도와 평면도에 가장 알맞은 우측면도는?

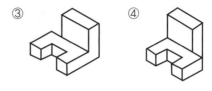

9. 보기와 같은 입체도에서 화살표 방향을 정면으로 하는 제3각 투상도를 나타낼 때 가장 올바르게 나타낸 것은?

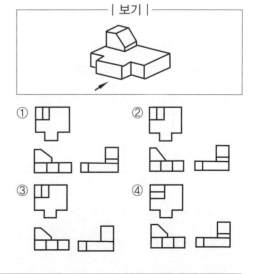

정답 **6.** ④ **7.** ③ **8.** ④ **9.** ①

10. 보기의 3각법으로 그린 정투상도에서 미완성 우측면도로 가장 적합한 것은?

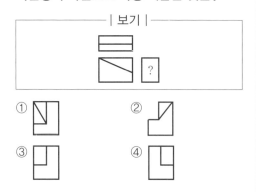

11. 그림과 같은 입체도에서 화살표 방향을 정면도로 하였을 때 우측면도로 올바른 것은 어느 것인가?

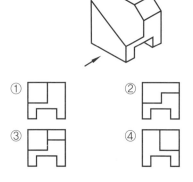

12. 그림과 같은 정투상도에서 제3각법으로 나타낼 때 평면도로 가장 옳은 것은?

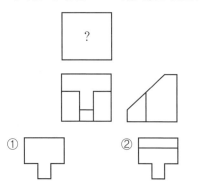

③   ④

13. 보기의 입체도 A, B, C, D를 1, 2, 3, 4로 표시된 평면도에서 적합한 형상으로 올바르게 짝지워진 것은?

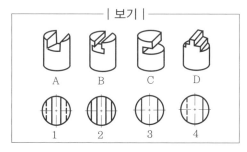

① A → 3, B → 1, C → 4, D → 2
② A → 3, B → 4, C → 1, D → 2
③ A → 3, B → 2, C → 4, D → 1
④ A → 3, B → 1, C → 2, D → 4

14. 다음과 같이 3각법에 의한 투상도에 가장 적합한 입체도는? (단, 화살표 방향이 정면이다.)

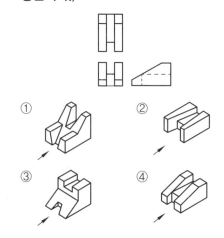

15. 보기 입체도의 화살표 방향이 정면일 때 좌측면도로 적합한 것은?

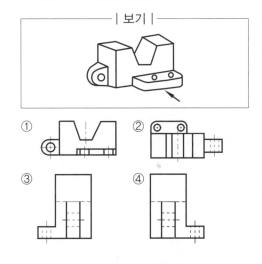

16. 보기 입체도의 화살표 방향을 정면으로 하여 3각법으로 정투상한 도면은?

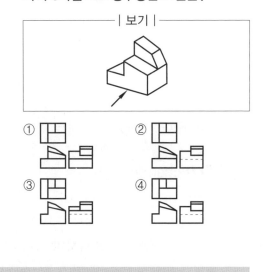

정답 **15.** ④ **16.** ③

4-2 기계가공 도면

(1) 공차

가공하려고 하는 치수가 33mm로 적혀 있는 경우 정확히 33mm로 가공하는 것은 매우 어려우므로 어느 정도의 오차는 생길 수밖에 없다.

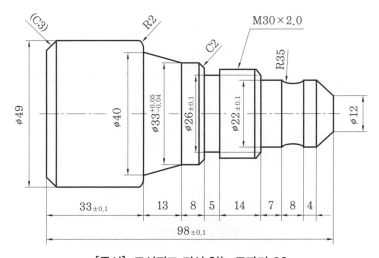

[주서] 도시되고 지시 없는 모따기 C2

공차란 도면에 지시된 치수에 대해 가공물이 어느 정도 범위까지가 기능이나, 성능에 지장을 주지 않을 것인지를 정하는 것이다.

$$\text{공차}=\text{최대 허용 치수}-\text{최소 허용 치수}=\text{최대 오차 허용 폭}$$

예를 들어 $\phi 33^{+0.05}_{-0.04}$에서

① 33은 기준 치수, +0.05는 상한 치수 허용차, −0.04는 하한 치수 허용차이다.

② **허용 한계 치수** : 최대 허용 치수는 33.05이고, 최소 허용 치수는 32.96이다.

③ **치수 공차** : 0.05−(−0.04)=0.09

(2) 모따기(chamfering)

공작물의 날카로운 모서리 또는 구석을 비스듬히 깎는 것으로, 구멍에 축이 끼워지기 쉽도록 양쪽의 모서리를 죽이는 것이다.

① 모따기는 기호 C로 표시하며, 통상 45°를 많이 사용한다.

② 위의 도면에서 C2는 모따기 2mm를 의미한다.

4-3 기계조립 도면

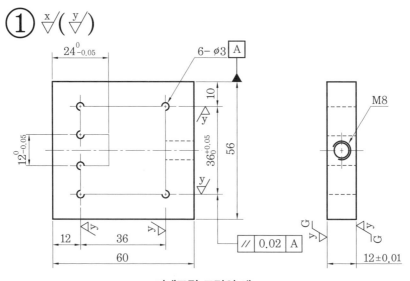

기계조립 도면의 예

(1) 기하 공차의 기입

도면에서 $\boxed{//} \boxed{0.02} \boxed{A}$ 의 의미는 다음과 같다.

① $//$는 공차 종류의 기호로 평행도 공차

② 0.02는 공차값

③ A는 데이텀을 지시하는 문자 기호

(2) 표면 거칠기 기호

① $\overset{x}{\vee}$: 다른 부품과 접촉해서 고정되는 면에 사용

② $\overset{y}{\vee}$: 기어의 맞물림 면이나 접촉 후 회전하는 면에 사용

③ 위의 도면에서 $\overset{x}{\vee}(\overset{y}{\vee})$의 의미는 $\overset{y}{\vee}$ 이외에는 $\overset{x}{\vee}$로 가공하라는 의미이다.

> **참고** **도면의 분류**
> • 조립도 : 제품의 전체적인 조립 상태를 나타내는 도면
> • 부품도 : 제품을 구성하는 각 부품을 개별적으로 상세하게 그린 도면

예상문제

1. 표면 거칠기 값(6.3)만을 직접 면에 지시하는 경우 표시 방향이 잘못된 것은 어느 것인가?

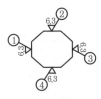

① ①　　　　　② ②

③ ③　　　　　④ ④

해설 기호는 도면의 아랫변 또는 오른쪽 변에서 읽을 수 있도록 기입한다.

2. 표면 거칠기 기입 방법으로 틀린 것은?

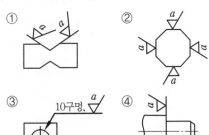

해설 표면 거칠기의 지시 방향

정답 1. ③ 2. ④

4-4 재료 기호 및 중량 산출

(1) 재료 기호

KS 분류번호	명칭	KS 기호	KS 분류번호	명칭	KS 기호
KS D 3501	열간 압연 연강판 및 강대	SPH	KS D 3517	기계 구조용 탄소 강관	STKM
KS D 3503	일반 구조용 압연 강새	SS	KS D 3522	고속도 공구강 강재	SKH
KS D 3507	배관용 탄소 강관	SPP	KS D 3533	고압 가스 용기용 강판 및 강대	SG
KS D 3508	아크 용접봉 심선재	SWR			
KS D 3509	피아노 선재	SWRS	KS D 3554	연강 선재	SWRM
KS D 3510	경강선	SW	KS D 3556	피아노선	PW
KS D 3512	냉간 압연 강판 및 강대	SPC	KS D 3557	리벳용 원형강	SV
KS D 3515	용접 구조용 압연 강재	SM	KS D 3559	경강 선재	HSWR
KS D 3560	보일러 및 압력 용기용 탄소강	SB	KS D 4101	탄소강 주강품	SC
			KS D 4102	구조용 합금강 주강품	SCC
KS D 3566	일반 구조용 탄소 강관	STK	KS D 4104	고망간강 주강품	SCMnH
KS D 3701	스프링 강재	SPS	KS D 4301	회주철품	GC
KS D 3710	탄소강 단강품	SF	KS D 4302	구상 흑연 주철품	GCD
KS D 3751	탄소 공구강 강재	STC	KS D 5102	인청동봉	C5111B (구 PBR)
KS D 3752	기계 구조용 탄소 강재	SM			
KS D 3753	합금 공구강 강재 (주로 절삭, 내충격용)	STS	KS D ISO 5922	백심 가단 주철품	GCMW (구 WMC)
KS D 3753	합금 공구강 강재 (주로 내마멸성 불변형용)	STD		흑심 가단 주철품	GCMB (구 BMC)
KS D 3753	합금 공구강 강재 (주로 열간 가공용)	STF	KS D 6005	아연 합금 다이 캐스팅	ZDC
KS D 3867	크롬강	SCr	KS D 6006	다이 캐스팅용 알루미늄 합금	ALDC
KS D 3867	니켈 크롬강	SNC	KS D 6008	보통 주조용 알루미늄 합금	AC1A
KS D 3867	니켈 크롬 몰리브덴강	SNCM			
KS D 3867	크롬 몰리브덴강	SCM	KS D 6010	인청동 주물	PB(폐지)

(2) 중량 산출

① 금속의 중량을 계산하려면 먼저 금속의 비중을 알아야 한다.

금속	Fe	Al	Cu	주철	탄소강
비중	7.87	2.7	8.96	7.2	7.9

② **중량 계산**

㈎ 사각형의 경우 : 중량＝가로×세로×높이×비중

㈏ 원형의 경우 : 중량＝반지름×반지름×3.14×길이×비중

🖲 일반적으로 도면의 치수는 mm이고, 금속의 중량은 kg으로 나타내기 때문에 위에서 계산된 중량값을 1000000으로 나눈다.

예상문제

1. 다음 중 회주철의 재료 기호는?

① GC 　　② SC

③ SS 　　④ SM

2. 합금 공구강의 KS 재료 기호는?

① SKH 　　② SPS

③ STS 　　④ GC

3. 지름이 500, 길이가 25인 SM45C의 무게는 얼마인가?

① 18.6kg 　　② 28.6kg

③ 38.6kg 　　④ 48.6kg

해설 $\dfrac{250 \times 250 \times 3.14 \times 25 \times 7.87}{1000000} = 38.6\,\mathrm{kg}$

4. 100×100×200인 알루미늄(Al)의 무게는 얼마인가?

① 2.4kg 　　② 3.4kg

③ 4.4kg 　　④ 5.4kg

해설 $\dfrac{100 \times 100 \times 200 \times 2.7}{1000000} = 5.4\,\mathrm{kg}$

5. ∅100×100인 주철의 무게는 얼마인가?

① 5.2kg 　　② 5.7kg

③ 6.2kg 　　④ 6.7kg

해설 주철의 비중은 7.2이고, ∅100×10의 의미는 지름이 100 mm, 길이가 100 mm이다.

$\dfrac{50 \times 50 \times 3.14 \times 100 \times 7.2}{1000000} = 5.7\,\mathrm{kg}$

6. 100×100×100인 SM45C의 무게는 얼마인가? (단, 비중은 7.9)

① 7.2kg 　　② 7.5kg

③ 7.9kg 　　④ 8.2kg

해설 $\dfrac{100 \times 100 \times 100 \times 7.9}{1000000} = 7.9\,\mathrm{kg}$

정답 **1.** ① **2.** ③ **3.** ③ **4.** ④ **5.** ② **6.** ③

7. 다음 도면으로 가공한 선반의 무게는 얼마인가? (재질은 Cu이다.)

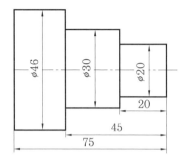

① 0.56 kg   ② 0.67 kg

③ 0.96 kg   ④ 1.36 kg

[해설] Cu(구리)의 비중은 8.96이며, 각 계단축을 계산하면 된다.

$$\frac{23 \times 23 \times 3.14 \times 30 \times 8.96}{1000000} = 0.45\,kg$$

$$\frac{15 \times 15 \times 3.14 \times 25 \times 8.96}{1000000} = 0.16\,kg$$

$$\frac{10 \times 10 \times 3.14 \times 20 \times 8.96}{1000000} = 0.06\,kg$$

$$0.45 + 0.16 + 0.06 = 0.67\,kg$$

8. 지름이 10cm이고, 길이가 20cm인 알루미늄 봉이 있다. 이 알루미늄의 비중이 2.7일 때 질량(kg)은?

① 0.42   ② 4.24

③ 1.70   ④ 17.0

[해설] $\dfrac{5 \times 5 \times 3.14 \times 20 \times 2.7}{1000} ≒ 4.24\,kg$

무게와 질량의 차이점은 무게는 물체에 작용하는 중력의 크기를 말하며, 질량은 물체의 고유한 양을 말하는데, 같은 장소에서 무게와 질량을 재면 그 크기가 똑같기 때문에 무게 단위도 질량처럼 사용한다. 그리고 이 문제에서는 단위가 cm이므로 1000으로 나눈다.

9. 다음 재료 기호 중 기계 구조용 탄소강재는 어느 것인가?

① SM 45C   ② SPS 1

③ STC 3   ④ SKH 2

10. 재료 기호와 명칭이 틀린 것은?

① SM20C : 회주철품

② SF340A : 탄소강 단강품

③ SPPS420 : 압력 배관용 탄소 강관

④ PW-1 : 피아노선

[해설] SM20C는 기계 구조용 탄소 강재이다. 회주철품은 GC200, GC250이다.

11. KS 재료 기호가 "STC"일 경우 이 재료는 무엇인가?

① 냉간 압연 강판

② 크롬 강재

③ 탄소 주강품

④ 탄소 공구강 강재

12. 다이캐스팅용 알루미늄 합금 재료 기호는 어느 것인가?

① AC1B   ② ZDC1

③ ALDC3   ④ MGC1

[해설] ① AC1B : 알루미늄 합금 주물 1종 B

② ZDC1 : 다이캐스팅용 아연 합금 1종

③ ALDC3 : 다이캐스팅용 알루미늄 합금 3종

④ MGC1 : 마그네슘 합금 주물 1종

제 **2** 장

측 정

1. 작업계획 파악
2. 측정기 선정
3. 기본 측정기 사용
4. 측정 개요 및 기타 측정

제2장 측정

1. 작업계획 파악

1-1 기본 측정기 종류

(1) 도기(standard)

길이 측정에서 사용하고 있는 게이지 블록과 같이 습동 기구가 없는 구조로 일정한 길이나 각도 등을 면이나 눈금으로 구체화한 측정기를 도기라고 한다. 도기는 단도기와 선도기로 분류할 수 있다.

① **선도기(line standard)** : 도구에 표시된 눈금선과 눈금선 사이의 거리로 측정
예 강철자, 눈금자 등
② **단도기(end standard)** : 도구 자체의 면과 면 사이의 거리로 측정
예 블록 게이지, 한계 게이지, 틈새 게이지 등

(2) 지시 측정기

측정 시 표준의 역할을 하는 눈금이나 지침이 측정 중에 이동하여 필요한 측정값을 읽을 수 있도록 제작된 측정기이다.
예 버니어 캘리퍼스, 마이크로미터, 지침측정기, 다이얼 인디케이터 등

(3) 시준기

피측정물에 대한 기계적인 접촉 없이 광학적으로 측정하기 위하여 조준선 또는 목적물을 점 또는 목적물에 맞춰 측정하는 기기이다.
예 투영기, 오토콜리메이터, 현미경 등

(4) 게이지(gauge)

가동 부분이 없는 구조의 측정기로 피측정물을 고정시킨 상태에서 측정한다.
예 드릴 게이지, 원호 게이지, 피치 게이지, 와이어 게이지 등

예상문제

1. 측정 대상물을 측정기의 눈금을 이용하여 직접적으로 측정하는 길이 측정기는?

① 버니어 캘리퍼스　② 다이얼 게이지
③ 게이지 블록　　　 ④ 사인 바

> **해설** 버니어 캘리퍼스는 길이, 깊이, 두께, 안지름 및 바깥지름 등을 측정할 수 있다.

2. 도구 자체의 면과 면 사이의 거리로 측정하는 측정기가 아닌 것은?

① 버니어 캘리퍼스　② 한계 게이지
③ 블록 게이지　　　 ④ 틈새 게이지

> **해설** 버니어 캘리퍼스는 측정 중에 표점이 눈금에 따라 이동하는 측정기이다.

정답　**1.** ①　**2.** ①

1-2 **기본 측정기 사용법**

(1) 측정 대상의 특성

① **측정 제품의 형상** : 제품의 형상이 작은 경우에는 비접촉 측정, 수량이 많을 때는 비교 측정이 보다 적합하다.

② 일정 치수의 외경을 측정할 때에는 벤치 마이크로미터와 같은 비교 측정기의 역할을 할 수 있는 측정기를 선택한다.

③ **측정 제품의 수량** : 특히 다량의 측정 제품을 연속적으로 측정할 경우에는 측정의 자동화를 고려해야 하며, 복잡한 형상 제품의 연속적 측정에는 3차원 측정기가 효율적이다.

④ **측정 제품의 성질** : 부드러운 재질인 경우 측정력에 의한 변형이 되므로 비접촉 측정기의 선정이 적합하다.

(2) 측정 환경

측정 장소의 온도, 습도, 진동, 소음 등을 고려한다.

(3) 측정 정도

① 일반적으로 측정기를 선정할 경우에 제품의 편측허용차의 1/10의 최소눈금자의 크기를 가진 측정기를 선정한다.

② ±0.02 mm의 허용차를 가진 제품의 측정에는 편측허용차가 0.02 mm이므로 그 값의 1/10인 0.002 mm의 최소눈금을 가진 측정기가 선정되는 것이 적합하다.

(4) 측정 방법

① 측정 방법은 영위법, 편위법, 치환법, 보상법 등으로 분류되며, 길이 측정에는 일반적으로 영위법과 편위법이 사용되고, 비교 측정에는 영위법, 보상법, 치환법 등이 복합되어 사용된다.

  ㈎ 편위법 : 측정하려는 양의 크기에 의해 측정기의 지침에 편위를 일으켜 편위 눈금과 비교하는 방법으로 조작이 간단하여 가장 널리 사용된다.

  ㈏ 영위법 : 측정하려는 양과 같은 종류의 크기 기준을 준비하여 직접 측정량과 비교하면서 균형을 맞추어 기준량으로 측정값을 구하는 방식으로, 정밀도가 높게 측정할 수 있다.

  ㈐ 보상법 : 측정량을 기준량으로 뺀 후 나머지 값을 편위법으로 측정하는 방법이다. 오프셋(offset)을 하고 측정하는 것으로, 기준량으로부터 차이만을 측정하므로 상세한 측정값을 얻을 수 있다.

  ㈑ 치환법 : 지시량의 크기를 미리 얻고, 동일한 측정기로부터 그 크기와 동일한 기준량을 얻어서 측정하거나 기준량과 측정량을 측정한 결과로 측정값을 알아내는 방법이다.

② 일반적으로 영위법이 널리 사용된다.

(5) 측정 능률

① 측정 능률을 높이기 위해 측정의 자동화가 요구된다.

② 개인 오차와 측정 시간을 줄이기 위해 눈금읽기의 자동화와 측정값의 자동통계처리가 필요하다.

(6) 경제성

① 측정의 경제성과 직접 관련이 있는 것에는 측정기의 가격, 유지비, 측정에 소요되는 부대비용 등이 있다.

② 고가의 측정기는 유지비, 수리비 및 측정에 소요되는 비용 등을 측정 목적에 따라 깊이 고려해야 한다.

(7) 측정기 선정 시 고려사항

① **제품 공차** : 제품 공차의 1/10보다 높은 정도의 측정기를 선택한다.

② **제품의 수량** : 수량이 많은 경우 비교측정 및 한계 게이지에 의한 측정이 유리하다.

③ **측정 대상물의 재질** : 측정물이 금속이 아니고 고무, 종이, 합성수지 등과 같이 연질인 경우에는 비접촉식 측정기를 사용한다.

④ **측정 범위** : 측정 범위가 너무 크거나 작은 경우 비교 측정을 한다.

1-3 도면에 따른 측정 방법

(1) 길이와 선형 치수의 측정 방법

① 개별 공차가 있는 것과 공통 공차가 적용되는 요소를 구분하여 파악한다. 도면에 서 길이와 선형 치수는 공차에 따라 측정 방법 및 측정기의 정밀도가 달라지므로, 개별 공차가 있는 것과 공통 공차가 적용되는 요소를 구분하여 파악한다.

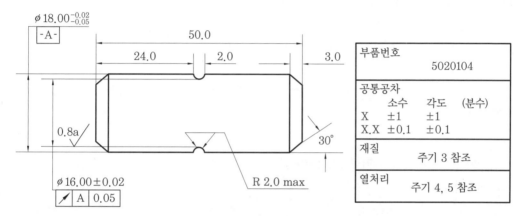

도면의 치수와 공통 공차 예시

② 개별 공차가 있는 $\phi 18.00$ 요소는 외경 치수이고, 그 공차는 $-0.02 \sim -0.05$이므로, 형상과 공차를 고려할 때 외측 마이크로미터로 측정한다.

③ 개별 공차가 있는 $\phi 16.00$ 요소는 R부 외경 치수이고, 그 공차는 ± 0.02이므로, 형상과 공차를 고려할 때 디지털 블레이드 마이크로미터로 측정한다.

④ 개별 공차가 없는 길이 50.0 요소는 공통 공차 ± 0.1이 적용되므로, 형상과 공차를 고려할 때 버니어 캘리퍼스로 측정한다.

⑤ 개별 공차가 없는 길이 50.0 요소를 제외한 요소들은 직접 측정으로 측정하기 어려운 요소로, 형상과 공차를 고려할 때 투영기로 측정한다. 대체 방법으로는 3차원 측정 방법도 가능하다.

(2) 각도의 측정 방법

앞의 [그림]에서 각도 요소는 30°부로서 개별 공차가 없는 공통 공차 $\pm 1°$가 적용되므로, 형상과 공차를 고려할 때 베벨 각도기로 측정한다. 대체 측정 방법은 투영기, 3차원 측정 등이 있다.

(3) 형상의 측정 방법

① 앞의 [그림]에서 형상에 대한 요소는 ϕ16.00부의 원주 흔들림 공차 ±0.02와 R 2.0에 대한 일반 공차 ±0.1이 있다.

② 원주 흔들림 공차는 정반 위에 V-블록과 인디케이터(또는 다이얼 게이지)를 이용하여 측정한다.

③ R 2.0에 대한 공차는 R 게이지 또는 투영기를 이용하여 측정한다.

(4) 표면 거칠기의 측정 방법

앞의 [그림]에서 표면 거칠기 요소는 ϕ16.00부 R면에 대한 0.8a로서, 표면 거칠기 측정기로 측정한다. 표면 거칠기 사용 방법은 제조사의 매뉴얼을 참조한다.

예상문제

1. 측정기 선정 시 제품의 편측 허용차의 얼마 정도가 좋은가?

① 1   ② 1/5
③ 1/10   ④ 1/20

해설 일반적으로 측정기를 선정할 경우 제품의 편측 허용차의 1/10의 최소 눈금자의 크기를 가진 측정기를 선정한다.

2. 다음 중 측정 방법이 아닌 것은?

① 영위법   ② 편위법
③ 치환법   ④ 허용법

해설 측정 방법은 영위법, 편위법, 치환법, 보상법 등으로 분류되며, 길이 측정에는 일반적으로 영위법과 편위법이 사용되고, 비교 측정에는 영위법, 보상법, 치환법 등이 복합되어 사용하며, 일반적으로 영위법이 널리 사용된다.

3. 측정량을 기준량으로 뺀 후 나머지 값을 편위법으로 측정하는 방법은?

① 영위법   ② 편위법
③ 치환법   ④ 보상법

해설 편위법은 아날로그 신호를 이용한 측정 방법이고, 영위법은 측정 기준을 직접 측정량과 비교하여 측정값을 결정한다.

4. 도면의 치수에 따른 측정 방법에 대한 설명으로 틀린 것은?

① 제품 공차의 1/10보다 높은 정도의 측정기를 선택한다.
② 수량이 많은 경우 비교 측정 및 한계 게이지에 의한 측정이 유리하다.
③ 측정물이 비금속일 경우에는 접촉식 측정기를 사용한다.
④ 측정 범위가 너무 크거나 작은 경우 비교 측정을 한다.

해설 측정물이 금속이 아니고 고무, 종이, 합성수지 등과 같이 연질인 경우에는 비접촉식 측정기를 사용한다.

정답 1. ③   2. ④   3. ④   4. ③

2. 측정기 선정

2-1　측정기 선정

(1) 제품의 치수 정밀도의 단계

　제품의 치수 측정에 있어서 측정 단계는 치수의 크기와 제품의 IT공차 등급에 따라 달라진다. 예를 들어 구멍의 지름이 40 mm인 경우 IT 7급의 정도는 다음과 같다.

　① **공작물의 제작 공차** : $25 \mu m$

　② **측정기의 정도** : $2.5 \mu m$

　③ **측정기 교정용 게이지 블록의 정도** : $0.25 \mu m$

　④ **게이지 블록의 교정용 광파 간섭계의 정도** : $0.02 \mu m$

　가공 정도에 따른 측정기의 선정은 일반적으로 피측정물 정도의 1/10배이다.

(2) 치수 정밀도에 따른 측정기의 종류

　① **0.01 mm 범위의 치수 정밀도** : 버니어 캘리퍼스(0.05 mm), 마이크로미터 (0.01 mm), 다이얼 게이지(0.01 mm), 다이얼 테스트 인디케이터(0.01 mm) 등

　② **0.001 mm 범위의 치수 정밀도** : 마이크로미터(0.002 mm), 공기 마이크로미터 (0.001 mm), 다이얼 게이지(0.001 mm), 다이얼 테스트 인디케이터(0.02 mm), 실린더 게이지(0.001 mm), 높이 마이크로미터, 2차원 측정기, 3차원 측정기, 만능 측장기, 투영기, 공구현미경, 다이얼 게이지(0.01 mm용) 검정기 등

　③ **0.0001 mm(0.1 μm) 범위의 치수 정밀도** : 전기 마이크로미터, 광학식 3차원 측정기, 캘리브레이션 테스터, 옵티컬 플랫, 옵티컬 패럴렐, 게이지 블록 콤퍼레이터, 탐촉식 표면 거칠기 측정기, 레이저 측정기 등

예상문제

1. 0.0001 mm(0.1 μm) 범위의 치수 정밀도에 사용하는 측정기기는?

　① 옵티컬 플랫　　② 마이크로미터

　③ 실린더 게이지　④ 다이얼 게이지

2. 다음 중 1 μ(미크론)의 크기는?

　① 10^{-1} mm　　② 10^{-2} mm

　③ 10^{-3} mm　　④ 10^{-4} mm

해설 1μ(미크론) $= 10^{-6}$ m $= 10^{-3}$ mm

정답 **1.** ①　　**2.** ③

2-2 측정기 보조기구

(1) 측정용 보조기구

측정용 보조기구에는 측정기의 고정장치와 피측정물의 고정장치 및 기타 고정장치가 있다. 측정 보조기구의 선정 방법은 다음과 같다.

① 측정기의 정밀도, 측정 범위, 측정 목적
② 피측정물의 형상, 치수, 정밀도, 측정 목적
③ 측정 부위의 형상, 치수, 정밀도

(2) 측정기 고정장치

① **마이크로미터 스탠드** : 마이크로미터를 고정하여 핀이나 작은 피측정물을 측정하는 데 효율적으로 사용되며, 마이크로미터의 영점 조정, 평면도와 평행도 교정 시 사용한다.
② **마그네틱 스탠드** : 다이얼 테스트 인디케이터나 다이얼 게이지를 부착하여 고정용으로 널리 사용되며, 직각도, 진원도, 평행도 등을 측정할 때 사용한다.
③ **다이얼 게이지 고정용 스탠드** : 정반의 형태에 따라 종류가 다양하며, 피측정물의 용도에 맞게 조정하여 사용한다.

(3) 피측정물 고정장치

① **중심 지지대**
  ㈎ 양 센터로 가공된 나사 제품 등을 설치할 때 사용한다.
  ㈏ 센터 구멍에 피측정물을 지지하는 보조기구로서, 중심축을 수평 위치로 이동시키고 경사지게 할 수 있는 구조로 되어 있다.
  ㈐ 나사인 경우 리드 각만큼 경사지게 설치해야만 뚜렷한 상을 얻을 수 있다.
  ㈑ 양 센터 간 거리는 150 mm가 가장 널리 사용된다.
② **편심 측정기** : 다이얼 게이지를 부착하여 편심 측정에 가장 많이 사용되며, 중앙에 피측정물을 설치하여 동심도 및 편심량 등을 측정할 수 있는 보조기구이다.
  ㈎ 편심 측정 방법
    ㉮ 편심을 측정하기 위해서는 횡 이송대의 좌우 이송 핸들을 돌려서 측정점에 다이얼 게이지의 측정자가 접촉되도록 한다.
    ㉯ 횡이송대를 전후로 움직이면서 다이얼 게이지 눈금이 최대점을 지시하는 점에서 정지한다.
    ㉰ 피측정물을 회전시키면서 최대로 움직이는 값을 읽는다.

(나) 편심량 계산 : 편심량 $=\dfrac{\text{최댓값}-\text{최솟값}}{2}$

③ **석정반** : 피측정물을 올려놓고 보조기구나 측정기를 활용하여 측정할 수 있는 것으로, 가장 널리 사용된다.

④ **V블록** : 원통형 제품을 설치하거나 지지할 보조기구로 사용된다.

(4) 기타 고정장치

V블록 클램프, 바(bar) 클램프, 조합용 클램프 등이 있다.

예상문제

1. 다음 중 편심 측정 방법이 아닌 것은?

① 횡 이송대의 좌우 이송 핸들을 돌려서 측정점에 다이얼 게이지의 측정자가 접촉한다.
② 횡 이송대를 전후로 움직이면서 다이얼 게이지 눈금이 최대점을 지시하는 점에서 정지한다.
③ 피측정물을 회전시키면서 최대로 움직이는 값을 읽는다.
④ 피측정물을 고정시킨 상태에서 값을 읽는다.

[해설] 피측정물을 고정시키지 않고 회전시키면서 최대로 움직이는 값을 읽는다.

2. 다음 중 측정기의 고정장치가 아닌 것은 어느 것인가?

① 마이크로미터 스탠드
② 마그네틱 스탠드
③ 편심 측정기
④ 다이얼 게이지 고정용 스탠드

3. 다음 중 중심 지지대에 대한 설명으로 옳

지 않은 것은?

① 양 센터로 가공된 나사 제품 등을 설치할 때 사용한다.
② 센터 구멍에 피측정물을 지지하는 보조기구로서, 중심축을 수평 위치로 이동시키고 경사지게 할 수 있는 구조로 되어 있다.
③ 나사인 경우 리드 각만큼 경사지게 설치해야만 뚜렷한 상을 얻을 수 있다.
④ 양 센터 간 거리는 100mm가 가장 널리 사용된다.

[해설] 양 센터 간 거리는 150mm가 가장 널리 사용된다.

4. 양 센터로 지지한 시험봉을 다이얼 게이지로 측정을 하였더니 0.04mm 움직였다. 이때 시험봉의 편심량은 몇 mm인가?

① 0.01 ② 0.02
③ 0.04 ④ 0.08

[해설] 편심량 $=\dfrac{\text{다이얼 게이지의 움직인 양}}{2}$
$=\dfrac{0.04}{2}=0.02$

5. 그림과 같이 테이퍼 $\dfrac{1}{3}$의 검사를 할 때 A
에서 B까지 다이얼 게이지를 이동시키면
다이얼 게이지의 차이는 몇 mm인가?

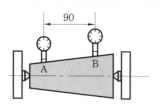

① 1.5mm   ② 2mm

③ 2.5mm   ④ 3mm

해설 $\dfrac{1}{30} = \dfrac{a-b}{90}$, $a-b = \dfrac{90}{30} = 3\,\text{mm}$

a는 A점의 지름이고, b는 B점의 지름이므로
A점에서의 높이와 B점에서의 높이의 차는
그 절반값이 된다. 따라서 $3 \div 2 = 1.5\,\text{mm}$가
된다.

정답 5. ①

3. 기본 측정기 사용

3-1 기본 측정기 사용법

(1) 직접 측정기

① **버니어 캘리퍼스(vernier calipers)** : 길이 및 안지름, 바깥지름, 깊이, 두께 등을
측정할 수 있고 측정 정도는 0.05 또는 0.02mm로 피측정물을 직접 측정하기에 간
단하여 널리 사용된다.

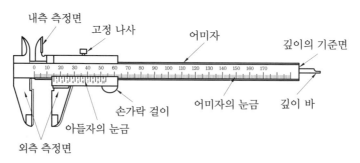

버니어 캘리퍼스

⑦ 버니어 캘리퍼스 종류 : M1형 버니어 캘리퍼스, M2형 버니어 캘리퍼스, CB형
버니어 캘리퍼스, CM형 버니어 캘리퍼스

⑴ 사용상의 주의점

㉮ 버니어 캘리퍼스는 아베의 원리에 맞는 구조가 아니기 때문에 가능한 한 조의

안쪽(본척에 가까운 쪽)을 택해서 측정해야 한다.

참고 **아베의 원리(Abbe's principle)**

"측정하려는 시료와 표준자는 측정 방향에 있어서 동일축 선상의 일직선상에 배치하여야 한다."
는 것으로서 콤퍼레이터의 원리라고도 한다.

ⓒ 깨끗한 헝겊으로 닦아서 버니어가 매끄럽게 이동되도록 한다.

ⓓ 측정할 때에는 측정면을 검사하고 본척과 부척의 0점이 일치되는가를 확인
한다.

ⓔ 피측정물은 내부의 측정면에 끼워서 오차를 줄인다.

ⓕ 측정 시 무리한 힘을 주지 않는다.

ⓖ 눈금으로 읽을 때는 시차(parallex)를 없애기 위하여 눈금으로부터 직각의 위
치에서 읽는다.

② **마이크로미터(micrometer)** : 나사가 1회전하면 1피치 전진하는 성질을 이용하며,
용도는 버니어 캘리퍼스와 같다.

앤빌　　　슬리브

심블　　　래칫 스톱

클램프

스핀들

프레임

마이크로미터

㈎ **구조**

㉮ 심블은 슬리브 위에서 회전하며, 50등분되어 있다.

㉯ 심블과 수나사가 있는 스핀들은 같은 축에 고정되어 있으며, 심블의 한 눈금
은 $0.5\,\text{mm} \times \dfrac{1}{50} = \dfrac{1}{100} = 0.01\,\text{mm}$(즉, 최소 $0.01\,\text{mm}$까지 측정할 수 있다.)

㈏ **측정 범위** : 외경 및 깊이 마이크로미터는 0~25, 25~50, 50~75 mm로
25 mm 단위로 측정할 수 있으며, 내경 마이크로미터는 5~25 mm, 25~50 mm
와 같이 처음 측정 범위만 다르다.

㈐ **사용상의 주의점**

㉮ 스핀들은 언제나 균일한 속도로 돌려야 한다.

㉯ 동일한 장소에서 3회 이상 측정하여 평균치를 내어서 측정값을 낸다.

ⓒ 공작물에 마이크로미터를 접촉할 때에는 스핀들의 축선에 정확하게 직각 또는 평행하게 한다.

ⓓ 장시간 손에 들고 있으면 체온에 의한 오차가 생기므로 신속히 측정한다(스탠드를 사용하면 좋음).

ⓔ 사용 후의 보관 시에는 반드시 앤빌과 스핀들의 측정면을 약간 떼어 둔다.

ⓕ 0점 조정 시에는 비품으로 딸린 스패너를 사용하여 슬리브의 구멍에 끼우고 돌려서 조정한다.

③ **하이트 게이지(height gauge)**

㈎ 구조 : 스케일(scale)과 베이스(base) 및 서피스 게이지(surface gauge)를 하나로 합한 것이 기본 구조이다.

㈏ 하이트 게이지의 종류

㉮ HM형 하이트 게이지 : 견고하여 금긋기에 적당하며, 비교적 대형이다. 0점 조정이 불가능하다.

㉯ HB형 하이트 게이지 : 경량 측정에 적당하나 금긋기용으로는 부적당하다. 스크라이버의 측정면이 베이스면까지 내려가지 않는다. 0점 조정이 불가능하다.

㉰ HT형 하이트 게이지 : 표준형이며 본척의 이동이 가능하다.

㉱ 다이얼 하이트 게이지 : 다이얼 게이지를 버니어 눈금 대신 붙인 것으로 최소 눈금은 0.01 mm이다.

(2) 비교 측정기

① **다이얼 게이지(dial gauge)** : 기어 장치로서 미소한 변위를 확대하여 길이 또는 변위를 정밀 측정하는 비교 측정기이며, 특징은 다음과 같다.

㈎ 소형이고 경량이라 취급이 용이하며 측정 범위가 넓다.

㈏ 연속된 변위량의 측정이 가능하다.

㈐ 다원 측정(많은 곳 동시 측정)의 검출기로서 이용이 가능하다.

㈑ 읽음 오차가 적다.

㈒ 어태치먼트의 사용 방법에 따라서 측정 범위가 넓어진다.

② **기타 비교 측정기** : 공기 마이크로미터, 미니미터, 패소미터 등이 있다.

(3) 단도기

① **블록 게이지(block gauge)** : 면과 면, 선과 선의 길이의 기준을 정하는 데 가장 정도가 높고 대표적인 것이며, 이것과 비교하거나 치수 보정을 하여 측정기를 사용한다.

⑺ 종류 : KS에서는 장방형 단면의 요한슨형(johansson type)이 쓰이지만, 이 밖에 장방형 단면(각면의 길이 0.95″)으로 중앙에 구멍이 뚫린 호크형(hoke type), 얇은 중공 원판 형상인 캐리형(cary type)이 있다.

⑻ 특징

  ㉮ 광(빛) 파장으로부터 직접 길이를 측정할 수 있다.

  ㉯ 정도가 매우 높다(0.01μ 정도).

  ㉰ 손쉽게 사용할 수 있으며, 서로 밀착하는 특성이 있어 여러 치수로 조합할 수 있다.

⑼ 치수 정도(dimension precision) : 블록 게이지의 정도를 나타내는 등급으로 K, 0, 1, 2급의 4등급을 KS에서 규정하고 있으며, 용도는 다음 [표]와 같다.

블록 게이지의 등급과 용도 및 검사 주기

등급	용도	검사 주기
K급(참조용, 최고기준용)	표준용 블록 게이지의 참조, 정도, 점검, 연구용	3년
0급(표준용)	검사용 게이지, 공작용 게이지의 정도 점검, 측정 기구의 정도 점검용	2년
1급(검사용)	기계 공구 등의 검사, 측정 기구의 정도 조정	1년
2급(공작용)	공구, 날공구의 정착용	6개월

② **한계 게이지(limit gauge)** : 제품을 정확한 치수대로 가공한다는 것은 거의 불가능하므로 오차의 한계를 주게 되며, 이때의 오차 한계를 재는 게이지를 한계 게이지라고 한다. 한계 게이지는 통과측(go side)과 정지측(no go side)을 갖추고 있는데, 정지측으로는 제품이 들어가지 않고 통과측으로 제품이 들어가는 경우 제품은 주어진 공차 내에 있음을 나타내는 것이다. 한계 게이지는 그 용도에 따라 공작용 게이지, 검사용 게이지, 점검용 게이지가 있다

⑺ 구멍용 한계 게이지

  ㉮ 봉형 게이지(bar gauge) : 치수가 큰 공작물에 사용되며 블록 게이지와 함께 사용될 수 있다.

  ㉯ 플러그 게이지(plug gauge) : 치수가 비교적 작은 가공물에 사용된다.

  ㉰ 테보 게이지(tebo gauge) : 한 부위에 통과측과 불통과측이 동시에 있다.

⑻ 축용 한계 게이지

  ㉮ 스냅 게이지 : 검사할 때 입구가 벌어지므로 측정압에 주의해야 한다.

  ㉯ 링 게이지 : 비교적 작은 치수의 가공물에 사용된다.

③ 기타 게이지류

(개) 틈새 게이지

㉮ 미세한 간격, 틈새 측정에 사용된다.

㉯ 박강판으로 두께 0.02~0.7mm 정도를 여러 장 조합하여 1조로 묶은 것이다.

㉰ 몇 가지 종류의 조합으로 미세한 간격을 비교적 정확히 측정할 수 있다.

(내) 반지름 게이지

㉮ 모서리 부분의 라운딩 반지름 측정에 사용된다.

㉯ 여러 종류의 반지름으로 된 것을 조합한다.

(대) 드릴 게이지 : 직사각형의 강판에 여러 종류의 구멍이 뚫려 있어서 여기에 드릴을 맞추어 보고 드릴의 지름을 측정하는 게이지이다. 번호로 표시하거나 지름으로 표시하며, 번호 표시의 경우는 번호가 클수록 지름이 작아진다.

(래) 센터 게이지

㉮ 선반의 나사 바이트 설치, 나사깎기 바이트 공구각을 검사하는 게이지이다.

㉯ 미터 나사용(60°)과 휘트 워드 나사용(55°) 및 애크미 나사용이 있다.

(매) 피치 게이지(나사 게이지) : 나사산의 피치를 신속하게 측정하기 위하여 여러 종류의 피치 형상을 한데 묶은 것이며 mm계와 inch계가 있다.

(배) 와이어 게이지

㉮ 철사의 지름을 번호로 나타낼 수 있게 만든 게이지이다.

㉯ 구멍의 번호가 커질수록 와이어의 지름은 가늘어진다.

(새) 테이퍼 게이지 : 테이퍼의 크기를 측정하는 게이지이다.

예상문제

1. 마이크로미터의 구조에서 부품에 속하지 않은 것은?

① 앤빌
② 스핀들
③ 슬리브
④ 스크라이버

해설 스크라이버는 재료 표면에 임의의 간격의 평행선을 먹 펜이나, 연필보다 정확히 긋고자 할 경우에 사용되는 공구이다.

2. 하이트 게이지 중 스크라이버 밑면이 정반에 닿아 정반면으로부터 높이를 측정할 수 있으며, 어미자는 스탠드 홈을 따라 상하로 조금씩 이동시킬수 있어 0점 조정이 용이한 구조로 되어 있는 것은?

① HB형 하이트 게이지
② HT형 하이트 게이지
③ HM형 하이트 게이지
④ 간이형 하이트 게이지

해설 (1) HB형 : 스크라이브가 정반에 닿을수 있다.
(2) HM형 : 0점 조정을 할 수 없다.
(3) HT형 : 스크라이브가 정반에 닿을수 있으며, 0점 조정이 용이하다.

3. 공기 마이크로미터의 장점으로 볼 수 없는 것은?

① 안지름 측정이 가능하다.
② 일반적으로 배율이 1000배에서 10000배까지 가능하다.
③ 피측정물에 붙어 있는 기름이나 먼지를 분출 공기로 불어 내어 정확한 측정을 할 수 있다.
④ 응답 시간이 매우 빠르다.

해설 공기 마이크로미터의 응답 시간은 측정에 비해서 조금 늦어져 약 2초 걸리며, 경우에 따라 1초 가까이 걸리는 경우도 있다.

4. 마이크로미터 스핀들 나사의 피치가 0.5mm이고 심블의 원주 눈금이 100등분 되어 있으면 최소 측정값은 몇 mm인가?

① 0.05 ② 0.01
③ 0.005 ④ 0.001

해설 $\frac{0.5}{100}=0.005\,mm$

5. 다음 마이크로미터의 종류 중 게이지 블록과 마이크로미터를 조합한 측정기는 어느 것인가?

① 공기 마이크로미터
② 하이트 마이크로미터
③ 나사 마이크로미터
④ 외측 마이크로미터

해설 공기 마이크로미터는 치수의 변화를 공기의 유량·압력의 변화로 바꾸고, 유량·압력의 변화량을 측정하여 치수를 재는 비교 측정기이다.

6. 다음 중 구멍용 한계 게이지가 아닌 것은 어느 것인가?

① 테보 게이지
② 스냅 게이지
③ 원통형 플러그 게이지
④ 판형 플러그 게이지

해설 • 축용 한계 게이지 : 링 게이지, 스냅 게이지 등
• 구멍용 한계 게이지 : 원통형 플러그 게이지, 판형 플러그 게이지, 봉 게이지, 테보 게이지 등

7. 다이얼 게이지의 일반적인 특징으로 틀린 것은?

① 눈금과 지침에 의해서 읽기 때문에 오차가 적다.
② 소형, 경량으로 취급이 용이하다.
③ 연속된 변위량의 측정이 불가능하다.
④ 많은 개소의 측정을 동시에 할 수 있다.

해설 다이얼 게이지는 연속된 변위량의 측정이 가능하며, 측정자의 직선 운동을 지침의 회전 운동으로 변화시켜 눈금으로 읽을 수 있다.

8. 틈새 게이지(간격 게이지)의 1조는 보통 몇 장인가?

① 9~22장 ② 10~33장
③ 15~25장 ④ 18~33장

해설 틈새 게이지는 mm식과 in식이 있으며, 제일 얇은 판의 두께가 0.04mm(0.015″)에서 1/100~1/10mm 간격으로 9~22장이 묶여 있다.

정답 3. ④ 4. ③ 5. ② 6. ② 7. ③ 8. ①

9. 다음이 설명하고 있는 공작기계 정밀도의 원리는?

> 공작기계의 정밀도가 가공되는 제품의 정밀도에 영향을 미치는 것

① 모성 원리(copying principle)
② 정밀 원리(accurate principle)
③ 아베의 원리(Abbe's principle)
④ 파스칼의 원리(Pascal's principle)

> **해설** 아베의 원리는 측정하려는 시료와 표준자는 측정 방향에 있어서 동일 축 선상의 일직선상에 배치하여야 한다는 것으로 콤퍼레이터의 원리라고도 한다.

10. 다음 중 눈금이 없는 측정 공구는?

① 마이크로미터
② 버니어 캘리퍼스
③ 다이얼 게이지
④ 게이지 블록

> **해설** 게이지 블록은 길이 측정의 기준으로, 외측 마이크로미터의 0점 조정 시 기준이 된다.

11. 한계 게이지에 속하지 않는 것은?

① 플러그 게이지
② 테보 게이지
③ 스냅 게이지
④ 하이트 게이지

> **해설** 제품을 정확한 치수대로 가공한다는 것은 거의 불가능하므로 오차의 한계를 주게 되며, 이때 오차한계를 측정하는 게이지를 한계 게이지라고 한다.

12. 다음은 어떤 측정기의 특징들에 대한 설명인가?

> ㉠ 소형, 경량으로 취급이 용이하다.
> ㉡ 다이얼 테스트 인디케이터와 비교할 때, 측정 범위가 넓다.
> ㉢ 눈금과 지침에 의해서 읽기 때문에 읽음 오차가 적다.
> ㉣ 연속된 변위량의 측정이 가능하다.

① 버니어 캘리퍼스
② 마이크로미터
③ 한계 게이지
④ 다이얼 게이지

> **해설** 다이얼 게이지는 기어 장치로 미소한 변위를 확대하여 길이 또는 변위를 정밀 측정하는 비교 측정기이다.

13. 나사 마이크로미터는 앤빌이 나사의 산과 골 사이에 끼워지도록 되어 있으며 나사에 알맞게 끼워 넣어서 나사의 어느 부분을 측정하는가?

① 바깥지름   ② 골지름
③ 유효지름   ④ 안지름

> **해설** 나사 마이크로미터는 수나사용으로 나사의 유효지름을 측정하며 고정식과 앤빌 교환식이 있다.

14. 부품의 길이 측정에 쓰이는 측정기 중 이미 알고 있는 표준 치수와 비교하여 실제 치수를 도출하는 방식의 측정기는?

① 버니어 캘리퍼스
② 측장기
③ 마이크로미터
④ 다이얼 테스트 인디케이터

> **해설** 다이얼 게이지는 측정하려고 하는 부분에 측정자를 대고 스핀들의 미소한 움직임을 기어장치로 확대하여 눈금판 위에 지시된 치수를 읽어 길이를 비교하는 길이 측정기이다.

15. 다음 중 다이얼 게이지에 대한 설명으로 틀린 것은?

① 소형이고 가벼워서 취급이 쉽다.
② 외경, 내경, 깊이 등의 측정이 가능하다.
③ 연속된 변위량이 측정이 가능하다.
④ 어태치먼트의 사용 방법에 따라 측정 범위가 넓어진다.

16. 버니어 캘리퍼스의 종류가 아닌 것은?

① B형   ② M형
③ CB형   ④ CM형

해설 버니어 캘리퍼스의 종류
• M1형 : 슬라이더가 홈형
• M2형 : M1형에 미동 슬라이더 장치 부착
• CB형 : 슬라이더가 상자형
• CM형 : 슬라이더가 홈형

17. 지름이 다른 여러 종류의 환봉에 중심을 긋고자 한다. 다음 중 가장 적합한 공구는?

① 하이트 게이지   ② 직각자
③ 조절 각도기   ④ 콤비네이션 세트

해설 • 하이트 게이지 : 높이 측정이나 금긋기
• 조절 각도기 : 각도 측정
• 콤비네이션 세트 : 원형의 센터를 표시할 때 사용

18. 축 지름의 치수를 직접 측정할 수는 없으나 기계 부품이 허용 공차 안에 들어 있는지를 검사하는 데 가장 적합한 측정기기는 어느 것인가?

① 한계 게이지
② 버니어 캘리퍼스
③ 외경 마이크로미터
④ 사인 바

해설 한계 게이지는 통과축과 정지축이 있는데 정지축으로는 제품이 들어가지 않고 통과축으로 제품이 들어가는 경우 제품은 주어진 공차 내에 있음을 나타내는 것으로 특징은 다음과 같다.
(1) 제품 상호간에 교환성이 있다.
(2) 완성된 게이지가 필요 이상 정밀하지 않아도 되기 때문에 공작이 용이하다.
(3) 측정이 쉽고 신속하며 다량의 검사에 적당하다.
(4) 최대한의 분업 방식이 가능하다.
(5) 가격이 비싸다.
(6) 특별한 것은 고급 공작 기계가 있어야 제작이 가능하다.

19. 스케일과 베이스 및 서피스 게이지를 하나의 기본 구조로 하는 게이지는?

① 버니어 캘리퍼스
② 마이크로미터
③ 옵티컬 플랫
④ 하이트 게이지

해설 하이트 게이지는 스케일과 베이스 및 서피스 게이지를 한데 묶은 구조로서 버니어 눈금을 이용하여 보다 정확하게 읽을 수 있으며, 높이를 측정하거나 금긋기 작업을 하기 때문에 어미자는 버니어 캘리퍼스에 비하여 견고하게 되어 있다.

20. 길이의 기준으로 사용되고 있는 평행 단도기로서 1개 또는 2개 이상의 조합으로 사용되며, 다른 측정기의 교정 등에 사용되는 측정기는?

① 콤비네이션 세트
② 마이크로미터
③ 다이얼 게이지
④ 게이지 블록

3-2　기본 측정기 0점 조정

(1) 사용할 측정기의 상태 확인 사항

제품을 측정하기에 앞서 항상 사용할 측정기는 0점 상태를 먼저 주의 깊게 살핀 후 측정함에 이상이 없는지 판단하고 진행한다. 기본적으로 살펴볼 사항으로는 눈금의 마모로 인한 읽음 값을 판독함에 어려움은 없는지, 특정 부분만 지속적으로 사용하여 마모로 인한 오차가 발생하지는 않는지, 지나치게 과도한 측정 압력을 가하고 있지는 않은지의 여부를 확인한다.

(2) 측정기 0점 설정의 목적

① 0점 설정은 측정 오류를 방지하여 도면의 요구 조건을 만족하게 하기 위함이다.

② 측정하려는 공작물에 적합한 장소와 환경 조건을 확인하여 환경 오차 요인을 방지하고, 특히 온도에 민감한 소재 또는 정밀도가 높은 공작물은 온도차에 의한 열팽창으로 측정 오차가 발생할 수 있으므로 주의해야 한다.

③ 외부의 측정 오차 요인을 미리 확인하면 측정값의 변화를 줄일 수 있다.

(3) 측정기 0점 설정 방법

① 버니어 캘리퍼스

㈎ 조의 상태가 양호한지 0점에 위치되도록 밀착시켜 밝은 빛에서 서로 다른 조 사이로 고르게 미세한 빛이 들어오는지 확인한다.

㈏ 깊이 바의 무딘 상태와 휨의 발생은 없는지 확인한다.

㈐ 슬라이드를 이송시켰을 때 지나치게 헐겁거나 또는 타이트한 느낌이 나지는 않는지 확인한다.

㈑ 0점에 위치시켰을 때의 상태가 양호하면 게이지 블록을 이용하여 최소한 버니어 캘리퍼스의 처음, 중간, 끝 부분에 해당되는 눈금의 정확도를 확인하고 값에 차이가 나면 보정값을 적용하여 측정에 임하도록 한다.

② 외측 마이크로미터(0~25mm)

㈎ 앤빌과 스핀들의 측정면을 깨끗이 닦는다.

㈏ 래칫스톱을 회전시키면서 앤빌과 스핀들의 측정면이 접촉되면 약 3~4회 회전시킨다.

㈐ 슬리브의 기선과 심블의 0점 눈금 선이 완전히 일치하고 동시에 슬리브의 0 눈금선이 절반 정도 보이는 것이 좋다.

㈑ 슬리브와 심블의 눈금이 서로 일치하는지 확인한 후 일치하지 않으면 훅렌치를

이용하여 기선을 서로 맞추어 사용하면 된다.

③ **외측 마이크로미터(25mm 이상)**

㈎ 게이지 블록이나 외측 마이크로미터 전용 기준 게이지를 이용하여 0점을 설정한다.

㈏ 앤빌과 스핀들 면에 게이지 블록 또는 기준 게이지를 삽입하여 고정 클램프를 잠근 후 훅렌치를 돌려 0점을 조정하여 사용하면 된다.

④ **강철자**

㈎ 강철자는 0점 부위의 잦은 접촉과 사용으로 무뎌지기 쉬우며 이로 인한 제품과의 접촉 불량으로 오차가 발생한다.

㈏ 0점 부위의 눈금이 닳아 잘 보이지 않아 판독에 어려움이 있다.

예상문제

1. 외측 마이크로미터(0~25mm)의 0점 설정에 대한 설명으로 틀린 것은?

① 앤빌과 스핀들의 측정면을 깨끗이 닦는다.
② 래칫스톱을 회전시키면서 앤빌과 스핀들의 측정면이 접촉되면 약 3~4회 회전시킨다.
③ 슬리브의 기선과 심블의 0점 눈금 선이 완전히 일치하고 동시에 슬리브의 0 눈금선이 절반 정도 보이는 것이 좋다.
④ 슬리브와 심블의 눈금이 서로 일치하는지 확인한 후 일치하지 않으면 폐기 처분한다.

2. 버니어 캘리퍼스 0점 설정에 대한 설명으로 틀린 것은?

① 깊이 바의 무딘 상태와 휨의 발생은 없는지 확인한다.
② 슬라이드를 이송시켰을 때 지나치게 헐겁거나 또는 타이트한 느낌이 나지는 않

는지 확인한다.
③ 0점에 위치시켰을 때 눈금의 정확도를 확인하고 값에 차이가 나면 훅렌치를 이용하여 기선을 서로 맞추어 사용한다.
④ 조의 상태가 양호한지 0점에 위치되도록 밀착시켜 밝은 빛에서 서로 다른 조 사이로 고르게 미세한 빛이 들어오는지 확인한다.

해설 0점에 위치시켰을 때 눈금의 정확도를 확인하고 값에 차이가 나면 보정값을 적용하여 측정에 임하도록 한다.

3. 마이크로미터의 0점 조정용 기준봉의 방열 커버 부분을 잡고 0점 조정을 실시하는 가장 큰 이유는?

① 온도의 영향 고려
② 취급이 간편하게
③ 정확한 접촉을 고려하여
④ 시야를 넓게 하기 위하여

해설 기준봉이 온도의 영향을 받아 팽창할 수 있으므로 방열 커버 부분을 잡고 조정한다.

3-3 교정성적서 확인

(1) 측정기 교정의 목적

① 측정기의 정밀 정확도를 지속적으로 유지할 수 있다.
② 측정기의 사용 여부 및 제품의 합격 여부를 판단할 수 있다.
③ 부처별 소관 법령의 측정 소급성 확보 요구에 대응할 수 있다.
④ 각종 시스템 인증의 요구사항을 만족할 수 있다.

(2) 교정의 일반적 사항

교정은 측정기 관리 주관 부서에서 체계적으로 시행한다. 교정의 종류에는 정기 교정, 수시 교정 등이 있다.

① **정기 교정**
   ㈎ 정기 교정은 등록된 측정기를 검사 주기에 따라 주기적으로 교정을 시행하는 것을 말한다.
   ㈏ 측정기 사용 부서는 통보된 측정기 교정계획서의 일정에 따라 측정기를 교정 관리부서에 교정 의뢰한다.
   ㈐ 교정 결과 합격된 측정기는 교정 유효식별표(스티커, 라벨)를 부착하여 사용 부서로 불출한다.
   ㈑ 불합격 측정기는 교정 관리 부서에서 교정 결과를 사용 부서에 통보하여 조치하게 한다.

② **수시 교정**
   ㈎ 사용 중인 측정기가 이상 요인(충격, 파손 등)으로 정밀 정확도가 의심스럽다고 판단되면 측정기 사용자는 교정 관리 부서에 신속히 교정 의뢰해야 한다.
   ㈏ 측정기의 교정 결과가 양호한 상태이면 사용 부서에서 재사용하도록 측정기를 내주고, 불합격으로 판정되면 측정기를 수리 또는 폐기 처분하도록 사용 부서에 통보한다.
   ㈐ 하이트 게이지는 스크라이버의 손상 여부, 측정자의 흔들림 상태를 확인한다.
   ㈑ 다이얼 게이지는 측정자 부분에 흔들림이 없는지를 확인해야 한다.

(3) 교정성적서의 활용

① **측정 결과의 보정** : 제품의 측정값에 교정성적서의 교정 결과를 보정하여 최종 측정값을 산출한다.

② **측정기 사용 여부 판정** : 측정불확도값을 적용하여 해당 측정기의 사용 여부를 판정한다.

③ **검사에 적합한 측정기 선정 시 적용** : 측정불확도값을 고려하여 제품 검사에 적합한 측정기를 선정할 수 있다. 일반적으로 검사에 사용되는 측정기는 제품의 요구 허용오차에 대해 4배 정도 높은 것이 적절하다(4 : 1 이론).

④ **제품 검사 합부 판정 기준의 설정** : 측정기의 오차로 인한 불량 제품의 출하 예방을 위해 교정성적서의 측정불확도를 제품의 규격에 적용하여 합부 판정 기준을 설정한다.

(4) 교정성적서에 포함해야 할 사항

① 의뢰자(기관명, 주소) 성적서 번호

② 측정기(기기명, 제작 회사 및 형식, 기기 번호)

③ 교정 일자 및 교정 환경(온도 및 습도, 교정 장소)

④ 측정기의 소급성(교정 방법 및 교정에 사용한 표준장비 명세)

⑤ 교정 결과 및 측정불확도

예상문제

1. 검사에 적합한 측정기 선정 시 일반적으로 검사에 사용되는 측정기는 제품의 요구 허용오차에 대해 몇 배 정도 높은 것이 적절한가?

① 1배　　　　② 2배
③ 3배　　　　④ 4배

2. 다음 중 측정기 교정에 대한 설명으로 틀린 것은?

① 교정의 종류에는 정기 교정, 수시 교정 등이 있다.

② 다이얼 게이지는 스크라이버의 손상 여부, 측정자의 흔들림 상태를 확인한다.

③ 측정기 교정은 측정기의 정밀 정확도를 지속적으로 유지할 수 있다.

④ 측정기의 교정 결과 상태가 양호하면 사용 부서에서 재사용하도록 한다.

3. 측정기 교정의 목적이 아닌 것은?

① 측정기의 안전을 지속적으로 유지할 수 있다.

② 측정기의 사용 여부 및 제품의 합격 여부를 판단할 수 있다.

③ 각종 시스템 인증의 요구사항을 만족할 수 있다.

④ 부처별 소관 법령의 측정 소급성 확보 요구에 대응할 수 있다.

해설 교정은 측정기의 정밀 정확도를 지속적으로 유지할 수 있다.

정답 1. ④　2. ②　3. ①

3-4 측정 오차

(1) 측정 오차의 정의

정확한 측정기를 가지고 주의 깊게 측정하더라도 측정기기가 완벽하지 못하고 측정자의 판단력에도 한계가 있으므로 절대적으로 정확한 측정값을 얻기는 어렵고, 참값과는 약간의 차이가 있다. 이와 같이 측정에 있어서 제품이 가진 실제 치수(참값)와 측정값과의 차이를 측정 오차라 한다.

(2) 측정 오차의 종류

① **계통 오차** : 측정 조건이 동일한 환경에서 측정값이 일정한 영향을 받는 원인으로 생기는 오차이다. 항상 같은 크기와 부호를 가진다. 원인 규명이 가능한 측정기, 측정물의 불완전성, 측정 방법과 환경의 영향으로 생기는 오차이다.

  ㈎ 기기 오차 : 측정기의 구조상 오차와 사용 제한 등으로 생기는 오차이다. 측정기 부품의 마모, 눈금의 부정확성, 지시 변화에 의한 오차 등으로 영점 재조정 또는 표준기 등을 사용하여 측정기가 지시하는 값과 참값과의 관계를 구한다.

  ㈏ 환경 오차 : 온도, 조명의 변화, 습도, 소음, 진동 등의 측정 환경의 변화로 발생 또는 오차이다.

  ㈐ 개인 오차 : 측정자의 심리 상태, 개인 습관, 숙련도 등에 의해 발생하는 오차이다.

  ㈑ 이론 오차 : 공식의 오차나 근사적인 계산 등에 의한 오차이다.

② **과실 오차** : 측정자의 부주의로 발생하는 오차이다.

③ **우연 오차** : 측정자와 관계없이 우연하고도 필연적으로 생기는 오차로, 원인 분석이 불가능한 경우에 나타난다. 측정 횟수를 늘리게 되면 정(+)과 부(-)의 우연 오차가 거의 비슷해져 전체 합에 의해 상쇄된다.

예상문제

1. 다음 중 확인될 수 없는 원인으로 생기는 오차로서 측정치를 분산시키는 원인이 되는 것은?

① 개인 오차 　　　② 계기 오차

③ 온도 변화 　　　④ 우연 오차

2. 오차의 종류에서 계기 오차에 대한 설명으로 옳은 것은?

정답 **1.** ④ 　**2.** ③

① 측정자의 눈의 위치에 따른 눈금의 읽음 값에 의해 생기는 오차

② 기계에서 발생하는 소음이나 진동 등과 같은 주위 환경에서 오는 오차

③ 측정기의 구조, 측정 압력, 측정 온도, 측정기의 마모 등에 따른 오차

④ 가늘고 긴 모양의 측정기 또는 피측정물을 정반 위에 놓으면 접촉하는 면의 형상 때문에 생기는 오차

해설 계기 오차
(1) 측정 기구 눈금 등의 불변의 오차 : 보통 기차(器差)라고 하며, 0점의 위치 부정, 눈 금선의 간격 부정으로 생긴다.
(2) 측정 기구의 사용 상황에 따른 오차 : 계 측기 가동부의 녹, 마모로 생긴다.

3. 반복 측정을 하더라도 불규칙적으로 나타나며, 계통적 오차를 보정하고 과실 오차를 제거하여도 발생되는 오차를 무엇이라 하는가?

① 개인 오차
② 우연 오차
③ 과실 오차
④ 기기 오차

4. 측정 대상 부품은 측정기의 측정 축과 일직선 위에 놓여 있으면 측정 오차가 적어 진다는 원리는?

① 월라스톤의 원리
② 아베의 원리
③ 아보트 부하곡선의 원리
④ 히스테리시스차의 원리

해설 길이를 측정할 때 측정자를 측정할 물체와 일직선상에 배치함으로써 오차를 최소화하는 것이 아베의 원리이다.

5. 부품 측정의 일반적인 사항을 설명한 것으로 틀린 것은?

① 제품의 평면도는 정반과 다이얼 게이지나 다이얼 테스트 인디케이터를 이용하여 측정할 수 있다.

② 제품의 진원도는 V블록 위나 또는 양 센터 사이에 설치한 후 회전시켜 다이얼 테스트 인디케이터를 이용하여 측정할 수 있다.

③ 3차원 측정기는 몸체 및 스케일, 측정침, 구동장치, 컴퓨터 등으로 구성되어 있다.

④ 우연 오차는 측정기의 구조, 측정압력, 측정온도 등에 의하여 생기는 오차이다.

해설 우연 오차는 확인될 수 없는 원인으로 발생하는 오차로서 측정치를 분산시키는 원인이 된다.

6. 측정량이 증가 또는 감소하는 방향이 다름으로써 생기는 동일 치수에 대한 지시량의 차를 무엇이라 하는가?

① 개인 오차
② 우연 오차
③ 후퇴 오차
④ 접촉 오차

해설 후퇴 오차는 동일 측정량에 대하여 다른 방향으로부터 접근할 경우 지시의 평균값의 차로 되돌림 오차라고도 하며, 마찰력과 히스테리시스 및 흔들림이 원인이다.

7. 기계에서 발생하는 소음이나 진동 등과 같은 주위 환경 요인에 의해 생기는 측정 오차는?

① 시차
② 개인 오차
③ 우연 오차
④ 측정압력 오차

해설 우연 오차는 확인될 수 없는 원인으로 발생하는 오차로서 측정치를 분산시키는 원인이 된다.

정답 **3.** ② **4.** ② **5.** ④ **6.** ③ **7.** ③

8. 측정기의 눈금과 눈의 위치가 같지 않은 데서 생기는 측정 오차는?

① 샘플링 오차   ② 계기 오차
③ 우연 오차   ④ 시차(視差)

해설 시차(視差)를 줄이려면 측정 시에는 반드시 눈과 눈금의 위치가 수평이 되도록 한다.

9. 측정기를 사용할 때 0점의 위치가 잘못 맞추어진 것은 무엇에 해당하는가?

① 계기 오차   ② 우연 오차
③ 개인 오차   ④ 시차

해설 계기 오차를 기차(器差)라고 하며, 0점의 위치 부정, 눈금선의 간격 부정으로 생긴다.

정답 8. ④   9. ①

3–5   측정기 유지 관리

(1) 측정기 유지 관리 방법

① 자주 사용하지 않는 측정기라 할지라도 1년에 2~3회 정도는 점검을 실시할 수 있도록 점검 일자를 계획 관리하여야 하며, 점검된 내용은 기록 관리를 실시하여야 한다.

② 측정기 보관함에는 각 측정기의 관리번호, 품명, 규격, 사용자 등을 기록한 현황판을 비치하여 측정기의 사용 실태를 파악할 수 있도록 한다.

③ 사용 후 먼지 및 지문을 없애고 방청유를 도포하여 표준 환경(온도 20℃, 습도 50%)에서 보관하여야 한다.

④ 방청유는 되도록 얇게 칠하고, 특히 광학 측정기에는 광학계에 기름이 스며들 수 있기 때문에 주의를 하여야 하며 플라스틱 제품에는 알코올을 사용하지 않아야 한다.

⑤ 측정기를 보관할 경우에는 측정기의 구조적인 특성을 고려하여 보관 방법을 달리하여야 한다. 예를 들어 온도가 높은 장소에서 마이크로미터를 보관할 경우에는 열 팽창에 의해 마이크로미터의 프레임이 변형이 될 수 있기 때문에 스핀들과 앤빌면을 분리하여 보관해야 한다.

⑥ 측정기 보관함에는 측정기와 공구 및 기타 소모 자재 등의 혼용 보관을 가급적 피하도록 하고 측정기를 포개거나 겹쳐서 보관하는 경우에는 충격에 의한 고장이 발생할 수 있으므로 주의하여야 한다. 측정기 전용 보관함(진열장 등)을 갖추고, 보관 테이블 바닥면은 충격 방지를 위하여 완충재(융, 카펫, 고무, 스펀지 등)를 깔아 놓으면 도움이 될 수 있다.

⑦ 예비(spare) 측정기 및 유휴 측정기는 공구실의 보관대에서 측정기별로 식별이 용이하도록 분리하여 보관한다.

예상문제

1. 기계 부품을 정밀 측정할 때 가장 적합한 표준 온도는?

① 12℃   ② 15℃
③ 20℃   ④ 25℃

2. 측정기 유지 관리 방법에 대한 설명으로 틀린 것은?

① 자주 사용하지 않는 측정기라 할지라도 1년에 2~3회 정도는 점검을 실시한다.
② 방청유는 되도록 두껍게 칠한다.
③ 플라스틱 제품에는 알코올을 사용하지 않아야 한다.

④ 측정기 보관함에는 현황판을 비치하여 사용 실태를 파악할 수 있도록 한다.

3. 마이크로미터의 보관에 대한 설명으로 틀린 것은?

① 래칫 스톱을 돌려 일정한 압력으로 앤빌과 스핀들 측정면을 밀착시켜 둔다.
② 스핀들에 방청처리를 하여 보관상자에 넣어둔다.
③ 습기와 먼지가 없는 장소에 둔다.
④ 직사광선을 피하여 진동이 없는 장소에 둔다.

정답   1. ③   2. ②   3. ①

4. 측정 개요 및 기타 측정

4-1   측정 기초

(1) 측정 용어(measuring wording)

① **최소눈금(scale interval)**

㈎ 1눈금이 나타내는 측정량을 말한다.

㈏ 생물학 및 심리학적인 측정 정도 눈금선 길이는 $0.7 \sim 2.5\,\mathrm{mm}$가 가장 좋다(1눈금의 $\frac{1}{10}$을 눈가늠으로 읽을 수 있다).

② **오차(error)** : 측정치로부터 참값을 뺀 값(오차의 참값에 대한 비를 오차율이라 하고, 오차율을 %로 나타낸 것을 오차의 백분율이라 한다.)을 말한다.

③ **편차(declination)** : 측정치로부터 모 평균을 뺀 값을 말한다.

④ **허용차**(permission difference) : 기준으로 잡은 값과 그에 대해서 허용되는 한계치와의 차를 말한다.

⑤ **공차**(common difference)

㈎ 규정된 최대치와 최소치와의 차

㈏ 허용차와 같은 뜻으로 사용한다.

(2) 측정의 종류

① **직접 측정**(direct measurement) : 측정기로부터 직접 측정치를 읽을 수 있는 방법이다. 눈금자, 버니어 캘리퍼스, 마이크로미터, 하이트 게이지 등이 있다.

② **비교 측정**(relative measurement) : 피측정물에 의한 기준량으로부터의 변위를 측정하는 방법이다. 다이얼 게이지, 다이얼 테스트 인디케이터, 내경 퍼스 등이 있다.

③ **절대 측정**(absolute measurement) : 피측정물의 절대량을 측정하는 방법이다.

④ **간접 측정**(indirect measurement) : 나사 또는 기어 등과 같이 형태가 복잡한 것에 이용되며, 기하학적으로 측정값을 구하는 방법이다. 측정하고자 하는 양과 일정한 관계가 있는 양을 측정하여 간접적으로 측정값을 구한다. 사인 바에 의한 테이퍼 측정, 전류와 전압을 측정하여 전력을 구하는 방법이 있다.

⑤ **편위법** : 측정량의 크기에 따라 지침이 영점에서 벗어난 양을 측정하는 방법이다.

⑥ **영위법** : 지침이 영점에 위치하도록 측정량을 기준량과 똑같이 맞추는 방법이다.

예상문제

1. 이미 치수를 알고 있는 표준과의 차를 구하여 치수를 알아내는 측정 방법은?

① 절대 측정 ② 비교 측정
③ 표준 측정 ④ 간접 측정

2. 다음 중 비교 측정에 사용하는 측정기가 아닌 것은?

① 버니어 캘리퍼스
② 다이얼 테스트 인디케이터
③ 다이얼 게이지

④ 내경 퍼스

3. 다음 중 직접 측정에 속하는 것은?

① 옵티미터
② 다이얼 게이지
③ 미니미터
④ 마이크로미터

4. 다음 중 비교 측정기에 해당하는 것은?

① 버니어 캘리퍼스

정답 1. ② 2. ① 3. ④ 4. ③

4. 측정 개요 및 기타 측정

② 마이크로미터

③ 다이얼 게이지

④ 하이트 게이지

해설 다이얼 게이지는 기어 장치로서 미세한 변위를 확대하여 길이 또는 변위를 정밀 측정하는 비교 측정기이다.

5. 측정의 종류에서 비교 측정 방법을 이용한 측정기는?

① 전기 마이크로미터

② 버니어 캘리퍼스

③ 측장기

④ 사인 바

해설 • 버니어 캘리퍼스 : 직접 측정
• 사인 바 : 각도 측정

6. 버니어 캘리퍼스, 마이크로미터 등이 대표적인 측정기로 측정 대상물을 측정기의 눈

금을 이용하여 직접 읽는 측정 방법은 무엇인가?

① 직접 측정   ② 간접 측정

③ 비교 측정   ④ 형상 측정

해설 비교 측정은 피측정물에 의한 기준량으로부터의 변위를 측정하는 방법으로 다이얼 게이지, 안지름 퍼스 등이 있다.

7. 측정의 종류에서 피측정물을 측정한 후 그 측정량을 기준 게이지와 비교해서 차이 값을 계산하여 실제 치수를 인식할 수 있는 측정법은?

① 직접 측정   ② 간접 측정

③ 비교 측정   ④ 한계 측정

해설 한계 측정은 치수를 직접 측정할 수는 없으나 기계부품이 허용 공차 안에 들어 있는지를 검사하는 데 사용된다.

정답 **5.** ①   **6.** ①   **7.** ③

4-2   **측정 단위 및 오차**

(1) 측정 단위

측정 단위는 길이, 무게, 시간을 기본으로 하며, 우리나라는 미터법을 쓰고 있다.

단위계와 측정 단위

단위의 명칭	길이	무게	시간	전류
CGS	cm	g	s	
MKS	m	kg	s	
MKSA	m	kg	s	A
MTS	m	t	s	

(2) 오차의 정의

측정값과 참값의 차이를 절대 오차 또는 오차라 하며, 오차의 참값 또는 측정값과의 비율을 상대 오차라 한다.

① 절대 오차＝측정값−참값

② 상대 오차＝$\dfrac{오차}{참값(측정값)}$

주 상대 오차는 보통 백분율(%)로 표시하여 백분율(%) 오차라고 한다.

예상문제

1. CGS 단위란 다음 중 어느 것인가?

① 길이 : m, 무게 : kg, 시간 : 초
② 길이 : m, 무게 : 톤, 시간 : 초
③ 길이 : cm, 무게 : g, 시간 : 분
④ 길이 : cm, 무게 : g, 시간 : 초

2. 다음 중 절대온도(K)란?

① ℃에 ℉를 합한 것
② ℃에 273.15°를 합한 것
③ ℃에 273.15°를 뺀 것
④ ℃에 27.3°를 뺀 것

해설 절대온도$(T) = T_c + 273.15\,[\mathrm{K}]$

3. 1 m는 몇 피트인가?

① 2.28　　　　② 3
③ 3.28　　　　④ 4

해설 $1\mathrm{m} = 3.28\,\mathrm{ft}$, $1\mathrm{ft} = 12\,\mathrm{inch}$
$1\mathrm{inch} = 25.4\,\mathrm{mm}$

4. 가공도면 치수가 50 mm인 부품을 측정한 결과가 49.99 mm일 때 오차 백분율(%)은 얼마인가?

① 0.01　　　　② 0.02

③ 0.0001　　　　④ 0.0002

해설 오차 백분율(%)＝$\dfrac{오차}{참값} \times 100(\%)$

$= \dfrac{50 - 49.99}{50} \times 100 = 0.02\,\%$

5. 지름 30 mm의 실리더 안지름을 측정한 결과가 30.03 mm였다. 오차 백분율은 몇 %인가?

① 0.01　　　　② 0.03
③ 0.1　　　　④ 0.3

해설 오차 백분율(%)＝$\dfrac{측정값 - 참값}{참값} \times 100$

$= \left(\dfrac{30.03 - 30}{30}\right) \times 100 = 0.1\,\%$

6. 오차가 $+20\,\mu\mathrm{m}$인 마이크로미터로 측정한 결과 55.25 mm의 측정값을 얻었다면 실제값은?

① 55.18 mm　　　　② 55.23 mm
③ 55.25 mm　　　　④ 55.27 mm

해설 오차＝측정값−참값
참값(실제값)＝측정값−오차＝55.25 mm − $20\,\mu\mathrm{m}$ ＝ 55.25 mm − 0.02 mm ＝ 55.23 mm

정답 1. ④　2. ②　3. ③　4. ②　5. ③　6. ②

4-3   길이 측정

(1) 버니어 캘리퍼스

① **아들자의 눈금** : 어미자(본척)의 $(n-1)$개의 눈금을 n등분한 것이다. 어미자의 1눈금(최소눈금)을 A, 아들자(부척)의 최소 눈금을 B라고 하면, 어미자와 아들자의 눈금차 C는 다음 식으로 구한다.

$$(n-1)A = nB \text{ 이므로, } C = A - B = A - \frac{n-1}{n} \times A = \frac{A}{n}$$

M형의 버니어 캘리퍼스와 같이 어미자 19mm를 20등분하였다면 $C = \frac{1}{20}$ mm가 되어 최소 측정 가능한 길이가 되는 것이다.

② **눈금 읽는 법** : 본척과 부척의 0점이 닿는 곳을 확인하여 본척을 읽은 후에 부척의 눈금과 본척의 눈금이 합치되는 점을 찾아서 부척의 눈금수에다 최소 눈금(예 M형에서는 0.05mm)을 곱한 값을 더하면 된다.

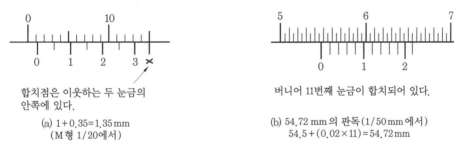

합치점은 이웃하는 두 눈금의
안쪽에 있다.

(a) 1+0.35=1.35mm
　　(M형 1/20에서)

버니어 11번째 눈금이 합치되어 있다.

(b) 54.72 mm 의 판독(1/50 mm 에서)
　　54.5+(0.02×11)=54.72mm

버니어 캘리퍼스 눈금 읽기의 보기

(2) 마이크로미터

① **눈금 읽는 법** : 다음 [그림]에서와 같이 먼저 슬리브 기선상에 나타나는 치수를 읽은 후에, 심블의 눈금을 읽어서 합한 값을 읽으면 된다. 여기서는 최소 눈금을 0.01mm까지 읽은 것의 보기를 들었지만, 숙련에 따라서는 0.001mm까지 읽을 수 있다.

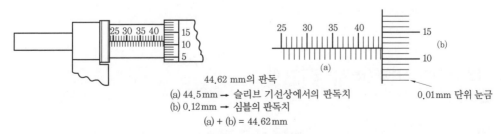

44.62 mm의 판독
(a) 44.5mm → 슬리브 기선상에서의 판독치
(b) 0.12mm → 심블의 판독치
(a) + (b) = 44.62mm

0.01mm 단위 눈금

마이크로미터 판독법

② **마이크로미터의 최소 측정값** : 슬리브의 최소 눈금이 S[mm]이고, 심블의 원주 눈금이 n등분되어 있다면 최소 측정값은 $\dfrac{S}{n}$이다.

예상문제

1. 버니어 캘리퍼스의 측정 시 주의사항 중 잘못된 것은?

① 측정 시 측정면을 검사하고 본척과 부척의 0점이 일치하는가를 확인한다.

② 깨끗한 헝겊으로 닦아서 버니어가 매끄럽게 이동되도록 한다.

③ 측정 시 공작물을 가능한 힘 있게 밀어붙여 측정한다.

④ 눈금을 읽을 때는 시차를 없애기 위해 눈금면의 직각 방향에서 읽는다.

해설 측정 시 무리한 힘을 주지 않는다.

2. 마이크로미터에서 나사의 피치가 0.5mm, 심블의 원주 눈금이 100등분 되어 있다면 최소 측정값은 얼마가 되겠는가?

① 0.05 mm

② 0.01 mm

③ 0.005 mm

④ 0.001 mm

해설 $C = \dfrac{1}{N} \times A = \dfrac{1}{100} \times 0.5 = 0.005\,\text{mm}$

여기서, C : 최소 눈금
　　　　N : 심블의 등분
　　　　A : 슬리브의 최소 눈금

3. 다음 중 길이 측정에 사용되는 공구가 아닌 것은?

① 버니어 캘리퍼스

② 사인 바

③ 마이크로미터

④ 측장기

해설 사인 바는 블록 게이지 등을 병용하여 삼각함수의 사인을 이용하여 각도를 측정하는 측정기이다.

4. 일반적인 버니어 캘리퍼스로 측정할 수 없는 것은?

① 나사의 유효지름

② 지름이 30mm인 둥근 봉의 바깥지름

③ 지름이 35mm인 파이프의 안지름

④ 두께가 10mm인 철판의 두께

해설 나사의 유효지름은 나사 마이크로미터로 측정하며, 버니어 캘리퍼스로는 길이, 안지름, 바깥지름, 깊이, 두께 등을 측정할 수 있다.

5. 마이크로미터의 나사 피치가 0.5mm이고, 심블(thimble)의 원주를 50등분 하였다면 최소 측정값은 몇 mm인가?

① 0.1

② 0.01

③ 0.001

④ 0.0001

해설 $0.5\,\text{mm} \times \dfrac{1}{50} = \dfrac{1}{100} = 0.01$

정답 1. ③   2. ③   3. ②   4. ①   5. ②

6. 어미자의 눈금이 0.5mm인 버니어 캘리퍼스에서 아들자의 눈금 12mm를 25등분했을 때 최소 측정값은 몇 mm인가?

① $\dfrac{1}{20}$ ② $\dfrac{1}{50}$

③ $\dfrac{1}{24}$ ④ $\dfrac{1}{100}$

[해설] $\dfrac{0.5}{25}=\dfrac{1}{50}=0.02\,\text{mm}$

7. 버니어 캘리퍼스로 어떤 물건을 측정하였

더니 보기와 같이 되었다면 측정값은 얼마인가?

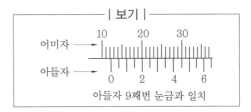

| 보기 |

어미자 9째번 눈금과 일치

① 30mm   ② 24.45mm

③ 14.25mm   ④ 12.45mm

[해설] 어미자가 12이고 아들자가 0.45이므로
12+0.45=12.45

[정답] **6.** ②   **7.** ④

4-4 각도 측정

(1) 사인 바(sine bar)

사인 바는 블록 게이지 등을 병용하며, 삼각 함수의 사인(sine)을 이용하여 각도를 측정하고 설정하는 측정기이다.

$$\sin\phi=\frac{H-h}{L},\ H-h=L\cdot\sin\phi$$

여기서, H : 높은 쪽 높이, h : 낮은 쪽 높이, L : 사인 바의 길이

각도 ϕ가 45° 이상이면 오차가 커진다. 따라서 45° 이하의 각도 측정에 사용해야 한다.

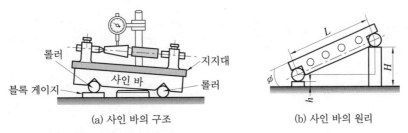

(a) 사인 바의 구조   (b) 사인 바의 원리

사인 바의 구조와 원리

(2) 수준기(level)

① 수평 또는 수직을 측정하는 데 사용한다.

② 기포관 내의 기포 이동량에 따라서 측정한다.

③ 감도는 특종(0.01 mm/m(2초)), 제1종(0.02 mm/m(4초)), 제2종(0.05 mm/m(10초)), 제3종(0.1 mm/m(20초)) 등이 있다.

(3) 각도 게이지(angle gauge)

길이 측정 기준으로 블록 게이지(block gauge)가 있는 것처럼 공업적인 각도 측정에는 각도 게이지가 있는데, 이것은 폴리곤(polygon)경과 같이 게이지, 지그(jig), 공구 등의 제작과 검사에 쓰이며, 원주 눈금의 교정에도 편리하게 쓰인다.

① 요한슨식 각도 게이지(Johansson type angle gauge) : 지그, 공구, 측정 기구 등의 검사에 사용되며, 길이는 약 50 mm, 폭은 19 mm, 두께는 2 mm 정도의 판 게이지 49개 또는 85개가 한 조로 되어 있다.

② NPL식 각도 게이지(NPL type angle gauge)

㈎ 쐐기형의 열처리된 블록으로 게이지를 단독 또는 2개 이상을 조합하여 사용한다.

㈏ 게이지 블록과 같이 밀착에 의해 각도를 조합하여 사용하며, 조합 후의 정도는 개수에 따라 2~3초 정도이다.

(4) 오토콜리메이터(auto collimator)

① 오토콜리메이션 망원경이라고도 부르며 공구나 지그 취부구의 세팅과 공작 기계의 베드나 정반의 정도 검사에 정밀 수준기와 같이 사용되는 각도기이다.

② 각도, 진직도, 평면도 측정의 대표적인 것이다.

③ 주요 부속품으로는 평면경(반사경), 프리즘, 조정기, 변압기, 지지대가 있다.

예상문제

1. 다음 중 각도의 단위 1 rad(라디안)을 맞게 나타낸 것은?

① $\dfrac{180°}{\pi}$ ② $\dfrac{\pi}{180°}$

③ $\dfrac{360°}{\pi}$ ④ $\dfrac{\pi}{360°}$

해설 라디안(radian) : 원의 반지름과 같은 길이의 호의 중심에 대한 각도

$$1\,\text{rad} = \frac{r}{2\pi r} \times 360° = 57.29577951°$$

2. 시준기와 망원경을 조합한 것으로 미소 각도를 측정하는 광학적 측정기로서 정밀 정반의 평면도, 마이크로미터의 측정면, 직각도, 평행도, 공작기계 안내면의 진직도, 직각도, 안내면의 평행도, 그 밖에 작은 각

정답 1. ① 2. ④

도의 변화 차이 및 흔들림 등의 측정에 사용되는 것은?

① 콤비네이션 세트(combination set)
② 광학식 클리노미터(optical clinometer)
③ 광학식 각도기(optical protractor)
④ 오토 콜리메이터(auto collimator)

해설 (1) 콤비네이션 세트 : 분도기에다 강철자, 직각자 등을 조합해서 사용하며 각도의 측정, 중심내기 등에 사용된다.
(2) 광학식 클리노미터 : 회전 부분의 중앙에 기포관을 만들어 기포를 0점 위치에 오도록 조정하는 회전 부분 속에 들어 있는 유리로 만든 눈금판을 현미경으로 읽는 구조이다.
(3) 광학식 각도기 : 원주 눈금은 베이스에 고정되어 있고 원판의 중심축의 둘레를 현미경이 돌며 읽을 수 있도록 되어 있다.

3. 다음 중 주로 각도 측정에 사용되는 측정기는 어느 것인가?

① 측장기   ② 사인 바
③ 직선자   ④ 지침 측미기

해설 사인 바는 블록 게이지 등을 병용하여 삼각 함수의 사인(sine)을 이용하여 각도를 측정하고 설정하는 측정기이다.

4. 다음 중 게이지 블록과 함께 사용하여 삼각함수 계산식을 이용하여 각도를 구하는 것은?

① 수준기
② 사인 바
③ 요한슨식 각도 게이지
④ 콤비네이션 세트

해설 • 수준기 : 수평 또는 수직을 측정
• 요한슨식 각도 게이지 : 지그, 공구, 측정 기구 등의 검사
• 콤비네이션 세트 : 각도 측정, 중심내기 등에 사용

5. 각도를 측정할 수 없는 측정기는?

① 사인 바   ② 수준기
③ 콤비네이션 세트   ④ 와이어 게이지

해설 와이어 게이지는 철사의 지름을 번호로 나타낼 수 있게 만든 게이지이다.

6. 그림에서 정반면과 사인 바의 윗면이 이루는 각($\sin\theta$)을 구하는 식은?

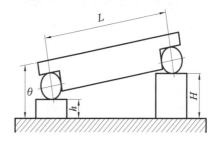

① $\sin\theta = \dfrac{H-h}{L}$ ② $\sin\theta = \dfrac{H+h}{L}$

③ $\sin\theta = \dfrac{L-h}{H}$ ④ $\sin\theta = \dfrac{L-H}{h}$

해설 H : 높은 쪽 높이, h : 낮은 쪽 높이, L : 사인 바 길이

7. 각도 측정용 게이지가 아닌 것은?

① 옵티컬 플랫   ② 사인 바
③ 콤비네이션 세트   ④ 오토 콜리메이터

해설 옵티컬 플랫은 비교적 작은 면에 매끈하게 래핑된 블록 게이지나 각종 측정자 등의 평면 측정에 사용한다.

8. 사인 바를 사용할 때 각도가 몇 도 이상이 되면 오차가 커지는가?

① 30°   ② 35°
③ 40°   ④ 45°

해설 45° 이상이면 오차가 커지므로 45° 이하의 각도 측정에 사용해야 한다.

정답 3. ②   4. ②   5. ④   6. ①   7. ①   8. ④

9. 시준기와 망원경을 조합한 것으로 미소 각도를 측정하는 광학적 측정기는?

　① 오토 콜리메이터　② 콤비네이션 세트
　③ 사인 바　　　　　④ 측장기

　해설 오토 콜리메이터는 정반이나 긴 안내면 등 평면의 진직도, 진각도 및 단면 게이지의 평행도 등을 측정하는 계기이다.

10. 각도를 측정하는 기기가 아닌 것은?

　① 사인 바　　　　② 분도기
　③ 각도 게이지　　④ 하이트 게이지

　해설 하이트 게이지에 버니어 눈금을 붙여 고정도로 정확한 측정을 할 수 있게 하였으며 스크라이버로 금긋기에도 쓰인다.

11. NPL식 각도 게이지를 사용하여 다음 그림과 같이 조립하였다. 조립된 게이지의 각도는?

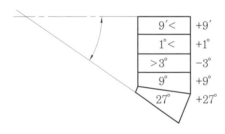

9′<	+9′
1°<	+1°
>3°	−3°
9°	+9°
27°	+27°

　① 40°9′　　　　② 34°9′
　③ 37°9′　　　　④ 39°9′

　해설 각도 계산 시 >는 −를 하고 <는 +를 한다. $27° + 9° - 3° + 1° + 9′ = 34°9′$

12. 다음 중 각도 측정에 적합하지 않은 측정기는?

　① 사인 바
　② 수준기
　③ 오토 콜리메이터
　④ 삼점식 마이크로미터

　해설 삼점식 마이크로미터는 길이 측정에 사용한다.

13. 다음 중 머시닝센터에서 가공 전에 공구의 길이 보정을 하기 위해 사용하는 기기는 어느 것인가?

　① 수준기　　　　② 사인 바
　③ 오토콜리메이터　④ 하이트 프리세터

14. 다음 중 각도 측정기가 아닌 것은?

　① 사인 바　　　　② 각도 게이지
　③ 서피스 게이지　④ 콤비네이션 세트

　해설 서피스 게이지는 선반에서 많이 사용하며, 작업하는 제품에 수평을 맞추기 위해 사용하는 공구이다.

15. 사인 바로 각도를 측정할 때 필요 없는 것은?

　① 블록 게이지　　② 각도 게이지
　③ 다이얼 게이지　④ 정반

　해설 사인 바로 각도 측정 시 필요한 것

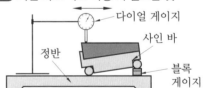

16. 롤러의 중심에서 100mm인 사인 바로 5°의 테이퍼 값이 측정되었을 때 정반 위에 놓인 사인 바의 양 롤러 간의 높이의 차는 약 몇 mm인가?

　① 8.72　　　　　② 7.72
　③ 4.36　　　　　④ 3.36

　해설 $\sin 5° = \dfrac{x}{100\,mm}$

　$x = 100\,mm \times \sin 5° = 8.72\,mm$

4-5 평면 및 테이퍼 측정

(1) 평면도와 진직도의 측정

기계 가공 후 가공된 면이 울퉁불퉁한 것을 거칠기라고 한다. 이러한 거칠기가 작은 것은 평면도가 좋다고 할 수 있다.

① **정반에 의한 방법** : 정반의 측정면에 광명단을 얇게 칠한 후 측정물을 접촉하여 측정면에 나타난 접촉점의 수에 따라서 판단하는 방법이다.

② **직선 정규에 의한 측정** : 진직도를 나이프 에지(knife edge)나 직각 정규로 재서 평면도를 측정한다.

(2) 옵티컬 플랫(optical flat)

광학적인 측정기로서 비교적 작은 면에 매끈하게 래핑된 블록 게이지나 각종 측정자 등의 평면 측정에 사용하며, 측정면에 접촉시켰을 때 생기는 간섭무늬의 수로 측정한다.

(3) 테이퍼 측정법의 종류

테이퍼의 측정법에는 테이퍼 게이지, 사인 바, 각도 게이지, 볼(강구) 또는 롤러에 의한 방법 등이 있다.

(4) 테이퍼 측정 공식

롤러와 블록 게이지를 접촉시켜서 M_1과 M_2를 마이크로미터로 측정하면 다음 식에 의하여 테이퍼 각(α)을 구할 수 있다.

$$\tan\frac{\alpha}{2} = \frac{M_2 - M_1}{2H}$$

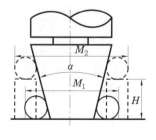

(a) 외경 테이퍼(롤러 사용)

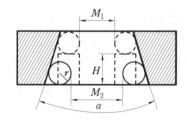

(b) 구멍 테이퍼(강구 사용)

롤러를 이용한 테이퍼 측정

예상문제

1. 옵티컬 플랫은 다음 중 어느 원리를 이용한 것인가?

① 빛의 직진 작용을 이용한 것이다.
② 빛의 굴절을 이용한 것이다.
③ 빛의 간섭을 이용한 것이다.
④ 빛의 반사를 이용한 것이다.

2. 평면도 측정에 사용되지 않는 것은?

① 간격 게이지　　② 정반
③ 직선자　　　　④ 나이프 에지

3. 테이퍼 측정법으로 맞지 않는 것은?

① 테이퍼 게이지 사용
② 각도 게이지에 의한 방법
③ 사인 바에 의한 방법
④ 옵티컬 플랫에 의한 방법

정답　1. ③　　2. ①　　3. ④

4-6 표면 거칠기 및 윤곽 측정

(1) 표면 거칠기 측정

① **광절단식 표면 거칠기 측정법** : 피측정물의 표면에 수직인 방향에 대하여 쪽에서 좁은 틈새(slit)로 나온 빛을 투사하여 광선으로 표면을 절단하도록 한다. 이와 같이 선상에 비추어진 부분을 γ의 방향에서 현미경이나 투영기에 의해서 확대하여 관측하거나 사진을 찍는다. 이렇게 하면 표면의 요철 상태를 잘 알 수 있다. 최대 1000배까지 확대되며 비교적 거칠은 표면 측정에 사용한다.

② **현미 간섭식 표면 거칠기 측정법** : 빛의 표면 요철에 대한 간섭무늬의 발생 상태로 거칠기를 측정하는 방법이며, 요철의 높이가 $1\mu\text{m}$ 이하인 비교적 미세한 표면 측정에 사용된다.

③ **비교용 표준편과의 비교 측정법** : 비교용 표준편과 가공된 표면을 비교하여 측정하는 방법으로 육안 검사 및 손톱에 의한 감각 검사, 빛, 광택에 의한 검사가 쓰인다.

④ **촉침식 측정기** : 촉침을 측정면에 긁었을 때, 전기 증폭 장치에 의해 촉침의 상하 이동량으로 표면 거칠기를 측정한다.

(2) 윤곽 측정

윤곽 측정기는 촉침에 의해 형상의 윤곽 변위를 자동 변압기에 의해 검출하고 확대, 기록하는 측정기이다. 기구적으로 촉침식 표면 거칠기 측정기와 유사하지만 표면 거칠기 측정기가 가로 방향의 배율을 높게 하고 미세한 표면 형상을 측정하는 데 비하여 윤곽 측정기는 낮은 비율로 세로 방향과 동일 배율로 측정해서 광범위한 윤곽 형상을 데이터와 도형으로 얻는 것이다.

① **공구 현미경**

　㈎ 용도

　　㉮ 현미경으로 확대하여 길이, 각도, 형상, 윤곽 등을 측정한다.

　　㉯ 정밀 부품 측정, 공구 치구류 측정, 각종 게이지 측정, 나사 게이지 측정 등에 사용한다.

　㈏ 종류 : 디지털(digital) 공구 현미경, 레이츠(leitz) 공구 현미경, 유니언(union) SM형, 만능 측정 현미경 등이 있다.

② **투영기** : 광학적으로 물체의 형상을 투영하여 측정하는 방법이다.

예상문제

1. 다음 중 윤곽 측정기의 종류가 아닌 것은 어느 것인가?

① 사인 바　　　　② 투영기
③ 공구 현미경　　④ 3차원 측정기

해설 사인 바는 블록 게이지 등을 병용하며, 삼각 함수의 사인(sine)을 이용하여 각도를 측정하고 설정하는 측정기이다.

2. 표면 거칠기를 작게 하면 다음과 같은 이점이 있다. 틀린 것은?

① 공구의 수명이 연장된다.
② 유밀, 수밀성에 큰 영향을 준다.
③ 내식성이 향상된다.
④ 반복 하중을 받는 교량의 경우 강도가 크다.

해설 표면 거칠기는 극히 작은 길이에 대하여 단위 길이나 높이로서 구분하고 있으며 교량 등에는 적용할 수 없다.

3. 광파 간섭법의 원리를 응용한 것으로 1μm 이하의 미세한 표면 거칠기를 측정하는 데 사용하는 방법은?

① 촉침식
② 현미 간섭식
③ 광절단식
④ 표준편 비교식

해설 현미 간섭식 표면 측정법은 빛의 표면 요철에 대한 간섭무늬 발생 상태로 측정하는 방법으로 비교적 미세한 측정에 사용한다.

4. 표면 거칠기의 측정법이 아닌 것은?

① 촉침법
② 광절단법
③ 광파 간섭법
④ 삼침법

해설 표면 거칠기의 측정법에는 촉침법, 광선 절단법, 광파 간섭법(현미 간섭식) 등이 있다.

정답 1. ①　2. ④　3. ②　4. ④

4-7 나사 및 기어 측정

(1) 나사 측정

① 나사의 기준 치수

(가) 바깥지름(outside diameter) (나) 골지름(full diameter)

(다) 유효지름(effective diameter) (라) 피치(pitch)

(마) 산의 각도

② 나사의 유효지름 측정법

(가) 나사 마이크로미터 : 나사의 유효지름을 측정하는 마이크로미터로 V형 앤빌과 원추형 조 사이에 가공된 나사를 넣고 측정하는 방법이며 외측 마이크로미터로 측정하는 방법과 비슷하다.

(나) 삼침법 : 나사 게이지와 같이 정밀도가 높은 나사의 유효지름 측정에 사용되며, 나사의 종류와 피치, 나사산에 알맞은 지름이 같은 3개의 철심을 나사산에 삽입 하여 바깥 치수를 마이크로미터로 측정한다.

(다) 나사 한계 게이지 : 나사를 치수 공차 내로 만들 때나 다량의 나사를 검사할 때 사용하는 방법으로 수나사는 링 게이지, 암나사는 플러그 게이지로 검사하는 방 법이다.

(라) 광학적 측정방법 : 나사산의 확대상을 스크린을 통해서 읽는 방법으로 공구 현 미경과 투영기를 사용하여 측정한다.

(2) 기어 측정

① 피치 측정 : 원주 피치, 법선 피치, 기초원 피치를 측정한다.

(가) 원주 피치 : 서로 인접한 대응하는 치면과 피치원과의 교점 간의 직선거리의 부 동을 측정하거나, 2개의 교점이 기어의 중심에 대하여 이루는 각도를 측정한다.

(나) 법선 피치 : 인벌류트 곡선의 성질을 이용하여 기초원의 접선상에서 인접한 치 면 사이의 거리를 측정한다.

② 치형 홈 오차 측정 : 기어를 센터로 지지하고 볼이나 핀 등의 측정자를 치형 홈의 양측 단면에 접촉시켰을 때의 측정자의 반경 방향 변위를 다이얼 게이지 등의 측미 기로 읽으며, 최대치와 최소치의 차가 치형 홈의 오차이다.

③ 이두께 측정 : 현장에서 기어 절삭 가공 시 기어가 정확하게 가공되었는지를 확인 하기 위하여 사용하는 측정 방법으로 걸치기 이두께 측정법, 현 이두께 측정법, 오 버핀법 등이 있다.

예상문제

1. 다음 중 나사의 피치 측정에 사용되는 측정기기는?

① 오토 콜리메이터   ② 옵티컬 플랫
③ 사인 바   ④ 공구 현미경

해설 • 오토 콜리메이터 : 반사경과 망원경의 위치 관계가 기울기로 변했을 때 망원경 내의 상의 위치가 이동하는 것을 이용하여 각도, 진직도, 평면도 측정에 사용
• 옵티컬 플랫 : 광학적인 측정기로서 비교적 작은 면에 매끈하게 래핑된 블록게이지나 각종 측정자 등의 평면 측정에 사용

2. 평행 나사 측정 방법이 아닌 것은?

① 공구 현미경에 의한 유효지름 측정
② 사인 바에 의한 피치 측정
③ 삼선법에 의한 유효 지름 측정
④ 나사 마이크로미터에 의한 유효지름 측정

해설 사인 바는 블록 게이지 등을 병용하며 삼각함수의 사인(sine)을 이용하여 각도를 측정하고 설정하는 측정기이다.

3. 다음 중 나사의 유효지름 측정과 관계없는 것은?

① 삼침법
② 피치 게이지
③ 공구 현미경
④ 나사 마이크로미터

해설 피치 게이지는 나사의 산과 산 사이의 거리를 측정하는 기구이다.

4. 다음 중 기어의 측정 요소에 해당하지 않는 것은?

① 물림 피치원   ② 피치 오차
③ 치형 오차   ④ 이 홈의 흔들림

해설 기어 측정 요소에는 피치 측정, 치형 홈 오차 측정, 이두께 측정이 있다.

5. 지름이 같은 3개의 와이어를 나사산에 대고 와이어 바깥쪽을 마이크로미터로 측정하여 계산식에 의해 나사의 유효지름을 구하는 측정 방법은?

① 나사 마이크로미터에 의한 방법
② 삼선법에 의한 방법
③ 공구 현미경에 의한 방법
④ 3차원 측정기에 의한 방법

해설 나사의 유효 지름 중 정밀도가 가장 높은 측정 방법은 삼선법(삼침법)이다.

6. 나사 측정 시 측정 대상이 아닌 것은?

① 유효지름   ② 나사산의 각도
③ 리드   ④ 피치

해설 나사의 리드＝줄수×피치로 측정 대상이 아니다.

7. 나사의 피치나 나사산의 각도 측정에 적합한 측정기는?

① 사인 바
② 공구 현미경
③ 내측 마이크로미터
④ 버니어 캘리퍼스

해설 공구 현미경은 공작용 커터나 게이지 나사 등의 치수, 각도, 윤곽 등을 측정하는 현미경이다.

정답 1. ④   2. ②   3. ②   4. ①   5. ②   6. ③   7. ②

8. 다음 중 나사의 피치를 측정하는 데 사용되는 것은?

① 드릴 게이지
② 피치 게이지
③ 버니어 캘리퍼스
④ 나사 마이크로미터

해설 피치 게이지는 미터용과 인치용이 있으며, 나사의 피치를 측정하는 데 사용된다.

9. 삼침법은 수나사의 무엇을 측정하는 방법인가?

① 골지름　　　② 피치
③ 유효지름　　④ 바깥지름

해설 삼침법은 유효지름 측정 방법 중 가장 정밀도가 높다.

10. 수나사 측정법 중 유효지름을 측정하는 방법이 아닌 것은?

① 나사 마이크로미터에 의한 방법

② 삼침법에 의한 방법
③ 스크린에 의한 방법
④ 공구 현미경에 의한 방법

해설 삼침법은 나사 게이지 등과 같이 정밀도가 높은 나사의 유효 지름 측정에 사용된다.

11. 삼침법으로 미터나사의 유효경 측정값이 다음과 같을 때 유효지름은 약 몇 mm인가?

- 3침을 끼우고 측정한 외측 치수 : 43mm
- 나사의 피치 : 4mm
- 측정 핀의 직경 : 5mm

① 18.53　　　② 19.46
③ 24.53　　　④ 31.46

해설 미터나사의 유효지름
$d_m = M - 3W + 0.86603p$
여기서, M : 외측 마이크로미터의 측정길이
W : 침의 지름
p : 나사의 피치
∴ $d_m = 43 - 3 \times 5 + 0.86603 \times 4$
$= 31.46412\,\text{mm}$

정답 **8.** ②　**9.** ③　**10.** ③　**11.** ④

4-8　3차원 측정기

(1) 3차원 측정기의 정의

3차원 측정기란 주로 측정점 검출기(probe)가 서로 직각인 X, Y, Z축 방향으로 운동하고 각 축이 움직인 이동량을 측정장치에 의해 측정점의 공간 좌푯값을 읽어 피측정물의 위치, 거리, 윤곽, 형상 등을 측정하는 만능 측정기를 말한다.

(2) 3차원 측정기의 구성

측정기 본체, 프로브 시스템, 전자제어 장치, 소프트웨어를 포함한 컴퓨터 시스템으로 구성되어 있다.

(3) 3차원 측정기의 분류

① 측정값 읽음 방식에 의한 분류

㈎ 아날로그(analog) 방식

㈏ 디지털(digital) 방식

㉮ 절대(absolute) 방식

㉯ 증가(incremental) 방식

② 구조 형태상의 분류

㈎ 고정 테이블 캔틸레버형(fixed table cantilever type)

㈏ 무빙 브리지형(moving bridge type)

㈐ 고정 브리지형(fixed bridge type)

㈑ 칼럼형(column type)

㈒ 갠트리형(gantry type)

㈓ 수평형(horizontal type)

③ 조작상의 분류

㈎ 플로팅형(floating type)

㈏ 모터 드라이브형(motor drive type)

㈐ CNC형

(4) 3차원 측정기를 이용한 측정

3차원 측정기는 길이 측정뿐 아니라 기하학적인 여러 가지 요소들을 측정할 수 있는 장점을 지닌다. 다음은 3차원 측정기를 사용할 때 올바른 제품의 설치 방법이다.

① 측정할 제품의 크기를 고려하여 3차원 측정기의 X, Y, Z축의 측정범위 내에서 측정이 원활히 이루어질 수 있는지 사전에 확인한다.

② X, Y, Z축을 설정하기 위한 기준면의 상태를 파악하여 측정 도중 프로브의 터치로 인한 흔들림이 발생하지 않도록 필요한 경우 지지대를 사용한다.

③ 3차원 측정기는 제품이 다소 정렬이 이루어지지 않더라도 프로그램 상에서 X, Y, Z축의 정렬을 자동으로 보상하여 축을 설정할 수 있다. 하지만 보다 정확한 값을 얻고자 한다면 가급적 축 설정에 필요한 X, Y축 및 Z면의 수직, 수평의 상태를 안정감 있고 올바르게 정렬시켜 놓은 후 측정에 임해야 한다.

(5) 3차원 측정기의 사용 효과

① 측정 능률을 대폭 향상시킬 수 있다.

㈎ 피측정물의 설치 변경에 따른 시간이 절약된다.

(나) 보조 치공구를 거의 사용하지 않는다.

(다) 측정점의 데이터는 컴퓨터에 의해 연산되고 즉시 프린트된다.

(라) 프로그램에 의해 측정 결과의 합부 판정이 동시에 표시된다.

② 기존 방법(정반 측정 방식)으로 측정할 수 없었던 항목에 대한 측정 문제를 간단히 해결할 수 있다.

③ 복잡한 측정물의 측정 정도 및 신뢰성이 월등히 향상된다.

④ 안정화된 측정값을 얻을 수 있다.

⑤ 프로그램을 이용한 자동 측정이 가능하므로, 측정자의 피로가 감소된다.

⑥ 측정 데이터 정리를 자동화할 수 있다.

예상문제

1. 3차원 측정기를 이용한 측정의 사용 효과로 거리가 먼 것은?

① 피측정물의 설치 변경에 따른 시간이 절약된다.

② 보조 측정기구가 거의 필요하지 않다.

③ 측정점의 데이터는 컴퓨터에 의해 처리가 신속 정확하다.

④ 단순한 부품의 길이 측정으로 생산성이 향상된다.

해설 3차원 측정기를 이용한 측정의 사용 효과
(1) 측정 능률 향상
(2) 복잡한 형상물의 측정 용이
(3) 사용자의 피로 경감
(4) 측정값의 안정성과 정밀도 향상

2. 다음 중 구동 방법에 의한 3차원 측정기의 분류가 아닌 것은?

① 수동형   ② 자동형

③ 기어형   ④ 조이스틱형

해설 3차원 측정기란 3차원 물체의 공간 치수와 형상의 측정 좌표계의 값을 측정자인 프로브(probe)가 서로 직각인 X, Y, Z축 방향

으로 움직이고 각 축이 움직인 이 동량을 측정장치에 의해 측정자의 공간 좌푯값을 읽어 피측정물의 거리, 위치, 윤곽, 형상 등을 측정하는 만능 측정기를 말한다.

3. 3차원 측정기의 분류에서 몸체 구조에 따른 형태에 속하지 않은 것은?

① 이동 브리지형

② 캔틸레버형

③ 칼럼형

④ 캘리퍼스형

해설 ①, ②, ③ 이외에 고정 브리지형, 갠트리형, 수평형 등이 있으며, 이동 브리지형이 가장 많이 사용된다.

4. 다음 중 3차원 측정기의 사용 효과로 거리가 먼 것은?

① 측정 능률의 향상

② 측정값의 불안정성

③ 피로의 경감

④ 데이터 정리의 자동화

정답 1. ④   2. ③   3. ④   4. ②

제**3**장

선반 가공

1. 선반의 개요 및 구조
2. 선반용 절삭 공구 및 부속장치
3. 선반 가공

1. 선반의 개요 및 구조

1-1 선반 가공의 종류

선반은 가공하고자 하는 소재를 회전시키며, 고정된 바이트로 가공하는 작업을 하는 공작기계이다.

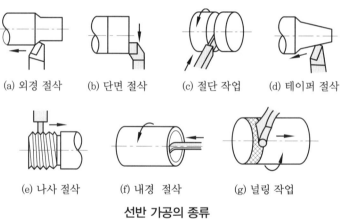

(a) 외경 절삭   (b) 단면 절삭   (c) 절단 작업   (d) 테이퍼 절삭

(e) 나사 절삭   (f) 내경 절삭   (g) 널링 작업

선반 가공의 종류

(1) 외경 절삭

① **바이트의 설치** : 바이트는 공구대에 설치하며, 설치할 때에는 반드시 주축의 중심과 바이트의 높이가 같아야 한다.

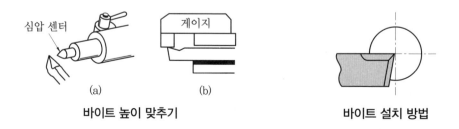

심압 센터

게이지

(a)   (b)

바이트 높이 맞추기

바이트 설치 방법

② 바이트 설치 요령

㈎ 바이트 돌출은 초경 바이트의 경우 섕크 높이의 1.5배 이하로 한다(고속도강은 2배).

㈏ 받침쇠는 바이트 밑면과 평행하게 설치해야 한다.

㈐ 바이트의 고정 볼트는 3점이 같은 힘이 되도록 평행하게 고정한다.

㈑ 바이트 중심은 심압 센터에 맞추거나 센터 높이 게이지를 이용한다.

(2) 단면 절삭

단면 절삭은 바이트를 $2\sim5°$ 정도 경사시켜 절삭해야 하며, 센터를 지지할 경우에는 하프 센터를 사용해야 한다.

(3) 절단 작업

일감이 회전할 때 바이트가 직각으로 진행하면서 절단하며, 절단 작업 시 절삭 속도는 외경 절삭 속도의 $\frac{1}{2}$ 정도로 한다. 이때 이송량은 $0.07\sim0.2$mm/rev 정도로 한다.

(4) 테이퍼 절삭 작업(taper cutting work)

선반 작업으로 테이퍼를 깎는 방법에는 심압대 편위법, 복식 공구대 이용법, 테이퍼 절삭 장치 이용법, 총형 바이트에 의한 법이 있다. 테이퍼 $T=\dfrac{D-d}{L}$이다.

(5) 나사 절삭

공작물을 1회전하는 동안 절삭할 나사의 1피치만큼 바이트를 이송시키는 동작을 연속적으로 실시하면 나사가 절삭된다.

(6) 내경 절삭

드릴로 뚫은 구멍을 넓히거나 구멍을 다듬질하는 작업으로서 보링이라 한다.

(7) 널링(knuring) 작업

룰렛(roulette) 작업이라고도 하며, 핸들, 게이지 손잡이, 둥근 너트 등에 미끄럼을 방지하기 위해 일감의 표면에 깔쭉이를 하는 작업이다.

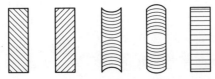

우경사목 좌경사목 홈평목 둥근평목 평목

룰렛의 종류

예상문제

1. 선반에서 할 수 없는 작업은?

① 보링   ② 널링

③ 드릴링   ④ 인덱싱

해설 인덱싱은 밀링에서 하는 분할 작업이다.

2. 절단 작업 시 절삭 속도는 외경 절삭 속도의 얼마 정도가 좋은가?

① $\dfrac{1}{2}$ ② $\dfrac{1}{3}$

③ $\dfrac{1}{4}$ ④ $\dfrac{1}{5}$

해설 절단 작업 시 절삭 속도는 외경 절삭 속도의 $\dfrac{1}{2}$ 정도로 하며, 이송량은 0.07∼0.2mm/rev 정도로 한다.

3. 둥근 봉 바깥지름을 고속으로 가공할 수 있는 공작기계로 가장 적합한 것은?

① 수평 밀링   ② 직립 드릴 머신

③ 선반   ④ 플레이너

해설 • 수평 밀링 : 평면, 홈, T홈 가공
　• 직립 드릴 머신 : 구멍, 태핑, 리밍 가공
　• 플레이너 : 대형 평면 가공

4. 선반을 이용하여 가공할 수 있는 가공의 종류와 거리가 먼 것은?

① 홈 가공   ② 단면 가공

③ 기어 가공   ④ 나사 가공

해설 기어를 가공할 때는 호빙 머신이나 기어 셰이퍼를 사용한다.

5. 선반을 이용한 가공의 종류 중 거리가 먼 것은?

① 널링 가공   ② 원통 가공

③ 더브테일 가공   ④ 테이퍼 가공

해설 더브테일 가공은 밀링을 이용한 가공이다.

6. 다음 중 선반을 이용하여 가공할 수 없는 작업은?

① 더브테일 가공   ② 홈 가공

③ 널링 가공   ④ 나사 가공

7. 다음 중 기어를 가공할 수 없는 공작기계는 어느 것인가?

① CNC 선반

② CNC 와이어 컷 방전 가공기

③ 호빙 머신

④ 기어 셰이퍼

해설 선반이란 공작물을 주축에 고정하여 회전하고 있는 동안 바이트에 이송을 주어 외경 절삭, 보링, 절단, 단면 절삭 및 나사 절삭 등의 가공을 하는 공작기계이다.

8. 선반으로 주철의 흑피를 깎는 요령 중 가장 알맞은 방법은?

① 절삭 깊이를 얕게 한 후 이송은 느리게 한다.

② 절삭 깊이를 얕게 한 후 이송을 빠르게 한다.

③ 절삭 깊이를 깊게 하여 깎는다.

④ 절삭 깊이를 얕게 하여 몇 번으로 나누어 깎는다.

해설 주철의 흑피는 단단하고 거칠기 때문에 절삭 깊이를 크게 하는 것이 보통이다.

1-2　선반의 분류 및 크기 표시

(1) 선반의 분류

선반의 종류와 특징

선반의 종류	특징
보통 선반 (engine lathe)	가장 일반적으로 베드, 주축대, 왕복대, 심압대, 이송 기구 등으로 구성되며, 주축의 스윙을 크게 하기 위하여 주축 밑부분의 베드를 잘라낸 절락(切落) 선반도 있다.
탁상 선반 (bench lathe)	탁상 위에 설치하여 사용하도록 되어 있는 소형의 보통 선반. 구조가 간단하고 이용 범위가 넓으며, 시계 · 계기류 등의 소형물에 쓰인다.
모방 선반 (copying lathe)	제품과 동일한 모양의 형판에 의해 공구대가 자동으로 이동하며, 형판과 같은 윤곽으로 절삭하는 선반으로 형판 대신 모형이나 실물을 이용할 때도 있다.
터릿 선반 (turret lathe)	보통 선반의 심압대 대신 여러 개의 공구를 방사상으로 설치하여 공정 순서대로 공구를 차례대로 사용할 수 있도록 되어 있는 선반. 터릿은 모양에 따라 6각형과 드럼형이 있으나 6각형이 주로 쓰이며, 형식에 따라 램형(소형 가공)과 새들형(대형 가공)이 있다. 사용되는 척은 콜릿 척이다.
공구 선반 (tool room lathe)	주로 절삭 공구 또는 공구의 가공에 사용되는 정밀도가 높은 선반. 호브, 밀링 커터나 탭의 공구 여유각을 깎아낼 수 있는 릴리빙 장치가 부속되어 있어 릴리빙 선반이라고도 한다.
차륜 선반(wheel lathe)	철도 차량 차륜의 바깥 둘레를 절삭하는 선반
차축 선반(axle lathe)	철도 차량의 차축을 절삭하는 선반
나사 절삭 선반 (thread cutting lathe)	나사를 깎는 데 전문적으로 사용되는 선반
리드 스크루 선반 (lead screw cutting lathe)	주로 공작 기계의 리드 스크루를 깎는 선반으로 피치 보정 기구가 장치되어 있다.
자동 선반 (automatic lathe)	공작물의 고정과 제거까지 자동으로 하며, 터릿 선반을 개량한 것으로 대량 생산에 적합하다.
다인 선반 (multi cut lathe)	공구대에 여러 개의 바이트가 부착되어 이 바이트의 전부 또는 일부가 동시에 절삭 가공을 한다.
NC 선반 (numerical control lathe)	정보의 명령에 따라 절삭 공구와 새들의 운동을 제어하도록 만든 선반으로 자기 테이프, 수치적인 부호의 모양으로 되어 있는 선반

정면 선반 (face lathe)	외경은 크고 길이가 짧은 가공물의 정면을 깎는다. 면판이 크며, 공구대가 주축에 직각으로 광범위하게 움직이는 선반이다. 보통 공구대가 2개이고 리드 스크루가 없다.
수직 선반 (vertical lathe)	주축이 수직으로 되어 있으며, 대형이나 중량물에 사용된다. 공작물은 수평면에서 회전하는 테이블 위에 장치하고, 공구대는 크로스 레일(cross rail) 또는 칼럼상을 이송 운동한다. 보링 가공이 가능하여 수직 보링 머신이라고도 한다.
롤 선반(roll turning lathe)	압연용 롤러를 가공한다.

(2) 선반의 크기 표시

① **스윙(swing)** : 베드상의 스윙 및 왕복대상의 스윙을 말한다. 즉, 물릴 수 있는 공작물의 최대 지름을 말한다. 스윙은 센터와 베드면과의 거리의 2배이다.

② **양 센터간의 최대 거리** : 라이브 센터(live center)와 데드 센터(dead center) 간의 거리로서 공작물의 길이를 말한다.

예상문제

1. 다음 중 바이트를 이용하여 암나사, 수나사를 가공할 수 있는 공작기계는?

① 선반　　　　② 플레이너
③ 호빙 머신　　④ 브로칭 머신

해설 선반은 바이트를 이용하여 내·외경 절삭, 단면 절삭 등을 할 수 있다.

2. 다음 중 보통 선반의 심압대 대신 회전 공구대를 사용하여 여러 가지 절삭 공구를 공정에 맞게 설치하여 간단한 부품을 대량 생산하는 데 적합한 선반은?

① 차축 선반　　② 차륜 선반
③ 터릿 선반　　④ 크랭크축 선반

해설 • 차축 선반 : 철도차량의 차축을 절삭하는 선반

• 차륜 선반 : 철도차량 차륜의 바깥둘레를 절삭하는 선반
• 크랭크축 선반 : 크랭크축의 베어링 저널과 크랭크 핀 가공

3. 대량 생산에 사용되는 것으로서 재료를 공급해 주기만 하면 자동적으로 가공되는 선반은?

① 자동 선반　　② 탁상 선반
③ 모방 선반　　④ 다인 선반

해설 탁상 선반은 시계 부속 등 작고 정밀한 공작물 가공에 편리하고, 모방 선반은 형판에 따라 바이트대가 자동적으로 절삭 및 이송을 하면서 형판과 닮은 공작물을 가공하며, 다인 선반은 공구대에 여러 개의 바이트를 장치하여 한꺼번에 여러 곳을 가공하게 한 선반이다.

정답 1. ①　2. ③　3. ④

4. 길이가 짧은 가공물을 절삭하기 편리하며, 베드의 길이가 짧고, 심압대가 없는 경우가 많은 선반은?

① 터릿 선반   ② 릴리빙 선반
③ 정면 선반   ④ 보통 선반

해설 릴리빙 선반은 나사 탭이나 밀링 커터 등의 플랭크(flank) 절삭에 사용하는 특수 선반이다.

5. 테이퍼 깎기 장치와 밀링 커터의 여유각을 깎는 릴리빙 장치 등의 부속장치가 있는 선반은?

① 모방 선반   ② 터릿 선반
③ 정면 선반   ④ 공구 선반

해설 공구 선반은 절삭 공구 또는 공구의 가공에 사용되는 정밀도가 높은 선반으로 테이퍼 깎기 장치, 릴리빙 장치가 부속되어 있다.

6. 수직 선반에 대한 설명 중 틀린 것은?

① 테이블이 수직면에서 회전하는 것이다.
② 공구의 길이방향 이송이 수직방향으로 되어 있다.
③ 공구대가 터릿식으로 된 수직 선반도 있다.
④ 일감 고정이 쉽고, 안정된 중절삭을 할 수 있다.

해설 수직 선반은 주축이 수직으로 되어 있으며, 대형이나 지름이 크고 길이가 짧은 일감의 가공에 사용된다.

7. 형판과 일감 외형 사이에는 트레이서로 조정하고 형판을 따라 바이트를 안내하며 턱붙이 부분, 테이퍼 및 곡면 등을 가공하여 같은 모양, 치수의 제품을 대량 생산하기에 가장 적합한 공작기계는?

① 바이트 연삭용 양두 연삭기

② 수직 밀링 머신
③ 모방 선반
④ 만능 연삭기

8. 보통 선반의 이송 단위로 가장 올바른 것은 어느 것인가?

① 1분당 이송(mm/min)
② 1회전당 이송(mm/rev)
③ 1왕복당 이송(mm/stroke)
④ 1회전당 왕복(stroke/rev)

해설 보통 선반의 이송은 공구의 회전당 이송(mm/rev)을 말하며, 절삭하기 전의 칩 두께를 결정하는 요소이다.

9. 다음 중 선반의 크기를 나타내는 것으로만 조합된 항은?

ⓐ 가공할 수 있는 공작물의 최대 지름
ⓑ 뚫을 수 있는 최대 구멍 지름
ⓒ 테이블의 세로 방향 최대 이송거리
ⓓ 베이스의 작업 면적
ⓔ 니의 최대 상하 이송거리
ⓕ 가공할 수 있는 공작물의 최대 길이

① ⓑ, ⓒ   ② ⓓ, ⓔ
③ ⓑ, ⓕ   ④ ⓐ, ⓕ

해설 선반의 크기는 일반적으로 베드 위에서 스윙(swing), 왕복대 상의 스윙, 양 센터 사이의 거리로 나타낸다.

10. 기차바퀴와 같이 지름이 크고, 길이가 짧은 공작물을 절삭하기에 가장 적합한 공작기계는?

① 탁상 선반   ② 수직 선반
③ 터릿 선반   ④ 정면 선반

해설 지름이 크고 길이가 짧은 가공물의 정면을 가공하는데, 길이가 짧고 심압대가 없는 경우가 많다.

11. 모형이나 형판을 따라 바이트를 안내하고 테이퍼나 곡면 등을 절삭하며, 유압식, 전기식, 전기 유압식 등의 종류를 갖는 선반은?

① 공구 선반　　② 자동 선반
③ 모방 선반　　④ 터릿 선반

해설 터릿 선반은 보통 선반의 심압대 대신 여러 개의 공구를 방사상으로 설치하여 공정 순서대로 공구를 차례대로 사용할 수 있도록 되어 있다.

12. 선반의 종류별 용도에 대한 설명 중 틀린 것은?

① 정면 선반– 길이가 짧고 지름이 큰 공작물 절삭에 사용
② 보통 선반–공작 기계 중에서 가장 많이

사용되는 범용 선반
③ 탁상 선반– 대형 공작물의 절삭에 사용
④ 수직 선반– 주축이 수직으로 되어 있으며 중량이 큰 공작물 가공에 사용

해설 탁상 선반은 작업대 위에 설치해야 할 만큼의 소형 선반으로 시계 부품, 재봉틀 부품 등의 소형물을 주로 가공하는 선반이다.

13. 일반적으로 선반의 크기 표시 방법으로 사용되지 않는 것은?

① 베드(bed) 상의 최대 스윙(swing)
② 왕복대 상의 스윙
③ 베드의 중량
④ 양 센터 사이의 최대 거리

해설 스윙은 물릴 수 있는 공작물의 최대 지름을 말한다.

정답 11. ③　12. ③　13. ③

1-3 선반의 주요 부분 및 명칭

선반은 주축대, 심압대, 왕복대, 베드의 4개 주요부와 그 밖의 부분으로 구성되어 있다.

(1) 주축대(head stock)

선반의 가장 중요한 부분으로서 공작물을 지지, 회전 및 변경을 하거나 또는 동력 전달을 하는 일련의 기어 기구로 구성되어 있다.

(2) 왕복대(carriage)

왕복대는 베드 위에 있으며, 바이트 및 각종 공구를 설치한 공구대를 평행하게 전후, 좌우로 이송시키며, 새들과 에이프런으로 구성되어 있다.

① **새들(saddle)** : H자로 되어 있으며, 베드면과 미끄럼 접촉을 한다.
② **에이프런(apron)** : 자동장치, 나사 절삭 장치 등이 내장되어 있으며, 왕복대의 전면, 즉 새들 앞쪽에 있다.
③ **하프 너트(half nut)** : 나사 절삭 시 리드 스크루와 맞물리는 분할된 너트(스플리트

너트)이다.

④ **복식 공구대** : 임의의 각도로 회전시키면 테이퍼 절삭을 할 수 있다.

(3) 심압대(tail stock)

심압대는 오른쪽 베드 위에 있으며, 작업 내용에 따라서 좌우로 움직이도록 되어 있다.

(4) 베드(bed)

베드는 주축대, 왕복대, 심압대 등 주요한 부분을 지지하고 있는 곳으로 절삭력 및 중량을 충분히 견딜 수 있도록 강성 정밀도가 요구된다.

(5) 이송 장치

왕복대의 자동 이송이나 나사 절삭 시 적당한 회전수를 얻기 위해 주축에서 운동을 전달받아 이송축 또는 리드 스크루까지 전달하는 장치를 말한다.

예상문제

1. 베드 위에서 일감의 길이에 따라 임의의 위치에서 고정할 수 있으며 드릴, 리머 등을 끼워 가공할 수 있는 선반의 주요 부분은 어느 것인가?

① 주축대   ② 왕복대
③ 심압대   ④ 이송기구

해설 심압대는 오른쪽 베드 위에 있으며, 작업 내용에 따라 좌우로 움직이도록 되어 있다.

2. 다음 중 선반의 주요 부품 명칭이 아닌 것은 어느 것인가?

① 심압대   ② 베드
③ 왕복대   ④ 램

해설 선반은 주축대, 심압대, 왕복대, 베드의 4개 주요부와 그 밖의 부분으로 구성되어 있다.

3. 긴 공작물을 절삭할 경우 사용하는 방진

구 중 이동형 방진구는 어느 부분에 설치하는가?

① 심압대   ② 왕복대
③ 베드   ④ 주축대

해설 이동형 방진구는 왕복대에, 고정형 방진구는 베드에 설치하여 사용한다.

4. 선반의 왕복대 이송 기구에 대한 설명으로 잘못된 것은?

① 새들 안에 장치되어 있다.
② 이송 방식에는 수동과 자동이 있다.
③ 자동 이송은 이송축에 의하여 에이프런 내부의 기어 장치에 의한다.
④ 나사깎기 이송은 리드 스크루의 회전을 하프너트로 왕복대에 전달하여 이송시킨다.

해설 새들은 왕복대와 베드 접촉부에 있다.

5. 선반의 구조 중 왕복대(carriage)는 새들(saddle)과 에이프런(apron)으로 나뉜다. 이때 새들 위에 위치하지 않는 것은?

① 심압대
② 회전대
③ 공구 이송대
④ 복식 공구대

해설 심압대는 주축대의 반대쪽 베드 위에 있으며, 주축의 센터와 더불어 공작물의 오른쪽 끝을 센터로 지지하는 역할을 한다.

6. 다음 중 선반에서 심압대에 고정하여 사용하는 것은?

① 바이트
② 드릴
③ 이동형 방진구
④ 면판

해설 • 바이트 : 공구대에 고정
• 이동형 방진구 : 왕복대 새들에 고정
• 면판 : 주축 선단에 고정

7. 보통 선반에서 왕복대의 구성 요소에 포함되지 않는 것은?

① 심압대(tail stock)
② 에이프런(apron)
③ 새들(saddle)
④ 공구대(tool post)

해설 왕복대는 베드 위에 있고, 바이트 및 각종 공구를 설치한 공구대를 평행하게 전후, 좌우로 이송시키며 새들과 에이프런으로 구성되어 있다.

8. 다음 중 선반(lathe)을 구성하고 있는 주요 구성 부분에 속하지 않는 것은?

① 분할대
② 왕복대
③ 주축대
④ 베드

해설 분할대는 밀링 가공에 사용하며, 사용 목적으로는 (1) 공작물의 분할 작업(스플라인 홈작업, 커터나 기어 절삭 등) (2) 수평, 경사, 수직으로 장치한 공작물에 연속회전 이송을 주는 가공 작업(캠 절삭, 비틀림 홈 절삭, 웜 기어 절삭) 등이 있다.

9. 다음 중 선반 주축대 내부의 테이퍼로 적합한 것은?

① 모스 테이퍼(morse taper)
② 내셔널 테이퍼(national taper)
③ 바틀그립 테이퍼(bottle grip taper)
④ 브라운샤프 테이퍼(brown & sharpe

해설 모스 테이퍼는 선반의 심압대, 탁상 및 레이디얼 드릴의 주축, 테이퍼 베어링 등에 사용한다.

10. 선반에서 백기어를 설치하는 목적은?

① 소비 동력을 줄이기 위하여
② 주축의 회전수를 높이기 위하여
③ 저속 강력 절삭을 위하여
④ 가공 시간을 단축하기 위하여

해설 백기어를 설치하면 회전 속도가 낮아지므로 저속 강력 절삭에 사용할 수 있다.

11. 선반에서 새들과 에이프런으로 구성되어 있는 부분은?

① 베드
② 주축대
③ 왕복대
④ 심압대

해설 왕복대는 베드 위에 있으며, 바이트 및 각종 공구를 설치한 공구대를 평행하게 전후, 좌우로 이송시키며 새들과 에이프런으로 구성되어 있다.

정답 5. ① 6. ② 7. ① 8. ① 9. ① 10. ③ 11. ③

2. 선반용 절삭 공구 및 부속장치

바이트와 칩 브레이커

(1) 바이트의 모양 및 각부 명칭

① **바이트(bite)** : 선반의 공구대에 지지되는 자루(shank)와 날 부분으로 되어 있으며, 날 부분은 경사면과 여유면에 의해 절삭날을 형성하고 있다.

② **경사면** : 바이트에서 칩이 흐르는 면으로 경사각이 클수록 절삭저항이 작아진다.

③ **여유면** : 바이트의 절삭날 이외의 부분이 공작물과 닿지 않도록 하기 위해 전면이나 측면에 여유를 준다.

④ **노즈 반경** : 주절삭날과 부절삭날이 만나는 모서리부분이 부서지지 않게 한다. 노즈 반경이 크면 공구의 수명은 길어지지만 절삭저항이 증가하고 떨림이 발생할 수 있다.

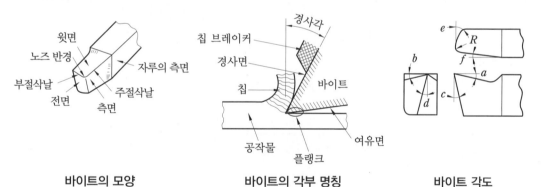

| 바이트의 모양 | 바이트의 각부 명칭 | 바이트 각도 |

바이트 각도의 명칭

각도명	기호	의미	작용
측면 경사각 (side rake angle)	b	자루의 중심선과 수직인 면상에 나타나는 경사면과 밑면에 평행인 평면이 이루는 각(6°)	• 절삭 저항의 증감을 결정한다. • 칩의 유동 방향을 결정한다. • 크레이터 마모의 가감을 결정한다. • 날의 강도를 결정한다.
전방 경사각 (front rake angle)	a	자루의 중심선을 포함하는 수직인 단면상에 나타나는 경사면과 밑면에 평행인 평면과 이루는 각(6°)	• 칩의 유출 방향을 결정한다. • 떨림의 방지 등 절삭 안정성과 관계된다. • 다듬질면의 거칠기를 결정한다. • 날의 강도를 결정한다.

전방각 (front angle)	e	부절삭날과 자루의 중심선과 수직인 면이 이루는 각	• 떨림의 방지 등의 절삭 안정성과 관계된다. • 다듬질면의 거칠기를 결정한다. • 날의 강도를 결정한다. • 칩의 배출성을 결정한다.
전방 여유각 (front clearance angle)	c	바이트의 선단에서 그은 수직선과 여유면과의 사이 각도 (5~10°)	• 날의 강도를 결정한다. • 다듬질면의 거칠기를 결정한다.
측면 여유각 (side clearance angle)	d	측면 여유면과 밑면에 수직인 직선이 형성하는 각(6°)	• 공구의 수명을 좌우한다.
측면각 (side cutting edge angle)	f	주절삭날과 자루의 측면이 이루는 각	• 날의 강도를 결정한다. • 날 끝의 온도 상승을 완화한다. • 절삭 저항의 증감을 결정한다.
노즈 반경 (nose radius)	R	주절삭날과 부절삭날이 만나는 곳의 곡률 반경(0.8mm)	• 다듬질면의 거칠기를 결정한다. • 날 끝의 강도를 좌우한다.

(2) 바이트 날의 손상

바이트 날의 손상의 형태는 다음 [표]와 같다.

바이트 날 부분 손상의 대표적 형태

날 손상의 분류	날의 선단에서 본 그림	날 손상으로 생기는 현상
날의 결손 (치핑(chipping) 이라고도 함.)		바이트와 일감과의 마찰 증가로 다음 현상이 생긴다. ① 절삭면의 불량 현상이 생긴다. ② 다듬면 치수가 변한다(마모, 압력 온도에 의하여). ③ 소리가 나며 진동이 생길 수 있다. ④ 불꽃이 생긴다. ⑤ 절삭 동력이 증가한다.
여유면 마모 (플랭크 마모(flank wear) 라고도 함.)		
경사면 마모 (크레이터 마모 (cratering)라고도 함.)		처음에는 바이트의 절삭 느낌이 좋지만 그 후 시간이 경과함에 따라 손상이 심해진다. ① 칩의 꼬임이 작아져서 나중에는 가늘게 비산한다. ② 칩의 색이 변하고 불꽃이 생긴다. ③ 시간이 경과하면 날의 결손이 된다.

(3) 칩 브레이커(chip breaker)

절삭 가공을 할 때 칩이 연속적으로 흘러나와서 공작물에 휘말려 가공된 표면과 바이트를 상하게 하고 작업자의 안전을 위협하거나 절삭유의 공급, 절삭 가공을 방해하게 된다. 이러한 현상을 방지하기 위하여 칩을 인위적으로 짧게 끊어지도록 하는 것이 칩 브레이커이다.

예상문제

1. 다음 중 칩 브레이커란 무엇인가?

① 칩의 한 종류
② 칩 절단 장치
③ 바이날끝각 트 날끝각
④ 바이트 생크의 일종

해설 칩 브레이커란 초경 바이트에 의한 고속 절삭 시에 칩이 연속적으로 흘러서 그 처리가 어렵고 위험하므로 칩을 작은 조각으로 만들기 위한 것이다.

2. 바이트에서 경사각을 크게 하면 전단각과 칩은 어떻게 되는가?

① 전단각은 작아지고 칩은 두껍고 짧다.
② 전단각은 커지고 칩은 얇게 된다.
③ 전단각과 칩이 모두 커진다.
④ 전단각과 칩이 얇아진다.

해설 그림과 같이 바이트로 절삭을 하면 경사각과 전단각은 서로 비례하며, 칩은 경사각이 클수록 두께가 얇아진다.

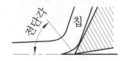

3. 다음 중 바이트의 전면 여유각에 대한 설명으로 옳은 것은?

① 절삭 칩 제거를 용이하게 한다.

② 바이트 날 끝에 충격을 감소시킨다.
③ 바이트와 가공물의 마찰을 적게 한다.
④ 날 끝을 튼튼하게 한다.

해설 전면(전방) 여유각은 일감과의 마찰을 방지한다.

4. 바이트의 공구각 중 바이트와 공작물과의 접촉을 방지하기 위한 것은?

① 경사각　　　② 절삭각
③ 여유각　　　④ 날끝각

해설 여유각은 절삭 공구와 공작물과의 마찰을 감소시키고, 날 끝이 공작물에 파고들기 쉽게 해주는 기능을 갖고 있다.

5. 보링 바이트는 어느 때 사용하는가?

① 나사를 깎기 전에 일단 공작물을 한번 가공하는 데 사용한다.
② 뚫린 구멍을 크게 하거나 내면을 다듬질하는 데 사용한다.
③ 공작물을 거칠게 깎을 때 사용한다.
④ 공작물의 끝면 가공에 사용한다.

해설 보링 바이트는 이미 뚫려 있는 구멍 내부를 확대하여 정확한 치수로 완성하는 절삭 가공에 사용한다.

정답 1. ②　2. ②　3. ③　4. ③　5. ②

6. 노즈 반경이 크면 다음 중 어떤 현상이 일
어나는가?

① 떨림 발생   ② 절삭 저항 감소
③ 절삭 깊이 증가   ④ 날의 수명 감소

해설 노즈 반경은 다듬질면의 거칠기를 결정
하며, 날 끝의 강도를 좌우한다.

7. 선반용 바이트의 주요 각도 중 바이트의
옆면 및 앞면과 가공물과의 마찰을 줄이기
위한 각은 어느 것인가?

① 경사각   ② 여유각
③ 공구각   ④ 절삭각

해설 여유각은 바이트와 공작물과의 접촉을
방지하기 위함이다.

8. 다음 중 절삭 공구의 절삭면과 평행한 여
유면에 가공물의 마찰에 의해 발생하는 마
모는?

① 크레이터 마모   ② 플랭크 마모
③ 온도 파손   ④ 치핑

해설 플랭크 마모는 측면(flank)과 절삭면과
의 마찰에 의해 발생하는데, 주철과 같이 메
진 재료를 절삭 할때나 분말상 칩이 발생할
때는 다른 재료를 절삭하는 경우보다 뚜렷하
게 나타난다.

9. 선반 바이트의 윗면 경사각에 대한 설명
으로 틀린 것은?

① 직접 절삭저항에 영향을 준다.
② 윗면 경사각이 크면 절삭성이 좋다.
③ 공구의 끝과 일감의 마찰을 줄이기 위한
   것이다.
④ 윗면 경사각이 크면 일감 표면이 깨끗하
   게 다듬어지지만 날 끝은 약하게 된다

해설 윗면 경사각이 커지면 바이트 날이 점점

예각에 가깝게 되며, 날이 얇아지니 당연히
날 끝은 약해지게 되고 다듬면은 깨끗해진다.

10. 선반에서 바이트를 고정하는 방법 중 잘
못된 것은?

① 바이트 날 끝의 높이를 공작물의 회전 중
   심과 일치시킨다.
② 바이트 날 끝의 높이를 센터의 끝과 일치
   시킨다.
③ 고정 볼트는 2개 이상을 사용하여 균일
   하게 조인다.
④ 공구대와 공작물이 충돌하지 않는 한 자
   루(shank)를 길게 고정시킨다.

해설 바이트 자루를 길게 고정하면 떨림이 일
어나 가공면이 거칠어지거나 바이트가 부러
진다.

11. 다음 중 선삭용 인서트 형번 표기법
(ISO)에서 인서트의 형상이 정사각형에 해
당하는 것은?

① C   ② D
③ S   ④ V

해설 • C : 80°
• D : 55°
• V : 35°

12. 공구 마멸의 형태에서 윗면 경사각과 가
장 밀접한 관계를 가지고 있는 것은?

① 플랭크 마멸(flank wear)
② 크레이터 마멸(crater wear)
③ 치핑(chipping)
④ 샹크 마멸(shank wear)

해설 크레이터 마멸은 공구경사면이 칩과의
마찰에 의하여 오목하게 마모되는 것으로
주로 유동형 칩의 고속절삭에서 자주 발생
한다.

2-2 가공면의 표면 거칠기

가공면의 표면 거칠기를 좋게 하려면 노즈 반지름을 크게 하고 이송을 작게 하여야 하며, 일반적으로 노즈 반지름은 이송의 2~3배가 좋다.

$$H = \frac{S^2}{8r}$$

여기서, H : 공작물의 이론적 표면 거칠기(mm)

S : 이송(mm/rev)

r : 노즈 반지름(mm)

예상문제

1. 선반에서 ϕ45mm의 연강 재료를 노즈 반지름 0.6mm인 초경합금 바이트로 절삭 속도 120m/min, 이송을 0.06mm/rev로 하여 가공할 때 이론적인 표면 거칠기 값은 얼마인가?

① 0.55μm   ② 0.65μm

③ 0.75μm   ④ 0.85μm

해설 $H = \dfrac{S^2}{8r} = \dfrac{0.06^2}{8 \times 0.6}$

　　$= 0.00075\,\text{mm}$

　　$= 0.75 \times 10^{-3}\,\text{mm} = 0.75\mu\text{m}$

2. 환봉을 황삭 가공하는데 이송을 0.1mm/rev로 하려고 한다. 바이트의 노즈 반경이 1.5mm라고 한다면 이론상의 최대 표면 거칠기는 얼마 정도가 되겠는가?

① 8.3×10^{-4} mm

② 8.3×10^{-3} mm

③ 8.3×10^{-5} mm

④ 8.3×10^{-2} mm

해설 $H = \dfrac{S^2}{8r} = \dfrac{0.1^2}{8 \times 1.5}$

　　$= 0.0008333 = 8.3 \times 10^{-4}\,\text{mm}$

3. 바이트 끝 반지름이 1.5mm의 바이트로, 0.08mm/rev의 이송에서 선반으로 깎았을 때, 다듬질 표면 거칠기의 이론 값은?

① 0.533μm   ② 5.333μm

③ 53.53μm   ④ 533.33μm

해설 $H = \dfrac{S^2}{8r} = \dfrac{0.08^2}{8 \times 1.5}$

　　$= 0.000533\,\text{mm} = 0.533\mu\text{m}$

4. 다음 (   ) 안에 알맞은 말은?

> 가공면의 표면 거칠기를 좋게 하려면 노즈 반지름을 (   ) 하고 이송을 (   ) 하여야 한다.

① 크게, 작게   ② 작게, 크게

③ 크게, 크게   ④ 작게, 작게

정답　1. ③　2. ①　3. ①　4. ①

2-3 부속품 및 부속장치

(1) 면판(face plate)

면판은 척을 떼어내고 부착하는 것으로 공작물의 모양이 불규칙하거나 척에 물릴 수 없을 때 사용한다. 특히 엘보 가공 시 많이 사용한다.

(2) 회전판(driving plate)

양 센터 작업 시 사용하는 것으로 일감을 돌리개에 고정하고 회전판에 끼워 작업한다.

(3) 돌리개(dog)

양 센터 작업 시 사용하는 것으로, 곧은 돌리개, 굽힌 돌리개, 평행 돌리개가 있으며, 굽힌 돌리개를 가장 많이 사용한다.

(4) 센터(center)

양 센터 작업 시 또는 주축 쪽은 척으로 고정하고, 심압대 쪽은 센터로 지지할 경우 사용한다. 센터는 양질의 탄소 공구강 또는 특수 공구강으로 만들며, 보통 $60°$의 각도가 쓰이나 중량물 지지에는 $75°$, $90°$가 쓰이기도 한다. 센터는 자루 부분이 모스 테이퍼로 되어 있으며, 모스 테이퍼는 $0 \sim 7$번까지 있다.

① **중심 구하기**
   ㈎ 사이드 퍼스에 의한 방법
   ㈏ 콤비네이션 세트에 의한 방법
   ㈐ 서피스 게이지에 의한 방법
② **센터 구멍** : 일감의 중심과 센터 구멍의 중심이 일치하여야 한다. 중심을 구한 후 센터 드릴에 의해 구멍을 뚫거나 기타 방법에 의한다.

참고 **센터의 종류 및 각도**

- 종류 ┬ 회전 센터(live center) : 주축 쪽의 센터
        └ 정지 센터(dead center) : 심압대 쪽의 센터

- 각도 ┬ 미식 : $60°$⋯ 소형, 정밀 가공(보통)
        └ 영식 : $75°$, $90°$⋯ 대형, 중량물 가공

(5) 맨드릴(mandrel : 심봉)

정밀한 구멍과 직각 단면을 깎을 때 또는 바깥지름과 구멍이 동심원이 필요할 때 사용하는 것이다. 심봉의 종류에는 단체 심봉, 팽창 심봉, 나사 심봉, 원추 심봉 등이 있다.

(6) 척(chuck)의 종류와 특징

일감을 고정할 때 사용하며, 고정 방법에는 조(jaw)에 의한 기계적인 방법과 전기적인 방법이 있다.

① **단동식 척(independent chuck)**

　㈎ 강력 조임에 사용하며, 조가 4개 있어 4번 척이라고도 한다.

　㈏ 원, 사각, 팔각 조임 시에 용이하다.

　㈐ 조가 각자 움직이며, 중심 잡는 데 시간이 걸린다.

　㈑ 편심 가공 시 편리하다.

　㈒ 가장 많이 사용한다.

② **연동 척(universal chuck : 만능 척)**

　㈎ 조가 3개이며, 3번 척, 스크롤 척이라 한다.

　㈏ 조 3개가 동시에 움직인다.

　㈐ 조임이 약하다.

　㈑ 원, 3각, 6각봉 가공에 사용한다.

　㈒ 중심을 잡기 편리하다.

③ **마그네틱 척(magnetic chuck : 전자 척, 자기 척)**

　㈎ 직류 전기를 이용한 자화면이다.

　㈏ 필수 부속장치 : 탈 자기장치

　㈐ 강력 절삭이 곤란하다.

　㈑ 사용 전력은 200∼400W이다.

④ **공기 척(air chuck)**

　㈎ 공기 압력을 이용하여 일감을 고정한다.

　㈏ 균일한 힘으로 일감을 고정한다.

　㈐ 운전 중에도 작업이 가능하다.

　㈑ 조의 개폐 신속

⑤ **콜릿 척(collet chuck)**

　㈎ 터릿 선반이나 자동 선반에 사용된다.

　㈏ 지름이 작은 일감에 사용한다.

㈐ 중심이 정확하고, 원형재, 각봉재 작업이 가능하다.

㈑ 다량 생산에 가능하다.

(7) 방진구(work rest)

지름이 작고 긴 공작물을 절삭할 때 생기는 떨림을 방지하기 위한 장치이며, 보통 지름에 비해 길이가 20배 이상 길 때 쓰인다. 이동식과 고정식이 있다.

① **이동식 방진구** : 왕복대에 설치하여 긴 공작물의 떨림을 방지하고, 왕복대와 같이 움직인다(조의 수 : 2개).

② **고정식 방진구** : 베드면에 설치하여 긴 공작물의 떨림을 방지한다(조의 수 : 3개).

③ **롤 방진구** : 고속 중절삭용

예상문제

1. 선반의 장치 중 체이싱 다이얼의 용도는 무엇인가?

① 하프 너트의 작동 시기 결정

② 테이퍼 가공 각도 결정

③ 심압대 편위 값의 결정

④ 나사의 피치에 따른 변환 기어 레버 위치 결정

해설 체이싱 다이얼은 나사 절삭 시 2번 째 이후의 절삭 시기, 즉 하프 너트의 작동 시기를 결정하는 용도로 쓰인다.

2. 다음 중 선반 가공에서 돌리개를 사용할 때 꼭 필요한 것은?

① 단동 척　　　② 연동 척

③ 회전판　　　④ 방진구

해설 회전판은 양 센터 작업 시 사용하는 것으로 일감을 돌리개에 고정하고 회전판에 끼워 작업한다.

3. 다음 중 단동 척에 대한 설명으로 틀린 것

은 어느 것인가?

① 조가 4개가 있다.

② 4개의 조가 동시에 움직인다.

③ 편심 가공시 편리하다.

④ 4각봉을 가공할 때 용이하다.

4. 선반 가공에서 내경이 큰 파이프의 바깥 원통면을 절삭할 때 사용되는 맨드릴은?

① 팽창식 맨드릴　　② 조립식 맨드릴

③ 표준 맨드릴　　　④ 테이퍼 맨드릴

해설 팽창식 맨드릴은 바깥지름을 다소 조절하여 가공물을 지지하고, 표준 맨드릴은 가장 일반적인 형식으로 $\frac{1}{100} \sim \frac{1}{1000}$ 정도의 테이퍼로 되어 있다.

5. 고정식 방진구와 이동식 방진구는 선반의 어느 부위에 고정하여 사용하는가?

① 고정식 방진구 → 새들, 이동식 방진구 → 에이프런

② 고정식 방진구 → 에이프런, 이동식 방진구 → 새들

③ 고정식 방진구 → 베드, 이동식 방진구 → 새들

④ 고정식 방진구 → 새들, 이동식 방진구 → 베드

해설 방진구는 지름이 작고 긴 공작물을 절삭할 때 생기는 떨림을 방지하기 위한 장치이며, 보통 지름에 비해 길이가 20배 이상 길 때 쓰인다.

6. 선반에서 가늘고 긴 공작물을 가공할 때 발생하는 떨림 현상이 일어나지 않도록 하기 위하여 사용하는 장치는?

① 돌림판　　　　② 맨드릴
③ 센터　　　　　④ 방진구

해설 이동식 방진구는 왕복대에 설치하고, 고정식 방진구는 베드면에 설치한다.

7. 보통 선반에서 사용하는 센터(center)에 관한 설명으로 틀린 것은?

① 공작물을 지지하는 부속장치로 탄소강, 고속도강, 특수 공구강으로 제작 후 열처리하여 사용한다.
② 주축에 삽입하여 사용하는 회전 센터와 심압대 축에 삽입하여 사용하는 정지 센터가 있다.
③ 주축이나 심압축 구멍, 센터 자루 부분은 쟈르노 테이퍼로 되어 있다.
④ 선단의 각도는 주로 60°이나 대형 공작물에는 75°나 90°가 사용된다.

해설 센터의 자루 부분은 모스 테이퍼로 되어 있으며, 모스 테이퍼는 0~7번까지 있다.

8. 선반에서 면판이 설치되는 곳은?

① 주축 선단　　　　② 왕복대

③ 새들　　　　　④ 심압대

해설 면판은 척을 떼어내고 부착하는 것으로 공작물의 모양이 불규칙하거나 척에 물릴 수 없을 때 사용한다.

9. 선반 작업에서 방진구를 사용하는 가장 큰 이유는?

① 센터를 쉽게 잡기 위해
② 공작물의 이탈을 방지하기 위해
③ 공작물 이송을 부드럽게 하기 위해
④ 가늘고 긴 공작물을 가공 시 떨림을 방지하기 위해

10. 3개의 조가 120° 간격으로 구성 배치되어 있는 척은?

① 콜릿 척　　　　② 단동 척
③ 복동 척　　　　④ 연동 척

해설 연동 척은 조 3개가 동시에 움직이며, 중심을 잡기 편리하다.

11. 선반 작업에서 단면 가공이 가능하도록 보통 센터의 원추형 부분을 축방향으로 반을 제거하여 제작한 센터는?

① 하프 센터　　　② 파이프 센터
③ 베어링 센터　　④ 평 센터

해설 • 파이프 센터 : 파이프와 같이 구멍이 큰 공작물에 사용
• 베어링 센터 : 볼 베어링에 의해 센터의 끝이 회전되는 경우 고속절삭용
• 평 센터 : 공작물의 단면을 평면으로 지지

12. 선반에서 구멍이 뚫린 일감의 바깥 원통면을 동심원으로 가공할 때 사용하는 부속품은?

① 방진구　　　　② 돌림판
③ 면판　　　　　④ 맨드릴

13. 선반에서 양센터 작업을 할 때, 주축의 회전력을 가공물에 전달하기 위해 사용하는 부속품은?

① 연동척과 단동척
② 돌림판과 돌리개
③ 면판과 클램프
④ 고정 방진구와 이동 방진구

14. 선반에서 척에 고정할 수 없는 불규칙하거나 대형의 가공물 또는 복잡한 가공물을 고정할 때 사용하는 것은?

① 연동척   ② 콜릿척
③ 벨척   ④ 면판

15. 이동식 방진구는 선반의 어느 부위에 설치하는가?

① 주축   ② 베드
③ 왕복대   ④ 심압대

해설 이동식 방진구는 왕복대에 설치하고, 고정식 방진구는 베드면에 설치한다.

16. 선반의 부속장치가 아닌 것은?

① 방진구   ② 면판
③ 분할대   ④ 돌림판

17. 선반 작업에서 지름이 작은 공작물을 고정하기에 가장 용이한 척은?

① 콜릿 척   ② 마그네틱 척
③ 연동 척   ④ 압축공기 척

해설 콜릿 척
(1) 터릿 선반이나 자동 선반에 사용된다.
(2) 지름이 작은 일감에 사용한다.
(3) 중심이 정확하고, 원형재, 각봉재 작업이 가능하다.
(4) 대량 생산이 가능하다.

18. 드릴, 탭, 호브 등의 날 여유면을 절삭할 수 있는 선반의 부속장치는?

① 이송장치
② 릴리빙 장치
③ 총형 바이트 장치
④ 테이퍼 절삭장치

해설 총형 바이트는 절삭날의 모양을 공작물의 다듬질 형상으로 만든 바이트이다.

19. 다음 중 연동 척에 대한 설명으로 틀린 것은?

① 스크롤 척이라고도 한다.
② 3개의 조가 동시에 움직인다.
③ 고정력이 단동 척보다 강하다.
④ 원형이나 정삼각형 일감을 고정하기 편리하다.

해설 (1) 단동 척(independent chuck)
· 강력 조임에 사용하며, 조가 4개 있어 4번 척이라고도 한다.
· 원, 사각, 팔각 조임 시에 용이하다.
· 조가 각자 움직이며, 중심 잡는 데 시간이 걸린다.
· 편심 가공 시 편리하다.
· 가장 많이 사용한다.
(2) 연동 척(universal chuck : 만능 척)
· 조가 3개이며, 3번 척 또는 스크롤 척이라 한다.
· 조 3개가 동시에 움직인다.
· 조임이 약하다.
· 원, 3각, 6각봉 가공에 사용한다.
· 중심을 잡기 편리하다.

20. 선반 작업용 부속품 중 구멍이 뚫린 일감의 원통면을 양 센터로 지지하여 가공할 때 사용되는 것은?

① 면판   ② 방진구
③ 돌리개   ④ 맨드릴

21. 선반 가공용 센터에 대한 설명으로 틀린 것은?

① 센터는 공작물을 지지하는 부속장치이다.
② 주축과 심압대 축에 끼워서 사용한다.
③ 자루 부분은 모스 테이퍼를 사용한다
④ 센터 끝의 각도는 크면 클수록 좋다.

해설 공작물의 중량 100 kg 이하에는 60°, 100 kg 이상인 대형 공작물에는 75°, 90°의 센터가 사용된다.

22. 가는 지름 또는 각 봉재의 고정에 편리하며, 보통 선반에서는 주축 테이퍼 구멍에 슬리브를 끼우고 여기에 척을 끼워 사용하는 것은?

① 단동 척   ② 연동 척
③ 콜릿 척   ④ 마그네틱 척

해설 마그네틱 척 : 직류 전기를 이용한 자화면

23. 선반의 부속장치 중 센터(center)에 대한 설명으로 옳은 것은?

① 끝면 깎기에 사용되는 센터는 주로 베어링 센터이다.
② 심압대 축에 끼워 공작물을 지지하는 센터를 회전 센터(live center)라 한다.
③ 센터의 자루는 일반적으로 모스 테이퍼로 되어 있다.
④ 센터의 각은 일반적으로 60°이나 큰 가공물에 대해서는 각도를 작게 한다.

해설 센터의 종류 및 각도

종류	회전 센터	주축 쪽의 센터	
	정지 센터	심압대 쪽의 센터	
각도	미식	60°	소형 정밀 가공
	영식	75°, 90°	대형 중량물 가공

정답 21. ④   22. ③   23. ③

3. 선반 가공

3-1 **선반의 절삭 조건**

(1) 선반의 기본 운동

① **절삭 운동**(cutting motion) : 선반은 바이트로 일감을 깎는 기계이고, 절삭 운동은 절삭 공구가 가공물의 표면을 깎는 운동을 말한다.
② **이송 운동**(feed motion) : 절삭 운동과 함께 절삭 위치를 바꾸는 것으로 공구 또는 일감을 이동시키는 운동이다.

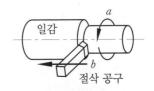

a : 스핀들에 의한 회전 운동
b : 베드 안내면의 직선 운동
선반의 기본 절삭 운동

(2) 절삭 속도와 회전수

기계 가공 시에는 공구와 가공물 사이에 상대 운동을 하게 되는데, 이때 가공물이 단위시간에 공구의 인선을 통과하는 원주 속도 또는 선속도를 절삭 속도라고 하며 공작기계의 동력을 결정하는 요소이다.

① **절삭 속도** : $V=\dfrac{\pi DN}{1000}[\text{mm/min}]$

여기서, V : 절삭 속도(m/min), D : 공작물 지름(mm), N : 공작물 회전수(rpm)

② **회전수** : $N=\dfrac{1000V}{\pi D}[\text{rpm}]$

(3) 이송 속도

이송량은 선반이나 드릴링 작업일 경우, 가공물 회전당 공구가 축방향으로 이동하는 거리(mm/rev)를 말한다. 같은 절삭 면적으로 절삭할 때 절삭 깊이를 크게 하고 이송을 작게 하는 편이 절삭 온도에 영향이 적으며 공구 수명을 향상시킬 수 있다.

(4) 절삭 저항

공구를 이용하여 공작물을 절삭한다는 것은 공작물에 소성변형을 주어 공작물 표면에서 칩을 분리시키는 것이다. 이때 공구는 공작물로부터 큰 저항을 받는데 이것을 절삭 저항이라 한다.

① **절삭 저항의 3분력**

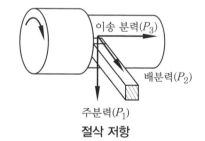

절삭 저항

  ⑺ 주분력 : 절삭 방향과 평행하는 분력을 말하며 공구의 절삭 방향과는 반대 방향으로 작용한다. 배분력·횡분력보다 현저히 크며 공구 수명과 관계가 깊다(그림에서 P_1).

  ⑴ 배분력 : 절삭 깊이에 반대 방향으로 작용하는 분력(그림에서 P_2)이며, 주분력에 비해 매우 작지만 바이트가 파손되는 순간에는 현저히 크다.

  ⑴ 이송 분력 : 이송 방향과 반대 방향으로 작용하는 분력으로 횡분력이라고도 한다(그림에서 P_3).

② **절삭 저항을 변화시키는 요소**

  ⑺ 가공물의 재질 : 단단할수록 크다.

  ⑴ 공구 날 끝의 모양 : 경사각(30°)까지 커질수록 감소하고, 직선에 비하여 둥글수록 크다.

  ⑴ 절삭 면적 : 클수록 크다.

  ⑵ 절삭 속도 : 클수록 감소한다.

예상문제

1. 선반 바이트로서 요구되는 성질에 적합하지 않은 것은?

① 마모 저항이 적을 것
② 사용상 취급이 용이할 것
③ 경도가 높을 것
④ 점성 강도가 높을 것

해설 바이트는 상온 및 고온 경도에 견고하여 피삭재보다 단단해야 하고 절단 가공 시 충격에 의하여 굴절되지 않아야 하며, 바이트의 수명을 연장하고 가공 정도를 높이기 위하여 마모 저항이 커야 한다.

2. 선반에서 초경합금 바이트로 지름 30mm의 저탄소 강재를 추천 절삭 속도 100m/min으로 가공하기 위한 회전수는?

① 1050 rpm
② 1000 rpm
③ 1061 rpm
④ 1273 rpm

해설 $N = \dfrac{1000V}{\pi D} = \dfrac{1000 \times 100}{3.14 \times 30} = 1061\,\text{rpm}$

3. 절삭 속도 $V = \dfrac{\pi dN}{1000}$ 에서 d를 사용하는 기계에 따라 표시한 것 중 잘못된 것은?

① 드릴–공작물 지름
② 선반–공작물 지름
③ 밀링–커터의 지름
④ 리밍–리머 지름

해설 드릴에서 d는 공구의 지름이다.

4. 다음은 2차원 절삭을 나타낸 그림이다. 절삭각은 어느 것인가?

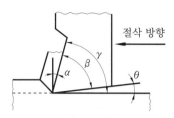

① α
② β
③ γ
④ θ

해설 • α : 윗면 경사각
 • β : 날끝각
 • θ : 여유각

5. 선반에서 주축의 회전수는 1000rpm이고 외경 50mm를 절삭할 때 절삭 속도는 약 몇 m/min인가?

① 1.571
② 15.71
③ 157.1
④ 1571

해설 $V = \dfrac{\pi DN}{1000} = \dfrac{3.14 \times 50 \times 1000}{1000}$
$= 157\,\text{rpm}$

6. 저탄소 강재를 선반에서 가공할 때 절삭 저항 3분력 중 가장 큰 것은?

① 주분력
② 배분력
③ 이송분력
④ 횡분력

해설 주분력은 절삭방향과 평행한 분력으로, 배분력, 이송분력보다 현저히 크다.

7. 원형 단면봉의 지름이 85mm, 절삭 속도가 150m/min일 때 회전수는 약 몇 rpm인가?

① 458
② 562
③ 1764
④ 180

해설 $N = \dfrac{1000V}{\pi D} = \dfrac{1000 \times 150}{3.14 \times 85} = 562\,\text{rpm}$

정답 1. ① 2. ③ 3. ① 4. ③ 5. ③ 6. ① 7. ②

8. 주어진 절삭 속도가 40m/min이고, 주축 회전수가 70rpm이면 절삭되는 일감의 지름은 약 몇 mm인가?

① 82   ② 182

③ 282   ④ 383

해설 $V = \dfrac{\pi DN}{1000}$, $N = \dfrac{1000V}{\pi D}$

$$D = \dfrac{1000V}{\pi N} = \dfrac{1000 \times 40}{3.14 \times 70} \fallingdotseq 182\,mm$$

9. 절삭 속도와 가공물의 지름 및 회전수와의 관계를 설명한 것으로 옳은 것은?

① 절삭 속도가 일정할 때 가공물 지름이 감소하면 경제적인 표준 절삭 속도를 얻기 위하여 회전수를 증가시킨다.

② 절삭 속도가 너무 빠르면 절삭 온도가 낮아져 공구 선단의 경도가 저하되고 공구의 마모가 생긴다.

③ 절삭 속도가 감소하면 가공물의 표면 거칠기가 좋아지고 절삭 공구 수명이 단축된다.

④ 절삭 속도의 단위는 분당 회전수(rpm)로 한다.

해설 절삭 속도(V)는 공구와 공작물 사이의 상대 속도를 말하며, 공구의 수명에 중대한 영향을 끼친다. 가공면의 거칠기, 절삭률, 기타 기계적인 마모 및 소음 등과도 밀접한 관계가 있다.

10. 지름이 40mm인 연강을 주축 회전수가 500rpm인 선반으로 절삭할 때, 절삭 속도는 약 몇 m/min인가?

① 12.5   ② 20.0

③ 31.4   ④ 62.8

해설 $V = \dfrac{\pi DN}{1000} = \dfrac{3.14 \times 40 \times 500}{1000}$

$$= 62.8\,m/min$$

정답   **8.** ②   **9.** ①   **10.** ④

3-2   원통 가공

가공물을 척이나 양 센터로 고정하고 외경 바이트를 공구대에 설치한다. 가공물의 재질 및 절삭 조건으로 절삭 속도, 회전수, 이송, 절삭 깊이를 선정하고 도면에 의해 거친 절삭(황삭)을 한 후에 다듬질하여 완성한다. 한쪽의 가공이 끝나면 가공물을 돌려서 고정하여 가공하며 돌려서 고정할 때는 가공된 면에 상처가 나지 않도록 보호판(동판, 알루미늄판, 기타)을 사용하여 고정하고 서피스 게이지와 다이얼 게이지 등을 이용하여 중심을 도면에서 지시하는 정밀도로 맞추어 고정한다.

(1) 절삭 깊이(depth of cut)

절삭 깊이는 바이트로 공작물을 가공하는 깊이를 의미하며 절삭하는 면에 수직으로 측정한다. 단위는 mm이며 선반에서 원통면을 절삭할 때는 절삭 깊이의 2배로 지름이 적어진다.

(2) 이송(feed)

선반에서 이송은 가공물이 1회전할 때마다 바이트의 이송거리를 나타낸다. 단위는 mm/rev로 나타내며, 바이트의 형상이 동일한 조건에서 이론적으로는 이송이 적으면 적을수록 가공면의 표면 거칠기가 나빠지게 되므로 적합한 이송을 선정해야 한다.

예상문제

1. 선반 가공에서 절삭 깊이를 1.5mm로 원통 깎기를 할 때 공작물의 지름이 작아지는 양은 몇 mm인가?

① 1.5 　　　　② 3.0
③ 0.75 　　　　④ 1.55

해설 회전체의 공작물 한쪽으로 1.5mm가 절삭되면 공작물의 지름은 1.5×2=3mm가 작아진다.

2. 선반으로 원통 가공을 할 때 일감의 지름이 작아지는 양은 절삭 깊이의 몇 배가 되는가?

① 1배 　　　　② 2배
③ 3배 　　　　④ 4배

정답 1. ②　　2. ②

3-3   단면 가공

① 가공물의 끝 단면을 가공하는 방법이며 절삭할 때 첫째 공정으로 가공하는 것이 좋다.
② 바이트를 설치한 후 바이트의 중심과 가공물의 중심이 일치하는가 확인해야 한다.
③ 바이트를 단면에 대하여 약 2~5° 정도 기울어지게 설치하고 가공물 바깥지름에서 중심방향으로 진행하거나 중심에서 바깥지름 방향으로 가공한다.
④ 센터를 지지할 경우에는 하프 센터를 사용하여야 한다. 단, 모떼기형 센터 구멍의 경우에는 보통 센터를 사용할 수 있다.

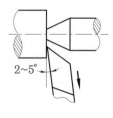
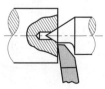

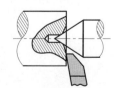

(a) 하프 센터 이용　　(b) 모떼기형 센터 구멍의 경우

단면 가공

예상문제

1. 일반적인 방법으로 선반에서 가공하지 않는 것은?

① 원통 가공   ② 나사 절삭 가공

③ 기어 가공   ④ 단면 가공

해설 기어 가공은 호빙 머신, 기어 셰이퍼 및 기어 셰이빙 머신으로 가공한다.

2. 선반에서 끝면 깎기에 쓰이는 센터는?

① 회전 센터   ② 하프 센터

③ 베어링 센터   ④ 파이프 센터

해설 하프 센터는 보통 센터에 선단 일부를 가공하여 단면 가공이 가능하도록 제작한 센터이다.

정답 1. ③   2. ②

3-4   홈 가공

재료를 절단할 경우, 재료의 낭비를 줄이기 위하여 바이트의 폭이 좁아야 되므로 절단 바이트는 비교적 약하고 부러지기 쉬워, 절단 작업 시 다음 요령에 주의하여야 한다.

① 절단 부분을 척에 가깝게 고정시키며, 절단 바이트 날 끝은 공작물의 중심 높이로 하고 축에 대하여 정확히 직각이 되게 한다.

② 홈의 가공 시 절삭 속도는 외경 절삭의 1/2 정도로 한다.

③ 바이트의 이송을 천천히 하고 절삭유를 충분히 공급한다.

④ 공작물의 무게가 중량일 때에는 심압축으로 지지해 놓고 중심부를 남겨 놓은 다음 톱으로 절단한다.

⑤ 바이트의 양쪽 여유각이 똑같도록 연삭한다.

⑥ 바이트로 홈 가공 시 깊이 방향으로 가공을 하며 좌우 이동하여 넓이를 조정한다 (좌우 이동은 깊이가 깊을 때 바이트의 파손 우려가 있음).

⑦ 홈 바이트를 공작물과 직각이 되도록 정확하게 설치하고 도면의 위치를 확인한 후 가공한다.

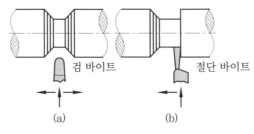

홈 가공의 예

예상문제

1. 다음 중 일반적으로 선반에서 가공하지 않는 것은?

① 키 홈 가공 　　② 보링 가공
③ 나사 가공 　　④ 총형 가공

해설 키 홈 가공은 일반적으로 밀링에서 가공한다.

2. 다음 중 홈 가공에 대한 설명으로 옳지 않은 것은?

① 절삭 가공 중에 채터링이 발생하기 쉬워 고능률 가공이 어렵다.
② 칩이 막히기 쉬워 바이트가 부러지기

쉽다.
③ 칩이 공작물이나 척에 얽히는 등 칩 처리가 나쁘다.
④ 홈 바이트를 공작물과 약간 경사를 이루도록 설치한다.

해설 홈 가공의 문제점
⑴ 절삭 가공 중에 채터링이 발생하기 쉬워 고능률 가공이 어렵다.
⑵ 깊은 홈 가공 또는 지름이 큰 공작물을 절단 가공할 때 칩이 막히기 쉬워 바이트가 부러지기 쉽다.
⑶ 칩이 공작물이나 척에 얽히는 등 칩 처리가 나쁘기 때문에 NC 선반 등에 의한 자동화가 어렵다.

정답 1. ① 　2. ④

3-5 　내경 가공

(1) 내경 가공

심압대에 센터 드릴을 장착한 후 센터 드릴 작업으로 자리내기를 한 다음 심압대에 내경 치수보다 작은 드릴을 장착하여 드릴 작업을 한 후 내경 가공을 한다.

(2) 내경 가공 시 유의 사항

① 드릴 작업의 순서는 센터 드릴, 작은 드릴, 큰 드릴의 순으로 작업한다.
② 드릴 작업 시 공작물의 회전 속도는 지름이 클수록 회전수를 낮게 한다.
③ 바이트는 내경 치수보다 작은 것을 사용한다.
④ 내경 바이트의 날 끝은 굽힘을 고려하여 가공 구멍의 중심보다 조금 높게 설치한다.
⑤ 내경 바이트는 떨림이 발생하기 쉬우므로, 날 끝 반지름을 너무 크게 하지 않는다.
⑥ 가공에 지장이 없는 한 바이트 자루를 굵게 하고, 구멍의 깊이에 비하여 필요 이상으로 긴 것을 사용하지 않는다.
⑦ 내경을 절삭할 때의 절삭 속도는 외경 절삭 속도의 20~30 % 정도 느리게 한다.

예상문제

1. 내경 가공 시 유의 사항이 아닌 것은?

① 드릴 작업 시 공작물의 회전 속도는 지름이 클수록 회전수를 낮게 한다.
② 내경 바이트의 날 끝은 굽힘을 고려하여 가공 구멍의 중심보다 조금 높게 설치한다.
③ 내경 바이트는 떨림이 발생하기 쉬우므로, 날 끝 반지름을 너무 크게 하지 않는다.
④ 바이트 자루는 구멍의 깊이에 비하여 긴 것을 사용한다.

2. 내경 가공 시 드릴 작업의 순서는?

① 센터 드릴 → 작은 드릴 → 큰 드릴
② 센터 드릴 → 큰 드릴 → 작은 드릴
③ 큰 드릴 → 작은 드릴 → 센터 드릴
④ 작은 드릴 → 큰 드릴 → 센터 드릴

3. 바이트 이외에 선반에서 사용할 수 있는 일반적인 절삭 공구는?

① 호브
② 방전 전극
③ 드릴
④ 브로치

해설 선반 심압축에 드릴을 고정하여 구멍가공을 할 수 있다.

정답 1. ④   2. ①   3. ③

3-6 널링 가공 및 테이퍼 가공

(1) 널링(knurling) 작업

공작물의 표면에 널(knurl)을 압입하여, 공작물 원주면에 사각형, 다이아몬드형, 평형 등의 요철 형태로 가공하는 방법이다. 널링은 미끄러짐을 방지하기 위한 손잡이나 외관을 좋게 하기 위해 주로 사용한다.

(2) 널링 작업 방법

① 널링 작업의 속도는 $10 \sim 12 \, \text{m/min}$가 적당하다.
② 절삭유를 충분히 공급한다.
③ 널링을 하면 지름이 커지므로 소재의 지름은 도면의 치수보다 $0.1 \, \text{mm}$ 정도 작게 한다.
④ 많은 압력이 가해지므로 반드시 심압대 센터로 지지해야 한다.

(3) 테이퍼 가공

① **심압대를 편위시키는 방법** : 심압대를 선반의 길이 방향에 직각 방향으로 편위시켜 절삭하는 방법이다. 이 방법은 공작물이 비교적 길고 테이퍼가 작을 때 사용한다.

> 🅟 심압대를 작업자 앞으로 당기면 심압대축 쪽으로 가공 지름이 작아지고, 뒤쪽으로 편위 시키면 주축대축 쪽으로 가공 지름이 작아진다.

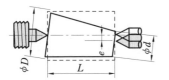 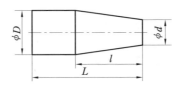 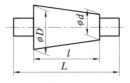

(a) 전체가 테이퍼일 경우　　(b) 일부분만 테이퍼일 경우　　(c) 가운데가 테이퍼일 경우

심압대를 편위시켜 테이퍼 절삭

위의 그림에서 편위량 e는 다음과 같다.

(개) $e = \dfrac{D-d}{2}$ (전체가 테이퍼일 경우)

(내) $e = \dfrac{L(D-d)}{2l}$ (일부분만 테이퍼일 경우)

(대) $e = \dfrac{(D-d)L}{2l}$ (가운데가 테이퍼일 경우)

② **복식 공구대 회전법** : 베벨 기어의 소재와 같이 비교적 크고 길이가 짧은 경우에 사용되며, 손으로 이송하면서 절삭하는데, 복식 공구대 회전각도는 다음 식으로 구한다.

$$\tan\frac{\alpha}{2} = \tan\theta = \frac{D-d}{2L}$$

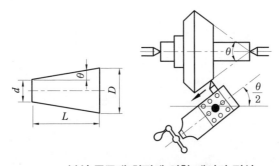

복식 공구대 회전에 의한 테이퍼 절삭

③ **테이퍼 절삭장치(taper attachment) 이용법** : 전용 테이퍼 절삭 장치를 만들어 테이퍼 절삭을 하는 방법이며, 이송은 자동 이송이 가능하고, 절삭 시에 안내판 조정,

눈금 조정을 한 후 자동 이송시킨다. 심압대 편위법보다 넓은 범위의 테이퍼 가공이 가능하며, 공작물 길이에 관계없이 같은 테이퍼 가공이 가능하다.

④ **총형 바이트에 의한 법** : 테이퍼용 총형 바이트를 이용하여 비교적 짧은 테이퍼 절삭을 하는 방법이다.

예상문제

1. 선반에서 다음과 같은 테이퍼를 절삭하려고 할 때 편위량은?

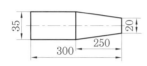

① 9.0 ② 10.2
③ 12.5 ④ 14.3

해설 편위량$(e) = \dfrac{L(D-d)}{2l}$

$$= \dfrac{300(35-20)}{2 \times 250} = 9.0 \, \text{mm}$$

2. 다음 그림과 같은 공작물을 가공할 때 복식 공구대의 회전각은 얼마인가?

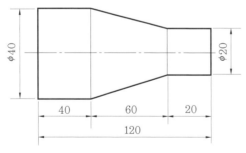

① 약 9° 28′
② 약 10° 28′
③ 약 11° 28′
④ 약 4° 46′

해설 $\tan\theta = \dfrac{D-d}{2L} = \dfrac{40-20}{2 \times 60} = \dfrac{20}{120} = \dfrac{1}{6}$

$\theta = \tan^{-1}\dfrac{1}{6} = 9.4623°$

$= 9° + 0.4623° = 9° + 0.4623° \times 60′$

$= 9° + 28′ \fallingdotseq 9°28′$

3. 길이가 짧고 테이퍼 각이 큰 공작물을 테이퍼 가공하는 데 가장 적합한 방법은?

① 심압대를 편위시키는 방법
② 테이퍼 절삭장치를 사용하는 방법
③ 복식 공구대를 경사시키는 방법
④ 총형 바이트를 이용하는 방법

해설 공작물이 비교적 길고 테이퍼가 작을 때는 심압대를 편위시키는 방법을 사용한다.

4. 다음 그림에서 테이퍼(taper) 값이 $\dfrac{1}{8}$일 때 A부분의 지름 값은 얼마인가?

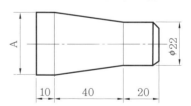

① 25 ② 27
③ 30 ④ 32

해설 $\dfrac{D-d}{l} = \dfrac{1}{8}$, $\dfrac{D-22}{40} = \dfrac{1}{8}$

$D = \dfrac{1}{8} \times 40 + 22 = 27$

정답 1. ① 2. ① 3. ③ 4. ②

5. 선반에서 그림과 같은 가공물의 테이퍼를 가공하려 한다. 심압대의 편위량(e)은 몇 mm인가? (단, $D=35$mm, $d=25$mm, $L=400$mm, $l=200$mm)

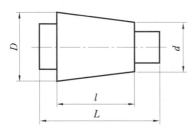

① 2.5   ② 5
③ 10   ④ 20

해설 가운데가 테이퍼일 경우

$$e=\frac{(D-d)L}{2l}=\frac{(35-25)\times400}{2\times200}=10\,\text{mm}$$

6. 다음 가공물의 테이퍼 값은 얼마인가?

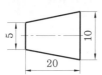

① 0.25   ② 0.5
③ 1.5   ④ 2

해설 $T=\dfrac{D-d}{L}=\dfrac{10-5}{20}=0.25$

7. 선반에서 테이퍼 가공을 하는 방법으로 틀린 것은?

① 심압대의 편위에 의한 방법
② 맨드릴을 편위시키는 방법
③ 복식 공구대를 선회시켜 가공하는 방법
④ 테이퍼 절삭장치에 의한 방법

해설 맨드릴은 중앙에 구멍이 뚫려 있는 공작물을 가공할 때 그 구멍에 끼우는 심봉을 말한다.

8. 테이퍼를 심압대 편위에 의한 방법으로 절삭할 때, 테이퍼 양끝 지름 중 큰 지름이 12mm, 작은 지름이 8mm, 테이퍼 부분의 길이를 80mm, 공작물의 전체 길이를 200mm라 하면 심압대의 편위량 e[mm]는 얼마인가?

① 4   ② 5
③ 6   ④ 7

해설 편위량(e)$=\dfrac{L(D-d)}{2l}=\dfrac{200(12-8)}{2\times80}$
$=5$

9. 선반에서 테이퍼 가공 시 심압대의 편위량 e[mm]를 구하는 공식은?

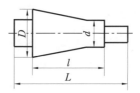

① $e=\dfrac{L(D-d)}{2l}$ ② $e=\dfrac{l(D-d)}{2L}$

③ $e=\dfrac{2l}{L(D-d)}$ ④ $e=\dfrac{2L}{l(D-d)}$

해설 (1) 전체가 테이퍼일 경우
$$e=\frac{D-d}{2}$$
(2) 일부분만 테이퍼일 경우
$$e=\frac{L(D-d)}{2l}$$

10. 널링 가공 방법에 대한 설명이다. 틀린 것은?

① 소성 가공이므로 가공 속도를 빠르게 한다.
② 널링을 하게 되면 지름이 커지게 되므

정답 5. ③   6. ①   7. ②   8. ②   9. ①   10. ①

로 도면 치수보다 약간 작게 가공한 후 설정한다.

③ 널링 작업을 할 때에는 공구대와 심압대를 견고하게 고정해야 한다.

④ 절삭유를 충분히 공급하고 브러시로 칩을 제거한다.

해설 널링 작업은 저속으로 절삭유를 충분히 공급하면서 1~3회로 완성토록 한다.

11. 심압대를 이용하여 큰 쪽 지름이 ϕ10이고 작은 쪽 지름이 ϕ6인 테이퍼를 가공하려 할 때 편위량(mm)은? (단, 가공물 전체가 테이퍼이다.)

① 1   ② 2
③ 3   ④ 4

해설 $e = \dfrac{D-d}{2} = \dfrac{10-6}{2} = 2$

정답 11. ②

3-7 편심 및 나사 가공

(1) 편심 가공

하나의 중심에 대해 공작물 일부가 다른 중심을 갖게 되어 중심이 두 개 또는 그 이상으로 되게 작업하는 것이다.

① 다이얼 게이지에 의한 편심 작업
② 금긋기 후 센터 드릴에 의한 편심 작업
③ 편심 심봉을 이용한 편심 작업

(2) 나사 가공

① 나사 절삭 원리

㈎ 공작물이 1회전할 때 나사의 1피치만큼 바이트를 이송한다.

㈏ 절삭되는 나사의 피치는 변환 기어의 잇수의 비에 의하여 결정한다.

㈐ 주축의 회전이 중간축을 거쳐 리드 스크루에 전해지고 에이프런의 하프너트에 의해 이송된다.

② 나사 가공을 할 때 주의 사항

㈎ 나사 바이트의 윗면 경사각을 주면 나사산의 각도가 변하므로 경사각을 주지 않는다.

㈏ 바이트의 각도는 센터 게이지에 맞추어 정확히 연삭한다.

㈐ 바이트는 바이트 팁의 중심선이 나사축에 수직이 되도록 고정하여 설치한다.

㈑ 바이트 끝의 높이는 공작물의 중심선과 일치하도록 고정한다.

예상문제

1. 선반에서 나사 가공 시 주의 사항으로 틀린 것은?

　① 나사 바이트의 윗면 경사각은 가능한 한 크게 준다.

　② 바이트의 각도는 센터 게이지에 맞추어 정확히 연삭한다.

　③ 바이트 팁의 중심선이 나사축에 수직이 되도록 고정한다.

　④ 바이트 끝의 높이는 공작물의 중심선과 일치하도록 고정한다.

2. 편심량이 6mm일 때 편심축 절삭을 하려면 다이얼 게이지의 눈금 이동량은 몇 mm로 맞추어 가공해야 하는가?

　① 3mm

　② 6mm

　③ 12mm

　④ 18mm

　해설 편심축을 1회전시키면 다이얼 게이지의 변위량(지시량)은 편심량의 2배가 된다. 즉, 편심량이 6mm이면 변위량은 12mm이다.

정답 1. ①　2. ③

3-8 가공 시간 및 기타 가공

(1) 가공 시간

둥근 봉을 1회 선삭할 때의 가공 시간을 계산하면 다음과 같다.

$$T = \frac{L}{nf}$$

여기서, T : 가공 시간(min)

　　　　L : 가공물 길이(mm)

　　　　n : 회전수(rpm)

　　　　f : 이송 속도(mm/rev)

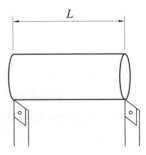

선반의 가공 시간

(2) 기타 가공

선반에서 가공할 수 있는 작업에는 총형 가공, 드릴링 가공(구멍 뚫기), 측면 절삭 등이 있다.

예상문제

1. 선반 가공에서 바깥지름을 절삭할 경우, 절삭 가공 길이 200mm를 1회 가공하려고 한다. 회전수 1000rpm, 이송 속도 0.15mm/rev이면 가공 시간은 약 몇 분인가?

① 0.5　　　　② 0.91
③ 1.33　　　　④ 1.48

해설 가공시간$(T) = \dfrac{l}{nf} = \dfrac{200}{1000 \times 0.15}$
$= 1.33분$

2. 선반에서 주축 회전수를 1200rpm, 이송 속도 0.25mm/rev으로 절삭하고자 한다. 실제 가공 길이가 500mm라면 가공에 소요되는 시간은 얼마인가?

① 1분 20초　　　　② 1분 30초
③ 1분 40초　　　　④ 1분 50초

해설 $T = \dfrac{l}{nf} = \dfrac{500}{1200 \times 0.25} = 1.66분$

0.66분×60＝39.6≒40초이므로 1분 40초이다.

3. 재질이 연강이고 지름 50mm, 길이 800mm인 환봉을 이송 0.4mm/rev, 절삭 속도 50m/min으로 선반에서 1회 가공하는 데 소요되는 시간은? (단, 가공 길이는 환봉의 길이인 800mm임)

① 1분 18초　　　　② 3분 23초
③ 6분 18초　　　　④ 9분 49초

해설 먼저 주축 회전수를 구하면
$N = \dfrac{1000V}{\pi D} = \dfrac{1000 \times 50}{3.14 \times 50} = 318.5 \, rpm$

가공 시간 $T = \dfrac{l}{nf} = \dfrac{800}{318.5 \times 0.4} = 6.3분$

0.3분×60＝18초이므로 6분 18초이다.

4. 선반 가공에서 외경을 절삭할 경우, 절삭 가공 길이 100mm를 1회 가공하려고 한다. 회전수 1000rpm, 이송속도 0.15mm/rev이면 가공 시간은 약 몇 분(min)인가?

① 0.5　　　　② 0.67
③ 1.33　　　　④ 1.48

해설 가공시간$(T) = \dfrac{l}{nf} = \dfrac{100}{1000 \times 0.15}$
$= 0.67분$

5. 외경 60mm, 길이 100mm의 강재 환봉을 초경 바이트로 거친 절삭을 할 때 1회 가공 시간은 약 몇 분인가? (단, $V=70$m/min, $f=0.2$mm/rev이다.)

① 1.3　　　　② 2.3
③ 3.1　　　　④ 4.1

해설 먼저 주축 회전수를 구하면
$N = \dfrac{1000V}{\pi D} = \dfrac{1000 \times 50}{3.14 \times 50} = 318.5 \, rpm$

가공시간 $T = \dfrac{l}{nf} = \dfrac{100}{371.5 \times 0.2} = 1.3분$

6. 지름이 100mm인 연강을 회전수 300rpm, 이송 0.3mm/rev, 길이 50mm를 1회 가공할 때 소요되는 시간은 약 몇 초인가?

① 약 20초　　　　② 약 33초
③ 약 40초　　　　④ 약 53초

해설 $T = \dfrac{l}{nf} = \dfrac{50}{300 \times 0.3} = 0.56분$

0.56분×60＝약 33초

제**4**장

CNC 선반

컴퓨터응용 선반 · 밀링기능사 ▶ ▶

제4장 CNC 선반

1. CNC 선반 조작 준비

1-1 CNC 선반 구조

2축의 제어를 기본으로 하는 CNC 선반은 일반적으로 구동 모터, 주축대, 유압척, 공구대, 심압대, X축과 Z축의 서보 기구, 조작반, CNC 제어 장치, 강전 제어반으로 구성되어 있다.

(1) 주축대

공작물을 고정하고 회전시켜 주며, 척은 대부분 연동 척이고 유압으로 작동한다. 척조(chuck jaw)는 수정 가공하여 사용하도록 소프트 조(soft jaw)로 되어 있다.

(2) 공구대

① **터릿 공구대** : 정밀도가 높고 강성이 큰 커플링(coupling)에 의해 분할되며, 공구 교환은 근접 회전 방식을 채택하여 공구 교환시간을 단축할 수 있다.

② **갱 타입 공구대** : 동일한 소형 부품을 대량 생산하는 가공에 적합하고, 공구가 나열식으로 고정되며 공구 선택시간이 짧아 생산시간을 단축할 수 있다.

(3) 시스템 구성

① **서보 기구** : 사람의 손과 발에 해당하며, 머리에 비유되는 정보처리회로로부터 보내진 명령에 따라 CNC 공작기계를 움직이게 하는 기구

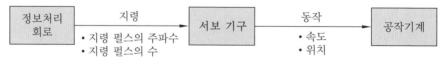

NC 서보 기구

② **서보 모터** : 소형이어야 하고 큰 출력을 낼 수 있어야 하며, 온도 상승이 적고 내열성이 좋아야 하며, 가감속 특성 및 응답성이 좋아야 한다.

③ **볼 스크루(ball screw)**

　㈎ 회전운동을 직선운동시키는 일종의 나사이다.

　㈏ 마찰이 적고 너트(nut)를 조정함으로써 백래시(backlash)를 거의 0에 가깝게 하므로 정밀도를 유지한다.

④ **리졸버(resolver)** : CNC 공작기계의 움직임을 전기적인 신호로 표시하는 일종의 회전 피드백(feedback) 장치이다.

(4) 서보기구

① **개방회로 방식** : 피드백 장치가 없기 때문에 가공 정밀도에 문제가 있어 현재는 거의 사용되지 않는다.

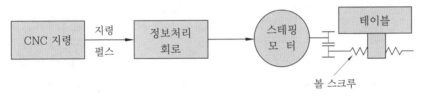

개방회로 방식

② **반폐쇄회로 방식** : 서보 모터에 내장된 디지털형 검출기인 로터리 인코더에서 위치정보를 검출하여 피드백하는 방식으로 볼 스크루의 정밀도가 향상되어 현재 CNC에서 가장 많이 사용하는 방식이다.

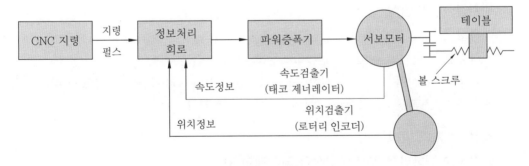

반폐쇄회로 방식

③ **폐쇄회로 방식** : 기계의 테이블에 위치 검출 스케일을 부착하여 위치정보를 피드백시키는 방식으로 고가이며, 고정밀도를 필요로 하는 대형 기계에 주로 사용한다.

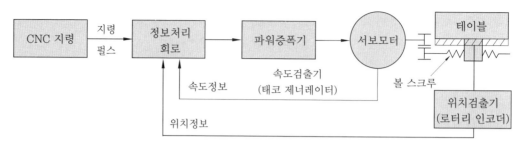

폐쇄회로 방식

④ **복합회로 서보 방식** : 하이브리드(hybrid) 서보 방식이라고도 하며 반폐쇄회로 방
식과 폐쇄회로 방식을 결합하여 고정밀도로 제어하는 방식으로 가격이 고가이므로
고정밀도를 요구하는 기계에 사용한다.

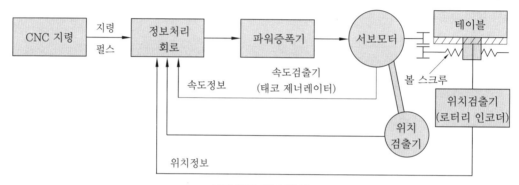

복합회로 서보 방식

(5) 절삭제어 방식

① 위치결정제어 방식
⑺ 가장 간단한 제어 방식이다.

⑼ 가공물의 위치만 찾아 제어하므로 정보 처리가 간단하다.

⒟ 이동 중에는 가공을 하지 않으므로 PTP(point to point) 제어라고도 한다.

⒠ 드릴링, 스폿(spot) 용접기, 펀치 프레스 등에 사용된다.

② 직선절삭제어 방식
⑺ 직선 이동하면서 동시에 절삭하도록 제어한다.

⑼ 선반, 밀링, 보링 머신 등에 사용된다.

③ 윤곽절삭제어 방식
⑺ 곡선 등의 복잡한 형상을 연속적으로 윤곽 제어할 수 있는 시스템이다.

⑼ 3축의 움직임도 동시에 제어하는 방식으로 밀링 작업이 대표적인 경우이다.

⒟ CNC 공작기계에 대부분 사용된다.

(6) CNC의 펄스 분배 방식

① **MIT 방식** : 3차원 보간은 불가능

② **DDA 방식** : 직선보간에 우수

③ **대수연산 방식** : 원호보간에 우수

예상문제

1. CNC 선반의 서보 기구에 대한 설명으로 맞는 것은?

① 컨트롤러에서 가공 데이터를 저장하는 곳이다.

② 디스켓이나 테이프에 기록된 정보를 받아서 펄스화시키는 것이다.

③ CNC 컨트롤러를 작동시키는 기구이다.

④ 공작 기계의 테이블 등을 움직이게 하는 기구이다.

해설 서보 기구란 구동 모터의 회전에 따른 속도와 위치를 피드백시켜 입력된 양과   출력된 양이 같아지도록 각 축을 제어할 수 있는 구동 기구를 말하며, 인간에 비유했을 때 손과 발에 해당한다.

2. 기계의 테이블에 직접 스케일을 부착하여 위치를 검출하고, 서보 모터에서 속도를 검출하는 그림과 같은 서보 기구는 무엇인가?

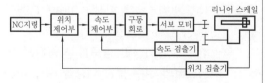

① 개방회로 방식   ② 반폐쇄회로 방식

③ 폐쇄회로 방식   ④ 반개방회로 방식

해설 기계의 테이블에 위치 검출 스케일을 부착하여 위치정보를 피드백 시키는 방식으로

고가이며, 고정밀도를 필요로 하는 대형 기계에 주로 사용한다.

3. 일반적으로 CNC 선반에서 가공하기 어려운 작업은?

① 원호 가공   ② 테이퍼 가공

③ 편심 가공   ④ 나사 가공

해설 CNC 선반은 연동척을 사용하므로 편심 가공은 어렵다.

4. 지령 펄스의 주파수에 해당하는 속도와 위치까지 기계를 움직일 수 있으며, 현재는 정밀도가 낮아 CNC 공작기계에서는 거의 사용하지 않는 다음과 같은 서보 기구는 어느 것인가?

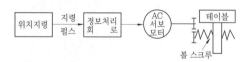

① 폐쇄 회로방식

② 반폐쇄 회로방식

③ 개방 회로방식

④ 하이브리드 서보방식

해설 개방 회로방식은 피드백 장치 없이 스테핑 모터를 사용한 방식으로, 피드백 장치가 없기 때문에 가공 정밀도의 문제가 있어 현재는 거의 사용되지 않는다.

---

5. CNC의 서보 기구 형식이 아닌 것은?

① 개방형(open loop system)
② 반개방형(semi−open loop system)
③ 폐쇄형(closed loop system)
④ 반폐쇄형(semi−closed loop system)

[해설] 서보 (servo) 기구는 사람의 손과 발에 해당하는 부분으로 위치 검출 방법에 따라 개방회로(open loop) 방식, 반폐쇄회로(semi−closed) 방식, 폐쇄회로(close loop) 방식, 하이브리드 서보(hybrid servo) 방식이 있다.

6. 다음 중 일반적으로 CNC 선반에서 절삭 동력이 전달되는 스핀들 축으로 주축과 평행한 축은?

① X축
② Y축
③ Z축
④ A축

[해설] 주축 방향이 Z축이고 여기에 직교한 축이 X축이며, 이 X축과 평면상에서 90도 회전된 축을 Y축이라 한다.

7. CNC 서보 기구 중 그림과 같이 펄스신호를 모터에서 검출하여 피드백시키므로 비교적 정밀도가 높고 CNC 공작기계에 많이 사용하고 있는 서보 기구는?

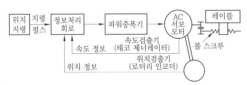

① 개방회로 방식
② 폐쇄회로 방식
③ 반폐쇄회로 방식
④ 하이브리드 방식

[해설] 반폐쇄회로 방식은 속도검출기와 위치검출기가 서보모터에 부착되어 있는 방식이다.

8. 모터에 내장된 태코 제너레이터에서 속도를 검출하고 인코더에서 위치를 검출하여 피드백하는 제어방식으로 일반 CNC 공작기계에 가장 많이 사용되는 서보기구의 형식은?

① 개방회로 방식
② 반폐쇄회로 방식
③ 폐쇄회로 방식
④ 복합회로 방식

[해설] 반폐쇄회로 방식은 서보모터에 내장된 디지털형 검출기인 로터리 인코더에서 위치 정보를 피드백하고 태코 제너레이터 또는 펄스 제너레이터에서 전류를 피드백하여 속도를 제어하는 방식이다.

9. CNC 공작기계에서 작업을 수행하기 위한 제어방식이 아닌 것은?

① 윤곽 절삭 제어
② 평면 절삭 제어
③ 직선 절삭 제어
④ 위치 결정 제어

[해설] • 위치 결정 제어 : 가장 간단한 제어방식으로 PTP 제어라고도 한다.
• 직선 절삭 제어 : 절삭 공구가 현재의 위치에서 지정한 다른 위치로 직선 이동하면서 동시에 절삭하도록 제어하는 기능
• 윤곽 절삭 제어 : 곡선 등의 복잡한 형상을 연속적으로 윤곽 제어할 수 있는 시스템

10. 다음 중 CNC 공작 기계에서 이송 속도 (feed speed)에 대한 설명으로 틀린 것은 어느 것인가?

① CNC 선반의 경우 가공물이 1회전할 때 공구의 가로 방향 이송을 주로 사용한다.
② CNC 선반의 경우 회전당 이송인 G98이 전원 공급 시 설정된다.
③ 날이 2개 이상인 공구를 사용하는 머시닝센터의 경우 분당 이송을 주로 사용한다.
④ 머시닝센터의 경우 분당 이송 거리는 "날당 이송 거리×공구의 날수×회전수"로 계산된다.

정답 5. ② 6. ③ 7. ③ 8. ② 9. ② 10. ②

해설 CNC 선반의 경우 회전당 이송인 G99가 전원 공급 시 설정된다.

11. 근래에 생산되는 대형 정밀 CNC 고속 가공기에 주로 사용되며 모터에서 속도를 검출하고, 테이블에 리니어 스케일을 부착하여 위치를 피드백하는 서보 기구 방식은 어느 것인가?

① 개방회로 방식
② 반폐쇄회로 방식
③ 폐쇄회로 방식
④ 복합회로 방식

해설 폐쇄회로 방식은 볼 스크루의 피치 오차나 백래시에 의한 오차도 보정할 수 있어 정밀도를 향상시킬 수 있으나, 테이블에 놓이는 가공물의 위치와 중량에 따라 백래시의 크기가 달라질 뿐만 아니라, 볼 스크루의 누적 피치 오차는 온도 변화에 상당히 민감하므로 고정밀도를 필요로 하는 대형 기계에 주로 사용된다.

12. CNC 선반은 크게 "기계 본체 부분"과 "CNC 장치 부분"으로 구성되는데 다음 중 "CNC 장치 부분"에 해당하는 것은?

① 공구대
② 위치검출기
③ 척(chuck)
④ 헤드 스톡

해설 CNC 선반의 구성

본체	공구대(tool post)	
	척(chuck)	
	이송장치–볼 스크루(ball screw)	
	헤드 스톡(head stock)–주축 모터	
CNC 장치	지령 방식	
	서보 모터(servo motor)	
	위치검출기	
	포지션 코더(position coder)	

13. 반폐쇄회로 방식의 NC 기계가 운동하는 과정에서 오는 운동손실(lost motion)에 해당되지 않는 것은?

① 스크루의 백래시 오차
② 비틀림 및 처짐의 오차
③ 열변형에 의한 오차
④ 고강도에 의한 오차

해설 반폐쇄회로 방식은 서보 모터의 축 또는 볼 스크루의 회전각도를 통하여 위치를 검출하는 방식으로, 직선운동을 회전운동으로 바꾸어 검출하며 고강도에 의한 오차는 없다.

14. 다음 중 CNC 공작기계에서 속도와 위치를 피드백하는 장치는?

① 서보 모터
② 컨트롤러
③ 주축 모터
④ 인코더

해설 인코더는 서보 모터에 부착되어 CNC 기계에서 속도와 위치를 피드백하는 장치이다.

15. 서보기구에서 위치와 속도의 검출을 서보모터에 내장된 인코더(encoder)에 의해서 검출하는 방식은?

① 반폐쇄회로 방식
② 개방회로 방식
③ 폐쇄회로 방식
④ 반개방회로 방식

해설 폐쇄회로 방식은 위치 검출 방식에 따라 다음 3가지로 분류할 수 있다.
(1) 반폐쇄회로 방식 : 펄스 인코더, 리졸버
(2) 폐쇄회로 방식 : 라이너 스케일(인덕터신, 자기 스케일, 광학 스케일)
(3) 하이브리드 서보방식 : 리졸버(인덕터신, 자기 스케일, 광학 스케일)

정답 **11.** ③ **12.** ② **13.** ④ **14.** ④ **15.** ①

16. CNC 공작기계의 정보 처리 회로에서 서보 모터를 구동하기 위하여 출력하는 신호의 형태는?

① 문자 신호
② 위상 신호
③ 펄스 신호
④ 형상 신호

해설 서보 모터는 펄스 지령에 의하여 각각에 대응하는 회전 운동을 한다.

17. CNC 공작기계의 특징으로 옳지 않은 것은?

① 공작기계가 공작물을 가공하는 중에도 파트 프로그램 수정이 가능하다.
② 품질이 균일한 생산품을 얻을 수 있으나 고장 발생 시 자기진단이 어렵다.
③ 인치 단위의 프로그램을 쉽게 미터 단위로 자동변환할 수 있다.
④ 파트 프로그램을 매크로 형태로 저장시켜 필요할 때 불러 사용할 수 있다

해설 제품의 균일화로 품질관리가 용이하며, 공구 관리비를 절감하고 작업자의 피로를 줄일 수 있다.

18. CNC 공작기계의 정보 흐름의 순서가 맞는 것은?

① 지령펄스열→서보구동→수치정보→가공물
② 지령펄스열→수치정보→서보구동→가공물
③ 수치정보→지령펄스열→서보구동→가공물
④ 수치정보→서보구동→지령펄스열→가공물

해설 CNC 공작기계의 정보 흐름은 수치정보→컨트롤러→서보기구→이송기구→가공물의 순이다.

19. 다음 중 서보 구동부에 대한 설명으로 틀린 것은?

① CNC 공작기계의 가공 속도를 결정하는 핵심부이다.
② 서보 기구는 사람의 손과 발에 해당된다.
③ 입력된 명령 정보를 계산하고 진행 순서를 결정한다.
④ CNC 공작기계의 주축, 테이블 등을 움직이는 역할을 한다.

해설 정보 처리 회로는 입력된 명령 정보를 계산하고 진행 순서를 결정한다.

정답 16. ③ 17. ② 18. ③ 19. ③

1-2 CNC 선반 안전운전 준수 사항

CNC 선반은 회전 부위에 장갑 또는 옷자락 등이 감겨 작업자가 기계에 끼이거나 부딪치는 사고, 고속 회전하던 공작물이 튕겨져 날아와 맞는 사고, 제거된 칩이 눈 또는 신체에 튀어 부상을 입는 등의 사고가 주로 발생한다. CNC 선반 작업에서 특히 주의해야 할 안전 수칙은 다음과 같다.

(1) CNC 선반 안전 수칙

① 가공 중에는 칩 커버나 문을 반드시 닫아야 한다.

② 운전하기 전에 비상시를 대비하여 피드 홀더 스위치나 비상 정지 스위치 위치를 확인한다.

③ 강전반 및 NC 유닛은 절대 함부로 손대지 않는다.

④ 절삭 칩을 제거할 때는 브러시나 청소용 솔을 사용한다.

⑤ 항상 비상버튼을 누를 수 있도록 염두에 두어야 한다

(2) 방호가드 설치

CNC 선반은 2중 구조로 이루어진 안전유리를 설치하도록 하며, 회전축에 돌출되어 있는 척(chuck)이나 조(jaw) 부분에는 고정식 또는 탈착식 가드와 같은 방호가드를 설치한다.

(3) 공작물 완전 고정

고정이 헐겁거나 방진구 등의 설비를 제대로 사용하지 않을 경우 재료가 선반으로부터 튕겨져 날아가 작업자나 주변 사람들을 가격하는 등의 위험이 발생할 수 있다.

예상문제

1. CNC 기계 가공 시 안전 및 유의 사항으로 틀린 것은?

① 가공할 때 절삭 조건을 알맞게 설정한다.

② 가공 시작 전에 비상 스위치의 위치를 확인한다.

③ 가공 중에는 칩 커버나 문을 반드시 닫아야 한다.

④ 공정도와 공구 세팅 시트는 가능한 한 작성하지 않는다.

해설 공정도와 공구 세팅 시트는 프로그래밍 시 혼돈을 줄이기 위하여 꼭 작성해야 한다.

2. 다음 NC 기계의 안전에 관한 사항 중 틀린 것은?

① 절삭 칩의 제거는 브러시나 청소용 솔을 사용한다.

② 항상 비상버튼을 누를 수 있도록 염두해 두어야 한다.

③ 먼지나 칩 등 불순물을 제거하기 위해 강전반 및 NC 유닛은 압축공기로 깨끗이 청소해야 한다.

④ 강전반 및 NC 유닛문은 충격을 주지말아야 한다.

해설 강전반 및 NC 유닛은 절대 함부로 손대지 말고 문제가 있으면 전문가나 A/S요원을 부른다.

3. CNC 공작기계 작업 시 안전 및 유의 사항
이 틀린 것은?

① 습동부에 윤활유가 충분히 공급되고 있
는지 확인한다.

② 절삭 가공은 드라이 런 스위치를 ON으로
하고 운전한다.

③ 전원을 투입하고 기계 원점 복귀를 한다.

④ 안전을 위해 칩 커버와 문을 닫고 가공
한다.

해설 드라이 런(dry run)은 실제로 가공하기
전 절삭은 하지 않고 공구의 이동을 하여 프
로그램 체크 시 사용하는 기능이다.

4. CNC 선반 작업을 할 때 유의해야 할 사항
으로 틀린 것은?

① 소프트 조 가공 시 처킹(chucking) 압력
을 조정해야 한다.

② 운전하기 전에 비상시를 대비하여 피드
홀더 스위치나 비상 정지 스위치 위치를
확인한다.

③ 가공 전에 프로그램과 좌표계 설정이 정
확한지 확인한다.

④ 지름에 비하여 긴 일감을 가공할 때는
한쪽 끝에 심압대 센터가 닿지 않도록
주의한다.

해설 피드 홀더(feed holder : 이송 정지)는
자동 개시의 실행으로 진행 중인 프로그램을
정지시킬 때 사용하는 스위치이다.

5. CNC 작업 중 기계에 이상이 발생하였을
때 조치사항으로 적당하지 않은 것은?

① 알람 내용을 확인한다.

② 경보등이 점등되었는지 확인한다.

③ 간단한 내용은 조작 설명서에 따라 조치
하고 안 되면 전문가에게 의뢰한다.

④ 기계 가공이 안 되기 때문에 무조건 전원

을 끈다.

해설 전원이 켜진 상태에서 이상 유무를 확인
한다.

6. CNC 공작기계 가공에서 유의사항으로 틀
린 것은?

① 소수점 입력 여부를 확인한다.

② 좌표계 설정이 맞는가 확인한다.

③ 보안경을 착용한다.

④ 작업복을 착용하지 않아도 된다.

해설 CNC 공작기계 가공 시에는 안전을 위하
여 반드시 작업복을 착용해야 한다.

7. 다음 중 CNC 선반 작업 시 안전 사항으로
옳지 않은 것은?

① 고정 사이클 가공 시에 공구 경로에 유의
한다.

② 칩이 공작물이나 척에 감기지 않도록 주
의한다.

③ 가공 상태를 확인하기 위하여 안전문을
열어 놓고 조심하면서 가공한다.

④ 고정 사이클로 가공 시 첫 번째 블록까지
는 공작물과 충돌 예방을 위하여 single
block으로 가공한다.

해설 작업의 안전을 위하여 항상 안전문을 닫
고 가공하며, 문은 특수 유리를 사용한다.

8. CNC 공작기계의 안전에 관한 사항으로
틀린 것은?

① MDI로 프로그램을 입력할 때 입력이 끝
나면 필히 확인하여야 한다.

② 강전반 및 NC 장치는 압축 공기를 사용
하여 항상 깨끗이 청소한다.

③ 강전반 및 NC 장치는 어떠한 충격도 주
지 말아야 한다.

④ 항상 비상정지 버튼을 누를 수 있는 마음 가짐으로 작업한다.

해설 강전반과 NC 장치는 작업자가 절대 손대지 말고 문제가 있으면 전문가에게 의뢰한다.

9. CNC 선반 가공에서의 안전사항으로 틀린 것은?

① 절삭 공구와 공작물의 고정 상태를 확인한 후 가공한다.

② 가공 중에는 안전문을 열거나 불필요한 조작을 하지 않는다.

③ 가공 중 쌓이는 칩은 절삭을 방해하므로 맨손으로 제거한다.

④ 가공 중 충돌의 우려가 있을 경우에는 비상 정지 스위치를 누른다.

해설 칩은 기계를 정지시킨 후 갈고리 등 칩 제거 기구로 제거한다.

10. 다음 중 CNC 선반에서 작업 안전사항이 아닌 것은?

① 문이 열린 상태에서 작업을 하면 경보가 발생하도록 한다.

② 척에 공작물을 클램핑할 경우에는 장갑을 끼고 작업하지 않는다.

③ 가공상태를 볼 수 있도록 문(door)에 일반 투명유리를 설치한다.

④ 작업 중 타인은 프로그램을 수정하지 못하도록 옵션을 건다.

해설 안전을 위하여 문은 특수 유리를 사용하며 만약 문이 깨지더라도 관계없어야 한다.

11. CNC 선반 베드 면에 습동유가 나오는지 손으로 확인하는 것은 어느 점검 사항에 해당하는가?

① 수평 점검

② 압력 점검

③ 외관 점검

④ 기계의 정도 점검

해설 기계가 정리된 상태에서 베드 면의 습동유는 손으로 점검한다.

12. 다음 중 수치 제어 공작 기계의 일상점검 내용으로 가장 적절하지 않은 것은?

① 습동유의 양 점검

② 주축의 정도 점검

③ 조작판의 작동 점검

④ 비상정지 스위치 작동 점검

해설 주축의 정도 검사는 공구대가 충돌한 경우에는 반드시 해야 하며, 보통 1년에 1회 정도 행한다.

13. CNC 선반 가공 시 점검해야 할 사항 중 옳게 설명된 것은?

① 피드 오버라이드(feed override) 스위치는 항상 최대 위치에 있도록 한다.

② 나사 가공 시는 반드시 G96이 지령되어 있어야 한다.

③ 심압대 사용 시 공구 간섭에 유의해야 한다.

④ 기계 원점은 공작물 중심과 일치해야 한다.

해설 심압대가 ON 되어 있을 경우 심압대 근처에서 공구 교환을 하면 심압대와 공구대가 충돌할 위험이 있으므로 주의해야 한다.

1-3 CNC 선반 경보 메시지

(1) 경보 메시지

기구적으로 발생하는 알람은 다음과 같다.

경보 내용	원인	해제 방법
EMERGENCY STOP 스위치 ON	비상정지 스위치 ON	비상정지 스위치 해제
LUBRICATION TANK LEVEL LOW ALARM	습동유 부족	습동유 보충
THERMAL OVERLOAD TRIP ALARM	과부하로 인한 OVER LOAD TRIP	전원 차단 후 마그네트 스위치 점검
P/S ALARM	프로그램 이상	선택된 프로그램 오류 부분 수정
EMERGENCY L/S ON	비상정지 리밋 스위치 작동	행정 오버 스위치를 누른 상태에서 축 이동
SPINDLE ALARM	주축 모터 이상	전원 차단 후 A/S 신청

(2) 알람 해제

① 알람 발생 시 어떤 종류의 알람인지를 구별한다.

② 스스로 조치할 수 있는 알람이 어떤 것들이 있는지 확인한다.

③ 열과 관련된 알람의 경우 전원 OFF하고 잠시 기다린 후 전원 ON한다.

④ 스스로 해결이 안 될 경우 제조사에 A/S를 신청한다.

1-4 CNC 선반 공작물 고정

(1) 유압 척

대부분 연동 척으로 유압으로 작동되며 공작물의 착탈이 쉬워 생산 능률을 향상시킨다.

(2) 유압 심압대

① 공작물을 척에 고정할 때 고정 부분이 너무 적어 위험한 경우 사용한다.

② 공작물의 길이가 외경에 비해 긴 공작물을 가공할 때 사용한다.

③ CNC 선반 가공 중 떨림 현상이 발생할 때 사용한다.

④ 양 센터 돌리개 작업 시 사용한다.

(3) 소프트 조(soft jaw)

① 가공하기 용이한 재질로 만들어져 있다.

② 조를 척에 체결 후 조의 내경을 가공하여 사용한다.

③ 내경 가공 후 사용하는 소프트 조는 비교적 중심이 잘 맞으므로 정밀도를 요하는 가공물의 2차 가공 시 주로 사용한다.

④ 척에서 분리 후 다시 체결할 때 내경 가공 후 사용한다.

⑤ 오랫동안 사용하면 변형이 생길 수 있으므로 주기적으로 내경을 가공하며 사용한다.

예상문제

1. 프로그램 에러(error) 경보가 발생하는 경우는?

① G04 P0.5 ;

② G00 X50000 Z2. ;

③ G01 X12.0 Z−30. F0.2 ;

④ G96 S120 ;

> **해설** G04는 드웰(dwell)을 의미하는 준비 기능으로 어드레스 X, U, P와 함께 사용하는데 P는 소수점을 사용할 수 없다.

2. 다음 중 CNC 선반에서 스핀들 알람 (spindle alarm)의 원인이 아닌 것은?

① 과전류

② 금지 영역 침범

③ 주축 모터의 과열

④ 주축 모터의 과부하

> **해설** 금지 영역 침범은 오버 트래블(over travel) 알람의 원인이다.

3. CNC 선반에서 드릴을 고정하여 사용하는 것은?

① 주축대   ② 새들

③ 공구대   ④ 베드

> **해설** 공구대에 드릴을 고정하여 공작물의 구멍 가공을 한다.

4. CNC 선반에서 유압 심압대 사용에 대한 설명이다. 틀린 것은?

① 척으로 물리는 부분이 너무 적어 위험한 경우 사용 한다.

② 소재의 길이가 직경에 비해 짧은 소재를 가공할 때 사용한다.

③ CNC 선반 작업 시 떨림 현상이 발생할 때 사용한다.

④ 양 센터 돌리개 작업 시 사용한다.

> **해설** 소재의 길이가 직경에 비해 너무 긴 소재를 가공할 때 떨림 현상이 발생할 수 있으므로 안전을 위해 사용한다.

정답 1. ①   2. ②   3. ③   4. ②

5. 다음 중 소프트 조(soft jaw)에 대한 설명으로 틀린 것은?

① 가공이 용이한 재질로 만들어져 있다.

② 조를 척에 체결 후 조의 내경을 가공하여 사용한다.

③ 정밀도를 요하는 가공물의 1차 가공 시 주로 사용한다.

④ 척에서 분리 후 재체결 시 내경 가공 후 사용한다.

해설 내경 가공 후 사용하는 소프트 조는 비교적 중심이 잘 맞으므로 정밀도를 요하는 가공물의 2차 가공 시 주로 사용한다.

정답 5. ③

2. CNC 선반 조작

2-1 CNC 선반 조작 방법

(1) 전원 투입

① 기계 뒤쪽 강전 박스에 부착된 메인 스위치를 ON한다.

② 메인 전원 투입 후 팬의 회전 여부를 확인한다.

③ 조작반 전원 스위치를 ON한다.

④ 조작반 화면이 켜지는 것을 확인한다.

⑤ EMERGENCY STOP(비상정지) 스위치를 ON한다.

(2) 원점복귀

① CNC 선반 작업 시 전원 투입 후에는 반드시 원점복귀를 실행해야 한다.

② 장비의 모드(MODE)를 조그(JOG)로 선택한다.

③ 반드시 X축부터 원점복귀한다. (Z축 먼저 원점복귀 시 터릿이 심압대에 충돌할 우려가 있다.)

④ X축 원점복귀 완료를 확인한 후 Z축 원점복귀를 한다.

⑤ 원점복귀 완료를 확인한 후 공구대를 다시 척 방향으로 이동한다.

(3) 전원 차단

① CNC 선반 작업 후 전원을 차단할 때에는 우선 각 축을 원점복귀한다.

② EMERGENCY STOP(비상정지) 스위치를 OFF한다.

③ 조작반 전원 스위치를 OFF한다.

④ 기계 뒤쪽 강전 박스에 부착된 메인 스위치를 OFF한다.

예상문제

1. CNC 선반에서 G01 Z10.0 F0.15 ; 으로 프로그램한 것을 조작 패널에서 이송 속도 조절장치(feedrate override)를 80%로 했을 경우 실제 이송 속도는?

① 0.1 ② 0.12

③ 0.15 ④ 0.18

해설 100%로 했을 때 F0.15이므로 80%로 하면 0.15×0.8=0.12이다.

2. 다음 중 CNC 선반에서 전원 투입 후 CNC 선반의 초기 상태의 기능으로 볼 수 없는 것은?

① 공구 인선반지름 보정기능 취소(G40)

② 회전당 이송(G99)

③ 회전수 일정 제어 모드(G97)

④ 절삭 속도 일정 제어 모드(G96)

해설 CNC 선반의 초기 상태는 항상 G97로 되어 있다.

3. 다음 중 CNC 선반에서 가공하기 어려운 것은?

① 나사 가공 ② 래크 가공

③ 홈 가공 ④ 드릴 가공

해설 CNC 선반에서는 래크 가공, 편심 가공 및 널링 작업은 어렵다.

4. CNC 선반에서 간단한 프로그램을 편집과 동시에 시험적으로 실행해 볼 때 사용하는 모드는?

① MDI 모드

② JOG 모드

③ EDIT 모드

④ AUTO 모드

해설 • MDI : MDI(manual data input)는 수동 데이터 입력 또는 반자동 모드이며, 간단한 프로그램을 편집과 동시에 시험적으로 실행할 때 사용

• JOG : 축을 빨리 움직일 때 사용

• EDIT : 프로그램을 편집할 때 사용

• AUTO : 자동가공

5. 일반적으로 CNC 선반 작업 중 기계원점 복귀를 해야 하는 경우에 해당하지 않는 것은?

① 처음 전원스위치를 ON하였을 때

② 작업 중 비상정지 버튼을 눌렀을 때

③ 작업 중 이송정지(feed hold) 버튼을 눌렀을 때

④ 기계가 행정한계를 벗어나 경보(alarm)가 발생하여 행정오버해제 버튼을 누르고 경보(alarm)를 해제하였을 때

해설 이송정지 버튼을 누르면 공구의 이송이 정지되어 공구와 공작물 간의 거리를 알므로 충돌을 방지하기 위하여 사용하며 사이클 스타트를 누르면 기계는 정상 작동된다.

정답 1. ② 2. ④ 3. ② 4. ① 5. ③

6. CNC 공작기계가 자동 운전 도중 알람이 발생하여 정지하였을 경우 조치사항으로 틀린 것은?

① 프로그램의 이상 유무를 확인한다.
② 비상정지 버튼을 누른 후 원인을 찾는다.
③ 발생한 알람의 내용을 확인한 후 원인을 찾는다.
④ 해제 버튼을 누른 후 다시 프로그램을 실행시킨다.

해설 알람 해제 후에는 반드시 원점복귀를 한 후 작업을 해야 한다.

7. 다음 중 CNC 공작 기계의 특징으로 옳지 않은 것은?

① 공작 기계가 공작물을 가공하는 중에도 파트 프로그램 수정이 가능하다.
② 품질이 균일한 생산품을 얻을 수 있으나 고장 발생 시 자가 진단이 어렵다.
③ 인치 단위의 프로그램을 쉽게 미터 단위로 자동 변환할 수 있다.
④ 파트 프로그램을 매크로 형태로 저장시켜 필요할 때 불러 사용할 수 있다.

해설 CNC 공작 기계의 특징
(1) 제품의 균일화로 품질 관리가 용이하다.
(2) 작업 시간 단축으로 생산성을 향상시킬 수 있다.
(3) 제조 원가 및 인건비를 절감할 수 있다.
(4) 특수 공구 제작이 불필요해 공구 관리비를 절감할 수 있다.
(5) 작업자의 피로를 줄일 수 있다.
(6) 제품의 난이성에 비례해서 가공성을 증대시킬 수 있다.

8. 다음 중 CNC 선반 프로그램의 설명으로 틀린 것은?

① 동일 블록에서 절대 지령과 증분 지령을 혼합하여 지령할 수 있다.
② M01 기능은 자동 운전 시 선택적으로 정지시킨다.
③ 급속 위치 결정(G00)은 프로그램에서 지령된 이송속도로 이동한다.
④ 머신 로크 스위치를 ON하면 자동 운전을 실행해도 축이 움직이지 않는다.

해설 급속 위치 결정(G00)은 기계에서 설정된 이송속도로 이동한다.

9. CNC 선반에서 안전을 고려하여 프로그램을 테스트할 때 축 이동을 하지 않게 하기 위해 사용하는 조작판은?

① 옵셔널 프로그램 스톱(optional program stop)
② 머신 로크(machine lock)
③ 옵쇼널 블록 스킵(optional block skip)
④ 싱글 블록(single block)

해설 옵셔널 스톱(optional stop)은 프로그램에 지령된 M01을 선택적으로 실행하 게 된다. 조작판의 M01 스위치가 ON일 때는 프로그램 M01이 실행되므로 프로그램이 정지되고, OFF일 때는 M01을 실행해도 기능이 없는 것으로 간주하고 다음 블록을 실행하게 된다.

2-2 | 좌표계 설정

(1) CNC 선반의 좌표계

CNC 선반의 경우 회전하는 가공물체에 대해 공구를 움직이는 데 필요한 두 개의 축이 있는데, X축은 공구의 이동축이고 Z축은 가공물의 회전축으로 다음 [그림] 선반의 좌표계에 표시되어 있다.

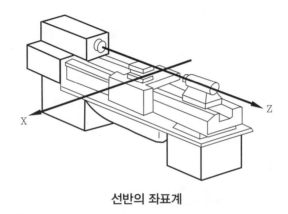

선반의 좌표계

(2) 절대좌표와 증분좌표

CNC 선반 프로그래밍에는 절대(absolute)좌표와 증분(incremental)좌표 또는 상대(relative)좌표 방식이 있는데, 절대좌표는 이동하고자 하는 점을 전부 프로그램 원점으로부터 설정된 좌표계의 좌푯값으로 표시한 것이며 어드레스 X, Z로 표시하고, 증분방식은 앞 블록의 종점이 다음 블록의 시작점이 되어서 이동하고자 하는 종점까지의 거리를 U, W로 지령한 것이다.

그리고 절대좌표와 증분좌표를 한 블록 내에서 혼합하여 사용할 수 있는데, 이를 혼합방식이라 하며 CNC 선반 프로그램에서만 가능하다.

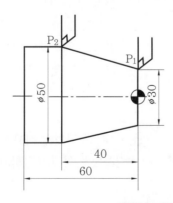

P₁ : 지령 시작점(30, 0)
P₂ : 지령 끝점(50, −40)

좌푯값 지령 방법

① 절대방식 지령 X50.0 Z−40.0 ;
② 증분방식 지령 U20.0 W−40.0 ;
③ 혼합방식 지령 X50.0 W−40.0 ;
　　　　　　　　　 U20.0 Z−40.0 ;

예상문제

1. 좌표계상에서 목적위치를 지령하는 절대 지령방식으로 지령한 것은?

① X150.0 Z150.0
② U150.0 W150.0
③ X150.0 W150.0
④ U150.0 Z150.0

해설 X, Z → 절대지령방식이고, U, W→ 증분지령방식이다. 그리고 X, W 및 U, Z를 혼합지령방식이라 하는데 절대지령방식과 증분지령방식을 섞은 것이다.

2. 다음 설명은 무엇에 대한 좌표계인가?

> 도면을 보고 프로그램을 작성할 때에 절대좌표계의 기준이 되는 점으로서, 프로그램 원점이라고도 한다.

① 공작물 좌표계　　② 기계 좌표계
③ 극 좌표계　　　　④ 상대 좌표계

해설 • 공작물 좌표계 : 절대 좌표계의 기준인 프로그램 원점
• 기계 좌표계 : 기계원점까지의 거리
• 극 좌표계 : 이동거리와 각도로 주어진 좌표계
• 상대 좌표계 : 상댓값을 가지는 좌표계

3. CNC 공작기계에서 기계상에 고정된 임의의 지점으로 기계 제작 시 기계 제조회

사에서 위치를 정하는 고정 위치를 무엇이라고 하는가?

① 프로그램 원점　　② 기계 원점
③ 좌표계 원점　　　④ 공구의 출발점

해설 기계 원점은 기계 제작사에서 임의로 잡는 점으로 기계 출하 시 파라미터에 의해 결정된다.

4. 기계 원점(reference point)의 설명으로 틀린 것은?

① 기계 원점은 기계상에 고정된 임의의 지점으로 프로그램 및 기계를 조작할 때 기준이 되는 위치이다.
② 모드 스위치를 자동 또는 반자동에 위치시키고 G28을 이용하여 각 축을 자동으로 기계 원점까지 복귀시킬 수 있다.
③ 수동 원점 복귀를 할 때는 모드 스위치를 급송에 위치시키고 조그(jog) 버튼을 이용하여 기계 원점으로 복귀시킨다.
④ CNC 선반에서 전원을 켰을 때 기계 원점 복귀를 가장 먼저 실행하는 것이 좋다.

해설 수동 원점 복귀를 할 때는 모드 스위치를 원점 복귀에 두고 조그 버튼을 누른다.

5. CNC 공작기계 좌표계의 이동 위치를 지령하는 방식에 해당하지 않는 것은?

① 절대 지령 방식
② 증분 지령 방식
③ 잔여 지령 방식
④ 혼합 지령 방식

해설 절대 지령 방식은 공구의 위치와는 관계 없이 프로그램 원점을 기준으로 하여 현재의 위치에 대한 좌푯값을 절대량으로 나타내는 방식이고, 증분 지령 방식은 공구의 바로 전 위치를 기준으로 목표 위치까지 이동량을 증분량으로 나타내는 방식이며, 혼합 지령 방식은 CNC 선반의 경우에만 사용하는데 절대와 증분을 한 블록 내에서 같이 사용하는 방법이다.

6. 정확한 거리의 이동이나 공구 보정 시에 사용되며 현 위치가 좌표계의 기준이 되는 좌표계는 어느 것인가?

① 상대 좌표계
② 기계 좌표계
③ 공작물 좌표계
④ 기계원점 좌표계

7. 현재의 위치점이 기준이 되어 이동된 양을 벡터값으로 표현하며, 현재 위치를 0(zero)으로 설정할 때 사용하는 좌표계의 종류는?

① 공작물 좌표계
② 극 좌표계
③ 상대 좌표계
④ 기계 좌표계

해설 상대 좌표계는 현재의 위치점이 기준이 된다.

8. 다음 설명에 해당하는 좌표계의 종류는 무엇인가?

상댓값을 가지는 좌표로 정확한 거리의 이동이나 공구 보정 시에 사용되며 현재의 위치가 좌표계의 원점이 되고 필요에 따라 그 위치를 0(zero)으로 설정할 수 있다.

① 공작물 좌표계
② 극 좌표계
③ 상대 좌표계
④ 기계 좌표계

해설 절대 좌표 방식은 공구의 위치와는 관계 없이 프로그램 원점을 기준으로 하여 현재의 위치에 대한 좌푯값을 절대량으로 나타내는 방식이고, 상대 좌표 방식은 공구의 바로 전 위치를 기준으로 목표 위치까지 이동량을 증분량으로 나타내는 방식이다.

9. CNC 공작기계에서 사용되는 좌표계 중 사용자가 임의로 변경해서는 안 되는 좌표계는?

① 공작물 좌표계
② 기계 좌표계
③ 지역 좌표계
④ 상대 좌표계

10. CNC 선반 프로그램에 대한 다음 설명 중 틀린 것은?

① 절대지령은 X, Z 어드레스로 결정한다.
② 증분지령은 U, W 어드레스로 결정한다.
③ 프로그램 작성은 절대지령과 증분지령을 혼용해서 사용할 수 있다.
④ 절대지령과 증분지령은 한 블록에 지령할 수 없다.

해설 CNC 선반 프로그램에서는 한 블록 내에서 절대지령(X, Z)과 증분지령(U, W)을 혼합하여 지령할 수 있다.

11. CNC 지령 중 기계 원점 복귀 후 중간 경유점을 거쳐 지정된 위치로 이동하는 준비기능은?

① G27
② G28
③ G29
④ G32

해설 • G27 : 원점 복귀 확인
• G28 : 자동 원점 복귀
• G29 : 원점으로부터 자동 복귀
• G30 : 제2원점 복귀

정답 6. ① 7. ③ 8. ③ 9. ② 10. ④ 11. ③

2-3   공구 보정

(1) 공구 보정의 의미

프로그램 작성 시에는 가공용 공구의 길이와 형상은 고려하지 않고 실제 가공 시 각각의 공구 길이와 공구 선단의 인선 R의 크기에 따라 차이가 있으므로 이 차이의 양을 오프셋(offset) 화면에 그 차이점을 등록하여 프로그램 내에서 호출로 그 차이점을 자동으로 보정한다.

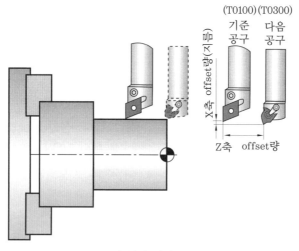

공구의 위치 길이 보정량

(2) 공구 위치 보정(길이 보정)

공구 위치 보정이란 프로그램상에서 가정한 공구(기준공구 : T0100)에 대하여 실제로 사용하는 공구(다음 공구 : T0300)와의 차이값을 보정하는 기능으로 공구 위치 보정의 예는 다음과 같다.

G00	X30.0	Z2.0	T0101 ;	………	1번 offset량 보정
G01	Z-30.0	F0.2 ;			
G00	X150.0	Z150.0	T0100 ;	………	offset량 보정 무시

(3) 인선 반지름 보정

공구의 선단은 외관상으로는 예리하나 실제의 공구 선단은 반지름 r인 원호로 되어 있는데 이를 인선 반지름이라 하며, 테이퍼 절삭이나 원호보간의 경우에는 다음 [그림]과 같이 인선 반지름에 의한 오차가 발생하게 된다.

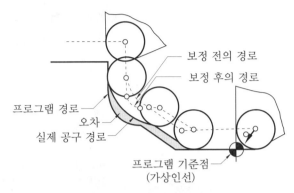

공구 인선 반지름 보정 경로

이러한 인선 반지름에 의한 가공경로 오차량을 보정하는 기능으로 임의의 인선 반지름을 가지는 특정공구의 가공경로 및 방향에 따라 자동으로 보정하여 주는 보정기능을 인선 반지름 보정이라 한다.

공구 인선 반지름 보정의 지령 방법과 G-코드의 의미 및 공구 경로는 다음과 같다.

G40	
G41	X(U)__ Z(W)__ ;
G42	

공구 인선 반지름 보정 G-코드

G-코드	가공위치	공구 경로
G40	인선 반지름 보정 취소	프로그램 경로 위에서 공구 이동
G41	인선 왼쪽 보정	프로그램 경로의 왼쪽에서 공구 이동
G42	인선 오른쪽 보정	프로그램 경로의 오른쪽에서 공구 이동

예상문제

1. 인서트 팁의 규격 선정법에서 "N"이 나타내는 내용은?

DNMG 150408

① 공차
② 인서트 형상
③ 여유각
④ 칩 브레이커 형상

해설 인서트 팁의 규격
• D : 인서트 형상
• N : 여유각
• M : 공차
• G : 인서트 단면 형상

정답 1. ③

2. 보기 그림에서 CNC 선반 공구 인선 보정 시 우측 보정(G42)을 나타낸 것끼리 짝지어진 것은?

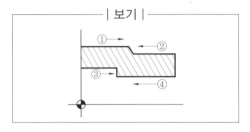

| 보기 |

① ①, ③   ② ②, ④
③ ①, ④   ④ ②, ③

해설 공작물의 오른쪽에 공구가 있으면 G42 이고, 왼쪽에 공구가 있으면 G41이다.

3. TNMG는 선삭용 인서트의 ISO 규격이다. 두 번째 N은 무엇을 의미하는가?

① 노즈 반지름   ② 허용 공차
③ 여유각   ④ 칩 브레이커 형상

해설 •T : 인서트 형상
•M : 공차
•G : 단면 형상

4. 공구 날 끝 반지름 보정에 관한 설명으로 틀린 것은?

① G40은 공구 날 끝 반지름 보정 취소이다.
② G41은 공구 날 끝 좌측 보정이다.
③ 공구 날 끝 반지름 보정을 하려면 인선 (날 끝) 반지름과 가상 인선 번호를 설정해야 한다.
④ 직선이나 테이퍼 가공에서는 공구 날 끝 보정을 할 필요가 없다.

5. CNC 선반에서 지름(외경) 30mm를 가공 후 측정하였더니 29.7mm였다. 이때 공구

보정값을 얼마로 수정해야 하는가? (단, 기존 보정량은 X4.3 Z5.4이다.)

① X4.0 Z5.4   ② X4.0 Z6.0
③ X4.6 Z5.4   ④ X4.6 Z6.0

해설 가공에 따른 X축 보정값$=29.7-30=$ -0.3(0.3만큼 작게 가공됨)
기존의 보정값$=4.3$
공구 보정값=기존의 보정값+더해야 할 보정값$=4.3+0.3=4.6$

6. 그림과 같이 바이트가 이동하여 절삭할 때 공구 인선 반지름 보정으로 옳은 준비 기능은?

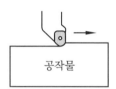

공작물

① G41   ② G42
③ G43   ④ G44

해설

지령	가공 위치	공구 경로
G40	취소	프로그램 경로 위에서 공구 이동
G41	오른쪽	프로그램 경로의 왼쪽에서 공구 이동
G42	왼쪽	프로그램 경로의 오른쪽에서 공구 이동

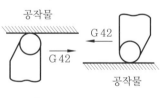

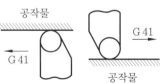

2. CNC 선반 조작 227

7. CNC 프로그램에서 공구의 인선 반지름 (R) 보정 기능이 가장 필요한 CNC 공작 기계는?

① CNC 밀링
② CNC 선반
③ CNC 호빙 머신
④ CNC 와이어 컷 방전가공기

해설 CNC 선반의 공구는 외관상으로는 예리하나 실제의 공구 선단은 반지름 R인 원호로 되어 있는데, 이를 인선 반지름이라 한다.

8. CNC 선반에서 바깥지름 가공을 하고자 한다. 날 끝 반지름 보정(G41)을 사용하지 않아도 올바른 가공이 되는 것은?

①
②
③
④

해설 90° 직각이거나 180° 스트레이트 가공에서는 보정이 필요 없다.

9. CNC 선반에서 심압대 쪽에서 주축 방향으로 안지름 가공을 위하여 주로 사용되는 반지름 보정은?

① G40
② G41
③ G42
④ G43

10. 다음 중 CNC 선반에서 보정 화면에 입력되는 값과 관계없는 것은?

① X축 길이 보정 값
② Z축 길이 보정 값
③ 공구인선 반지름 값
④ 공구의 지름 보정 값

해설 CNC 선반 공구 보정은 길이 보정이므로 공구의 지름은 관계가 없다.

11. 다음 중 CNC 선반에서 아래와 같은 공구 보정 화면에 관한 설명으로 틀린 것은 어느 것인가?

공구 보정번호	X축	Y축	R	T
01	0.000	0.000	0.8	3
02	0.457	1.321	0.2	2
03	2.765	2.987	0.4	3
04	1.256	−1.234	·	8
05	·	·	·	·
·	·	·	·	·

① X축 : X축 보정량
② R : 공구 날 끝 반경
③ Z축 : Z축 보정량
④ T : 사용 공구 번호

해설 T는 가상 인선(공구 형상) 번호이다.

12. CNC 선반 프로그램에서 사용되는 공구 보정 중 주로 외경에 사용되는 우측 보정 준비 기능의 G코드는?

① G40
② G41
③ G42
④ G43

해설 공구 경로

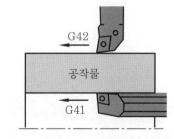

정답 7. ② 8. ③ 9. ② 10. ④ 11. ④ 12. ③

3. CNC 선반 프로그램 준비

3-1 CNC 선반 프로그램 개요

(1) 프로그램의 구성

① 어드레스(address)는 영문 대문자(A~Z) 중 1개로 표시되며, 각각의 어드레스 기능은 다음 [표]와 같다.

각종 어드레스의 기능

기능	어드레스(주소)			의미
프로그램 번호	O			프로그램 번호
전개번호	N			전개번호(작업순서)
준비기능	G			이동 형태(직선, 원호 등)
좌표어	X	Y	Z	각 축의 이동 위치 지정(절대방식)
	U	V	W	각 축의 이동 거리와 방향 지정(증분방식)
	A	B	C	부가축의 이동 명령
	I	J	K	원호 중심의 각 축 성분, 모따기량 등
	R			원호 반지름, 코너 R
이송기능	F, E			이송속도, 나사리드
보조기능	M			기계측에서 ON/OFF 제어기능
주축기능	S			주축 속도, 주축 회전수
공구기능	T			공구 번호 및 공구 보정번호
드웰	X, U, P			드웰(dwell)
프로그램 번호 지정	P			보조 프로그램 호출번호
전개번호 지정	P, Q			복합 반복 사이클에서의 시작과 종료 번호
반복 횟수	L			보조 프로그램 반복횟수
매개 변수	D, I, K			주기에서의 파라미터(절입량, 횟수 등)

② **워드** : 블록을 구성하는 가장 작은 단위가 워드(word)이며, 워드는 어드레스와 데이터의 조합으로 구성된다. 또한, 워드는 제각기 다른 어드레스의 기능에 따라 그

역할이 결정된다.

③ **블록** : 몇 개의 워드가 모여 구성된 한 개의 지령 단위를 블록(block)이라고 하며, 블록과 블록은 EOB(End of Block)로 구별되고 " ; "으로 간단하게 표시된다. 또한 한 블록에서 사용되는 최대 문자수에는 제한이 없다.

블록의 구성

④ **프로그램의 주요 주소 기능**

㈎ 프로그램 번호 : 영문자 "O" 다음에 4자리 숫자, 즉 0001~9999 까지 임의로 정할 수 있다.

㈏ 전개번호 : 블록의 번호를 지정하는 것으로 어드레스 "N"으로 표시하며, N 다음에 4자리 이내의 숫자로 표시한다. 그러나 CNC 장치에 영향을 주지 않기 때문에 지정하지 않아도 상관없다. CNC 선반 프로그램 중 복합 반복 사이클 G70~G73을 사용할 때는 꼭 전개번호를 적어야 한다.

㈐ 준비기능 : 어드레스 G 다음에 두 자리 숫자를 붙여 지령하고(G00~G99), 제어 장치의 기능을 동작하기 위한 준비를 하기 때문에 준비기능이라고 한다. 준비기능을 G코드라고도 하며, 다음의 두 가지로 구분한다.

구분	의미	구별
• 1회 유효 G코드 (one shot G-code)	지령된 블록에 한해서 유효한 기능	"00" 그룹
• 연속 유효 G코드 (modal G-code)	동일 그룹의 다른 G코드가 나올 때까지 유효한 기능	"00" 이외의 그룹

㈑ 보조기능 : 어드레스 M 다음에 두 자리 숫자를 붙여 지령한다(M00~M99). 보조기능은 NC 공작기계가 여러 가지 동작을 행할 수 있도록 하기 위하여 서보 모터를 비롯한 여러 가지 구동 모터를 제어하는 ON/OFF의 기능을 수행하며, M기능이라고도 한다.

(2) 주축기능

CNC 선반에서 절삭속도가 공작물의 가공에 미치는 영향은 매우 크다. 절삭속도란 공구와 공작물 사이의 상대속도이므로 일정한 절삭속도는 주축의 회전수를 조절함으로써 가능하다.

$$N = \frac{1000V}{\pi D} [\text{rpm}]$$

여기서, N : 주축 회전수(rpm), V : 절삭속도(m/min), D : 지름(mm)

① **주축속도 일정제어(G96)** : 단면이나 테이퍼(taper) 절삭에서 효과적인 절삭가공을 위해 X축의 위치에 따라서 주축속도(회전수)를 변화시켜 절삭속도를 일정하게 유지하여 공구 수명을 길게 하고 절삭시간을 단축시킬 수 있는 기능

예 G96 S130 ; …… 절삭속도(V)가 130m/min가 되도록 공작물의 지름에 따라 주축의 회전수가 변한다.

② **주축속도 일정제어 취소(G97)** : 공작물의 지름에 관계없이 일정한 회전수로 가공할 수 있는 기능으로 드릴작업, 나사작업, 공작물 지름의 변화가 심하지 않은 공작물을 가공할 때 사용

예 G97 S500 ; …… 주축은 500rpm으로 회전한다.

③ **주축 최고 회전수 설정(G50)** : G50에서 S로 지정한 수치는 주축 최고 회전수를 나타내며, 좌표계 설정에서 최고 회전수를 지정

예 G50 S1300 ; …… 주축의 최고 회전수는 1300rpm

(3) 공구 기능

공구기능(tool function)은 공구 선택과 공구 보정을 하는 기능으로 어드레스 T로 나타내며 T기능이라고도 하며, T에 연속되는 4자리 숫자로 지령하는데, 그 의미는 다음과 같다.

T □□ ■■
→ 공구 보정번호
→ 공구 선택번호
→ 공구기능

예 G50 X150.0 Z200.0 S1300 T0100 ; …… 1번 공구 선택(가공 준비)
　 G96 S130 M03;
　 G00 X62.0 Z0.0 T0101 ; …… 1번 공구에 1번 보정(가공 시작)
　 ⋮
　 G00 X150.0 Z150.0 T0100 ; …… 1번 공구의 공구 보정을 취소(가공 완료)

(4) 준비기능

CNC 선반의 준비기능

G-코드	그룹	기능	구분
★G00	01	위치결정(급속 이송)	B
G01		직선보간(절삭 이송)	B
G02		원호보간(CW : 시계방향 원호가공)	B
G03		원호보간(CCW : 반시계방향 원호가공)	B
G04	00	dwell(휴지)	B
G10		data 설정	O
G20	06	inch 입력	O
★G21		metric 입력	O
G27	00	원점복귀 확인(check)	B
G28		자동원점복귀	B
G29		원점으로부터 복귀	B
G30		제2원점 복귀	B
G31		생략(skip) 기능	B
G32	01	나사 절삭	B
G34		가변 리드 나사 절삭	O
★G40	07	공구 인선 반지름 보정 취소	B
G41		공구 인선 반지름 보정 좌측	B
G42		공구 인선 반지름 보정 우측	B
G50	00	공작물 좌표계 설정, 주축 최고 회전수 설정	B
G65		macro 호출	O
G66	12	macro modal 호출	O
G67		macro modal 호출 취소	O
G68	04	대향 공구대 좌표 ON	O
G69		대향 공구대 좌표 OFF	O
G70	00	정삭가공 사이클	O
G71		내외경 황삭가공 사이클	O
G72		단면 황삭가공 사이클	O

G73		형상가공 사이클	O
G74	00	단면 홈가공 사이클(peck drilling)	O
G75		내외경 홈가공 사이클	O
G76		나사 절삭 사이클	O
G90		내외경 절삭 사이클	B
G92	01	나사 절삭 사이클	B
G94		단면 절삭 사이클	B
G96	02	주축속도 일정 제어	B
★G97		주축속도 일정 제어 취소	B
G98	03	분당 이송 지정(mm/min)	B
★G99		회전당 이송 지정(mm/rev)	B

주 ① ★ 표시기호는 전원투입 시 ★ 표시기호의 준비기능 상태로 된다.
　② 준비기능 알람표에 없는 준비기능을 지령하면 alarm이 발생한다.(P/S 10)
　③ 같은 그룹의 G-code를 2개 이상 지령하면 뒤에 지령된 G-code가 유효하다.
　④ 다른 그룹의 G-code는 같은 블록 내에 2개 이상 지령할 수 있다.

(5) 보조기능

보조기능

M-코드	기능
M00	프로그램 정지(실행 중 프로그램을 정지시킨다)
M01	선택 프로그램 정지(optional stop) (조작판의 M01 스위치가 ON인 경우 정지)
M02	프로그램 끝
M03	주축 정회전
M04	주축 역회전
M05	주축 정지
M08	절삭유 ON
M09	절삭유 OFF
M30	프로그램 끝 & Rewind
M98	보조 프로그램 호출
M99	보조 프로그램 종료(보조 프로그램에서 주 프로그램으로 돌아간다)

예상문제

1. 일반적으로 CNC 프로그램의 준비 기능(G 기능)에 속하지 않는 것은?

① 원호 보간 ② 직선 보간
③ 기어 속도 변환 ④ 급속 이송

해설 기어 속도 변환은 보조 기능(M 기능)에서 행하는데 최근의 CNC 공작기계에서는 기어 속도 변환을 사용하지 않는다.

2. CNC 프로그램의 주요 주소(address) 기능에서 T의 기능은?

① 주축 기능 ② 공구 기능
③ 보조 기능 ④ 이송 기능

해설 주축 기능은 S, 보조 기능은 M, 이송 기능은 F이다.

3. CNC 프로그램에서 EOB의 뜻은?

① 블록의 종료
② 프로그램의 종료
③ 주축의 정지
④ 보조 기능의 정지

해설 EOB(end of block)는 블록의 종료를 뜻하며 ;으로 표시한다.

4. 다음 G코드 중 공구의 최후 위치만을 제어하는 것으로 도중의 경로는 무시되는 것은?

① G00 ② G01
③ G02 ④ G03

해설 G00은 위치 결정을 의미하는 준비 기능으로 현재의 위치에서 지령한 좌표점의 위치로 이동하는 지령이다.

5. 다음 CNC 선반 프로그램에서 분당 이송(mm/min)의 값은?

```
G30 U0. W0. ;
G50 X150. Z100. T0200 ;
G97 S1000 M03 ;
G00 G42 X60. Z0. T0202 M08 ;
G01 Z-20. F0.2 ;
```

① 100 ② 200
③ 300 ④ 400

해설 분당 이송(F)
= 회전당 이송(f) × 주축 회전수(N)
= 0.2 × 1000 = 200 mm/min

6. 보통 선반의 이송 단위로 가장 올바른 것은 어느 것인가?

① 1분당 이송(mm/min)
② 1회전당 이송(mm/rev)
③ 1왕복당 이송(mm/stroke)
④ 1회전당 왕복(stroke/rev)

해설 보통 선반의 이송은 공구의 회전당 이송(mm/rev)을 말하며, 절삭하기 전의 칩 두께를 결정하는 요소이다.

7. G96 S200 M03 ; 프로그램의 내용을 바르게 설명한 것은?

① 주축 회전수 200rpm으로 주축 역회전
② 절삭속도 200m/min로 일정하게 주축
③ 절삭속도 200m/min로 일정하게 주축 정회전
④ 주축 회전수 200rpm으로 주축 정회전

해설 G96은 주축속도 일정 제어이며, M03 주축 정회전이다.

8. 다음 중 CNC 프로그램 구성에서 단어 (word)에 해당하는 것은?

① S
② G01
③ 42
④ S500 M03 ;

해설 블록을 구성하는 가장 작은 단위가 워드 이며, 워드는 어드레스와 데이터의 조합으로 구성된다.

9. CNC 선반에서 일감과 공구의 상대 속도 를 지정하는 기능은?

① 준비 기능(G)
② 주축 기능(S)
③ 이송 기능(F)
④ 보조 기능(M)

해설 준비 기능(G기능)은 NC 지령 블록의 제 어 기능을 준비시키기 위한 기능이고, 보조 기능(M기능)은 NC 공작기계가 여러 가지 동 작을 하기 위한 각종 모터를 제어하는 기능 중 주로 ON/OFF 기능을 수행한다. 이송 기 능(F기능)은 NC 공작기계에서 가공물과 공 구와의 상대 속도를 지정하는 기능이다.

10. CNC 선반에서 그림과 같이 지름이 40mm인 공작물을 G96 S314 M03 ; 블 록으로 가공할 때, 주축 회전수는?

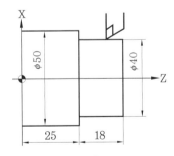

① 1500 rpm
② 2000 rpm
③ 2500 rpm
④ 3000 rpm

해설 $N = \dfrac{1000V}{\pi D} = \dfrac{1000 \times 314}{3.14 \times 40}$

$= 2500\,\text{rpm}$

11. CNC 선반에서 G99 명령을 사용하여 F0.15로 이송 지령하였다. 이때 F값의 설 명으로 맞는 것은?

① 주축 1회전당 0.15mm의 속도로 이송
② 주축 1회전당 0.15m의 속도로 이송
③ 1분당 15mm의 속도로 이송
④ 1분당 15m의 속도로 이송

해설 • G98 : 분당 이송 지령(mm/min)
  • G99 : 회전당 이송 지령(mm/rev)

12. CNC 선반에서 주축 속도 일정제어 취 소를 의미하는 G 코드는?

① G96
② G97
③ G98
④ G99

해설 G96은 주축 속도 일정 제어 기능이다.

13. CNC 프로그램은 여러 개의 지령절 (block)이 모여 구성된다. 지령절과 지령절 의 구분은 무엇으로 표시하는가?

① 블록(block)
② 워드(word)
③ 어드레스(address)
④ EOB(end of block)

해설 EOB(end of block)는 블록의 종료를 뜻 한다.

14. 다음 프로그램을 설명한 것으로 틀린 것 은 어느 것인가?

```
N10 G50 X150.0 Z150.0 S1500 T0300 ;
N20 G96 S150 M03 ;
N30 G00 X54.0 Z2.0 T0303 ;
N40 G01 X15.0 F0.25 ;
```

① 주축의 최고 회전수는 1500rpm이다.
② 절삭속도를 150m/min로 일정하게 유지

한다.

③ N40 블록의 스핀들 회전수는 3185 rpm 이다.

④ 공작물 1회전당 이송속도는 0.25 mm 이다.

해설 $N = \dfrac{1000V}{\pi D} = \dfrac{1000 \times 150}{3.14 \times 15} = 3185\,\text{rpm}$

이지만 G50에서 주축 최고 회전수를 1500 rpm으로 지정했으므로 회전수는 1500 rpm 이다.

15. CNC 선반에서 공구 보정(offset) 번호 2번을 선택하여, 4번 공구를 사용하려고 할 때 공구지령으로 옳은 것은?

① T2040 ② T4020
③ T0204 ④ T0402

해설

16. CNC 선반에서 선택적 프로그램 정지 (M01)기능을 사용하는 경우와 가장 거리가 먼 것은?

① 작업 도중에 가공물을 측정하고자 할 경우
② 작업 도중에 칩의 제거를 요하는 경우
③ 작업 도중에 절삭유의 차단을 요하는 경우
④ 공구교환 후에 공구를 점검하고자 할 경우

해설 • M08 : 절삭유 ON
 • M09 : 절삭유 OFF

17. CNC 선반의 준비기능 중 틀린 것은?

① G00 : 급속위치 결정

② G03 : 시계방향 원호보간
③ G41 : 인선 반지름 보정 좌측
④ G30 : 제2원점 복귀

해설 • G02 : 시계방향 원호보간(CW)
 • G03 : 반시계방향 원호보간(CCW)

18. 다음과 같이 지령된 CNC 선반 프로그램이 있다. N02 블록에서 F0.3의 의미는 무엇인가?

```
N01 G00 G99 X−1.5 ;
N02 G42 G01 Z0 F0.3 M08 ;
N03 X0 ;
N04 G04 U10. W−5. ;
```

① 0.3 m/min ② 0.3 mm/rev
③ 30 mm/min ④ 300 mm/rev

해설 N01에서 G99는 회전당 이송을 의미하므로 F0.3은 주축 1회전당 0.3 mm 이송을 의미한다.

19. CNC 선반 프로그래밍에서 매분당 150 mm씩 공구의 이송을 나타내는 지령으로 알맞은 것은?

① G98 F150 ② G99 F0.15
③ G98 F0.15 ④ G99 F150

20. CNC 프로그램을 작성하기 위하여 가공계획을 수립하여야 한다. 이때 고려해야 할 사항이 아닌 것은?

① 가공물의 고정 방법 및 필요한 치공구의 선정
② 범용 공작기계에서 가공할 범위 결정
③ 가공 순서 결정
④ 절삭 조건의 설정

해설 ①, ③, ④ 외에 CNC로 가공하는 범위와 CNC 공작기계 및 가공할 공구 선정 등이다.

21. CNC 프로그램에서 보조기능 M01이 뜻하는 것은?

① 프로그램 정지
② 프로그램 끝
③ 선택적 프로그램 정지
④ 프로그램 끝 및 재개

> **해설** • M00 : 프로그램 정지
> • M02 : 프로그램 끝
> • M30 : 프로그램 끝 및 재개

22. CNC 선반의 드릴가공이나 나사가공에서 주축 회전수를 일정하게 유지하고자 할 때 사용하는 준비기능은?

① G50
② G94
③ G97
④ G98

> **해설** 공작물의 직경이 많이 변하지 않을 경우에는 회전수 일정제어 기능인 G97을 사용한다.

23. 프로그램의 구성에서 단어(word)는 무엇으로 구성되어 있는가?

① 주소+수치(address+data)
② 주소+주소(address+address)
③ 수치+수치(data+data)
④ 수치+EOB(data+end of block)

24. CNC 선반의 프로그램 중 절삭유 공급을 하고자 할 때 사용해야 하는 기능은?

① F 기능
② M 기능
③ S 기능
④ T 기능

> **해설** 보조기능(M 기능)은 기계측의 ON/OFF에 관계되는 기능이다.

25. 다음 중 CNC 선반 프로그램에서 이송

과 관련된 준비 기능과 그 단위가 올바르게 연결된 것은?

① G98 : mm/min, G99 : mm/rev
② G98 : mm/rev, G99 : mm/min
③ G98 : mm/rev, G99 : mm/rev
④ G98 : mm/min, G99 : mm/min

26. 다음 프로그램의 (   ) 부분에 생략된 연속 유효(modal) G코드(code)는?

```
N01 G01 X30. F0.25 ;
N02 (   ) Z-35. ;
N03 G00 X100. Z100. ;
```

① G00
② G01
③ G02
④ G04

> **해설** G01은 연속 유효 G코드인데 (   )에 들어가는 G01은 생략이 가능하다.

27. CNC 선반의 지령 중 어드레스 F가 분당 이송(mm/min)으로 옳은 코드는?

① G32_ F_ ;
② G98_ F_ ;
③ G76_ F_ ;
④ G92_ F_ ;

> **해설** G32, G76, G92는 나사 가공 사이클이다.

28. CNC 선반에서 주속 일정 제어의 기능이 있는 경우 주축 최고 속도를 설정하는 방법으로 옳은 것은?

① G50 S2000;
② G30 S2000;
③ G28 S2000;
④ G90 S2000;

> **해설** G50은 주축 최고 회전수를 설정하는 준비 기능이다.

29. CNC 프로그램에서 보조 기능 중 주축의 정회전을 의미하는 것은?

① M00 ② M01
③ M02 ④ M03

> **해설** • M00 : 프로그램 정지
> • M01 : 선택적 프로그램 정지
> • M02 : 프로그램 종료

30. 보조 프로그램을 호출하는 보조기능(M)으로 옳은 것은?

① M02 ② M30
③ M98 ④ M99

> **해설** • M02 : 프로그램 끝
> • M30 : 프로그램 끝 & 되감기
> • M99 : 보조 프로그램 종료

31. CNC 선반 프로그램에서 G50의 기능에 대한 설명으로 틀린 것은?

① 주축 최고 회전수 제한기능을 포함한다.
② one shot 코드로서 지령된 블록에서만 유효하다.
③ 좌표계 설정기능으로 머시닝센터에서 G92(공작물좌표계 설정)의 기능과 같다.
④ 비상정지 시 기계원점 복귀나 원점 복귀를 지령할 때의 중간 경유 지점을 지정할 때에도 사용한다.

> **해설** G50의 주 역할은 주축 최고 회전수 설정 및 좌표계 설정이다.

32. 다음 CNC 선반 프로그램의 설명으로 틀린 것은?

```
G50 X150.0 Z200.0 S1300 T0100 ;
```

① G50 − 좌표계 설정

② X150.0 − X축 좌푯값
③ S1300 − 주축 최고 회전수
④ T0100 − 공구 보정번호 01번

> **해설** T0100은 공구 선택번호 01번이다.

33. CNC 선반에서 보조 기능 중 주축을 정지시키기 위한 M−코드는?

① M01 ② M03
③ M04 ④ M05

> **해설** • M01 : 선택적 프로그램 정지
> • M03 : 주축 정회전
> • M04 : 주축 역회전

34. 다음은 CNC 선반 프로그램과 설명이다. ( ) 안에 들어갈 준비 기능은?

```
(    ) X160.0 Z160.0 S1500 T0100 ;
      − 좌표계 설정
(    ) S150 M03 ;
      − 절삭속도 150m/min으로 주축 정회전
```

① G03, G97 ② G50, G96
③ G50, G98 ④ G30, G96

> **해설** • G50 : 좌표계 설정, 주축 최고 회전수 설정
> • G96 : 절삭속도 일정 제어

35. CNC 선반에 사용되는 각 워드에 대한 설명으로 틀린 것은?

① G00 − 위치 결정(급속 이송)
② G28 − 자동 원점 복귀
③ G42 − 공구 인선 반지름 보정 취소
④ G98 − 분당 이송속도 지정

> **해설** • G40 : 공구 인선 반지름 보정 취소
> • G41 : 공구 인선 반지름 보정 좌측
> • G42 : 공구 인선 반지름 보정 우측

정답 29. ④ 30. ③ 31. ④ 32. ④ 33. ④ 34. ② 35. ③

36. CNC 선반 프로그램에서 G97 S300 M03 ; 의 설명으로 적당한 것은?

① 300rpm으로 정회전
② 300rpm으로 역회전
③ 300m/min으로 정회전
④ 300m/min으로 역회전

해설 • G97 : 주축속도 일정 제어 취소
• M03 : 주축 정회전

37. 다음 도면을 보고 NC 프로그램을 완성시키고자 한다. (   ) 속에 차례로 들어갈 값으로 옳은 것은?

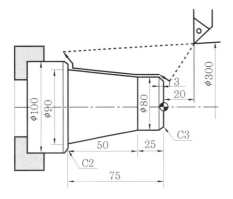

```
O4567 ;
N010 G50 X300.0 Z20.0 S1600 T0100 ;
N020 (   ) S180 M03 ;
N030 G00 (    ) Z3.0 T0101 M08 ;
N040 G01 X80.0 Z-3.0 F0.15 ;
N090 G00 X300.0 Z20.0 T0100 M09 ;
N100 M05 ;
N110 M02 ;
```

① G96, X68.0   ② G96, X77.0
③ G97, X77.0   ④ G97, X68.0

해설 N020에는 주축속도 일정제어 기능인 G96을 넣어야 하고, N030에는 모따기가 3 mm이고 Z축에서 3 mm 떨어져 있으므로 6 mm이나 지름지령이므로 12 mm가 된다. 그러므로 80-12=68이 된다.

38. 준비기능 중 절삭가공에 사용되는 기능이 아닌 것은?

① G00   ② G01
③ G02   ④ G03

해설 G00은 위치결정으로 공구의 이동에 사용한다.

39. 다음의 프로그램에서 절삭속도(m/min)를 일정하게 유지시켜 주는 기능을 나타낸 블록은?

```
N01 G50 X250.0 Z250.0 S2000 ;
N02 G96 S150 M03 ;
N03 G00 X70.0 Z0.0 ;
N04 G01 X-1.0 F0.2 ;
N05 G97 S700 ;
N06     X0.0 Z-10.0 ;
```

① N01   ② N02
③ N03   ④ N04

해설 • G96 : 주축속도 일정 제어
• G97 : 회전수 (rpm) 일정 제어

40. 선택적 프로그램 정지로 시험 절삭 시 각 공정과 공정 사이에 넣어서 가공 상태를 확인할 때 사용하는 M 기능으로 맞는 것은?

① M00   ② M01
③ M02   ④ M03

해설 M00은 프로그램 정지이며, M01은 일반적으로 하나의 공구가 끝난 후 다음 공구로 가공하기 전 가공상태를 확인할 때 사용한다.

41. 다음 CNC 선반 프로그램에서 세 번째 블록에서의 회전수는 얼마인가?

```
G50 X150. Z200.0 S1300 T0100 M42 ;
G96 S150  M03 ;
G00 X62.0 Z0.0  T0101  M08 ;
G01 X-1.6 F0.2 ;
```

① 150 rpm ② 1001 rpm
③ 770 rpm ④ 1300 rpm

해설 $N=\dfrac{1000V}{\pi D}=\dfrac{1000\times150}{3.14\times62}=770\,\mathrm{rpm}$

42. 다음 CNC 선반 가공 프로그램에서 G50 의 의미는?

```
O2000 ;
G50 X100.0 Z100.0 S2000 T0100 ;
G96 S200  M03 ;
```

① 절삭속도 지정
② 주축 최고회전수 지정
③ 공구 보정번호 지정
④ 이송속도 지정

해설 G50 X100.0 Z100.0 S2000 ;
→ 주축 최고 회전수 지정
→ 좌표계 설정

43. 다음 CNC 프로그램에서 ①부분에 생략된 모달 G코드는?

```
N01 G01 X20. F0.25 ;
N02  ①   Z-50. ;
N03 G00 X150. Z100. ;
```

① G01 ② G00
③ G40 ④ G32

해설 모달 G코드는 연속 유효 G코드로 동일 그룹의 다른 G코드가 나올 때까지 유용한 기능이다.

44. 다음 CNC 선반 프로그램에서 N40 블록에서의 절삭속도는?

```
N10 G50 X150. Z150. S1000 T0100 ;
N20 G96 S100 M03 ;
N30 G00 X80. Z5. T0101 ;
N40 G01 Z-150. F0.1 M08 ;
```

① 100 m/min ② 398 m/min
③ 100 rpm ④ 398 rpm

해설 먼저 주축 회전수를 구하면,
$$N=\frac{1000V}{\pi D}=\frac{1000\times100}{3.14\times80}=398\,\mathrm{rpm}$$
절삭속도 $V=\dfrac{\pi DN}{1000}=\dfrac{3.14\times80\times398}{1000}$
$$=100\,\mathrm{m/min}$$

45. 지름이 ⌀40인 SM45C를 CNC 선반에서 절삭할 때 주축의 회전수가 1000 rpm이면 절삭속도는 얼마인가?

① 115.6 m/min
② 120.6 m/min
③ 125.6 m/min
④ 130.6 m/min

해설 $V=\dfrac{\pi DN}{1000}=\dfrac{3.14\times40\times1000}{1000}$
$$=125.6\,\mathrm{m/min}$$

46. 다음 중 소수점을 사용할 수 있는 어드레스는?

① X, U, R, F
② W, I, K, P
③ Z, G, D, Q
④ P, X, N, E

해설 X, Z, U, W, I, K, R 및 E, F에는 소수점을 사용할 수 있다.

4. CNC 선반 프로그램 작성

(1) 위치결정(G00)

> G00   X(U)__   Z(W)__ ;

위치결정은 현재의 위치에서 지령한 좌표점의 위치로 이동하는 지령으로 가공 시작점이나 공구를 이동시킬 때, 가공을 끝내고 지령한 위치로 이동할 때 등에 사용한다.

파라미터(parameter)에서 지정된 급속 이송속도로 공구가 빠르게 움직이므로 공구와 공작물 또는 기계에 충돌하지 않도록 조작판의 급속 오버라이드(rapid override)를 25~50%에 두고 작업하여 충돌을 사전에 예방할 수 있다.

아래 [그림]에서 공구 A에서 공구 B로 이동할 때 지령 방법은 다음과 같다.

① 절대지령   G00   X60.0   Z0.0;

② 증분지령   G00   U90.0   W-100.0;

③ 혼합지령   G00   X60.0   W-100.0;   또는

                G00   U90.0   Z0.0;

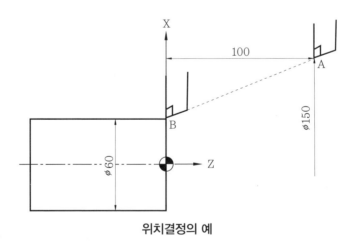

위치결정의 예

(2) 직선보간(G01)

> G01   X(U)__   Z(W)__   F__ ;

직선보간은 실제 가공을 하는 이송지령으로, F로 지정된 이송속도로 현재의 위치에서 지령한 위치로 직선이동시키는 기능이다.

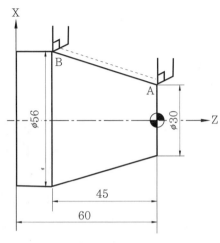

직선보간의 예

① 절대지령   G01   X56.0   Z−45.0   F0.2;
② 증분지령   G01   U26.0   W−45.0   F0.2;
③ 혼합지령   G01   X56.0   W−45.0   F0.2;   또는
　　　　　　 G01   U26.0   Z−45.0   F0.2;

(3) 원호가공(G02, G03)

$$\left.\begin{array}{c} G02 \\ G03 \end{array}\right\}\quad X(U)\_\_\quad Z(W)\_\_\quad \left\{\begin{array}{l} R\_\_\quad F\_\_\ ; \\ I\_\_\quad K\_\_\quad F\_\_\ ; \end{array}\right.$$

원호를 가공할 때 사용하는 기능이며, 지령된 시작점에서 끝점까지 반지름 R 크기로 시계 방향(CW : clock wise)이면 G02, 반시계 방향(CCW : counter clock wise)이면 G03으로 가공한다.

오른쪽 [그림]에서 A점에서 B점으로 이동할 때 지령 방법은
R지령 시,
　G02   X50.0   Z−10.0   R10.0   F0.2 ;
I, K지령 시,
　G02   X50.0   Z−10.0   I10.0   F0.2 ; 이다.
이때 I10.0이 되는 이유는 X축 방향이므로 I이고, 중심의
위치가 +방향이므로 I10.0이 된다.

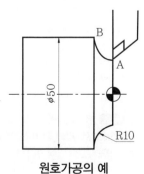

원호가공의 예

예상문제

1. 원호가공에서 I, K는 다음 중 무엇을 지정하는가?

① 시작점의 위치
② 종점의 위치
③ 시작점에서 중심까지의 거리
④ 시작점에서 종점의 거리

해설 원호가공

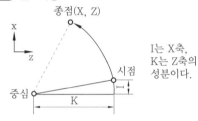

I는 X축,
K는 Z축의
성분이다.

2. CNC 선반에서 공구가 B점을 출발하여 C점까지 가공하는 프로그램으로 바른 것은 어느 것인가?

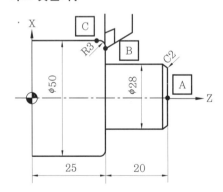

① G03 X50. Z−22. R3. ;
② G02 X50. Z−23. R3. ;
③ G02 X50. Z−22. R3. ;
④ G03 X50. Z22. R3. ;

해설 반시계 방향이므로 G03이고, 지름 지령이므로 X50.0이며, 프로그램 원점이 왼쪽에 있으므로 Z22.0이다.

3. 그림과 같이 프로그램의 원점이 주어져 있을 경우 A점의 올바른 좌표는?

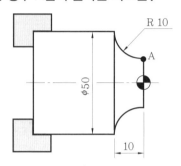

① X40. Z10.
② X10. Z50.
③ X30. Z0.
④ X50. Z−10.

해설 X는 지름 지령이므로 50−(10+10)=30이며 프로그램 원점이 오른쪽에 있고 Z는 움직이지 않았으므로 Z0.0이다.

4. 다음 그림에서 B → A로 절삭할 때의 CNC 선반 프로그램으로 맞는 것은?

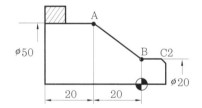

① G01 U30. W−20. ;
② G01 X50. Z20. ;
③ G01 U50. Z−20 ;
④ G01 U30. W20. ;

해설 절대좌표 지령 : G01 X50.0 Z−20.0 ;
증분좌표 지령 : G01 U30.0 W−20.0 ;
혼합좌표 지령 : G01 X50.0 W−20.0 ; 또는
G01 U30.0 Z−20.0 ;

정답 1. ③   2. ④   3. ③   4. ①

5. 아래 보기에서 N11 블록을 실행하여 공구가 이동 시 걸린 시간은?

| 보기 |

N10 G97 S1000 ;
N11 G99 G01 W−100. F0.2 ;

① 30초　　　　② 40초
③ 50초　　　　④ 60초

해설 $T = \dfrac{l}{nf} = \dfrac{100}{1000 \times 0.2} = 0.5분 = 30초$

6. CNC 선반에서 a에서 b까지 가공하기 위한 원호보간 프로그램으로 틀린 것은?

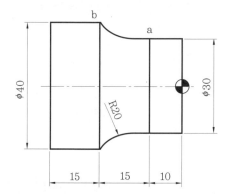

① G02 X40. Z−25. R20. ;
② G02 U10. W−15. R20. ;
③ G02 U40. W−15. R20. ;
④ G02 X40. W−15. R20. ;

해설 시계 방향으로 G02이며 증분 지령이므로 U40.0 W−15.0이다. 또한 절대 지령은 G02 X40.0 Z−25.0 R20.0 ; 이다.

7. 다음 CNC 프로그램의 N22 블록에서 생략 가능한 요소는?

N21 G00 X50. Z2. ;
N22 G01 X50. Z0. F0.1 ;

① G01　　　　② X50.

③ Z0　　　　④ F0.1

해설 X50.0은 움직이지 않고 Z만 공구가 움직이므로 X50.0은 생략 가능하다.

8. CNC 선반에서 절대지령(absolute)으로만 프로그래밍한 것은?

① G00 U10. Z10. ;
② G00 X10. W10. ;
③ G00 U10. W10. ;
④ G00 X10. Z10. ;

해설 ③은 증분지령이며 ①, ②는 혼용지령이다.

9. 다음 그림에서 ①→②로 이동하는 지령 방법으로 잘못된 것은?

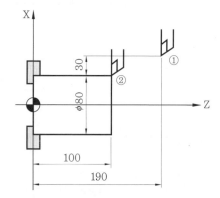

① G00 U−60. Z100. ;
② Z00 U−60. W−90. ;
③ G00 X80. W−90 ;
④ G00 X100. Z80. ;

해설

절대좌표 지령	G00 X80.0 Z100.0 ;
증분좌표 지령	G00 U−60.0 W−90.0 ;
혼합좌표 지령	G00 X80.0 W−90.0 ; G00 U−60.0 Z100.0 ;

10. CNC 선반 원호보간 프로그램에 대한 설명으로 틀린 것은?

```
G02(G03) X(U)__ Z(W)__ R__ F__ ;
G02(G03) X(U)__ Z(W)__ I__ K__ F__ ;
```

① G03 : 반시계방향 원호보간
② I, K : 원호 시작점에서 끝점까지의 벡터량
③ X, Z : 끝점의 위치(절대지령)
④ R : 반지름값

> **해설**

지령 내용		지령
회전방향		G02
		G03
끝점의 위치	절대지령	X, Z
	증분지령	U, W
원호의 반지름		R
시작점에서 중심까지의 거리		I, K
이송속도		F

11. 다음 중 도면의 점 B에서 점 A로 절삭하려 할 때의 프로그램 좌푯값으로 틀린 것은?

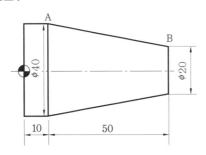

① G01 X40. Z50. F0.2 ;
② G01 U20. W-50. F0.2 ;
③ G01 U20. Z10. F0.2 ;
④ G01 X40. W-50. F0.2 ;

> **해설** X축은 지름 지령이므로 X40.0이고, Z방향은 공구가 50 이동했지만, 프로그램 원점이 왼쪽에 있으므로 Z10.0이다.

12. 다음과 같은 그림에서 A점에서 B점까지 이동하는 CNC 선반 가공 프로그램에서 ( ) 안에 알맞은 준비기능은?

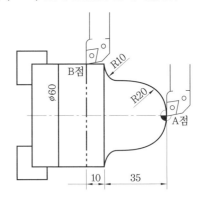

```
G03 X40.0 Z-20.0 R20.0 F0.25 ;
G01 Z-25.0 ;
(   ) X60.0 Z-35.0 R10.0 ;
G01 Z-45.0 ;
```

① G00 ② G01
③ G02 ④ G03

> **해설** 시계방향이므로 G02이다.

13. 보기의 선반 도면에서 A부분의 지름 값은 얼마인가? (단, tan 5°=0.087이다.)

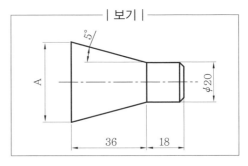

① 20.623
② 24.268
③ 26.264
④ 30.623

> **해설** 20+(2×0.087×36)=26.264

14. 다음 도형의 (a) → (b) → (c)로 가공하는 CNC 선반 가공 프로그램에서 (ㄱ), (ㄴ)에 들어갈 내용으로 맞는 것은?

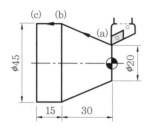

> (a) → (b) : G01 (ㄱ) Z−30.0 F0.2 ;
> (b) → (c) : (ㄴ) ;

① (ㄱ) X45.0　(ㄴ) W−15.0
② (ㄱ) X45.0　(ㄴ) W−45.0
③ (ㄱ) X15.0　(ㄴ) Z−30.0
④ (ㄱ) U15.0　(ㄴ) Z−15.0

해설 a에서 b는 절대좌표로 X45.0이고 b에서 c는 증분좌표로 W−15.0이다.

15. CNC 선반 원호보간(G02, G03)에서 "시작점에서 원호 중심까지의 X축"의 입력사항으로 옳은 것은?

① 어드레스 I와 벡터량
② 어드레스 K와 벡터량
③ 어드레스 I와 어드레스 K
④ 원호 반지름 R과 벡터량

해설 I는 X축, K는 Z축이다.

정답 **14.** ① **15.** ①

4-2　원점 및 좌표계 설정

(1) 프로그램 원점

프로그램을 할 때 좌표계와 프로그램 원점(X0.0, Z0.0)은 사전에 결정되어야 하며, 다음 [그림]과 같이 Z축선상의 X축과 만나는 임의의 한 점을 프로그램 원점으로 설정한다.

일반적으로 프로그램 원점은 왼쪽 끝단이나 오른쪽 끝단에 설정하는데, 오른쪽 끝단에 프로그램 원점을 설정하는 것이 실제로 프로그램 작성이 쉽다.

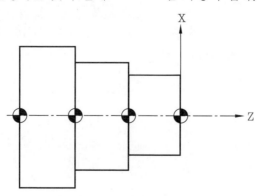

프로그램 원점 설정의 예

(2) 원점복귀

CNC 선반이나 머시닝센터는 전원을 ON한 후 또는 비상정지 버튼을 눌렀을 때에는 기계원점복귀를 하여야 하는데, 수동원점복귀와 자동원점복귀 방법이 있다.

(3) 좌표계 설정

$$G50 \quad X\_ \quad Z\_ ;$$

프로그램을 할 때 도면 또는 제품의 기준점을 정해 주는 좌표계를 우선 결정한다. 프로그램 실행과 함께 공구가 출발하는 지점과 프로그램 원점과의 관계를 NC 장치에 입력해야 되는데, 이를 좌표계 설정이라 하며 G50으로 지령한다.

[그림]에서 G50 X150.0 Z150.0 ; 의 의미는 시작점은 프로그램 원점에서 X방향 150mm, Z방향 150mm에 위치한다는 것이다.

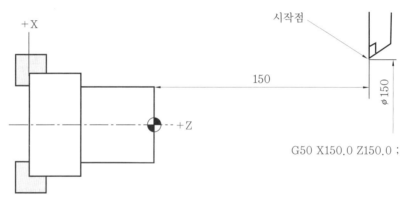

G50 X150.0 Z150.0 ;

좌표계 설정 방법

예상문제

1. 다음은 자동기준점 복귀 준비기능들이다. 급속 이송으로 중간점을 경유하여 기계 원점까지 자동복귀하는 기능은?

① G27　　　　② G28
③ G29　　　　④ G30

해설 •G27 : 원점복귀 확인
•G28 : 자동 원점복귀
•G29 : 원점으로부터 자동복귀
•G30 : 제2원점복귀

2. 프로그램을 편리하게 하기 위하여 도면상에 있는 임의의 점을 프로그램상의 절대좌표 기준점으로 정한 점을 무엇이라고 하는가?

정답 1. ②　2. ④

① 제2원점   ② 제3원점
③ 기계 원점   ④ 프로그램 원점

해설 • 제2, 3원점 : 공구 교환 등을 위한 지
점으로 파라미터에 의해 결정
• 기계 원점 : 기계 좌표계의 원점으로 제품
출하 시 파라미터에 의해 결정

3. CNC 선반에 전원을 투입하고 각 축의 기
계 좌푯값을 "0"으로 하기 위하여 행하는
조작은?

① 원점 복귀   ② 수동 운전
③ 좌표계 설정   ④ 핸들 운전

해설 전원 투입 후 반드시 기계 원점 복귀를
해야 한다.

4. 다음 중 CNC 선반 프로그램에서 기계원
점 복귀 체크 기능은?

① G27   ② G28
③ G29   ④ G30

5. CNC 선반 프로그램에서 공구의 현재 위
치가 시작점인 경우 공작물 좌표계 설정
으로 올바른 것은?

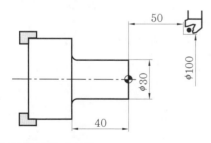

① G50 X50. Z100. ;
② G50 X100. Z50. ;
③ G50 X30. Z40. ;
④ G40 X100. Z−50. ;

해설 X축은 지름 지령이므로 X100.0이고, 프

로그램 원점이 오른쪽에 있으므로 Z50.0
이다.

6. 다음은 CNC 선반 프로그램의 일부이다.
설명으로 틀린 것은?

```
G50 X150.0 Z100.0 T0300 S2000 ;
G96 S150 M03 ;
```

① G50은 좌표계 설정을 뜻한다.
② X150.0 Z100.0은 기계 원점부터 바이트
끝까지의 거리이다.
③ S2000은 주축 최고 회전수이다.
④ S150은 절삭속도가 150m/min이다.

해설 X150.0 Z100.0의 의미는 시작점은 프
로그램 원점에서 X방향 150mm, Z방향
100mm에 위치한다는 것이다.

7. 다음 CNC 선반 프로그램에서 자동 원점
복귀 지령으로 맞는 것은?

```
G28 U0. W0. ;
G50 X150. Z150. S3000 T0300 ;
G96 S180 M03 ;
G00 X62. Z2. T0303 M08 ;
```

① G28   ② G50
③ G96   ④ G00

해설 • G00 : 급속이송(위치 결정)
• G50 : 좌표계 설정 및 주축 최고 회전수
설정
• G96 : 주축속도 일정 제어

8. CNC 선반에서 제2원점으로 복귀하는 준
비기능은?

① G27   ② G28
③ G29   ④ G30

정답 3. ① 4. ① 5. ② 6. ② 7. ① 8. ④

9. 기계상에 고정된 임의의 점으로 기계 제작 시 제조사에서 위치를 정하는 점이며, 사용자가 임의로 변경해서는 안 되는 점을 무엇이라 하는가?

① 기계 원점   ② 공작물 원점
③ 상대 원점   ④ 프로그램 원점

해설 기계 원점은 기계 제작 시 메이커에서 설정했으므로 사용자가 임의로 변경해서는 안된다.

10. 아래는 CNC 선반 프로그램의 설명이다. Ⓐ와 Ⓑ에 들어갈 코드로 옳은 것은?

> Ⓐ X160.0 Z160.0 S1500 T0100 ;
> //설명 : 좌표계 설정
> Ⓑ S150 M03 ;
> //설명 : 절삭속도 150 m/min로 주축정 회전

① Ⓐ : G03, Ⓑ : G97
② Ⓐ : G30, Ⓑ : G96
③ Ⓐ : G50, Ⓑ : G96
④ Ⓐ : G50, Ⓑ : G98

해설 • G50 : 좌표계 설정
• G96 : 주축속도 일정 제어

11. CNC 공작기계에서 자동 원점 복귀 시 중간 경유점을 지정하는 이유 중 가장 적합한 것은?

① 원점 복귀를 빨리 하기 위해서
② 공구의 충돌을 방지하기 위해서
③ 기계에 무리를 가하지 않기 위해서
④ 작업자의 안전을 위해서

해설 공구가 원점 복귀 도중 공작물과 충돌의 우려가 있을 때는 중간 경유점을 지나 원점 복귀한다.

정답 9. ①   10. ③   11. ②

4-3 **나사 및 기타 가공 프로그램**

(1) 나사가공(G32)

$$G32 \quad X(U)\_\_ \quad Z(W)\_\_ \quad F\_\_ ;$$

여기서, X(U), Z(W) : 나사가공 끝지점 좌표, F : 나사의 리드(lead)

나사 리드의 관계식은 다음과 같다.

$$L = N \times P$$

여기서, L : 나사의 리드(lead), N : 나사의 줄수, P : 나사의 피치(pitch)

나사가공은 공작물 지름의 변화가 적으므로 주축 회전수 일정 제어(G97)로 지령해야 하고, 나사가공 시 이송속도 오버라이드(override)는 100%에 고정하여야 한다.

G32로 나사가공 시에는 각 절입 회수 시 매번 지령을 해주어야 되므로 프로그램이 피치(pitch)에 따라 차이는 나지만, 프로그램이 상당히 길어지므로 G32는 거의 사용하지 않고 G92, G76을 주로 많이 사용한다.

(2) 드웰(G04)

G04   X(U, P)___ ;

프로그램에 지정된 시간 동안 공구의 이송을 잠시 중지시키는 지령을 드웰(dwell : 일시정지, 휴지) 기능이라 한다. 이 기능은 홈가공이나 드릴작업에서 바닥 표면을 깨끗하게 하거나 긴 칩(chip)을 제거하여 공구를 보호하고자 할 때 등에 사용한다.

입력 단위로 X나 U는 소수점을 사용하고(**예** X1.5, U2.0), P는 소수점을 사용할 수 없다(**예** P1500).

예를 들어 1.5초 동안 정지시키려면

G04 X1.5 ;

G04 U1.5 ;

G04 P1500 ; 중에서 하나를 사용하면 된다.

또한, 드웰시간과 회전수와의 관계는 다음과 같다.

$$드웰시간(초) = \frac{60}{N} \times 재료의\ 회전수$$

여기서, N : 주축 회전수(rpm)

(3) 보조 프로그램

프로그램 중에 어떤 고정된 형태나 계속 반복되는 패턴(pattern)이 있을 때 이것을 미리 보조 프로그램(sub program) 메모리(memory)에 입력시켜서 필요 시 호출해서 사용하는 것으로 프로그램을 간단히 할 수 있다.

① **보조 프로그램 작성** : 보조 프로그램은 1회 호출지령으로서 1~9999회까지 연속적으로 반복가공이 가능하며, 첫머리에 주 프로그램과 같이 로마자 O에 프로그램 번호를 부여하여 M99로 프로그램을 종료한다. 또한, 보조 프로그램은 자동운전에서만 호출 가능하며 보조 프로그램이 또 다른 보조 프로그램을 호출할 수 있다.

O□□□□ : 프로그램 번호

⋮

M99 ;

② **보조 프로그램의 호출** : 예를 들어 M98 P20010은 보조 프로그램 번호 0010의 보조 프로그램을 2회 호출하라는 지령이며, 생략했을 경우에는 호출횟수는 1회가 된다.

예상문제

1. CNC 선반 프로그램 G32 X50. Z−30. F1.5 ; 에서 1.5가 뜻하는 것은?

① 나사의 길이   ② 이송
③ 나사의 깊이   ④ 나사의 리드

해설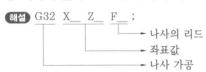

2. 다음 CNC 선반 프로그램에서 주축이 4회 전 일시정지(dwell)하도록 프로그램하려면 괄호 안에 적당한 것은?

```
G97 S120 M03 ;
G01 X50. F0.1 ;
G04 U(     ) ;
```

① 1.8   ② 2.0
③ 3.0   ④ 4.0

해설 정지시간 $=\dfrac{60}{N}\times$ 회전수 $=\dfrac{60}{120}\times4=2$

3. 다음 CNC 선반 나사 가공 프로그램에서 Q의 주소 기능은?

```
G32 X29.3 Z−31.5 Q180 F3.0 ;
```

① 미터 나사
② 나사의 리드
③ 나사의 각도
④ 다줄나사 가공 시 절입각도

해설 CNC 선반에서 나사 가공을 하는 준비 기능에는 G32, G92, G76이 있다.

4. 휴지(dwell)를 나타내는 주소(address) 중 소수점을 사용할 수 없는 것은?

① P   ② Q
③ U   ④ X

해설 일시정지(휴지 : dwell) 기능은 P, U 또 는 X를 사용하여 공구의 이송을 잠시 멈추는 것이다.

5. CNC 선반에서 피치가 1.0mm인 2줄 나사를 가공할 때 이송 속도(F)는?

① F1.0   ② F2.0
③ F3.0   ④ F4.0

해설 나사의 리드=피치×나사의 줄수
           =1×2=2

6. 1000rpm으로 회전하는 스핀들에서 3회 전 휴지(dwell : 일시 정지)를 주려고 한다. 다음 중 정지시간과 CNC 프로그램이 옳은 것은?

① 정지시간 : 0.18초, CNC 프로그램 : G03 X0.18 ;
② 정지시간 : 0.18초, CNC 프로그램 : G04 X0.18 ;
③ 정지시간 : 0.12초, CNC 프로그램 : G03 X0.18 ;
④ 정지시간 : 0.12초, CNC 프로그램 : G04 X0.18 ;

해설 드웰시간 $=\dfrac{60\times \text{드웰 회전수}}{\text{주축 회전수}}=\dfrac{60\times3}{1000}$

=0.18초이며, 드웰 준비 기능은 G04이므로 G04 X0.18 ; 또는 G04 U0.18 ; 이다.

7. 나사 가공 프로그램에 관한 설명으로 적

당하지 않은 것은?

① 주축의 회전은 G96으로 지령한다.

② 이송속도는 나사의 리드 값으로 지령한다.

③ 나사의 절입 횟수는 절입표를 참조하여 여러 번 나누어 가공한다.

④ 복합 고정형 나사절삭 사이클은 G76이다.

> **해설** 나사 가공 시에는 X축이 거의 변하지 않으므로 주축 속도 일정 제어 기능인 G97로 지령한다.

8. CNC 선반에서 3초 동안 이송을 정지(dwell)시키고자 한다. ( ) 안에 알맞은 것은?

```
                    G04 P(     ) ;
```

① 3.0　　　　　　② 30

③ 300　　　　　　④ 3000

> **해설** X, U는 소수점 프로그램이 가능하나 P는 소수점 사용이 불가능하다. 3초간 드웰하려면 G04 X3.0 ; 또는 G04 U3.0 또는 G04 P3000으로 지령한다.

9. CNC 선반에서 "왼M30×2"인 나사를 가공하려고 할 때 회전당 이송 속도(F) 값은 얼마인가?

① 1.0　　　　　　② 2.0

③ 3.0　　　　　　④ 4.0

> **해설** 나사 가공에서 F로 지령된 값은 나사의 리드(lead)이다.
> 리드=피치(pitch)×줄수=2.0×1=2.0

10. 1000rpm으로 회전하는 주축에서 2회전 일시 정지 프로그램을 할 때 맞는 것은 어느 것인가?

① G04 X1.2 ;　　　② G04 W120 ;

③ G04 U1.2 ;　　　④ G04 P120 ;

> **해설** 드웰시간=$\dfrac{60}{N}$×재료의 회전수
> $=\dfrac{60}{1000}×2=0.12$이므로 G04 P120 ; 이다.

11. CNC 선반에서 나사 가공 시 F는 어떤 값을 지령하는가?

① 나사의 피치　　　② 나사산의 높이

③ 나사의 리드　　　④ 나사절삭 반복횟수

> **해설** F는 나사의 리드를 지정하며, E는 인치(inch)의 피치를 mm로 바꾼 수치로 지령한다.

12. 다음 중 CNC 선반에서 M20×1.5의 암나사를 가공하고자 할 때 가공할 안지름(mm)으로 가장 적합한 것은?

① 23.0　　　　　　② 21.5

③ 18.5　　　　　　④ 17.0

> **해설** 탭 작업 시 드릴 지름(안지름) $d=D$(나사의 호칭지름)$-p$(피치)이므로 가공할 안지름 $d=20-1.5=18.5$이다.

13. 홈 가공이나 드릴 가공을 할 때 일시적으로 공구를 정지시키는 기능(휴지 기능)의 CNC 용어를 무엇이라 하는가?

① 드웰(dwell)

② 드라이 런(dry run)

③ 프로그램 정지(program stop)

④ 옵셔널 블록 스킵(optional block skip)

> **해설** 프로그램에 지정된 시간 동안 공구의 이송을 잠시 중지시키는 지령을 드웰(dwell : 일시 정지, 휴지) 기능이라 한다. 이 기능은 홈 가공이나 드릴 작업에서 바닥 표면을 깨끗하게 하거나 긴 칩(chip)을 제거하여 공구를 보호하고자 할 때 등에 사용한다.

정답　8. ④　9. ②　10. ④　11. ③　12. ③　13. ①

14. 아래 CNC 프로그램의 설명으로 옳은 것은?

G04 X2.0

① 2초간 정지
② 2분간 정지
③ 2/100만큼 전진
④ 2/100만큼 후퇴

정답 **14.** ①

4-4 단일형, 복합형 고정 사이클

(1) 단일형 고정 사이클

① 내외경 절삭 사이클(G90)

G90   X(U)__   Z(W)__   F__ ; (직선 절삭)
G90   X(U)__   Z(W)__   R__   F__ ; (테이퍼 절삭)

② 단면 절삭 사이클(G94)

G94   X(U)__   Z(W)__   F__ ;   (평행 절삭)
G94   X(U)__   Z(W)__   R__   F__ ; (테이퍼 절삭)

③ 나사가공 사이클(G92)

G92   X(U)__   Z(W)__   F__ ;
G92   X(U)__   Z(W)__   R__   F__ ;

여기서, X(U) : 1회 절입 시 나사 끝지점 X좌표(지름 지령)
Z(W) : 나사가공 길이(불완전 나사부를 포함한 길이)
F : 나사의 리드
R : 테이퍼 나사 절삭 시 X축 기울기 양을 지정

(2) 복합형 고정 사이클

① 내외경 황삭 사이클(G71)

G71   U(Δd)   R(e) ;
G71   P(ns)   Q(nf)__   U(Δu)__   W(Δw)__ F(f) ;

여기서, U : 절삭 깊이, 부호 없이 반지름 값으로 지령

R : 도피량, 절삭 후 간섭 없이 공구가 빠지기 위한 양

P : 정삭가공 지령절의 첫 번째 전개번호

Q : 정삭가공 지령절의 마지막 전개번호

U : X축 방향 정삭여유 (지름 지정)

W : Z축 방향 정삭여유

F : 황삭가공 시 이송속도

② 내외경 정삭 사이클(G70)

> G70　P(ns)_____　Q(nf)_____ ;

여기서, P : 정삭가공 지령절의 첫 번째 전개번호

Q : 정삭가공 지령절의 마지막 전개번호

G71, G72, G73 사이클로 황삭가공이 마무리되면 G70으로 정삭가공을 행한다. G70 에서의 F는 G71, G72, G73에서 지령된 것은 무시되고 전개번호 P와 Q 사이에서 지령된 값이 유효하다.

예 G70　P10　Q100　F0.1 ; ········· 정삭가공 시 이송속도 F는 0.1

③ 단면 황삭 사이클(G72)

> G72　W(Δd)_____　R(e)_____ ;
> G72　P(ns)_____　Q(nf)___　U(Δu)___　W(Δw)___　F(f)___ ;

④ 유형 반복 사이클(G73)

> G73　U(Δi)　W(Δk)　R(d) ;
> G73　P(ns)___　Q(nf)___　U(Δu)___　W(Δw)___　F(f)___ ;

여기서, U : X축 방향 : 황삭여유(도피량)

W : Z축 방향 : 황삭여유(도피량)

R : 분할횟수 황삭의 반복횟수

P : 정삭가공 지령절의 첫 번째 전개번호

Q : 정삭가공 지령절의 마지막 전개번호

U : X축 방향 정삭여유(지름 지정)

W : Z축 방향 정삭여유

F : 황삭 이송속도(feed) 지정

이 기능은 일정한 절삭 형상을 조금씩 위치를 옮기면서 반복하여 가공하는 데 편리 하므로 단조품이나 주조물과 같이 소재 형태가 나와 있는 가공에 효과적이다. G73에서 I값 및 K값의 의미는 주조나 단조에 의해 1차 가공된 소재에서 도면상의

완성된 치수까지 남은 양을 의미한다.

⑤ 단면 홈가공 사이클(G74)

> G74 R(e) ;
> G74 X(u)__ Z(w)__ P(Δi)__ Q(Δk)__ R(Δd)__ F(f)__ ;

여기서, R : 후퇴량
　　　 X : 가공 사이클이 최종적으로 끝나는 X좌표 값
　　　 Z : 가공 사이클이 최종적으로 끝나는 Z좌표 값
　　　 P : X방향의 이동량(부호 무시하여 지정)
　　　 Q : Z방향의 절입량(부호 무시하여 지정)
　　　 R : 가공 끝점에서 공구 도피량(생략하면 0)
　　　 F : 이송속도

이 기능은 내외경 가공 시 발생하는 긴 칩(chip)의 처리를 용이하게 할 수 있으며, X축 지령을 생략하면 드릴링 작업도 가능하다.

⑥ 내외경 홈가공 사이클(G75)

> G75 R(e) ;
> G75 X(u)__ Z(w)__ P(Δi)__ Q(Δk)__ R(Δd)__ F(f)__ ;

여기서, R : 후퇴량
　　　 X : 가공 사이클이 최종적으로 끝나는 X좌표 값
　　　 Z : 가공 사이클이 최종적으로 끝나는 Z좌표 값
　　　 P : X방향 절입량
　　　 Q : Z방향 공구 이동량
　　　 R : 가공 끝점에서 공구 도피량
　　　 F : 이송속도

공작물의 내외경에 홈을 가공하는 사이클로 홈가공 시 발생하는 긴 칩의 발생을 억제하면서 효율적으로 가공할 수 있으며, G74와 X, Z방향만 바뀌었을 뿐 가공 방법은 유사하다.

⑦ 나사가공 사이클(G76)

> G76 P(m)(r)(a)____ Q(Δd_{min})____ R(d) ;
> G76 X(u)__ Z(w)__ P(k)__ Q(Δd)__ R(i)__ F(l)__ ;

여기서, P(m) : 최종 정삭 시 반복횟수
　　　 (r) : 면취량(00~99까지 입력 가능)

(a) : 나사산 각도
Q : 최소 절입량
R : 정삭여유
X, Z : 나사 끝지점 좌표
P : 나사산 높이(반지름 지정)
Q : 첫 번째 절입깊이(반지름 지정)
R : 테이퍼 나사의 테이퍼값(반지름 지정, 생략하면 직선 절삭)
F : 나사의 리드

예상문제

1. CNC 선반의 가공 프로그램 작성에 있어서 복합형 고정 사이클을 사용한다면 그 복합형 고정 사이클 중 G70 기능을 이용하여 정삭가공을 할 수 없는 것은?

① G71 ② G72
③ G73 ④ G74

해설 G71, G72, G73은 G70을 이용하여 정삭가공을 한다.

2. CNC 선반에서 바깥지름 거친 가공 프로그램에 대한 설명으로 옳은 것은?

```
N32 G71 U2.0 R0.5 ;
N34 G71 P36 Q48 U0.4 W0.1 F0.25 ;
N36 G00 X30.0 ;
```

① Z축 방향의 1회 절입량은 2mm이다.
② Z축 방향의 도피량은 0.5mm이다.
③ 고정 사이클 시작 번호는 N36이다.
④ Z축 방향의 다듬질 여유는 0.4mm이다.

해설 • U : 절삭깊이, 부호 없이 반지름값으로 지령
• R : 도피량, 절삭 후 간섭 없이 공구가 빠

지기 위한 양
• P : 정삭가공 지령절의 첫 번째 전개번호
• Q : 정삭가공 지령절의 마지막 전개번호
• U : X축 방향 정삭여유(지름 지정)
• W : Z축 방향 정삭여유
• F : 황삭가공 시 이송속도

3. 다음 나사 가공 프로그램에서 [ ] 안에 알맞은 것은?

```
⋮
G76 P010060 Q50 R30 ;
G76 X13.62 Z−32.5 P1190 Q350 F[  ] ;
⋮
```

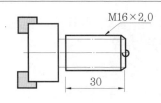

① 1.0 ② 1.5
③ 2.0 ④ 2.5

해설 G76은 나사 가공 사이클이고 F는 나사의 리드를 의미하며 M16×2.0에서 나사의 리드는 2.0이다.

정답 1. ④ 2. ③ 3. ③

4. CNC 선반에서 안지름과 바깥지름의 거친 가공 사이클을 나타내는 준비기능은?

① G70
② G71
③ G74
④ G76

> 해설 • G70 : 정삭 사이클
> • G71 : 황삭 사이클
> • G74 : 단면 홈가공(펙 드릴링) 사이클
> • G76 : 나사가공 사이클

5. CNC 선반에서 복합 반복 사이클(G71)로 거친 절삭을 지령하려고 한다. 각 주소(address)의 설명으로 틀린 것은?

> G71 U(Δd) R(e) ;
> G71 P(ns) Q(nf) U(Δu) W(Δw) F(f) ;
> 또는
> G71 P(ns) Q(nf) U(Δu) W(Δw) D(Δd) F(f) ;

① Δu : X축 방향 다듬질 여유로 지름값으로 지정
② Δw : Z축 방향 다듬질 여유
③ Δd : Z축 1회 절입량으로 지름값으로 지정
④ F : G71 블록에서 지령된 이송속도

> 해설 Δd는 부호 없이 반지름값으로 지령한다.

6. 단일형 고정 사이클에서 안쪽과 바깥지름 절삭 사이클로 테이퍼를 가공할 때 옳게 지령한 것은?

① G90 X_ Z_ W_ F_ ;
② G90 X_ Z_ U_ F_ ;
③ G90 X_ Z_ K_ F_ ;
④ G90 X_ Z_ I_ F_ ;

> 해설 I는 테이퍼 가공 시 X축상의 가공 끝점과 가공 시각점의 차이값인데 최근의 CNC 선반에서는 I 대신에 R을 사용한다.

7. 다음 프로그램은 어느 부분을 가공하는 것인가?

> :
> G00 X26. Z3. T0707 M08 ;
> G92 X23.2 Z–13.5 F2.0 ;
>   X22.7 ;
> :

① 외경 황삭가공
② 외경 정삭가공
③ 홈 가공
④ 나사 가공

> 해설 CNC 선반에서 G92는 나사 가공 사이클이다.

8. 다음 중 다듬질 사이클(G70)에 관한 설명으로 잘못된 것은?

① 다듬질 사이클이 완료되면 황삭 사이클과 마찬가지로 초기점으로 복귀하게 된다.
② 다듬질 사이클 지령은 반드시 황삭 가공 바로 다음 블록에 지령해야 한다.
③ 다듬질 사이클을 실행하면 사이클에 지령된 시퀀스(sequence) 번호를 찾아서 실행한다.
④ 하나의 프로그램 안에 2개 이상 황삭 사이클을 사용할 때는 시퀀스(sequence) 번호를 다르게 지령해야 한다.

> 해설 황삭 가공에 의해 기억된 어드레스는 G70을 실행한 후 소멸된다.

9. 그림에서 단면 절삭 고정 사이클을 이용한 프로그램의 준비 기능은?

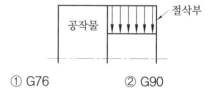

① G76
② G90

③ G92　　　　④ G94

> **해설** ・G90 : 내 · 외경 절삭 사이클
> ・G92 : 나사 절삭 사이클
> ・G94 : 단면 절삭 사이클

10. CNC 선반의 나사 가공 사이클 프로그램에서 [보기 1]의 "D", [보기 2] N51 블록의 "Q"가 의미하는 것은?

```
[보기 1]
G76 X_ Z_ K_ D_ F_ A_ P_ ;
[보기 2]
N50 P_ Q_ R_ ;
N51 X_ Z_ P_ Q_ R_ F_ ;
```

① 나사의 끝점
② 나사산의 높이
③ 첫 번째 절입 깊이
④ 나사의 시작점에서 끝점까지의 거리

> **해설** D 및 Q는 첫 번째 절입 깊이이다. 여기에서 [보기 1]은 컨트롤러가 11T이며, [보기 2]는 0T를 나타내는데, 요즘은 대부분이 0T, 즉 [보기 2]를 사용한다.

11. CNC 선반에서 복합형 고정 사이클 G76을 사용하여 나사 가공을 하려고 한다. G76에 사용되는 X의 값은 무엇을 의미하는가?

① 골지름　　　　② 바깥지름
③ 안지름　　　　④ 유효지름

> **해설** X는 나사 골지름이며, Z는 나사 끝지점 좌표이다.

12. CNC 선반의 M25×2.0인 나사 가공 프로그램에서 첫 번째(1회) 절입 시 나사의 프로그램은?

```
G97 S500 M03 ;
G00 X26.0 Z2.0 T0707 ;
G92 X(　) Z-22.0 F2.0 ;
    X23.8 ;
```

나사 가공 데이터

피치	1.5	2.0
1회	0.35	0.35
2회	0.20	0.25

① X26.　　　　② X24.
③ X24.3　　　　④ X23.8

> **해설** X24.3이 되는 이유는 F2.0이므로 피치가 2이고, 나사 가공 데이터에서 나사의 첫 번째 절입량이 0.35이므로 25-0.7=24.3이 된다.

13. CNC 선반의 준비 기능 중 단일형 고정 사이클로만 짝지어진 것은?

① G28, G75
② G90, G94
③ G50, G76
④ G98, G74

14. 다음 중 CNC 선반에서 다음의 단일형 고정 사이클에 대한 설명으로 틀린 것은?

```
G90 X(U)__ Z(W)__ I__ F__ ;
```

① I__값은 지름값으로 지령한다.
② 가공 후 시작점의 위치로 돌아온다.
③ X(U)__의 좌푯값은 X축의 절삭 끝점 좌표이다.
④ Z(W)__의 좌푯값은 Z축의 절삭 끝점 좌표이다.

> **해설** I값은 반지름값으로 지령하며, F는 이송 속도이다.

15. 다음 중 가공하여야 할 부분의 길이가 짧고 직경이 큰 외경의 단면을 가공할 때 사용되는 복합 반복 사이클 기능으로 가장 적당한 것은?

① G71   ② G72
③ G73   ④ G75

해설 • G71 : 내 · 외경 황삭 사이클
• G73 : 유형 반복 사이클
• G75 : 내 · 외경 홈 가공 사이클

16. CNC 선반에서 G90 사이클을 이용한 테이퍼 부분의 가공 프로그램이다. ( )에 들어갈 내용으로 올바른 것은?

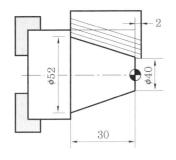

```
G00 X70. Z2. T0101 M08 ;
G90 X68 Z-30. I-6.4 F0.2
    X64. ;
    X60. ;
    X56. ;
    (   ) ;
G00 X100. Z100. T0101 M09 ;
```

① X50.   ② X52.
③ Z50.   ④ Z52.

해설 테이퍼 가공의 X축 최종값, 즉 지름이 ϕ52이므로 X52.0이다.

17. CNC 선반 프로그램 G70 P20 Q200 F0.2 ; 에서 P20의 의미는?

① 정삭가공 지령절의 첫 번째 전개번호

② 황삭가공 지령절의 첫 번째 전개번호
③ 정삭가공 지령절의 마지막 전개번호
④ 황삭가공 지령절의 마지막 전개번호

해설 • P20 : 정삭가공 지령절의 첫 번째 전개번호
• Q200 : 정삭가공 지령절의 마지막 전개번호

18. 다음 CNC 선반의 나사 절삭 사이클 프로그램을 보고 기술한 내용 설명 중 가장 옳은 것은?

```
G92 X25. Z-19. F2.0 ;
```

① 무조건 1줄 나사로서 피치가 2임을 알 수 있다.
② 1줄 나사인지 2줄 나사인지는 알 수는 없으나 피치가 모두 2임을 알 수 있다.
③ 1줄 나사인 경우 피치가 2이며, 2줄 나사인 경우 피치는 4이다.
④ 1줄 나사의 경우 피치는 2이며, 2줄 나사의 경우 리드는 2이다.

해설 G92는 나사절삭 사이클이고 F로 지령된 값은 나사의 리드이며 나사의 리드=피치×줄수이다.

19. CNC 선반에서의 나사 가공(G92)에 대한 설명으로 잘못된 것은?

① 나사 가공 시 이송속도 조절 값은 100%로 된다.
② 이송 장치(feed hold)는 나사 가공 도중에는 무효가 된다.
③ 가공 도중에 이송 정지(feed hold) 스위치를 ON하면 자동으로 정지한다.
④ 나사 가공이 완료되면 자동으로 시작점으로 복귀한다.

해설 나사 가공 도중에 이송 정지(feed hold)

스위치를 ON하면 사이클을 종료한 후 정지
한다.

20. 다음은 CNC 선반에서 복합형 고정 사
이클 명령의 예이다. 설명으로 맞지 않는
것은?

```
G71  U1.5  R0.5 ;
G71  P21  Q33  U0.4  W0.2  F0.15 ;
```

① U1.5는 X축 방향의 1회 절입량이다.
② G71은 내·외경 막깎기 사이클 가공
이다.
③ P21은 사이클 가공 시작 블록의 전개번
호이다.
④ W0.2는 X축 방향의 다듬질 여유이다.

해설 W0.2는 Z축 방향의 다듬질 여유이다.

21. CNC 선반의 복합형 고정 사이클(예 :
G71~G76 등)에 있어서 사이클 가공의
종료 시 공구가 복귀하는 위치는?

① 프로그램 원점
② 제2원점
③ 기계 원점
④ 사이클 가공 시작점

해설 복합형 고정 사이클 기능이 종료되면 공
구는 사이클 가공 시작점으로 복귀한다.

22. CNC 선반에서 축 방향에 비해 단면 방
향의 가공 길이가 긴 경우에 사용되는 단
면 절삭 사이클은?

① G76　　　　　② G90
③ G92　　　　　④ G94

해설 G90 기능은 X축으로 급속절입하고 Z축
방향으로 절삭하나, G94 기능은 Z축으로 급
속절입하고 X축 방향으로 절삭가공한다.

23. 다음 도면은 CNC 선반에서 내외경 절
삭 사이클(G90)을 이용하여 프로그램한
것이다. (　) 안에 알맞은 것은?

```
G00 X65.0 Z100. T0101 ;
G90 X58.0 Z30. F0.2 M08 ;
    X56.0 ;
    X55.0 ;
    X53.0 (   ) ;
G00 X200. Z200. T0100 M09 ;
M02 ;
```

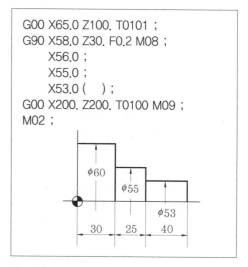

① Z30.0
② G90
③ Z-65.0
④ Z55.0

해설 X53.0은 계단축 가운데 가장 적은 53을
가공하며, 프로그램 원점이 좌측에 있으므로
Z55.0이다.

24. CNC 선반 프로그램에서 다음 지령에
대한 설명으로 틀린 것은?

```
G92 X(U)_ Z(W)_ R_ F_;
```

① F는 나사의 리드값과 같게 지정한다.
② X(U)는 1회 절입할 때 나사의 골 지름을
지정한다.
③ Z(W)는 나사 가공 길이를 지정한다.
④ R은 자동모서리 코너값을 지정한다.

해설 R은 테이퍼 나사 절삭 시 테이퍼 시작점
X좌표와 테이퍼 끝점 X좌표의 차이값을 지
정한다.

25. 다음 중 주물 제품과 같이 가공여유가 주어지고 모양이 형성되어 있는 부품을 가공하기에 가장 적합한 유형 반복 사이클은 어느 것인가?

① G70   ② G71
③ G72   ④ G73

해설 • G70 : 내외경 다듬질 사이클
• G71 : 내외경 막깎기 사이클
• G72 : 단면 막깎기 사이클
• G73 : 모방 절삭 사이클

26. CNC 선반에서 외경 절삭을 하는 단일형 고정 사이클은?

① G89   ② G90
③ G91   ④ G92

해설 • G90 : 외경 절삭 사이클
• G92 : 나사 절삭 사이클

27. 다음과 같은 CNC 선반 프로그램의 설명으로 틀린 것은?

```
N31 G90 X50. Z-100. R10. F0.2 ;
N32      X54. ;
```

① G90은 내·외경 절삭 사이클이다.
② 테이퍼 절삭을 한다.
③ N32 블록에서도 사이클이 계속된다.
④ 외경(바깥지름) 절삭 작업을 하는 프로그램이다.

해설 위의 프로그램은 R이 있기 때문에 외경 테이퍼 절삭 사이클 가공을 하는 프로그램이다.

28. 다음 CNC 선반의 나사가공 프로그램 (a), (b)에서 F2.0은 어느 것을 지령한 것인가?

```
(a) G92 X29.3 Z-26.0 F2.0;
(b) G76 X27.62 Z-26.0 K1.19 D350
    F2.0 A60 ;
```

① 첫 번째 절입량
② 나사부 반지름값
③ 나사산의 높이
④ 나사의 리드

해설
```
G92 X__ Z__ F__ ;
```
• X, Z : 나사가공 끝점 좌표
• F : 나사의 리드

```
G76P(m)(r)(a)_ Q(Δd_min)_R(d);
G76X(u)_ Z(w)_ P(k)_ Q(Δd)_ R(i)_ F(l)_ ;
```
• P(m) : 최종 정삭 시 반복횟수
• (r) : 면취량(00~99까지 입력 가능)
• (a) : 나사산 각도
• Q : 최소 절입량
• R : 정삭여유
• X, Z : 나사 끝지점 좌표
• P : 나사산 높이(반지름 지정)
• Q : 첫 번째 절입깊이(반지름 지정)
• R : 테이퍼 나사의 테이퍼값(반지름 지정, 생략하면 직선 절삭)
• F : 나사의 리드

29. CNC 선반의 단일형 고정 사이클(G90)에서 테이퍼(기울기) 값을 지령하는 어드레스(address)는?

① O   ② P
③ Q   ④ R

해설 G90 X__ Z__ R__ ; 에서 R은 테이퍼를 의미한다.

30. CNC 선반에서 나사를 가공하는 준비 기능이 아닌 것은?

① G32   ② G92

③ G76   ④ G74

해설 G74는 단면 펙 드릴링 사이클이다.

31. 다음 중 복합형 고정 사이클에 대한 설명으로 맞는 것은?

① 단일형 고정 사이클보다 프로그램이 더욱 길고 프로그램 작성 시간이 많이 소요된다.
② 메모리(자동) 운전이 아니어도 사용 가능하다.
③ 매번 절입량을 계산하여 입력하므로 프로그램 작성에 많은 노력과 시간이 필요하다.
④ 최종 형상과 절삭 조건을 지정해 주면 공구 경로는 자동적으로 결정된다.

해설 복합형 고정 사이클은 프로그램을 보다 쉽고 간단하게 하는 기능으로 G70~G76이 있다.

32. CNC 선반 프로그램에서 막깎기 가공 사이클로 지정 후 다듬질 가공 사이클(G70)로 마무리하는 가공 사이클 기능이 아닌 것은?

① G71   ② G72
③ G73   ④ G74

해설 G71, G72, G73으로 황삭 가공이 마무리되면 G70으로 정삭 가공한다.

33. 복합형 고정 사이클 기능에서 다듬질(정삭) 가공으로 G70을 사용할 수 없으며, 피드 홀드(feed hold) 스위치를 누를 때 바로 정지하지 않는 기능은?

① G76   ② G73
③ G72   ④ G71

해설 G76(나사 가공 사이클)으로 가공 시에는 피드 홀드(일시정지) 스위치를 눌러도 한 사이클이 끝난 후 정지한다.

정답 31. ④   32. ④   33. ①

5. CNC 선반 프로그램 확인

5-1 CNC 선반 프로그램 수정

(1) 프로그램 수정

CNC 선반 프로그램 오류를 확인하고 수정한다.
① 프로그램 원점 설정을 확인한다.
② 절삭 공구 번호를 확인한다.
③ 절삭 공구의 보정값 설정을 확인한다.
④ 공구 보정과 보정 취소 등을 확인한다.

⑤ 공구 인선 보정, 인선 보정 취소 등을 확인한다.

⑥ 프로그램의 좌푯값 입력 부분 소수점의 기재 여부를 확인한다. 예를 들어 X20.0 또는 X20.을 기재해야 하는 곳에 X20과 같이 소수점을 빠뜨리면 X0.02로 인식되어 문제가 발생한다.

⑦ 원호 가공(G02, G03) 다음 블록이 직선 가공일 때 G01의 기재 여부를 확인한다.

⑧ 가공 오류 부분의 좌푯값을 확인한다.

(2) 프로그램 수정 방법

프로그램 수정 시에는 키보드의 ALTER(변경), INSERT(삽입), DELETE(삭제)를 이용한다.

① **변경(ALTER)** : 프로그램을 변경할 때 사용한다.

② **삽입(INSERT)** : 프로그램을 삽입할 때 사용한다.

③ **삭제(DELETE)** : 프로그램을 삭제할 때 사용한다.

예상문제

1. CNC 선반 조작판에서 새로운 프로그램을 작성하고 메모리에 등록된 프로그램을 편집(삽입, 수정, 삭제)할 때 선택하는 모드는 어느 것인가?

① MDI(반자동)
② AUTO(자동)
③ EDIT(편집)
④ JOG(수동)

해설 • MDI : 기계에 직접 간단한 프로그램을 하여 기계를 동작
• AUTO : 선택한 프로그램을 자동 운전
• JOG : 간단한 수동작업

2. CNC 공작기계의 편집 모드(EDIT MODE)에 대한 설명 중 틀린 것은?

① 프로그램을 입력한다.

② 프로그램의 내용을 삽입, 수정, 삭제한다.
③ 메모리 된 프로그램 및 워드를 찾을 수 있다.
④ 프로그램을 실행하여 기계 가공을 한다.

해설 기계 가공은 모드를 AUTO(자동)에 두고 가공한다.

3. CNC 선반 프로그램 작성 후 가공 전 확인할 내용이 아닌 것은?

① 절삭 공구 번호를 확인한다.
② 좌푯값을 확인한다.
③ 원호 가공(G02, G03) 다음 블록이 직선 가공일 때 G01의 기재 여부를 확인한다.
④ 메모리에 등록된 프로그램을 확인한다.

해설 가공할 프로그램을 불러 왔기 때문에 프로그램을 확인할 필요는 없다.

5-2 CNC 선반 컨트롤러 입력 · 가공

(1) 프로그램 입력 및 편집
① CNC선반의 편집모드(EDIT)에서 프로그램 입출력 및 수정을 할 수 있다
② 신규 프로그램의 입력, 기존 프로그램을 수정, 삭제할 수 있다.

(2) DNC 통신
① CNC가 아닌 외부장치(PC, 프로그램조작기 등)에 저장되어져 있는 프로그램을 DNC 통신을 통해 CNC로 전송할 수 있다.
② 메모리카드, USB 등을 통해 외부장치에 있는 프로그램을 CNC로 복사할 수 있다.

예상문제

1. 다음 중 DNC 시스템의 구성요소가 아닌 것은 어느 것인가?
① CNC 공작기계 ② 중앙 컴퓨터
③ 통신선 ④ 디지타이저
해설 DNC 시스템의 구성요소는 CNC 공작기계, 중앙 컴퓨터, 통신선 등이다.

2. 프로그램을 컴퓨터의 기억장치에 기억시켜 놓고, 통신선을 이용해 1대의 컴퓨터에서 여러 대의 CNC 공작기계를 직접 제어하는 것을 무엇이라 하는가?
① ATC ② CAM
③ DNC ④ FMC
해설 DNC란 직접 수치제어(direct numerical control)의 약어로, CNC 기계가 외부의 컴퓨터에 의해 제어되는 시스템을 말한다. 외부의 컴퓨터에서 작성한 NC 프로그램을 CNC 기계에 내장되어 있는 메모리를 이용하지 않고, 외부의 컴퓨터와 기계에 통신기기를 연결하여 프로그램을 송·수신하면서 동시에 NC 프로그램을 실행하여 가공하는 방식이다.

3. CNC 선반 프로그램에서 프로그램 입력 및 편집을 할 수 있는 기능은?
① MDI
② EDIT
③ AUTO
④ JOG

4. PMC(programmable machine control) 기능과 관계가 없는 것은?
① 공구의 교환
② 절삭유의 ON, OFF
③ 공구의 이동
④ 주축의 정지
해설 PMC 기능 : 공구의 교환, 주축의 정지, 절삭유의 ON/OFF 등

정답 1. ④ 2. ③ 3. ② 4. ③

5-3 CNC 선반 공구 경로 이상 유무 확인

(1) 공구 경로 표시 기능

시뮬레이션 탭을 클릭하면 시뮬레이션 모드가 되는데 여기에서 실행을 클릭하면 순차적으로 공구 경로가 그려진다. 이때 작성한 가공 프로그램을 실제 공작기계에서 확인하지 않아도 된다. 즉 작성한 프로그램의 내용을 이 그래픽 기능으로 화면상에 나타낼수 있으며, 공구의 급속 이송, 절삭 이송의 경로를 확인할 수 있다. 또한 일부분을 자세히 보기 위하여 보고 싶은 부분만 확대시킬 수도 있는데, 이와 같이 미리 확인하므로 자동 운전을 안전하게 할 수 있다.

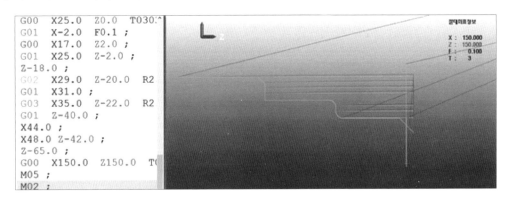

예상문제

1. 다음 CNC 선반 프로그램을 실행할 경우 경보(alarm)가 발생하는 블록은?

```
N01 G97 S800 M03 ;
N02 G00 X50. Z10. T0101 ;
N03 G01 X40. F0.15 ;
N04 G04 P2. ;
```

① N01　　　　　② N02
③ N03　　　　　④ N04

해설 드웰 기능에서 P에는 소수점을 사용하지 못하고 정수로 입력해야 한다.

2. 수치 제어 공작 기계에서 위치 결정(G00) 동작을 실행할 경우 가장 주의해야 할 내용은?

① 절삭 칩의 제거
② 충돌에 의한 사고
③ 과절삭에 의한 치수 변화
④ 잔삭이나 미삭의 처리

해설 G00은 위치 결정을 하는 급속 이송이므로 충돌에 유의해야 한다.

제 **5** 장

밀링 가공

1. 밀링의 종류와 부속품
2. 밀링 절삭 공구 및 절삭 이론
3. 밀링 절삭 가공

제5장 밀링 가공

1. 밀링의 종류와 부속품

1-1 밀링의 종류 및 구조

(1) 밀링의 종류

① **사용 목적에 의한 분류** : 일반형, 생산형, 특수형
② **테이블지지 구조에 의한 분류** : 니형, 베드형, 플레이너형
③ **주축 방향에 의한 분류** : 수평형, 수직형, 만능형

(2) 밀링의 특징과 용도

① **니형 밀링 머신** : 칼럼의 앞면에 미끄럼면이 있으며 칼럼을 따라 상하로 니(knee)가 이동하며, 니 위를 새들과 테이블이 서로 직각 방향으로 이동할 수 있는 구조 로 수평형, 수직형, 만능형 밀링 머신이 있다.

   ㈎ 수평형 밀링 머신
     ㉮ 주축이 칼럼에 수평으로 되어 있다.
     ㉯ 니(knee)는 칼럼의 전면의 안내면을 따라 상하 운동한다.
   ㈏ 수직형 밀링 머신 : 주축이 테이블에 대하여 수직이며 기타는 수평형과 거의 같다.
   ㈐ 만능형 밀링 머신 : 주축 헤드가 임의의 각도로 경사가 가능하며 분할대를 갖 춘 것으로 수평형과 유사하나 테이블이 45° 이상 회전한다.

② **베드형 밀링 머신** : 일명 생산형 밀링 머신이라고도 하는데 용도에 따라 수평식, 수직식, 수평 수직 겸용식이 있다. 사용 범위가 제한되지만 대량 생산에 적합한 밀 링 머신이다.

③ **보링형 밀링 머신** : 구멍깎기(boring) 작업을 주로 하는 것으로 보링 헤드에 보링 바(bar)를 설치하고 여기에 바이트를 끼워 보링 작업을 한다.

④ **평삭형 밀링 머신** : 플레이너의 바이트 대신 밀링 커터를 사용한 것으로 테이블은

일정한 속도로 저속 이송을 한다.

(2) 니형 밀링 머신의 구성

니형 밀링 머신은 크게 칼럼, 니, 새들, 오버 암, 테이블로 구성되어 있다.

① **칼럼(column)** : 밀링 머신의 본체로서 테이블의 상하 이동(Y축)의 경로이다.

② **니(knee)** : 새들과 테이블을 지지하는 지지대로 칼럼과 안내면을 따라 상하 이동을 한다.

③ **새들(saddle)** : 새들은 테이블을 지지하며, 테이블의 전후 이동(Z축)을 담당한다.

④ **오버 암(over arm)** : 칼럼의 상부에 설치되어 있는 것으로 플레인 밀링 커터용 아버(arbor)를 아버 서포터가 지지하고 있다.

⑤ **테이블** : 공작물을 직접 고정하는 부분이며, 새들 상부의 안내면에 장치되어 수평면을 좌우로 이동한다.

(3) 니형 밀링 머신의 크기

① **테이블의 이동량** : 테이블의 이동량(전후×좌우×상하)을 번호로 표시하며 0번~4번까지 번호가 클수록 이동량도 크다.

② **테이블 크기** : 테이블의 길이×폭

③ 테이블 위에서 주축 중심까지 거리

예상문제

1. 다음 중 특수 밀링 머신이 아닌 것은 어느 것인가?

① 모방 밀링 머신 ② 나사 밀링 머신
③ 만능 밀링 머신 ④ 공구용 밀링 머신

[해설] 특수 밀링 머신에는 모방 밀링 머신, 나사 밀링 머신, 탁상 밀링 머신, 공구 밀링 머신 등이 있다.

2. 공작물을 고정한 회전 테이블을 연속 회전시키고, 2개의 스핀들 헤드를 써서 두

종류의 가공을 동시에 할 수 있는 고성능 밀링 머신은?

① 모방 밀링 머신
② 탁상 밀링 머신
③ 플레인 밀링 머신
④ 회전 테이블 밀링 머신

[해설] 회전 테이블 밀링 머신은 직립 드릴링 머신과 비슷하며 테이블이 회전한다. 직립 스핀들이 2개 있는 것은 정면 밀링 커터를 설치하여 거친 절삭과 다듬질 절삭을 동시에 할 수 있다.

3. 일반적인 방법으로 밀링 머신에서 가공할 수 없는 것은?

① 테이퍼 축 가공   ② 평면 가공

③ 홈 가공   ④ 기어 가공

해설 테이퍼 축 가공은 선반에서 한다.

4. 수직 밀링 머신의 장치 중 일반적인 운동 관계가 옳지 않은 것은?

① 테이블 – 수직 이동

② 주축 스핀들 – 회전

③ 니 – 상하 이동

④ 새들 – 전후 이동

해설 수직형 밀링 머신은 주축이 테이블에 대하여 수직이며, 기타는 수평형과 거의 같다.

5. 다음 중 왕복대를 이루고 있는 것은?

① 공구대와 심압대   ② 새들과 에이프런

③ 주축과 공구대   ④ 주축과 새들

해설 새들(saddle)은 밀링 머신에서 전후 이송을 하는 안내면이다.

6. 밀링 머신 중 새들 위에 회전대가 있어 수평면 상에서 필요한 각도로 테이블을 회전시켜 이송함으로써 트위스트 드릴의 비틀림 홈 등을 가공할 수 있는 것은?

① 수직 밀링 머신   ② 만능 밀링 머신

③ 회전 밀러   ④ 플래노 밀러

해설 만능 밀링 머신은 테이블의 평면상 45°를 선회한다.

7. 다음 중 헬리컬 기어, 트위스트 드릴의 비틀림 홀 등을 깎는 데 가장 적합한 밀링 머신은?

① 수직 밀링 머신

② 만능 밀링 머신

③ 플레이너형 밀링 머신

④ 모방 밀링 머신

해설 밀링 머신은 원판 또는 원통체의 외주면이나 단면에 다수의 절삭날을 가진 공구에 회전운동을 주어 평면, 곡면 등을 절삭하는 기계이다.

8. 다음 중 원주에 많은 절삭 날(인선)을 가진 공구를 회전운동시키면서 가공물에는 직선 이송 운동을 시켜 평면을 깎는 작업은 어느 것인가?

① 선반   ② 태핑

③ 드릴링   ④ 밀링

해설 밀링 작업 시 공구는 회전운동, 이송운동, 공작물은 직선운동을 한다.

9. 일반적으로 밀링의 크기 표시 방법에 사용하지 않은 것은?

① 테이블의 이동량

② 테이블 크기

③ 테이블 위에서 주축 중심까지 거리

④ 테이블 무게

해설 밀링의 크기 표시

(1) 테이블의 이동량 : 테이블의 이동량(전후 ×좌우×상하)을 번호로 표시하며 0번~4번까지 번호가 클수록 이동량도 크다.

(2) 테이블 크기 : 테이블의 길이×폭

(3) 테이블 위에서 주축 중심까지 거리

10. 니(knee)형 밀링 머신의 종류에 해당하지 않는 것은?

① 수직 밀링 머신   ② 수평 밀링 머신

③ 만능 밀링 머신   ④ 호빙 밀링 머신

해설 니형 밀링 머신은 칼럼의 앞면에 미끄럼면이 있으면 칼럼을 따라 상하로 니(knee)가

정답 3. ①   4. ①   5. ②   6. ②   7. ②   8. ④   9. ④   10. ④

이동하며, 니 위를 새들과 테이블이 서로 직각 방향으로 이동할 수 있는 구조로 수평형, 수직형, 만능형 밀링 머신이 있다.

럼면으로 되어 있으며, 아래는 베이스를 포함한다.

11. 수직 밀링 머신에서 공작물을 전후로 이송시키는 부위는?

① 테이블   ② 새들
③ 니   ④ 칼럼

> **해설** • 니 : 칼럼에 연결되어 있으며 위에는 테이블을 지지한다.
> • 칼럼 : 밀링 머신의 본체로서 앞면은 미끄

12. 다음 중 밀링 머신의 주요 구성 요소로 틀린 것은?

① 니(knee)   ② 칼럼(column)
③ 테이블(table)   ④ 맨드릴(mandrel)

> **해설** 맨드릴은 선반, 기어 커터 등에서 중앙에 구멍이 뚫려 있는 공작물을 가공할 때 그 구멍에 끼우는 심봉을 말한다.

정답 11. ②   12. ④

1-2   부속품 및 부속장치

(1) 부속장치

① **바이스** : 공작물을 테이블에 설치하기 위한 장치로 테이블의 T홈에 설치한다.

② **수직 밀링 장치** : 수평 밀링 머신이나 만능 밀링 머신의 주축단 칼럼면에 장치하여 밀링 커터축을 수직의 상태로 사용하는 것이다.

③ **만능 밀링 장치** : 수평 밀링 머신이나 만능 밀링 머신에 설치하여 평면 절삭, 경사면 절삭, 래크 가공 등을 할 수 있도록 하는 장치이다.

④ **슬로팅 장치** : 수평 밀링 머신이나 만능 밀링 머신의 주축 회전 운동을 직선 운동으로 변환하여 슬로터 작업을 할 수 있다.

⑤ **래크 밀링 장치** : 수평 밀링 머신이나 만능 밀링 머신의 주축단에 장치하여 기어 절삭을 하는 장치이다. 테이블의 선회 각도에 의해 45°까지의 임의의 헬리컬 래크도 절삭이 가능하다.

⑥ **래크 인디케이팅 장치** : 래크 가공 작업을 할 때 합리적인 기어열을 갖추어 변환 기어를 쓰지 않고도 모든 모듈을 간단하게 분할할 수 있다.

⑦ **회전 원형 테이블** : 가공물에 회전 운동이 필요할 때 사용하며 가공물을 테이블에 고정하여 원호의 분할 작업, 연속 절삭 등 기타 광범위한 작업에 쓰인다.

⑧ **기타 부속장치**

(개) **아버(arbor)** : 커터를 고정할 때 사용한다.

(내) **어댑터(adapter)와 콜릿(collet)** : 자루가 있는 커터를 고정할 때 사용한다.

예상문제

1. 수직 밀링 머신에 사용되는 부속장치로 수동 또는 자동 이송에 의하여 회전시킬 수 있으며, 간단한 각도 분할 작업도 할 수 있는 밀링 머신 부속장치는?

① 밀링 바이스　　② 원형 테이블
③ 슬로팅 장치　　④ 아버

해설 슬로팅 장치는 밀링 머신에서 주축의 회전운동을 공구대의 직선 왕복운동으로 변화시켜 직선운동 절삭가공을 할 수 있게 하는 부속장치이며, 아버는 커터를 고정할 때 사용한다.

2. 다음 중 밀링 머신의 부속 장치가 아닌 것은 어느 것인가?

① 아버　　　　② 회전 테이블 장치
③ 수직축 장치　　④ 왕복대

해설 왕복대는 선반의 부속장치로 베드 위에 있고, 바이트 및 각종 공구를 설치한 공구대를 평행하게 전후, 좌우로 이송시키며 새들과 에이프런으로 구성되어 있다.

3. 밀링 머신의 부속장치가 아닌 것은?

① 면판　　　　② 분할대
③ 슬로팅 장치　　④ 래크 절삭 장치

해설 면판은 선반의 부속장치로 척을 떼어내고 부착하는 것으로 공작물의 모양이 불규칙하거나 척이 물릴 수 없을 때 사용한다.

4. 테이블의 전후 및 좌우 이송으로 원형, 윤곽 가공 및 분할 작업에 적합한 밀링 머신의 부속장치는?

① 회전 바이스　　② 회전 테이블
③ 분할대　　　　④ 슬로팅 장치

해설 회전 테이블은 원호의 분할작업, 연속 절삭 시 가공물에 회전이 필요할 때 사용된다.

5. 니형 밀링 머신의 칼럼면에 설치하는 것으로 주축의 회전 운동을 수직 왕복 운동으로 변환시켜 주는 장치는?

① 원형 테이블　　② 분할대
③ 래크 절삭 장치　　④ 슬로팅 장치

해설 슬로팅 장치는 니형 밀링 머신의 칼럼면에 설치하여 사용하며, 이 장치를 사용하면 밀링 머신의 주축의 회전 운동을 공구대 램의 직선 왕복 운동으로 변환시켜 바이트로 밀링 머신에서도 직선 운동 절삭 가공을 할 수 있다.

6. 밀링 작업 시 공작물을 고정할 때 사용되는 부속장치로 틀린 것은?

① 마그네틱 척　　② 수평 바이스
③ 앵글 플레이트　　④ 공구대

해설 앵글 플레이트 : 공작물을 볼트 등으로 홈에 고정시켜 놓고 이용하는 주철제 공구

7. 주축의 회전운동을 직선 왕복운동으로 변화시키고, 바이트를 사용하여 가공물의 안지름 키(key)홈, 스플라인, 세레이션 등을 가공할 수 있는 밀링 부속장치는?

① 분할대　　　　② 슬로팅 장치
③ 수직 밀링 장치　　④ 래크 절삭 장치

해설 분할대의 사용 목적
(1) 공작물의 분할 작업(스플라인 홈작업, 커터나 기어 절삭 등)
(2) 수평, 경사, 수직으로 장치한 공작물에 연속 회전 이송을 주는 가공 작업(캠 절삭, 비틀림 홈 절삭, 웜 기어 절삭 등)

정답 1. ② 2. ④ 3. ① 4. ② 5. ④ 6. ④ 7. ②

8. 다음 중 밀링 머신의 부속장치에 속하는 것은 어느 것인가?

① 돌리개   ② 맨드릴
③ 방진구   ④ 분할대

해설 ①, ②, ③은 선반의 부속장치이다.

9. 밀링 머신에서 일감을 테이블 위에 고정할 때 사용하는 것이 아닌 것은?

① 바이스   ② 평행대
③ V블록   ④ 콜릿

해설 콜릿은 공구를 고정하는 것이다.

정답 8. ④   9. ④

2. 밀링 절삭 공구 및 절삭 이론

2-1 밀링 커터의 분류와 공구각

(1) 밀링 커터의 종류

① **평면 커터**(plain cutter) : 원주면에 날이 있고 회전축과 평행한 평면 절삭용이다.

② **정면 커터**(face cutter) : 평면 가공에 사용되며, 탄소강 본체에 초경팁을 고정하여 사용하므로 절삭력이 매우 강력하다.

③ **측면 커터**(side cutter) : 원주 및 측면에 날이 있고 평면과 측면을 동시 절삭할 수 있어 단 달린 면, 또는 홈 절삭에 쓰인다.

④ **엔드밀**(end mill) : 드릴이나 리머와 같이 일체의 자루를 가진 것으로 평면이나 구멍, 홈 등의 가공에 사용되며, 날수는 2날, 4날이 있다.

⑤ **메탈 소**(metal saw) : 절단, 홈파기 등에 사용한다.

⑥ **더브테일 커터**(dove tail cutter) : 더브테일 홈 가공에 사용한다.

⑦ **총형 커터**(formed cutter) : 기어 가공, 드릴의 홈 가공, 리머, 탭 등의 형상 가공에 사용한다.

(2) 날의 각부 명칭

① **랜드** : 여유각에 의해 생기는 절삭날 여유면의 일부이다.

② **경사각** : 절삭날과 커터의 중심선과의 각도를 경사각이라 한다.

③ **여유각** : 커터의 날 끝이 그리는 원호에 대한 접선과 여유면과의 각을 여유각이라 하며, 일반적으로 재질이 연한 것은 여유각을 크게, 단단한 것은 작게 한다.

④ **바깥둘레** : 커터의 절삭날 선단을 연결한 원호이며, 밀링 커터의 지름을 측정하는 부분이다. 정면 밀링 커터의 지름 D와 일감의 나비 w와의 관계는 $\dfrac{D}{w} = \dfrac{5}{3} \sim \dfrac{3}{2}$ 정도로 하는 것이 좋다.

⑤ **인선** : 경사면과 여유면이 교차하는 부분으로서 절삭 기능을 충분히 발휘하기 위해서는 연삭을 잘 해야 된다.

⑥ **비틀림각** : 비틀림각은 인선의 접선과 커터 축이 이루는 각도이다.

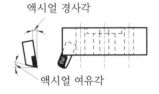

정면 밀링 커터의 주요 공구각

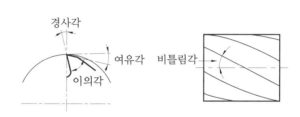

평면 밀링 커터의 주요 공구각

예상문제

1. 수직 밀링 머신에서 홈 가공 시 주로 사용하는 공구는?

① 엔드밀   ② 평면 커터
③ 측면 커터   ④ 메탈 소

해설 • 평면 커터 : 평면 절삭용
• 측면 커터 : 평면과 측면을 동시에 절삭

2. 밀링 가공에서 공작물과 커터를 기둥에 가까이 고정하고, 커터의 비틀림각을 적절히 선정하는 가장 큰 이유는?

① 큰 공작물을 고정하기 위하여
② 공구의 수명을 연장하기 위하여

③ 테이블을 보호하기 위하여
④ 떨림을 방지하기 위하여

해설 비틀림각은 인선의 접선과 커터 축이 이루는 각도로 비틀림각을 적절히 선정하는 가장 큰 이유는 떨림 방지이다.

3. 평면 밀링 커터(plane milling cutter)의 설명으로 틀린 것은?

① 원통의 원주에 절삭날이 있다.
② 비틀림 날의 나선각은 보통 1~3° 정도 경사져 있다.
③ 직선인 절삭날과 비틀림 형상의 절삭날

이 있다.

④ 밀링 커터 축과 평행한 평면을 절삭한다.

해설 비틀림 날의 나선각은 25~45°이며, 45~60° 및 그 이상은 헬리컬 밀이라 한다.

4. 주로 수직 밀링에서 사용하는 커터로 바깥지름과 정면에 절삭날이 있으며 밀링 커터 축에 수직인 평면을 가공할 때 편리한 커터는?

① 정면 밀링 커터　② 슬래브 밀링 커터
③ 평면 밀링 커터　④ 측면 밀링 커터

해설 정면 밀링 커터는 평면을 절삭 가공할 때 사용하는 절삭 공구로 외주와 정면에 절삭날이 있으며, 밀링 커터 축에 수직인 평면을 가공할 때 쓰인다.

5. 밀링 머신에서 정면 커터로 공작물을 가공할 때, 절삭저항을 변화시키는 요소 중 가장 관련이 적은 것은?

① 가공물의 재질　② 절삭면적
③ 절삭속도　　　　④ 밀링 머신의 성능

해설 절삭저항은 가공물의 재질이 단단할수록, 절삭면적이 클수록 증가하며, 절삭속도가 클수록 감소한다.

6. 공작기계의 부품과 같이 직선 슬라이딩 장치의 제작에 사용되는 공구로 측면과 바닥면이 60°가 되도록 동시에 가공하는 절삭 공구는?

① 엔드밀
② T홈 밀링 커터
③ 더브테일 밀링 커터
④ 정면 밀링 커터

해설 더브테일 밀링 커터는 더브테일 홈 가공, 기계 조립 부품에 많이 사용한다.

7. 밀링 머신에서 일반적으로 평면을 절삭할 때 주로 사용하는 공구가 아닌 것은?

① 정면커터　　　② 엔드밀
③ 메탈 소　　　　④ 셸 엔드밀

해설 메탈 소는 밀링 머신에서 가공물의 절단 및 좁은 홈부 절삭에 적합한 공구이다.

8. 밀링에서 홈, 좁은 평면, 윤곽 가공, 구멍 가공 등에 적합한 공구는?

① 엔드밀　　　　② 정면 커터
③ 메탈 소　　　　④ 총형 커터

해설 • 정면 커터 : 평면 가공, 강력 절삭
• 총형 커터 : 기어 가공, 드릴의 홈 가공, 리머, 탭 등 형상 가공
• 메탈 소 : 절단, 홈파기

9. 디스크(disk) 형상으로 원주면에 절삭 날이 있어 공작물의 좁은 홈이나 절단가공에 사용되는 밀링 커터는?

① 정면 밀링 커터　② 메탈 슬리팅 소
③ 엔드밀　　　　④ 평면 밀링 커터

해설 평면 커터 : 원주면에 날이 있고 회전축과 평행한 평면 절삭용

10. 엔드밀에 의한 가공에 관한 설명 중 틀린 것은?

① 엔드밀은 홈이나 좁은 평면 등의 절삭에 많이 이용된다.
② 엔드밀은 가능한 짧게 고정하고 사용한다.
③ 휨을 방지하기 위해 가능한 절삭량을 많게 한다.
④ 엔드밀은 가능한 지름이 큰 것을 사용한다.

해설 엔드밀의 휨을 방지하기 위해서는 절삭량을 적게 한다.

정답 4. ①　5. ④　6. ③　7. ③　8. ①　9. ②　10. ③

11. 수평 밀링 머신에서 금속을 절단하는 데 사용하는 커터는?

① 메탈 소   ② 측면 커터
③ 평면 커터   ④ 총형 커터

해설 메탈 소는 절단용 밀링 커터이므로 절삭 날이 있는 곳으로부터 중심으로 들어감에 따라 2/1000의 구배가 되어 있어 두께가 얇아 진다.

12. 밀링 커터의 공구각 중 날의 윗면과 날 끝을 지나는 중심선 사이의 각으로 크게 하면 절삭 저항은 감소하나 날이 약해지는 단점을 갖는 것은?

① 랜드   ② 경사각
③ 날끝각   ④ 여유각

해설 • 랜드 : 여유각에 의하여 생기는 절삭날 여유면
• 여유각 : 커트의 날 끝이 그리는 원호에 대한 접선과 여유면과의 각

13. 다음 중 밀링 머신에서 공구의 떨림 현상을 발생하게 하는 요소와 가장 관련이 없는 것은?

① 가공의 절삭 조건
② 밀링 머신의 크기
③ 밀링 커터의 정밀도
④ 공작물의 고정 방법

해설 떨림 현상의 원인은 기계의 강성, 공구의 정밀도, 공작물의 고정 방법, 절삭 조건, 공구와 테이블 사이의 진동 등이다.

정답 **11.** ①   **12.** ②   **13.** ②

2-2 밀링 절삭 이론

(1) 절삭 속도

① **절삭 속도 계산식**

$$V = \frac{\pi D N}{1000} [\text{m/min}]$$

여기서, V : 절삭 속도, D : 밀링 커터의 지름(mm)
N : 밀링 커터의 1분간 회전수(rpm)

② **절삭 속도의 선정**

㈎ 공구 수명을 길게 하려면 절삭 속도를 낮게 정한다.

㈏ 같은 종류의 재료로 경도가 다른 공작물을 가공하는 경우 브리넬 경도를 기준으로 하면 좋다.

㈐ 처음 작업에서는 기초 절삭 속도에서 절삭을 시작하여 서서히 공구 수명의 실적에 의해서 절삭 속도를 상승시킨다.

㈑ 실제로 절삭해 보고 커터가 쉽게 마모되면 즉시 속도를 낮춘다(커터의 회전을

늦춘다).

㈜ 좋은 다듬질면이 필요할 때에는 절삭 속도는 빠르게 하고 이송은 늦게 한다(능률은 저하한다).

(2) 이송 속도

$$f = f_z \times z \times n$$

여기서, f : 테이블의 이송속도, f_z : 1개의 날당 이송(mm)

z : 커터의 날수, n : 커터의 회전수(rpm)

예상문제

1. 지름 4cm인 탄소강으로 스퍼 기어를 가공할 때 $V = 62.8$ m/min이다. 커터 지름이 2cm일 때 적당한 회전수는?

① 1000 rpm 　② 1500 rpm
③ 1750 rpm 　④ 2000 rpm

해설 $n = \dfrac{1000V}{\pi d} = \dfrac{1000 \times 62.8}{3.14 \times 20}$

$\quad\quad \fallingdotseq 1000$ rpm

2. 밀링에서 절삭 폭이 100mm, 절삭 깊이가 2mm, 이송량이 230mm/min라면 매분 절삭량은?

① 0.5 cm^3/min
② 4.6 cm^3/min
③ 46 cm^3/min
④ 460 cm^3/min

해설 $Q = \dfrac{b \times t \times f}{1000} = \dfrac{100 \times 2 \times 230}{1000}$

$\quad\quad = 46$ cm^3/min

여기서, Q : 절삭량, b : 절삭폭(mm)

$\quad\quad t$: 절삭 깊이(mm)

$\quad\quad f$: 이송량(mm/min)

3. 밀링 커터의 날수 12개, 1날당 이송량 0.15mm, 회전수 780rpm일 때 이송량은 얼마인가?

① 약 800 mm/min
② 약 1000 mm/min
③ 약 1200 mm/min
④ 약 1400 mm/min

해설 $f = f_z \cdot Z \cdot n = 0.15 \times 12 \times 780$

$\quad\quad \fallingdotseq 1400$ mm/min

4. 다음 중 절삭 조건의 결정으로 틀린 것은 어느 것인가?

① 날 끝이 약한 커터는 저속으로 이송을 작게 한다.
② 지름이 작은 커터는 저속으로 이송을 크게 한다.
③ 경질 재료에는 저속으로 이송을 작게 한다.
④ 연질인 공작물에는 고속으로 절삭한다.

해설 지름이 작은 커터는 고속으로 이송을 작게 한다.

5. 다음 중 밀링의 절삭 조건과 관계가 없는 것은?

① 가공면의 거칠기   ② 이송 속도
③ 절삭 깊이   ④ 절삭 속도

해설 가공면의 거칠기는 ②, ③, ④의 절삭 조건에 대한 결과일 뿐이다.

6. 절삭 속도 75m/min, 밀링 커터의 날 수 8, 지름 95mm, 1날당 이송을 0.04mm라 하면 테이블의 이송 속도(mm/min)는?

① 129.1   ② 80.4
③ 13.4   ④ 10.1

해설 주축 회전수(N)는 다음과 같이 구한다.

$$N = \frac{1000V}{\pi D} = \frac{1000 \times 75}{3.14 \times 95} = 251 \,\text{rpm}$$

따라서 이송 속도(F) $= f_z \times z \times N$
$= 0.04 \times 8 \times 251 = 80.4 \,\text{mm/min}$

7. 밀링 절삭 조건을 맞추는 데 고려할 사항이 아닌 것은?

① 밀링의 성능   ② 커터의 재질
③ 공작물의 재질   ④ 고정구의 크기

해설 밀링 작업에서 절삭 조건의 기본 요소는 절삭 깊이, 날 하나에 대한 이송, 절삭 속도 등이다.

8. 절삭 면적을 식으로 나타낸 것으로 올바른 것은? (단, F : 절삭 면적(mm²), s : 이송(mm/rev), t : 절삭 깊이(mm)이다.)

① $F = s \times t$ ② $F = s \div t$
③ $F = s + t$ ④ $F = s - t$

해설 절삭 면적＝이송×절삭 깊이

9. 밀링에서 지름 80mm인 밀링 커터로 가

공물을 절삭할 때 이론적인 회전수는 약 몇 rpm인가? (단, 절삭속도는 100m/min 이다.)

① 398   ② 415
③ 423   ④ 435

해설 $N = \dfrac{1000V}{\pi D} = \dfrac{1000 \times 100}{3.14 \times 80} = 398 \,\text{rpm}$

10. 밀링 머신에서 가공 능률에 영향을 주는 절삭 조건으로 관계가 가장 먼 것은?

① 절삭 속도   ② 테이블의 크기
③ 이송   ④ 절삭 깊이

해설 테이블의 크기는 테이블의 길이×폭으로 절삭 조건에는 영향을 미치지 않는다.

11. 밀링 머신에서 테이블의 이송 속도를 나타내는 식은? (단, f : 테이블의 이송 속도(mm/min), f_z : 커터 날 1개마다의 이송(mm), z : 커터의 날수, n : 커터의 회전수(rpm)이다.)

① $f = f_z \times z \times n$ ② $f = \dfrac{f_z \times z \times n}{1000}$
③ $f = \dfrac{f_z \times z}{n}$ ④ $f = \dfrac{1000}{f_z \times z \times n}$

12. 다음 재질 중 밀링 커터의 절삭 속도를 가장 빠르게 할 수 있는 것은?

① 주철   ② 황동
③ 저탄소강   ④ 고탄소강

해설 황동이 제일 연한 재질이므로 절삭 속도를 가장 빠르게 할 수 있다.

13. 밀링 커터의 지름이 100mm, 한 날당 이송이 0.2mm, 커터의 날수는 10개, 커터

의 회전수가 520rpm일 때, 테이블의 이송 속도는 약 몇 mm/min인가?

① 640   ② 840
③ 940   ④ 1040

해설 $F = f_z \cdot Z \cdot N$
$= 0.2 \times 10 \times 520 = 1040 \, \text{mm/min}$

14. 밀링에서 커터의 지름이 100mm, 한 날 당 이송이 0.2mm, 커터의 날수 10개, 회전수가 478rpm일 때, 절삭 속도는 약 몇 m/min인가?

① 100   ② 150
③ 200   ④ 250

해설 $V = \dfrac{\pi D N}{1000} = \dfrac{3.14 \times 100 \times 478}{1000}$
$= 150 \, \text{m/min}$

15. 다음 중 밀링 머신에서 생산성을 향상시키기 위한 절삭 속도 선정 방법으로 올바른 것은?

① 추천 절삭 속도보다 약간 낮게 설정하는 것이 커터의 수명을 연장할 수 있어 좋다.
② 거친 절삭에서는 절삭 속도를 빠르게, 이송을 빠르게, 절삭 깊이를 깊게 선정한다.
③ 다듬 절삭에서는 절삭 속도를 느리게, 이송을 빠르게, 절삭 깊이를 얕게 선정한다.
④ 가공물의 재질은 절삭 속도와 상관없다.

해설 밀링 커터의 수명 연장을 위하여 추천 절삭 속도보다 약간 낮게 설정하므로 공구를 오래 사용할 수 있어 공구 교환 시간 단축으로 생산성을 향상시킬 수 있다.

16. 절삭 속도 50m/min, 커터의 날 수 10, 커터의 지름 200mm, 1날당 이송 0.2mm로 밀링 가공할 때 테이블의 이송속도는

약 몇 mm/min인가?

① 259.2
② 642
③ 65.4
④ 159.2

해설 먼저 회전수를 구하면,
$$N = \frac{1000V}{\pi D} = \frac{1000 \times 50}{3.14 \times 200} = 79.6 \, \text{rpm}$$
$f = f_z \cdot Z \cdot N = 0.2 \times 10 \times 79.6$
$= 159.2 \, \text{mm/min}$

17. 밀링에서 다듬질 작업 시에 절삭 속도 및 이송 속도와의 관계가 알맞게 짝지어진 것은?

① 절삭 속도를 느리게 하고, 이송 속도를 빠르게 한다.
② 절삭 속도를 빠르게 하고, 이송 속도를 느리게 한다.
③ 절삭 속도를 느리게 하고, 이송 속도를 느리게 한다.
④ 절삭 속도를 빠르게 하고, 이송 속도를 빠르게 한다.

해설 표면 조도를 좋게 하려면, 절삭 속도는 빠르게, 이송 속도는 느리게 한다.

18. 밀링 머신에서 가공 능률에 영향을 주는 절삭 조건과 가장 거리가 먼 것은?

① 이송
② 랜드
③ 절삭 속도
④ 절삭 깊이

해설 밀링 머신을 포함한 공작기계에서 가공 능률에 영향을 주는 요소는 이송, 절삭 속도, 절삭 깊이이며, 랜드는 여유각에 의해 생기는 절삭날 여유면의 일부이다.

정답 14. ②   15. ①   16. ④   17. ②   18. ②

3. 밀링 절삭 가공

3-1 상향 절삭과 하향 절삭

(1) 절삭 방법

① **상향 절삭** : 공구의 회전 방향과 공작물의 이송이 반대 방향인 경우
② **하향 절삭** : 공구의 회전 방향과 공작물의 이송이 같은 방향인 경우

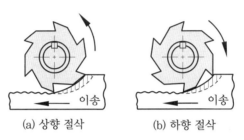

(a) 상향 절삭   (b) 하향 절삭

절삭 방법

상향 절삭과 하향 절삭의 장단점

구분	상향 절삭	하향 절삭
장점	• 기계에 무리를 주지 않는다. • 절삭이 시작될 때 날에 가해지는 절삭 저항이 0에서 점차 증가하므로 날이 부러질 염려가 없다. • 칩이 절삭날을 방해하지 않고 절삭된 면에 쌓이지 않으므로 치수 정밀도의 변화가 적다. • 이송 기구의 백래시(backlash)가 제거된다.	• 날의 마멸이 적어 커터의 수명이 길다. • 커터 날이 공작물을 향하여 누르면서 절삭하므로, 공작물 고정이 쉽다. • 절삭날 하나마다의 날 자리 간격이 짧아 가공면이 깨끗하다. • 절삭된 칩이 가공면 위에 쌓이므로 가공할 면을 잘 볼 수 있다. • 동력 소비가 적다.
단점	• 공작물 고정이 불안정하고 떨림이 일어나기 쉽다. • 날의 마멸이 심하여 커터의 수명이 짧다. • 가공면이 거칠다. • 칩이 가공할 면 위에 쌓이므로 가공을 확인하는 시야가 좁다. • 동력 소비가 많다.	• 기계에 무리를 준다. • 커터의 날이 절삭을 시작할 때 절삭 저항이 가장 크므로 날이 부러지기 쉽다. • 가공된 면 위에 칩이 쌓이게 되므로 절삭열에 의한 치수 정밀도가 불량해질 염려가 있다. • 백래시 제거장치가 없으면 가공이 곤란하다.

예상문제

1. 다음 중 수평 밀링 머신의 플레인 커터 작업에서 하향 절삭과 비교한 상향 절삭의 특징은?

① 가공물 고정이 유리하다.
② 절삭날에 작용하는 충격이 적다.
③ 절삭날의 마멸이 적고 수명이 길다.
④ 백래시 제거 장치가 필요하다.

> **해설** (1) 상향 절삭
> • 칩이 잘 빠져 나와 절삭을 방해하지 않는다.
> • 백래시가 제거된다.
> • 공작물이 날에 의하여 끌려 올라오므로 확실히 고정해야 한다.
> • 커터의 수명이 짧다.
> • 동력 소비가 많다.
> • 가공면이 거칠다.
> (2) 하향 절삭
> • 칩이 잘 빠지지 않아 가공면에 흠집이 생기기 쉽다.
> • 백래시 제거 장치가 필요하다.
> • 커터가 공작물을 누르므로 공작물 고정에 신경 쓸 필요가 없다.
> • 커터의 마모가 적다.
> • 동력 소비가 적다.
> • 가공면이 깨끗하다.

2. 밀링의 절삭 방법 중 하향 절삭의 설명에 해당되지 않는 것은?

① 백래시를 제거하여야 한다.
② 절삭된 칩이 가공된 면 위에 쌓이므로 가공할 면을 잘 볼 수 있다.
③ 절삭력이 하향으로 작용하여 가공물 고정이 유리하다.
④ 상향 절삭에 비해 날의 마멸이 많고 수명이 짧다.

> **해설** 상향 절삭은 마멸이 많으므로 공구의 수명이 짧고, 동력 소비가 많고 가공면이 거칠다.

3. 밀링의 절삭 방식 중 하향 절삭과 비교한 상향 절삭의 장점으로 올바른 것은?

① 커터 날의 마멸이 작고 수명이 길다.
② 일감의 고정이 간편하다.
③ 날 자리 간격이 짧고, 가공면이 깨끗하다.
④ 이송 기구의 백래시가 자연히 제거된다.

4. 밀링의 절삭 방법 중 상향 절삭과 비교한 하향 절삭에 대한 설명으로 틀린 것은?

① 절삭력이 하향으로 작용하여 가공물 고정이 유리하다.
② 공구의 마멸이 적고 수명이 길다.
③ 백래시가 자동으로 제거되어 절삭력이 좋다.
④ 저속 이송에서 회전저항이 작아 표면 거칠기가 좋다.

5. 밀링 머신을 이용한 가공에서 상향 절삭과 비교하여 하향 절삭의 특징으로 틀린 것은?

① 공구 날의 마멸이 적고 수명이 길다.
② 절삭날 자리 간격이 길고, 가공면이 거칠다.
③ 절삭된 칩이 가공된 면 위에 쌓이므로, 가공면을 잘 볼 수 있다.
④ 커터 날이 공작물을 누르며 절삭하므로 공작물 고정이 쉽다.

> **해설** 하향 절삭은 상향 절삭에 비해 가공면이 깨끗하고, 커터(cutter)의 날이 마찰 작용을 하지 않으므로 날의 마멸이 작고 수명이 길다.

정답 1. ② 2. ④ 3. ④ 4. ③ 5. ②

6. 밀링 머신에서 밀링 커터의 회전 방향이 공작물의 이송 방향과 서로 반대 방향이 되도록 가공하는 방법은?

① 상향 절삭　　② 정면 절삭
③ 평면 절삭　　④ 하향 절삭

해설 • 상향 절삭 : 공구의 회전 방향과 공작물의 이송이 반대 방향인 경우
• 하향 절삭 : 공구의 회전 방향과 공작물의 이송이 같은 방향인 경우

7. 수평 밀링 머신의 플레인 커터 작업에서 상향 절삭의 특징으로 틀린 것은?

① 칩이 날의 절삭을 방해하지 않는다.
② 하향 절삭에 비하여 커터의 수명이 짧다.
③ 절삭된 칩이 가공된 면 위에 쌓인다.
④ 이송기구의 백래시가 제거된다.

정답 　**6.** ①　**7.** ③

3-2　분할법

(1) 분할대의 종류

① 신시내티형 만능 분할대
② 트아스형 광학 분할대
③ 밀워키형 만능 분할대
④ 브라운 샤프형 만능 분할대
⑤ 라이비켈형 분할대

(2) 분할대의 구조

① **분할판** : 분할하기 위하여 판에 일정한 간격으로 구멍을 뚫어 놓은 판을 말한다.
② **섹터** : 분할 간격을 표시하는 기구이다.
③ **선회대** : 주축을 수평에서 위로 110°, 아래로 10°로 경사시킬 수 있다.

(3) 밀링 분할 작업

① **직접 분할법** : 주축 앞 부분에 있는 24개의 구멍을 이용하여 분할하는 방법으로 24의 약수인 2, 3, 4, 6, 8, 12, 24로 등분할 수 있다(7종 분할이 가능).
② **단식 분할법** : 분할판과 크랭크를 사용하여 분할하는 방법이다.

$$n = \frac{40}{N}(\text{브라운 샤프형과 신시내티형})$$

$$n = \frac{R}{N} = \frac{5}{N}(\text{밀워키형})$$

여기서, n : 핸들의 회전수, N : 분할수, R : 웜기어의 회전비

③ **차동 분할법** : 단식 분할이 불가능한 경우에 차동 장치를 이용하여 분할하는 방법이다. 이때 사용하는 변환 기어의 잇수로는 24(2개), 28, 32, 40, 48, 56, 64, 72, 86, 100이 있다.

㈎ 분할수 N에 가까운 수로 단식 분할할 수 있는 N'를 가정한다.

㈏ 가정수 N'로 등분하는 것으로 하고 분할 크랭크 핸들의 회전수 n을 구한다.

$$n = \frac{40}{N'}$$

㈐ 변환 기어의 차동비를 구한다.

$$i = 40 \times \frac{N'-N}{N'} = \frac{S}{W} \ (2단)$$

$$i = 40 \times \frac{N'-N}{N'} = \frac{S \times B}{W \times A} \ (4단)$$

예상문제

1. 밀링 머신에서 분할대를 이용하여 분할하는 방법이 아닌 것은?

① 직접 분할 방법   ② 간접 분할 방법
③ 단식 분할 방법   ④ 차동 분할 방법

해설 분할대는 ⑴ 공작물의 분할 작업, ⑵ 수평, 경사, 수직으로 장치한 공작물에 연속 회전 이송을 주는 가공 작업 등에 사용된다.

2. 밀링 머신에서 둥근 단면의 공작물을 사각, 육각 등으로 가공할 때에 사용하면 편리하며, 변환 기어를 테이블과 연결하여 비틀림 홈 가공에 사용하는 부속품은?

① 분할대   ② 밀링 바이스
③ 회전 테이블   ④ 슬로팅 장치

해설 분할대는 밀링 머신의 테이블 상에 설치하며, 공작물의 각도 분할에 주로 사용한다.

3. 다음 중 밀링 작업에서 분할대를 이용하여 직접 분할이 가능한 가장 큰 분할수는 어느 것인가?

① 40   ② 32
③ 24   ④ 15

해설 직접 분할법은 주축 앞 부분에 있는 24개의 구멍을 이용하여 분할하는 방법으로 24의 약수인 2, 3, 4, 6, 8, 12, 24로 등분할 수 있다.

4. 다음 중 분할대에서 하는 일이 아닌 것은 어느 것인가?

① 각도 분할 작업   ② 원주 분할 작업
③ 외면 작업   ④ 나선 작업

해설 분할대를 이용하는 작업에는 원주 분할, 각도 분할, 기어 가공, 나선 가공, 캠 가공 등이 있다.

5. 이송 나사 4산/in인 밀링 머신에서 리드 24인치의 드릴을 절삭하려고 할 때, 변환 기어 잇수를 구하면?

① 60, 36, 52, 36

② 56, 40, 52, 40

③ 64, 32, 48, 40

④ 60, 38, 42, 50

해설 $\dfrac{W}{S} = \dfrac{L}{p \times 40} = \dfrac{L}{\frac{1}{4} \times 40} = \dfrac{L}{10} = \dfrac{24}{10}$

$\qquad = \dfrac{4 \times 6}{2 \times 5} = \dfrac{64 \times 48}{32 \times 40}$

6. 밀워키형 분할대의 웜 축과 웜 기어의 회전비는?

① 2 : 1

② 20 : 1

③ 5 : 1

④ 40 : 1

해설 신시내티형과 브라운 샤프형의 회전비는 40 : 1이므로 크랭크 1회전에 주축은 $\dfrac{1}{40}$ 회전하게 되나 밀워키형의 회전비는 5 : 1이므로 크랭크 1회전에 주축은 $\dfrac{1}{5}$회전을 하게 된다. 따라서 분할판을 선정하는 방법은 다음과 같다.

$n = \dfrac{R}{N} = \dfrac{5}{N}$

7. 분할대를 이용하여 원주를 7등분하고자 한다. 브라운 샤프형의 21구멍 분할판을 사용하여 단식 분할하면?

① 5회전하고 3구멍씩 전진시킨다.

② 3회전하고 7구멍씩 전진한다.

③ 3회전하고 5구멍씩 전진시킨다.

④ 5회전하고 15구멍씩 전진한다.

해설 $n = \dfrac{40}{N} = \dfrac{40}{7} = 5\dfrac{5}{7}$이고 브라운 샤프형 No.2 분할에서 7의 3배인 21이 있으므로 $\dfrac{5}{7}$

$= \dfrac{15}{21}$가 된다. 즉, 21구멍의 분할판을 써서 크랭크를 5회전하고 15구멍씩 돌리면 7등분이 된다.

8. 브라운 샤프형 분할대의 인덱스 크랭크를 1회전시키면 주축은 몇 회전하는가?

① 40회전

② $\dfrac{1}{40}$회전

③ 24회전

④ $\dfrac{1}{24}$회전

해설 인덱스 크랭크 1회전에 웜이 1회전하고, 웜 기어가 $\dfrac{1}{40}$회전(웜 기어 잇수가 40개이므로)하며 스핀들의 회전 각도는 9°이다.

9. 원판 주위에 5°의 눈금을 넣으려 할 때 사용하는 분할판은 어느 것인가? (단, 브라운 샤프형이다.)

① 15구멍

② 21구멍

③ 27구멍

④ 41구멍

해설 각도의 분할에는 단식 분할법을 응용하는 경우와 각도 분할 장치를 사용하는 경우 2가지가 있다. 단식 분할법은 분할 핸들을 40회전하면 주축은 1회전하므로, 분할 핸들을 1회전하면 주축 공작물은 $\dfrac{360°}{40} = 9°$ 회전한다.

$\therefore n = \dfrac{A°}{9}$ ($A°$: 분할하고자 하는 각도)

$n = \dfrac{5°}{9} = \dfrac{15}{27}$

즉, 브라운 샤프형 No.2의 27구멍판을 사용하여 15구멍씩 돌린다.

10. 다음 중 밀링 작업의 분할법 종류가 아닌 것은?

① 직접 분할법

② 복동 분할법

③ 단식 분할법

④ 차동 분할법

정답 **5.** ③ **6.** ③ **7.** ④ **8.** ② **9.** ③ **10.** ②

3-3 밀링에 의한 가공 방법

(1) 평면 절삭 작업

평면 절삭 시에는 절삭 폭을 커터 지름의 60~70%로 하는 것이 보통이며, 절삭 폭을 커터 지름과 같게 하면 커터 밑의 중앙에서 칩이 배출되지 않으므로 칩에 의한 흠집이 생기고 커터의 수명도 단축된다.

(2) 홈 파기

① 엔드밀이나 측면 커터를 사용한다.
② 니(knee)를 올려서 깊이를 정하고 길이는 테이블의 이동으로 정한다.
③ 수평 밀링으로 측면 커터를 사용할 경우는 주로 긴 홈을 팔 때이다.

(3) T홈 파기

① T형 밀링 커터는 절삭 시 절삭날 주위에 칩이 완전히 쌓여 있으므로 칩의 배출이 나쁘다.
② 먼저 직선 홈을 파고 칩을 제거한 후 T형 밀링 커터를 윗면에 맞춘다.
③ 깊이만큼 니를 올려 절입하면서 가공한다.

(4) 비틀림 홈 절삭

밀링 머신에서 드릴, 헬리컬 기어 등을 절삭할 때 공작물을 비틀림각 θ만큼 회전시키는 동시에 테이블을 이송시켜야 한다. 공작물의 지름을 $d[\mathrm{mm}]$, 리드를 $L[\mathrm{mm}]$, 비틀림각을 θ라 하면,

$$\tan\theta = \frac{\pi d}{L}, \ L = \frac{\pi d}{\tan\theta} = \pi d \cot\theta$$

또 웜과 웜 기어의 회전비를 $\frac{1}{40}$, 분할대에 고정할 변환 기어의 잇수를 W, 테이블의 이송 나사에 고정할 변환 기어의 잇수를 S라고 하면 변환 기어의 잇수비 i는 다음과 같다.

$$i = \frac{W}{S} = \frac{L}{p} \times \frac{1}{40}$$

여기서, p : 테이블 이송 나사의 피치(mm)
L : 공작물의 리드(mm)

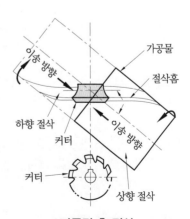

비틀림 홈 절삭

예상문제

1. 다음 중 밀링 머신에서 깎을 수 없는 기어는 어느 것인가?

① 직선 베벨 기어
② 스퍼 기어
③ 하이포이드 기어
④ 헬리컬 기어

해설 밀링 머신에서는 평 기어, 웜 기어, 헬리컬 기어, 직선 베벨 기어 가공이 가능하다.

2. 밀링 조작 기호 중에서 수동 조작을 뜻하는 것은?

① ⌒／   ② ↗
③ ✋   ④ ▱

해설 ①은 주축 속도, ②는 조정, ④는 각 테이블을 뜻한다.

3. 이송 나사의 피치가 6mm인 밀링 머신에서 지름 20mm의 공작물에 리드 75mm의 비틀림 홈을 깎을 경우, 테이블의 선회 각도와 변환 기어의 잇수는?

① 각도 40°, 잇수 40, 64, 28, 56
② 각도 35°, 잇수 40, 60, 32, 56
③ 각도 40°, 잇수 40, 60, 32, 56
④ 각도 35°, 잇수 40, 64, 28, 56

해설 $\tan\theta = \dfrac{\pi d}{L} = \dfrac{\pi \times 20}{75} = 0.837$

$\therefore \theta = 40°$

변환 기어 $\dfrac{W}{S} = \dfrac{L}{p \times 40} = \dfrac{75}{6 \times 40} = \dfrac{5}{16}$

$= \dfrac{5 \times 1}{8 \times 2} = \dfrac{40 \times 28}{64 \times 56}$

이 된다. 따라서, $W = 40$, $S = 56$, 중간 기어 잇수는 64, 28이 된다.

4. 다음 중 밀링 머신을 이용하여 가공하는 데 적합하지 않은 것은?

① 평면 가공
② 홈 가공
③ 더브테일 가공
④ 나사 가공

해설 나사 가공은 일반적으로 밀링 머신보다 선반에서 한다.

5. 밀링 가공의 일감 고정 방법으로 적당하지 않은 것은?

① 바이스는 항상 평행도를 유지하도록 한다.
② 바이스를 고정할 때 테이블 윗면이 손상되지 않도록 주의한다.
③ 가공된 면을 직접 고정해서는 안 된다.
④ 바이스 핸들은 항상 바이스에 부착되어 있어야 한다.

해설 핸들은 사용 후 반드시 벗겨 놓는다.

6. 밀링 머신에서 하지 않는 가공은?

① 홈 가공
② 평면 가공
③ 널링 가공
④ 각도 가공

해설 널링 가공은 선반에서 작업한다.

정답 1. ③ 2. ③ 3. ① 4. ④ 5. ④ 6. ③

제**6**장

CNC 밀링(머시닝센터)

제6장 CNC 밀링(머시닝센터)

1. CNC 밀링 조작 준비

1-1 CNC 밀링의 구조

(1) 머시닝센터의 구조

① **베드(bed)** : 고강성을 유지할 수 있도록 되어 있고, 슬라이드면은 마찰 저항이 극히 적은 안내면(linear motion guide)으로 구성되어 있다.

② **칼럼(column)** : 베드 위에 부착되어 있으며, 스핀들 헤드를 지지하고 안내해 주는 역할을 하고 있다.

③ **주축대(spindle head)** : 공구를 고정하고 회전력을 주는 부분으로, 일반적으로 공압을 이용하여 공구를 고정한다.

④ **테이블(table)과 새들(saddle)** : 테이블은 새들 위에 배치되어 있으며, 새들은 베드 위에서 안내면의 중앙에 배치된 볼 나사(ball screw)에 의해 구동된다.

⑤ **이송용 박스** : 베드 전면, 칼럼 상면, 새들 우측면의 3면에 배치되어 있다. 각 박스에는 이송용 AC 서보 모터(servo motor)가 부착되어 있어 볼 나사를 구동한다.

(2) 머시닝센터의 장점

① 직선 절삭, 드릴링, 태핑, 보링 작업 등을 수동으로 공구 교환 없이 자동 공구 교환장치를 이용하여 연속적으로 가공함으로써 공구 교환시간을 단축하여 가공시간을 줄일 수 있다.

② 원호 가공 등의 기능으로 엔드밀(end mill)을 사용하여도 치수별 보링 작업을 할 수 있으므로 특수 치공구 제작이 불필요해 공구관리비를 절약할 수 있다.

③ 주축 회전수의 제어범위가 크고 무단변속을 할 수 있어 요구하는 회전수를 빠른 시간 내에 정확히 얻을 수 있다.

④ 한 사람이 여러 대의 기계를 가동할 수 있기 때문에 인건비를 절감할 수 있다.

예상문제

1. 다음 중 머시닝센터의 구조에 해당하지 않는 것은?

① 베드　　　　　② 칼럼
③ 척　　　　　　④ 주축대

해설 척은 CNC 선반의 구조이다.

2. CNC의 서보 기구 형식이 아닌 것은?

① 개방형(open loop system)
② 반개방형(semi–open loop system)
③ 폐쇄형(closed loop system)
④ 반폐쇄형(semi–closed loop system)

해설 서보(servo) 기구는 사람의 손과 발에 해당하는 부분으로 위치 검출 방법에 따라 개방회로(open loop) 방식, 반폐쇄회로(semi-closed) 방식, 폐쇄회로(close loop) 방식, 하이브리드 서보(hybrid servo) 방식이 있다.

3. 서보 기구에서 위치와 속도의 검출을 서보 모터에 내장된 인코더(encoder)에 의해서 검출하는 그림과 같은 방식은?

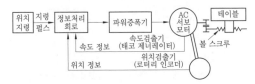

① 반폐쇄 회로 방식
② 개방 회로 방식
③ 폐쇄 회로 방식
④ 반개방 회로 방식

해설 반폐쇄 회로 방식은 속도검출기와 위치검출기가 서보 모터에 부착되어 있는 방식으로 현재 가장 많이 사용한다.

4. 머시닝센터에서 가공물의 고정시간을 줄여 생산성을 높이기 위하여 부착하는 장치를 의미하는 약어는?

① FA　　　　　② ATC
③ FMS　　　　④ APC

해설 자동 팰릿 교환 장치(APC : automatic pallet changer)는 테이블을 자동으로 교환하는 장치로 기계 정지시간을 단축하기 위한 장치이다.

5. 서보기구에서 검출된 위치를 피드백하여 이를 보정하여 주는 회로는?

① 비교 회로
② 정보 처리 회로
③ 연산 회로
④ 개방 회로

해설 서보기구란 구동모터의 회전에 따른 속도와 위치를 피드백시켜 입력된 양과 출력된 양이 같아지도록 제어할 수 있는 구동기구를 말한다.

6. 공작기계의 핸들 대신에 구동모터를 장치하여 임의의 위치에 필요한 속도로 테이블을 이동시켜 주는 기구의 명칭은?

① 펀칭기구
② 검출기구
③ 서보기구
④ 인터페이스 회로

해설 인간에 비유했을 때 손과 발에 해당하는 서보기구는 머리에 해당되는 정보처리회로의 명령에 따라 공작기계의 테이블 등을 움직이는 역할을 한다.

정답 1. ③　2. ②　3. ①　4. ④　5. ①　6. ③

7. CNC 공작기계에서 작업을 수행하기 위한 제어방식이 아닌 것은?

① 윤곽 절삭 제어
② 평면 절삭 제어
③ 직선 절삭 제어
④ 위치 결정 제어

해설 • 위치 결정 제어 : 가장 간단한 제어방식으로 PTP 제어라고도 한다.
• 직선 절삭 제어 : 절삭 공구가 현재의 위치에서 지정한 다른 위치로 직선 이동하면서 동시에 절삭하도록 제어하는 기능
• 윤곽 절삭 제어 : 곡선 등의 복잡한 형상을 연속적으로 윤곽 제어할 수 있는 시스템

8. 근래에 생산되는 대형 정밀 CNC 고속가공기에 주로 사용되며 모터에서 속도를 검출하고, 테이블에 리니어 스케일을 부착하여 위치를 피드백하는 서보 기구 방식은 어느 것인가?

① 개방회로 방식
② 반폐쇄회로 방식
③ 폐쇄회로 방식
④ 복합회로 방식

해설 폐쇄회로 방식은 볼 스크루의 피치 오차나 백래시에 의한 오차도 보정할 수 있어 정밀도를 향상시킬 수 있으나, 테이블에 놓이는 가공물의 위치와 중량에 따라 백래시의 크기가 달라질 뿐만 아니라, 볼 스크루의 누적 피치 오차는 온도 변화에 상당히 민감하므로 고 정밀도를 필요로 하는 대형 기계에 주로 사용된다.

9. 다음 중 NC 공작 기계의 테이블 이송 속도 및 위치를 제어해주는 장치는?

① 서보 기구
② 정보 처리 회로
③ 조작반
④ 포스트 프로세서

해설 서보 기구란 구동 모터의 회전에 따른 속도와 위치를 피드백시켜 입력된 양과 출력된 양이 같아지도록 제어할 수 있는 구동 기구를 말한다. 인간에 비유했을 때 손과 발에 해당 하는 서보 기구는 머리에 해당되는 정보 처리 회로의 명령에 따라 공작 기계의 테이블 등을 움직이는 역할을 담당하며 정보 처리 회로에서 지령한 대로 정확히 동작한다.

10. 다음 중 서보 구동부에 대한 설명으로 틀린 것은?

① CNC 공작기계의 가공 속도를 결정하는 핵심부이다.
② 서보 기구는 사람의 손과 발에 해당된다.
③ 입력된 명령 정보를 계산하고 진행 순서를 결정한다.
④ CNC 공작기계의 주축, 테이블 등을 움직이는 역할을 한다.

해설 정보 처리 회로는 입력된 명령 정보를 계산하고 진행 순서를 결정한다.

11. 다음 중 CNC 공작기계에서 속도와 위치를 피드백하는 장치는?

① 서브 모터 ② 컨트롤러
③ 주축 모터 ④ 인코더

해설 인코더는 서보 모터에 부착되어 CNC 기계에서 속도와 위치를 피드백하는 장치이다.

12. 머시닝센터의 공구가 일정한 번호를 가지고 매거진에 격납되어 있어서 임의대로 필요한 공구의 번호만 지정하면 원하는 공구가 선택되는 방식을 무슨 방식이라고 하는가?

① 랜덤 방식   ② 시퀀스 방식
③ 단순 방식   ④ 조합 방식

해설 매거진의 구조는 드럼(drum)형과 체인 (chain)형이 일반적이며 매거진의 공구 선택 방식에는 매거진 내의 배열 순으로 공구를 주축에 장착하는 순차(sequence) 방식과 배열순과는 관계없이 매거진 포트 번호 또는 공구 번호를 지령하는 것에 의해 임의로 공구를 주축에 장착하는 일반적으로 많이 쓰이는 랜덤(random) 방식이 있다.

13. 서보 기구의 제어 방식에서 폐쇄회로 방식의 속도 검출 및 위치 검출에 대하여 올바르게 설명한 것은?

① 속도 검출 및 위치 검출을 모두 서보 모터에서 한다.
② 속도 검출 및 위치 검출을 모두 테이블에서 한다.
③ 속도 검출은 서보 모터에서, 위치 검출은 테이블에서 한다.
④ 속도 검출은 테이블에서, 위치 검출은 서보 모터에서 한다.

해설 속도 검출기는 서보 모터에, 위치 검출기는 기계의 테이블에 직선 스케일 형태로 각각 부착되어 있는 방식이다.

14. 서보 기구의 위치 검출 제어 방식이 아닌 것은?

① 폐쇄 회로(closed) 방식
② 패리티 체크(parity check) 방식
③ 복합 회로 서보(hybrid servo) 방식
④ 반폐쇄 회로(semi-closed loop) 방식

해설 서보 기구의 위치 검출 제어 방식
 (1) 개방 회로 방식 : 피드백 장치 없이 스테핑 모터를 사용한 방식으로 피드백 장치가

없기 때문에 정밀도가 낮아 현재는 거의 사용하지 않는다.
 (2) 반폐쇄 회로 방식 : 서보 모터에 내장된 디지털형 검출기인 로터리 인코더에서 위치 정보를 검출하여 피드백하는 방식으로 볼 스크루의 정밀도가 향상되어 현재 CNC에서 가장 많이 사용하는 방식이다.
 (3) 폐쇄 회로 방식 : 기계의 테이블에 위치 검출 스케일을 부착하여 위치 정보를 피드백시키는 방식으로 고가이며, 고정밀도를 필요로 하는 대형 기계에 주로 사용한다.
 (4) 복합 회로 서보 방식 : 하이브리드 서보 방식이라고도 하며 반폐쇄 회로 방식과 폐쇄 회로 방식을 결합하여 고정밀도로 제어하는 방식으로 가격이 고가이므로 고정밀도를 요구하는기계에 사용한다.

15. CNC 공작 기계의 정보 처리 회로에서 서보 모터를 구동하기 위하여 출력하는 신호의 형태는?

① 문자 신호   ② 위상 신호
③ 펄스 신호   ④ 형상 신호

해설 서보 모터는 펄스 지령에 의하여 각각에 대응하는 회전 운동을 한다.

16. 위치와 속도를 서보모터의 축이나 볼 나사의 회전각도로 검출하여 피드백(feedback)시키는 서보기구로 일반 CNC 공작 기계에서 주로 사용되는 제어 방식은?

① 개방회로 방식
② 폐쇄회로 방식
③ 반폐쇄회로 방식
④ 반개방회로 방식

해설 반폐쇄회로 방식은 서보모터의 축 또는 볼 스크루의 회전각도를 통하여 위치와 속도를 검출하는 방식으로 직선운동을 회전운동으로 바꾸어 검출한다.

CNC 밀링 안전운전 준수 사항

CNC 밀링은 회전 부위에 장갑 또는 옷자락 등이 감겨 작업자가 기계에 끼이거나 부딪치는 사고, 고속 회전하던 공작물이 튕겨져 날아와 맞는 사고, 제거된 칩이 눈 또는 신체에 튀어 부상을 입는 등의 사고가 주로 발생한다. CNC 밀링 작업에서 특히 주의해야 할 안전 수칙은 다음과 같다.

(1) 머시닝센터 안전 수칙
① 위험 상황에 대비하여 항상 비상정지 스위치를 누를 수 있도록 준비한다.
② 강전반 및 NC 유닛은 절대 함부로 손대지 말고 문제가 있으면 전문가나 A/S 요원을 부른다.
③ 그래픽 화면만 실행할 때에는 머신 록(machine lock) 상태에서 실행한다.
④ 공구 교환 시 ATC의 작동 영역에 접근하지 않는다.

(2) 작업 전 육안 점검 사항
① 윤활유 및 절삭유 충만 상태
② 공기압 유지 상태
③ 습동유 공급 상태 점검
④ 각부의 작동 상태 점검

예상문제

1. CNC 공작기계 사용 시 안전 사항으로 틀린 것은?
① 비상 정지 스위치의 위치를 확인한다.
② 칩으로부터 눈을 보호하기 위해 보안경을 착용한다.
③ 그래픽으로 공구 경로를 확인한다.
④ 손의 보호를 위해 면장갑을 착용한다.
해설 CNC 공작기계 작업 시에는 안전을 위하여 절대 장갑을 착용하지 않는다.

2. CNC 공작기계의 안전에 관한 설명 중 틀린 것은?
① 그래픽 화면만 실행할 때에는 머신 록 (machine lock) 상태에서 실행한다.
② CNC 선반에서 자동원점 복귀는 G28 U0 W0로 지령한다.
③ 머시닝센터에서 자동원점 복귀는 G91 G28 Z0로 지령한다.
④ 머시닝센터에서 G49 지령은 어느 위치

에서나 실행한다.

해설 G49는 공구 길이 보정 취소를 하는 준비 기능으로 공구 길이 보정 취소 시에만 사용한다.

3. CNC 공작기계가 자동 운전 도중에 갑자기 멈추었을 때의 조치사항으로 잘못된 것은?

① 비상 정지 버튼을 누른 후 원인을 찾는다.
② 프로그램의 이상 유무를 하나씩 확인하며 원인을 찾는다.
③ 강제로 모터를 구동시켜 프로그램을 실행시킨다.
④ 화면상의 경보(alarm) 내용을 확인한 후 원인을 찾는다.

해설 강제로 모터를 구동시키면 매우 위험하다.

4. 머시닝센터 작업 시 안전 및 유의 사항으로 틀린 것은?

① 기계원점 복귀는 급속이송으로 한다.
② 가공하기 전에 공구경로 확인을 반드시 한다.
③ 공구 교환 시 ATC의 작동 영역에 접근하지 않는다.
④ 항상 비상 정지 버튼을 작동시킬 수 있도록 준비한다.

해설 기계원점 복귀는 안전을 고려하여 천천히 한다.

5. CNC 공작기계가 자동 운전 도중 알람이 발생하여 정지하였을 경우 조치사항으로 틀린 것은?

① 프로그램의 이상 유무를 확인한다.

② 비상 정지 버튼을 누른 후 원인을 찾는다.
③ 발생한 알람의 내용을 확인한 후 원인을 찾는다.
④ 해제 버튼을 누른 후 다시 프로그램을 실행시킨다.

해설 알람 해제 후에는 반드시 원점복귀를 한 후 작업을 해야 한다.

6. 머시닝센터 가공 시의 안전사항으로 틀린 것은?

① 기계에 전원 투입 후 안전 위치에서 저속으로 원점 복귀한다.
② 핸들 운전 시 기계에 무리한 힘이 전달되지 않도록 핸들을 천천히 돌린다.
③ 위험 상황에 대비하여 항상 비상정지 스위치를 누를 수 있도록 준비한다.
④ 급속이송 운전은 항상 고속을 선택한 후 운전한다.

해설 급속이송 운전은 안전을 위하여 처음에는 항상 저속을 선택한 후 운전한다.

7. 머시닝센터 가공 시 안전 및 유의사항 중 잘못된 것은?

① 사용할 기계의 최소입력 단위에 유의해야 한다.
② 기계를 작동하기 전에 기계의 작동 방법을 미리 알아야 한다.
③ 이송 중의 정지는 반드시 비상 정지 버튼을 사용한다.
④ 공구 경로의 확인은 보조 기능을 록(lock)시킨 상태에서 한다.

해설 이송 중의 정지는 이송 정지(feed hold) 버튼을 누른다.

정답 3. ③ 4. ① 5. ④ 6. ④ 7. ③

8. 다음 중 CNC 공작기계 운전 중 충돌 위험이 발생할 때 가장 신속하게 취하여야 할 조치는?

① 전원반의 전기 회로를 점검한다.
② 조작반의 비상 스위치를 누른다.
③ 패널에 있는 메인 스위치를 차단한다.
④ CNC 공작 기계의 전원 스위치를 차단한다.

해설 비상 스위치를 누르면 전원이 차단되어 기계가 정지한다.

9. CNC 공작기계의 안전에 관한 사항으로 틀린 것은?

① 비상정지 버튼의 위치를 숙지한 후 작업한다.
② 강전반 및 CNC 장치는 어떠한 충격도 주지 말아야 한다.
③ 강전반 및 CNC 장치는 압축 공기를 사용하여 항상 깨끗이 청소한다.
④ MDI로 프로그램을 입력할 때 입력이 끝나면 반드시 확인하여야 한다.

해설 강전반 및 CNC 장치는 함부로 손대지 말고 이상이 있으면 전문가에게 의뢰한다.

10. 머시닝센터 작업 중 칩이 공구나 일감에 부착되는 경우 해결 방법으로 잘못된 것은 어느 것인가?

① 많은 양의 절삭유를 공급하여 칩이 흘러 내리게 한다.
② 고압의 압축 공기를 이용하여 불어 낸다.
③ 장갑을 끼고 수시로 제거한다.
④ 칩이 가루로 배출되는 경우에는 집진기로 흡입한다.

해설 절삭 작업 시에는 절대로 장갑을 끼고 작업하지 않는다.

11. 머시닝센터 가공 중에 지켜야 할 안전에 관한 사항으로 거리가 가장 먼 것은?

① 머시닝센터 작업 중에는 문을 닫는다.
② 머시닝센터에서 공작물을 가능한 깊게 고정한다.
③ 머시닝센터에서 엔드밀은 되도록 길게 나오도록 고정한다.
④ 칩 절단을 위해 일시정지(dwell) 기능을 삽입한다.

해설 엔드밀은 가급적이면 짧게 고정하여 떨림을 최소화시킨다.

12. CNC 공작기계의 안전에 관한 사항으로 틀린 것은?

① 절삭 가공 시 절삭 조건을 알맞게 설정한다.
② 공정도와 공구 세팅 시트를 작성 후 검토하고 입력한다.
③ 공구 경로 확인은 보조기능(M기능)이 열린(ON) 상태에서 한다.
④ 기계 가동 전에 비상 정지 버튼의 위치를 반드시 확인한다.

해설 공구 경로 확인은 보조기능(M기능)이 닫힌(OFF) 상태에서 한다.

13. 다음 중 머시닝센터 안전 수칙에 대한 설명으로 틀린 것은?

① 위험 상황에 대비하여 항상 비상정지 스위치를 누를 수 있도록 준비한다.
② 강전반 및 NC 유닛은 절대 함부로 손대지 말고 문제가 있으면 전문가나 A/S 요원을 부른다.
③ 그래픽 화면만 실행할 때에는 머신 록(machine lock) 상태에서 실행한다.
④ 공구 교환 시 ATC의 작동 영역에 접근한다.

1-3 CNC 밀링 경보 메시지

(1) 경보 메시지

기구적으로 발생하는 알람은 다음과 같다.

경보 내용	원인	해제 방법
EMERGENCY STOP 스위치 ON	비상정지 스위치 ON	비상정지 스위치 해제
LUBRICATION TANK LEVEL LOW ALARM	습동유 부족	습동유 보충
THERMAL OVERLOAD TRIP ALARM	과부하로 인한 OVER LOAD TRIP	전원 차단 후 마그네트 스위치 점검
P/S ALARM	프로그램 이상	선택된 프로그램 오류 부분 수정
EMERGENCY L/S ON	비상정지 리밋 스위치 작동	행정 오버 스위치를 누른 상태에서 축 이동
SPINDLE ALARM	주축 모터 이상	전원 차단 후 A/S 신청

(2) 알람 해제

① 알람 발생 시 어떤 종류의 알람인지를 구별한다.

② 스스로 조치할 수 있는 알람이 어떤 것들이 있는지 확인한다.

③ 열과 관련된 알람의 경우 전원 OFF하고 잠시 기다린 후 전원 ON한다.

④ 스스로 해결이 안 될 경우 제조사에 A/S를 신청한다.

1-4 CNC 밀링 부속품

(1) 자동 공구 교환장치(ATC)

공구를 교환하는 ATC(automatic tool changer) 암(arm)과 공구가 격납되어 있는 공구 매거진(magazine)으로 구성되어 있다. 매거진의 공구를 호출하는 방식으로는 순차 방식(sequence type)과 랜덤 방식(random type)이 있다.

순차 방식은 매거진의 포트 번호와 공구 번호가 일치하는 방식이며 랜덤 방식은 지정한 공구 번호와 교환된 공구 번호를 기억할 수 있도록 하여 매거진의 공구와 스핀들 (spindle)의 공구가 동시에 맞교환되므로 매거진 포트 번호에 있는 공구와 사용자가 지정한 공구 번호가 다를 수 있다.

자동 공구 교환장치

(2) 공구 매거진

드럼(drum)형과 체인(chain)형이 일반적이다. 또한 매거진의 공구 선택 방식에는 매거진 내의 배열 순으로 공구를 주축에 장착하는 순차(sequence) 방식과 배열순과는 관계없이 매거진 포트 번호 또는 공구 번호를 지령하는 것에 의해 임의로 공구를 주축에 장착하는 랜덤(random) 방식이 있는데, 랜덤 방식이 일반적으로 많이 쓰인다.

(3) 자동 팰릿 교환장치(APC)

기계의 정지 시간을 단축하기 위한 장치로 일감을 고정시킨 고정 지그 전체를 운반해 공작기계에 부착하고 제거하는 일을 한다.

(4) 절삭 칩(chip) 처리장치

공구나 일감을 손상시키거나 열변형을 일으키는 원인이 되는 절삭 칩(chip)을 처리한다.

예상문제

1. 다음 중 머시닝센터 작업 시 프로그램에서 경보(alarm)가 발생하는 블록은?

① G01 X10. Y15. F150 ;
② G00 X10. Y15. ;
③ G02 I15. F150 ;
④ G03 X10. Y15. S150. ;

해설 G03은 반시계 방향 원호보간이며, S150에는 소수점을 찍으면 안 된다.

정답 1. ④

2. 다음 중 머시닝센터에서 스핀들 알람 (spindle alarm)의 원인이 아닌 것은?

① 과전류
② 금지 영역 침범
③ 주축 모터의 과열
④ 주축 모터의 과부하

> **해설** 금지 영역 침범은 오버 트래블(over travel) 알람의 원인이다.

3. 자동 공구 교환장치(ATC)가 부착된 CNC 공작기계는?

① 머시닝센터
② CNC 성형 연삭기
③ CNC 와이어컷 방전 가공기
④ CNC 밀링

> **해설** CNC 밀링과 머시닝센터의 차이점은 ATC(자동 공구 교환장치)와 APC(자동 팰릿 교환장치)이다.

4. 다음 중 CNC 공작기계에서 백래시의 오차를 줄이기 위해 사용하는 NC 기구는?

① 리드 스크루 ② 세트 스크루
③ 볼 스크루 ④ 유니파이 스크루

> **해설** NC 공작기계에서는 높은 정밀도가 요구되는데 보통의 스크루와 너트(nut)는 면과

면의 접촉으로 이루어지기 때문에 마찰이 커지고 회전 시 큰 힘이 필요하다. 따라서 부하에 따른 마찰열에 의해 열팽창이 크게 되므로 정밀도가 떨어진다. 이러한 단점을 해소하기 위하여 개발된 볼 스크루는 마찰이 적고 또 너트를 조정함으로써 백래시(back lash)를 거의 0에 가깝도록 할 수 있다.

5. 다음 중 머시닝센터의 부속장치에 해당하지 않는 것은?

① 칩 처리장치
② 자동 공구 교환장치
③ 자동 일감 교환장치
④ 좌표계 자동설정장치

> **해설** 공구를 자동으로 교환하는 ATC(automatic tool changer), 가공물의 고정 시간을 줄여 생산성을 높이기 위한 자동 팰릿 교환장치 APC(automatic pallet changer)가 머시닝센터의 대표적인 부속장치이다.

6. CNC 공작기계의 구성과 인체를 비교하였을 때 가장 적절하지 않은 것은?

① CNC 장치 - 눈 ② 유압유닛 - 심장
③ 기계본체 - 몸체 ④ 서보모터 - 손과 발

> **해설** 인간에 비유했을 때 손과 발에 해당하는 서보기구는 머리에 해당되는 정보처리회로의 명령에 따라 공작기계의 테이블 등을 움직이는 역할을 담당한다.

정답 2. ② 3. ① 4. ③ 5. ④ 6. ①

1-5 CNC 밀링 공작물 고정 방법

(1) 바이스

① **기계 바이스** : 일반적인 밀링용 바이스로, 바이스 핸들로 공작물을 고정하는 방식이다.

② **유압 바이스** : 유압을 사용하여 체결력을 높이는 바이스이다. 높은 정밀도가 요구

되는 공작물을 가공할 때 사용한다.

③ **파워 바이스** : 기구식 증력장치(쐐기식)를 사용하여 손쉽게 일정한 고정력을 유지

하게 하는 바이스로, 유압 바이스의 단점을 보완한 장치이다.

④ **앵글 바이스** : 각도를 조절하는 기능을 가진 바이스로, 좀 더 다양한 밀링 가공이

가능하다.

(2) 척

선반에서 주로 이용하지만, 밀링에서 원형 공작물을 고정할 때 사용한다.

(3) 로터리 테이블, 인덱스

각도 분할 장치, 공작물을 회전 분할할 때 사용한다.

예상문제

1. CNC 밀링의 공작물 고정 방법으로 틀린 것은?

① 바이스는 항상 평행도를 유지하도록 한다.

② 바이스를 고정할 때 테이블 윗면이 손상 되지 않도록 주의한다.

③ 가공된 면을 직접 고정해서는 안 된다.

④ 바이스 핸들은 항상 바이스에 부착되어 있어야 한다.

해설 핸들은 사용 후 안전을 위하여 반드시 벗 겨 놓는다.

2. 머시닝센터의 바이스와 주축의 직각도 검 사용 측정기로 적합한 것은?

① 수평계   ② 마이크로미터

③ 버니어 캘리퍼스   ④ 다이얼 인디케이터

해설 다이얼 인디케이터는 측정물의 길이를 직접 측정하는 것이 아니라 길이를 비교하기 위한 것으로 평면의 요철, 공작물의 부착 상

태, 축 중심의 흔들림, 직각의 흔들림 등을 검사하는 데 사용한다.

3. 머시닝센터에서 원형 공작물을 고정할 때 사용하는 고정 장치는?

① 척   ② 앵글 바이스

③ 유압 바이스   ④ 파워 바이스

4. 머시닝센터에서 소재를 바이스에 고정하 는 방법으로 틀린 것은?

① 테이블 홈에 바이스 고정 키를 맞춘다.

② 바이스 고정 위치는 테이블 좌측 또는 우 측 1/2 지점에 고정한다.

③ 측정자를 바이스 고정 조에 대고 0.5 mm 정도 밀어 넣은 후, 눈금을 0에 맞춘다.

④ 돌기 부분이 있을 때는 기름숫돌 등으로 제거한다.

해설 바이스 고정 위치는 테이블 좌측 또는 우 측 1/3 지점에 고정한다.

정답 1. ④   2. ④   3. ①   4. ②

2. CNC 밀링 조작

2-1 CNC 밀링 조작 방법

(1) 전원 투입

① **공압 라인 ON** : 머시닝센터는 공압으로 작동하므로 제일 먼저 공압 라인을 ON해야 한다.

② **NFB(No Fuse Breaker) ON** : NFB는 과전류 및 과부하 등 이상 시 자동적으로 전원이 차단되는 장치로 NFB가 ON하면 강전반 팬 모터가 회전하는 소리가 들린다.

③ 조작반 전원 스위치를 ON한다.

④ 비상정지(EMERGENCY STOP)를 해제한다.

(2) 원점복귀

① 머시닝센터 작업 시 전원 투입 후에는 반드시 원점복귀를 실행해야 한다.

② ZERO RETURN을 누른 후 START를 누른다.

③ **기계좌표 확인** : 원점복귀가 끝나면 기계좌표가 X0.0 Y0.0 Z0.0이 된다.

④ 원점복귀 완료를 확인한 후 공구대를 다시 바이스 방향으로 이동한다.

(3) 전원 차단

① 머시닝센터 작업 후 전원을 차단할 때에는 우선 각 축을 원점복귀한다.

② EMERGENCY STOP(비상정지) 스위치를 OFF한다.

③ NFB를 OFF한다.

④ 메인 스위치를 OFF한다.

예상문제

1. 머시닝센터에서 G01 Z-10.0 F200 ; 으로 프로그램한 것을 조작 패널에서 이송 속도 조절장치(feedrate override)를 80%로 했을 경우 실제 이송 속도는?

① 100　　② 120
③ 150　　④ 160

해설 100%로 했을 때 F200이므로 80%로 하면 200×0.8=160이다.

정답 1. ④

2. 간단한 프로그램을 편집과 동시에 시험적으로 실행할 때 사용하는 모드 선택 스위치는?

① 반자동 운전(MDI)
② 자동 운전(AUTO)
③ 수동 이송(JOG)
④ DNC 운전

해설 • MDI : MDI(manual data input)는 수동 데이터 입력 또는 반자동 모드이며, 간단한 프로그램을 편집과 동시에 시험적으로 실행할 때 사용
• JOG : 축을 빨리 움직일 때 사용
• EDIT : 프로그램을 편집할 때 사용
• AUTO : 자동 가공

3. 기계 원점(reference point)의 설명으로 틀린 것은?

① 기계 원점은 기계상에 고정된 임의의 지점으로 프로그램 및 기계를 조작할 때 기준이 되는 위치이다.
② 모드 스위치를 자동 또는 반자동에 위치시키고 G28을 이용하여 각 축을 자동으로 기계 원점까지 복귀시킬 수 있다.
③ 수동 원점 복귀를 할 때는 모드 스위치를 급송에 위치시키고 조그(jog) 버튼을 이용하여 기계 원점으로 복귀시킨다.
④ 머시닝센터에서 전원을 켰을 때 기계 원점 복귀를 가장 먼저 실행하는 것이 좋다.

해설 수동 원점 복귀를 할 때는 모드 스위치를 원점 복귀에 두고 조그 버튼을 누른다.

4. 머시닝센터에서 일시적으로 운전을 중지하고자 할 때 보조 기능, 주축 기능, 공구 기능은 그대로 수행되면서 프로그램 진행이 중지되는 버튼은?

① 사이클 스타트(cycle start)
② 취소(cancel)
③ 머신 레디(machine ready)
④ 이송 정지(feed hold)

해설 가공 중에 일시적으로 운전을 중지하고자 할 때 이송만을 정지시키는 기능이 피드 홀드(feed hold)이다.

5. 머시닝센터에서 자동 운전 도중 알람이 발생하여 정지하였을 경우 조치사항으로 틀린 것은?

① 프로그램의 이상 유무를 확인한다.
② 비상 정지 버튼을 누른 후 원인을 찾는다.
③ 발생한 알람의 내용을 확인한 후 원인을 찾는다.
④ 해제 버튼을 누른 후 다시 프로그램을 실행시킨다.

해설 알람 해제 후에는 반드시 원점복귀를 한 후 작업을 해야 한다.

6. 수치 제어 공작 기계에서 위치 결정(G00) 동작을 실행할 경우 가장 주의해야 할 내용은?

① 절삭 칩의 제거
② 충돌에 의한 사고
③ 과절삭에 의한 치수 변화
④ 잔삭이나 미삭의 처리

해설 G00은 위치 결정을 하는 급속 이송이므로 충돌에 유의해야 한다.

정답 2. ① 3. ③ 4. ④ 5. ④ 6. ②

2-2 좌표계 설정

(1) 좌표축

축의 구분은 주축 방향이 Z축이고 여기에 직교한 축이 X축이며, 이 X축과 평면상에서 90° 회전된 축을 Y축이라고 한다. 다음 그림은 머시닝센터의 좌표축을 나타내고 있다.

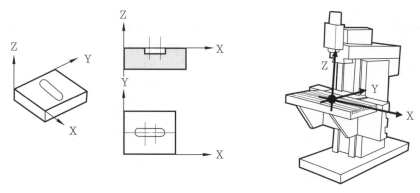

머시닝센터의 좌표축

(2) 프로그램 원점

가공물에 프로그래밍을 하기 위해서는 먼저 프로그램 원점을 설정해야 하는데, 일반적으로 프로그램 원점은 프로그래밍 및 가공이 편리한 위치에 지정한다.

(3) 절대좌표와 증분좌표

① **절대좌표 :** G90
② **증분좌표 :** G91

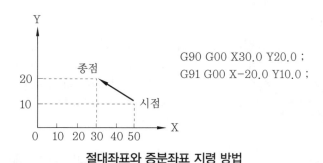

```
G90 G00 X30.0 Y20.0 ;
G91 G00 X-20.0 Y10.0 ;
```

절대좌표와 증분좌표 지령 방법

(4) 공작물 좌표계

① G92를 이용한 방법
② G54~G59를 이용한 방법

예상문제

1. 다음 공작물 좌표계 설정 프로그램 중 맞는 것은?

① G52 G90 X100.0 Y100.0 Z100.0 ;

② G53 G90 X−100.0 Y−100.0 Z−100.0 ;

③ G54 G90 X0.0 Y0.0 Z0.0 ;

④ G92 G90 X0.0. Y0.0 Z200.0 ;

해설 • G52 : 지역 좌표계 설정
• G53 : 기계 좌표계 설정
• G54~G59 : 공작물 좌표계 1~6번 설정
• G92 : 공작물 좌표계 설정

2. 다음 중 수직형 머시닝센터에서 Z축 방향은 어느 것인가?

① 테이블의 전후 이동 방향

② 테이블의 좌우 이동 방향

③ 로터리 테이블과 직각인 방향

④ 공구길이 방향으로 이동하는 축

해설 수직 또는 수평형 머시닝센터에서 Z축 방향은 공구길이 방향의 축이다.

3. 머시닝센터 프로그램에서 공구와 가공물의 위치가 그림과 같을 때 공작물 좌표계 설정으로 맞는 것은?

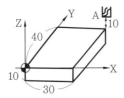

① G92 G90 X40. Y30. Z20. ;

② G92 G90 X30. Y40. Z10. ;

③ G92 G90 X−30. Y−40. Z10. ;

④ G92 G90 X−40. Y−30. Z10. ;

해설 G92는 좌표계 설정이고 G90은 절대좌표 지령이므로 프로그램 원점(⊕)을 기준으로 X30.0 Y40.0 Z10.0이다.

4. 다음 설명에 해당하는 좌표계의 종류는 무엇인가?

> 상댓값을 가지는 좌표로 정확한 거리의 이동이나 공구 보정 시에 사용되며 현재의 위치가 좌표계의 원점이 되고 필요에 따라 그 위치를 0(zero)으로 설정할 수 있다.

① 공작물 좌표계   ② 극 좌표계

③ 상대 좌표계   ④ 기계 좌표계

해설 절대 좌표 방식은 공구의 위치와는 관계 없이 프로그램 원점을 기준으로 하여 현재의 위치에 대한 좌푯값을 절대량으로 나타내는 방식이고, 상대 좌표 방식은 공구의 바로 전 위치를 기준으로 목표 위치까지 이동량을 증분량으로 나타내는 방식이다.

5. 머시닝센터에서 프로그램 원점을 기준으로 직교 좌표계의 좌푯값을 입력하는 절대 지령의 준비 기능은?

① G90   ② G91

③ G92   ④ G89

해설 • G91 : 증분 지령
• G92 : 좌표계 설정
• G89 : 보링 사이클

6. 다음 중 머시닝센터에서 공작물 좌표계를 설정할 때 사용하는 준비 기능은?

① G28   ② G50

③ G92 ④ G99

해설 • G28 : 자동 원점 복귀
• G50 : CNC 선반 좌표계 설정
• G99 : 회전당 이송(mm/rev) 지정

7. 다음 중 수치 제어 밀링에서 증분명령(incremental)으로 프로그래밍한 것은?

① G90 X20. Y20. Z50. ;
② G90 U20. V20. W50. ;
③ G91 X20. Y20. Z50. ;
④ G91 U20. V20. W50. ;

해설 절대좌표는 G90이고 증분좌표는 G91이며, 좌푯값은 X, Y, Z로 표시한다.

8. 프로그램을 편리하게 하기 위하여 도면상에 있는 임의의 점을 프로그램상의 절대 좌표 기준점으로 정한 점을 무엇이라고 하는가?

① 제2원점 ② 제3원점
③ 기계 원점 ④ 프로그램 원점

해설 프로그래밍을 할 때 프로그램 원점(X0.0 Y0.0 Z0.0)은 사전에 결정되어야 한다.

9. 다음 중 머시닝센터에서 공작물 좌표계 X, Y 원점을 찾는 방법이 아닌 것은?

① 엔드밀을 이용하는 방법
② 터치 센서를 이용하는 방법
③ 인디케이터를 이용하는 방법
④ 하이트 프리세터를 이용하는 방법

해설 하이트 프리세터는 Z점을 찾을 때 사용한다.

10. 다음 설명에 해당하는 좌표계는?

도면을 보고 프로그램을 작성할 때 절대 좌표계의 기준이 되는 점으로서, 프로그램 원점이라고도 한다.

① 공작물 좌표계 ② 기계 좌표계
③ 극 좌표계 ④ 상대 좌표계

해설 • 공작물 좌표계 : 절대 좌표계의 기준인 프로그램 원점
• 기계 좌표계 : 기계의 기준점으로 메이커에서 파라미터에 의해 정하며 기계 원점에서 0
• 극 좌표계 : 이동 거리와 각도로 주어진 좌표
• 상대 좌표계 : 상댓값을 가지는 좌표

11. 머시닝센터에서 기계 원점에 복귀시키는 명령은?

① G90 G29 Z0. ;
② G90 G50 Z0. ;
③ G91 G28 Z0. ;
④ G91 G30 Z0. ;

해설 • G27 : 원점 복귀 확인
• G28 : 자동 원점 복귀
• G29 : 원점으로부터 자동 복귀
• G30 : 제2원점 복귀

12. 다음 중 수치 제어 공작기계에서 Z축에 덧붙이는 축(부가축)의 이동 명령에 사용되는 주소(address)는?

① M(축) ② A(축)
③ B(축) ④ C(축)

해설
기본축	부가축	기능
X	A	가공의 기준이 되는 축
Y	B	X축과 직각을 이루는 이송축
Z	C	절삭 동력이 전달되는 주축

정답 7. ③ 8. ④ 9. ④ 10. ① 11. ③ 12. ④

13. 다음 중 CNC 공작기계 사용 시 비경제 적인 작업은?

① 작업이 단순하고, 수량이 1∼2개인 수리 용 부품

② 항공기 부품과 같이 정밀한 부품

③ 곡면이 많이 포함되어 있는 부품

④ 다품종이며 로트당 생산 수량이 비교적 적은 부품

해설 CNC 공작기계는 다품종 소량 · 중량 생 산 및 형상이 복잡한 부품 가공에 유리하다.

정답 **13.** ①

2-3   공구 보정

(1) 공구 교환

머시닝센터와 CNC 밀링의 가장 큰 차이점은 자동 공구 교환장치인데, 자동으로 공구 를 교환하는 예는 다음과 같다.

예 G30   G91   Z0.0 ; …… 제2원점(공구 교환점)으로 Z축 복귀

　　T□□   M06 ; …… □□번 공구선택하여 공구 교환

(2) 공구 보정

① **공구 지름 보정** : G00, G01과 같이 지령되며, 공구 진행방향에 따라 좌측 보정 (G41)과 우측 보정(G42)이 있다.

공구 지름 보정 G-코드		공구 이동 경로
G40	공구 지름 보정 취소	
G41	공구 지름 보정 좌측	
G42	공구 지름 보정 우측	

$$\begin{Bmatrix} G00 \\ G01 \end{Bmatrix} \begin{Bmatrix} G41 \\ G42 \end{Bmatrix} \quad X\_\_\_ \quad Y\_\_\_ \quad D\_\_\_ \ ;$$

② **공구 길이 보정** : G43, G44 지령으로 Z축에 한하여 가능하며 Z축 이동지령의 종 점 위치를 보정 메모리에 설정한 값만큼 +, −로 보정한다.

$$\begin{Bmatrix} G43 \\ G44 \end{Bmatrix} Z\_\_\_ \quad H\_\_\_ \ ; \quad \text{또는} \quad \begin{Bmatrix} G43 \\ G44 \end{Bmatrix} H\_\_\_ \ ;$$

여기서, G43 : +방향 공구 길이 보정(+방향으로 이동)

G44 : −방향 공구 길이 보정(−방향으로 이동)

Z : Z축 이동지령(절대, 증분지령 가능)

H : 보정 번호

예상문제

1. 머시닝센터에서 공구지름 보정 좌측을 지령하는 준비기능은?

① G40   ② G41

③ G42   ④ G43

> **해설** • G40 : 공구지름 보정 취소
> • G41 : 공구지름 좌측 보정
> • G42 : 공구지름 우측 보정

2. 머시닝센터에서 공구 길이 보정 준비 기능과 관계없는 것은?

① G42   ② G43

③ G44   ④ G49

> **해설** • G43 : 공구 길이 보정 +방향
> • G44 : 공구 길이 보정 −방향
> • G49 : 공구 길이 보정 취소

3. 다음은 공구위치 보정에 관한 G코드이다. 공구 보정량 신장에 해당되는 G코드는?

① G45   ② G46

③ G47   ④ G48

> **해설** • G45 : 공구 보정량 신장
> • G46 : 공구 보정량 축소
> • G47 : 공구 보정량 2배 신장
> • G48 : 공구 보정량 2배 축소

4. 그림과 같이 공구가 진행할 때 머시닝센

터 가공 프로그램에서 공구지름 보정 G42를 사용해야 되는 것은? (단, →는 공구 진행 방향이다.)

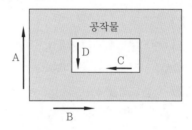

① A, C   ② A, D

③ B, C   ④ B, D

> **해설** G42는 공구지름 보정 우측이며 위의 그림에서는 B, C에 해당하는 방향이다.

5. 머시닝센터의 NC 프로그램에서 T02를 기준공구로 하여 T06 공구를 길이 보정하려고 한다. G43 코드를 이용할 경우 T06 공구의 길이 보정량으로 맞는 것은?

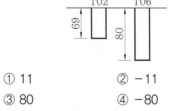

① 11   ② −11

③ 80   ④ −80

> **해설** G43을 사용하면 공구길이 보정 +방향이므로 기준공구보다 긴 길이를 +로 보정하면 $80-69=11$이 된다.

정답   1. ②   2. ①   3. ①   4. ③   5. ①

6. 머시닝센터에서 공구길이 보정 +방향을 지령하는 준비기능은?

① G43　　　　② G44

③ G48　　　　④ G49

7. 머시닝센터 프로그램에서 지름 10 mm 인 엔드밀을 사용하여 외측 가공 후 측정 값이 ϕ62.04 mm가 되었다. 가공 치수를 ϕ61.98 mm로 가공하려면 보정값을 얼마로 수정하여야 하는가? (단, 최초 보정은 5.0으로 반지름값을 사용하는 머시닝센터 이다.)

① 4.90　　　　② 4.97

③ 5.00　　　　④ 5.03

> **해설** 수정 보정값
> $$= \frac{\text{가공 치수} - \text{측정값}}{2} + \text{기존 보정값}$$
> $$= \frac{61.98 - 62.04}{2} + 5 = 4.97$$

8. 그림에서 공구 지름 보정이 틀린 것은?

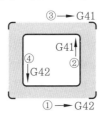

① ①　　　　② ②

③ ③　　　　④ ④

> **해설** 공구 진행 방향에 따라 좌측 보정(G41)과 우측 보정(G42)이 있는데 ④는 G41이다.

9. 공구 날 끝 반지름 보정에 관한 설명으로 틀린 것은?

① G40은 공구 날 끝 반지름 보정 취소이다.

② G41은 공구 날 끝 좌측 보정이다.

③ 공구 날 끝 반지름 보정을 하려면 인선 (날 끝) 반지름과 가상 인선 번호를 설정 해야 한다.

④ 직선이나 테이퍼 가공에서는 공구 날 끝 보정을 할 필요가 없다.

> **해설** 공구 날 끝 반지름 보정
>
> | G-코드 | 가공위치 | 공구 경로 |
> |---|---|---|
> | G40 | 인선 반지름 보정 취소 | 프로그램 경로 위에서 공구이동 |
> | G41 | 인선 왼쪽 보정 | 프로그램 경로의 왼쪽 에서 공구이동 |
> | G42 | 인선 오른쪽 보정 | 프로그램 경로의 오른 쪽에서 공구이동 |

10. 머시닝센터 프로그램에서 공구 길이 보 정에 대한 설명으로 틀린 것은?

① Y축에 명령해야 한다.

② 여러 개의 공구를 사용할 때 한다.

③ G49는 공구 길이 보정 취소 명령이다.

④ G43은 (+)방향 공구 길이 보정이다.

> **해설** 공구 길이 보정은 Z축에 명령해야 한다.

11. 머시닝센터에서 그림과 같이 1번 공구 를 기준공구로 하고 G43을 이용하여 길이 보정을 하였을 때 옳은 것은?

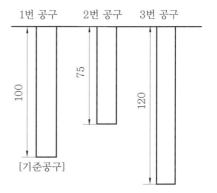

① 2번 공구의 길이 보정값은 75이다.

② 2번 공구의 길이 보정값은 −25이다.

③ 3번 공구의 길이 보정값은 120이다.

④ 3번 공구의 길이 보정값은 −450이다.

해설 G43은 공구 길이 보정 +방향을 나타내는데, 2번 공구는 1번 공구보다 짧으므로 −25이고 3번 공구는 1번 공구보다 길기 때문에 20이다.

12. 머시닝센터에서 공구 반지름 보정을 사용하여 최대 최소 공차의 중간 값으로 다음 사각 형상을 가공하려고 한다. 이때의 지령으로 알맞은 것은? (단, 공구는 $\phi 16$ 평면 드릴이며, 측면 가공을 한다.)

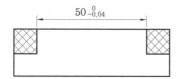

① G41 D01 : (D01 = 7.98)

② G41 D02 : (D02 = 7.99)

③ G42 D03 : (D03 = 8.01)

④ G42 D04 : (D04 = 8.02)

해설 16의 절반은 8이고 −0.04의 한쪽은 −0.02이며, −0.02의 중간값은 −0.01이므로 8−0.01=7.99이다.

13. 머시닝센터에서 공구지름 보정 취소와 공구길이 보정 취소를 의미하는 준비기능으로 맞는 것은?

① G40, G49

② G41, G49

③ G40, G43

④ G41, G80

해설 • G40 : 공구지름 보정 취소
• G41 : 공구지름 보정 좌측
• G42 : 공구지름 보정 우측
• G43 : +방향 공구길이 보정
• G44 : −방향 공구길이 보정
• G49 : 공구길이 보정 취소

14. 머시닝센터에서 프로그램에 의한 보정량을 입력할 수 있는 기능은?

① G33

② G24

③ G10

④ G04

해설 G10 P__ R__ ; 지령에서 P는 보정 번호, R은 공구길이 또는 공구경 보정량을 의미한다.

15. 머시닝센터에서 다음 도면과 같이 내측한 면을 $70_{0}^{+0.03}$으로 가공하려고 한다. 엔드밀 지름 16mm 공구로 내측의 한쪽 면을 효율적으로 가공하기 위해 일반적으로 사용하는 보정값은?

① 7.985

② 7.9925

③ 0.03

④ 0.015

해설 엔드밀의 지름이 16mm이므로 지름의 $\dfrac{1}{2}$은 8이고, 공차는 +0.03의 중간값인 0.015이므로 8−0.015=7.985

16. 머시닝센터에서 $\phi 10$ 엔드밀로 40×40 정사각형 외곽 가공 후 측정하였더니 41×41로 가공되었다. 공구 지름 보정량이 5일 때 얼마로 수정하여야 하는가? (단, 보정량은 공구의 반지름 값을 입력한다.)

① 5

② 4.5

③ 5.5

④ 6

해설 각각 1mm씩 크기 때문에 보정량 5보다는 작아야 되며, 보정량이 5이므로 1mm의 절반인 0.5를 빼면 5−0.5=4.5가 된다.

17. 머시닝센터에서 기준공구(T01번)의 길이가 80mm이고, 또 다른 공구(T02번)의 길이는 120mm이다. G43을 사용하여 길이 보정을 사용할 때 T02번 공구의 보정량은 어느 것인가?

① 40
② −40
③ 120
④ −120

해설 G43은 공구 길이 보정 +방향이므로 120−80=40이다.

18. 머시닝센터에서 공구길이 보정량이 −20이고 보정번호 12번에 설정되어 있을 때 공구길이 보정을 올바르게 지령한 것은?

① G41 D12 ;
② G42 D20 ;
③ G44 H12 ;
④ G49 H−20 ;

해설 • G43 : 공구길이 보정 +방향
• G44 : 공구길이 보정 −방향

19. 머시닝센터에서 공구의 측면날을 이용하여 형상을 절삭할 경우 공구 중심과 프로그램 경로가 일치할 때 공구 반지름만큼 발생하는 편차를 보정해 주는 기능은?

① 공구 간섭 보정
② 공구 길이 보정
③ 공구 지름 보정
④ 공구 좌표계 보정

해설 공구 지름 보정
• G40 : 공구 지름 보정 취소
• G41 : 공구 지름 좌측 보정
• G42 : 공구 지름 우측 보정

20. 다음 보기에서 기능 취소를 나타내는 준비기능을 모두 고른 것은?

┌─────── | 보기 | ───────┐
(A) G40 (B) G70 (C) G90
(D) G28 (E) G49 (F) G80
└──────────────────────────┘

① (B), (C), (D)
② (A), (C), (E)
③ (B), (D), (F)
④ (A), (E), (F)

해설 • G40 : 공구지름 보정 취소
• G49 : 공구길이 보정 취소
• G80 : 고정 사이클 취소

21. 머시닝센터에서 공구 보정에 대한 설명 중 틀린 것은?

① 툴 프리세터는 공구 길이의 측정 시 사용한다.
② 공구 길이 및 공구 지름 보정 취소는 G40이다.
③ 공구 길이 (+) 보정은 G43이다.
④ 공구 보정량의 신장, 축소가 가능하다.

해설 공구 길이 보정 취소는 G49이며, 공구 지름 보정 취소는 G40이다.

22. 아래의 프로그램으로 머시닝센터 작업 시 공구의 길이가 그림과 같을 때 H03에 적합한 공구 길이 보정값은?

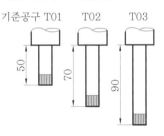

┌──────────────────────────┐
T03 ;
G90 G44 G00 Z10. H03 ;
S950 M03 ; ··
└──────────────────────────┘

① 40
② −40
③ −90
④ 90

해설 G44를 사용하면 공구길이 보정 −방향이므로 기준공구보다 긴 길이를 −로 보정하면 50−90=−40이 된다.

23. 다음 머시닝센터 프로그램 중에서 사용된 공구 길이 보정을 나타내는 준비 기능 (G 코드)은 어느 것인가?

```
G17 G40 G49 G80 ;
G91 G28 Z0. ;
        G28 X0. Y0. ;
G90 G92 X400. Y250. Z500. ;
T01 M06 ;
G00 X−15. Y−15. S1000 M03 ;
G43 Z50. H01 ;
        Z3. ;
G01 Z−5. F100 M08 ;
G41 X0. D11 ;
```

① G40　　　　　② G41
③ G43　　　　　④ G91

해설 • G40 : 공구 지름 보정 취소
• G41 : 공구 지름 보정 좌측
• G43 : 공구 길이 보정 +방향
• G91 : 증분좌표 지령

24. 머시닝센터에서 공구 길이 보정 시 보정 번호를 나타낼 때 사용하는 것은?

① A　　　　　③ D
② C　　　　　④ H

해설 D는 공구 지름 보정 시 사용한다.

정답 **23.** ③　　**24.** ④

3. CNC 밀링 프로그램 작성 준비

3-1　CNC 밀링 프로그램 개요

(1) 프로그램의 구성

제4장 3-1 CNC 선반 프로그램 개요의 (1) 프로그램의 구성을 참고한다.

(2) 준비기능

준비기능

코드	그룹	기능
G00	01	위치결정(급속이송)
G01		직선보간(절삭이송)
G02		원호보간(CW)
G03		원호보간(CCW)

G04	10	dwell(휴지)
G09		정위치 정지
G10		오프셋량, 공구 원점 오프셋량 설정
G17	02	XY 평면지점
G18		ZX 평면지점
G19		YZ 평면지점
G20	06	inch 입력
G21		metric 입력
G22	04	금지영역 설정 ON
G23		금지영역 설정 OFF
G27	00	원점복귀 체크
G28		자동 원점복귀
G29		원점으로부터 복귀
G30		제2원점 복귀
G31		skip 기능
G33	01	나사 절삭
G40	07	공구 지름 보정 취소
G41		공구 지름 보정 좌측
G42		공구 지름 보정 우측
G43	08	공구 길이 보정 +방향
G44		공구 길이 보정 -방향
G49		공구 길이 보정 취소
G45	00	공구 위치 오프셋 신장
G46		공구 위치 오프셋 축소
G47		공구 위치 오프셋 2배 신장
G48		공구 위치 오프셋 2배 축소
G54	12	공작물좌표계 1번 선택
G55		공작물좌표계 2번 선택

G56		공작물좌표계 3번 선택
G57	12	공작물좌표계 4번 선택
G58		공작물좌표계 5번 선택
G59		공작물좌표계 6번 선택
G60	00	한방향 위치결정
G61	13	정위치 정지 체크 모드
G64		연속절삭 모드
G65	00	user macro 단순호출
G66	14	user macro modal 호출
G67		user macro modal 호출 무시
G73		고속 펙 드릴링 사이클
G74		역 태핑 사이클
G76	09	정밀 보링 사이클
G80		고정 사이클 취소
G81		드릴링, 스폿 드릴링 사이클
G82		드릴링, 카운터 보링 사이클
G83		펙 드릴링 사이클
G84		태핑 사이클
G85		보링 사이클
G86	09	보링 사이클
G87		백 보링 사이클
G88		보링 사이클
G89		보링 사이클
G90	03	절댓값 지령
G91		증분값 지령
G92	00	좌표계 설정
G94	05	분당 이송
G95		회전당 이송

G98	10	초기점에 복귀(고정 사이클)
G99		R점에 복귀(고정 사이클)

🔑 1. G코드 일람표에 없는 G코드를 지령하면 알람 발생
　 2. G코드에서 그룹이 서로 다르면 몇 개라도 동일 블록에 지령할 수 있다.
　 3. 동일 그룹의 G코드를 동일 블록에 2개 이상 지령할 경우 뒤에 지령한 G코드가 유효하다.
　 4. G코드는 각각 그룹 번호별로 표시되어 있다.

(3) 보조기능

기계의 ON/OFF 제어에 사용하는 보조기능은 M 다음에 두 자리 숫자로 지령하는데, 앞의 CNC 선반과 유사하며 머시닝센터에만 사용하는 보조기능은 다음과 같다.

코드	기능
M19	공구 정위치 정지(spindle orientation)
M48	주축 오버라이드(override) 취소 OFF
M49	주축 오버라이드(override) 취소 ON

(4) 주축기능

주축의 회전속도를 지령하는 기능으로 S 다음에 4자리 숫자 이내로 주축회전(rpm)을 직접 지령해야 하며, 예를 들어 S1300 M03 ; 은 주축 1300rpm으로 정회전하라는 의미이다.

(5) 머시닝센터의 절삭 조건

① **절삭 속도(V)** : 공구와 공작물 사이의 최대 상대속도를 말하며, 단위는 mm/min를 사용한다.

$$V = \frac{\pi DN}{1000} \text{ 또는 } N = \frac{1000V}{\pi D}$$

여기서, V : 절삭 속도(mm/min), D : 커터의 지름(mm), N : 회전수(rpm)

② **이송 속도(F)** : 절삭 중 공구와 공작물 사이의 상대 운동 크기를 말하는데, 잇날 한 개당 이송량에 의해 결정되며, 보통 분당 이송거리(mm/min)로 표시한다.

$$F = f_z \cdot Z \cdot N$$

여기서, F : 테이블 이송(mm/min), f_z: 날당 이송(mm/tooth)
　　　　Z : 날수, N : 회전수

예상문제

1. CNC 밀링에서 ϕ20인 엔드밀로 GC25를 가공하고자 할 때 주축의 회전수는 얼마인가? (단, 절삭속도는 100m/min이다.)

① 890 rpm   ② 1090 rpm
③ 1390 rpm   ④ 1590 rpm

해설 $V = \dfrac{\pi DN}{1000}$

$N = \dfrac{1000V}{\pi D} = \dfrac{1000 \times 100}{3.14 \times 20} = 1590\,\text{rpm}$

2. 머시닝센터에서 피치 1.5인 나사를 주축 스핀들 속도 300 rpm으로 탭을 가공하고자 할 때 이송속도는 얼마인가?

① 150 mm/min   ② 300 mm/min
③ 450 mm/min   ④ 600 mm/min

해설 탭 가공의 이송속도(F)
= 회전수(N) × 피치(P) = 300 × 1.5
= 450 mm/min

3. 머시닝센터의 프로그램에 S1000 M03 ; 이라는 프로그램이 되어 있을 때 설명으로 올바른 것은?

① 주축 회전수가 1000 rpm이고 정회전이다.
② 주축 회전수가 1000 m/min이고 정회전이다.
③ 주축 회전수가 1000 rpm이고 역회전이다.
④ 주축 회전수가 1000 m/min이고 역회전이다.

해설 • M03 : 주축 정회전
• M04 : 주축 역회전

4. 밀링 가공에서 2날짜리 엔드밀로 공작물을 가공할 때 공구 회전수 n[rpm]와 이송속도 F[mm/min]로 옳은 것은? (단, V = 20m/min, f_z=0.08mm, ϕ3 엔드밀, π = 3.14)

① $n = 1500$, $f = 250$
② $n = 2000$, $f = 300$
③ $n = 2123$, $f = 340$
④ $n = 2350$, $f = 355$

해설 $N = \dfrac{1000V}{\pi D} = \dfrac{1000 \times 20}{3.14 \times 3} = 2123\,\text{rpm}$

$F[\text{mm/min}] = N[\text{rpm}] \times$ 커터의 날수 $\times$ $f[\text{mm/teeth}] = 2123 \times 2 \times 0.08\,\text{mm/min}$

5. CNC 프로그램의 주요 주소(address) 기능에서 T의 기능은?

① 주축 기능   ② 공구 기능
③ 보조 기능   ④ 이송 기능

해설 프로그램에서 어드레스의 의미는 다음과 같다.

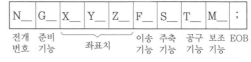

N__	G__	X__	Y__	Z__	F__	S__	T__	M__	;
전개 번호	준비 기능		좌표치		이송 기능	주축 기능	공구 기능	보조 기능	EOB

6. 머시닝센터에서 주축의 회전수를 일정하게 제어하기 위하여 지령하는 준비 기능은 어느 것인가?

① G96   ② G97
③ G92   ④ G94

해설 • G96 : 절삭 속도(m/min) 일정 제어
• G97 : 주축 회전수(rpm) 일정 제어

정답 1. ④   2. ③   3. ①   4. ③   5. ②   6. ②

7. 날 수가 4개인 밀링 커터로 공작물을 1날 당 0.1 mm로 이송하여 절삭하는 경우 이송 속도는 몇 m/min인가? (단, 주축 회전수는 500 rpm이다.)

① 80　　　　　② 150
③ 200　　　　　④ 250

해설 $F=f_z \times n \times z = 0.1 \times 500 \times 4 = 200$

8. 머시닝센터에서 주축의 회전수가 1500 rpm이며 지름이 80 mm인 초경합금의 밀링 커터로 가공할 때 절삭속도는?

① 38.2 m/min　　② 167.5 m/min
③ 376.8 m/min　　④ 421.2 m/min

해설 절삭속도$(V)=\dfrac{\pi DN}{1000}$

$=\dfrac{3.14 \times 80 \times 1500}{1000}=376.8\,\text{m/min}$

9. 머시닝센터에서 많이 사용하지만, CNC 밀링에서는 기능이 수행되지 않는 M기능은 어느 것인가?

① M03　　　　　② M04
③ M05　　　　　④ M06

해설 ・M03 : 주축 정회전
・M04 : 주축 역회전
・M05 : 주축 정지
・M06 : 공구 교환

10. CNC 프로그램에서 보조기능에 대한 설명 중 맞는 것은?

① M05는 주축의 정회전을 의미한다.
② M03은 주축의 역회전을 의미한다.
③ M02는 프로그램의 시작을 의미한다.
④ M00은 프로그램의 정지를 의미한다.

해설 ・M02 : 프로그램 끝
・M03 : 주축 정회전
・M05 : 주축 정지

11. 머시닝센터에서 M10×1.5의 탭 가공을 위하여 주축 회전수를 200 rpm으로 지령할 경우 탭 사이클의 이송속도로 맞는 것은 어느 것인가?

① F300　　　　② F250
③ F200　　　　④ F150

해설 $F=N \times$ 나사의 피치 $=200 \times 1.5 = 300$

12. 머시닝센터에서 4날−ϕ20 엔드밀을 사용하여 절삭속도 80 m/min, 공구의 날 당 이송량 0.05 mm/tooth로 SM25C를 가공할 때 이송속도는 약 몇 mm/min인가?

① 255　　　　② 265
③ 275 G　　　④ 285

해설 $N=\dfrac{1000V}{\pi D}=\dfrac{1000 \times 80}{3.14 \times 20}≒1274\,\text{rpm}$

$F=N \times$ 커터의 날수 $\times f$
$=1274 \times 4 \times 0.05 = 255\,\text{mm/min}$

13. 다음 중 CNC 프로그램에서 워드(word)의 구성으로 옳은 것은?

① 데이터(data) + 데이터(data)
② 블록(block) + 어드레스(address)
③ 어드레스(address) + 데이터(data)
④ 어드레스(address) + 어드레스(address)

해설

14. CNC 프로그램을 작성하기 위하여 가

공계획을 수립하여야 한다. 이때 고려해야
할 사항이 아닌 것은?

① 가공물의 고정 방법 및 필요한 치공구의
선정
② 범용 공작기계에서 가공할 범위 결정
③ 가공 순서 결정
④ 절삭 조건의 설정

해설 ①, ③, ④ 외에 CNC로 가공하는 범위와
CNC 공작기계 및 가공할 공구 선정 등이다.

15. CNC 프로그램에서 보조기능 M01이 뜻하는 것은?

① 프로그램 정지
② 프로그램 끝
③ 선택적 프로그램 정지
④ 프로그램 끝 및 재개

해설 • M00 : 프로그램 정지
• M02 : 프로그램 끝
• M30 : 프로그램 끝 및 재개

16. 다음 중 보조 기능(M기능)에 대한 설명으로 틀린 것은?

① M02 – 프로그램 종료
② M03 – 주축 정회전
③ M05 – 주축 정지
④ M09 – 절삭유 공급 시작

해설 • M08 : 절삭유 ON
• M09 : 절삭유 OFF

17. 머시닝센터에서 φ12-2날 초경합금 엔드밀을 이용하여 절삭 속도 35m/min, 이송 0.05mm/날, 절삭 깊이 7mm의 절삭 조건으로 가공하고자 할 때 다음 프로그램의 (   )에 적합한 데이터는?

G01 G91 X200.0 F(   ) ;

① 12.25　　　② 35.0
③ 92.8　　　④ 928.0

해설 $N=\dfrac{1000V}{\pi D}=\dfrac{1000\times35}{3.14\times12}=928\,\text{rpm}$

$F[\text{mm/min}]=N\times$ 커터의 날수 $\times f[\text{mm/teeth}]=928\times2\times0.05=92.8$

18. 다음 머시닝센터 프로그램에서 "F400"이 의미하는 것은?

G94 G91 G01 X100. F400 ;

① 0.4mm/rev　　　② 400mm/min
③ 400mm/rev　　　④ 0.4mm/min

해설 머시닝센터에서 F는 분당 이송거리(mm/min)를 나타낸다.

19. 다음 중 NC의 어드레스와 그에 따른 기능을 설명한 것으로 틀린 것은?

① F : 이송기능
② G : 준비기능
③ M : 주축기능
④ T : 공구기능

해설 M은 보조기능으로 기계의 ON/OFF 제어에 사용한다.

20. 머시닝센터에서 엔드밀이 정회전하고 있을 때, 하향 절삭을 하는 G기능은 어느 것인가?

① G40　　　② G41
③ G42　　　④ G43

해설 • G41 : 가공 경로의 왼쪽(하향 절삭)
• G42 : 가공 경로의 오른쪽(상향 절삭)

21. 머시닝센터에서 공구교환을 지령하는 기능은?

① G기능　　② S기능
③ F기능　　④ M기능

해설 공구교환은 보조기능 M06을 사용한다.

22. M10×1.5 탭 가공을 하기 위한 다음 프로그램에서 이송속도는?

```
G43 Z50. H03 S300 M03 ;
G84 G99 Z-10. R5. F_ ;
```

① 150mm/min
② 300mm/min
③ 450mm/min
④ 600mm/min

해설 탭 가공의 이송속도(F)
= 회전수(N)×피치(P)
= $300 \times 1.5 = 450$ mm/min

23. 머시닝센터 프로그래밍에서 G코드의 기능이 틀린 것은?

① G90 - 절대 명령
② G91 - 증분 명령
③ G94 - 회전당 이송
④ G98 - 고정 사이클 초기점 복귀

해설 G94 - 분당 이송, G95 - 회전당 이송

24. 머시닝센터를 이용하여 SM30C를 절삭속도 70m/min으로 가공하고자 한다. 공구는 2날-ϕ20 엔드밀을 사용하고 절삭폭과 절삭깊이를 각각 7mm씩 주었을 때 칩

배출량은 약 몇 cm³/min인가? (단, 날당 이송은 0.1mm이다.)

① 5.5　　② 11
③ 16.5　　④ 20

해설 먼저 회전수를 구하면,

$$N = \frac{1000V}{\pi D} = \frac{1000 \times 70}{3.14 \times 20} = 1114.6 \, \text{rpm}$$

이송속도 $F = f_z \times n \times Z$
$= 0.1 \times 1114.6 \times 2 = 222.92$ mm/min

칩 배출량 $Q = \frac{L \times F \times d}{1000}$

$= \frac{7 \times 222.92 \times 7}{1000} = 10.9 \, \text{cm}^3/\text{min}$

(L : 절삭폭, F : 이송속도, d : 절삭깊이)

25. G04 P (　　) ; 에서 3초간 정지시키고자 한다. (　　) 안에 맞는 것은?

① 3.0　　② 30
③ 300　　④ 3000

해설 입력단위에서 X나 U는 소수점을 사용하고(예 : X3.0, U3.0) P는 소수점을 사용할 수 없다(예 : P3000).

26. CNC 프로그램에서 지령된 블록 내에서만 유효한 준비기능(one shot G code)은 어느 것인가?

① G04　　② G00
③ G01　　④ G40

해설 G코드의 분류
(1) one shot G-code : 지령된 블록에 한해서 유효한 기능(00 group)
(2) modal G-code : 동일 group의 다른 G-code가 나올 때까지 유효한 기능(00 이외의 group)

4. CNC 밀링 프로그램 작성

4-1 ## CNC 밀링 수동 프로그램 작성

(1) 보간기능

① **위치결정** : 공구를 현재 위치에서 지령한 종점 위치로 급속 이동시키는 기능으로 G00으로 지령한다.

$$G00 \begin{Bmatrix} G90 \\ G91 \end{Bmatrix} X\_\_ \quad Y\_\_ \quad Z\_\_ \ ;$$

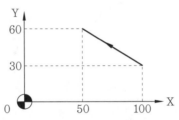

절대지령   G90   G00   X50.0   Y60.0 ;
증분지령   G91   G00   X-50.0   Y30.0 ;

② **직선보간** : 공구를 현재 위치에서 지령 위치까지 직선으로 가공하는 기능으로 G01로 지령한다.

$$G01 \begin{Bmatrix} G90 \\ G91 \end{Bmatrix} X\_\_ \quad Y\_\_ \quad Z\_\_ \quad F\_\_ \ ;$$

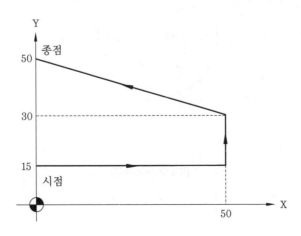

절대지령	G90	G01	X50.0	Y15.0	F100 ;
				Y30.0 ;	
			X0.0	Y50.0 ;	
증분지령	G91	G01	X50.0	Y0.0	F100 ;
				Y15.0 ;	
			X−50.0	Y20.0 ;	

③ **원호보간** : 지령된 시점에서 종점까지 반지름 R의 크기로 원호가공을 지령한다.

㈎ 작업평면 선택(G17, G18, G19) : 일반적인 도면은 G17 평면이며 전원 투입 시 기본적으로 설정되어 있다.

원호보간의 방향

㈏ 원호보간 지령 : 원호의 종점은 X, Y, Z로 지령되는데 절대지령(G90)과 증분 지령(G91)으로 할 수 있으며 증분지령의 경우에는 원호의 시점부터 종점까지의 좌표를 지령한다. 그림과 같이 2개의 원호 중 180° 이하와 180° 이상의 원호를 지령할 때는 반지름은 음(−)의 값으로 지령한다. 그러므로 ①번 원호는 180° 이하이므로 R50.0으로 지령하고, ②번 원호는 원호가 180° 이상이므로 R−50.0으로 지령한다.

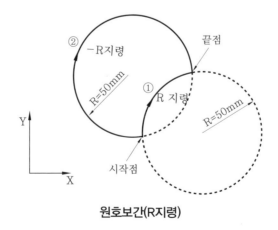

원호보간(R지령)

㈐ 360° 원호보간 지령 : 시작점과 종점의 위치가 같기 때문에 X, Y, Z의 종점좌표는 생략한다.

예상문제

1. 머시닝센터의 NC 프로그램에서 X–Y 평면 지령은?

① G17   ② G18

③ G19   ④ G92

> **해설** • G17 : X–Y 평면
> • G18 : Z–X 평면
> • G19 : Y–Z 평면

2. 다음 그림의 머시닝센터 프로그램 방법이 잘못된 것은?

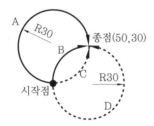

① A → G90 G02 X50. Y30. R30. F80 ;

② B → G90 G02 X50. Y30. R30. F80 ;

③ C → G90 G03 X50. Y30. R30. F80 ;

④ D → G90 G03 X50. Y30. R–30. F80 ;

> **해설** 180°를 넘는 원호의 경우에는 원호의 반지름에 –를 입력한다.

3. 다음 그림에서 a에서 b로 가공할 때 원호 보간 머시닝센터 프로그램으로 맞는 것은 어느 것인가?

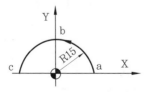

① G02 G90 X0. Y15. R15. F100. ;

② G03 G91 X–15. Y15. R15. F100. ;

③ G03 G90 X15. Y15. R15. F100. ;

④ G03 G91 X0. Y15. R–15. F100. ;

> **해설** 반시계 방향이므로 G03이며, 증분 지령이므로 G91이고, 절대 지령으로 하려면 G03 G90 X0.0 Y15.0 R15.0 F100 ;이다.

4. 다음 그림의 Ⓐ점에서 화살표 방향으로 360° 원호 가공하는 머시닝센터 프로그램으로 맞는 것은?

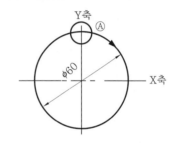

① G17 G02 G90 I30. F100 ;

② G17 G02 G90 J–30. F100 ;

③ G17 G03 G90 I30. F100 ;

④ G17 G03 G90 J–30. F100 ;

> **해설** G17이므로 X, Y평면이고, 시계방향이므로 G02이며, I, J, K는 시작점에서 본 원호 중심점의 벡터 성분이므로 프로그램은 G17 G02 G90 J–30.0 F100 ; 이 된다.

5. 다음 G코드 중 공구의 최후 위치만을 제어하는 것으로 도중의 경로는 무시되는 것은 어느 것인가?

① G00   ② G01

③ G02   ④ G03

> **해설** G00은 위치 결정을 의미하는 준비 기능으로 현재의 위치에서 지령한 좌표점의 위치로 이동하는 지령이다.

6. 머시닝센터 프로그램에서 원호 보간에 대한 설명으로 틀린 것은?

① R은 원호 반지름값이다.
② I, J는 원호 시작점에서 중심점까지 벡터값이다.
③ R과 I, J는 함께 명령할 수 있다.
④ I, J의 값 중 0인 값은 생략할 수 있다.

해설 R과 I, J는 함께 명령할 수 없다.

7. 머시닝센터 프로그램에서 그림의 A(15, 5)에서 B(5, 15)로 가공할 때의 프로그램으로 옳지 않은 내용은?

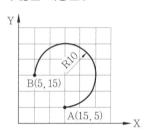

① G90 G03 X5. Y15. J−10. ;
② G90 G03 X5. Y15. R−10. ;
③ G91 G03 X−10. Y10. J10. ;
④ G91 G03 X−10. Y10. R−10. ;

해설 원호보간에 사용하는 좌표어 I, J, K는 원호의 시작점에서 중심까지의 거리를 나타낸다.

8. 머시닝센터에서 원호 보간 시 사용되는 I, J의 의미로 올바른 것은?

① I는 Y축 보간에 사용된다.
② J는 X축 보간에 사용된다.
③ 원호의 시작점에서 원호 끝점까지의 벡터값이다.
④ 원호의 시작점에서 원호 중심까지의 벡터값이다.

해설 I, J는 원호 시작점에서 중심까지 X, Y

축 방향에 따라 증분좌푯값(벡터값)을 나타낸다.

9. 머시닝센터에서 작업 평면이 Y−Z 평면일 때 지령되어야 할 코드는?

① G17   ② G18
③ G19   ④ G20

해설 원호보간의 방향은 다음과 같다.

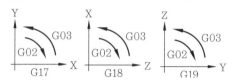

10. 다음 그림에서 A(10, 20)에서 시계방향으로 360° 원호가공을 하려고 할 때 맞게 명령한 것은?

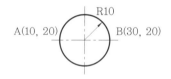

① G02 X10. R10. ;
② G03 X10. R10. ;
③ G02 I10. ;
④ G03 I10. ;

해설 원호의 시점에서 원호 중심까지의 상대값 중 X는 I, Y는 J로 지정한다.

11. 다음 중 머시닝센터의 준비 기능(G코드)에서 성질이 다른 하나는?

① G17   ② G18
③ G19   ④ G20

해설 • G17 : XY 평면 지령
• G18 : ZX 평면 지령
• G19 : YZ 평면 지령
• G20 : inch 입력

12. 다음 프로그램의 지령이 뜻하는 것은?

> G17 G02 X40. Y40. R40. Z20. F85 ;

① 위치 결정 ② 직선 보간
③ 원호 보간 ④ 헬리컬 보간

해설 헬리컬 보간 지령 방법은 원호 절삭의 지령에서 원호를 만드는 평면에 포함되지 않는 다른 한 축에 대한 이동 지령을 한다.

13. 다음 중 그림과 같은 원호보간 지령을 I, J를 사용하여 표현한 것으로 옳은 것은?

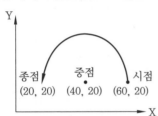

① G03 X20.0 Y20.0 I-20.0 ;
② G03 X20.0 Y20.0 I-20.0 J-20.0 ;
③ G03 X20.0 Y20.0 J-20.0 ;
④ G03 X20.0 Y20.0 I20.0 ;

해설 원호보간에 사용하는 I, J는 원호의 시작점에서 중심까지의 거리를 나타내는데 X 방향이므로 I이고 부호는 -이다.

14. 다음 그림의 A → B → C 이동 지령 머시닝센터 프로그램에서 ㉠, ㉡, ㉢에 들어갈 내용으로 옳은 것은?

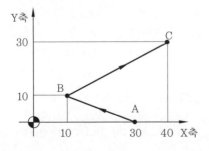

> A → B : N01 G01 G91 ㉠ Y10. F120 ;
> B → C : N02 G90 ㉡ ㉢ ;

① ㉠ : X10.0, ㉡ X30.0, ㉢ : Y20.0
② ㉠ : X20.0, ㉡ : X30.0, ㉢ : Y30.0
③ ㉠ : X-20.0, ㉡ : X30.0, ㉢ : Y20.0
④ ㉠ : X-20.0, ㉡ : X40.0, ㉢ : Y30.0

해설 G91은 증분 좌표 지령이므로 X-20.0이고, G90은 절대 좌표 지령이므로 X40.0, Y30.0이다.

15. 다음 중 머시닝센터의 주소(address) 중 일반적으로 소수점을 사용할 수 있는 것으로만 나열한 것은?

① 보조 기능, 공구 기능
② 원호 반지름 지령, 좌푯값
③ 주축 기능, 공구 보정 번호
④ 준비 기능, 보조 기능

해설 CNC 기계에서는 원호 및 좌푯값에만 소수점을 사용할 수 있다.

16. 머시닝센터에서 다음 그림과 같이 X15, Y0인 위치(A)부터 반시계 방향(CCW)으로 원호를 가공하고자 할 때 옳은 것은?

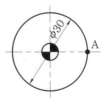

① G02 I-15. ;
② G03 I-15. ;
③ G02 X15. Y0. R-15. ;
④ G03 X15. Y0. R-15. ;

해설 반시계 방향이므로 G03이고 원호 가공이 180°이상이므로 -부호를 붙인다.

17. 머시닝센터에서 "G03 X_ Z_ 6R_ F_ ;" 로 가공하고자 한다. 알맞은 평면지정은?

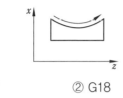

① G17   ② G18
③ G19   ④ G20

18. A지점에서 B지점으로 절삭하고자 한다. 증분값으로 지령한 것으로 맞는 것은?

― | 보기 | ―

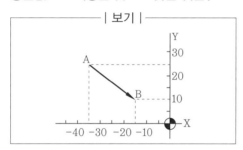

① G01 X15. Y10. ;
② G01 X−15. Y10. ;
③ G01 X20. Y−15. ;
④ G01 X−20. Y−15. ;

<u>해설</u> X축으로 +20, Y축으로 −15만큼 이동했으므로 G01 X20.0 Y−15.0 ; 이고, 절댓값 지령을 하면 G01 X−15.0 Y10.0 ; 이다.

19. 보기와 같은 원호보간의 지령으로 옳은 것은?

― | 보기 | ―

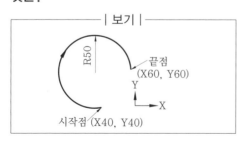

① G02 G91 X60.0 Y60.0 F50.0 ;
② G02 G90 X60.0 Y60.0 R50.0 ;

③ G02 G91 X60.0 Y60.0 R−50.0 ;
④ G02 G90 X60.0 Y60.0 R−50.0 ;

<u>해설</u> 시계방향이므로 G02이고 절대좌표로 프로그램을 했으므로 G90이다. 좌푯값은 X60.0, Y60.0이고 원호가 180° 이상이므로 R는 "−"이다.

20. 다음은 머시닝센터 프로그램이다. 프로그램에서 사용된 평면은 어느 것인가?

```
G17  G40  G49  G80 ;
G91  G28  Z0. ;
     G28  X0.  Y0. ;
G90  G92  X400.  Y250.  Z500. ;
T01  M06 ;
  :
```

① Z−Z 평면   ② Y−Z 평면
③ Z−X 평면   ④ X−Y 평면

<u>해설</u> • G17 : X−Y 평면
  • G18 : Z−X 평면
  • G19 : Y−Z 평면

21. 다음 그림은 머시닝센터의 가공용 도면이다. 절대방식에 의한 이동 지령을 바르게 나타낸 것은?

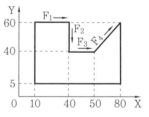

① F1 : G90 G01 X40. Y60. F100 ;
② F2 : G91 G01 X40. Y40. F100 ;
③ F3 : G90 G01 X10. Y0. F100 ;
④ F4 : G91 G01 X30. Y60.F100 ;

<u>해설</u> • F2 : G91 G01 Y−20.0 F100 ;
  • F3 : G90 G01 X50.0 Y40.0 F100 ;
  • F4 : G91 G01 X30.0 Y20.0 F100 ;

22. 다음은 원 가공을 위한 머시닝센터 가공도면 및 프로그램을 나타낸 것이다. ( ) 안에 들어갈 내용으로 옳은 것은 어느 것인가?

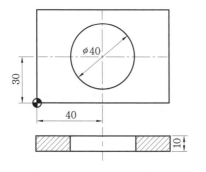

```
G00  G90  X40.  Y30. ;
G01  Z-10.  F90 ;
G41  Y50.  D01 ;
G03  (     ) ;
G40  G01  Y30. ;
G00  Z100. ;
```

① I-20.
② I20.
③ J-20.
④ J20.

해설 180°가 넘는 원호이므로 부호는 -이고 Y방향이므로 J가 된다.

정답 22. ③

4-2 머시닝센터 프로그램

(1) 고정 사이클의 개요

고정 사이클은 여러 개의 블록으로 지령하는 가공 동작을 한 블록으로 지령할 수 있게 하여 프로그래밍을 간단히 하는 기능으로 다음 그림과 같은 6개의 동작 순서로 구성된다.

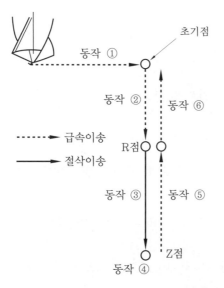

- 동작 ① : X, Y축 위치결정
- 동작 ② : R점까지 급속이송
- 동작 ③ : 구멍가공(절삭이송)
- 동작 ④ : 구멍바닥에서의 동작
- 동작 ⑤ : R점까지 복귀(급속이송)
- 동작 ⑥ : 초기점으로 복귀

고정 사이클의 동작

고정 사이클 기능

G 코드	드릴링 동작 (−Z방향)	구멍바닥 위치에서 동작	구멍에서 나오는 동작 (+Z방향)	용도
G73	간헐이송	−	급속이송	고속 펙 드릴링 사이클
G74	절삭이송	주축 정회전	절삭이동	역 태핑 사이클
G76	절삭이송	주축 정지	급속이송	정밀 보링 사이클
G80	−	−	−	고정 사이클 취소
G81	절삭이송	−	급속이송	드릴링 사이클
G82	절삭이송	드웰	급속이송	카운터 보링 사이클
G83	단속이송	−	급속이송	펙 드릴링 사이클
G84	절삭이송	주축 역회전	절삭이송	태핑 사이클
G85	절삭이송	−	절삭이송	보링 사이클
G86	절삭이송	주축 정지	절삭이송	보링 사이클
G87	절삭이송	주축 정지	수동이송 또는 급속이송	백 보링 사이클
G88	절삭이송	드웰 주축 정지	수동이송 또는 급속이송	보링 사이클
G89	절삭이송	드웰	절삭이송	보링 사이클

(2) 고정 사이클의 위치 결정

① 구멍가공 모드

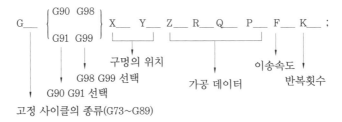

(가) 구멍가공 모드 : 고정 사이클 기능 참조

(나) 구멍위치 데이터 : 절대지령 또는 증분지령에 의한 구멍의 위치결정(급속이송)

(다) 구멍가공 데이터

  (가) Z : R점에서 구멍바닥까지의 거리를 증분지령 또는 구멍바닥의 위치를 절대 지령으로 지정

  (나) R : 초기점에서 R점까지의 거리를 지정(일반적으로 R점은 가공 시작점이자 복귀점)

㉓ Q : G73, G83코드에서 매회 절입량 또는 G76, G87 지령에서 후퇴량(항상 증분지령)을 지정

㉔ P : 구멍바닥에서 드웰시간을 지정

㉕ F : 절삭 이송속도를 지정

㉖ K : 반복횟수 지정(K지령을 생략하면 1로 간주, 만일 0을 지정하면 구멍가공 데이터는 기억하지만 구멍가공은 수행하지 않는다.)

② **복귀점 위치** : G98은 초기점 복귀이며, G99는 R점 복귀이다.

(3) 고정 사이클의 종류

① **드릴링 사이클(G81)** : 칩 배출이 용이한 공작물의 구멍가공에 사용한다.

$$G81 \begin{Bmatrix} G90 & G98 \\ G91 & G99 \end{Bmatrix} X\_\_ \quad Y\_\_ \quad Z\_\_ \quad R\_\_ \quad F\_\_ \quad K\_\_ ;$$

② **드릴링 사이클(G82)** : 구멍바닥에서 드웰(dwell)한 후 복귀되어 구멍의 정밀도가 향상되므로 카운터 보링이나 카운터 싱킹 등에 이용된다.

$$G82 \begin{Bmatrix} G90 \\ G91 \end{Bmatrix} \begin{Bmatrix} G98 \\ G99 \end{Bmatrix} X\_\_ \quad Y\_\_ \quad Z\_\_ \quad R\_\_ \quad P\_\_ \quad F\_\_ \quad K\_\_ ;$$

③ **고속 펙(peck) 드릴링 사이클(G73)** : 드릴 지름의 3배 이상인 깊은 구멍절삭에서 칩 배출이 용이하고 후퇴량을 설정할 수 있으므로 고능률적인 가공을 할 수 있다.

$$G73 \begin{Bmatrix} G90 & G98 \\ G91 & G99 \end{Bmatrix} X\_\_ \quad Y\_\_ \quad Z\_\_ \quad R\_\_ \quad Q\_\_ \quad F\_\_ \quad K\_\_ ;$$

④ **펙 드릴링 사이클(G83)** : 절입 후 매번 R점까지 복귀 후 다시 절삭지점으로 급속 이송 후 가공하기 때문에 칩(chip) 배출이 용이하여 지름이 적고 깊은 구멍가공에 적합하다.

$$G83 \begin{Bmatrix} G90 \\ G91 \end{Bmatrix} \begin{Bmatrix} G98 \\ G99 \end{Bmatrix} X\_\_ \quad Y\_\_ \quad Z\_\_ \quad Q\_\_ \quad R\_\_ \quad F\_\_ \quad K\_\_ ;$$

⑤ **태핑(tapping) 사이클(G84)** : 주축이 정회전(M03)하여 Z점까지 탭을 가공하고 역회전(M04)하면서 공구가 R점까지 복귀한 후 다시 주축이 정회전한다.

$$G84 \begin{Bmatrix} G90 \\ G91 \end{Bmatrix} \begin{Bmatrix} G98 \\ G99 \end{Bmatrix} X\_\_ \quad Y\_\_ \quad Z\_\_ \quad R\_\_ \quad F\_\_ \quad K\_\_ ;$$

태핑 가공의 이송속도 계산은 $F = n \times f$이다.

여기서, F : 태핑 가공 이송속도(mm/min)

n : 주축 회전수(rpm)

f : 태핑 피치(mm)

⑥ **역 태핑 사이클(G74)** : 왼나사 가공 기능으로 주축은 먼저 역회전하면서 Z점까지 들어가고, R점까지 빠져나올 때는 정회전을 한다.

⑦ **정밀 보링 사이클(G76)** : 높은 정밀도가 필요한 가공에 사용한다.

⑧ **보링 사이클(G85)** : 리머(reamer) 가공에 많이 사용하는 기능이다.

(4) 보조 프로그램

① **보조 프로그램 작성** : 1회 호출지령으로서 1~9999회까지 연속적으로 반복가공이 가능하며, 첫머리에 주 프로그램과 같이 로마자 O에 프로그램 번호를 부여하며 M99로 프로그램을 종료한다.

② **보조 프로그램 호출** : 보조 프로그램은 자동운전에서만 호출 가능하며 보조 프로그램이 또 다른 보조 프로그램을 호출할 수 있다.

예상문제

1. 다음은 머시닝센터의 고정 사이클 지령 방법이다. 'K 또는 L'의 의미는 다음 중 어느 것인가?

> G_ X_ Y_ Z_ R_ Q_ P_ F_ K_ 또는 L_ ;

① 고정 사이클 반복횟수를 지정
② 절삭이송속도를 지정
③ 구멍바닥에서 드웰시간을 지정
④ 초기점의 위치 지정

해설 K 또는 L의 의미는 고정 사이클의 반복횟수인데 11M 컨트롤러에서는 L을 사용한다.

2. K의 값이 0.29일 때 P의 값은?

① 1.16   ② 2.32
③ 3.48   ④ 4.64

해설 $P = $ 드릴 지름$\times K = 8 \times 0.29 = 2.32$

3. 머시닝센터 프로그램에서 고정 사이클을 취소하는 준비기능은?

① G76   ② G80
③ G83   ④ G84

해설 ・G76 : 정밀 보링 사이클
　　・G83 : 펙 드릴링 사이클
　　・G84 : 태핑 사이클

정답   **1.** ①   **2.** ②   **3.** ②

4. 다음은 머시닝센터에서 구멍 가공 모드를 설명한 것이다. 잘못 연결된 것은?

```
G_ X_ Y_ Z_ R_ Q_ P_ F_ L_ ;
```

① Y-구멍 위치 데이터
② R-가공 시작점 데이터
③ P-구멍 수량 데이터
④ L-반복 횟수 데이터

> **해설** G는 구멍 가공 모드이고, X, Y는 구멍의 위치 결정이며, L은 반복 횟수를 의미한다. R은 초기점에서 R점까지의 거리이고, P는 구멍바닥에서 드웰 시간을 결정한다.

5. 그림과 같이 M10 탭가공을 위한 프로그램을 완성시키고자 한다. ( ) 속에 차례로 들어갈 값으로 옳은 것은? (단, M10 탭의 피치는 1.5)

```
N10 G92 X0. Y0. Z100. ;
N20 (   ) M03 ;
N30 G00 G43 H01 Z30. ;
N40 G90 G99 (   ) X20. Y30.
          Z−25. R10. F450 ;
N50 G91  X30. ;
N60 G00  G49 G80 Z300. M05 ;
N70 M02 ;
```

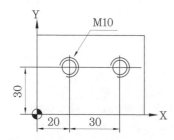

① S200, G74
② S300, G84
③ S400, G85
④ S500, G76

> **해설** 이송속도$(F) = n \times P$에서
> $$n = \frac{F}{P} = \frac{450}{1.5} = 300\,\mathrm{rpm}$$
> • G74 : 역 태핑 사이클

• G76 : 정밀 보링 사이클
• G84 : 태핑 사이클
• G85 : 보링 사이클

6. 다음 보조 프로그램에 대한 설명 중 틀린 것은?

① 종료는 M99로 지령한다.
② 반드시 증분값으로 지령한다.
③ 호출은 M98로 지령한다.
④ 보조 프로그램은 주 프로그램과 같은 메모리에 등록되어 있어야 한다.

> **해설** • M98 : 보조 프로그램 호출
> • M99 : 보조 프로그램 종료

7. 머시닝센터에서 태핑 작업 시 Z축의 일정량 이송마다 주축을 1회전하도록 제어하여 가감속 시에도 변하지 않으며 float 탭 홀더가 필요 없고 고속 고정도의 태핑이 가능하도록 할 수 있는 모드는?

① 리지드(rigid) 모드
② 드릴링 모드
③ R점 모드
④ 고속 팩 사이클 모드

> **해설** 일반 공작기계에 태핑 척을 사용하는 이유는 스핀들 회전과 축이송 제어가 정확히 안 되었기 때문이다. 머시닝센터에서 리지드 태핑 기능은 탭 홀더가 없어도 정확한 주축 회전과 이송이 가능하다.

8. 머시닝센터 고정 사이클 기능에서 보링 작업용 코드만으로 바른 것은?

① G73, G81
② G74, G84
③ G76, G85
④ G83, G84

> **해설** • G76 : 정밀 보링 사이클
> • G85 : 보링 사이클
> • G86 : 보링 사이클

---

9. 다음은 머시닝센터에서 고정사이클을 지령하는 방법이다. G_ X_ Y_ Z_ R_ Q_P_ F_ K_ 또는 L_ ; 에서 K0 또는 L0라면 어떤 의미를 나타내는가?

① 고정사이클을 1번만 반복하라는 뜻이다.
② 구멍 바닥에서 휴지시간을 갖지 말라는 뜻이다.
③ 구멍가공을 수행하지 말라는 뜻이다.
④ 초기점 복귀를 하지 말고 가공하라는 뜻이다.

해설 K 또는 L은 고정사이클의 반복횟수를 지정하는데, K 지정을 생략할 경우 K=1로 간주한다. 만일 K=0을 지정하면 구멍가공 데이터를 기억하지만 구멍가공은 수행하지 않는다.

10. 다음은 머시닝센터에서 드릴 사이클을 이용하여 구멍을 가공하는 프로그램의 일부이다. 설명 중 틀린 것은?

```
G81 G90 G99 X20. Y20. Z-23. R3. F60. M08 ;
G91 X40. ;
```

① 구멍 가공의 위치는 X가 20mm이고 Y가 20mm인 위치이다.
② 구멍 가공의 깊이는 23mm이다.
③ G99는 초기점 복귀 명령이다.
④ 이송속도는 60m/min이다.

해설 • G98 : 초기점 복귀
• G99 : R점 복귀

11. 머시닝센터에서 G84는 탭(tap) 공구를 이용한 탭 가공 고정 사이클이다. G99 G84 X10. Y10. Z-30. R3. R_ ; 에서 F는 몇 mm/min을 주어야 하는가? (단, 주축 회전수는 240rpm이고, 피치는 1.5mm이다.)

① 160
② 240
③ 360
④ 480

해설 나사 및 태핑의 이송 속도 F[mm/min] $=N$[rpm]×나사의 피치
∴ $F=240×1.5=360$ mm/min

12. 머시닝센터의 고정 사이클 기능에 관한 설명으로 틀린 것은?

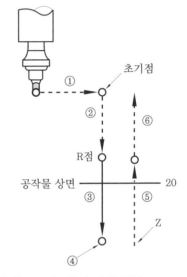

① ①은 X, Y축 위치 결정 동작
② ②는 R점까지 급속 이송하는 동작
③ ③은 구멍을 절삭 가공하는 동작
④ ④는 R점까지 급속으로 후퇴하는 동작

해설 고정 사이클은 프로그램을 간단히 하는 기능으로 일반적으로 6개 동작으로 이루어진다. ① : X, Y축 위치결정, ② : R점까지 급송, ③ : 구멍가공, ④ : 구멍바닥에서 동작, ⑤ : R점까지 나오는 동작, ⑥ : 초기점까지 급송

13. 다음 중 머시닝센터 고정 사이클에서 태핑 사이클로 적당한 G 기능은?

① G81
② G82
③ G83
④ G84

해설 • G81 : 드릴링 사이클
• G82 : 카운터 보링 사이클
• G83 : 펙 드릴링 사이클

14. 머시닝센터의 고정 사이클 중 G코드와 그 용도가 잘못 연결된 것은?

① G76 – 정밀 보링 사이클
② G81 – 드릴링 사이클
③ G83 – 보링 사이클
④ G84 – 태핑 사이클

해설 G83은 펙 드릴링 사이클이다.

15. CNC 프로그램에서 보조 프로그램에 대한 설명으로 틀린 것은?

① 보조 프로그램의 마지막에는 M99가 필요하다.
② 보조 프로그램을 호출할 때는 M98을 사용한다.
③ 보조 프로그램은 다른 보조 프로그램을 가질 수 있다.
④ 주 프로그램은 오직 하나의 보조 프로그램만 가질 수 있다.

해설 보조 프로그램은 1회 호출지령으로 1~9999회까지 연속적으로 반복가공이 가능하다.

16. 다음 머시닝센터의 고정 사이클 지령에서 P의 의미는?

```
G90 G99 G82 X_ Y_ Z_ R_ P_ F_ ;
```

① 매 절입량을 지정
② 탭 가공의 피치를 지정
③ 고정 사이클 반복 횟수 지정
④ 구멍 바닥에서 드웰 시간을 지정

해설 • G99 : R점 복귀
• G82 : 드릴링 사이클

17. CNC 프로그램에서 보조 프로그램(sub program)을 호출하는 보조 기능은?

① M00　　② M09
③ M98　　④ M99

해설 • M00 : 프로그램 정지
• M09 : 절삭유 OFF
• M99 : 보조 프로그램 종료

18. 다음은 머시닝센터의 고정사이클 프로그램이다. 내용 설명으로 바른 것은?

```
G90 G83 G98 Z-25. R3. Q6. F100 ;
M08 ;
```

① R3. : 일감의 절삭깊이
② G98 : 공구의 이송속도
③ G83 : 초기점 복귀 동작
④ Q6. : 일감의 1회 절삭깊이

해설 • G83 : 펙 드릴링 사이클
• G98 : 초기점 복귀
• R : R점 지정

5. CNC 밀링 프로그램 확인

5-1 CNC 밀링 프로그램 수정

(1) 프로그램 수정

머시닝센터 프로그램 오류를 확인하고 수정한다.

① 프로그램 원점 설정을 확인한다.

② 절삭 공구 번호를 확인한다.

③ 절삭 공구의 공구 지름 및 공구 길이 보정값 설정을 확인한다.

④ 공구 보정과 보정 취소 등을 확인한다.

⑤ 공구 인선 보정, 인선 보정 취소 등을 확인한다.

⑥ 프로그램의 좌푯값 입력 부분 소수점의 기재 여부를 확인한다. 예를 들어 X20.0 또는 X20.을 기재해야 하는 곳에 X20과 같이 소수점을 빠뜨리면 X0.02로 인식되어 문제가 발생한다.

⑦ 원호 가공(G02, G03) 다음 블록이 직선 가공일 때 G01의 기재 여부를 확인한다.

⑧ 가공 오류 부분 좌푯값을 확인한다.

(2) 프로그램 수정 방법

프로그램 수정 시에는 키보드의 ALTER(변경), INSERT(삽입), DELETE(삭제)를 이용한다.

① **변경(ALTER)** : Z150.0을 Z200.0으로 바꾸려면 커서를 Z150.0의 위치에 두고 Z200.0으로 키인한 후 ALTER를 누르면 Z200.0으로 바뀐다.

```
G43 Z150.0 H02 ;
       ⇩
G43 Z200.0 H02 ;
```

② **삭제(DELETE)** : Z-3.0을 삭제하려면 커서를 Z-3.0의 위치에 두고 DELETE를 누르면 Z-3.0이 삭제된다.

```
G99 G81 Z-3.0 R5.0 F100 M08 ;
            ⇩
G99 G81 R5.0 F100 M08 ;
```

③ **삽입(INSERT)** : Z-3.0이 잘못 삭제되어 삽입하려면 커서를 삽입하고자 하는 워드 앞, 즉 G81에 커서를 두고 키보드에서 Z-3.0을 키인한 후 INSERT를 누르면 Z-3.0이 삽입된다.

```
G99 G81 R5.0 F100 M08 ;
          ⇩
G99 G81 Z-3.0 R5.0 F100 M08 ;
```

예상문제

1. 머시닝센터의 절대 좌표계를 나타낸 화면이다. 다음과 같은 설정 화면의 좌푯값으로 공구의 좌푯값을 변경하고자 할 때 반자동(MDI) 모드에 입력할 내용으로 적당한 것은?

(ABSOLUTE)	(ABSOLUTE)
X 57.632	X 0.000
Y 75.432 →	Y 0.000
Z 55.235	Z 10.000
(초기 화면)	(설정 화면)

① G89 X0. Y0. Z10. ;
② G90 X0. Y0. Z10. ;
③ G91 X0. Y0. Z10. ;
④ G92 X0. Y0. Z10. ;

해설 • G90 : 절대 좌표 지령
• G91 : 증분 좌표 지령
• G92 : 좌표계 설정

2. 머시닝센터 프로그램 작성 후 가공 전 확인할 내용이 아닌 것은?

① 소수점 입력 여부를 확인한다.
② 절삭 공구 번호를 확인한다.
③ 절삭 공구의 공구 길이 보정값만 확인한다.
④ 좌표계 설정이 맞는가 확인한다.

해설 머시닝센터는 CNC 선반과 다르게 절삭 공구의 공구 지름 및 공구 길이 보정값 설정을 확인한다.

3. 머시닝센터 프로그램 후 프로그램을 편집할 때 선택하는 모드는?

① 반자동 운전(MDI)
② 자동 운전(AUTO)
③ 수동 이송(JOG)
④ 편집(EDIT)

해설 • MDI : MDI(manual data input)는 수동 데이터 입력 또는 반자동 모드이며, 간단한 프로그램을 편집과 동시에 시험적으로 실행할 때 사용
• JOG : 축을 빨리 움직일 때 사용
• EDIT : 프로그램을 편집할 때 사용
• AUTO : 자동가공

정답 1. ④ 2. ③ 3. ④

5-2 CNC 밀링 조작기 입력·가공

일반적으로 많이 사용하는 GV-CNC를 이용하여 조작기에 입력하는 방법에 대해 설명한다.

(1) GV-CNC를 이용한 조작기 입력

머시닝센터 프로그램을 작성하려면 조작기에서 NC Editor를 클릭한 후 프로그래밍을 한다.

(2) 프로그램 저장

조작기를 이용하여 프로그래밍을 한 후 USB에 저장한다.

예상문제

1. CAD/CAM 소프트웨어에서 작성된 가공 데이터를 읽어 특정의 CNC 공작기계 컨트롤러에 맞도록 NC 데이터를 만들어 주는 것은?

① 도형 정의   ② 가공 조건
③ CL 데이터   ④ 포스트 프로세서

[해설] 포스트 프로세서의 목적은 부품 가공을 위하여 작성된 파트 프로그램의 정보를 근거로 하여 공구 위치, 이송속도, 주축 회전에 관한 데이터나 ON-OFF 명령 등을 처리하는 특정한 수치제어장치와 CNC 공작기계에 적합한 NC 데이터를 만드는 데 있다.

2. 다음 중 CNC 공작기계에 사용되는 외부 기억장치에 해당하는 것은?

① 램(RAM)   ② 디지타이저
③ 플로터   ④ USB 플래시 메모리

[해설] 내부 기억장치는 주로 RAM이 사용되고, 외부 기억장치로는 하드디스크 또는 USB 플래시 메모리 등이 사용된다.

3. 머시닝센터 프로그램에서 프로그램 입력 및 편집을 할 수 있는 기능은?

① MDI   ② EDIT
③ AUTO   ④ JOG

[해설] 머시닝센터의 편집모드(EDIT)에서 프로그램 입출력 및 수정을 할 수 있다.

4. CNC 공작기계의 편집 모드(EDIT MODE)에 대한 설명 중 틀린 것은?

① 프로그램을 입력한다.
② 프로그램의 내용을 삽입, 수정, 삭제한다.
③ 메모리 된 프로그램 및 워드를 찾을 수 있다.
④ 프로그램을 실행하여 기계 가공을 한다.

[해설] 기계 가공은 모드를 AUTO(자동)에 두고 가공한다.

정답   1. ④   2. ④   3. ②   4. ④

5-3 CNC 밀링 공구 경로 이상 유무 확인

(1) 공구 경로 시뮬레이션하기

시뮬레이션 탭을 클릭하면 시뮬레이션 모드가 되는데 여기에서 실행을 클릭하면 순차적으로 공구 경로가 그려진다. 이때 작성한 가공 프로그램을 실제 공작기계에서 확인하지 않아도 된다. 즉 작성한 프로그램의 내용을 이 그래픽 기능으로 화면상에 나타낼 수 있으며, 공구의 급속 이송, 절삭 이송의 경로를 확인할 수 있다. 또한 일부분을 자세히 보기 위하여 보고 싶은 부분만 확대시킬 수도 있는데, 이와 같이 미리 확인하므로 자동 운전을 안전하게 할 수 있다.

예상문제

1. 머시닝센터에서 안전을 고려하여 프로그램을 테스트할 때 축 이동을 하지 않게 하기 위해 사용하는 조작판은?

① 옵셔널 프로그램 스톱(optional program stop)

② 머신 로크(machine lock)

③ 옵쇼널 블록 스킵(optional block skip)

④ 싱글 블록(single block)

해설 옵셔널 스톱(optional stop)은 프로그램에 지령된 M01을 선택적으로 실행하게 된다. 조작판의 M01 스위치가 ON일 때는 프로그램 M01이 실행되므로 프로그램이 정지되고, OFF일 때는 M01을 실행해도 기능이 없는 것으로 간주하고 다음 블록을 실행하게 된다.

2. 다음 중 공구 경로 시뮬레이션을 하는 주목적은?

① 가공 시 충돌에 의한 사고 방지

② 과절삭 방지

③ 잔삭 처리

④ 절삭 칩의 제거

해설 시뮬레이션의 주목적은 가공 시 충돌 예방이다.

정답 1. ②   2. ①

6. CNC 밀링 CAM 프로그램 작성 준비

6-1 CNC 밀링 CAM 프로그램 개요

(1) CAD/CAM의 구성

① **하드웨어** : 그래픽 디스플레이(graphic display), 입력장치, 출력장치 및 공작기계
② **소프트웨어** : 프로그램, 데이터 등

(2) 입력장치

① **키보드(keyboard)** : 지령 및 데이터를 영문자와 숫자의 키를 눌러 입력할 수 있는 장치
② **라이트 펜(light pen)** : 그래픽 스크린상에서 특정 위치나 도형을 지정하거나 그래 픽 스크린상의 메뉴를 통한 커맨드(command) 선택이나 데이터 입력 등에 사용
③ **조이스틱(joystick)** : 커서를 이동시키기 위해 사용되는 장치
④ **마우스(mouse)** : 디스플레이 화면 중의 커서(cursor)를 이동시켜 도형 데이터가 인식되거나 명령어가 입력되며, 또한 그래픽적인 좌표 입력에 사용되는 장치
⑤ **태블릿(tablet)** : 좌표나 위치정보의 입력장치로 사용

(3) 출력장치

① **디스플레이(display) 장치** : CRT(cathode ray tube)라고 부르며, CRT 장치에는 랜덤(random) 주사형, 스토리지(storage)형, 래스터(raster)형의 3종류가 있다.
② **프린터(printer)**
③ **플로터(plotter)** : 도면을 나타내는 기능
④ **하드 카피 장치(hard copy unit)** : CRT 화면에 나타난 영상을 그대로 복사하는 기기

(4) 출력장치의 분류

① **일시적 표현장치** : 그래픽, 디스플레이
② **영구적 표현장치** : 플로터, 프린터, 스크린+하드카피, COM 장치

예상문제

1. CAD/CAM 시스템의 적용 시 장점과 가장 거리가 먼 것은?

① 생산성 향상
② 품질 관리의 강화
③ 비효율적인 생산 체계
④ 설계 및 제조시간 단축

> **해설** CAD/CAM 시스템을 적용하면 설계 및 제조시간 단축에 따른 생산성 향상은 물론 품질 관리의 강화 효과가 있다.

2. CAD/CAM 시스템의 입·출력 장치가 아닌 것은?

① 프린터
② 마우스
③ 키보드
④ 중앙처리장치

> **해설** • 입력장치 : 키보드, 라이트 펜, 디지타이저, 마우스
> • 출력장치 : 플로터, 프린터, 모니터, 하드 카피

3. CAM(computer aided manufacturing)의 정보 처리 흐름으로 올바른 것은?

① 도형 정의 → 곡선 및 곡면 정의 → NC 코드 생성 → 공구 경로 생성 → DNC 전송
② 도형 정의 → 공구 경로 생성 → NC 코드 생성 → 곡선 및 곡면 정의 → DNC 전송
③ 도형 정의 → 곡선 및 곡면 정의 → 공구 경로 생성 → NC 코드 생성 → DNC 전송
④ 곡선 및 곡면 정의 → 도형 정의 → NC 코드 생성 → 공구 경로 생성 → DNC 전송

> **해설** 도형 정의 후 CAM에서 만들어지는 절삭 공구의 공작물에 대한 위치 및 자세에 관한 정보인 CL 데이터를 생성한 다음 NC 코드를 생성한다.

4. CAD/CAM 시스템의 이용 효과를 잘못 설명한 것은?

① 작업의 효율화와 합리화
② 생산성 향상 및 품질 향상
③ 분석 능력 저하와 편집 능력의 증대
④ 표준화 데이터의 구축과 표현력 증대

> **해설** CAD/CAM 시스템을 적용하면 설계·제조시간 단축에 따른 생산성 향상은 물론 품질 관리 강화 효과가 있다.

5. CAD/CAM 시스템에서 입력장치로 볼 수 없는 것은?

① 키보드(keyboard)
② 스캐너(scanner)
③ CRT 디스플레이
④ 3차원 측정기

> **해설** 출력장치로는 CRT 디스플레이, 프린터, 플로터, 하드 카피 등이 있다.

6. DNC 시스템의 구성요소가 아닌 것은?

① CNC 공작기계
② 중앙컴퓨터
③ 통신선
④ 플로터

> **해설** DNC 시스템은 컴퓨터와 다음 4개의 보조장치로 구성된다.
> (1) NC 파트 프로그램을 저장하기 위한 메모리 장치
> (2) 기계와 컴퓨터와의 정보 교환을 위한 데이터 전송 장치
> (3) 데이터를 원거리에 보내기 위한 통신라인
> (4) CNC 공작기계

7. 컴퓨터 통합 생산(CIMS) 방식의 특징으로 틀린 것은?

① life cycle time이 긴 경우에 유리하다.
② 품질의 균일성을 향상시킨다.
③ 재고를 줄임으로써 비용이 절감된다.
④ 생산과 경영 관리를 효율적으로 하여 제품 비용을 낮출 수 있다.

해설 CIMS의 이점
(1) 더욱 짧은 제품 수명 주기와 시장의 수요에 즉시 대응할 수 있다.
(2) 더 좋은 공정 제어를 통하여 품질의 균일성을 향상시킨다.
(3) 재료, 기계, 인원을 효율적으로 활용할 수 있고 재고를 줄임으로써 생산성을 향상시킨다.
(4) 생산과 경영 관리를 잘 할 수 있으므로 제품 비용을 낮출 수 있다.

8. 1대의 컴퓨터에 여러 대의 CNC 공작 기계를 연결하고 가공 데이터를 분배 전송하여 동시에 운전하는 방식은?

① FMS   ② FMC
③ DNC   ④ CIMS

해설 DNC는 컴퓨터와 CNC 공작기계들을 근거리 통신망(LAN)으로 연결하여 1대의 컴퓨터에서 여러 대의 CNC 공작기계에 데이터를 분배하여 전송함으로써 동시에 운전할 수 있으므로 생산성을 향상시킬 수 있다.

9. CAD/CAM용 하드웨어의 구성에서 중앙처리장치의 구성에 해당하지 않는 것은?

① 주기억장치   ② 연산논리장치
③ 제어장치   ④ 입력장치

해설 컴퓨터는 크게 입·출력장치, 기억장치, 중앙처리장치로 구성되어 있으며, 중앙처리장치로는 주기억장치, 연산논리장치, 제어장치가 있다.

10. 다음 중 CAM 시스템에서 정보의 흐름을 단계별로 나타낸 것으로 가장 적합한 것은 어느 것인가?

① CL 데이터 생성 → 포스트 프로세싱 → 도형 정의 → DNC
② CL 데이터 생성 → 도형 정의 → 포스트 프로세싱 → DNC
③ 도형 정의 → 포스트 프로세싱 → CL 데이터 생성 → DNC
④ 도형 정의 → CL 데이터 생성 → 포스트 프로세싱 → DNC

해설 도형 정의 후 CAD/CAM 시스템에서 만들어지는 절삭 공구의 공작물에 대한 위치 및 자세에 관한 정보인 CL 데이터를 생성한 후 NC 코드를 생성한다.

11. 곡면 형상의 모델링에서 임의의 곡선을 회전축을 중심으로 회전시킬 때 발생하여 얻어진 면을 무엇이라 하는가?

① 회전 곡면   ② 로프트(loft) 곡면
③ 룰드(ruled) 곡   ④ 메시(mesh) 곡면

해설 어떤 평면 곡선이 같은 평면 위의 한 직선을 축으로 하여 회전하였을 때 생기는 곡면을 회전 곡면이라 한다.

12. CAD/CAM 시스템용 입력장치에 좌표를 지정하는 역할을 하는 장치를 무엇이라 하는가?

① 버튼(button)
② 로케이터(locator)
③ 실렉터(selector)
④ 밸류에이터(valuator)

해설 로케이터는 보조 기억 장치나 외부 기억 장치 내에 보관되어 있는 프로그램이나 데이터를 그 부분의 필요에 따라 빼낼 수 있는 프로그램이다.

정답 7. ① 8. ③ 9. ④ 10. ④ 11. ① 12. ②

13. 다음 중 CAD/CAM 시스템의 NC 인터페이스 과정으로 옳은 것은?

① 파트 프로그램 → NC 데이터 → 포스트 프로세싱 → CL 데이터

② 파트 프로그램 → CL 데이터 → 포스트 프로세싱 → NC 데이터

③ 포스트 프로세싱 → 파트 프로그램 → CL 데이터 → NC 데이터

④ 포스트 프로세싱 → 파트 프로그램 → NC 데이터 → CL 데이터

14. 공장 자동화의 주요 설비로 사람의 손과 팔의 동작에 해당하는 일을 담당하고 프로그램에 의해 동작하는 것은?

① PLC   ② 무인 운반차

③ 터치 스크린   ④ 산업용 로봇

해설 산업용 로봇 : 산업 시스템 등에서 실용적으로 이용되는 로봇으로 일반적으로는 사람의 손에 상당하는 로봇 팔을 가리킨다. 자동차 차체의 스폿 용접이나 도장, 차체의 조립 등의 복잡한 동작을 요구하는 것을 제외 하고는 2자유도 정도의 것이 압도적으로 많으며 전기 · 전자 제품의 조립 로봇 등이 대표적이다.

15. 데이터 입 · 출력기기의 종류별 인터페이스 방법이 잘못 연결된 것은?

① FA 카드-LAN

② 테이프 리더-RS232C

③ 플로피 디스크 드라이버-RS232C

④ 프로그램 파일 메이트(program file mate)-RS442

해설 FA 카드는 IC 메모리를 사용하므로 데이터 용량은 작으나 취급이 용이하며, 인터페이스 방법은 RS232C이다.

16. CAD/CAM의 필요성이 증대되는 요소로서 적절치 않은 것은?

① 소비자 요구의 다양화

② 신제품 개발 경쟁의 격화

③ 제품 라이프 사이클의 단축

④ 소품종 대량 생산

해설 CAD/CAM의 필요성 : 소비자의 다양한 욕구를 충족시키기 위한 제품의 라이프 사이클 단축에 따른 다품종 소량 생산에 적합하다.

17. CAD/CAM의 주변 기기에서 기억장치는 어느 것인가?

① 하드 디스크

② 디지타이저

③ 플로터

④ 키보드

해설 기억장치로는 하드 디스크(hard disk), 플로피 디스크(floppy disk), 카세트 테이프(cassette tape) 등이 있으나 현재에는 USB(universal serial bus)가 많이 사용된다.

18. CNC 공작기계의 정보 흐름의 순서가 맞는 것은?

① 지령펄스열 → 서보구동 → 수치정보 → 가공물

② 지령펄스열 → 수치정보 → 서보구동 → 가공물

③ 수치정보 → 지령펄스열 → 서보구동 → 가공물

④ 수치정보 → 서보구동 → 지령펄스열 → 가공물

해설 CNC 공작기계의 정보 흐름은 수치정보 → 컨트롤러 → 서보기구 → 이송기구 → 가공물의 순이다.

정답 13. ② 14. ④ 15. ① 16. ④ 17. ① 18. ③

7. CNC 밀링 CAM 프로그램 가공

7-1 CNC 밀링 CAM 프로그램 작성

(1) 프로그램 작성 순서

아래 도면을 CAM 소프트웨어를 이용하여 프로그래밍하는 순서는 다음과 같다.

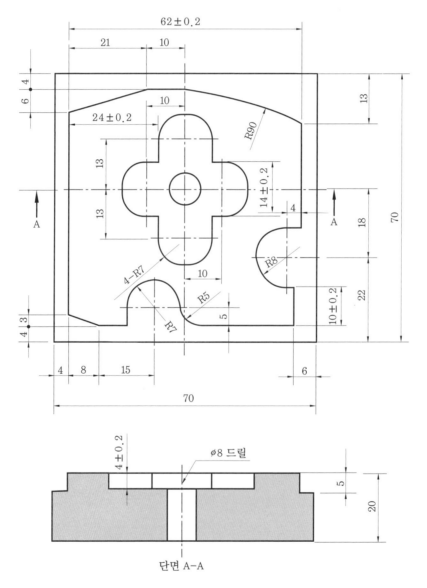

단면 A–A

① 도면과 모델링 치수를 확인하고, 편집할 부분이 있는지 확인한다.

② 가공 정의를 한다.

③ 소재 크기에 따른 좌표 시스템(프로그래밍 원점)을 지정한다.

④ 공구 방향 및 가공할 수 있는 영역을 추출한다.

⑤ 페이스 밀 오퍼레이션을 이용하여 페이스 컷 가공 경로를 생성한다.

⑥ 드릴 오퍼레이션을 이용하여 센터드릴과 드릴 가공 경로를 생성한다.

⑦ 황삭 밀 오퍼레이션을 이용하여 포켓과 윤곽 가공 영역에 황삭 가공 경로를 생성한다.

⑧ 정삭 밀 오퍼레이션을 이용하여 포켓과 윤곽 가공 영역에 정삭 가공 경로를 생성한다.

⑨ 공구 경로를 확인한다.

　㈎ 가공 오퍼레이션 값을 수정하지 못하게 되어 있는 경우는 테크놀러지 데이터베이스를 확인한다.

　㈏ 공구 경로를 보고 공구가 공작물에 진입할 때 충돌 경로가 있는지 확인한다.

　㈐ 포켓 가공 진입 시에 드릴 구멍으로 엔드밀이 진입하는지 반드시 확인한다.

　㈑ 공정 순서를 변경할 때는 이동할 공정을 드래그 앤 드롭을 하여 순서를 바꿀 수 있다.

예상문제

1. CAM 프로그램 작성 시 공구 경로 확인 과정에 대한 설명으로 틀린 것은?

① 가공 오퍼레이션 값을 수정하지 못하게 되어 있는 경우는 테크놀러지 데이터베이스를 확인한다.

② 공구 경로를 보고 공구가 공작물에 진입할 때 충돌 경로가 있는지 확인한다.

③ 드릴 가공 진입 시에 드릴 구멍으로 엔드밀이 진입하는지 반드시 확인한다.

④ 공정 순서를 변경할 때 이동할 공정을 드래그 앤 드롭을 하여 순서를 바꿀 수 있다.

해설 포켓 가공 진입 시에 드릴 구멍으로 엔드밀이 진입하는지 반드시 확인한다.

2. CAM 프로그램 작성 순서로 옳은 것은?

① 가공 정의 → 프로그래밍 원점 지정 → 가공 경로 생성 → 공구 경로 확인

② 가공 정의 → 가공 경로 생성 → 프로그래밍 원점 지정 → 공구 경로 확인

③ 프로그래밍 원점 지정 → 가공 경로 생성 → 가공 정의 → 공구 경로 확인

④ 프로그래밍 원점 지정 → 가공 정의 → 가공 경로 생성 → 공구 경로 확인

해설 프로그램 작성 순서 : 가공 정의를 한 후 프로그래밍 원점을 지정하고, 공구 방향 및 가공할 수 있는 영역을 추출한다. 그 다음에 가공 경로를 생성하고 공구 경로를 확인한다.

정답 1. ③　2. ①

8. CNC 밀링 CAM 프로그램 확인

8-1 CNC 밀링 CAM 프로그램 수정

(1) CNC 가공 시뮬레이션의 효과

CAM 소프트웨어에 내장된 시뮬레이션을 이용하여 1차적으로 과미삭 및 충돌 검증을 하고, CNC 시뮬레이션 소프트웨어를 이용한 G코드 NC 프로그램을 실가공 전에 검증함으로써 오류 및 충돌 위험을 방지하고 가공 효율을 향상시킬 수 있다.

(2) CNC 가공 시뮬레이션의 종류

① **공구 경로 시뮬레이션** : 도형적인 시뮬레이션 기술로서, 지정한 소재를 모델링 형상으로 지정된 경로에 따라 절삭하는 시뮬레이션이다. 소재를 절삭하는 도중 공구와 홀더의 모델과의 교차를 파악하여 간섭이나 충돌을 검사할 수 있으며, 가공 중에 소재와 모델을 비교하여 과미삭 검사를 할 수 있다. 일반적으로 G 코드로 변환하기 전의 시뮬레이션 방법이다.

② **CNC 시뮬레이션**

(개) CNC 시뮬레이션 소프트웨어는 컴퓨터에서 기계 가공을 거의 완벽하게 확인할 수 있다.

(내) 시뮬레이션이 완료된 가공 형상을 측정, 분석, 검사할 수 있고, 가공 중인 형상을 CAD 모델로 저장하는 기능을 제공한다.

(대) 장비에서의 충돌은 막대한 경제적 손실과 장비를 파손시킬 수 있으며, 전반적인 생산 계획을 지연시킬 수 있다.

(라) 사전 검증을 통해 에러는 많이 줄고, 새로운 프로그램을 가공하기 위해 기계에서 드라이 런(dry run)과 같은 불필요한 사전 작업은 없어진다.

(마) CNC 시뮬레이션의 기능

㉠ 시뮬레이션 요소 : 장비 시뮬레이션은 각각의 축, 헤드, 터릿(공구대), 로터리 테이블, 스핀들, 공구 교환장치, 치공구, 가공 소재, 공구 그리고 사용자가 설정한 장비 요소 간의 충돌 또는 충돌 위험을 확인한다.

㉡ 충돌 검증 설정 : 장비 요소 간의 충돌 위험 근접 거리를 충돌위험거리로 정의하고, 각 축의 최대가공거리를 설정한다.

㉢ 최적화 : 시뮬레이션 검증과 동시에 가공 속도를 최적화하여 빠르고 효과적인 가공 프로그램을 만들 수 있다.

(3) 가공 오류 데이터 검사

CAM 소프트웨어에서는 프로그램의 이상 유무를 체크하기 위해 공구 경로 검증과 시뮬레이션의 검증을 이용한다. 그중에 가장 중요하게 생각하는 부분이 공구 홀더와의 충돌 부분, 과절삭과 미절삭 부분이라고 할 수 있다.

① **공구 홀더의 간섭** : 공구의 노출 길이가 가공물보다 짧거나 홀더가 클 경우 가공 경로상에서의 이동 중 충돌이 발생한다. 충돌은 CAM 소프트웨어에서 공구 홀더 간섭 체크를 이용하여 확인할 수 있다.

② **과절삭** : 상향 가공과 하향 가공이 중요한 이유는 상향 가공 시 발생하는 과절삭과 하향 가공 시 발생하는 과이송 현상 때문이다. 과절삭은 제품의 불량으로 이어지고, 과이송은 공구의 파손으로 이어진다. 엔드밀이 파손될 때 상향 가공 중 파손되는 모양과 하향 가공 중 파손되는 모양은 다르다.

③ **미절삭** : CAM 소프트웨어에서는 공구로 가공한 영역에서 가공되지 않은 부위가 발생했을 경우 미절삭이라고 한다. 가공 부위를 선택할 때 누락하거나 가공 영역을 잘못 설정한 경우에 미절삭이 발생한다. 미절삭은 공구 경로 검증과 시뮬레이션을 이용하여 확인할 수 있다. 미절삭 부위가 발생하면 추가 가공을 하거나 가공 영역을 다시 선택하여 미절삭 원인을 제거할 수 있다.

예상문제

1. CNC 시뮬레이션 소프트웨어의 사용상 장점이 아닌 것은?

① 오류 방지
② 충돌 위험 방지
③ 가공 효율 향상
④ 프로그램 자동 수정

해설 CNC 시뮬레이션 소프트웨어는 가공 오류 데이터 검사는 가능하지만 프로그램 자동 수정은 할 수 없다.

2. CNC 시뮬레이션 기능이 아닌 것은?

① 사후 검증 요소
② 시뮬레이션 요소
③ 충돌 검증 설정
④ 최적화

해설 CNC 시뮬레이션을 이용한 사전 검증을 통해 에러는 많이 줄고, 새로운 프로그램을 가공하기 위해 기계에서 드라이 런(dry run)과 같은 불필요한 사전 작업이 필요 없다.

정답 1. ④ 2. ①

제 **7** 장

기타 기계 가공

제7장 기타 기계 가공

1. 공작기계 일반

1-1 기계공작과 공작기계

(1) 기계공작의 범위
① **절삭 가공** : 절삭 공구를 사용하여 칩(chip)을 발생시키면서 필요로 하는 모양으로 가공하는 방법을 말하며, 공구에 의한 절삭과 입자에 의한 절삭이 있다.
② **비절삭 가공** : 소재와 제품의 형태는 변하여도 체적이 심하게 변하지 않는 가공을 좁은 의미에서 소성가공이라 부르며, 주조, 용접 등이 있다.

(2) 공작기계
① **사용 목적에 의한 분류** : 범용 공작기계, 전용 공작기계, 단능 공작기계, 만능 공작기계
② **절삭 운동에 의한 분류**
　㈎ 공구에 절삭 운동을 주는 기계 : 밀링, 연삭기, 드릴링 머신, 브로칭 머신
　㈏ 일감에 절삭 운동을 주는 기계 : 선반, 플레이너
　㈐ 공구 및 일감에 절삭 운동을 주는 기계 : 연삭기, 호빙 머신, 래핑 머신
③ **공작기계의 3대 기본 운동**
　㈎ 절삭 운동 : 공작기계는 절삭 공구를 사용하여 일감을 깎는 기계이고, 절삭 운동은 절삭 공구가 가공물의 표면을 깎는 운동을 말한다.
　㈏ 이송 운동 : 절삭 공구 또는 공작물을 절삭방향으로 이송(feed)하는 운동으로서 절삭 위치를 알맞게 조절하기 위한 목적으로 진행되는 운동이다.
　㈐ 위치 조정 운동 : 일감을 깎기 위해서는 공구의 보정, 일감의 설치, 제거, 절삭 깊이 등의 조정이 필요하다. 일반적으로 절삭을 진행하고 있을 때에는 위치 조정을 하지 않지만, 최근에는 기술의 발전으로 운전을 멈추지 않고도 자동으로 위치를 조정하고 있다.

④ 공작기계의 구비 조건

㈎ 절삭 가공 능력이 좋을 것

㈏ 제품의 치수 정밀도가 좋을 것

㈐ 동력 손실이 적을 것

㈑ 조작이 용이하고 안전성이 높을 것

㈒ 기계의 강성(굽힘, 비틀림, 외력에 대한 강도)이 높을 것

예상문제

1. 공작물의 회전과 바이트의 이송을 이용하여 주로 원통형으로 절삭하는 공작기계는 어느 것인가?

① 셰이퍼　　　② 플레이너

③ 선반　　　　④ 원통 연삭기

해설 플레이너와 셰이퍼는 공구와 공작물이 직선 상대운동을 반복하면서 평면을 가공한다.

2. 다음 중 공구가 회전운동을 하지 않는 공작기계는?

① 밀링 머신　　② 드릴링 머신

③ 선반　　　　④ 보링 머신

해설 선반은 공작물을 회전시키며 공구(바이트)에 이송을 주어 가공하며 ①, ②, ④는 공구를 회전시켜 가공한다.

3. 공작기계의 구비 조건으로 적당하지 않은 것은?

① 동력 손실이 적을 것

② 조작이 용이하고 안정성이 높을 것

③ 기계의 강성을 적게 할 것

④ 절삭 가공 능력이 좋을 것

4. 공작기계의 3대 운동이 아닌 것은?

① 절삭 운동　　② 이송 운동

③ 전단 운동　　④ 위치 결정 운동

해설 공작 기계의 기본 운동에는 ①, ②, ④가 있으며, ④는 조정 운동이라고도 한다. ③은 판을 자르는 운동으로 전단기의 운동이다.

5. 다음 중 공작기계의 기본 절삭 운동이 아닌 것은?

① 공구는 고정, 가공물은 운동시키는 절삭 운동

② 가공물은 고정, 공구는 운동시키는 절삭 운동

③ 가공물과 공구를 고정시키고 기계를 운동시키는 절삭 운동

④ 공구와 가공물을 동시에 운동시키는 절삭 운동

해설 절삭 운동의 3가지 방법

(1) 공구는 고정하고 가공물을 운동시키는 절삭 운동

(2) 가공물을 고정하고 공구를 이동시키는 절삭 운동

(3) 가공물과 공구를 동시에 운동시키는 절삭 운동

정답 　1. ③　　2. ③　　3. ③　　4. ③　　5. ③

6. 다음 중 절삭 공구로 일감을 깎는 운동을 무엇이라 하는가?

① 이송 운동　　② 절삭 운동
③ 위치 결정 운동　④ 조정 운동

해설 공작기계는 절삭 공구로 일감을 깎는 기계이고, 절삭 운동은 절삭 공구가 가공물의 표면을 깎는 운동을 말한다.

7. 여러 가지 종류의 공작기계에서 할 수 있는 기능을 1대의 공작기계에서 가공하고, 대량생산이나 높은 정밀도에는 적합하지 않으며 설치 공간이 좁은 공간에서 사용하는 것은?

① 범용 공작기계　② 단능 공작기계
③ 전용 공작기계　④ 만능 공작기계

해설 범용 공작기계는 가공할 물품이 정해지지 않고 용도가 넓은 것으로 선반, 밀링, 연삭기 등이 있다.

8. 재료를 원하는 모양으로 변형하거나 성형시켜 제품을 만드는 기계 공작법의 종류가 아닌 것은?

① 소성 가공법　② 탄성 가공법
③ 접합 가공법　④ 절삭 가공법

해설 • 소성 가공법 : 단조, 압연, 인발, 프레스
• 접합 가공법 : 용접, 납땜, 단접
• 절삭 가공법 : 선반, 밀링, 연삭, 드릴링

9. 다음 중 절삭 가공 기계에 해당하지 않는 것은?

① 선반　　　　② 밀링 머신
③ 호빙 머신　　④ 프레스

해설 프레스는 금속이나 비금속에 큰 압력을 가해 변형시켜 갖가지 형상으로 찍어내는 기계이다.

10. 특정한 모양이나 같은 치수의 제품을 대량 생산할 때 적합한 것으로 구조가 간단하고 조작이 편리한 공작기계는?

① 범용 공작기계　② 전용 공작기계
③ 단능 공작기계　④ 만능 공작기계

해설 범용 공작기계는 우리가 보통 사용하는 선반, 밀링, 드릴 같은 것이며, 전용 공작기계는 어떤 공작물을 대량 생산하기 위해 특별히 제작된 공작기계이다. 범용 공작기계는 기능이 숙련된 인력이 필요하지만, 전용 공작기계는 숙련되지 않은 사람도 대부분 조작이 가능하다.

11. 다음 중 공작기계 안내면의 단면 모양이 아닌 것은?

① 산형　　　　② 더브테일형
③ 원형　　　　④ 마름모형

해설 안내면의 단면 모양에는 산형, 평탄형, 더브테일형, 원형 등이 있다.

12. 다음 중 원주에 많은 절삭날(인선)을 가진 공구를 회전운동시키면서 가공물에는 직선 이송운동을 시켜 평면을 깎는 작업은?

① 선삭　　　　② 태핑
③ 드릴링　　　④ 밀링

해설 기계의 상대운동

기계	공구	공작물 또는 테이블
선반	직선운동	회전운동
셰이퍼	직선운동	직선운동
밀링	회전운동 이송운동	직선운동

13. 가공물의 회전운동과 절삭 공구의 직선 운동에 의하여 내·외경 및 나사 가공 등

을 하는 가공 방법은?

① 밀링 작업　　　② 연삭 작업
③ 선반 작업　　　④ 드릴 작업

14. 칩을 발생시켜 불필요한 부분을 제거하여 필요한 제품의 형상으로 가공하는 방법은?

① 소성 가공법　　② 절삭 가공법
③ 접합 가공법　　④ 탄성 가공법

해설 절삭 가공법은 소재의 불필요한 부분을 칩의 형태로 제거하여 원하는 최종 형상을 만드는 가공법으로 선반, 밀링, 연삭기, 드릴링 머신 등이 사용된다.

15. 다음 중 비절삭 가공이 아닌 것은?

① 주조　　　　　② 용접
③ 목형　　　　　④ 브로칭

해설 비절삭 가공은 재료의 용해성, 소성, 용접성 등을 이용하여 칩(chip)이 발생되지 않는 가공이며, 브로칭은 절삭 가공이다.

16. 다음 중 소성 가공이 아닌 것은?

① 전조　　　　　② 단조
③ 판금 가공　　　④ 플라스틱 몰딩

해설 소성 가공에는 ①, ②, ③ 이외에 압연, 프레스 가공, 인발 등이 있으며, 플라스틱 몰딩은 주조이다.

정답　**14.** ②　**15.** ④　**16.** ④

1-2　칩의 생성과 구성 인선

(1) 절삭 칩의 생성

절삭 칩은 공구의 모양, 일감의 재질, 절삭 속도와 깊이, 절삭유제의 사용 유무 등에 따라 그 모양이 달라지며 그 형태와 발생 원인, 특징은 다음 [표]와 같다.

칩의 모양		발생 원인	특징(칩의 상태와 다듬질면, 기타)
유동형 칩		① 절삭 속도가 클 때 ② 바이트 경사각이 클 때 ③ 연강, Al 등 점성이 있고 연한 재질일 때 ④ 절삭 깊이가 낮을 때 ⑤ 윤활성이 좋은 절삭제의 공급이 많을 때	① 칩이 바이트 경사면에 연속적으로 흐른다. ② 절삭면은 광활하고 날의 수명이 길어 절삭 조건이 좋다. ③ 연속된 칩은 작업에 지장을 주므로 적당히 처리한다(칩 브레이커 등에 이용).
전단형 칩		① 칩의 미끄러짐 간격이 유동형보다 약간 커진 경우 ② 경강 또는 동합금 등의 절삭각이 크고(90° 가깝게) 절삭 깊이가 깊을 때	① 칩은 약간 거칠게 전단되고 잘 부서진다. ② 전단이 일어나기 때문에 절삭력의 변동이 심하게 반복된다. ③ 다듬질면은 거칠다(유동형과 열단형의 중간).

열단 · 긁기형 칩		① 경작형이라고도 하며 바이트가 재료를 뜯는 형태의 칩 ② 극연강, Al합금, 동합금 등 점성이 큰 재료의 저속 절삭 시 생기기 쉽다.	① 표면에서 긁어낸 것과 같은 칩이 나온다. ② 다듬질면이 거칠고, 잔류 응력이 크다. ③ 다듬질 가공에는 아주 부적당하다.
균열형 칩		메진 재료(주철 등)에 작은 절삭각으로 저속 절삭을 할 경우에 나타난다.	① 날이 절입되는 순간 균열이 일어나고, 이것이 연속되어 칩과 칩 사이에는 정상적인 절삭이 전혀 일어나지 않으며 절삭면에도 균열이 생긴다. ② 절삭력의 변동이 크고, 다듬질면이 거칠다.

(2) 구성 인선(bulit up edge)

연강, 스테인리스강, 알루미늄처럼 바이트 재료와 친화성이 강한 재료를 절삭할 경우, 절삭된 칩의 일부가 날 끝부분에 부착하여 대단히 굳은 퇴적물로 되어 절삭날 구실을 하는 것을 구성 인선이라 한다.

① **구성 인선의 발생 주기** : 발생 – 성장 – 분열 – 탈락 과정을 반복하며, $\frac{1}{10} \sim \frac{1}{200}$초를 주기적으로 반복한다.

② **구성 인선의 장단점**

   (개) 치수가 잘 맞지 않으며 다듬질면을 나쁘게 한다.

   (나) 날 끝의 마모가 크기 때문에 공구의 수명을 단축한다.

   (다) 표면의 변질층이 깊어진다.

   (라) 날 끝을 싸서 날을 보호하며, 경사각을 크게 하여 절삭열의 발생을 감소시킨다.

③ **구성 인선의 방지책**

   (개) 공구의 윗면 경사각을 크게 한다.

   (나) 절삭 속도를 크게 한다.

   (다) 윤활성이 좋은 윤활제를 사용한다.

   (라) 절삭 깊이를 작게 한다.

   (마) 절삭 공구의 인선을 예리하게 한다.

   (바) 이송 속도를 줄인다.

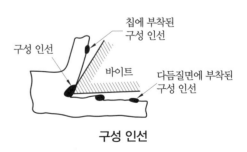

구성 인선

예상문제

1. 다음 중 구성 인선의 임계속도에 대한 설명으로 가장 적합한 것은?

① 구성 인선이 발생하기 쉬운 속도를 의미한다.

② 구성 인선이 최대로 성장할 수 있는 속도를 의미한다.

③ 고속도강 절삭 공구를 사용하여 저탄소 강재를 120m/min으로 절삭하는 속도이다.

④ 고속도강 절삭 공구를 사용하여 저탄소 강재를 10~25m/min으로 절삭하는 속도이다.

해설 구성 인선의 임계속도는 120m/min 정도이며, 절삭속도가 고속일수록 구성 인선은 감소한다.

2. 절삭 공구를 사용하여 공작물을 가공할 때 연속형 칩이 생성될 수 있는 절삭조건이 아닌 것은?

① 경질의 공작물을 가공할 때

② 공구의 윗면 경사각이 클 때

③ 이송 속도가 작을 때

④ 절삭 속도가 빠를 때

해설 연속형 칩은 유동형 칩이라고도 하며 보통 연성 재료를 경사각이 큰 공구로 절삭깊이를 적게 하고 고속절삭할 때 발생하며, 가공 표면이 가장 매끄러운 면을 얻을 수 있다.

3. 연한 재질의 일감을 고속 절삭할 때 주로 생기는 칩의 형태는?

① 전단형　　　　② 균열형

③ 유동형　　　　④ 열단형

해설 유동형 칩은 연강과 같이 연하고 인성이 큰 재질을 윗면 경사각이 큰 공구로 절삭 시, 절삭 깊이를 작게 하고 높은 절삭 속도에서 절삭유 사용 시 발생하며 다듬질면이 깨끗하다.

4. 주철과 같은 메진 재료를 저속으로 절삭할 때 주로 생기는 칩으로서 가공면이 좋지 않은 것은?

① 유동형 칩

② 전단형 칩

③ 열단형 칩

④ 균열형 칩

해설 • 유동형 칩 : 연하고 인성이 큰 재질
• 전단형 칩 : 연한 재질
• 열단형 칩 : 점성이 큰 재질

5. 칩(chip)의 형태 중 유동형 칩의 발생 조건으로 틀린 것은?

① 연성이 큰 재질(연강, 구리 등)을 절삭할 때

② 윗면 경사각이 작은 공구로 절삭할 때

③ 절삭깊이가 적을 때

④ 절삭속도가 높고 절삭유를 사용하여 가공할 때

해설 절삭조건과 칩의 형태

구분	피삭재의 재질	공구의 경사각	절삭 속도	절삭 깊이
유동형 절삭	↑연하고 점성	대	대	소
전단형 절삭		↓	↓	↓
균열형 절삭	단단하고 취성↓	소	소	대

정답 1. ③　2. ①　3. ③　4. ④　5. ②

6. 다음 그림은 연강을 절삭할 때 일반적인 칩 형태의 범위를 나타낸 것이다. (A), (B), (C)에 해당하는 칩 형태를 바르게 짝지은 것은?

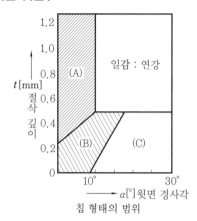

칩 형태의 범위

① (A) : 경작형, (B) : 유동형, (C) : 전단형
② (A) : 경작형, (B) : 전단형, (C) : 유동형
③ (A) : 전단형, (B) : 유동형, (C) : 균열형
④ (A) : 유동형, (B) : 균열형, (C) : 전단형

해설 경작형 또는 열단형은 절삭 깊이가 클 때 생기고, 전단형은 바이트 인선의 경사각이 작은 경우에 생기며, 유동형은 바이트의 윗면 경사각이 클 때 생긴다.

7. 일감의 재질이 공구에 점착하기 쉬울 때, 공구의 윗면 경사각이 작을 때, 절삭 깊이가 클 때 나타나는 칩의 형태는?

① 유동형 칩   ② 전단형 칩
③ 열단형 칩   ④ 균열형 칩

해설 열단형 칩은 바이트가 재료를 뜯는 형태의 칩으로 다듬질 면이 거칠고, 잔유응력이 크다.

8. 다음 중 구성 인선(built up edge)이 잘 생기지 않고 능률적으로 가공할 수 있는 방법으로 가장 적당한 것은?

① 절삭 깊이를 작게 한다.
② 절삭 속도를 작게 한다.
③ 재결정 온도 이하에서 가공한다.
④ 재결정 온도 이상에서 가공한다.

해설 구성 인선이란 연강, 스테인리스강, 알루미늄처럼 바이트와 친화성이 큰 재료를 절삭할 경우 절삭된 칩의 일부가 날 끝부분에 부착하여 대단히 굳은 퇴적물로 되어 절삭 날 구실을 하는 것을 말한다. 발생 → 성장 → 분열 → 탈락 과정을 되풀이하며, 주기는 1/10~ 1/200초이다.

9. 연성 재료를 절삭할 때 전단형 칩이 발생하는 조건으로 가장 알맞은 것은?

① 윤활성이 좋은 절삭유제를 사용할 때
② 저속 절삭으로 절삭 깊이가 클 때
③ 절삭 깊이가 작고, 절삭 속도가 빠를 때
④ 절삭 깊이가 작고, 경사각이 클 때

해설 전단형 칩은 청동과 같은 연성 재료의 저속 절삭에서 나타나고, 연속되어 나오나 끊어지기 쉬우며, 유동형과 열단형의 중간적 상태이다.

10. 구성 인선(built-up edge)에 대한 설명으로 틀린 것은?

① 발생 시 표면거칠기가 불량하게 된다.
② 발생과정은 발생→성장→최대성장→분열→탈락 순서이다.
③ 공구의 윗면 경사각을 작게 하고 절삭속도를 크게 하여 방지할 수 있다.
④ 연성의 재료를 가공할 때 칩이 공구 선단에 융착되어 실제 절삭날의 역할을 하는 퇴적물이다.

해설 구성 인선은 발생-성장-탈락을 되풀이하므로 치수 정밀도나 표면형상(표면거칠기)이 나빠진다.

정답 6. ② 7. ③ 8. ① 9. ② 10. ③

11. 바이트로 재료를 절삭할 때 칩의 일부가 공구의 날 끝에 달라붙어 절삭날과 같은 작용을 하는 구성 인선(built-up edge)의 방지법으로 틀린 것은?

① 재료의 절삭 깊이를 크게 한다.
② 절삭 속도를 크게 한다.
③ 공구의 윗면 경사각을 크게 한다.

④ 가공 중에 절삭유제를 사용한다.

해설 구성 인선의 방지책
(1) 공구의 윗면 경사각을 크게 한다.
(2) 절삭 속도를 크게 한다.
(3) 윤활성이 좋은 윤활제를 사용 한다.
(4) 절삭 깊이를 작게 한다.
(5) 절삭 공구의 인선을 예리하게 한다.
(6) 이송 속도를 줄인다.

정답 11. ①

1-3 절삭 공구 및 공구 수명

(1) 절삭 공구

① **공구 재료의 구비 조건**

(개) 피절삭재보다 굳고 인성이 있을 것
(내) 절삭 가공 중 온도 상승에 따른 경도 저하가 작을 것
(대) 내마멸성이 높을 것
(래) 쉽게 원하는 모양으로 만들 수 있을 것
(매) 값이 쌀 것

② **공구 재료의 종류**

(개) 고속도강(SKH)
　㉮ 대표적인 것으로 W18-Cr 4-V1이 있고, 표준 고속도강(하이스 : H.S.S)이라고도 하며, 600℃ 정도에서 경도 변화가 있다.
　㉯ 용도 : 강력 절삭 바이트, 밀링 커터, 드릴 등에 쓰인다.

(내) 주조 경질 합금
　㉮ C-Co-Cr-W을 주성분으로 하며 스텔라이트(stellite)라고도 한다.
　㉯ 용융 상태에서 주형에 주입 성형한 것으로, 고속도강 몇 배의 절삭 속도를 가지며 열처리가 필요 없다.

(대) 초경합금
　㉮ W, Ti, Ta, Mo, Co가 주성분이며 고온에서 경도 저하가 없고 고속도강의 4배의 절삭 속도를 낼 수 있어 고속 절삭에 널리 쓰인다.

④ 초경 바이트 스로 어웨이 타입의 특징
  • 재연삭이 필요 없으나 공구비가 비싸다.
  • 공장 관리가 쉽고 절삭성이 향상된다.
  • 취급이 간단하고 가동률이 향상된다.

(라) 세라믹 : 세라믹 공구는 무기질의 비금속 재료를 고온에서 소결한 것으로 최근 그 사용이 급증하고 있다. 세라믹 공구로 절삭할 때는 선반에 진동이 없어야 하며, 고속 경절삭에 적당하다.

(2) 공구 수명

① **절삭 공구와 공구 수명 관계** : 절삭 공구와 공구 수명 사이에는 다음 식이 성립한다.

$$VT^{\frac{1}{n}} = C$$

여기서, V : 절삭 속도(m/min), C : 상수, T : 공구 수명(min)

$\dfrac{1}{n}$: 지수, 보통의 절삭 조건 범위에서는 $\dfrac{1}{10} \sim \dfrac{1}{5}$ 의 값

② **공구 수명과 절삭 온도와의 관계** : 공작물과 공구의 마찰열이 증가하면 공구의 수명이 감소되므로 공구 재료는 내열성과 열전도도가 좋아야 하며, 고속도강은 600℃ 이상에서 급격히 경도가 떨어지며 공구 수명도 떨어진다.

③ **공구 수명 판정 방법**
  (가) 공구 인선의 마모가 일정량에 달했을 때
  (나) 가공 표면에 광택이 있는 색조 또는 반점이 생길 때
  (다) 완성 치수의 변화가 일정량에 달했을 때
  (라) 절삭 저항의 주분력에는 변화가 없으나 이송분력이나 배분력이 급격히 증가할 때

예상문제

1. 다음 세라믹에 대한 설명 중 잘못된 것은 어느 것인가?

① 고온 경도는 1200℃까지 거의 변화가 없다.
② 금속 가공 시 구성 인선이 생기지 않는다.
③ 보통강의 절삭 속도는 300 m/min 정도이다.
④ 주성분은 Cr_2O_3이다.

해설 세라믹은 알루미나(Al_2O_3) 분말에 규소(Si) 및 마그네슘(Mg) 등의 산화물을 첨가하여 소결시킨 것으로 고온에서 경도가 높고 내마멸성이 좋으나 충격에 약하며, 다량 생산이 가능하다.

정답 1. ④

2. 절삭 공구에서 사용되는 공구 재료의 용도 분류 기호 중 틀린 것은?

① G ② K
③ M ④ P

해설 • P : 내열성, 내소성, 변형성이 우수
• M : 내열성과 강도가 조화된 범용 계열
• K : 강도가 높고 내마모성이 우수

3. 다음 중 공구 재료의 구비 조건 중 맞지 않는 것은?

① 마찰계수가 작을 것
② 높은 온도에서는 경도가 낮을 것
③ 내마멸성이 클 것
④ 형상을 만들기 쉽고 가격이 저렴할 것

해설 절삭 공구 재료의 구비 조건
(1) 가공 재료보다 경도가 클 것
(2) 인성과 내마모성이 클 것
(3) 고온에서도 경도를 유지할 것
(4) 성형성이 좋을 것

4. 다음 절삭 공구 중 주조 합금인 것은?

① 초경합금 ② 세라믹
③ 텅갈로이 ④ 스텔라이트

해설 스텔라이트의 주성분은 C 2~3%, Co 40~50%, Cr 25~30%, W 12~20%, Fe <6%로서 고속도강보다 20~30%로 고속 절삭할 수 있다.

5. 절삭 공구가 갖추어야 할 조건으로 틀린 것은?

① 고온 경도를 가지고 있어야 한다.
② 내마멸성이 커야 한다.
③ 충격에 잘 견디어야 한다.
④ 공구 보호를 위해 인성이 적어야 한다.

해설 피절삭재보다 단단하고 인성이 있어야 한다.

6. 절삭 공구 재료로 사용되며 TiC를 주체로 하고 TiN, TiCN 등의 탄화물을 초미립화하여 소결시킨 합금은?

① 초경합금
② 세라믹(ceramic)
③ 서멧(cermet)
④ CBN(cubic boron nitride)

해설 서멧은 세라믹과 금속의 적당한 조합으로 구성된 소결 재료로 금속과 세라믹의 합성어이다.

7. 스텔라이트(stellite)가 대표적이며 철강공구와 다르게 단조 및 열처리가 되지 않는 특징이 있고, 고온 경도와 내마모성이 크므로 고속 절삭 공구로 특수 용도에 사용되는 것은?

① 고속도 공구강
② 주조 경질합금
③ 세라믹 공구
④ 소결 초경합금

해설 • 고속도 공구강 : 대표적인 절삭 공구로 표준 고속도강은 W : Cr : V=18 : 4 : 1
• 세라믹 : 알루미나(Al_2O_3)를 주성분으로 소결시킨 일종의 도기
• 초경합금 : 금속 탄화물을 프레스로 성형 · 소결시킨 분말 야금 합금

8. 다음 중 공구 재질이 일정할 때 공구 수명에 가장 영향을 크게 미치는 것은?

① 이송량 ② 절삭깊이
③ 절삭속도 ④ 공작물 두께

해설 공구 수명에 영향을 주는 요인에는 공작기계, 공구 재료, 절삭조건 등이 있는 데, 절삭조건 중에서는 절삭속도가 가장 큰 영향을 미친다.

정답 2. ① 3. ② 4. ④ 5. ④ 6. ③ 7. ② 8. ③

9. 절삭 공구를 재연삭하거나 새로운 절삭 공구로 바꾸기 위한 공구 수명 판정 기준으로 거리가 먼 것은?

① 가공면에 광택이 있는 색조 또는 반점이 생길 때
② 공구 인선의 마모가 일정량에 달했을 때
③ 완성 치수의 변화량이 일정량에 달했을 때
④ 주철과 같은 메진 재료를 저속으로 절삭했을 시 균열형 칩이 발생할 때

해설 공구 수명 판정 기준
(1) 날 끝 마모가 일정량에 달했을 때
(2) 가공 표면에 광택 있는 색조나 반점이 생길 때
(3) 완성품의 치수 변화가 일정 허용 범위에 있을 때
(4) 주분력에 변화 없이 배분력, 횡분력이 급격히 증가했을 때

10. 공구의 수명에 관한 설명으로 맞지 않는 것은?

① 일감을 일정한 절삭 조건으로 절삭하기 시작하여 깎을 수 없게 되기까지의 총 절삭 시간을 분(min)으로 나타낸 것이다.
② 공구의 수명은 마멸이 주된 원인이며, 열 또한 원인이다.
③ 공구의 윗면에서는 경사면 마멸, 옆면에서는 여유면 마멸이 나타난다.
④ 공구의 수명은 높은 온도에서 길어진다.

해설 공작물과 공구의 마찰열이 증가하면 공구의 수명이 감소되므로 공구 재료는 내열성이나 열전도도가 좋아야 하는 것은 물론이며, 온도 상승이 생기지 않도록 하는 방법도 공구 수명 연장의 한 방법이다. 고속도강은 600℃ 이상에서 급격히 경도가 떨어지며 공구 수명이 떨어진다.

11. CNC 선반에서 다이아몬드(PCD :

polycrystalline diamond) 바이트로 절삭하기에 가장 부적합한 재료는?

① 알루미늄 합금 ② 구리 합금
③ 담금질된 강 ④ 텅스텐 카바이드

해설 다이아몬드 바이트는 주로 경금속, 연질 금속, 귀금속 등의 가공에 사용한다.

12. 탄화물 분말인 W, Ti, Ta 등을 Co나 Ni 분말과 혼합하여 고온에서 소결한 것으로 고온·고속 절삭에도 높은 경도를 유지하는 절삭 공구재료는?

① 세라믹 ② 고속도강
③ 주조합금 ④ 초경합금

해설 초경합금 용도
• S종 : 강절삭용
• D종 : 다이스용
• G종 : 주철용

13. 인공 합성 절삭 공구 재료로 고속 작업이 가능하며, 난삭 재료, 고속도강, 담금질강, 내열강 등의 절삭에 적합한 공구 재료는 어느 것인가?

① 서멧 ② 세라믹
③ 초경합금 ④ 입방정 질화붕소

해설 입방정 질화붕소는 대기 중에서 1400℃의 높은 온도까지 안정하기 때문에 초합금의 가공에 널리 사용된다.

14. 보기 중 절삭 공구용 재료가 가져야 할 기계적 성질 중 맞는 것을 모두 고르면?

─── | 보기 | ───
㉠ 고온 경도(hot hardness)
㉡ 취성(brittleness)
㉢ 내마멸성(resistance to wear)
㉣ 강인성(toughness)

① ㉠, ㉡, ㉢ ② ㉠, ㉡, ㉣

③ ㉠, ㉢, ㉣   ④ ㉡, ㉢, ㉣

15. 합금 공구강을 설명한 내용 중 옳지 않은 것은?

① 탄소 공구강에 Cr, W, Ni, V 등의 성분을 첨가하여 만든다.

② 탄소 공구강보다 절삭 성능이 좋고, 내마멸성과 고온경도가 높다.

③ 450℃ 정도까지는 경도를 유지할 수 있다.

④ 합금 공구강의 대표적인 것은 스텔라이트이다.

정답 15. ④

1-4 절삭온도 및 절삭유제

(1) 절삭온도

① **절삭온도** : 절삭열에 의해 공구나 공작물에 유지되는 온도를 말한다

② **절삭열의 분산비율** : 칩으로 대부분 열이 분산되며, 저속에서 고속으로 갈수록 칩으로 분산되는 열의 정도가 높아진다.

③ **절삭온도 측정 방법**

  ㈎ 칩의 색깔에 의한 방법

  ㈏ 가공물과 절삭 공구를 열전대로 사용하는 방법

  ㈐ 칼로리미터(열량계)에 의한 방법

  ㈑ 복사 고온계에 의한 방법

④ **절삭온도의 영향**

  ㈎ 절삭 저항의 감소 : 공작물이 연화되어 전단응력이 작아지기 때문

  ㈏ 공구 수명의 단축 : 절삭 효율은 상승하나 공구의 날 끝 온도가 상승하기 때문

  ㈐ 치수 정밀도 불량 : 온도 상승에 의한 열팽창 때문

(2) 절삭유제

① **절삭유의 작용과 구비 조건**

절삭유의 작용	절삭유의 구비 조건
• 냉각 작용 : 절삭 공구와 일감의 온도 상승을 방지한다. • 윤활 작용 : 공구날의 윗면과 칩 사이의 마찰을 감소시킨다. • 세척 작용 : 칩을 씻어 버린다.	• 칩 분리가 용이하여 회수하기가 쉬워야 한다. • 기계에 녹이 슬지 않아야 한다. • 위생상 해롭지 않아야 한다.

② **절삭유 사용 시 장점**

㈎ 절삭 저항이 감소하고, 공구의 수명을 연장한다.

㈏ 다듬질면의 상처를 방지하므로 다듬질면이 좋아진다.

㈐ 일감의 열 팽창 방지로 가공물의 치수 정밀도가 좋아진다.

㈑ 칩의 흐름이 좋아지기 때문에 절삭 작용을 쉽게 한다.

예상문제

1. 다음 중 윤활제가 갖추어야 할 조건이 아닌 것은?

① 사용 상태에서 충분한 점도가 있어야 한다.

② 화학적으로 활성이며, 균질하여야 한다.

③ 산화나 열에 대하여 안정성이 높아야 한다.

④ 한계윤활상태에서 견딜 수 있는 유성이 있어야 한다.

해설 금속에 대한 부식성이 적어야 하며, 화학적으로 안정되어야 한다.

2. 수용성 절삭유제의 특징에 관한 설명으로 옳은 것은?

① 윤활성은 좋으나 냉각성이 적어 경절삭용으로 사용한다.

② 윤활성과 냉각성이 떨어져 잘 사용되지 않고 있다.

③ 점성이 낮고 비열이 커서 냉각 효과가 크다.

④ 광유에 비눗물을 첨가하여 사용하며 비교적 냉각 효과가 크다.

해설 수용성은 불수용성보다 냉각성이 좋다.

3. 선반 가공에서 바이트의 날 부분과 공작물의 가공면 사이에 마찰로 인한 열이 많

이 발생되어 정밀 가공에 어려움이 생긴다. 이때 생기는 열을 측정하는 방법으로 거리가 먼 것은?

① 발생되는 칩의 색깔에 의한 측정 방법

② 칼로리미터에 의한 측정 방법

③ 열전대에 의한 측정 방법

④ 수은 온도계에 의한 측정 방법

해설 마찰열이 증가하면 공구 수명이 감소하는데, 일반적으로 절삭온도에 따라 변하는 칩의 색깔을 보고 공구를 교환한다.

4. 일반적으로 마찰면의 넓은 부분 또는 시동되는 횟수가 많을 때, 저속 및 중속 축의 급유에 이용되는 방식은?

① 오일링 급유법　　② 강제 급유법

③ 적하 급유법　　④ 패드 급유법

해설 오일링 급유법은 고속축의 급유를 균등히 할 목적으로 사용하고, 패드 급유법은 패드의 일부를 기름통에 담가 저널의 아랫면에 모세관 현상으로 급유하는 방법이다.

5. 비교적 다량의 광물성 기름에 소량의 유화제, 방청제 등을 첨가한 것으로 10~20배의 물로 희석하여 사용하는 절삭유제는 어느 것인가?

① 지방유　　　　② 혼합유

③ 수용성 절삭유　④ 극압유

해설 수용성 절삭유는 비열이 크고 냉각 작용도 비교적 크며, 광물성유를 화학적으로 처리하여 사용한다.

6. 절삭작업에서 절삭유의 작용과 관계없는 것은?

① 냉각작용　　② 윤활작용
③ 세척작용　　④ 마모작용

해설 절삭유는 절삭 공구와 일감의 온도 상승을 방지하고, 공구날의 윗면과 칩 사이의 마찰을 감소시킨다.

7. 절삭유에 높은 윤활 효과를 얻도록 첨가제를 사용하는데 동식물유에 사용하는 첨가제가 아닌 것은?

① 유황　　　　② 흑연
③ 아연　　　　④ 질소

해설 동식물유는 광물성보다 점성이 높으므로 유막의 강도는 크나 냉각 작용은 좋지 않으며 중절삭용에 쓰인다.

8. 절삭 시 발생하는 절삭 온도에 대한 설명으로 옳은 것은?

① 절삭 온도가 높아지면 절삭성이 향상된다.
② 가공물의 경도가 낮을수록 절삭 온도는 높아진다.
③ 절삭 온도가 높아지면 절삭 공구의 마모가 증가된다.
④ 절삭 온도가 높아지면 절삭 공구 인선의 온도는 하강한다.

해설 절삭 온도는 절삭 속도, 절입 깊이, 가공물의 경도가 높아질수록 증가한다.

9. 다음 중 절삭유제의 사용 목적이 아닌 것

은 어느 것인가?

① 공작물의 열팽창 방지로 가공물의 치수 정밀도가 좋아진다.
② 절삭유와 공작물의 마찰에 의한 칩의 흐름을 방해한다.
③ 절삭저항이 감소하고 공구의 수명을 연장한다.
④ 다듬질면의 상처를 방지하므로 다듬질면이 좋아진다.

해설 절삭유제의 사용 목적
(1) 절삭저항이 감소하고, 공구의 수명을 연장한다.
(2) 다듬질면의 상처를 방지하므로 다듬질면이 좋아진다.
(3) 일감의 열 팽창 방지로 가공물의 치수 정밀도가 좋아진다.
(4) 칩의 흐름이 좋아지기 때문에 절삭 작용을 쉽게 한다.

10. 다음 중 수용성 절삭유에 대한 설명으로 틀린 것은?

① 원액과 물을 혼합하여 사용한다.
② 표면활성제와 부식방지제를 첨가하여 사용한다.
③ 점성이 높고 비열이 작아 냉각 효과가 작다.
④ 고속 절삭 및 연삭 가공액으로 많이 사용한다.

해설 (1) 절삭유의 작용
• 냉각작용 : 절삭 공구와 일감의 온도 상승을 방지한다.
• 윤활작용 : 공구날의 윗면과 칩 사이의 마찰을 감소시킨다.
• 세척작용 : 칩을 씻어 버린다.
(2) 절삭유가 구비할 성질
• 칩 분리가 용이하여 회수하기가 쉬워야 한다.
• 기계에 녹이 슬지 않아야 한다.
• 위생상 해롭지 않아야 한다.

11. 완전 윤활 또는 후막 윤활이라고 하며, 슬라이딩 면이 유막에 의해 완전히 분리되어 균형을 이루게 되는 윤활 방법은?

① 경계 윤활　　② 유체 윤활
③ 극압 윤활　　④ 고체 윤활

해설 유체 윤활은 윤활유로 인해 회전하고 있는 축이 베어링 면에서 완전히 떠 있는 상태의 윤활이다.

12. 다음 중 일반적으로 절삭유제에서 요구되는 조건으로 거리가 먼 것은?

① 유막의 내압력이 높을 것

② 냉각성이 우수할 것
③ 가격이 저렴할 것
④ 마찰계수가 높을 것

13. 고속 회전에 베어링 냉각 효과를 원할 때, 경제적인 방법으로 대형 기계에 자동 급유되도록 순환 펌프를 이용하여 급유하는 방법은?

① 강제 급유법　　② 분무 급유법
③ 오일링 급유법　　④ 적하 급유법

해설 최근 공작기계는 대부분 강제 급유 방식을 채택하고 있다.

정답 11. ②　 12. ④　 13. ①

2. 연삭기

2-1 연삭기의 개요 및 구조

(1) 연삭기의 개요

연삭기는 숫돌바퀴를 고속으로 회전시켜 원통의 외면, 내면 또는 평면을 정밀 다듬질하는 공작기계로 강재는 물론 담금질된 강 또는 절삭 공구로도 가공이 어려운 것을 다듬질 할 수 있다.

(2) 연삭기의 구조

① **주축대** : 공작물을 설치하는 것으로 회전·구동용 전동기, 속도 변환장치 및 공작물의 주축으로 구성되며, 고정식과 선회식이 있다.

② **심압대** : 주축 센터의 연장선상의 길이 방향에서 자유로이 이동하도록 하고, 테이블 안내면을 따라 적당한 위치에 고정시켜 가공물을 지지한다.

③ **연삭 숫돌대** : 연삭기 성능을 좌우하는 중요한 구성 요소이며, 숫돌과 구동장치로 되어 있다.

④ 테이블과 테이블 이송장치 : 하부 좌우 왕복운동 테이블과 그 위에 어느 정도(보통 7°) 선회 가능한 구조로 테이퍼, 원통도 조정이 가능하다.

예상문제

1. 연삭 가공의 특징이 아닌 것은?

① 재료가 열처리되어 단단해진 공작물의 가공에 적합하다.

② 작은 충격으로 파괴되는 기계적 성질이 있는 공작물의 가공에 적합하다.

③ 높은 치수 정밀도가 요구되는 부품의 가공에 적합하다.

④ 경도가 높은 재료와 부드러운 고무류의 재료는 가공이 불가능하다.

해설 연삭 숫돌 입자는 단단한 광물질이기 때문에 초경합금이나 담금질강, 주철, 구리 등의 금속류와 고무, 유리, 플라스틱 등을 연삭할 수 있다.

2. 다음 중 연삭 작업할 때의 유의사항으로 틀린 것은?

① 연삭 숫돌은 사용하기 전에 반드시 결함 유무를 확인해야 한다.

② 테이퍼부는 수시로 고정 상태를 확인한다.

③ 정밀 연삭을 하기 위해서는 기계의 열팽창을 막기 위해 전원 투입 후 곧바로 연삭한다.

④ 작업을 할 때에는 분진이 심하므로 마스크와 보안경을 착용한다.

해설 연삭 작업 시에는 전원 투입 후 공회전을 시킨 다음 안전을 확인하고 나서 작업한다.

3. 연삭액의 구비 조건 중 틀린 것은?

① 냉각성이 우수할 것

② 인체에 해가 없을 것

③ 윤활성은 적고 유동성은 우수할 것

④ 화학적으로 안정될 것

해설 연삭액의 구비 조건
(1) 냉각성이 우수할 것
(2) 부식 등 유해 작용이 없을 것
(3) 화학적으로 안정될 것
(4) 인체에 해가 없고 악취가 없을 것
(5) 윤활성 및 유동성이 우수할 것
(6) 연삭 칩의 침전과 분리가 빠를 것

4. 다음 중 연삭 가공의 일반적인 특징이 아닌 것은?

① 경화된 강을 연삭할 수 있다.

② 연삭점의 온도가 낮다.

③ 가공 표면이 매우 매끈하다.

④ 연삭 압력 및 저항이 작다.

해설 연삭점의 온도가 높아야만 단단한 재질의 공작물을 연삭할 수 있다.

5. 연삭 가공의 특징에 대한 설명으로 거리가 먼 것은?

① 가공면의 치수 정밀도가 매우 우수하다.

② 부품 생산의 첫 공정에 많이 이용되고 있다.

③ 재료가 열처리되어 단단해진 공작물의 가공에 적합하다.

④ 높은 치수 정밀도가 요구되는 부품의 가공에 적합하다.

해설 연삭 가공은 부품 생산의 마지막 공정에 이용된다.

정답 1. ④ 2. ③ 3. ③ 4. ② 5. ②

2-2 연삭기의 종류

(1) 원통 연삭기

원통 연삭기는 연삭 숫돌과 가공물을 접촉시켜 연삭 숫돌의 회전 연삭 운동과 공작물의 회전 이송 운동에 의하여 원통형 공작물의 외주 표면을 연삭 다듬질하는 기계로, 연삭 이송 방법에 따라 다음과 같이 분류한다.

① **테이블 이동형** : 소형 공작물에 적당하며 숫돌은 회전 운동, 공작물은 회전, 좌우 직선 운동을 한다.

② **숫돌대 왕복형** : 대형 공작물에 적당하며 공작물은 회전 운동, 숫돌대는 수평 이송 운동을 한다.

③ **플런지 컷형** : 짧은 공작물의 전길이를 동시에 연삭하기 위하여 숫돌에 회전 운동만을 주며, 좌우 이송 없이 숫돌차를 절삭 깊이 방향으로 이송하는(윤곽 가공) 방식이다.

(2) 센터리스 연삭기

① 원통 연삭기의 일종이며, 센터 없이 연삭 숫돌과 조정 숫돌 사이를 지지판으로 지지하면서 연삭하는 것으로 주로 원통면의 바깥면에 회전과 이송을 주어 연삭하며 통과 · 전후 · 접선 이용법이 있다.

② 용도에 따라 외면용, 내면용, 나사 연삭용, 단면 연삭용이 있다.

③ 이점

㈎ 연속 작업이 가능하다.

㈏ 공작물의 해체 · 고정이 필요 없다.

㈐ 대량 생산에 적합하다.

㈑ 기계의 조정이 끝나면 초보자도 작업을 할 수 있다.

㈒ 고정에 따른 변형이 적고 연삭 여유가 작아도 된다.

㈓ 가늘고 긴 핀, 원통, 중공 등을 연삭하기 쉽다.

㈔ 센터나 척에 고정하기 힘든 것을 쉽게 연삭할 수 있다.

(3) 내면 연삭기

① **용도** : 원통이나 테이퍼의 내면을 연삭하는 기계로서 구멍의 막힌 내면을 연삭하며, 단면 연삭도 가능하다.

② **연삭 방법**

㈎ **보통형 연삭** : 공작물에 회전 운동을 주어 연삭한다.

㈏ 플래니터리(planetary)형 연삭 : 공작물은 정지하고, 숫돌은 회전 연삭 운동과 동시에 공전 운동을 한다.

(4) 평면 연삭기

테이블에 T홈을 두고 마그네틱척, 고정구, 바이스 등을 설치하고 이곳에 일감을 고정시켜 평면 연삭을 하며, 테이블 왕복형과 테이블 회전형이 있다.

(5) 만능 연삭기

① **외관** : 원통 연삭기와 유사하나 공작물 주춧대와 숫돌대가 회전하고 테이블 자체의 선회 각도가 크며 또 내면 연삭장치를 구비한 것이다.
② **용도** : 원통 연삭, 테이퍼, 플런지 컷 등의 원통과 측면의 동시 연삭이 가능하고 척 작업, 평면·내면 연삭이 가능하다.

(6) 공구 연삭기

① **바이트 연삭기** : 공작 기계의 바이트 전용 연삭기이며 기타 용도로도 사용된다.
② **드릴 연삭기** : 보통 드릴의 날끝각, 선단 여유각 등 드릴 전문 연삭기이다.
③ **만능 공구 연삭기** : 여러 가지 부속장치를 사용하여 드릴, 리머, 탭, 밀링 커터, 호브 등의 연삭을 한다.
④ **기타 특수 공구 연삭기** : 나사 연삭기, 기어 연삭기, 크랭크축 연삭기, 캠 연삭기, 롤러 연삭기 등이 있다.

예상문제

1. 내면 연삭기로 연삭 시 일감은 정지시키고 숫돌축이 회전 운동과 동시에 공전 운동을 하며 연삭하는 방식은?
① 보통형　② 유성형
③ 센터리스형　④ 트래버스형
해설 유성형 또는 플래니터리(planetary)형은 연삭 시 공작물은 정지하고, 숫돌의 회전 연삭 운동과 동시에 공전 운동을 한다.

2. 센터리스(centerless) 연삭기에는 이송장치가 따로 없다. 무엇이 이송을 대신 해 주는가?
① 연삭 숫돌　② 공작물 지지대
③ 공작물　④ 조정 숫돌
해설 센터리스 연삭기는 센터 없이 연삭 숫돌과 조정 숫돌 사이를 지지판으로 지지하면서 연삭한다.

정답 1. ②　2. ④

3. 다음 중 바이트, 밀링 커터 및 드릴의 연삭에 가장 적합한 것은?

① 공구 연삭기　　② 성형 연삭기
③ 원통 연삭기　　④ 평면 연삭기

해설 공구 연삭기 : 드릴 연삭기, 커터 연삭기, 바이트 연삭기

4. 센터리스 연삭기의 통과 이송법에서 조정 숫돌은 연삭 숫돌 축에 대하여 일반적으로 몇 도 경사시키는가?

① 1~3°　　② 2~8°
③ 9~10°　　④ 10~15°

해설 일반적으로 조정숫돌은 연삭 숫돌 축에 대하여 2~8° 경사시킨다.

5. 다음이 설명하는 센터리스 연삭 방법은 무엇인가?

> 지름이 같은 일감을 한쪽에서 밀어 넣으면 연삭되면서 자동으로 이송되는 방식

① 직립 이송 방식
② 전후 이송 방식
③ 좌우 이송 방식
④ 통과 이송 방식

해설 공작물 이송 방법
(1) 통과 이송 방법 : 지름이 일정한 공작물을 한쪽에서 밀어 넣으면 연삭되면서 자동으로 이송되는 방식이다.
(2) 전후 이송 방법 : 연삭 숫돌의 폭보다 짧은 공작물이 턱이나 플랜지가 있어 통과 이송을 할 수 없는 경우에 이용한다.

6. 평면 연삭 가공의 일반적인 특징으로 틀린 것은?

① 경화된 강과 같은 단단한 재료를 가공할

수 있다.
② 치수 정밀도가 높고, 표면 거칠기가 우수한 다듬질면 가공에 이용된다.
③ 부품 생산의 마무리 공정에 이용되는 것이 일반적이다.
④ 바이트로 가공하는 것보다 절삭 속도가 매우 느리다.

해설 연삭은 표면 조도를 향상시키는 작업이므로 바이트로 작업하는 선반보다 절삭 속도가 빠르다.

7. 평면 연삭기의 크기를 나타내는 방법으로 틀린 것은?

① 테이블의 길이×폭
② 숫돌의 최대지름×폭
③ 테이블의 무게×높이
④ 테이블의 최대 이송거리

해설 공작 기계의 크기를 테이블의 무게로 나타내는 경우는 없다.

8. 다음 중 외경 연삭기의 이송 방법에 해당하지 않는 것은?

① 연삭 숫돌대 방식
② 테이블 왕복식
③ 플런지 컷 방식
④ 새들 방식

해설 외경 연삭기의 이송 방법에는 (1) 공작물에 이송을 주는 방식, (2) 연삭 숫돌에 이송을 주는 방식, (3) 공작물, 연삭 숫돌에 모두 이송을 주지 않고 전후 이송만으로 작업을 하는 플랜지 컷 방식이 있다.

9. 원통 연삭에서 바깥지름 연삭 방식에 해당하지 않는 것은?

① 유성형　　　　② 플런지 컷형

정답 3. ①　4. ②　5. ④　6. ④　7. ③　8. ④　9. ①

③ 숫돌대 왕복형　　④ 테이블 왕복형

해설 원통 연삭기는 연삭 숫돌과 가공물을 접촉시켜 연삭 숫돌의 회전 연삭 운동과 공작물의 회전 이송 운동에 의하여 원통형 공작물의 외주 표면을 연삭 다듬질하는 기계이다.

10. 내연 연삭기에서 내면 연삭 방식이 아닌 것은?

① 유성형　　　　② 보통형
③ 고정형　　　　④ 센터리스형

해설 • 보통형 : 공작물에 회전 운동을 주어 연삭
• 플래니터리형(유성형) : 공작물은 정지하고, 숫돌은 회전 연삭 운동과 동시에 공전 운동

11. 센터리스 연삭기로 가공하기 가장 적합한 공작물은?

① 지름이 불규칙한 공작물
② 척에 고정하기 어려운 가늘고 긴 공작물
③ 단면이 사각형인 공작물
④ 일반적으로 평면인 공작물

해설 센터리스 연삭기는 원통 연삭기의 일종이며, 센터 없이 연삭 숫돌과 조정 숫돌 사이를 지지판으로 지지하면서 연삭하는 것이다.

12. 소형 가공물을 한 번에 다량으로 고정하여 연삭하는 연삭기는?

① 공구 연삭기
② 평면 연삭기
③ 내면 연삭기
④ 외경 연삭기

해설 평면 연삭기는 테이블에 T홈을 만들어 마그네틱 척, 고정구, 바이스 등을 설치하고 이곳에 일감을 고정시켜 평면 연삭을 하며, 테이블 왕복형과 테이블 회전형이 있다.

13. 다음 중 연삭 가공 방법이 아닌 것은 어느 것인가?

① 원통 연삭
② 평면 연삭
③ 내면 연삭
④ 탄성 연삭

해설 연삭 가공 방법에는 원통 연삭, 내면 연삭, 평면 연삭 등이 있으며, 입도가 가장 거친 작업은 평면 연삭이다.

14. 센터리스 연삭의 장점 중 거리가 먼 것은 어느 것인가?

① 숙련을 요구하지 않는다.
② 가늘고 긴 가공물의 연삭에 적합하다.
③ 중공(中空)의 가공물을 연삭할 때 편리하다.
④ 대형이나 중량물의 연삭이 가능하다.

해설 센터리스 연삭기의 장점
(1) 연속 작업이 가능하다.
(2) 공작물의 해체 · 고정이 필요 없다.
(3) 대량 생산에 적합하다.
(4) 기계의 조정이 끝나면 초보자도 작업을 할 수 있다.
(5) 고정에 따른 변형이 적고 연삭 여유가 작아도 된다.
(6) 가늘고 긴 핀, 원통, 중공 등을 연삭하기 쉽다.
(7) 센터나 척에 고정하기 힘든 것을 쉽게 연삭할 수 있다.

15. 센터나 척 등을 사용하지 않고, 가늘고 긴 가공물의 연삭에 적합한 연삭기는 어느 것인가?

① 평면 연삭기
② 센터리스 연삭기
③ 만능 공구 연삭기
④ 원통 연삭기

정답 10. ③　11. ②　12. ②　13. ④　14. ④　15. ②

2-3 연삭 숫돌의 구성 요소

(1) 연삭 숫돌의 3요소

연삭 숫돌의 3요소는 숫돌 입자, 결합제, 기공을 말하며, 입자는 숫돌 재질을, 결합제는 입자를 결합시키는 접착제를, 기공은 숫돌과 숫돌 사이의 구멍을 말한다.

숫돌바퀴의 요소

(2) 연삭 숫돌의 5대 성능 요소

숫돌바퀴는 숫돌 입자의 종류, 입도, 결합도, 조직, 결합제의 종류에 의하여 연삭 성능이 달라진다.

① **숫돌 입자** : 인조산과 천연산이 있는데, 순도가 높은 인조산이 구하기 쉽기 때문에 널리 쓰이며 알루미나와 탄화규소가 많다.

㈎ 알루미나(Al_2O_3) : WA 입자와 A 입자가 있으며, 순도가 높은 WA는 담금질강으로, 갈색의 A는 일반 강재의 연삭에 쓰인다.

㈏ 탄화규소(SiC) : C 입자와 GC 입자가 있으며 암자색의 C 입자는 주철, 자석, 비철금속에 쓰이며, 녹색인 GC 입자는 초경합금의 연삭에 쓰인다.

② **입도(grain size)** : 입자의 크기를 번호(#)로 나타낸 것으로 입도의 범위는 #10~3000번이며, 번호가 커지면 입도는 고와진다.

③ **결합도(grade)** : 숫돌의 경도를 말하며 입자가 결합하고 있는 결합제의 세기를 말한다.

결합도

결합도 번호	E, F, G	H, I, J, K	L, M, N, O	P, Q, R, S	T, U, V, W, C, Y, Z
호 칭	극히 연함	연함	보통	단단함	극히 단단함

④ **조직(structure)** : 숫돌바퀴에 있는 기공의 대소 변화, 즉 단위 부피 중 숫돌 입자의 밀도 변화를 조직이라 한다.

㈎ **거친 조직(W)** : 숫돌 입자율 42% 미만

(내) 보통 조직(M) : 숫돌 입자율 42~50%

(대) 치밀 조직(C) : 숫돌 입자율 50% 이상

⑤ **결합제(bond)** : 숫돌을 성형하는 재료로서 연삭 입자를 결합시키며, 구비 조건은 다음과 같다.

(개) 결합력의 조절 범위가 넓을 것

(내) 열이나 연삭액에 안정할 것

(대) 적당한 기공과 균일한 조직일 것

(라) 원심력, 충격에 대한 기계적 강도가 있을 것

(마) 성형이 좋을 것

예상문제

1. 숫돌 입자의 순도가 가장 높은 것은?

① A   ② WA

③ C   ④ GC

해설 산화알루미늄계의 숫돌 입자의 종류에는 A(1A, 2A)와 WA(3A, 4A)가 있고, 순도는 4A, 3A, 2A, 1A 순서로 되어 있다. 더불어 탄화규소계에서도 C는 1C와 2C가 있고, GC 는 3C와 4C가 있다.

2. 초경합금의 연삭에 쓰이며 색깔이 녹색인 숫돌은?

① A 숫돌   ② B 숫돌

③ GC 숫돌   ④ WA 숫돌

해설 숫돌 재료를 크게 나누면, A, WA로 불리는 산화알루미늄질 숫돌 재료와 C, GC로 불리는 탄화규소질 숫돌 재료가 있다.

3. 다음 중 숫돌 조직에 대한 설명으로 틀린 것은?

① W는 입자율이 42% 이상이다.

② M은 입자율이 42~50%이다.

③ C는 입자율이 50% 이상이다.

④ W는 입자율이 42% 미만이다.

해설 숫돌 입자의 조직을 나타낼 때 입자 와 입자 사이의 간격이 가까운 것을 C로 표시하고 조직이 치밀하다고 하며, 반대인 것을 W 로 표시하고 조라 하며, 중간 것을 M으로 표시한다. 또, 이들을 입자율로 나타내면 W는 42% 미만, M은 42% 이상 50% 미만, C는 50% 이상이다.

4. 연삭 숫돌 입자에 요구되는 요건 중 해당되지 않은 것은?

① 공작물에 용이하게 절입할 수 있는 경도

② 예리한 절삭날을 자생시키는 적당한 파생성

③ 고온에서의 화학적 안정성 및 내마멸성

④ 인성이 작아 숫돌 입자의 빠른 교환성

해설 연삭 숫돌의 구비 조건

(1) 결합력의 조절 범위가 넓을 것

(2) 열이나 연삭액에 안정할 것

(3) 적당한 기공과 균일한 조직일 것

(4) 원심력, 충격에 대한 기계적 강도가 있을 것

(5) 성형이 좋을 것

5. 연삭 숫돌에서 결합도가 높은 숫돌을 사용하는 조건에 해당하지 않는 것은?

① 경도가 큰 가공물을 연삭할 때
② 숫돌차의 원주 속도가 느릴 때
③ 연삭 깊이가 작을 때
④ 접촉 면적이 작을 때

해설 결합도에 따른 숫돌의 선택 기준

결합도가 높은 숫돌 (굳은 숫돌)	결합도가 낮은 숫돌 (연한 숫돌)
• 연한 재료의 연삭	• 단단한 (경한) 재료의 연삭
• 숫돌차의 원주 속도가 느릴 때	• 숫돌차의 원주 속도가 빠를 때
• 연삭 깊이가 얕을 때	• 연삭 깊이가 깊을 때
• 접촉면이 작을 때	• 접촉면이 클 때
• 재료 표면이 거칠 때	• 재료 표면이 치밀할 때

6. 연삭 숫돌의 결합도 선정 기준으로 틀린 것은?

① 숫돌의 원주 속도가 빠를 때는 연한 숫돌을 사용한다.
② 연삭 깊이가 얕을 때는 경한 숫돌을 사용한다.
③ 공작물의 재질이 연하면 연한 숫돌을 사용한다.
④ 공작물과 숫돌의 접촉 면적이 작으면 경한 숫돌을 사용한다.

해설 결합도가 낮은 숫돌, 즉 연한 숫돌은 단단한 재료의 숫돌을 사용한다.

7. 연삭 숫돌의 결합제의 구비 조건이 아닌 것은?

① 입자 간에 기공이 없어야 한다.
② 균일한 조직으로 필요한 형상과 크기로

가공할 수 있어야 한다.
③ 고속 회전에서도 파손되지 않아야 한다.
④ 연삭열과 연삭액에 대하여 안전성이 있어야 한디.

해설 적당한 기공이 있어야 하며, 성형이 좋아야 한다.

8. 연삭 숫돌의 결합도는 숫돌입자의 결합 상태를 나타내는데, 결합도 P, Q, R, S와 관련이 있는 것은?

① 연한 것
② 매우 연한 것
③ 단단한 것
④ 매우 단단한 것

해설 연삭 숫돌의 결합도

결합도 번호	호칭
E, F, G	극히 연함
H, I, J, K	연함
L, M, N, O	보통
P, Q, R, S	단단함
T, U, V, W, X, Y, Z	극히 단단함

9. 숫돌바퀴의 성능을 나타내는 중요 요소가 아닌 것은?

① 숫돌입자   ② 결합도
③ 결합제   ④ 정밀도

해설 연삭 숫돌의 3요소는 숫돌입자, 결합제, 기공을 말하며, 숫돌입자는 숫돌 재질을, 결합제는 입자를 결합시키는 접착제를, 기공은 숫돌과 숫돌 사이의 구멍을 말한다.

10. 연삭 숫돌 바퀴에 대한 설명으로 옳은 것은?

① 숫돌 바퀴는 자생 작용을 하지 못하므로

사용 후 재연삭하여야 한다.

② 접촉 면적이 작을 때 결합도가 낮은 숫돌을 선택한다.

③ 숫돌 입자는 알루미나계와 탄화규소계가 널리 사용되고 있다.

④ 숫돌 입자의 결합도가 크면 숫돌 입자가 탈락하여 눈메움이 일어나지 않는다.

해설 • 알루미나 : WA입자와 A입자
　　• 탄화규소 : C입자와 GC입자

11. 다음 중 결합도가 낮은 숫돌을 선택하여 사용해야 하는 경우는?

① 연한 재료를 연삭할 때

② 숫돌바퀴의 원주속도가 느릴 때

③ 숫돌바퀴의 가공물의 접촉 면적이 작을 때

④ 연삭 깊이가 깊을 때

해설 단단한 재료 연삭, 원주속도가 빠를 때, 재료 표면이 치밀할 경우에도 결합도가 낮은 숫돌을 선택한다.

12. 다음 중 연삭 숫돌의 3대 요소에 해당하지 않는 것은?

① 입자　　　　　　② 기공

③ 결합도　　　　　④ 결합제

13. 전연성이 큰 비철 금속, 고무, 자기 등을 연삭할 때 사용하는 입자는?

① A　　　　　　　② WA

③ C　　　　　　　④ GC

해설 C 입자는 주철과 같이 인장 강도가 작고 취성이 있는 재료, 전연성이 높은 비철 금속, 석재, 플라스틱, 유리, 도자기 등의 연삭에 쓰인다.

14. 결합제의 표시 기호가 잘못된 것은?

① 비트리파이드 : V

② 셀락 : E

③ 실리케이트 : S

④ 러버 : B

해설 러버(rubber)의 표시 기호는 R이고, B는 레지노이드를 표시한다.

15. 다음 중 유기질 결합제가 아닌 것은?

① 고무(R)

② 셀락(E)

③ 실리케이트(S)

④ 레지노이드(B)

해설 실리케이트(S)와 비트리파이드(V)는 무기질 결합제이다.

16. 거울면 연삭에 쓰이는 결합제는?

① 폴리비닐알코올

② 셀락

③ 레지노이드

④ 러버

해설 셀락의 기호는 E이며, 강도와 탄성이 크므로 얇은 형상의 가공에 적합하다.

17. 다음 중 비트리파이드 연삭 숫돌의 결합제는 어느 것인가?

① 인조 수지

② 합성수지

③ 규산소다

④ 자기질

해설 비트리파이드 숫돌은 각종 점토와 입자를 배합해서 약 1300℃로 가열하면 점토가 용해됨으로써 자기질이 되어 입자를 결합한다.

정답　11. ④　12. ③　13. ③　14. ④　15. ③　16. ②　17. ④

18. 장석, 점토를 재료로 하여 강도가 충분하지는 못하나 널리 쓰이는 결합제는 어느 것인가?

① 비트리파이드   ② 실리케이트
③ 레지노이드   ④ 러버

해설 결합제는 대별해서 불연성의 무기질과 연소성의 유기질 및 기타 다이아몬드 숫돌에 사용되는 메탈 본드가 있으며 대략 다음 표와 같다.

결합제(본드) 종류	표시 기호	기재(基材)
비트리파이드	V	점토
실리케이드	S	규산소다
셸락	E	천연수지 셸락
러버	R	고무
레지노이드	B	베이클라이트
비닐	PVA	폴리비닐알코올
메탈	M	구리, 은, 철

정답 18. ①

2-4   연삭 숫돌의 모양과 표시

(1) 바퀴의 모양

연삭 목적에 따라 여러 가지 모양으로 만들어져 왔으나 근래에 규격을 통일하였다.

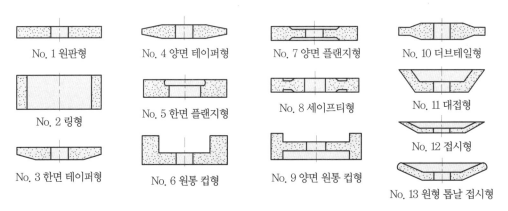

No. 1 원판형   No. 4 양면 테이퍼형   No. 7 양면 플랜지형   No. 10 더브테일형

No. 2 링형   No. 5 한면 플랜지형   No. 8 세이프티형   No. 11 대접형

No. 3 한면 테이퍼형   No. 6 원통 컵형   No. 9 양면 원통 컵형   No. 12 접시형

No. 13 원형 톱날 접시형

숫돌의 표준 모양

(2) 숫돌바퀴의 표시

숫돌바퀴를 표시할 때에는 구성 요소를 부호에 따라 일정한 순서로 나열한다.

숫돌의 표시법

WA	70	K	m	V	1호	A	205	×	19	×	15.88
↓	↓	↓	↓	↓	↓	↓	↓		↓		↓
숫돌 입자	입도	결합도	조직	결합제	숫돌 형상	연삭면 형상	바깥지름		두께		구멍지름

예상문제

1. WA 54L 6V의 연삭 숫돌 표시 기호에서 6은 무엇을 뜻하는가?

① 결합도가 높은 것을 표시한다.
② 결합제가 메탈이다.
③ 숫돌 입자의 재질이 메탈이다.
④ 조직이 중간 정도이다.

해설 WA : 입자(종류), 54 : 입도(보통), L : 결합도(보통), 6 : 조직(보통), V : 결합제(비트리파이드)

2. 원통 연삭기에서 숫돌 크기의 표시 방법의 순서로 올바른 것은?

① 바깥반지름×안지름
② 바깥지름×두께×안지름
③ 바깥지름×둘레길이×안지름
④ 바깥지름×두께×안반지름

해설 연삭 숫돌의 크기는 바깥지름×두께×안지름으로 표시한다.

3. 연삭 숫돌의 크기(규격) 표시의 순서가 올바른 것은?

① 바깥지름×구멍지름×두께
② 두께×바깥지름×구멍지름
③ 구멍지름×바깥지름×두께
④ 바깥지름×두께×구멍지름

해설 연삭 숫돌의 표시법
WA 70 K m V 1호 A 205×19×15.88
↑숫돌입자 ↑입도 ↑결합도 ↑조직 ↑결합제 ↑숫돌형상 ↑연삭면형상 ↑바깥지름 ↑두께 ↑구멍지름

4. 연삭 숫돌의 표시 방법에 대한 각각의 설

명으로 틀린 것은?

GC – 240 – T – W – V

① GC : 숫돌 입자의 종류
② 240 : 입도
③ T : 결합도
④ V : 조직

해설 • GC : 숫돌 입자
• 240 : 입도
• T : 결합도
• W : 조직
• V : 결합제

5. 다음은 숫돌의 표시이다. WA 60 K m V 중 m이 의미하는 것은 무엇인가?

① 입도   ② 결합도
③ 조직   ④ 결합제

해설 • WA : 숫돌입자
• 60 : 입도
• K : 결합도
• m : 조직
• V : 결합제

6. 다음과 같은 연삭 숫돌 표시 기호 중 밑줄 친 K가 뜻하는 것은?

WA · 60 · <u>K</u> · 5 · V

① 숫돌 입자   ② 조직
③ 결합도   ④ 결합제

해설 • WA : 숫돌 입자
• 60 : 입도

2-5 연삭 조건 및 연삭 가공

(1) 연삭 조건

① **원주 속도** : 연삭 숫돌의 원주 속도를 $V[\text{m/min}]$, 연삭 숫돌의 지름을 $D[\text{mm}]$, 연삭 숫돌의 회전수를 $N[\text{rpm}]$이라고 하면

$$V = \frac{\pi DN}{1000} \text{ 또는 } N = \frac{1000V}{\pi D}$$

숫돌바퀴의 원주 속도

작업의 종류	원주 속도(m/min) 범위	작업의 종류	원주 속도(m/min) 범위
원통 연삭 내면 연삭 평면 연삭	1700~2000 600~1800 1200~1800	공구 연삭 초경합금 연삭	1400~1800 900~1400

② **이송 속도** : 거친 연삭일 때는 숫돌 폭의 2/3 정도로 공작물 1회전당 이송을 하고, 다듬질 연삭에서는 숫돌 폭의 1/2 정도로 공작물 1회전당 이송을 한다.

③ **연삭 깊이** : 가공 깊이가 깊어지면 가공 횟수가 줄어들면서 단시간에 가공이 가능하며, 거친 연삭은 0.015mm~0.03mm로, 다듬질 연삭은 0.005mm~0.01mm로 한다.

④ **피연삭성** : 숫돌바퀴의 소모에 대한 피연삭재 연삭의 용이성을 말한다.

$$\text{연삭비} = \frac{\text{피연삭재의 연삭된 부피}}{\text{숫돌바퀴의 소모된 부피}}$$

(2) 연삭 가공

① **연삭 상태가 양호한 경우** : 연삭 숫돌의 자생 작용에 의해 연삭 정밀도가 높고, 표면 거칠기가 좋은 연삭이 되는데, 자생 작용이란 연삭 시 숫돌의 마모된 입자가 탈락되고 새로운 입자가 나타나는 현상을 말한다.

② **연삭 상태가 불량한 경우**

㉮ 로딩(loading) : 숫돌 입자의 표면이나 기공에 칩이 끼어 연삭성이 나빠지는 현상으로 눈메움이라고도 하며, 다음과 같은 경우에 발생한다.

   ㉠ 입도의 번호와 연삭 깊이가 너무 클 경우

   ㉡ 조직이 치밀할 경우

   ㉢ 숫돌의 원주 속도가 너무 느린 경우

㉯ 글레이징(glazing) : 자생 작용이 잘 되지 않아 입자가 납작해지는 현상을 말하

며, 이로 인하여 연삭열과 균열이 생긴다. 이 현상은 다음과 같은 경우에 발생한다(날의 무딤).

㉮ 숫돌의 결합도가 클 경우

㉯ 원주 속도가 클 경우

㉰ 공작물과 숫돌의 재질이 맞지 않을 경우

㈐ 셰딩(shedding) : 연삭 숫돌의 결합도가 낮을 때 공작물을 깎아내는 가공량에 비해 숫돌의 소모량이 커지는 현상이다.

예상문제

1. 다음 중 강의 원통을 거친 연삭할 때의 절삭 깊이는?

① 0.01~0.04mm   ② 0.3~0.5mm

③ 1mm   ④ 1.2~1.5mm

해설 숫돌의 절입량(반지름 기준)

가공 정도	절입량(mm)
막다듬질	0.01~0.05
중다듬질	0.015~0.025
상다듬질	0.005~0.01
정밀다듬질	0.002~0.003
거울면다듬질	0.0005~0.001

2. 지름이 50mm인 연삭 숫돌로 지름이 10mm인 일감을 연삭할 때 숫돌바퀴의 회전수는? (단, 숫돌바퀴의 원주 속도는 1500m/min이다.)

① 47770rpm   ② 9554rpm

③ 5800rpm   ④ 4750rpm

해설 $N = \dfrac{1000V}{\pi D} = \dfrac{1000 \times 1500}{3.14 \times 50} = 9554\,\text{rpm}$

3. 연삭 숫돌의 자생 작용이 일어나는 순서로 올바른 것은?

① 입자의 마멸→파쇄→탈락→생성

② 입자의 탈락→마멸→파쇄→생성

③ 입자의 파쇄→마멸→생성→탈락

④ 입자의 마멸→생성→파쇄→탈락

4. 지름이 60mm인 연삭 숫돌이 원주 속도 1200m/min로 ∅20mm인 공작물을 연삭할 때 숫돌차의 회전수는 약 몇 rpm인가?

① 16   ② 23

③ 6370   ④ 62800

해설 $N = \dfrac{1000V}{\pi D} = \dfrac{1000 \times 1200}{3.14 \times 60}$
$= 6370\,\text{rpm}$

5. 재질이 연한 금속을 연삭하였을 때, 숫돌 표면의 기공에 칩이 메워져서 생기는 현상은 어느 것인가?

① 눈메움   ② 무딤

③ 입자 탈락   ④ 트루잉

해설 트루잉은 연삭 조건이 좋더라도 숫돌바퀴의 질이 균일하지 못하거나 공작물이 영향을 받아 모양이 좋지 못할 때 일정한 모양으로 고치는 방법이다.

정답 1. ①   2. ②   3. ①   4. ③   5. ①

2-6 연삭 숫돌의 수정과 검사

(1) 연삭 숫돌의 수정

① **드레싱(dressing)** : 글레이징이나 로딩 현상이 생길 때 강판 드레서 또는 다이아몬드 드레서(dresser)로 숫돌 표면을 정형하거나 칩을 제거하는 작업을 드레싱이라고 하며, 절삭성이 나빠진 숫돌의 면에 새롭고 날카롭게 입자를 발생시키는 것이다.

② **트루잉(truing)** : 모양 고치기라고도 하며, 연삭 조건이 좋더라도 숫돌바퀴의 질이 균일하지 못하거나 공작물이 영향을 받아 모양이 좋지 못할 때 일정한 모양으로 고치는 방법이다.

(2) 연삭 숫돌의 검사

① **음향 검사** : 나무해머나 고무해머 등으로 가볍게 쳤을 때 울림이 없거나 둔탁한 소리가 나면 균열이 있는 것이다.

② **회전 검사** : 사용할 원주 속도의 1.5~2배의 원주 속도로 원심력에 의한 파손 여부를 검사한다.

③ **균형 검사** : 두께나 조직 형상의 불균일로 인한 회전 중의 떨림을 방지하기 위해 검사한다.

(3) 연삭 숫돌의 설치 시 유의 사항

① 숫돌바퀴의 구멍은 축 지름보다 0.1mm 정도 큰 것이 좋다.

② 평형 플랜지의 지름은 연삭 숫돌 바퀴 지름의 $\dfrac{1}{3}$ 이상이어야 한다.

③ 변형이 생기지 않을 정도로 조인다.

④ 받침대와 휠 간격은 3mm 이내로 해야 한다.

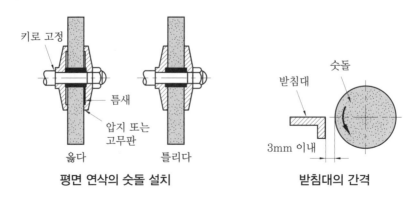

평면 연삭의 숫돌 설치   받침대의 간격

예상문제

1. 숫돌차에 글레이징이나 로딩이 생겼을 때 하는 작업은?

① 래핑　　　　② 드레싱
③ 트루잉　　　④ 채터

해설 원통 연삭의 경우 가공면이 고르게 윤활 되지 못하고 잔잔한 물결 모양의 흔적이 남는 것을 채터(chatter)라 한다. 이는 연삭반이 불균형되었거나 진동 또는 공작물의 고정이 잘못되었을 때 일어난다.

2. 연삭 시 공작물의 정밀도가 불량하게 되었을 때 그 원인이 아닌 것은?

① 이송이 적다.
② 연삭액 불량
③ 숫돌의 드레싱 불량
④ 숫돌 고정 불량

해설 공작물 정밀도의 불량 원인
(1) 센터 또는 방진구의 맞춤 불량
(2) 윤활 불량
(3) 드레싱 불량
(4) 연삭 작업 불량

3. 연삭하려는 부품의 형상으로 연삭 숫돌을 성형하거나 성형 연삭으로 인하여 숫돌 형상이 변화된 것을 부품의 형상으로 바르게 고치는 작업을 무엇이라고 하는가?

① 무딤　　　　② 눈메움
③ 트루잉　　　④ 입자 탈락

4. 성형 연삭 작업을 할 때 숫돌바퀴의 질이 균일하지 못하거나 일감의 영향을 받아 숫

돌바퀴의 형상이 변화되는데 이것을 정확한 형상으로 가공하는 작업을 무엇이라고 하는가?

① 드레싱　　　② 로딩
③ 트루잉　　　④ 그라인딩

5. 다음 중 연삭 작업할 때의 유의사항으로 가장 적절하지 않은 것은?

① 연삭 숫돌은 사용하기 전에 반드시 결함 유무를 확인해야 한다.
② 연삭 숫돌 드레싱은 한 달에 한 번씩 정기적으로 해야 한다.
③ 안전을 위하여 일정 시간 공회전을 한 뒤 작업을 한다.
④ 작업을 할 때에는 분진이 심하므로 마스크와 보안경을 착용한다.

6. 연삭 숫돌 입자에 무딤(glazing)이나 눈메움(loading) 현상으로 연삭성이 떨어졌을 때 하는 작업은?

① 드레싱(dressing)
② 드릴링(drilling)
③ 리밍(reamming)
④ 시닝(thining)

7. 연삭작업에서 숫돌이 일감의 영향을 받아 모양이 좋지 못할 때 정확한 모양으로 깎아내는 작업은?

① 트루잉　　　② 글레이징
③ 로딩　　　　④ 입자 탈락

정답 1. ②　2. ①　3. ③　4. ③　5. ②　6. ①　7. ①

3. 기타 기계 가공

3-1 드릴링 머신

(1) 드릴링 머신의 크기 표시

① 스윙, 즉 스핀들 중심부터 기둥까지 거리의 2배 정도가 된다.

② 뚫을 수 있는 구멍의 최대 지름으로 나타낸다.

③ 스핀들 끝부터 테이블 윗면까지의 최대 거리로 표시한다.

(2) 드릴링 머신의 종류

① **탁상 드릴링 머신** : 작업대 위에 설치하여 사용하는 소형의 드릴링 머신이다.

② **직립 드릴링 머신** : 탁상 드릴링 머신과 유사하나 비교적 대형 가공물에 사용한다.

③ **레이디얼 드릴링 머신** : 대형 제품이나 무거운 제품에 구멍 가공을 하기 위하여 가공물은 고정시키고, 드릴이 가공 위치로 이동한다.

④ **다축 드릴링 머신** : 1대의 드릴링 머신에 다수의 스핀들을 설치하고 1개의 구동축으로 유니버설 조인트를 이용하여 여러 개의 드릴을 동시에 구동한다.

⑤ **다두 드릴링 머신** : 직립 드릴링 머신의 상부 기구를 1대의 드릴링 머신 베드 위에 여러 개 설치한 형태의 드릴링 머신이다.

⑥ **심공 드릴링 머신** : 총신이나 긴 축, 커넥팅 로드 등과 같이 깊은 구멍 가공에 적합한 드릴링 머신이다.

예상문제

1. 일반적으로 드릴의 여유각은 약 얼마인가?

① 2~5°　　　　② 5~10°
③ 10~15°　　　④ 15~20°

해설 여유각은 KS에서 10~15°이며, 원칙적으로 변하지 않는다. 단, 단단한 재료에는 여유각을 작게 하고 연한 재료에는 크게 하는 것이 좋다.

2. 드릴의 각부 명칭 중 트위스트 드릴 홈 사이에 좁은 단면 부분은?

① 웨브(web)　　　② 마진(margin)
③ 자루(shank)　　④ 탱(tang)

해설 (1) 마진 : 예비 날의 역할 또는 날의 강도를 보강하는 역할을 한다.
(2) 탱 : 드릴 소켓이나 드릴 슬리브에 드릴을 고정할 때 사용한다.

정답 1. ③　　2. ①

3. 어느 공작물에 일정한 간격으로 동시에 5개 구멍을 가공 후 탭가공을 하려고 한다. 적합한 드릴링 머신은?

① 다두 드릴링 머신
② 레이디얼 드릴링 머신
③ 다축 드릴링 머신
④ 직립 드릴링 머신

해설 많은 구멍을 동시에 뚫을 때, 구멍 가공 공정의 수가 많을 때에는 많은 드릴 주축을 가진 다축 드릴링 머신을 사용한다.

4. 드릴을 시닝(thinning)하는 주목적은?

① 절삭 저항을 증대시킨다.
② 날의 강도를 보강해 준다.
③ 절삭 효율을 증대시킨다.
④ 드릴의 굽힘을 증대시킨다.

해설 드릴이 커지면 웨브가 두꺼워져서 절삭성이 나빠지게 되면 치즐포인트를 연삭할 때 절삭성이 좋아지는데, 이를 시닝이라 한다.

5. 깊은 구멍 가공에 가장 적합한 드릴링 머신은?

① 다두 드릴링 머신
② 레이디얼 드릴링 머신
③ 직립 드릴링 머신
④ 심공 드릴링 머신

해설 심공 드릴링 머신은 내연 기관의 오일 구멍보다 더 깊은 구멍을 가공할 때에 사용하고 다두 드릴링 머신은 나란히 있는 여러 개의 스핀들에 여러 가지 공구를 꽂아 드릴링, 리밍, 태핑 등을 연속적으로 가공한다.

6. 다음 드릴의 연삭 방법 중 틀린 것은 어느 것인가?

① 날 끝 형상이 좌우 대칭이 되도록 할 것
② 여유각을 정확히 맞춰줄 것

③ 연마 후에는 날 끝 형상을 검사 확인할 것
④ 드릴 날끝각 검사에는 센터 게이지를 사용할 것

해설 센터 게이지는 나사 깎기 바이트의 각도를 검사할 때 쓰이며, 날끝각 검사에는 드릴 포인트 게이지를 쓴다.

7. 크고 무거워서 이동하기 곤란한 대형 공작물에 구멍을 뚫는 데 적합한 기계는?

① 레이디얼 드릴링 머신
② 직립 드릴링 머신
③ 탁상 드릴링 머신
④ 다축 드릴링 머신

해설 레이디얼 드릴링 머신은 비교적 큰 공작물의 구멍을 뚫을 때 쓰이며, 공작물을 테이블에 고정시켜 놓고 필요한 곳으로 주축을 이동시켜 구멍의 중심을 맞추어 사용한다.

8. 드릴을 재연삭할 경우 틀린 것은?

① 절삭날의 길이를 좌우 같게 한다.
② 절삭날의 여유각을 일감의 재질에 맞게 한다.
③ 절삭날이 중심선과 이루는 날 끝 반각을 같게 한다.
④ 드릴의 날끝각 검사는 센터 게이지를 사용한다.

9. 드릴의 표준 날 끝 선단각은 몇 도(°)인가?

① 118°   ② 135°
③ 163°   ④ 181°

해설 드릴의 표준 날끝각은 118°이고, 절삭 여유각은 12~15°이며, 트위스트 드릴이 가장 널리 사용된다.

3-2 보링 머신

(1) 보링 머신

보링의 원리는 선반과 비슷하나 일반적으로 공작물을 고정하여 이송 운동을 하고 보링 공구를 회전시켜 절삭하는 방식이 주로 쓰인다. 이 기계는 보링을 주로 하지만 드릴링, 리밍, 정면 절삭, 원통 외면 절삭, 나사 깎기(태핑), 밀링 등의 작업도 할 수 있다.

(2) 보링 머신의 종류

① **수평 보링 머신** : 주축대가 기둥 위를 상하로 이동하고, 주축이 동시에 수평 방향으로 움직인다. 공작물은 테이블 위에 고정하고 새들을 전후, 좌우로 이동시킬 수 있으며, 회전도 가능하므로 테이블 위에 고정한 공작물의 위치를 조정할 수 있다.

　주 수평 보링 머신의 크기는 테이블의 크기, 주축의 지름, 주축의 이동 거리, 주축 헤드의 상하 이동 거리 및 테이블의 이동 거리로 표시한다.

② **수직 보링 머신** : 스핀들이 수직인 구조이다.

③ **정밀 보링 머신** : 다이아몬드 또는 초경합금 공구를 사용하여 고속도와 미소 이송, 얕은 절삭 깊이에 의하여 구멍 내면을 매우 정밀하고 깨끗한 표면으로 가공하는 데 사용한다. 크기는 가공할 수 있는 구멍의 크기로 표시한다.

④ **지그 보링 머신** : 주로 일감의 한 면에 2개 이상의 구멍을 뚫을 때, 직교 좌표 XY 두 축 방향으로 각각 $2 \sim 10\mu$의 정밀도로 구멍을 뚫는 보링 머신이다. 크기는 테이블의 크기 및 뚫을 수 있는 구멍의 최대 지름으로 표시한다.

예상문제

1. 이미 뚫어져 있는 구멍을 좀 더 크게 확대하거나, 정밀도가 높은 제품으로 가공하는 기계는?

① 보링 머신　　　② 플레이너
③ 브로칭 머신　　④ 호빙 머신

해설 • 브로칭 머신 : 구멍 내면에 키 홈을 깎는 기계
• 호빙 머신 : 절삭 공구인 호브(hob)와 소재를 상대운동시켜 창성법으로 기어를 절삭

2. 주조할 때 뚫린 구멍이나 드릴로 뚫은 구멍을 깎아서 크게 하거나, 정밀도를 높게 하기 위한 가공에 사용되는 공작기계는 어느 것인가?

① 플레이너　　　② 슬로터
③ 보링 머신　　　④ 호빙 머신

해설 • 플레이너 : 비교적 큰 평면을 절삭
• 슬로터(수직 셰이퍼) : 각종 일감의 내면을 가공

정답 1. ①　2. ③

3-3 **기어 가공기**

(1) 기어 가공법의 종류

① **총형 공구에 의한 법** : 기어 치형에 맞는 공구를 사용하여 기어를 깎는 방법으로 성형법이라고도 한다. 총형 바이트 사용법은 셰이퍼, 플레이너, 슬로터에서, 총형 커터에 의한 방법은 밀링에서 사용한다.

② **형판(template)에 의한 법** : 형판을 따라서 공구가 안내되어 절삭하는 방법으로 모방 절삭법이라고도 하며 대형 기어 절삭에 쓰인다.

③ **창성법**: 인벌류트 곡선을 그리는 성질을 응용하여 기어를 깎는 방법으로 가장 많이 사용되고 있으며 절삭할 기어와 같은 정확한 기어 절삭 공구인 호브, 래크 커터, 피니언 커터 등으로 절삭한다. 창성법에 의한 기어 절삭은 공구와 소재가 상대 운동을 하여 기어를 절삭한다.

(2) 기어 가공기의 종류

① **호빙 머신(hobbing machine)** : 절삭 공구인 호브(hob)와 소재를 상대 운동시켜 창성법으로 기어를 절삭한다. 호브의 운동에는 호브의 회전 운동, 소재의 회전 운동, 호브의 이송 운동이 있다. 호브에서 깎을 수 있는 기어는 스퍼 기어, 헬리컬 기어, 스플라인 축 등이며, 베벨 기어는 절삭할 수 없다.

② **기어 셰이퍼(gear shaper)** : 절삭 공구인 커터에 왕복 운동을 주어 기어를 창성법으로 절삭하는 기어 절삭기이다. 이 기계는 커터에 따라 피니언 커터를 사용하는 펠로스 기어 셰이퍼(fellous gear shaper)와 래크 커터를 사용하는 마그식 기어 셰이퍼(maag gear shaper)가 있다. 또한 스퍼 기어만 절삭하는 것과 헬리컬 기어만 절삭하는 것이 있다.

③ **베벨 기어 절삭기** : 성형법, 형판법, 창성법 등이 사용되며, 그중에서 창성법이 가장 널리 사용된다.

(3) 기어 절삭 작업

① **소재 외경 계산**

$$이끝원 \ 지름(d_k) = (Z+2)m$$

여기서, m : 모듈, Z : 잇수

② **호브 선택**

㈎ 보통 오른나사 한 줄 호브가 사용된다.

㈏ 날의 수는 보통 9~12개가 많이 사용된다.

예상문제

1. 다음 중 기어 절삭에 사용되는 공구가 아닌 것은?

① 호브(hob)
② 피니언 커터(pinion cutter)
③ 래크 커터(rack cutter)
④ 테이퍼 커터(taper cutter)

해설 기어 절삭에 사용되는 공구로 ①, ②, ③ 이외에 테이퍼 호브(taper hob), 단인 커터(single point tool), 크라운 커터(crown cutter), 더블 커터(double cutter) 등이 있다.

2. 다음 그림과 같은 요령으로 절삭하는 방법은 무엇인가?

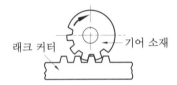

① 창성법
② 형판법
③ 성형법
④ 선반 가공법

해설 창성법(generating process)은 인벌류트 곡선의 성질을 이용하여 행하며, 거의 모든 기어가 이 방법으로 절삭한다.

3. 다음 중 차동 기구가 사용되는 공작기계는 어느 것인가?

① 만능 밀링 머신
② 터릿 선반
③ 기어 호빙 머신
④ 수직 드릴링 머신

해설 기어 호빙 머신 가공 시 헬리컬 기어나 웜 기어 가공에만 차동 기구를 사용하고 평기어 가공 시에는 사용하지 않는다.

4. 래크를 절삭 공구로 하고 피니언을 기어 소재로 하여 미끄러지지 않도록 물리고, 서로 상대 운동을 시켜 인벌류트 치형의 기어를 정확히 가공할 수 있는 방법은 어느 것인가?

① 총형 커터에 의한 방법
② 창성에 의한 방법
③ 형판에 의한 방법
④ 기어 셰이빙에 의한 방법

5. 피치원의 지름이 156 mm와 58 mm인 두 기어의 축간 거리는?

① 101 mm   ② 105 mm
③ 107 mm   ④ 111 mm

해설 평기어의 축간 거리는 두 기어의 피치원 지름을 합한 후에 둘로 나눈 값이다.

$$L=\frac{d_a+d_b}{2}=\frac{156+58}{2}=107\,\text{mm}$$

6. 기어 절삭기로 가공된 기어의 면을 매끄럽고 정밀하게 다듬질하는 가공은 어느 것인가?

① 기어 셰이빙
② 호닝
③ 슬로팅
④ 브로칭

해설 브로칭은 브로치라는 공구를 사용하여 표면 또는 내면을 필요한 모양으로 절삭하는 가공이다.

정답 1. ④   2. ①   3. ③   4. ②   5. ③   6. ①

7. 피니언 커터를 이용하여 상하 왕복 운동과 회전 운동을 하는 창성식 기어 절삭을 할 수 있는 기계는?

① 마그 기어 셰이퍼
② 브로칭 기어 셰이퍼
③ 펠로스 기어 셰이퍼
④ 호브 기어 셰이퍼

해설 • 마그 기어 셰이퍼 : 래크 커터 사용
• 펠로스 기어 셰이퍼 : 피니언 커터 사용

8. 절삭 공구 중 밀링 커터와 같은 회전 공구로 래크를 나선 모양으로 감고, 스파이럴에 직각이 되도록 축 방향으로 여러개의 홈을 파서 절삭날을 형성하여 기어를 가공할 수 있는 공구는?

① 호브
② 엔드밀
③ 플레이너
④ 총형 커터

해설 호브는 원통의 외주에 나선을 따라 절삭날을 붙인 회전 절삭 공구로서 호빙 머신에 장착하여 기어나 스플라인 등을 절삭한다.

9. 기어 가공에서 호브의 바깥지름이 42mm이며 호브의 회전수가 50rpm일 때 절삭속도는 약 몇 m/min인가?

① 5.6
② 6.6
③ 7.6
④ 8.6

해설 $V = \dfrac{\pi DN}{1000} = \dfrac{3.14 \times 42 \times 50}{1000}$
$= 6.59 \, \text{m/min}$

정답 **7.** ③ **8.** ① **9.** ②

3-4 브로칭 머신

브로치라는 공구를 사용하여 일감의 표면 또는 내면을 필요한 모양으로 절삭 가공하는 기계이다.

(1) 내면 브로치 작업

둥근 구멍에 키 홈, 스플라인 구멍, 다각형 구멍 등을 내는 작업을 말한다.

(2) 표면 브로치 작업

세그먼트(segment) 기어의 치형이나 홈, 특수한 모양의 면을 가공하는 작업을 말한다.

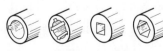

(a) 내면 브로치 작업

(b) 표면 브로치 작업

내면 브로치 작업과 표면 브로치 작업

예상문제

1. 브로칭 머신으로 가공할 수 없는 작업은?

① 비대칭의 뒤틀림 홈
② 내면 키 홈
③ 스플라인 홈
④ 테이퍼 홈

해설 브로칭 머신은 브로치라는 공구를 사용하여 소요의 형상을 고정밀도 또는 고능률적으로 가공하는 대량 생산에 알맞은 공작 기계로서, 대칭, 비대칭의 내외면, 뒤틀림 홈(브로치의 절삭 행정 중 브로치 또는 공작물의 일정한 회전비에 의함.) 등을 가공할 수 있다.

2. 다음 공작기계 중 일반적으로 가공물이 고정된 상태에서 공구가 직선운동만을 하여 절삭하는 공작기계는?

① 호빙 머신
② 보링 머신
③ 드릴링 머신
④ 브로칭 머신

해설 (1) 호빙 머신 : 절삭 공구인 호브(hob)와 소재를 상대 운동시켜 창성법으로 기어 이를 절삭하는 방식

(2) 보링 머신 : 공작물을 고정하여 이송운동을 하고 보링 공구를 회전시켜 절삭하는 방식

3. 다수의 절삭 날을 일직선상에 배치한 공구를 사용해서 공작물 구멍의 내면이나 표면을 여러 가지 모양으로 절삭하는 공작기계는?

① 브로칭 머신
② 슈퍼 피니싱
③ 호빙 머신
④ 슬로터

해설 슈퍼 피니싱은 공작물의 표면에 눈이 고운 숫돌을 가벼운 압력으로 누르고, 숫돌에 진폭이 작은 진동을 주면서 공작물을 회전시켜 그 표면을 마무리하는 가공법으로 정도가 높은 가공을 할 수 있다.

4. 회전하는 공구를 사용하여 절삭하는 공작기계가 아닌 것은?

① 브로칭 머신
② 밀링 머신
③ 보링 머신
④ 호빙 머신

정답 1. ④ 2. ④ 3. ① 4. ①

3-5 고속 가공기

(1) 고속 가공기

고속 가공이란 절삭속도를 증가시켜 단위시간당 소재가 절삭되는 비율인 소재 제거율(MRR : Material Removal Rate)을 향상시킴으로써 생산비용과 생산시간을 단축시키는 가공 기술로 기존의 머시닝센터에 비해 황삭, 중삭 및 정삭 등의 전 공정에 초고속 초정밀 가공을 하는 것을 의미한다.

(2) 고속 가공의 장점과 적용 분야

장점	적용 분야	적용 예
단위시간당 절삭량 증가	경합금	항공기
	강, 주강	공구
표면조도 향상	정밀 가공	광학, 사출 금형
	특수 형상 부품	스파이럴 압축기
절삭력 감소	박판 가공	항공기, 자동차
높은 주파수	고정밀 가공	반도체 장비 및 잉크젯 프린터 노즐
칩에 의한 열 발생	휨이 없어야 하는 정밀 가공	정밀 부품
	열 발생이 없어야 하는 정밀 가공	마그네슘 합금

위와 같은 특징으로 전체의 공정 기간 단축의 효과로 원가 절감, 생산성 향상 및 간접 비용 절감의 효과를 극대화할 수 있다.

예상문제

1. 일반적으로 고속 가공기의 주축에 사용하는 베어링으로 적합하지 않은 것은?

① 마그네틱 베어링
② 에어 베어링
③ 니들 롤러 베어링
④ 세라믹 볼 베어링

해설 니들 베어링은 작은 구조로도 오랜 수명이 확보되기 때문에 자동차 같이 작으면서 큰 동력을 사용하는 기계에 적용된다.

2. 다음 중 고속 가공기의 장점이 아닌 것은?

① 소재 제거율 향상으로 생산비용과 생산 시간을 단축시킨다.
② 표면조도의 향상으로 정밀 가공을 할 수 있다.

③ 머시닝센터에 비해 황삭, 중삭 및 정삭 등의 전 공정에 초고속 초정밀 가공을 할 수 있다.
④ 생산성을 향상시키고 직접 비용을 절감할 수 있다.

3. 고속 가공기의 장점으로 틀린 것은?

① 2차 공정을 증가시킨다.
② 표면 정도를 향상시킨다.
③ 공작물의 변형을 감소시킨다.
④ 절삭 저항이 감소하고, 공구 수명이 길어진다.

해설 고속 가공기는 2차 공정을 감소시키며, 얇고 취성이 있는 소재를 효율적으로 가공할 수 있다.

정답 1. ③   2. ④   3. ①

3-6 셰이퍼 및 플레이너

(1) 셰이퍼(shaper)

일감을 테이블 위에 고정하고 좌우로 단속적으로 이송시키면서 램 끝에 바이트를 장치하여 왕복 운동을 하여 가공하는 기계로, 수평 · 수직 깎기, 각도 깎기, 홈 파기 및 절단, 키 홈 파기에 주로 쓰인다.

(2) 플레이너(planer)

플레이너는 비교적 큰 평면을 절삭하는 데 쓰이며 평삭기라고도 한다. 이것은 일감을 테이블 위에 고정시키고 수평 왕복 운동을 하며, 바이트는 일감의 운동 방향과 직각 방향으로 단속적으로 이송된다.

(3) 슬로터 가공

슬로터(slotter)를 사용하여 바이트로 각종 일감의 내면을 가공하는 것이며, 수직 셰이퍼라고도 한다.

예상문제

1. 셰이퍼에서 끝에 공구 헤드가 붙어 있고 급속 귀환 운동 시 왕복 운동하는 부분을 말하는 것은?

① 크로스 레일　　② 램
③ 하우징　　④ 테이블 폭

해설 램(ram)은 셰이퍼나 슬로터에서 프레임의 안내면을 수평으로 또는 상하로 왕복 운동하는 부분으로서 공구대가 장치되며 급속 귀환 운동을 한다.

2. 셰이퍼에서 램 기구를 구동하는 방법은 다음 중 어느 것인가?

① 기어 이용　　② 크랭크와 링크

③ 래크와 피니언　　④ 단차 이용

해설 셰이퍼의 운전 기구로는 크랭크식이 주로 사용되었으나 최근에는 유압식 운전 방식이 점차 증가되어 가고 있다.

3. 다음 중 슬로터의 급속 귀환 장치가 아닌 것은?

① 링크에 의한 방식
② 크랭크에 의한 방식
③ 휘트워드에 의한 방식
④ 클러치에 의한 방식

해설 슬로터에는 바이트를 상하 운동시키는 형식으로 크랭크식과 유압식이 있다. 보통 크랭크식은 링크에 의한 급속 귀환 장치를 사용하는 것과 휘트워드의 급속 귀환 장치를 사용하는 것으로 나눈다.

4. 다음 기계 중 원형 구멍 가공(드릴링)에 가장 부적합한 기계는?

① 머시닝센터　　② CNC 밀링
③ CNC 선반　　④ 슬로터

해설 슬로터는 바이트로 각종 일감의 내면을 가공하는 기계로, 수직 셰이퍼라고도 한다.

5. 주로 대형 공작물이 테이블 위에 고정되어 수평 왕복 운동을 하고 바이트를 공작물의 운동 방향과 직각 방향으로 이송시켜서 평면, 수직면, 홈, 경사면 등을 가공하는 공작기계는?

① 플레이너　　② 호빙 머신
③ 보링 머신　　④ 슬로터

6. 주로 일감의 평면을 가공하며, 기둥의 수에 따라 쌍주식과 단주식으로 구분하는 공작기계는?

① 셰이퍼　　② 슬로터

③ 플레이너　　④ 브로칭 머신

해설 • 셰이퍼 : 작은 평면을 절삭하는 데 사용
• 플레이너 : 큰 평면을 절삭하는 데 사용

7. 공구와 일감의 상대적인 운동이 직선과 직선 운동의 결합으로 이루어지는 공작 기계는?

① 선반　　② 셰이퍼
③ 밀링　　④ 원통 연삭

해설 기계의 상대 운동

기계	공구	공작물 또는 테이블
선반	직선운동	회전운동
셰이퍼	직선운동	직선운동
밀링	회전운동 이송운동	직선운동

8. 다음 중 급속 귀환 기구를 갖는 공작기계로만 올바르게 짝지어진 것은?

① 셰이퍼, 플레이너
② 호빙 머신, 기어 셰이퍼
③ 드릴링 머신, 태핑 머신
④ 밀링 머신, 성형 연삭기

정답 4. ④　5. ①　6. ③　7. ②　8. ①

4. 정밀 입자 가공 및 특수 가공

4-1　래핑

(1) 래핑

랩(lap)과 일감 사이에 랩제를 넣고 양자를 상대운동시키면서 매끈한 다듬질을 얻는 가공 방법으로 게이지 블록의 측정면이나 광학 렌즈 등의 다듬질에 사용된다.

(2) 래핑유

① **금속 다듬질** : 경유, 경유+기계유

② **유리, 수정** : 물, 수용성유

③ **연한 재료** : 그리스

(3) 랩 작업

① **습식법** : 경유나 그리스, 기계유 등에 랩제를 혼합하여 사용하며, 다듬질면은 매끈하지 못하다.

② **건식법** : 랩제가 묻은 랩을 건조한 상태에서 사용하며, 다듬질면이 좋다.

(4) 래핑 작업의 장단점

① **장점**

㈎ 다듬질면이 깨끗하고 매끈한 경면을 얻을 수 있다.

㈏ 정밀도가 높은 제품을 만들 수 있다.

㈐ 가공면은 내식성, 내마멸성이 좋다.

㈑ 작업 방법 및 설비가 간단하다.

㈒ 대량 생산을 할 수 있다.

② **단점**

㈎ 비산하는 래핑 입자에 다른 기계나 제품이 손상을 입을 수 있다.

㈏ 작업이 지저분하고 먼지가 많다.

㈐ 고도의 숙련이 요구된다.

㈑ 가공면에 랩제가 잔류하기 쉽고, 제품 사용 시 마멸을 촉진시킨다.

예상문제

1. 래핑 작업에 쓰이는 랩제의 종류가 아닌 것은?

① 탄화규소   ② 알루미나

③ 산화철   ④ 주철가루

해설 랩제의 종류에는 탄화규소, 산화알루미늄(알루미나), 산화철, 다이아몬드 미분, 산

화크롬 등이 있다.

2. 래핑에서 마무리 다듬질에 사용되는 가장 적합한 랩제는?

① 알루미나   ② 산화크롬

③ 탄화규소   ④ 산화철

정답 1. ④   2. ②

4. 정밀 입자 가공 및 특수 가공

3. 다음 중 정밀도가 가장 높은 가공면을 얻을 수 있는 가공법은?

① 호닝　　　　　② 래핑
③ 평삭　　　　　④ 브로칭

해설 래핑은 랩과 일감 사이에 랩제를 넣어 서로 누르고 비비면서 다듬는 방법으로 정밀도가 향상되며 다듬질면은 내식성, 내마멸성이 높다.

4. 다음 중 래핑 가공에 대한 설명으로 옳지 않은 것은?

① 래핑은 랩이라고 하는 공구와 다듬질하려고 하는 공작물 사이에 랩제를 넣고 공작물을 누르며 상대운동을 시켜 다듬질하는 가공법을 말한다.
② 래핑 방식으로는 습식 래핑과 건식 래핑이 있다.
③ 랩은 공작물 재료보다 경도가 낮아야 공작물에 흠집이나 상처를 일으키지 않는다.
④ 건식 래핑은 절삭량이 많고 다듬면은 광택이 적어 일반적으로 초기 래핑 작업에 많이 사용한다.

해설 건식 래핑은 절삭량이 매우 적고, 다듬질면이 고우며, 광택이 있는 경면 다듬질이 가능하다.

5. 다음 중 정밀 입자에 의하여 가공하는 기계는?

① 밀링 머신
② 보링 머신
③ 래핑 머신
④ 와이어 컷 방전 가공기

6. 래핑 작업의 특징이 아닌 것은?

① 랩(lap)은 가공물의 재질보다 강한 것을 사용한다.
② 분말 입자에 의한 가공이다.
③ 가공면의 내마모성이 좋아진다.
④ 가공면이 매끈한 거울면을 얻을 수 있다.

해설 랩은 가공물보다 연한 재질을 사용한다.

7. 표면 거칠기가 가장 좋은 가공은?

① 밀링　　　　　② 줄 다듬질
③ 래핑　　　　　④ 선삭

8. 미립자를 사용하여 초정밀 가공을 하는 방법으로 습식법과 건식법이 있는 절삭 가공 방법은?

① 보링(boring)　　② 연삭(grinding)
③ 태핑(tapping)　　④ 래핑(lapping)

해설 • 습식법 : 경유나 그리스, 기계유 등에 랩제를 혼합하여 사용하며, 다듬질면은 매끈하지 못하다.
• 건식법 : 랩제가 묻은 랩을 건조한 상태에서 사용하며, 다듬질면이 좋다.

9. 래핑의 장점에 해당되지 않는 것은?

① 정밀도가 높은 제품을 가공할 수 있다.
② 가공면은 윤활성 및 내마모성이 좋다.
③ 작업이 용이하고 먼지가 적다.
④ 가공면이 매끈한 거울면을 얻을 수 있다.

해설 건식의 경우 먼지가 많이 날 수 있다.

10. 게이지 블록의 측정면을 정밀 가공하기에 적당한 방법은?

① 래핑　　　　　② 버니싱
③ 버핑　　　　　④ 호닝

정답　3. ②　　4. ④　　5. ③　　6. ①　　7. ③　　8. ④　　9. ③　　10. ①

4-2 호닝

(1) 호닝

보링, 리밍, 연삭 가공 등을 끝낸 원통 내면의 정밀도를 더욱 높이기 위하여 막대 모양의 가는 입자의 숫돌을 방사상으로 배치한 혼(hone)으로 다듬질하는 방법을 호닝(honing)이라 한다.

(2) 호닝의 특징

① 발열이 적고 경제적인 정밀 작업이 가능하다.
② 표면거칠기를 좋게 할 수 있다.
③ 정밀한 치수로 가공할 수 있다.

예상문제

1. 호닝에 대한 특징이 아닌 것은?

① 구멍에 대한 진원도, 진직도 및 표면 거칠기를 향상시킨다.
② 숫돌의 길이는 가공 구멍 길이의 $\frac{1}{2}$ 이상으로 한다.
③ 혼은 회전운동과 축방향 운동을 동시에 시킨다.
④ 치수 정밀도는 3~10 μm로 높일 수 있다.

해설 숫돌의 길이는 가공할 구멍 깊이의 $\frac{1}{2}$ 이하로 하고, 왕복운동 양단에서 숫돌 길이의 $\frac{1}{4}$ 정도 구멍에서 나올 때 정지한다.

2. 다음 중 정밀 입자 가공으로만 바르게 짝지어진 내용은?

① 방전 가공 - CNC 와이어 컷 방전 가공
② 액체 호닝 - 슈퍼 피니싱
③ 이온 가공 - 레이저 가공
④ 전해 가공 - 전주 가공

해설 정밀 입자 가공에는 호닝, 슈퍼 피니싱, 랩 작업 등이 있다.

3. 연마제를 가공액과 혼합하여 가공물 표면에 압축 공기로 고압과 고속으로 분사시켜 가공물 표면과 충돌시켜 표면을 가공하는 방법은?

① 래핑   ② 버니싱
③ 슈퍼 피니싱   ④ 액체 호닝

해설 액체 호닝은 압축 공기를 사용하여 연마제를 가공액과 함께 노즐을 통해 고속 분사시켜 일감 표면을 다듬는 가공법이고, 슈퍼 피니싱은 숫돌 입자가 작은 숫돌로 일감을 가볍게 누르면서 축방향으로 진동을 주는 것으로 원통 외면, 내면, 평면을 다듬질할 수 있다. 버니싱은 원통 내면의 표면 다듬질에 가압법을 응용한 것을 말한다.

정답 1. ② 2. ② 3. ④

4-3   슈퍼 피니싱

(1) 슈퍼 피니싱(super finishing)

숫돌 입자가 작은 숫돌로 일감을 가볍게 누르면서 축방향으로 진동을 주는 것으로 변질층 표면 깎기, 원통 외면, 내면, 평면을 다듬질할 수 있다.

(2) 슈퍼 피니싱의 특징

① 연삭 흠집이 없는 가공을 할 수 있다.
② 가공액으로 경유, 기계유, 스핀들유 등이 사용된다.

예상문제

1. 입도가 작고 연한 숫돌을 작은 압력으로 가공물의 표면에 가압하면서 가공물에 피드를 주고, 숫돌을 진동시켜 가공하는 것은 어느 것인가?

① 호닝   ② 슈퍼 피니싱
③ 쇼트 피닝   ④ 버니싱

해설 • 호닝 : 원통 내면의 정밀도를 더욱 높이기 위하여 혼(hone)을 구멍에 넣고 회전운동과 축 방향 운동을 동시에 시켜 가며 구멍의 내면을 정밀 다듬질하는 방법
• 쇼트 피닝 : 쇼트(shot)라는 공구를 가공면에 고속으로 강하게 두드려 표면을 다듬질하는 가공
• 버니싱 : 1차로 가공된 공작물의 안지름보다 큰 강철 볼을 압입하여 통과시켜 공작물의 표면을 소성 변형시켜 가공

2. 선반에서 가공된 롤러(roller)의 외면을 정밀하게 다듬질하여 치수 정밀도와 원통도 및 진직도를 향상시키려고 할 때 어떤 가공법을 택하는 것이 가장 좋은가?

① 쇼트 피닝
② 하드 페이싱
③ 버니싱
④ 슈퍼 피니싱

3. 가공면에 숫돌을 접촉시켜 숫돌과 공작물 사이에 진동을 이용 상대 운동으로 표면을 다듬질하는 방법은?

① 액체 호닝   ② 쇼트 피닝
③ 슈퍼 피니싱   ④ 래핑

4. 다음 중 슈퍼 피니싱의 특징에 대한 설명으로 틀린 것은?

① 다듬질면은 평활하고 방향성이 없다.
② 숫돌은 진동을 하면서 왕복운동을 한다.
③ 가공에 따른 변질층의 두께가 매우 크다.
④ 공작물은 전 표면이 균일하고 매끈하게 다듬질된다.

해설 슈퍼 피니싱은 가공에 따른 변질층의 두께가 매우 작다.

정답 1. ②   2. ④   3. ③   4. ③

5. 일반적으로 슈퍼 피니싱의 가공액으로 사용되지 않는 것은?

① 경유 ② 스핀들유
③ 동물성유 ④ 기계유

해설 경유나 스핀들유를 사용하며 기계유를 혼합하여 사용하기도 한다.

6. 미세하고 비교적 연한 숫돌 입자를 사용하여 일감의 표면에 낮은 압력으로 접촉시키면서 매끈하고 고정밀도의 표면으로 일감을 다듬는 가공 방법은 어느 것인가?

① 브로칭 ② 슈퍼 피니싱
③ 래핑 ④ 액체 호닝

정답 5. ③ 6. ②

4-4 방전 가공

(1) 방전 가공(EDM : electric discharge machining)

일감과 전극 사이에 방전을 이용하여 재료를 조금씩 용해하면서 제거하는 비접촉식 가공법으로 구멍 뚫기, 조각, 절단 등을 한다.

① **전극 재료** : 구리, 황동, 흑연(그라파이트)

② **전극 재료의 특징**

㈎ 전기 저항이 낮고 전기 전도도가 틀 것

㈏ 용융점이 높고 소모가 적을 것

㈐ 가공 정밀도가 높고 가공이 용이할 것

㈑ 구하기 쉽고 가격이 저렴할 것

③ **가공액** : 용융 금속의 비산, 칩의 제거, 냉각 작용, 절연성 회복을 목적으로 기름, 물, 황화유 등을 사용한다.

(2) 방전 가공의 특징

① 숙련을 요하지 않으며, 무인 운전이 가능하다.

② 전극의 형상대로 가공된다.

③ 공작물에 큰 힘이 가해지지 않는다.

④ 가공 부분에 변질층이 남는다.

(3) 방전 가공의 장단점

① **장점**

㈎ 재료의 경도와 인성에 관계없이 전기 도체이면 쉽게 가공한다.

㈏ 비접촉성으로 기계적인 힘이 가해지지 않는다.

㈐ 다듬질면은 방향성이 없고 균일하다.

㈑ 복잡한 표면 형상이나 미세한 가공이 가능하다.

㈒ 가공 표면의 열변질층 두께가 균일하여 마무리 가공이 쉽다.

㈓ 가공성이 높고 설계의 유연성이 크다.

② 단점

㈎ 가공상의 전극 소재에 제한이 있다.

㈏ 가공 속도가 느리다.

㈐ 전극 소모가 있으며, 화재 발생에 유의해야 한다.

예상문제

1. 방전 가공에 대한 설명 중 잘못된 것은?

① 방전 가공 때 음극보다는 양극의 소모가 크다.

② 재료가 전기 부도체이면 쉽게 방전가공할 수 있다.

③ 얇은 판, 가는 선, 미세한 구멍 가공에 사용된다.

④ 와이어 컷 방전 가공의 와이어는 황동, 구리, 텅스텐을 사용한다.

해설 재료의 경도와 인성에 관계 없이 전기 도체이면 쉽게 가공한다.

2. 와이어 컷 방전 가공의 와이어 전극 재질로 적합하지 않은 것은?

① 황동   ② 구리

③ 텅스텐   ④ 납

해설 ①, ②, ③ 이외에 흑연 등을 사용한다.

3. 방전 가공에 대한 일반적인 특징으로 틀린 것은?

① 전기 도체이면 쉽게 가공할 수 있다.

② 전극은 구리나 흑연 등을 사용한다.

③ 방전 가공 시 양극보다 음극의 소모가 크다.

④ 공작물은 양극, 공구는 음극으로 한다.

해설 방전 가공은 액 중에서 방전에 의하여 생기는 전극의 소모 현상을 가공에 이용한 것이며, 일반적으로 양극 측이 소모가 크므로 가공물을 양극으로 하고, 전극은 음극이 된다.

4. 전극과 가공물 사이에 전기를 통전시켜, 열에너지를 이용하여 가공물을 용융 증발시켜 가공하는 것은?

① 방전 가공

② 초음파 가공

③ 화학적 가공

④ 쇼트 피닝 가공

해설 방전 가공은 일감과 공구 사이 방전을 이용해 재료를 조금씩 용해하면서 제거하는 가공법이다.

⑴ 가공 재료 : 초경합금, 담금질강, 내열강 등의 절삭 가공이 곤란한 금속을 쉽게 가공할 수 있다.

⑵ 가공액 : 기름, 물, 황화유

⑶ 가공 전극 : 구리, 황동, 흑연

정답 1. ②   2. ④   3. ③   4. ①

5. 방전 가공용 전극 재료의 조건으로 틀린 것은?

① 가공 정밀도가 높을 것
② 가공 전극의 소모가 많을 것
③ 구하기 쉽고 값이 저렴할 것
④ 방전이 안전하고 가공 속도가 클 것

해설 가공 전극의 소모가 적어야 한다.

6. 0.02~0.3 mm 정도의 금속선 전극을 이용하여 공작물을 잘라내는 가공 방법은 어느 것인가?

① 레이저 가공
② 워터젯 가공
③ 전자 빔 가공
④ 와이어 컷 방전 가공

해설 와이어 컷 방전 가공은 가는 와이어를 전극으로 이용하여 이 와이어가 늘어짐이 없는 상태로 감아가면서 와이어와 공작물 사이에 방전시켜 가공하는 방법이다.

7. 와이어 컷 방전 가공기의 사용 시 주의 사항으로 틀린 것은?

① 운전 중에는 전극을 만지지 않는다.
② 가공액이 바깥으로 튀어나오지 않도록 안전 커버를 설치한다.
③ 와이어의 지름이 매우 작아서 공구경의 보정을 필요로 하지 않는다.
④ 가공물의 낙하 방지를 위하여 프로그램 끝 부분에 정지 기능(M00)을 사용한다.

해설 와이어 컷 프로그램 시 반드시 공구 보정을 해야 한다.

정답 5. ② 6. ④ 7. ③

4-5 레이저 가공

(1) 레이저(laser) 가공

레이저로 자재의 일부분에 열을 가해 커팅, 가공하는 방법으로, 아주 단단하거나 깨지기 쉬운 재료의 가공이 쉽고, 접촉 없이 가공하기 때문에 장비의 마모가 없다는 장점이 있다.

(2) 레이저 가공의 장단점

① 장점

㈎ 세라믹, 유리, 타일, 대리석 등의 고경도 및 취성 재료의 가공이 용이하다.
㈏ 비접촉 가공이므로 가공 소음 발생이 적다.
㈐ 공구의 마모가 없다.
㈑ 빔 집속을 통해 가공부를 최소화하므로 열영향부를 줄인다.
㈒ 가공 중 소재에 반력이 없고, 플라스틱, 천, 고무, 종이 등의 재질이나 극히 얇은 판 등을 변형 없이 고정도로 가공 가능하다.

(ㅂ) 자유 곡선 등의 복잡한 형상을 쉽게 가공할 수 있다.

(ㅅ) 빛의 전송을 통해 가공 영역을 확대하고 광섬유를 사용한 로봇과의 결합이 가능하다.

② 단점

(가) 광학 부품의 오염을 방지할 수 있도록 주의해야 한다.

(나) 장비가 고가이다.

(다) 가공 전 재료가 오염 등을 통해 레이저 에너지 흡수 조건에 변화가 생기지 않도록 주의해야 한다.

(라) 반사율이 큰 재료의 가공이 곤란하며 표면에 흡수제 처리 등이 필요하다.

예상문제

1. 레이저 가공은 가공물에 레이저 빛을 쏘이면 순간적으로 밑부분이 가열되어, 용해되거나 증발되는 원리이다. 가공에 사용되는 레이저 종류가 아닌 것은?

① 기체 레이저   ② 반도체 레이저

③ 고체 레이저   ④ 지그 레이저

[해설] 레이저는 매질의 성질에 따라 고체 레이저, 기체 레이저, 액체 레이저, 반도체 레이저 등이 있다.

2. 다음 중 레이저 가공의 장점이 아닌 것은 어느 것인가?

① 고경도 및 취성 재료의 가공이 용이하다.

② 공구의 마모가 없다.

③ 광학 부품의 오염이 없다.

④ 비접촉 가공이므로 가공 소음 발생이 적다.

[해설] 레이저 가공은 광학 부품의 오염을 방지할 수 있도록 주의해야 하며, 장비가 고가이다.

[정답] 1. ④   2. ③

4-6   초음파 가공

(1) 초음파 가공

공구와 공작물 사이에 연삭 입자와 가공액을 주입하고, 공구에 초음파 진동을 주어 전기적 양도체나 부도체의 여부에 관계없이 정밀한 가공을 하는 방법이다.

① **공구 재료** : 황동, 연강, 피아노선, 모넬메탈 등을 사용한다.

② **가공액** : 물, 경유 등을 사용한다.

③ **연삭 입자** : 알루미나, 탄화규소, 탄화붕소, 다이아몬드 분말 등을 사용한다.

(2) 초음파 가공의 장단점

① 장점

㈎ 도체가 아닌 부도체도 가공이 가능하다.

㈏ 구멍을 가공하기 쉽다.

㈐ 복잡한 형상도 쉽게 가공할 수 있다.

㈑ 가공 재료의 제한이 적다.

② 단점

㈎ 가공 속도가 느리고 공구 마모가 크다.

㈏ 연한 재료(납, 구리, 연강)의 가공이 어렵다.

㈐ 가공 면적이 작다.

㈑ 가공 길이에 제한이 있다.

예상문제

1. 물이나 경유 등에 연삭 입자를 혼합한 가공액을 공구의 진동면과 일감 사이에 주입시켜 가며 초음파에 의한 상하진동으로 표면을 다듬는 가공 방법은?

① 방전 가공

② 초음파 가공

③ 전자빔 가공

④ 화학적 가공

해설 방전 가공은 일감과 공구 사이 방전을 이

용해 재료를 조금씩 용해하면서 제거하는 가공법이다.

2. 초음파 가공의 장점이 아닌 것은?

① 부도체도 가공이 가능하다.

② 복잡한 형상도 쉽게 가공할 수 있다.

③ 가공 재료의 제한이 적다.

④ 가공 속도가 빠르고 공구 마모가 적다.

해설 가공 속도가 느리고 공구 마모가 크며, 연한 재료(납, 구리, 연강)는 가공이 어렵다.

정답 1. ② 2. ④

4-7 화학적 가공

(1) 화학적 가공

대부분의 재료는 화학적으로 용해시킬 수 있으며, 이러한 화학 반응을 통하여 기계적, 전기적 방법으로는 가공할 수 없는 재료를 가공하는 방법으로서 화학 블랭킹, 화학 연마, 화학 연삭, 화학 절단 등이 있다.

(2) 화학적 가공의 특징

① 재료의 강도나 경도에 관계없이 가공할 수 있다.

② 변형이나 가공 거스러미가 없다.

③ 가공 경화나 표면의 변질층이 생기지 않는다.

④ 표면 전체를 동시에 다량 가공할 수 있다.

⑤ 공구가 필요 없다.

예상문제

1. 가공물을 화학 가공액 속에 넣고 화학 반응을 일으켜 가공물의 표면을 필요한 형상으로 가공하는 것을 화학적 가공이라 한다. 화학적 가공의 특징 중 틀린 것은?

① 재료의 강도나 경도에 관계없이 가공할 수 있다.

② 변형이나 거스러미가 발생하지 않는다.

③ 가공 경화 또는 표면 변질층이 발생한다.

④ 복잡한 형상과 관계 없이 표면 전체를 한번에 가공할 수 있다.

해설 화학적 가공의 특징은 ①, ②, ④ 이외에 가공 경화나 표면의 변질층이 생기지 않는다.

2. 다음 중 공구가 필요 없는 가공법은 어느 것인가?

① 방전 가공   ② 화학적 가공

③ 전자빔 가공   ④ 초음파 가공

해설 화학적 가공은 화학 반응을 통하여 기계적, 전기적 방법으로는 가공할 수 없는 재료를 가공하는 방법으로 공구가 필요 없다.

정답 1. ③   2. ②

4-8 기타 특수 가공

(1) 전주 가공

금속의 전착을 이용하여 모형 위에 도금을 해서 적당한 두께가 되면 모형에서 떼어낸다. 치수는 $0.1 m$까지 가능하지만 필요한 두께를 얻는 데 수십 시간이 걸린다.

(2) 전해 연마(electrolytic polishing)

전기 도금의 원리와 반대로 전해액에 일감을 양극으로 하여 전기를 통하면 표면이 용해 석출되어 공작물의 표면이 매끈하도록 다듬질하는 것을 말한다. 주사침, 반사경 등의 연마에 이용된다.

(3) 폴리싱(polishing)

미세한 연삭 입자를 부착한 목재, 피혁, 직물 등으로 만든 바퀴로 공작물의 표면을 연마한다. 폴리싱은 버핑에 선행한다.

(4) 버핑(buffing)

직물을 여러 장 겹쳐서 만든 바퀴로 공작물의 표면에 광택을 낸다. 윤활제를 섞은 미세한 연삭 입자가 사용된다.

(5) 쇼트 피닝(shot peening)

쇼트 볼로 가공면을 강하게 두드려 금속 표면층의 경도와 강도를 증가시켜 피로한계를 높여준다. 분사 속도, 분사 각도, 분사 면적이 중요하다.

(6) 버니싱(burnishing)

1차로 가공된 구멍보다 다소 큰 강철 볼을 구멍에 압입하여 통과시켜 구멍 표면의 거칠기와 정밀도, 피로한도를 높이고 부식저항을 증가시킨다.

(7) 배럴(barrel) 가공

회전하는 상자에 공작물과 공작액, 콤파운드 등을 함께 넣어 공작물이 입자와 충돌하는 동안에 그 표면의 요철을 제거하여 공작물 표면을 매끄럽게 한다.

(8) 플라스마 가공

아크 방전 플라스마를 대기 중에 제트 모양으로 분출시켜서 이때 발생하는 고온, 고속의 에너지를 사용하여 재료를 절삭, 절단 가공하는 방법이다.

예상문제

1. 금속으로 만든 작은 덩어리를 공작물 표면에 고속으로 분사하여 피로 강도를 증가시키기 위한 냉간 가공법으로 반복 하중을 받는 스프링, 기어, 축 등에 사용하는 가공법은?

① 래핑　　　　　② 호닝

③ 쇼트 피닝　　　④ 슈퍼 피니싱

2. 다음 중 전주 가공의 일반적인 특징이 아닌 것은?

① 가공 정밀도가 높은 편이다.

② 복잡한 형상 또는 중공축 등을 가공할 수

있다.
③ 제품의 크기에 제한을 받는다.
④ 일반적으로 생산 시간이 길다.

해설 전주 가공이란 전해 연마에서 석출된 금속 이온이 음극의 공작물 표면에 붙은 전해층을 이용하여 원형과 반대 형상의 제품을 만드는 가공법으로 특징은 다음과 같다.
(1) 첨가제와 전주 조건으로 전착 금속의 기계적 성질을 쉽게 가공할 수 있다.
(2) 가공 정밀도가 높기 때문에 모형과의 오차를 ±25m 정도로 할 수 있다.
(3) 매우 높은 정밀도의 다듬질 면을 얻을 수 있다.
(4) 복잡한 형상, 이음매 없는 관, 중공축 등을 제작할 수 있다.
(5) 제품의 크기에 제한을 받지 않는다.
(6) 언더컷형이 아니면 대량생산이 가능하다.
(7) 생산하는 시간이 길다.
(8) 모형 전면에 일정한 두께로 전착하기가 어렵다.
(9) 금속의 종류에 제한을 받는다.
(10) 제작 가격이 다른 가공 방법에 비하여 비싸다.

3. 다음의 특징을 가지는 특수 가공은?

> ㉠ 가공 변질층이 나타나지 않으므로 평활한 면을 얻을 수 있다.
> ㉡ 복잡한 형상의 제품도 가능하다.
> ㉢ 가공면에는 방향성이 없다.
> ㉣ 내마모성, 내부식성이 향상된다.

① 전해 연마 ② 방전 가공
③ 버핑 ④ 폴리싱

해설 버핑(buffing)은 직물, 피혁, 고무 등으로 만든 원판 버프를 고속 회전시켜 광택을 내는 가공법이며, 방전 가공은 일감과 공구 사이 방전을 이용해 재료를 조금씩 용해하면서 제거하는 가공법이다.

4. 회전하는 통 속에 가공물, 숫돌 입자, 가공액, 콤파운드 등을 함께 넣고 회전시켜 서

로 부딪치며 가공되어 매끈한 가공면을 얻는 가공법은?

① 롤러 가공 ② 배럴 가공
③ 쇼트 피닝 가공 ④ 버니싱 가공

5. 다음 그림과 같은 원리로 원통형 내면에 강철 볼형의 공구를 압입해 통과시켜 매끈하고 정도가 높은 면을 얻는 가공법은?

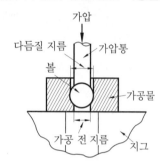

① 버니싱 ② 폴리싱
③ 쇼트 피닝 ④ 버핑

해설 버니싱 가공법은 원통 내면에 소성 변형을 주어 다듬질하며 내경보다 약간 지름이 큰 버니싱을 사용하여 작업한다. 주로 구멍 내면 다듬질을 하며 간단한 장치로 단시간에 정밀도 높은 가공을 할 수 있다.

6. 다음 중 가공물을 양극으로 전해액에 담그고 전기 저항이 적은 구리, 아연을 음극으로 하여 전류를 흘려서 전기에 의한 용해 작용을 이용하여 가공하는 가공법은?

① 전해 연마 ② 전해 연삭
③ 전해 가공 ④ 전주 가공

7. 숫돌 입자와 공작물이 접촉하여 가공하는 연삭작용과 전해 작용을 동시에 이용하는 특수 가공법은?

① 전주 연삭 ② 전해 연삭
③ 모방 연삭 ④ 방전 가공

정답 3. ① 4. ② 5. ① 6. ① 7. ②

5. 손다듬질 가공

5-1 줄 작업

(1) 줄 작업

① **줄의 크기** : 줄 자루에 꽂는 부분(탱)을 제외한 나머지 길이로 표시하며, 길이에 따른 종류에는 100~400mm까지 50mm 간격으로 7종이 있다.

② **줄 단면의 모양** : 평줄, 반원줄, 둥근줄, 사각줄, 삼각줄

③ **날 눈의 세워진 방식에 따른 분류**

  ㈎ **단목** : 납, 주석, 알루미늄 등의 연한 금속 또는 판금의 가장자리 다듬질에 사용

  ㈏ **복목** : 일반적인 다듬질에 사용

  ㈐ **귀목** : 비금속 또는 연한 금속의 거친 절삭에 사용

  ㈑ **파목** : 물결 모양으로 날 눈을 세운 것으로 납, 알루미늄, 플라스틱, 목재 등에 사용

④ **줄의 각부 명칭** : 줄의 각부는 자루부, 탱, 절삭날, 선단 등으로 되어 있다.

⑤ **줄눈의 크기** : 황목, 중목, 세목, 유목 순으로 눈이 작아진다.

(2) 평면 줄 작업 방법

① **직진법** : 길이 방향으로 절삭하는 방법으로 최종 다듬질 작업에 사용한다.

② **사진법** : 넓은 면 절삭에 적합하며, 절삭량이 많아 황삭 및 모따기에 적합하다.

③ **횡진법** : 병진법이라고도 하며, 줄을 길이 방향과 직각 방향으로 움직여 절삭한다.

(3) 줄 작업 시 주의 사항

① 줄을 밀 때, 체중을 몸에 가하여 줄을 민다.

② 오른발은 75° 정도, 왼발은 30° 정도 바이스 중심을 향해 반우향한다.

③ 오른손 팔꿈치를 옆구리에 밀착시키고 팔꿈치가 줄과 수평이 되게 한다.

④ 눈은 항상 가공물을 보며 작업하고, 줄을 당길 때는 가공물에 압력을 주지 않는다.

⑤ 보통 줄의 사용 순서는 황목 → 중목 → 세목 → 유목 순으로 작업한다.

⑥ 줄의 손잡이를 오른손 손바닥 중앙에 놓고 엄지손가락은 줄의 중심선과 일치하게 한다.

예상문제

1. 줄 작업에 대한 설명 중 잘못된 것은?

① 줄 작업의 자세는 오른발은 75° 정도, 왼발은 30° 정도 바이스 중심을 향해 반우향한다.
② 오른손 팔꿈치를 옆구리에 밀착시키고 팔꿈치가 줄과 수평이 되게 한다.
③ 눈은 항상 가공물을 보며 작업한다.
④ 줄을 당길 때, 체중을 가하여 압력을 준다.

해설 줄을 밀 때, 체중을 몸에 가하여 줄을 민다.

2. 납, 주석, 알루미늄 등의 연한 금속이나 판금 제품의 가장자리를 다듬질 작업할 때 주로 사용하는 줄은?

① 귀목　　　　② 단목
③ 파목　　　　④ 복목

해설 복목은 일반적인 다듬질에 사용하고, 귀목은 비금속 또는 연한 금속의 거친절삭에 사용한다.

3. 다음 중 줄 작업을 할 때 주의할 사항으로 틀린 것은?

① 줄을 밀 때, 체중을 가하여 줄을 민다.
② 보통 줄의 사용 순서는 황목→세목→중목→유목 순으로 작업한다.
③ 눈은 항상 가공물을 보면서 작업한다.
④ 줄을 당길 때는 가공물에 압력을 주지 않는다.

해설 줄 작업 순서는 황목→중목→세목→유목 순이다.

4. 일반적으로 줄(file)의 재질은 어떤 것을 사용하는가?

① 탄소 공구강
② 고속도강
③ 다이스강
④ 초경질 합금

해설 줄의 재질은 탄소 공구강(STC)이며, 줄의 크기는 자루 부분을 제외한 줄의 전체 길이로 표시한다.

5. 일반적으로 머시닝센터 가공을 한 후 일감에 거스러미를 제거할 때 사용하는 공구는?

① 바이트　　　② 줄
③ 스크라이버　　④ 하이트 게이지

해설 머시닝센터나 밀링 가공을 한 후 거스러미는 보통 줄로 제거한다.

6. 줄에 관한 설명으로 틀린 것은?

① 줄의 단면에 따라 황목, 중목, 세목, 유목으로 나눈다.
② 줄 작업을 할 때는 두 손의 절삭 하중은 서로 균형이 맞아야 정밀한 평면 가공이 된다.
③ 줄 작업을 할 때는 양손은 줄의 전후 운동을 조절하고, 눈은 가공물의 윗면을 주시한다.
④ 줄의 수명은 황동, 구리합금 등에 사용할 때가 가장 길고 연강, 경강, 주철의 순서가 된다.

해설 줄의 종류에는 단면의 모양에 따라 평줄, 반원줄, 둥근줄, 사각줄, 삼각줄 등이 있다.

정답 1. ④　2. ②　3. ②　4. ①　5. ②　6. ①

7. 줄의 작업 방법이 아닌 것은?

① 직진법　　　　② 사진법
③ 후진법　　　　④ 병진법

해설　• 직진법 : 최종 다듬질 작업에 사용
• 사진법 : 황삭 및 모따기에 적합
• 횡진법 : 병진법이라고도 하며 줄의 길이 방향과 직각 방향으로 움직여 절삭

8. 다음 중 줄의 크기 표시 방법으로 가장 적

합한 것은?

① 줄 눈의 크기를 호칭치수로 한다.
② 줄 폭의 크기를 호칭치수로 한다.
③ 줄 단면적의 크기를 호칭치수로 한다.
④ 자루 부분을 제외한 줄의 전체 길이를 호칭치수로 한다.

해설　줄의 크기는 줄 자루에 꽂는 부분(탱)을 제외한 나머지 길이로 표시하며 길이에 따른 종류에는 100~400mm까지 50mm 간격으로 7종이 있다.

정답　7. ③　8. ④

5-2　리머 작업

(1) 리머 작업

드릴에 의해 뚫린 구멍은 진원 진직 정밀도가 낮고 내면 다듬질의 정도가 불량하다. 따라서 리머 공구를 사용하여 이러한 구멍을 정밀하게 다듬질하는 것을 말한다.

(2) 리머의 종류

① **핸드 리머** : 수가공, 기계 가공용으로 적합하다.
② **스파이럴 리머** : 기계 가공용으로 관통 구멍에 적합하다.
③ **헬리컬 리머** : 고속 가공이 용이하고 칩 배출이 우수하여 대량 생산에 적합하다.
④ **처킹 리머** : 날부가 짧아서 고속 가공에 적합하다.

(3) 리머 작업 시 유의 사항

① 리머를 뺄 때 역회전시켜서는 안 된다.
② 기름을 충분히 주어 칩이 잘 배출되도록 해야 한다.
③ 채터링(떨림)을 방지하기 위해 절삭날의 수는 홀수날이고, 부등 간격으로 배치한다.
④ 드릴링을 할 때 리밍 여유를 정확히 남기고 구멍을 뚫어야 한다.
⑤ **리머 선택** : 공작물의 재질과 공작 조건에 따라 선택하고, 리머의 구멍 깊이는 지름의 2배 정도를 표준으로 하며 더 깊으면 가이드를 붙여 요동을 막아야 한다.
⑥ 핸드 리머 작업 시 자루 부분의 사각부를 리머 핸들에 끼워 작업하며, 구멍의 중심을 잘 유지해야 한다.

예상문제

1. 리머의 특징 중 옳지 않은 것은?

① 절삭날의 수는 많은 것이 좋다.
② 절삭날은 홀수보다 짝수가 유리하다.
③ 떨림을 방지하기 위하여 부등 간격으로 한다.
④ 자루의 테이퍼는 모스 테이퍼이다.

해설 채터링(떨림)을 방지하기 위해 절삭날의 수는 홀수날이다.

2. 다음 중 드릴로 뚫은 구멍을 정밀 치수로 가공하기 위해 다듬는 작업은?

① 태핑　　　　② 리밍
③ 카운터 싱킹　　④ 스폿 페이싱

해설 리밍은 드릴로 뚫은 구멍을 정확한 치수로 넓히거나, 구멍을 정밀하게 다듬질하는 데 사용한다.

3. 일반적으로 드릴 작업 후 리머 가공을 할 때 리머 가공의 절삭 여유로 가장 적합한

것은?

① 0.02~0.03mm 정도
② 0.2~0.3mm 정도
③ 0.8~1.2mm 정도
④ 1.5~2.5mm 정도

해설 드릴로 뚫은 구멍은 보통 진원도 및 내면의 다듬질 정도가 양호하지 못하므로 리머를 사용하여 구멍의 내면을 매끈하고 정확하게 가공하는 작업을 리머 작업 또는 리밍(reaming)이라고 한다.

4. 다음 리머 중 자루와 날 부위가 별개로 되어 있는 리머는?

① 솔리드 리머(solid reamer)
② 조정 리머(adjustable reamer)
③ 팽창 리머(expansion reamer)
④ 셸 리머(shell reamer)

해설 솔리드 리머는 자루와 날 부위가 같은 소재로 된 리머이다.

정답 1. ②　2. ②　3. ②　4. ④

5-3　드릴, 탭, 다이스 작업

(1) 드릴 작업

① **드릴링 머신으로 할 수 있는 작업**

㈎ 드릴링(drilling) : 드릴링 머신의 주된 작업으로서 드릴을 사용하여 구멍을 뚫는 작업이다.

㈏ 리밍(reaming) : 드릴을 사용하여 뚫은 구멍의 내면을 리머로 다듬는 작업이다.

㈐ 태핑(tapping) : 드릴을 사용하여 뚫은 구멍의 내면에 탭을 사용하여 암나사를 가공하는 작업이다.

㈜ 보링(boring) : 드릴을 사용하여 뚫은 구멍이나 이미 만들어져 있는 구멍을 넓히는 작업 이다.

㈝ 스폿 페이싱(spot facing) : 너트 또는 볼트 머리와 접촉하는 면을 고르게 하기 위하여 깎는 작업이다.

㈞ 카운터 보링(counter boring) : 볼트의 머리가 일감 속에 묻히도록 깊게 스폿 페이싱을 하는 작업이다.

㈟ 카운터 싱킹(counter sinking) : 접시 머리 나사의 머리 부분을 묻히게 하기 위하여 자리를 파는 작업이다.

(2) 탭 작업

① **탭 작업** : 드릴로 뚫은 구멍에 탭과 탭 핸들에 의해 암나사를 내는 작업이다.

② **핸드 탭의 종류** : 핸드 탭(수동 탭)은 1번, 2번, 3번 탭이 한 조로 되어 있으며, 1번 탭은 탭의 끝 부분이 9산, 2번 탭은 5산, 3번 탭은 1.5산이 테이퍼로 되어 있다.

③ **탭 구멍**

㈎ 미터 나사 : $d = D - p$

㈏ 인치 나사 : $d = 25.4 \times D - \dfrac{25.4}{N}$

여기서, d : 탭 구멍의 지름(mm), D : 나사의 바깥지름(mm)

p : 나사의 피치(mm), N : 1인치(25.4mm) 사이의 산수

④ **탭이 부러지는 원인**

㈎ 구멍이 작을 때 ㈏ 탭이 구멍 바닥에 부딪혔을 때

㈐ 칩의 배출이 원활하지 못할 때 ㈑ 구멍이 바르지 못할 때

㈒ 핸들에 무리한 힘을 주었을 때

⑤ **탭 작업 시 주의 사항**

㈎ 공작물을 수평으로 단단히 고정시킬 것

㈏ 구멍의 중심과 탭의 중심을 일치시킬 것

㈐ 탭 핸들에 무리한 힘을 가하지 말고 수평을 유지할 것

㈑ 탭을 한쪽 방향으로만 돌리지 말고 가끔 역회전하여 칩을 배출시킬 것

㈒ 기름을 충분히 넣을 것

(3) 다이스 작업

환봉 또는 관 바깥지름에 다이스(dies)를 사용하여 수나사를 가공하는 작업이며, 다이스는 나사 지름을 조절할 수 있는 분할 다이스와 나사 지름을 조절할 수 없는 단체 다이스로 나눈다.

예상문제

1. 탭으로 암나사를 가공하기 위해서는 먼저 드릴로 구멍을 뚫고 탭 작업을 해야 한다. M6×1.0의 탭을 가공하기 위한 드릴 지름을 구하는 식으로 맞는 것은? (단, d=드릴 지름, M=수나사의 바깥지름, P=나사의 피치이다.)

① $d=M×P$ ② $d=M-P$
③ $d=P-M$ ④ $d=M-2P$

해설 탭 작업 시 미터 나사인 경우 드릴 지름을 구하는 식은 $d=M-P$이다.

2. 탭의 종류 중 파이프 탭(pipe tap)으로 가능한 작업으로 적합하지 않은 것은?

① 오일 캡
② 리머의 가공
③ 가스 파이프 또는 파이프 이음
④ 기계 결합용 암나사 가공

해설 리머는 드릴이나 다른 절삭 공구로 이미 뚫어놓은 구멍을 정확한 치수로 맞추거나 깨끗하게 다듬는 데 사용하는 공구이다.

3. 다음 중 탭의 파손 원인으로 틀린 것은 어느 것인가?

① 구멍이 너무 작거나 구부러진 경우
② 탭이 경사지게 들어간 경우
③ 너무 느리게 절삭한 경우
④ 막힌 구멍의 열바닥에 탭의 선단이 닿았을 경우

해설 탭은 ①, ②, ④ 이외에 칩의 배출이 원활하지 못할 때와 핸들에 무리한 힘을 주었을 때 파손된다.

4. 다음 중 구멍의 내면을 암나사로 가공하는 작업은?

① 리밍 ② 널링
③ 태핑 ④ 스폿 페이싱

해설 탭으로는 암나사를 가공하고, 수나사는 다이스를 이용하여 가공한다.

5. 그림과 같이 작은 나사나 볼트의 머리를 공작물에 묻히게 하기 위하여, 단이 있는 구멍 뚫기를 하는 작업은?

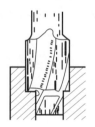

① 카운터 보링 ② 카운터 싱킹
③ 스폿 페이싱 ④ 리밍

해설 작은 구멍 위에 상대적으로 큰 지름의 같은 축의 계단형 홀을 가공하는 것으로, 보통 소켓머리 볼트를 제품에 삽입 시 볼트 머리가 제품 위로 돌출되지 않게 하기 위해 많이 사용한다.

6. 탭 작업 중 탭의 파손 원인으로 가장 관계가 먼 것은?

① 탭 기초 구멍이 너무 작은 경우
② 탭이 소재보다 경도가 높은 경우
③ 탭이 구멍 바닥에 부딪혔을 경우
④ 탭이 경사지게 들어간 경우

해설 탭이 소재보다 경도가 낮은 경우에 파손된다.

7. 다음 중 드릴링 머신으로 할 수 없는 작업은 어느 것인가?

① 탭 가공   ② 평면 가공
③ 카운터 싱킹   ④ 스폿 페이싱

해설 평면 가공은 밀링 머신으로 작업한다.

8. 카운터 싱킹 드릴의 날 끝 각은?

① 60°   ② 90°
③ 118°   ④ 135°

해설 카운터 싱킹은 접시 머리 나사의 머리 부분이 닿게 원추형으로 깎는 것이므로 접시 머리 나사의 머리 부분 각도는 90°이다.

9. 드릴의 지름 6 mm, 회전수 400 rpm일 때, 절삭 속도는?

① 6.0 m/min   ② 6.5 m/min
③ 7.0 m/min   ④ 7.5 m/min

해설 $V = \dfrac{\pi DN}{1000} = \dfrac{3.14 \times 6 \times 400}{1000}$
$= 7.536 \, \text{m/min}$

10. 드릴로 카운터 싱킹할 때 떨릴 경우, 그 원인이 아닌 것은?

① 웨브가 작다.   ② 여유각이 크다.
③ 회전수가 빠르다. ④ 절삭 깊이가 크다.

해설 드릴로 카운터 싱킹할 때 떨림은 드릴의 여유각이 크고 회전수가 빠르며 절삭 깊이가 클 경우에 발생한다.

11. 드릴 작업에서 모든 절삭 조건이 같을 경우, 회전수가 가장 커야 하는 경우의 드릴 지름은?

① 3 mm   ② 6 mm
③ 12 mm   ④ 19 mm

해설 모든 절삭 조건이 같을 경우, 절삭 속도도 같아야 하므로 드릴 지름이 작을수록 회전수가 커야 절삭 속도가 같아진다.

12. 드릴링 머신의 가공 방법 중에서 접시 머리 나사의 머리부를 묻히게 하기 위해 원뿔자리를 만드는 작업은?

① 태핑   ② 스폿 페이싱
③ 카운터 싱킹   ④ 카운터 보링

해설 스폿 페이싱(spot facing)은 너트 또는 볼트 머리와 접촉하는 면을 고르게 하기 위한 작업이며, 카운터 보링(counter boring)은 볼트의 머리가 일감 속에 묻히도록 깊게 스폿 페이싱을 하는 작업이다.

13. 단조나 주조품에 볼트 또는 너트를 체결할 때 접촉부가 밀착되게 하기 위하여 구멍 주위를 평탄하게 하는 가공 방법은?

① 스폿 페이싱
② 카운터 싱킹
③ 카운터 보링
④ 보링

해설 보링은 드릴을 사용하여 뚫은 구멍의 내면에 탭을 사용하여 암나사를 가공하는 작업이다.

14. 일반 드릴에 대한 설명으로 틀린 것은?

① 사심(dead center)은 드릴 날 끝에서 만나는 부분이다.
② 표준 드릴의 날끝각은 118°이다.
③ 마진(margin)은 드릴을 안내하는 역할을 한다.
④ 드릴의 지름이 13 mm 이상의 것은 곧은 자루 형태이다.

해설 지름이 13 mm 이상인 것은 테이퍼 섕크 드릴이다.

정답 **7.** ②   **8.** ②   **9.** ④   **10.** ①   **11.** ①   **12.** ③   **13.** ①   **14.** ④

6. 기계 재료

(1) 기계 재료의 일반적 성질

① 금속의 공통적인 성질

(개) 상온에서 고체이며 결정체(Hg 제외)이다.

(내) 비중이 크고 고유의 광택을 갖는다.

(대) 가공이 용이하고, 연ㆍ전성이 좋다.

(래) 열과 전기의 양도체이다.

(매) 이온화하면 양(+)이온이 된다.

② **경금속과 중금속** : 비중 5를 기준으로 하여 비중이 5 이하인 것을 경금속이라 하고, 5 이상인 것을 중금속이라 한다.

(개) 경금속 : Al(알루미늄), Mg(마그네슘), Be(베릴륨), Ca(칼슘), Ti(티탄), Li(리튬 : 비중 0.53으로 금속 중 가장 가벼움) 등

(내) 중금속 : Fe(철 : 비중 7.87), Cu(구리), Cr(크롬), Ni(니켈), Bi(비스무트), Cd(카드뮴), Ce(세륨), Co(코발트), Mo(몰리브덴), Pb(납), Zn(아연), Ir (이리듐 : 비중 22.5로 가장 무거움) 등

③ 물리적 성질

(개) 비중 : 4℃의 순수한 물을 기준으로 몇 배 무거운가, 가벼운가를 수치로 표시한다.

(내) 용융점 : 고체에서 액체로 변화하는 온도점이며, 금속 중에서는 텅스텐이 3410℃로 가장 높고, 수은은 −38.8℃로 가장 낮다. 순철의 용융점은 1530℃ 이다.

(대) 비열 : 단위 질량의 물체의 온도를 1℃ 올리는 데 필요한 열량으로 비열 단위는 kJ/kgㆍ℃이다.

(래) 선팽창 계수 : 물체의 단위 길이에 대하여 온도가 1℃ 만큼 높아지는 데 따라 막대의 길이가 늘어나는 양이다. 단위는 cm/cmㆍ℃(=1/℃)

(매) 열전도율 : 거리 1m에 대하여 1℃의 온도차가 있을 때 $1m^2$의 단면을 통하여 1시간에 전해지는 열량으로 단위는 kJ/mㆍhㆍ℃이며, 열전도율은 은>구리>백금>알루미늄>아연>니켈>철 순으로 좋다.

(배) 전기 전도율 : 물질 내에서 전류가 잘 흐르는 정도를 나타내는 양으로, 전기 전

도율은 은>구리>금>알루미늄>마그네슘>아연>니켈>철>납>안티몬 등의 순으로 좋다.

④ **기계적 성질**

(가) **항복점** : 금속 재료의 인장 시험에서 하중을 0으로부터 증가시키면 응력의 근소한 증가나 또는 증가 없이도 변형이 급격히 증가하는 점에 이르게 되는데, 이 점을 항복점이라 하며 연강에는 존재하지만 경강이나 주철의 경우는 거의 없다.

(나) **연성** : 물체가 탄성한도를 초과한 힘을 받고도 파괴되지 않고 늘어나서 소성 변형이 되는 성질로서 금, 은, 알루미늄, 구리, 백금, 납, 아연, 철 등의 순으로 좋다.

(다) **전성** : 가단성과 같은 말로 금속을 얇은 판이나 박(箔)으로 만들 수 있는 성질로서 금, 은, 알루미늄, 철, 니켈, 구리, 아연 등의 순으로 좋다.

(라) **인성** : 굽힘이나 비틀림 작용을 반복하여 가할 때 이 외력에 저항하는 성질, 즉 끈기있고 질긴 성질을 말한다.

(마) **인장 강도** : 인장 시험에서 최대 하중을 시험편 평행부의 원단면적으로 나눈 값이다.

(바) **취성** : 물체가 약간의 변형에도 견디지 못하고 파괴되는 성질로서 인성에 반대된다.

(사) **가공 경화** : 금속이 가공에 의하여 강도, 경도가 커지고 연신율이 감소되는 성질이다.

(아) **강도** : 물체에 하중을 가한 후 파괴되기까지의 변형 저항을 총칭하는 말로서 보통 인장 강도가 표준이 된다.

(자) **경도** : 물체의 기계적인 단단함의 정도를 수치로 나타낸 것이다.

(2) 금속의 결정

① **결정 격자** : 결정 입자 내의 원자가 금속 특유의 형태로 배열되어 있는 것

금속의 결정 구조와 성질

격자	기호	성질	원소
체심입방격자	BCC	용융점이 비교적 높고, 전연성이 떨어진다.	Fe, Cr, Mo, W, V
면심입방격자	FCC	전연성은 좋으나, 강도가 충분하지 않다	Al, Ag, Au, Cu, Pb
조밀육방격자	HCP	전연성이 떨어지고, 강도가 충분하지 않다.	Mg, Zn, Ti, Be, Hg

② **금속의 변태**

　㈎ 동소 변태 : 고체 내에서 원자 배열이 변하는 것

　　㉮ 성질의 변화가 일정 온도에서 급격히 발생

　　㉯ 동소 변태의 금속 : Fe, Co, Ti, Sn

　㈏ 자기 변태 : 원자 배열은 변화가 없고, 자성만 변하는 것

　　㉮ 성질의 변화가 점진적이고 연속적으로 발생

　　㉯ 자기 변태의 금속 : Fe, Ni, Co

　　㉰ 전기 저항의 변화는 자기 크기와 반비례한다.

　㈐ 변태점 측정 방법 : 열 분석법, 열 팽창법, 전기 저항법, 자기 분석법

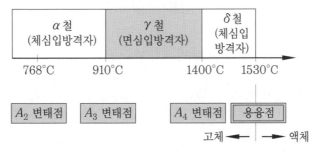

금속의 변태

(3) 재료의 시험

① 경도 시험

경도 시험기

시험기의 종류	브리넬 경도 (brinell hardness)	비커스 경도 (vickers hardness)	로크웰 경도 (rockwell hardness)	쇼 경도 (shore hardness)
기호	H_B	H_V	$H_R(H_RB, H_RC)$	H_S
시험법의 원리	압입자에 하중을 걸어 자국의 크기로 경도를 조사한다. $H_B = \dfrac{P}{\pi Dt}$ $= \dfrac{2P}{\pi D(D-\sqrt{D^2-d^2})}$	압입자에 하중을 작용시켜 자국의 대각선 길이로서 조사한다. $H_V = \dfrac{하중}{자국의\ 표면적}$ $= \dfrac{1.8544P}{d^2}$	압입자에 하중을 걸어 홈의 깊이로 측정한다. 예비 하중은 10kg이고 B 스케일은 하중이 100 kg, C 스케일은 150 kg이다. $H_RB = 130-500h$ $H_RC = 100-500h$	추를 일정한 높이에서 낙하시켜 이때 반발한 높이로 측정한다.

② **인장 시험**

   (가) 인장 강도$(\sigma_B) = \dfrac{최대하중}{원단면적} = \dfrac{P_{max}}{A_0}$ $[\text{MPa}(\text{N/mm}^2)]$

   (나) 연신율$(\varepsilon) = \dfrac{시험 \ 후 \ 늘어난 \ 거리}{표점 \ 거리} = \dfrac{l - l_0}{l_0} \times 100\%$

③ **충격 시험** : 시험편 노치부에 동적 하중을 가하여 재료의 인성과 취성을 알아낸다. 샤르피(sharpy) 충격 시험과 아이조드(izod) 충격 시험이 있다.

④ **피로 시험** : 반복되어 작용하는 하중 상태에서의 성질을 알아낸다.

   (가) 피로한도 : 반복 하중을 받아도 파괴되지 않는 한계

   (나) $S\!-\!N$ 곡선 : 피로한도를 구하기 위하여 반복 횟수를 알아내는 곡선

(4) 금속의 가공과 풀림

① **소성 가공** : 금속에 외력을 주어 영구 변형(소성 변형)을 시켜 가공하는 것이며, 조직의 미세화로 기계적 성질이 향상된다. 단점으로는 내부 응력과 잔류 응력이 생긴다.

② **소성 가공의 원리**

   (가) 슬립(slip) : 결정 내의 일정면이 미끄럼을 일으켜 이동하는 것

   (나) 쌍정(twin) : 결정의 위치가 어떤 면을 경계로 대칭으로 변하는 것

   (다) 전위(dislocation) : 결정 내의 불완전한 곳, 결함이 있는 곳에서부터 이동이 생기는 것

③ **가공 방법**

   (가) 냉간 가공 : 재결정 온도 이하의 가공(가공 경화로 강도 · 경도가 커지고 연신율 저하)

     주 냉간 가공을 하는 이유는 치수의 정밀, 매끈한 표면을 얻을 수 있기 때문이다.

   (나) 열간 가공 : 재결정 온도 이상의 가공(내부 응력이 없으므로 가공이 용이)

     ㉮ 가공 경화 : 가공도의 증가에 따라 내부 응력이 증가되어 경도 · 강도가 커지고 연신율이 작아지는 현상

     ㉯ 시효 경화 : 가공이 끝난 후 시간의 경과와 더불어 경화 현상이 일어나는 것

       주 시효 경화를 일으키는 금속 : 두랄루민, 강철, 황동

     ㉰ 인공 시효 : 가열로써 시효 경화를 촉진시키는 것(100~200℃)

④ **재결정** : 냉간 가공으로 소성 변형된 금속을 적당한 온도로 가열하면 가공으로 인하여 일그러진 결정 속에 새로운 결정이 생겨나 이것이 확대되어 가공물 전체가 변형이 없는 본래의 결정으로 치환되는 과정을 재결정이라 하며, 재결정을 시작하는

온도는 다음과 같다.

㉮ 금속의 순도가 높을수록 낮아진다.

㉯ 가열 시간이 길수록 낮아진다.

㉰ 가공도가 클수록 낮아진다.

㉱ 가공 전 결정 입자의 크기가 미세할수록 낮아진다.

(5) 철강 재료

① **철강의 5원소** : 탄소(C), 규소(Si), 망간(Mn), 인(P), 황(S)이며, 탄소가 철강 성질에 가장 큰 영향을 준다.

② **철강의 분류**

㉮ 순철 : 탄소 0.03% 이하를 함유한 철

㉯ 탄소강 : 탄소 0.03~2.11%를 함유한 철

  ㉠ 아공석강 : 탄소 0.85% 이하

  ㉡ 공석강 : 탄소 0.85%

  ㉢ 과공석강 : 탄소 0.85~2.11%

㉰ 주철 : 탄소 2.11~6.68%

  ㉠ 아공정 주철 : 탄소 2.11~4.3%

  ㉡ 공정 주철 : 탄소 4.3%

  ㉢ 과공정 주철 : 탄소 4.3~6.68%

(6) 강괴

① **림드(rimmed)강** : 평로, 전로에서 제조된 것을 $Fe-Mn$으로 불완전 탈산시킨 강

② **킬드(killed)강**

㉮ 평로, 전기로에서 제조된 용강을 $Fe-Mn$, $Fe-Si$, Al 등으로 완전 탈산시킨 강

㉯ 헤어 크랙(hair crack) : H_2 가스에 의해서 머리카락 모양으로 미세하게 갈라진 균열

③ **세미 킬드(semi-killed)강**: Al으로 림드와 킬드의 중간 탈산(림드, 킬드의 중간 성질 유지로 용접 구조물에 많이 사용되며, 기포나 편석이 없다.)

(7) 순철과 탄소강

① **순철의 성질** : 탄소 함량(0.03% 이하)이 낮아서 기계 재료로서는 부적당하지만 항장력이 낮고 투자율이 높기 때문에 변압기, 발전기용의 박철판으로 사용된다.

② **순철의 변태** : 순철의 변태에는 A_2(768℃), A_3(911℃), A_4(1400℃) 변태가 있으며 A_3, A_4 변태를 동소 변태라 하고 A_2 변태를 자기 변태라 한다. 순철은 변태에

따라서 α철, γ철, δ철의 3개 동소체가 있으며, α철은 910℃ 이하에서 체심 입방 격자(BCC) 원자 배열이고, γ철은 910~1400℃에서 면심 입방 격자(FCC)로 존재하며, 1400℃ 이상에서는 δ철이 체심 입방 격자(BCC)로 존재한다.

③ **탄소강의 성질**

㈎ 물리적 성질(탄소 함유량의 증가에 따라) : 비중, 선팽창률, 온도 계수, 열전도도는 감소하나 비열, 전기저항, 항자력은 증가한다.

㈏ 기계적 성질

㉮ 청열 메짐 : 강이 200~300℃ 가열되면 경도, 강도가 최대로 되고 연신율, 단면수축은 줄어들어 메지게 되는 것으로 이때 표면에 청색의 산화 피막이 생성된다. 이것은 인(P) 때문인 것으로 알려져 있다.

㉯ 적열 메짐 : 황이 많은 강으로 고온(900℃ 이상)에서 메짐(강도는 증가, 연신율은 감소)이 나타난다.

㉰ 저온 메짐 : 상온 이하로 내려갈수록 경도, 인장 강도는 증가하나 연신율은 감소하여 차차 여리며 약해진다. −70℃에서는 연강에서도 취성이 나타나며 이런 현상을 저온 메짐 또는 저온 취성이라 한다.

④ **탄소강에 함유된 성분과 그 영향**

㈎ 탄소(C) : 강도, 경도는 증가하고 연성은 감소된다.

㈏ 망간(Mn) : FeS를 MnS로 슬래그화하여 황의 해를 제거한다.

㈐ 규소(Si) : 탈산제 역할을 하며, 유동성을 향상시켜 주조성이 증가된다.

㈑ 황(S) : FeS를 생성하여 적열 취성의 원인이 된다.

㈒ 인(P) : 상온 취성의 원인이 되며, 편석을 발생하여 담금질 균열의 원인이 된다.

㈓ 수소(H_2) : 헤어 크랙, 백점을 발생시킨다.

(8) 탄소강의 종류와 용도

① **저탄소강(0.3%C 이하)** : 가공성 위주, 단접 양호, 열처리 불량

② **고탄소강(0.3%C 이상)** : 경도 위주, 단접 불량, 열처리 양호

③ **탄소 공구강(0.6~1.5%C)** : 내마모성, 내충격성, 열처리성이 우수하며, 고온 경도가 높다.

④ **주강(SC)** : 수축률은 주철의 2배이며, 융점(1600℃)이 높고 강도가 크나 유동성이 작다.

⑤ **쾌삭강** : 강에 S, Zr, Pb, Ce를 첨가하여 절삭성을 향상시킨 강이다(S의 양 : 0.25% 함유).

⑥ **침탄강(표면 경화강)** : 표면에 C를 침투시켜 강인성과 내마멸성을 증가시킨 강이다.

(9) 합금강의 개요

① **합금강** : 탄소강에 다른 원소를 첨가하여 강의 기계적 성질을 개선한 강을 말하며, 특수한 성질을 부여하기 위하여 사용하는 특수 원소로서는 Ni, Mn, W, Cr, Mo, Co, V, Al 등이 있다.

② **첨가 원소의 영향**

(가) Ni : 강인성, 내식성, 내마멸성 증가

(나) Si : 내열성 증가, 전자기적 특성

(다) Mn : 내마멸성 증가, 황(S)의 메짐 방지

(라) Cr : 탄화물 생성(경화 능력 향상), 내식성, 내마멸성 증가

(마) W : 고온 강도, 경도 증가

(바) Mo : 뜨임 메짐 방지, 담금질 깊이 증가

(사) V : 조직을 미세화시켜 내마모성과 경도를 현저히 증가

(10) 구조용 합금강

① **강인강**

(가) Ni강(1.5 ~5% Ni 첨가) : 표준 상태에서 펄라이트 조직으로 자경성, 강인성이 목적이다.

(나) Cr강(1 ~2% Cr 첨가) : 상온에서 펄라이트 조직으로 자경성, 내마모성이 목적이다.

(다) Ni−Cr강(SNC) : 가장 널리 쓰이는 구조용 강으로 Ni강에 Cr(1% 이하)의 첨가로 경도를 보충한 강이다.

(라) Ni−Cr−Mo강 : 가장 우수한 구조용 강으로 SNC에 0.15~0.3% Mo 첨가로 내열성, 담금질성을 증가시킨 강이다.

(마) Mn−Cr강 : Ni−Cr강의 Ni 대신 Mn을 넣은 강이다.

(바) Cr−Mn−Si강 : 차축에 사용하며 값이 싸다.

(사) Mn강: 내마멸성, 경도가 크므로 광산 기계, 레일 교차점, 칠드 롤러, 불도저 앞판에 사용한다.

⑦ 저Mn강(1~2% Mn) : 펄라이트 Mn강, 듀콜(ducol)강, 구조용 강

④ 고Mn강(10~14% Mn) : 오스테나이트 Mn강, 하드필드(hadfield)강, 수인(水靭)강

② **표면 경화강**

(가) **침탄용 강** : Ni, Cr, Mo 함유강

(나) **질화용 강** : Al, Cr, Mo 함유강

③ **스프링강** : 탄성한계, 항복점이 높은 Si-Mn강이 사용된다(정밀 · 고급품에는 Cr-V강 사용).

(11) 공구용 합금강

① **합금 공구강(STS)** : 탄소 공구강의 결점인 담금질 효과, 고온 경도를 개선하기 위하여 Cr, W, Mo, V을 첨가한 강이다.

② **고속도강(SKH)** : 대표적인 절삭용 공구 재료로 일명 HSS(하이스)라고 하며, 표준형 고속도강은 18W-4Cr-1V, 탄소량은 0.8%이다.

(가) W 고속도강(표준형)

(나) Co 고속도강 : 5~20% Co 첨가로 경도, 점성 증가, 중절삭용

(다) Mo 고속도강 : 5~8% Mo 첨가로 담금질성 향상, 뜨임 메짐 방지

③ **주조경질합금** : Co-Cr-W(Mo)을 금형에 주조 연마한 합금이며, 대표적인 주조 경질합금은 스텔라이트(stellite)이다.

④ **초경합금** : 금속 탄화물을 프레스로 성형 · 소결시킨 합금으로 분말 야금 합금이다.

⑤ **세라믹 공구(ceramics)** : 알루미나(Al_2O_3)를 주성분으로 소결시킨 일종의 도기로서 내열성이 가장 크며, 고온경도, 내마모성이 크지만, 충격에 약하다.

(12) 특수 용도용 합금강

① **스테인리스강(STS : stainless steel)** : 강에 Cr, Ni 등을 첨가하여 내식성을 갖게 한 강이다.

(가) 13Cr 스테인리스 : 페라이트계 스테인리스강으로 담금질로 마텐자이트 조직을 얻는다.

(나) 18Cr-8Ni 스테인리스 : 오스테나이트계, 담금질이 안 되며, 연전성이 크고 비자성체이며, 13Cr보다 내식 · 내열성이 우수하다.

㉮ Cr 12% 이상을 스테인리스(불수)강, 이하를 내식강이라 한다.

㉯ Cr, Ni량이 증가할수록 내식성이 증가한다.

② **내열강** : 고온에서 조직, 기계적 · 화학적 성질이 안정하여야 한다.

(가) 내열성을 주는 원소 : Cr(고크롬강), Al(Al_2O_3), Si(SiO_2)

(나) Si-Cr강 : 내연 기관 밸브 재료로 사용

③ **자석강(SK)** : 잔류자기와 항장력이 크고 자기강도의 변화가 없어야 한다. Si강 (1~4% Si 함유, 변압기 철심용)이 대표적이다.

④ **불변강(고Ni강)**

(가) 인바(invar) : Ni 36%, 줄자, 정밀 기계 부품으로 사용, 길이 불변

(나) 엘린바(elinvar) : Ni 36%, Cr 12%, 시계 부품, 정밀 계측기 부품으로 사용, 탄

성 불변

㈐ 퍼멀로이(permalloy) : Ni 75~80%, 장하 코일용

㈑ 플래티나이트(platinite) : Ni 42~46%, Cr 18%의 Fe−Ni−Co 합금, 전구, 진공
관 도선용

(13) 주철과 주강

① **주철의 성질** : 전·연성이 작고 가공이 안 된다(점성은 C, Mn, P이 첨가되면 낮아
진다).

㈎ 비중 : 7.1~7.3(흑연이 많을수록 작아진다.)

㈏ 열처리 : 담금질, 뜨임이 안 되나 주조 응력 제거의 목적으로 풀림 처리는 가능
하다(500~600℃, 6~10시간).

㈐ 자연 시효(시즈닝) : 주조 후 장시간(1년 이상) 방치하여 주조 응력을 없애는 것

② **주철의 장단점**

장점	단점
① 용융점이 낮고 유동성이 좋다. ② 주조성이 양호하다. ③ 마찰 저항이 좋다. ④ 가격이 저렴하다. ⑤ 절삭성이 우수하다. ⑥ 압축 강도가 크다(인장 강도의 3~4배)	① 인장강도가 작다. ② 충격값이 작다. ③ 소성 가공이 안 된다. ④ 취성이 크다.

③ **주철의 조직**

㈎ 마우러 조직도 : C와 Si량에 따른 주철의 조직도

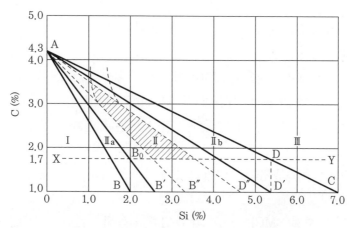

㈏ 주철의 성장 : 고온에서 장시간 유지 또는 가열 냉각을 반복하면 주철의 부피가
팽창하여 변형, 균열이 발생하는 현상

㉮ 성장 원인 : Fe_3C의 흑연화에 의한 팽창, A_1 변태에 따른 체적의 변화, 페라이트 중의 Si의 산화에 의한 팽창, 불균일한 가열로 균열에 의한 팽창

㉯ 방지법 : 흑연의 미세화(조직 치밀화), 흑연화 방지제, 탄화물 안정제 첨가

④ **주철의 종류**

㈎ 보통 주철(회주철 : GC 1~3종)

  ㉮ 경도가 높고 압축강도가 크다.

  ㉯ 용도 : 주물 및 일반 기계 부품(주조성이 좋고, 값이 싸다.)

㈏ 고급 주철(회주철 : GC 4~6종) : 펄라이트 주철을 말한다.

㈐ 미하나이트 주철 : 흑연의 형상을 미세, 균일하게 하기 위하여 Si, Ca-Si 분말을 첨가하여 흑연의 핵 형성을 촉진시킨 주철로 공작기계의 안내면, 내연 기관의 실린더 등에 사용된다.

㈑ 특수 합금 주철 : 특수 원소의 첨가로 기계적 성질을 개선한 주철이며, 각종 원소의 영향은 다음과 같다.

  ㉮ Ni : 흑연화 촉진(복잡한 형상의 주물 가능), Si의 $\frac{1}{2} \sim \frac{1}{3}$ 의 능력

  ㉯ Ti : 소량일 때 흑연화 촉진, 다량일 때 흑연화 방지(흑연의 미세화), 강탈산제

  ㉰ Cr : 흑연화 방지, 탄화물 안정, 내열·내식성 향상

  ㉱ Mo : 흑연화 다소 방지, 두꺼운 주물의 조직을 미세·균일하게 한다.

  ㉲ V : 강력한 흑연화 방지(흑연의 미세화)

㈒ 구상 흑연 주철(DC) : 용융 상태에서 Mg, Ce, Mg-Cu 등을 첨가하여 편상의 흑연을 구상화하여 강인성을 높인 주철이다.

㈓ 칠드(냉경) 주철 : 용융 상태에서 금형에 주입하여 접촉면을 백주철로 만든 것이다.

  ㉮ 표면 경도 : $H_S=60\sim75$, $H_B=350\sim500$

  ㉯ 칠의 깊이 : 10~25 mm

  ㉰ 용도 : 각종 용도의 롤러, 기차바퀴

  ㉱ 성분 : Si가 적은 용선에 Mn을 첨가하여 금형에 주입

㈔ 가단 주철 : 백주철을 풀림 처리하여 탈탄 또는 흑연화에 의하여 가단성을 준 것(연신율 : 5~12%)

  ㉮ 백심 가단 주철(WMC) : 탈탄이 주목적. 산화철(탈탄제)을 가하여 950℃에서 70~100시간 가열

  ㉯ 흑심 가단 주철(BMC) : Fe_3C의 흑연화가 목적

  ㉰ 고력(펄라이트) 가단 주철(PMC) : 흑심 가단 주철의 2단계를 생략한 것

⑤ **주강** : 단조강보다 가공 공정을 감소시킬 수 있으며 균일한 재질을 얻을 수 있다.

예상문제

1. 18-8계 스테인리스강의 설명으로 틀린 것은?

① 오스테나이트계 스테인리스강이라고도 하며 담금질로써 경화되지 않는다.
② 내식, 내산성이 우수하며, 상온 가공하면 경화되어 다소 자성을 갖게 된다.
③ 가공된 제품은 수중 또는 유중 담금질하여 해수용 펌프 및 밸브 등의 재료로 많이 사용한다.
④ 가공성 및 용접성과 내식성이 좋다.

해설 • 13 스테인리스강 : Cr 13%인 페라이트계 스테인리스강
• 18-8 스테인리스강 : Cr 18%, Ni 8%인 오스테나이트계 스테인리스강

2. 주조성이 우수한 백선 주물을 만들고, 열처리하여 강인한 조직으로 단조를 가능하게 한 주철은?

① 가단 주철   ② 칠드 주철
③ 구상 흑연 주철   ④ 보통 주철

해설 • 칠드 주철 : 용융 상태에서 금형에 주입하여 접촉면을 백주철로 만든 주철
• 구상 흑연 주철 : 용융 상태에서 Mg, Ce, Mg-Cu 등을 첨가하여 흑연을 구상화시킨 주철
• 보통 주철 : GC 1~3종에 해당되는 주철로 주물 및 일반 기계 부품에 사용

3. 강자성체에 속하지 않는 성분은?

① Co   ② Fe
③ Ni   ④ Sb

해설 • 강자성체 : Fe, Ni, Co
• 상자성체 : O, Mn, Pt, Al

• 반자성체 : Bi, Sb, Au, Ag, Cu

4. 주철의 기지 조직을 펄라이트로 하고 흑연을 미세화시켜 인장강도를 294MPa 이상으로 강화시킨 주철은?

① 보통 주철   ② 황금 주철
③ 가단 주철   ④ 고급 주철

해설 GC 4~6종에 해당하는 고급 주철을 펄라이트 주철이라고도 한다.

5. 순철은 910℃ 부근에서 변태가 일어나는데 이때 α철이 γ철로 변하는 것을 무엇이라 하는가?

① A_0 자기변태
② A_2 자기변태
③ A_3 동소변태
④ A_4 동소변태

해설 순철의 변태는 A_2(768℃), A_3(910℃), A_4(1400℃) 변태가 있으며 A_3, A_4를 동소변태라 한다.

6. 금속의 재결정 온도에 대한 설명으로 맞는 것은?

① 가열 시간이 길수록 낮다.
② 가공도가 작을수록 낮다.
③ 가공 전 결정 입자 크기가 클수록 낮다.
④ 납(Pb)보다 구리(Cu)가 낮다.

해설 금속의 재결정 온도
(1) 금속의 순도가 높을수록 낮아진다.
(2) 가열 시간이 길수록 낮아진다.
(3) 가공도가 클수록 낮아진다.
(4) 가공 전 결정 입자의 크기가 미세할수록 낮아진다.

정답 1. ③   2. ①   3. ④   4. ④   5. ③   6. ①

7. 특수강에 첨가되는 합금 원소의 특성을 나타낸 것 중 틀린 것은?

① Ni : 내식성 및 내산성을 증가
② Co : 보통 Cu와 함께 사용되며 고온 강도 및 고온 경도를 저하
③ Ti : Si나 V과 비슷하고 부식에 대한 저항이 매우 큼
④ Mo : 담금질 깊이를 깊게 하고 내식성 증가

8. 주철의 풀림 처리(500~600℃, 6~10 시간)의 목적과 가장 관계가 깊은 것은?

① 잔류 응력 제거   ② 전연성 향상
③ 부피 팽창 방지   ④ 흑연의 구상화

해설 주철은 잔류 응력 제거의 목적으로 풀림 처리한다.

9. 탄소강에 대한 설명으로 틀린 것은?

① 탄소강은 Fe와 Cu의 합금이다.
② 공석강, 아공석강, 과공석강으로 분류된다.
③ Fe와 C의 합금으로 가단성을 가지고 있는 2원 합금이다.
④ 모든 강의 기본이 되는 것으로 보통 탄소강으로 부른다.

해설 탄소강은 Fe와 C의 합금이다.

10. 특수강에 일반적으로 사용되고 있는 중요한 합금 원소가 아닌 것은?

① Ni, Cr   ② Cu, Hg
③ W, Mo   ④ V, Co

해설 특수강 또는 합금강은 탄소강에 Ni, Mn, W, Cr, V, Co, Mo 등을 첨가하여 일반적으로 강의 기계적 성질을 개선한 강을 말한다.

11. 초경합금에 대한 설명으로 맞는 것은?

① 대표적인 절삭용 공구재료로서 일명 HSS(high speed steel)라 함
② 알루미나(Al_2O_3)를 주성분으로 소결시킨 일종의 도기
③ Co-Cr-W을 금형에 주조 연마한 합금
④ 금속탄화물을 고압으로 성형, 소결시킨 분말 야금 합금

해설 ①은 고속도강, ②는 세라믹에 대한 설명이며, ③은 주조 경질 합금으로 대표적인 것은 스텔라이트이다.

12. 공구강의 구비조건 중 틀린 것은?

① 강인성이 클 것
② 내마모성이 작을 것
③ 고온에서 경도가 클 것
④ 열처리가 쉬울 것

해설 공구강은 내마멸성이 커야 한다.

13. 스텔라이트계 주조 경질 합금에 대한 설명으로 틀린 것은?

① 주성분이 Co이다.
② 단조품이 많이 쓰인다.
③ 800℃까지의 고온에서도 경도가 유지된다.
④ 열처리가 불필요하다.

해설 스텔라이트계 주조 경질 합금은 강철, 주철, 스테인리스강의 절삭용으로 쓰인다.

14. 다음 중 금속을 상온에서 소성 변형시켰을 때, 재질이 경화되고 연신율이 감소하는 현상은?

① 재결정   ② 가공 경화
③ 고용 강화   ④ 열변형

해설 냉간 가공으로 소성 변형된 금속을 적당

한 온도로 가열하면 가공으로 인하여 일그러진 결정 속에 새로운 결정이 생겨나 이것이 확대되어 가공물 전체가 변형이 없는 본래의 결정으로 치환되는 과정을 재결정이라 한다.

15. 순철의 개략적인 비중과 용융온도를 각각 나타낸 것은?

① 8.96, 1083℃ ② 7.87, 1583℃
③ 8.85, 1455℃ ④ 19.26, 3410℃

16. 인장강도가 255~340MPa로 Ca-Si나 Fe-Si 등의 접종제로 접종 처리한 것으로 바탕조직은 펄라이트이며 내마멸성이 요구되는 공작기계의 안내면이나 강도를 요하는 기관의 실린더 등에 사용되는 주철은 어느 것인가?

① 칠드 주철 ② 미하나이트 주철
③ 흑심가단 주철 ④ 구상흑연 주철

해설 (1) 칠드 주철은 냉경주철이라고도 하며 용융상태에서 금형에 주입하여 접촉면을 백주철로 만든 것이다.
(2) 흑심가단 주철은 주철의 단점인 인성을 가미한 주철로 탈탄이 주목적이다.
(3) 구상흑연 주철은 용융상태에서 Mg, Ce, Mg-Cu 등을 첨가하여 흑연을 편상으로 한 것이다.

17. 탄소 2~2.6%, 규소 1.1~1.6% 범위의 것으로 백주철을 열처리로에 넣어 가열해서 탈탄 또는 흑연화 방법으로 제조한 주철은?

① 칠드주철 ② 가단주철
③ 합금주철 ④ 회주철

해설 가단주철은 백주철을 풀림 처리하여 탈탄 또는 흑연화에 의하여 가단성을 준 것으로 연신율이 5~12%이다.

18. 알루미나(Al₂O₃)를 주성분으로 하여 거의 결합재를 사용하지 않고 소결한 공구로서 고속도 및 고온절삭에 사용되는 공구강은 어느 것인가?

① 다이아몬드 공구 ② 세라믹 공구
③ 스텔라이트 공구 ④ 초경합금 공구

해설 세라믹은 1200℃까지 경도 변화가 거의 없으며, 금속과 친화력이 적고 구성 인선이 생기지 않지만, 충격에 약하다.

19. 공구용으로 사용되는 비금속 재료로 초내열성재료, 내마멸성 및 내열성이 높은 세라믹과 강한 금속의 분말을 배열 소결하여 만든 것은?

① 다이아몬드 ② 서멧
③ 석영 ④ 고속도강

해설 서멧은 금속과 세라믹으로 이루어진 내열재료로, 분말야금법으로 만들어진다.

20. 강재의 KS 규격 기호 중 틀린 것은?

① SKH-고속도 공구강 강재
② SM-기계 구조용 탄소 강재
③ SS-일반 구조용 압연 강재
④ STS-탄소 공구강 강재

해설 STS는 합금 공구강 강재의 기호이다.

21. 다음 중 탄소 공구강의 구비 조건으로 틀린 것은?

① 내마모성이 클 것
② 가공 및 열처리성이 양호할 것
③ 저온에서 경도가 클 것
④ 강인성 및 내충격성이 우수할 것

해설 탄소 공구강은 고온에서 경도가 커야 한다.

22. 보통 주철(회주철)의 성분 중 탄소(C) 다음으로 함유하고 있는 원소로 주철 조직에 가장 많은 영향을 주는 것은?

① 황   ② 규소
③ 망간   ④ 인

[해설] 보통 주철의 주성분은 Fe-C-Si이다.

23. 주철은 고온에서 가열과 냉각을 반복하면 부피가 불고 변형이나 균열이 일어나 주철의 강도나 수명을 저하시키게 되는데 이러한 현상을 무엇이라 하는가?

① 주철 자연 시효
② 주철의 자기 풀림
③ 주철의 성장
④ 주철의 시효 경화

[해설] 주철의 성장 방지법
　(1) 흑연의 미세화(조직의 치밀화)
　(2) Mo, S, Cr, V, Mn 등의 흑연화 방지제 첨가

24. 강을 절삭할 때 쇳밥(chip)을 잘게 하고 피삭성을 좋게 하기 위해 황, 납 등의 특수 원소를 첨가하는 강은?

① 레일강   ② 쾌삭강
③ 다이스강   ④ 스테인리스강

[해설] 쾌삭강은 강도를 떨어뜨리지 않고 절삭하기 쉽도록 개량한 강이다.

25. 주철의 성질의 성질을 가장 올바르게 설명한 것은?

① 탄소의 함유량이 2.0 % 이하이다.
② 인장강도가 강에 비하여 크다.
③ 소성변형이 잘된다.
④ 주조성이 우수하다.

[해설] 주철의 성질

장점	단점
① 용융점이 낮고 유동성이 좋다.	① 인장강도가 작다.
② 주조성이 양호하다.	② 충격값이 작다.
③ 마찰 저항이 좋다.	③ 소성 가공이 안된다.
④ 가격이 저렴하다.	
⑤ 절삭성이 우수하다.	
⑥ 압축 강도가 크다. (인장 강도의 3~4배)	

26. 금속이 탄성한계를 초과한 힘을 받고도 파괴되지 않고 늘어나서 소성 변형이 되는 성질은?

① 연성   ② 취성
③ 경도   ④ 강도

[해설] 취성은 변형에 견디지 못하고 파괴되는 성질로 연성의 반대이다.

27. 탄소강의 가공에 있어서 고온 가공의 장점 중 틀린 것은?

① 강과 중의 기공이 압착된다.
② 결정립이 미세화되어 강의 성질을 개선시킬 수 있다.
③ 편석에 의한 불균일 부분이 확산되어서 균일한 재질을 얻을 수 있다.
④ 상온 가공에 비해 큰 힘으로 가공도를 높일 수 있다.

[해설] 상온 가공이란 탄소강을 재결정온도 이하의 온도에서 가공하는 방법으로 정밀한 치수, 평활한 가공 표면을 얻을 수 있고 가공 경화에 의한 강도, 경도 등의 기계적 성질이 향상된다.

28. 강재의 크기에 따라 표면이 급랭되어 경화하기 쉬우나 중심부에 갈수록 냉각속도

가 늦어져 강화량이 적어지는 현상은?

① 경화능   ② 잔류응력
③ 질량효과   ④ 노치효과

해설 담금질 시 재료의 두께에 따라 내외부의 냉각속도가 다르기 때문에 경화된 깊이가 달라져 경도 차이가 생기는데, 이를 질량효과라 하며 질량효과가 작을수록 열처리가 잘 된다.

29. 일반적으로 탄소강에서 탄소 함유량이 증가하면 용해온도는?

① 낮아진다.   ② 높아진다.
③ 불변이다.   ④ 불규칙적이다.

해설 탄소강에서 탄소량의 증가에 따라 비중, 용융점, 열팽창계수, 탄성률, 열전도율, 전기 전도율은 감소하나 비열, 전기저항, 항자력은 증가한다.

30. Fe−C 상태도에 의한 강의 분류에서 탄소 함유량이 0.0218∼0.77%에 해당하는 강은?

① 아공석강   ② 공석강
③ 과공석강   ④ 정공석강

해설
 • 탄소 함유량 0.02∼0.77% : 아공석강
 • 탄소 함유량 0.77% : 공석강
 • 탄소 함유량 0.77∼2.11% : 과공석강

31. 열간가공이 쉽고 다듬질 표면이 아름다우며 특히 용접성이 좋고 고온강도가 큰 장점을 갖고 있어 각종 축, 기어, 강력볼트, 암, 레버 등에 사용하는 것으로 기호 표시를 SCM으로 하는 강은?

① 니켈−크롬강
② 니켈−크롬−몰리브덴강
③ 크롬−몰리브덴강
④ 크롬−망간−규소강

해설 SCM(크롬−몰리브덴강)은 Cr강에 뜨임취성을 개선하기 위하여 Mo을 첨가한 특수강이다.

32. 주철 조직에서 니켈이 잘 고용되어 있으면 여러 가지 좋은 점이 나타나는데 그 내용으로 틀린 것은?

① 강도를 증가시킨다.
② 펄라이트를 미세하게 하여 흑연화를 촉진시킨다.
③ 내열성, 내식성, 내마멸성을 증가시킨다.
④ 얇은 부분의 칠(chill)의 발생을 촉진시킨다.

해설 Ni은 주물의 두꺼운 부분의 조직을 억세게 하는 것을 방지하며 얇은 부분의 칠이 발생하는 것도 방지한다. 따라서 두께가 고르지 않은 주물을 튼튼하게 한다.

33. 금속은 전류를 흘리면 전류가 소모되는데 어떤 금속에서는 어느 일정 온도에서 갑자기 전기저항이 '0'이 된다. 이러한 현상은?

① 초전도 현상   ② 임계 현상
③ 전기장 현상   ④ 자기장 현상

해설 초전도 현상이란 어떤 물질의 온도가 매우 낮을 때 일어나는 현상으로 전기 저항이 0이 되고 내부자기장을 밀쳐내는 것이 대표적인 예이다.

34. 용융 온도가 3400℃ 정도로 높은 고용융점 금속으로 전구의 필라멘트 등에 쓰이는 금속 재료는?

① 납   ② 금
③ 텅스텐   ④ 망간

해설 텅스텐(W)은 용융점이 3400℃로 금속 중에서 가장 높다.

정답 29. ①   30. ①   31. ③   32. ④   33. ①   34. ③

35. 금속에 있어서 대표적인 결정격자와 관계없는 것은?

① 체심입방격자   ② 면심입방격자
③ 조밀입방격자   ④ 조밀육방격자

해설 금속의 결정격자

격자	성질	원소
체심 입방 격자	• 전연성이 적다. • 융점이 높다. • 강도가 크다.	Fe, Cr, Mo, W
면심 입방 격자	• 전연성과 전기전도가 크다. • 가공이 우수하다.	Al, Cu, Pb, Ni
조밀 육방 격자	• 전연성이 불량하다. • 접착성이 좋다. • 가공성이 좋지 않다.	Mg, Zn, Ti

36. 다음 중 구상흑연주철에 영향을 미치는 주요 원소로 조합된 것으로 가장 적합한 것은?

① C, Mn, Al, S, Pb
② C, Si, N, P, Cu
③ C, Si, Cr, P, Zn
④ C, Si, Mn, P, S

해설 구상흑연주철

화학 성분 GCD 450−10	
C	2.5 이상
Si	2.7 이상
Mn	0.4 이상
P	0.08 이상
Mg	0.09 이상
기계적 성질 GCD 450−10	
인장강도	450 이상
항복강도	280 이상
연신율	10 이상
경도	140−210 HB

37. 구상흑연 주철의 기지 조직 중에서 가장 강도가 강인한 것은?

① 페라이트형   ② 펄라이트형
③ 불스아이형   ④ 시멘타이트형

해설 구상흑연 주철은 용융 상태의 주철 중에 마그네슘, 세륨, 칼슘 등을 첨가하여 흑연을 구상화한 것으로, 노듈러 주철, 덕타일 주철 등으로 불린다.

38. 일반 구조용 압연 강재의 KS 기호는 어느 것인가?

① SS330   ② SM400A
③ SM45C   ④ SNC415

해설 • SM400A : 용접 구조용 압연 강재
• SM45C : 기계 구조용 탄소 강재
• SNC415 : 니켈 크롬강

39. 니켈강을 가공 후 공기 중에 방치하여도 담금질 효과를 나타내는 현상은?

① 질량 효과   ② 자경성
③ 시기 균열   ④ 가공 경화

해설 자경성은 담금질 온도에서 대기 중에 방랭하는 것만으로도 마텐자이트 조직이 생성되어 단단해지는 성질을 말한다.

40. 킬드강에는 다음 중 어떤 결함이 주로 생기는가?

① 편석 증가
② 내부의 기포
③ 외부의 기포
④ 상부 중앙에 수축공

해설 킬드강은 평로, 전기로에서 제조된 용강을 Fe−Mn, Fe−Si, Al 등으로 완전 탈산시킨 강으로 상부 중앙에 수축공이 생긴다.

6. 기계 재료   **417**

41. 합금 주철에서 0.2~1.5% 첨가로 흑연화를 방지하고 탄화물을 안정시키는 원소는 무엇인가?

① Cr   ② Ti
③ Ni   ④ Mo

해설 합금 주철은 특수 원소의 첨가로 기계적 성질을 개선한 주철이며, 각종 원소의 영향은 다음과 같다.
(1) Ni : 흑연화 촉진 (복잡한 형상의 주물 가능). Si의 1/2~1/3의 능력
(2) Ti : 소량일 때 흑연화 촉진, 다량일 때 흑연화 방지(흑연의 미세화), 강탈산제
(3) Cr : 흑연화 방지, 탄화물 안정, 내열·내식성 향상
(4) Mo : 흑연화 다소 방지, 두꺼운 주물의 조직을 미세·균일하게 함
(5) V : 강력한 흑연화 방지(흑연의 미세화)

42. 다음 중 철강의 5대 원소에 포함되지 않는 것은?

① 탄소   ② 규소
③ 아연   ④ 망간

해설 철강의 5원소는 C, Si, Mn, P, S이다.

43. 순철에 대한 설명으로 옳은 것은?

① 각 변태점에서 연속적으로 변화한다.
② 저온에서 산화 작용이 심하다.
③ 온도에 따라 자성의 세기가 변화한다.
④ 알칼리에는 부식성이 크나 강산에는 부식성이 작다.

해설 순철은 탄소 함유량(0.03% 이하)이 낮아서 기계 재료로는 부적당하지만 항장력이 낮고 투자율이 높기 때문에 변압기, 발전기용 박 철판 등에 사용된다.

44. 초경합금에 대한 설명 중 틀린 것은?

① 경도가 HRC 50 이하로 낮다.
② 고온경도 및 강도가 양호하다.
③ 내마모성과 압축강도가 높다.
④ 사용 목적, 용도에 따라 재질의 종류가 다양하다.

해설 초경합금의 경도는 HRC 90 정도이다.

45. 특수강에 포함되는 특수 원소의 주요 역할 중 틀린 것은?

① 변태속도의 변화
② 기계적, 물리적 성질의 개선
③ 소성 가공성의 개량
④ 탈산, 탈황의 방지

해설 특수강 또는 합금강은 탄소강에 다른 원소를 첨가하여 일반적으로 강의 기계적 성질을 개선한 강이다.

46. 금속의 결정구조에서 체심입방격자의 금속으로만 이루어진 것은?

① Au, Pb, Ni
② Zn, Ti, Mg
③ Sb, Ag, Sn
④ Ba, V, Mo

해설 • 체심입방격자 : Fe, Cr, Mo
• 면심입방격자 : Al, Cu, Au
• 조밀육방격자 : Co, Mg, Ti

47. 다음 금속 중에서 용융점이 가장 낮은 것은?

① 백금   ② 코발트
③ 니켈   ④ 주석

해설 • 백금 : 1769℃
• 코발트 : 1495℃
• 니켈 : 1445℃
• 주석 : 231℃

정답 41. ①   42. ③   43. ③   44. ①   45. ④   46. ④   47. ④

48. 다음 중 퀴리점(curie point)에 대한 설명으로 옳은 것은?

① 결정격자가 변하는 점
② 입방격자가 변하는 점
③ 자기변태가 일어나는 온도
④ 동소변태가 일어나는 온도

해설 퀴리점은 물질이 자성을 잃는 온도로 이 온도 이상에서는 자기 모멘트가 결합하지 못하여 상자성을 가진다.

49. 주철의 일반적 설명으로 틀린 것은?

① 강에 비하여 취성이 작고 강도가 비교적 높다.
② 주철은 파면상으로 분류하면 회주철, 백주철, 반주철로 구분할 수 있다.
③ 주철 중 탄소의 흑연화를 위해서는 탄소량 및 규소의 함량이 중요하다.
④ 고온에서 소성변형이 곤란하나 주조성이 우수하여 복잡한 형상을 쉽게 생산할 수 있다.

해설 주철은 취성이 크고 인장강도가 작다.

50. 강력한 흑연화 촉진 원소로서 탄소량을 증가시키는 것과 같은 효과를 가지며 주철의 응고 수축을 적게 하는 원소는?

① Si   ② Mn
③ P   ④ S

해설 • Mn : 황의 해를 제거
• Si : 강도, 경도, 주조성 증가
• S : 고온 가공성 저하

51. 탄소공구강의 단점을 보강하기 위해 Cr, W, Mn, Ni, V 등을 첨가하여 경도, 절삭성, 주조성을 개선한 강은?

① 주조경질합금   ② 초경합금

③ 합금공구강   ④ 스테인리스강

해설 탄소공구강의 결점인 담금질 효과, 고온경도를 개선한 것이 합금공구강이다.

52. 수기 가공에서 사용하는 줄, 쇠톱날, 정 등의 절삭 가공용 공구에 가장 적합한 금속 재료는?

① 주강   ② 스프링강
③ 탄소공구강   ④ 쾌삭강

해설 탄소공구강은 0.6~1.5%C의 탄소강재를 열처리하여 제조한다.

53. 철-탄소계 상태도에서 공정 주철은?

① 4.3%C   ② 2.1%C
③ 1.3%C   ④ 0.86%C

해설 • 아공정주철 : 0.02~4.3%C
• 공정주철 : 4.3%C
• 과공정주철 : 4.3~6.67%C

54. 탄소강에 첨가하는 합금 원소와 특성과의 관계가 틀린 것은?

① Ni -인성 증가
② Cr - 내식성 향상
③ Si -전자기적 특성 개선
④ Mo - 뜨임취성 촉진

해설 Mo은 뜨임취성 방지를 위하여 첨가한다.

55. 합금공구강 강재의 종류의 기호에서 STS11로 표시된 기호의 주된 용도는?

① 냉간 금형용   ② 열간 금형용
③ 절삭 공구강용   ④ 내충격 공구강용

해설 • 냉간 금형용 : STS3, STD1
• 열간 금형용 : STD4, STF3
• 내충격 공구강용 : STS4, STS41

정답 48. ③ 49. ① 50. ① 51. ③ 52. ③ 53. ① 54. ④ 55. ③

56. 다음 중 원자의 배열이 불규칙한 상태의 합금은?

① 비정질 합금
② 제진 합금
③ 형상 기억 합금
④ 초소성 합금

해설 비정질 합금은 결정으로 되어 있지 않은 상태를 말한다.

57. 구상 흑연주철에서 구상화 처리 시 주물 두께에 따른 영향으로 틀린 것은?

① 두께가 얇으면 백선화가 커진다.
② 두께가 얇으면 구상흑연 정출이 되기 쉽다.
③ 두께가 두꺼우면 냉각속도가 느리다.
④ 두께가 두꺼우면 구상흑연이 되기 쉽다.

해설 구상 흑연주철은 용융상태의 주철 중에 마그네슘, 세륨 또는 칼슘 등을 첨가 처리하여 흑연을 구상화한 것이다.

58. 소결 초경합금 공구강을 구성하는 탄화물이 아닌 것은?

① WC
② TiC
③ TaC
④ TMo

해설 초경합금은 금속 탄화물을 프레스로 성형·소결시킨 합금으로 분말야금 합금이다.

59. Fe−C 상태도에서 온도가 낮은 것부터 일어나는 순서가 옳은 것은?

① 포정점→A_2 변태점→공석점→공정점
② 공석점→A_2 변태점→공정점→포정점
③ 공석점→공정점→A_2 변태점→포정점
④ 공정점→공석점→A_2 변태점→포정점

해설 · 공석점 : 723℃
· A_2 변태점 : 768℃

· 공정점 : 1130℃
· 포정점 : 1495℃

60. 외력의 크기가 탄성한도 이상이 되면 외력을 제거하여도 재료가 원형으로 복귀되지 않고 영구 변형이 잔류하는 변형을 무엇이라 하는가?

① 소성변형
② 탄성변형
③ 인성변형
④ 취성변형

해설 탄성변형은 외력을 제거하면 변형 전의 원래 상태로 되돌아가는 변형으로 탄성한도 내의 변형을 말한다.

61. 스테인리스강의 주성분 중 틀린 것은?

① Cr
② Fe
③ Ni
④ Al

해설 스테인리스강은 강에 Cr, Ni 등을 첨가하여 내식성을 갖게 한 강으로 주성분은 Fe−Cr−Ni−C이며 기호는 STS 이다.

62. 내열강의 구비 조건으로 틀린 것은?

① 기계적 성질이 우수할 것
② 화학적으로 안정할 것
③ 열팽창계수가 클 것
④ 조직이 안정할 것

해설 열팽창계수가 작아야 열에 잘 견딘다.

63. 다음 중 Cr 또는 Ni을 다량 첨가하여 내식성을 현저히 향상시킨 강으로서 조직상 페라이트계, 마텐자이트계, 오스테나이트계 등으로 분류되는 합금강은?

① 규소강
② 스테인리스강
③ 쾌삭강
④ 자석강

해설 스테인리스강의 기호는 STS이며 강에 Cr, Ni 등을 첨가하여 내식성을 갖게 한 강이다.

64. 다음 중 백심가단주철에서 사용되는 탈탄제는?

① 알루미나, 탄소가루
② 알루미나, 철광석
③ 철광석, 밀 스케일의 산화철
④ 유리탄소, 알루미나

해설 백심가단주철은 백주철을 풀림 열처리하여 탈탄시켜 제조한 것이다.

65. 다음 중 스프링강의 재료로 적합하지 않은 것은?

① Cr-V 강   ② Cr-Mn 강
③ Si-Mn 강   ④ Ni-Co 강

해설 스프링강의 재료로 탄성한계, 항복점이 높은 Si-Mn 강이 많이 사용되며 정밀·고급품에는 Cr-V 강을 사용한다.

66. 베어링의 재료는 다음과 같은 성질을 갖고 있어야 한다. 이 중 틀린 것은?

① 눌러 붙지 않는 내열성을 가져야 한다.
② 마찰계수가 작아야 한다.
③ 피로강도가 높아야 한다.
④ 압축강도가 낮아야 한다.

해설 베어링의 재료는 압축강도가 높아야 한다.

67. 금속 탄화물의 분말형 금속 원소를 프레스로 성형한 다음 이것을 소결하여 만든 합금으로 절삭 공구와 내열, 내마멸성이 요구되는 부품에 많이 사용되는 금속은 어느 것인가?

① 초경합금   ② 주조 경질 합금
③ 합금 공구강   ④ 세라믹

해설 초경합금의 종류에는 S종(강절삭용), D종(다이스), G종(주철용)이 있다.

68. 탄소강과 비교한 주철의 특성 설명으로 틀린 것은?

① 주조성이 양호하다.
② 용융점이 높고 마찰 저항이 나쁘다.
③ 압축강도가 크다.
④ 가격이 비교적 저렴하다.

해설 주철은 용융점이 낮고, 유동성이 좋으므로 주조성이 좋다.

69. 합금이 순금속보다 우수한 점은?

① 강도가 감소하고 연신율이 증가된다.
② 열처리가 잘된다.
③ 용융점이 높아진다.
④ 열전도도가 높아진다.

해설 순금속보다 합금이 되면 다음 성질이 개선된다.
(1) 열처리가 잘된다.
(2) 강도, 경도가 증가된다.
(3) 내식성, 내마모성이 증가된다.
(4) 용융점이 낮아지는 등의 성질이 개선되지만 연성, 전성, 가단성이 나빠지고, 전기 및 열의 전도도가 떨어지기도 한다.

70. 가공 경화와 관계가 없는 작업은?

① 인발   ② 단조
③ 주조   ④ 압연

해설 가공 경화(work hardening) : 금속이 가공되면서 더욱 단단해지고 부서지기 쉬운 성질을 갖게 되는 것으로, 대부분의 금속은 상온 가공에서 가공 경화 현상을 일으킨다.

71. 금속의 조직이 성장되면서 불순물은 어느 곳에 모이는가?

① 결정의 중앙   ② 결정립 경계
③ 결정의 모서리   ④ 결정의 표면

해설 금속 중의 불순물은 용융 상태에 있어서

금속 중에 잘 녹아 들어가며 결정립 경계에 많이 집합된다.

72. 다음 금속 중 비중이 제일 큰 것은?

① Ir   ② Ce
③ Ca   ④ Li

해설 비중은 물질의 단위 용적의 무게와 표준 물질(4℃의 물)의 무게와의 비를 말한다. Ir : 22.5, Ce : 6.9, Ca : 1.6, Li : 0.53이다.

73. 다음 중 기계적 성질이 아닌 것은?

① 경도   ② 비중
③ 피로   ④ 충격

해설 • 기계적 성질: 경도, 피로, 충격, 탄성률, 항장력, 항복점, 신율
• 물리적 성질: 비중, 비열, 융점, 팽창 계수, 열전도도

74. 순철에는 몇 개의 동소체가 있는가?

① 5개   ② 2개
③ 6개   ④ 3개

해설 순철의 동소체로는 α철, γ철, δ철이 있다.

75. 금속의 가공성이 가장 좋은 격자는?

① 조밀 육방 격자   ② 체심 입방 격자
③ 면심 육방 격자   ④ 면심 입방 격자

해설 가공성이 좋은 순서는 면심 입방 격자, 체심 입방 격자, 조밀 육방 격자의 순이다.

76. 금속의 공통적인 성질이 아닌 것은?

① 상온에서 고체이며 결정체이다.
② 금속적 광택을 가지고 있다.
③ 일반적으로 비중이 작다.
④ 전기 및 열의 양도체이다.

해설 금속은 일반적으로 비중이 크다.

77. 금속의 결정 격자는 규칙적으로 배열되어 있는 것이 정상적이지만, 불완전한 것 또는 결함이 있을 때 외력이 작용하면 불완전한 곳 및 결함이 있는 곳에서부터 이동이 생기는 현상은?

① 쌍정   ② 전위
③ 슬립   ④ 가공

해설 • 슬립(slip) : 외력이 작용하여 탄성한 도를 초과하여 소성 변형을 할 때, 금속이 갖고 있는 고유의 방향으로 결정 내부에서 미끄럼 이동이 생기는 현상을 말한다.
• 쌍정(twin) : 결정의 위치가 어떤 면을 경계로 대칭으로 변하는 것이다.
• 전위(dislocation) : 결정 내의 불완전한 곳, 결함이 있는 곳에서부터 이동이 생기는 것이다.

78. 로크웰 경도 시험기의 다이아몬드 추의 꼭지각과 뿔의 형상은?

① 136°, 사각뿔   ② 136°, 원뿔
③ 120°, 사각뿔   ④ 120°, 원뿔

해설 로크웰 경도기에는 B 스케일과 C 스케일이 있으며, B 스케일은 지름이 1/16″인 강구이고, C 스케일은 꼭지각이 120°인 원뿔형의 다이아몬드 제품이다.

79. 금속 재료에 일정한 하중을 가했을 때 시간의 경과에 따라서 변형도가 증가하는 현상을 무엇이라 하는가?

① 피로한도   ② 크리프
③ 인장 변율   ④ 시효경화

해설 크리프(creep)는 고온에서 나타나는 현상인데 이에 대한 저항 또는 나타나는 온도를 측정하는 시험으로 크리프 시험(creep test)이 있으며, 고온에서 사용하는 재료에는 중요한 시험으로 시간이 오래 걸린다.

80. 금속 및 합금이 가공 후 시간의 경과와 더불어 기계적 성질이 변화하는 현상을 무엇이라 하는가?

① 시효 경화   ② 인공 시효
③ 냉간 가공   ④ 열간 가공

해설 인공 시효란 시효 경화의 기간이 너무 길게 되므로 인공으로 시효 경화를 속히 완료시키기 위하여 약 100~200℃로 높여 주는 방법이다.

81. 차량의 차축은 회전하면서 항상 일정한 하중을 받는 관계로 안전 하중보다도 훨씬 낮은 하중에서 파괴가 일어나는데 이때의 파괴를 무엇이라 하는가?

① 피로(fatigue)   ② 탄성(elastic)
③ 노치(notch)   ④ 충격(impact)

해설 전차의 모터의 축이나 차축에서와 같이 정하중에서는 아주 강하더라도 반복 하중이나 교번 하중에서는 하중이 작아도 파괴를 초래하는 현상을 피로라고 하며, 재료가 어떠한 반복 하중이나 교번 하중에도 파단되지 않는 한계(응력의 최대치)를 피로 한계(fatigue limit)라고 한다.

82. 재결정 온도 이상에서 소성 가공하는 것을 무엇이라 하는가?

① 냉간 가공   ② 열간 가공
③ 상온 가공   ④ 저온 가공

해설 금속 가공에 있어 재결정 온도를 기준으로 재결정 온도 이하의 가공을 냉간 가공, 그 이상의 온도에서 가공하는 것을 열간 가공이라 한다.

83. 철광석을 용해할 때, 사용되는 용제에 대한 설명 중 틀린 것은?

① 철과 불순물이 분리가 잘 되도록 하기 위

해서 첨가한다.
② 용제로 석회석 또는 형석이 쓰인다.
③ 탈산제로 사용한다.
④ 용제는 제철할 때 염기성 슬래그가 되도록 하는 성분 조성이다.

해설 탈산제에는 페로실리콘(Fe−Si), 페로망간(Fe−Mn)이 있다.

84. 다음 중 평로 제강에 사용되는 탈산제는 어느 것인가?

① 암모니아수
② 코크스, 석회석, 규산
③ 산화철, 석회석, 철광석
④ 망간철, 규산철, 알루미늄

해설 평로 제강에 사용되는 탈산제로는 망간철, 규산철, 알루미늄 등이 있다.

85. 강을 제조법에 의해 분류할 때 해당되지 않는 것은?

① 림드강
② 킬드강
③ 세미 림드강
④ 세미 킬드강

해설 강을 제조할 때 탈산 정도에 따라 림드강, 킬드강, 세미 킬드강으로 분류한다.

86. 노에서 페로실리콘, 알루미늄 등의 탈산제로 충분히 탈산시킨 강을 무슨 강이라 하는가?

① 킬드강   ② 림드강
③ 탄소강   ④ 세미 킬드강

해설 용광로에서 산출된 선철은 탄소량이 많아 주조성은 우수하나, 메짐성(취성)을 가지고 있으므로 강인성을 가지도록 충분히 탈산시켜 주강을 만든다.

87. 제강법 중 토머스법(Thomas process) 과 관계없는 것은 어느 것인가?

① 페로망간으로 산화
② 노의 내면을 염기성 내화물을 이용
③ 원료는 저규소선
④ 전로 제강법

해설 전로 제강법 중에는 산성법과 염기성법이 있으며, 산성법은 노의 내면을 규소 산화물이 많은 산성 산화물을 이용한 것(베세머법)이고, 염기성법은 고인, 저규소를 선재로 사용, 내화물을 염기성으로 하여 제강하는 것(토머스법)이다.

88. 다음 중 원소가 철강재에 미치는 영향과 관계없는 것은?

① S : 고온 가공성이 나쁘고 절삭성이 증가된다.
② Mn : 황의 해를 막는다.
③ H_2 : 유동성을 좋게 한다.
④ P : 편석을 일으키기 쉽다.

해설 H_2는 철강에서 머리카락 같이 미세한 균열인 헤어 크랙(hair crack)의 원인이 된다.

89. 기계 구조용 탄소강의 기호 표시 중에 SM45C라고 기입된 것이 있다. 이 중에서 45는 무엇을 뜻하는가?

① 탄소 함유량   ② 경도
③ 항복점   ④ 인장 강도

해설 45C는 탄소 함유량 중간값의 100배로 C 0.42~0.48%를 의미한다.

90. 강에 Mn을 첨가하면 어떤 성질이 생기는가?

① 내식성 증가   ② 내산성 증가
③ 인장강도 증가   ④ 내마멸성 증가

해설 강 중에 Mn은 0.2~0.8% 함유되어 있는데 Mn은 유황의 해를 제거하며 내마멸성 및 절삭성을 증가시킨다.

91. 탄소강에서 탄소량이 증가할 경우 알맞은 사항은?

① 경도 감소, 연성 감소
② 경도 감소, 연성 증가
③ 경도 증가, 연성 증가
④ 경도 증가, 연성 감소

해설 탄소 함유량이 증가하면 강도, 경도와 전기 저항은 증가하며 연성, 단면 수축률은 감소한다.

92. 다음 중 강의 표준 조직이 아닌 것은?

① 트루스타이트   ② 페라이트
③ 시멘타이트   ④ 펄라이트

해설 강의 표준 조직에는 페라이트(α)와 시멘타이트(Fe_3C), 펄라이트($α+Fe_3C$)가 있다.

93. 탄소강이 가열되어 200~300℃ 부근에서 상온일 때보다 메지게 되는 현상을 무엇이라 하는가?

① 적열 메짐   ② 청열 메짐
③ 고온 메짐   ④ 상온 메짐

해설 강은 상온일 때보다 200~300℃에서 연신율이 저하되고 강도는 높아지며 부스러지기 쉬운데, 이것을 청열 메짐이라 한다. 보통 P(인)이 원인이 된다.

94. 다음 조직 중 가장 순철에 가까운 것은 어느 것인가?

① 페라이트   ② 소르바이트
③ 펄라이트   ④ 마텐자이트

해설 페라이트 조직은 가장 순철에 가깝고 조직이 매우 연하다.

정답 87. ① 88. ③ 89. ① 90. ④ 91. ④ 92. ① 93. ② 94. ①

95. 불변강인 엘린바(elinvar)의 성분 원소가 아닌 것은?

① Ni ② Cr
③ Fe ④ P

해설 불변강에는 인바(invar), 엘린바(elinvar), 플래티나이트(platinite)가 있다. 인바는 C, Ni, Mn의 조성이고, 엘린바는 Ni, Cr, Fe의 조성으로 시계의 전자, 지진계, 저울의 스프링 등에 쓰인다. 또 플래티나이트는 Ni, Fe의 조성으로 전구 내에 도입하는 전선의 재료로서 유리, 백금선의 대용품이 된다.

96. 다음 중 탄소강 중에서 고온 취성(high temperature shortness), 즉 적열 취성(hot shortness)의 원인이 되는 원소는?

① Si ② Mn
③ S ④ P

해설 강이 고온(900℃ 이상)이 되면 유화철이 되는데, 이때 유황(S)은 결정립계에 분포하여 취성(brittleness)을 갖게 된다.

97. 다음 중 탄소강에 인(P)이 주는 영향이 아닌 것은?

① 연신율 증가 ② 충격치 감소
③ 가공 시 균열 ④ 강도, 경도 증가

해설 인은 제강 시 편석을 일으키고, 이 때문에 담금 균열이 생기며, 연신율을 감소시키고 조직을 거칠게 하여 강을 메지게 하므로 함량을 최대로 줄여야 한다.

98. 다음 중 시멘타이트(cementite) 조직이란 어느 것인가?

① Fe와 C의 화합물
② Fe와 S의 화합물
③ Fe와 P의 화합물
④ Fe와 O의 화합물

해설 시멘타이트는 C 6.7%와 Fe와의 금속간의 화합물이며 경도가 가장 높다.

99. 다음 중 변압기 철심에 쓰이는 강은?

① Ni강 ② Cr강
③ Mo강 ④ Si강

해설 Si강은 철에 규소를 첨가한 합금으로 얇은 판으로 만들어 변압기나 전동기 등의 철심에 쓰이는 데서 흔히 규소 강판 또는 전기 철판이라고 부르며, 탄소나 그 밖의 불순물을 없앤 철에 0.5~4%의 규소를 첨가한 특수강이다.

100. 내열강의 주요 성분은?

① Cr ② Ni
③ Co ④ Mn

해설 고크롬강은 내열강으로 높은 온도에서 크롬의 산화 피막이 나타나며 내부로 산화되는 것을 막는다. 알루미늄, 규소도 내열성을 주는 성분이다.

101. 게이지강 재료로 적당한 것은 어느 것인가?

① Cr-Mn강 ② Si강
③ B강 ④ Cr-Ni강

해설 게이지강으로서 실용되는 것의 성분은 C 0.85~1.2%, W 0.5~3%, Cr 0.5~3.6%, Mn 0.9~1.45%이다.

102. 시계용 스프링을 만드는 재질은?

① 인청동
② 엘린바(elinvar)
③ 미하나이트(meehanite)
④ 애드미럴티(admiralty)

해설 엘린바(elinvar) : Ni 36%, Cr 12%, 시계 부품, 정밀 계측기 부품으로 사용, 탄성 불변

103. 다음 강철 중에서 불변강으로서 줄자, 표준자의 재료가 되는 것은?

① 엘린바(elinvar)
② 스텔라이트(stellite)
③ 인바(invar)
④ 플래티나이트(platinite)

해설 인바(invar)는 불변강으로서 줄자, 표준자의 재료로 많이 사용된다(Fe 64%, Ni 36%의 합금).

104. 특수강인 플래티나이트(platinite)의 성질이 아닌 것은?

① 상온 부근에서 탄성률이 변하지 않는다.
② 유리와 거의 동등한 탄성률을 갖는다.
③ 열팽창률이 높다.
④ 백금과 같은 팽창계수를 갖는다.

해설 플래티나이트(platinite)는 46% Ni과 0.15% C의 Ni강으로 백금이나 유리의 팽창계수를 지니고 있으므로 진공관 등에 쓰인다.

105. C 0.9~1.3%, Mn 10~14%인 고망간강으로 마모에 견디는 것은?

① 듀콜강   ② 스테인리스강
③ 하드필드강   ④ 마그네트강

해설 Mn 12% 정도의 고망간강은 발명자의 이름을 따서 하드필드(hadfield)강이라 한다.

106. 주입에 앞서 용융 금속에 마그네슘, 세륨, 칼륨실리사이드 등을 첨가하여 제조된 주철을 무엇이라고 하는가?

① 강력 주철   ② 가단 주철
③ 구상 흑연 주철 ④ 펄라이트 주철

해설 구상 흑연 주철은 용융 상태에서 Mg, Ce, Mg-Cu 등을 첨가하여 흑연을 편상에서 구상화로 석출시킨다.

107. 다음 중 저망간강에 대한 설명으로 틀린 것은?

① Mn을 2~5% 함유한 강이다.
② 듀콜강이라고도 한다.
③ 펄라이트 Mn강이라고도 한다.
④ 선박, 교량, 차량, 건축 등의 구조용에 사용된다.

해설 저망간강은 Mn 1~2%, C 0.2~1.0%이며, 펄라이트 망간강 또는 듀콜강이라고 한다.

108. 주조 초경합금의 대표적인 것은?

① 위디아(widia)
② 트리디아(tridia)
③ 텅갈로이(tungalloy)
④ 스텔라이트(stellite)

해설 주조 초경(경질)합금의 대표적인 것은 스텔라이트(stellite)이다. 주성분은 Co-Cr-W-C로서 단단하며 담금질이 필요 없고, 주조 그대로 사용한다.

109. WC 분말과 Co 분말을 약 1400℃로 소결하여 만든 금속명은?

① 고속도강   ② 초경질 합금
③ 모넬 메탈   ④ 화이트 메탈

해설 초경합금의 주성분은 WC, TaC, TiC이며 Co를 결합제로 쓴다.

110. 고속도강의 표준 성분은?

① W 18%, Cr 4%, V 1%
② W 18%, V 14%, Cr 1%
③ Cr 8%, W 14%, V 1%
④ V 18%, W 14%, Cr 1%

해설 표준 고속도강인 W계 고속도강은 W : Cr : V=18 : 4 : 1이다.

정답 103. ③ 104. ③ 105. ③ 106. ③ 107. ① 108. ④ 109. ② 110. ①

111. 스테인리스강에서 합금의 주성분은?

① Cr   ② Ti

③ Co   ④ Mo

해설 스테인리스강의 주성분은 Fe-Cr-Ni-C이다.

112. 주철은 다음 조건에 의하여 회주철과 백주철로 나누어진다. 옳지 않은 것은?

① 탄소, 규소의 함유량

② 용해 조건

③ 냉각 속도의 차이

④ 뜨임 온도

해설 주철을 냉각 응고시키면 탄소는 화합 탄소로 되거나 또는 흑연으로 분해된다. 그 어느 쪽이 되는가 하는 것은 냉각 속도와 성분 등에 따라 달라지나 특히 용융 금속 중의 탄소나 규소의 분량에 따라 크게 좌우된다.

113. 실용 주철의 탄소 함유량(%)은?

① 1.7~2.5%   ② 2.5~4.5%

③ 4.5~5.5%   ④ 5.5~6.67%

해설 실용 주철의 성분은 C 2.5~4.5%, Si 0.5~1.3%, Mn 0.5~1.5%, P 0.05~1.0%, S 0.05~0.15% 정도이다.

114. 마우러의 조직도를 바르게 설명한 것은 어느 것인가?

① C와 Si량에 따른 주철의 조직 관계를 표시한 것

② 탄소와 Fe_3C량에 따른 주철의 조직 관계를 표시한 것

③ 탄소와 흑연량에 따른 주철의 조직 관계를 표시한 것

④ Si와 Mn량에 따른 주철의 조직 관계를 표시한 것

해설 마우러 조직도는 주철 중의 C, Si의 양, 냉각 속도에 따른 조직의 변화를 표시한 것이다.

115. 미하나이트 주철 제조 시 첨가 원소는 어느 것인가?

① 칼슘-규소   ② 망간-규소

③ 규소-크롬   ④ 크롬-몰리브덴

해설 미하나이트(meehanite) 주철은 일종의 상품명으로서 미하나이트 회사에서 만든 것이다. 이것은 C+Si%가 적은 백주철 또는 얼룩 주철로 될 용융 금속에 칼슘-규소를 첨가하여 미세한 흑연을 균등하게 석출시킨 주철이다.

정답 111. ①   112. ④   113. ②   114. ①   115. ①

6-2   비철금속 재료

(1) 알루미늄과 그 합금

① 알루미늄의 성질

(가) 물리적 성질

㉠ 비중 2.7, 경금속, 용융점 660℃, 변태점이 없다.

㉡ 열 및 전기의 양도체이며, 내식성이 좋다.

(나) 기계적 성질

㉠ 전연성이 풍부하며, 400~500℃에서 연신율이 최대이다.

  ㉯ 가공에 따라 경도·강도 증가, 연신율 감소, 수축률이 크다.

  ㉰ 풀림 온도 250~300℃이다.

② **알루미늄의 특성과 용도**

 ㈎ Cu, Si, Mg 등과 고용체를 형성하며, 열처리로 석출 경화, 시효 경화시켜 성질을 개선한다.

 ㈏ 용도 : 송전선, 전기 재료, 자동차, 항공기, 폭약 제조 등에 사용된다.

③ **주조용 알루미늄 합금**

 ㈎ Al−Cu계 합금 : Cu 8% 첨가. 주조성·절삭성이 좋으나 고온 메짐, 수축 균열이 있다.

 ㈏ Al−Si계 합금

  ㉮ 실루민(silumin)이 대표적이며, 주조성이 좋으나 절삭성은 나쁘다.

  ㉯ 열처리 효과가 없고, 개질 처리로 성질을 개선한다.

  ㉰ 개질 처리(개량 처리)란 Si의 결정을 미세화하기 위하여 특수 원소를 첨가시키는 조작이며, 방법은 다음과 같다.

   • 금속 Na 첨가법 : 제일 많이 사용하는 방법

   • F(불소) 첨가법

   • NaOH(수산화나트륨, 가성소다) 첨가법

 ㈐ Al−Cu−Si계 합금 : 라우탈(lautal)이 대표적이며, Si 첨가로 주조성을 향상시키고, Cu 첨가로 절삭성을 향상시킨다.

 ㈑ 내열용 Al 합금

  ㉮ Y합금(내열 합금) : Al(92.5%)−Cu(4%)−Ni(2%)−Mg(1.5%) 합금이며, 고온 강도가 크므로(250℃에서도 상온의 90% 강도 유지) 내연 기관 실린더에 사용한다.

  ㉯ 로엑스(Lo−EX) 합금 : Al−Si에 Mg을 첨가한 특수 실루민으로 열팽창이 극히 작다. Na 개질 처리한 것이며, 내연 기관의 피스톤에 사용한다.

 ㈒ 내식용 Al 합금

  ㉮ 하이드로날륨(hydronalium) : Al−Mg 합금으로 대표적인 내식용 Al 합금이다.

  ㉯ 알민(almin) : 1.2%의 Mn을 첨가한 합금으로 내식성, 가공성, 용접성이 우수하다.

  ㉰ 알드레이(aldrey) : 가공이 용이하고 전기 저항이 적어 송전선에 사용한다.

 ㈓ 가공용 알루미늄 합금

  ㉮ 두랄루민(duralumin) : 주성분은 Al−Cu−Mg−Mn으로 Si는 불순물로 함유되어 있다. 고온에서 물에 급랭하여 시효 경화시켜 강인성을 얻는다.

ⓑ 초두랄루민(super−duralumin) : 두랄루민에 Mg를 증가시키고 Si를 감소시킨 것으로 시효 경화 후 인장 강도는 490MPa 이상이다. 항공기 구조재, 리벳 재료로 사용한다.

(2) 구리와 그 합금

① 구리의 성질

⑺ 물리적 성질

㉮ 구리의 비중은 8.96, 용융점은 1083℃이며, 변태점이 없다.

㉯ 비자성체이며 전기 및 열의 양도체이다.

⑷ 기계적 성질

㉮ 전연성이 풍부하며, 가공 경화로 경도가 증가한다.

㉯ 경화 정도에 따라 연질, 1/4경질, 1/2경질로 구분하며 O, 1/4H, 1/2H, H로 표시한다.

㉰ 인장 강도는 가공도 70%에서 최대이다.

⑸ 화학적 성질 : 황산·염산에 용해되며, 습기, 탄산가스, 해수에 녹이 생긴다.

(3) 구리 합금

① 황동(Cu−Zn)

⑺ 황동의 성질 : 구리와 아연의 합금으로 가공성, 주조성, 내식성, 기계성이 우수하다.

㉮ Zn의 함유량

- 30% : 7·3 황동(α고용체)은 연신율 최대, 상온 가공성 양호, 가공성을 목적
- 40% : 6·4 황동($\alpha+\beta$고용체)은 인장 강도 최대, 상온 가공성 불량(600~800℃ 열간 가공), 강도 목적

㉯ 자연 균열 : 냉간 가공에 의한 내부 응력이 공기 중의 NH_3, 염류로 인하여 입간 부식을 일으켜 균열이 발생하는 현상이다[방지책 : 도금법, 저온 풀림(200~300℃, 20~30분간)].

㉰ 탈아연 부식 : 해수에 침식되어 Zn이 용해 부식되는 현상이다.

⑷ 특수 황동

㉮ 연황동(leaded brass, 쾌삭 황동) : 황동(6·4)에 Pb 1.5~3%를 첨가하여 절삭성을 개량한 것으로 대량 생산, 정밀 가공품에 사용한다.

㉯ 주석 황동(tin brass) : 내식성을 목적(Zn의 산화, 탈아연 방지)으로 Sn 1% 첨가한 것이다.

- 애드미럴티 황동 : 7 · 3 황동에 Sn 1%를 첨가한 것이며, 콘덴서 튜브에 사용한다.
- 네이벌 황동 : 6 · 3 황동에 Sn 1%를 첨가한 것이며, 내해수성이 강해 선박 기계에 사용한다.

㉰ 철황동(델타 메탈) : 6 · 4 황동에 Fe 1~2% 첨가한 것으로 강도, 내식성 우수하여 광산, 선박, 화학 기계에 사용한다.

㉱ 강력 황동(고속도 황동) : 6 · 4 황동에 Mn, Al, Fe, Ni, Sn 등을 첨가하여 주조와 가공성을 향상시킨 것으로 열간 단련성, 강인성이 뛰어나서 선박 프로펠러, 펌프축에 사용한다.

㉲ 양은 : 7 · 3 황동에 Ni 15~20% 첨가, 주단조 가능하여 양백, 백동, 니켈, 청동, 은 대용품으로 사용되며, 전기 저항선, 스프링 재료, 바이메탈용으로 쓰인다.

② **청동(Cu−Sn)**

㈎ 청동의 성질

㉮ 주조성, 강도, 내마멸성이 좋다.

㉯ Sn의 함유량 : 4%에서 연신율 최대, 15% 이상에서 강도, 경도 급격히 증대한다.

㈏ 특수 청동

㉮ 인청동
- 성분 : Cu + Sn 10% + Pb 4~16%
- 성질 : 내마멸성이 크고 냉간 가공으로 인장 강도, 탄성한계가 크게 증가한다.

㉯ 납청동
- 성분 : Cu + Sn 10% + Pb 4~16%
- 성질 및 용도 : Pb은 Cu와 합금을 만들지 않고 윤활 작용을 하므로 베어링에 적합하다.

㉰ 켈밋(kelmet)
- 성분 : Cu + Pb 30~40%(Pb 성분이 증가될수록 윤활 작용이 좋다.)
- 성질 및 용도 : 열전도, 압축 강도가 크고 마찰 계수가 작으며, 고속 고하중 베어링에 사용한다.

㉱ Al 청동
- 성분 : Cu+Al 8~12%
- 성질 : 내식, 내열, 내마멸성이 크다. 강도는 Al 10%에서 최대이고, 가공성

은 Al 8%에서 최대이며, 주조성은 나쁘다.

㉲ Ni 청동
- 어드밴스 : Cu 54% + Ni 44% + Mn 1%(Fe=0.5%)으로 정밀 전기 기계의 저항선에 사용된다.
- 콘스탄탄 : Cu+Ni 45%의 합금으로 열전대용, 전기 저항선에 사용된다.
- 코슨(corson) 합금 : Cu+Ni 4%+Si 1%으로 통신선, 전화선에 사용된다.

㉳ 베릴륨(Be) 청동
- Cu에 2~3% Be을 첨가한 석출 경화성 합금이다
- Cu합금 중 최고 강도를 갖는다.
- 피로한도, 내열성, 내식성이 우수하므로 베어링, 고급 스프링 재료에 이용된다.

㉴ 암스(arms) 청동 : Mn, Fe, Ni, Si, Zn을 첨가한 강력 Al 청동이다.

예상문제

1. 금속 중 시효 경화가 일어나는 것은 어느 것인가?

① 황동   ② 청동
③ 두랄루민   ④ 화이트 메탈

해설 두랄루민(duralumin)은 알루미늄−구리−마그네슘−망간의 합금이며 열처리에 의해 재질 개선이 가능한 합금이다. 이 합금은 담금질을 한 후에는 그다지 경화되지 않는다. 시효성이 있으면서도 기계적 성질이 우수하여 항공기의 주요 구조나 차량 부속품 등에 많이 사용한다.

2. 다음은 실루민(silumin)의 기계적 성질을 열거한 것이다. 이 중 틀린 것은?

① 내마모성이 작다.
② 내식성이 풍부하다.
③ 고온에서 강도가 크다.
④ 개량 처리 효과가 크다.

해설 실루민은 알팩스(alpax)라고도 하며 Al, Si 12%, FeO 3% 이하의 합금으로 다이캐스트용, 선박, 철도, 차량 부속품, 자동차의 피스톤 등에 쓰인다.

3. 실루민은 Al의 합금으로 보통 주물에 많이 사용하는데 어떤 것과의 합금인가?

① Al과 Cu의 합금
② Al과 Mg의 합금
③ Al과 Si의 합금
④ Al, Cu, Ni, Mg 합금

4. 다음 중 두랄루민(duralumin)의 합금은 어느 것인가?

① Al+Cu+Ni+Fe
② Al+Cu+Mg+Mn
③ Al+Cu+Sn+Zn
④ Al+Cu+Si+Mn

정답 1. ③   2. ①   3. ③   4. ②

해설 두랄루민은 단조용 알루미늄의 대표적 합금으로서 구리 3.5~4.5%, 마그네슘 1~1.5%, 규소 0.5%, 망간 0.5~1%, 나머지는 알루미늄으로 되어 있다.

5. 알루미늄 합금으로서 내식성이 가장 큰 것은 어느 것인가?

① 하이드로날륨　　② 실루민
③ 알드리　　　　　④ 알민

해설 하이드로날륨(hydronalium)은 Al에 약 10%까지 Mg를 첨가한 합금으로 내식성, 강도, 연신율이 우수하고 비중은 작으며 화학 장치, 선박에 이용된다. Al 합금에 내식성을 증가시키기 위하여 첨가되는 원소는 Mg, Mn, Si이며, 내식성을 악화시키는 원소는 Cu, Ni, Fe이다.

6. 알루미늄, 구리, 규소계 합금의 주조성을 개선하고 절삭성을 향상시키기 위해 첨가되는 합금 원소는?

① Si　　　　　② Sb
③ Ti　　　　　④ Mg

해설 라우탈에 규소를 3~8% 합금하여 주조성 및 절삭성을 향상시킨다.

7. 다음 구리의 물리적 성질 중 틀린 것은?

① 비중이 8.96, 용융점이 1083℃이다.
② 강자성체이다.
③ 전기 전도율은 은 다음으로 크다.
④ 불순물들은 전기 전도율을 저하시킨다.

해설 구리(Cu)는 비자성체로서 용융점이 1083℃이며 철보다 무겁다. 비중은 8.96이고, 전기는 은(Ag) 다음으로 잘 통한다.

8. 황동에 Pb 1.5~3.0% 첨가한 합금을 무엇이라고 하는가?

① 쾌삭 황동　　② 강력 황동
③ 문츠 메탈　　④ 톰백

해설 황동의 절삭성을 높이기 위하여 황동에 Pb 1.5~3.0%를 첨가한 것을 쾌삭 황동이라 하며, 대량 생산하는 부속품 또는 시계용 기어와 같은 정밀 가공을 요하는 부품에 사용된다.

9. 황동의 연신율은 Zn 몇%에서 최대가 되는가?

① 40%　　　② 30%
③ 20%　　　④ 50%

해설 황동(brass)의 기계적 성질은 30% 아연(Zn) 부근에서 최대의 연신율을 나타내며, 인장 강도는 45% 아연 부근에서 최대치를 나타내고, 그것을 초과하면 급격하게 감소한다.

10. 다음 중 황동의 자연 균열 방지법이 아닌 것은?

① 수은과 합금　　② 도금
③ 도장　　　　　④ 응력 제거 풀림

해설 자연 균열이란 황동이 공기 중의 암모니아, 기타 염류에 의해서 입간 부식을 일으켜 상온 가공에 의한 내부 응력 때문에 생기는 것이다. 이를 방지하기 위해 도금, 기타 방법으로 표면을 보호하고 200~300℃로 20~30분간 저온 풀림하여 잔류 응력을 제거하여 두면 좋다.

11. 색깔이 아름답고 장식품에 많이 쓰이는 황동은?

① 문츠메탈　　② 포금
③ 톰백　　　　④ 7·3 황동

해설 구리에 아연을 5~20%를 가한 황동을 톰백(tombac)이라 하는데, 전연성이 좋고 색깔도 금에 가까우므로 모조 금으로 사용한다.

12. 다음 중 특수 황동이 아닌 것은 어느 것인가?

① 델타 메탈   ② 퍼멀로이
③ 주석 황동   ④ 연황동

[해설] 특수 황동에는 Pb을 넣은 연황동, Sn을 넣은 주석 황동, Fe을 첨가한 델타 황동, Mn, Al, Fe, Ni, Sn을 첨가한 강력 황동이 있다. 퍼멀로이는 20~75% Ni, 5~40% Co, 나머지 Fe의 Ni−Fe 합금이다.

13. 네이벌 황동(naval brass)에 대한 설명으로 옳은 것은?

① 7·3 황동에 1%의 주석을 첨가한 것이다.
② 6·4 황동에 1%의 주석을 첨가한 것이다.
③ 6·4 황동에 3.5%의 망간을 첨가한 것이다.
④ 황동에 Pb 1.5 ~3%를 첨가한 것이다.

[해설] ①은 애드미럴티 황동이다.

14. 구리 합금류에서 Cu=70%, Zn=29%, Sn=1%인 내식성 합금은 어느 것인가?

① 델타 황동   ② 켈밋(kelmet)
③ 애드미럴티 황동   ④ 6·4 황동

15. Cu−Ni 합금에 소량의 Si를 첨가하여 강도와 전기 전도율을 좋게 한 합금은 어느 것인가?

① 네이벌 황동   ② 암스 청동
③ 코슨 합금   ④ 켈밋

[해설] Cu−Ni계 합금에 소량의 Si를 첨가한 것으로 탄소 합금 또는 코슨(corson) 합금이 있으며, 강도가 103 GPa에 달하고 전기 전도율이 크므로 전선으로 쓰이며 스프링으로도 사용된다.

16. 마찰 계수가 작고 고온, 고압에 잘 견디는 주석을 주성분으로 한 베어링 메탈의 합금 명칭은 어느 것인가?

① 알루미늄 청동   ② 배빗 메탈
③ 청동   ④ 켈밋

[해설] 배빗 메탈은 Sn, Cu 5%, Sb 5%의 합금으로 Pb 계통의 것보다 마찰 계수가 작으며, 고온·고압에서 점도가 크다. 내식성이 풍부하고 주조가 용이하며 주로 고속 베어링에 사용된다.

17. 다음 중 오일리스 베어링 금속의 주요 합금 원소가 아닌 것은?

① Cu, Sn, Si   ② Cu, Sn, C
③ Cu, Sn, Pb   ④ Cu, Pb, C

[해설] 오일리스 베어링은 다공질 재료에 윤활유가 들어 있어 항상 급유할 필요가 없으며, 구리 분말과 주석, 흑연 분말을 혼합하여 휘발성 물질을 가한 후 가압 성형한 것이다. 이것은 너무 큰 하중이나 고속 회전부에는 부적당하다.

18. 청동의 주성분은 무엇인가?

① Cu−Zn   ② Cu−Pb
③ Cu−Sn   ④ Cu−N

[해설] • 청동 : Cu+Sn
• 황동 : Cu+Zn

19. 청동은 주석이 몇% 이상일 때 경도가 급격히 커지는가?

① 5%   ② 10%
③ 15%   ④ 20%

[해설] 청동은 구리와 주석의 합금으로 Sn 4%에서 연신율이 최대이며, Sn 15% 이상에서 강도와 경도는 급격히 증대한다.

정답 12. ② 13. ② 14. ③ 15. ③ 16. ② 17. ① 18. ③ 19. ③

20. 구리에 40~50% Ni을 첨가한 합금으로 전기 저항이 크고 온도계수가 낮아 통신용 재료, 저항선, 전열선 등으로 사용되는 것은 어느 것인가?

① 콘스탄탄(constantan)
② 큐프로니켈(cupro-nickel)
③ 모넬메탈(monel metal)
④ 인바(invar)

해설 인바는 불변강으로 줄자, 정밀기계 부품에 사용한다.

21. 알루미늄 합금은 가공용과 주조용으로 나누어진다. 다음 중 가공용 알루미늄 합금에 해당되는 것은?

① 알루미늄-구리계 합금
② 다이캐스팅용 알루미늄 합금
③ 알루미늄-규소계 합금
④ 내식성 알루미늄 합금

해설 가공용 알루미늄 합금에는 Al-Cu-Mg-Mn이 주성분인 두랄루민과 단련용 Y-합금이 있다.

22. 고강도 알루미늄 합금강으로 항공기용 재료 등에 사용되는 것은?

① 두랄루민   ② 인바
③ 콘스탄탄   ④ 서멧

해설 두랄루민의 주성분은 Al-Cu-Mg-Mn이며, 콘스탄탄은 Cu+Ni 45%의 합금으로 열전대용, 전기저항선 등에 사용한다.

23. 황동의 화학적 성질이 아닌 것은?

① 탈아연 부식   ② 자연균열
③ 인공균열   ④ 고온 탈아연

해설 자연균열은 냉간가공에 의한 내부응력이 공기 중의 NH_3, 염류로 인한 입간부 식을 일으켜 균열이 발생하는 현상이며, 탈아연 부식은 해수에 침식되어 Zn이 용해 부식되는 현상을 말한다.

24. 조성은 Al에 Cu와 Mg이 각각 1%, Si가 12%, Ni이 1.8%인 Al 합금으로 열팽창 계수가 적어 내연기관 피스톤용으로 이용되는 것은?

① Y합금   ② 라우탈
③ 실루민   ④ Lo-Ex 합금

해설 • Y합금 : 내열 합금의 대표
• 라우탈 : Al-Cu-Si계 합금으로 Si 첨가로 주조성을 향상시키고, Cu 첨가로 절삭성 향상
• 실루민 : 대표적인 Al-Si계 합금으로 주조성은 좋으나 절삭성은 나쁘다.

25. 니켈-구리 합금 중 Ni의 일부를 Zn으로 치환한 것으로, Ni 8~20%, Zn 20~35%, 나머지가 Cu인 단일 고용체로 식기, 악기 등에 사용되는 합금은?

① 베니딕트 메탈(benedict metal)
② 큐프로니켈(cupro-nickel)
③ 양백(nickel silver)
④ 콘스탄탄(constantan)

해설 양백은 양은이라고도 하며 니켈을 첨가한 합금으로 단단하고 부식에도 잘 견딘다.

26. 88%의 Cu, 10%의 Sn, 2%의 Zn이 함유된 합금으로 기계적 특성이나 내식성이 우수한 청동 합금은?

① 네이벌 황동(naval brass)
② 애드미럴티 포금(admiralty gun metal)
③ 델타 메탈(delta metal)
④ 레드 브라스(red brass)

해설 네이벌 황동은 6·4황동에 Sn을 첨가한 것으로 내해수성이 강하다.

27. 다음 중 Al에 1~1.5%의 Mn을 함유하으므로 저장탱크, 기름탱크 등에 쓰이는 것은?

① 라우탈   ② 두랄루민
③ 알민   ④ Y합금

해설 Y합금은 대표적인 내열성 알루미늄 합금이며, 두랄루민은 Al-Cu-Mg-Mn의 합금이다.

28. 다음 중 구리에 대한 설명으로 옳지 않은 것은?

① 전연성이 좋아 가공이 쉽다.
② 화학적 저항력이 작아 부식이 잘된다.
③ 전기 및 열의 전도성이 우수하다.
④ 광택이 아름답고 귀금속적 성질이 우수하다.

해설 구리의 비중은 8.96, 용용점은 1083℃이며 비자성체이다.

29. 표준 성분이 Cu 4%, Ni 2%, Mg 1.5%, 나머지가 알루미늄인 내열용 알루미늄 합금의 한 종류로서 열간 단조 및 압출가공이 쉬워 단조품 및 피스톤에 이용되는 것은 어느 것인가?

① Y합금   ② 하이드로날륨
③ 두랄루민   ④ 알클래드

해설 내열성 알루미늄 합금의 대표적인 것은 Y합금이며, 고온 강도가 크므로 내연기관 실린더에 사용하며, 내식성 알루미늄 합금의 대표적인 것은 하이드로날륨이다.

30. 다음 중 7 : 3 황동에 대한 설명으로 맞는 것은 어느 것인가?

① 구리 70%, 주석 30%의 합금이다.
② 구리 70%, 아연 30%의 합금이다.

③ 구리 70%, 니켈 30%의 합금이다.
④ 구리 70%, 규소 30%의 합금이다.

해설 • 7 : 3 황동 – Cu 70%, Zn 30%
• 6 : 4 황동 – Cu 60%, Zn 40%

31. 알루미늄의 특성에 대한 설명 중 틀린 것은 어느 것인가?

① 내식성이 좋다.
② 열전도성이 좋다.
③ 순도가 높을수록 강하다.
④ 가볍고 전연성이 우수하다.

해설 알루미늄은 비중 2.7인 경금속으로 열 및 전기의 양도체이며, 표면에 생기는 산화피막의 보호 성분 때문에 내식성이 좋다.

32. 구리의 원자 기호와 비중과의 관계가 옳은 것은? (단, 비중은 20℃, 무산소동이다.)

① Al – 6.86   ② Ag – 6.96
③ Mg – 9.86   ④ Cu – 8.96

해설 금속의 비중

금속	Al	Ag	Mg	Cu
비중	2.7	10.5	1.7	8.96

33. 전기저항체, 밸브, 콕, 광학기계 부품 등에 사용되는 7 : 3 황동에 7~30% Ni을 첨가하여 Ag 대용으로 쓰이는 것은?

① 켈밋 합금   ② 양은 또는 양백
③ 델타 메탈   ④ 애드미럴티 황동

해설 양은은 주조, 단조가 가능하며 전기 저항선, 스프링 재료, 바이메탈용으로 쓰인다.

34. 비중이 1.74이며 알루미늄보다 가벼운 실용 금속으로 가장 가벼운 금속은?

① 아연   ② 니켈

③ 마그네슘   ④ 코발트

해설 마그네슘은 은백색의 가벼운 금속으로 기호는 Mg이다.

35. 70% 구리에 30%의 Pb을 첨가한 대표적인 구리합금으로 화이트 메탈보다도 내하중성이 커서 고속·고하중용 베어링으로 적합하여 자동차, 항공기 등의 주 베어링으로 이용되는 것은?

① 알루미늄 청동
② 베릴륨 청동
③ 애드미럴티 포금
④ 켈밋 합금

해설 켈밋 합금은 구리에 30~40%의 Pb을 첨가한 고속·고하중용 베어링 합금으로 자동차, 항공기 등에 널리 사용된다.

36. Cu 60%–Zn 40% 합금으로서 상온 조직이 $\alpha+\beta$상으로 탈아연 부식을 일으키기 쉬우나 강력하기 때문에 기계부품용으로 널리 쓰이는 것은?

① 켈밋   ② 문츠메탈
③ 톰백   ④ 하이드로날륨

해설 6·4 황동인 문츠메탈은 상온에서 7·3 황동에 비하여 전연성이 낮고 인장 강도가 크며 아연 함유량이 많아 황동 중에서 값이 가장 싸며, 내식성이 다소 낮고 탈아연 부식을 일으키기 쉽다.

37. 적절히 냉간 가공을 하면 탄성, 내식성 및 내마멸성이 향상되고, 자성이 없어 통신기기나 각종 계기의 고급 스프링의 재료로 사용되는 합금은?

① 포금   ② 납 청동
③ 인청동   ④ 켈밋 합금

해설 인청동은 내마멸성이 크고 냉간 가공을

하면 인장강도, 탄성한계가 크게 증가하므로 스프링 재료, 베어링 등에 사용한다.

38. 내식용 Al 합금이 아닌 것은?

① 알민(almin)
② 알드레이(aldrey)
③ 하이드로날륨(hydronalium)
④ 코비탈륨(cobitalium)

해설 코비탈륨은 내열성 Al 합금이다.

39. 다이캐스팅용 알루미늄(Al) 합금이 갖추어야 할 성질로 틀린 것은?

① 유동성이 좋을 것
② 열간 취성이 적을 것
③ 금형에 대한 점착성이 좋을 것
④ 응고 수축에 대한 용탕 보급성이 좋을 것

해설 다이캐스팅 알루미늄 합금은 금형 충진성을 좋게 하기 위해 유동성이 좋을 것, 응고 수축에 대한 용탕 보급성이 좋을 것, 내열간 균열성이 좋을 것, 금형에 용착하지 않을 것 등이 요구된다.

40. 다음 중 두랄루민에 대한 설명으로 틀린 것은?

① 항공기의 주요 재료 등에 사용된다.
② 두랄루민의 주성분은 Al–Cu–Mg–Mn 이다.
③ 금형에 용융상태의 합금을 가압 주입하여 만든다.
④ 물에 담금질 후 상온에서 시효경화하여 만든다.

해설 두랄루민은 시효성이 있으면서도 기계적 성질이 우수하여 항공기의 주요 구조나 차량 부속품 등에 많이 사용하며, 초두랄루민은 두랄루민과 주성분은 같으나 Mg을 증가시키고 Si를 감소시킨 것이다.

정답 35. ④   36. ②   37. ①   38. ④   39. ②   40. ③

41. 다음 비철 재료 중 비중이 가장 가벼운 것은?

① Cu   ② Ni

③ Al   ④ Mg

해설 • Cu : 8.96
- Ni : 8.9
- Al : 2.7
- Mg : 1.7

42. 부식을 방지하는 방법에서 알루미늄의 방식법에 속하지 않는 것은?

① 수산법   ② 황산법

③ 니켈산법   ④ 크롬산법

해설 • 황산법 : 가장 널리 사용
- 수산법 : 두껍고 강한 피막, 내식성이 우수하나 용액 가격이 고가임
- 크롬산법 : 가전제품, 전기통신 기기 등에 사용

43. 구리의 종류 중 전기 전도도와 가공성이 우수하고 유리에 대한 봉착성 및 전연성이 좋아 진공관용 또는 전자기기용으로 많이 사용되는 것은?

① 전기동   ② 정련동

③ 탈산동   ④ 무산소동

해설 무산소동은 전기동을 진공 용해하여 산소 함유량을 0.006% 이하로 탈산한 구리이다.

44. 6 : 4 황동에 철 1~2%를 첨가한 동합금으로 강도가 크고 내식성도 좋아 광산 기계, 선반용 기계에 사용되는 것은?

① 톰백   ② 문츠 메탈

③ 네이벌 황동   ④ 델타 메탈

해설 • 톰백 : 색깔이 아름답고 장식품에 사용
- 문츠 메탈 : 6·4 황동
- 네이벌 황동 : 6·4 황동에 Sn 1% 첨가
- 애드미럴티 황동 : 7·3 황동에 Sn 1% 첨가

정답 41. ④   42. ③   43. ④   44. ④

6-3 비금속 재료

(1) 합성수지의 개요

① 합성수지는 플라스틱(plastics)이라고도 한다. 플라스틱이라는 말은 '어떤 온도에서 가소성을 가진 성질'이라는 의미이다.

② 가소성 물질이란 유동체와 탄성체도 아닌 것으로서 인장, 굽힘, 압축 등의 외력을 가하면 어느 정도의 저항력으로 그 형태를 유지하는 성질의 물질을 말한다.

(2) 합성수지의 성질

① **물리적 성질** : 비중이 0.9~1.6이며, 마모계수가 작다.

② **기계적 성질** : 금속에 비해 적으며, 경도가 낮아 홈집이 나기 쉽다.

③ **합성수지의 성질**

㈎ 가볍고 튼튼하다.

㈏ 가공성이 크고 성형이 간단하다.

㈐ 전기 절연성이 좋다.

㈑ 산, 알칼리, 유류, 약품 등에 강하다.

㈒ 단단하나 열에 약하다.

㈓ 투명한 것이 많으며 착색이 자유롭다.

㈔ 비중과 강도의 비인 비강도가 비교적 높다.

(3) 합성수지의 특징과 용도

구분	종류	특징	용도
열경화성 수지	페놀 수지	경질, 내열성	전기 기구, 식기, 판재, 무소음 기어
	요소 수지	착색 자유, 광택이 있음	건축 재료, 문방구 일반, 성형품
	멜라민 수지	내수성, 내열성	테이블판 가공
	실리콘 수지	전기 절연성, 내열성, 내한성	전기 절연 재료, 도료, 그리스
열가소성 수지	염화비닐 수지	가공이 용이함	관, 판재, 마루, 건축 재료
	폴리에틸렌 수지	유연성이 있음	판, 필름
	초산비닐 수지	접착성이 좋음	접착제, 껌
	아크릴 수지	강도가 크고, 투명도가 특히 좋음	방풍, 광학 렌즈

(4) 복합 재료

성분이나 형태가 다른 몇 개의 소재를 결합시켜 만든 고성능 재료이다.

① **섬유 강화 플라스틱(FRP : fiber reinforced plastic)** : 경량의 플라스틱을 매트릭스로 하고, 내부에 강화 섬유를 함유시킴으로써 비강도를 현저하게 높인 복합 재료이다.

② **섬유 강화 금속(FRM : fiber reinforced metal)** : 매트릭스로 경량의 Al을 이용하고 섬유 강화한 것으로, 피스톤 헤드에 사용한다.

(5) 기타 비금속 재료

① **네오프렌(neoprene)** : 내약품성, 내유성, 내후성, 내열성, 내오존성, 내마모성이 우수한 합성 고무이다. 전선의 피복, 호스, 패킹, 개스킷, 접착제 등에 사용한다.

② **제진 재료** : 진동의 기계 에너지를 흡수하여 열에너지로 변환하는 것으로 진동을 억제하는 재료이다.

예상문제

1. 합성수지의 공통적 성질이 아닌 것은?

① 가볍고 튼튼하다.
② 성형성이 나쁘다.
③ 전기 절연성이 좋다.
④ 단단하나 열에 약하다.

해설 합성수지의 공통적 성질
(1) 가볍고 튼튼하다(비중 1~1.5).
(2) 가공성이 크고 성형이 간단하다.
(3) 전기 절연성이 좋다.
(4) 산, 알칼리, 유류, 약품 등에 강하다.
(5) 단단하나 열에 약하다.
(6) 투명한 것이 많으며 착색이 자유롭다.
(7) 비중과 강도의 비인 비강도가 비교적 높다.

2. 경화 수축이 적고 접착력이 좋으며 경도 및 강성이 큰 금형 재료용 수지는?

① 페놀 수지　　② 폴리에스테르 수지
③ 에폭시 수지　　④ 멜라민 수지

해설 • 페놀 수지 : 경질, 내열성
• 폴리에스테르 수지 : 유연성
• 멜라민 수지 : 내수성, 내열성

3. 열경화성 수지 중에서 경질성, 내식성이 있는 수지는?

① 페놀 수지　　② 요소 수지
③ 멜라민 수지　　④ 에포사이드 수지

해설 페놀 수지는 베이클라이트라고도 하며, 기계적 성질, 전기 절연성, 내식성이 우수하고 가격이 싸다.

4. 열가소성 수지의 종류가 아닌 것은?

① 폴리아미드 수지
② 페놀 수지
③ 폴리염화비닐 수지
④ 폴리에틸렌 수지

해설 열가소성 수지에는 폴리에틸렌(PE) 수지, 폴리염화비닐(PVC) 수지, 폴리아미드(PA) 수지, 폴리카보네이트(PC) 수지 등이 있다.

5. FRP로 불리며 항공기, 선박, 자동차 등에 쓰이는 복합재료는?

① 옵티컬 파이버
② 세라믹
③ 섬유강화 플라스틱
④ 초전도체

해설 섬유강화 플라스틱이란 합성수지 속에 섬유기재를 혼입시켜 기계적 강도를 향상시킨 수지의 총칭이다. 수명이 길고 가볍고 강하며 부패하지 않는 등의 특징을 살려 욕조, 요트, 골프클럽, 공업용 절연자재 등 폭넓은 용도에 사용되고 있다.

6. 산화물계 세라믹의 주재료는?

① SiO_2　　② SiC
③ TiC　　④ TiN

해설 산화물계 세라믹은 산소와 결합한 것이므로 SiO_2이다.

7. 플라스틱 재료의 공통된 성질로서 옳지 못한 것은?

① 열에 약하다.
② 내식성 및 보온성이 있다.
③ 표면경도가 금속재료에 비해 강하다.
④ 가공 및 성형이 용이하고 대량생산이 가능하다.

해설 가볍고 튼튼하나 표면경도는 약하다.

정답 1. ②　2. ③　3. ①　4. ②　5. ③　6. ①　7. ③

8. 열경화성 수지가 아닌 것은?

① 아크릴 수지　② 멜라민 수지
③ 페놀 수지　④ 규소 수지

해설 플라스틱의 종류

종류		특징
열경화성수지	페놀 수지	경질, 내열성
	요소 수지	착색 자유, 광택이 있음
	멜라민 수지	내수성, 내열성
	실리콘 수지	전기 절연성, 내열성, 내한성
열가소성수지	염화비닐 수지	가공이 용이함
	폴리에틸렌 수지	유연성 있음
	초산비닐 수지	접착성이 좋음
	아크릴 수지	강도가 크고, 투명도가 특히 좋음

9. 다음 합성수지 중 일명 EP라고 하며, 현재 이용되고 있는 수지 중 가장 우수한 특성을 지닌 것으로 널리 이용되는 것은?

① 페놀 수지　② 폴리에스테르 수지
③ 에폭시 수지　④ 멜라민 수지

해설 • 열가소성수지 : 폴리에틸렌(PE), 폴리프로필렌(PP), 폴리염화비닐(PVC), 폴리스티렌(PS), 폴리카보네이트(PC), 폴리아미드(PA)
• 열경화성수지 : 페놀(PF), 에폭시(EP), 폴리에스테르(PET)

10. 판유리 사이에 아세틸렌 로스나 폴리비닐 수지 등의 얇은 막을 끼워 넣어 만든 것으로, 강한 충격에 잘 견디고, 깨졌을 때도 파편이 날지 않는 특수유리는?

① 강화 유리　② 안전 유리
③ 조명 유리　④ 결정화 유리

해설 안전 유리는 잘 깨지지 않고 파손되더라도 파편이 튀지 않아 인체에 해를 입힐 위험이 적은 특수유리이다.

11. 유리섬유에 합침(合浸)시키는 것이 가능하기 때문에 FRP(fiber reinforced plastic)용으로 사용되는 열경화성 플라스틱은?

① 폴리에틸렌계
② 불포화 폴리에스테르계
③ 아크릴계
④ 폴리염화비닐계

해설 FRP란 유리섬유로 강화된 플라스틱이라는 의미로 통상 강화플라스틱이라 하며 강인성과 경량성으로 안전모, 욕조 등에 사용한다.

12. 다음 중 플라스틱 재료로서 동일 중량으로 기계적 강도가 강철보다 강력한 재질은 어느 것인가?

① 글라스 섬유　② 폴리카보네이트
③ 나일론　④ FRP

해설 FRP(fiber reinforced plastics)는 섬유 강화 플라스틱으로 강철보다 강력한 재질이다.

13. 절삭 공구 중 비금속 재료에 해당하는 것은 어느 것인가?

① 고속도강　② 탄소공구강
③ 합금공구강　④ 세라믹

해설 Al_2O_3를 주성분으로 한 세라믹은 고온경도가 커서 내용착성과 내마모성이 크고, 초경 합금 공구에 비해 2~5배 고속 절삭이 가능하며, 비금속 재료이기 때문에 금속 피삭재와 친화력이 적어 고품질의 가공면이 얻어진다. 그러나 단점으로는 충격저항이 낮아 단속 절삭에서 공구 수명이 짧고, 강도가 낮아 중절삭을 할 수 없으며 칩 브레이커 제작이 곤란하다.

신소재

(1) 형상 기억 합금

특정 온도 이상으로 가열되면 원래의 상태로 회복되는 현상을 형상 기억 효과라 하며, 형상 기억 효과를 나타내는 합금을 형상 기억 합금이라 한다. 형상 기억 합금에는 Ti-Ni, Cu-Zn-Si, Cu-Zn-Al 등이 있다.

(2) 클래드(clad) 재료

서로 다른 재질의 금속판을 압연하여 기계적으로 접착한 것이다. 스테인리스강과 인바 등을 조합시킨 것은 온도 조절용 바이메탈로 사용되며, 강판에 티타늄을 피복한 티타늄 강판은 내식용 강판으로 사용된다.

(3) 초전도 재료

어떤 재료를 냉각하였을 때 임계 온도에 이르러 전기 저항이 0이 되는 현상이다.

(4) 초소성 재료

특정한 온도에서 인장 응력을 받을 때 끊어지지 않고 수백 % 이상의 연신율을 나타내는 합금을 말한다.

(5) 자동차용 신소재

① **파인 세라믹스(fine ceramics)** : 가볍고, 내마모성, 내열성 및 내화학성이 우수하다.
② **HSLA(high low alloy steel)** : 자동차용 탄소 강판의 대용 제품이다.

예상문제

1. 다음 중 형상 기억 합금으로 가장 대표적인 합금은?

① Ti-Ni   ② Ti-Cu
③ Fe-Al   ④ Fe-Cu

해설 대표적인 형상 기억 합금으로는 Ti-Ni계 합금이 있다.

2. 형상 기억 합금은 어떤 성질을 이용한 것인가?

① 전기   ② 자기
③ 하중   ④ 온도

해설 형상 기억 합금은 가열에 의해 원래의 성질로 돌아가는 성질을 이용한 것이다.

정답   **1.** ①   **2.** ④

3. 형상 기억 합금과 관련된 설명으로 틀린 것은?

① 외부의 응력에 의해 소성 변형된 것이 특정 온도 이상으로 가열되면 원래의 상태로 회복되는 현상을 형상 기억 효과라 한다.
② 형상 기억 효과를 나타내는 합금을 형상 기억 합금이라 한다.
③ 형상 기억 효과에 의해서 회복할 수 있는 변형량에는 일정한 한도가 있다.
④ Ti-Ni계 합금의 특징은 Ti과 Ni의 원자비를 1 : 1로 혼합한 금속간 화합물이지만 소성 가공이 불가능하다는 특성이 있다.

해설 Ti-Ni계 합금은 Ti과 Ni의 원자비를 1 : 1로 혼합한 금속간 화합물이지만, 소성 가공이 가능하다는 특성이 있다.

4. 내식성, 내마모성, 내피로성 등이 좋은 형상 기억 합금은 어느 것인가?

① Ni-Si ② Ti-Ni
③ Ti-Zn ④ Ni-Si

해설 Ti-Ni 합금은 내식성, 내마모성, 내피로성 등은 우수하나 값이 비싸고 제조하기 어렵다.

5. 초소성(SPF) 재료에 대한 다음 설명 중 틀린 것은?

① 금속 재료가 유리질처럼 늘어나며 300~500% 이상의 연성을 갖는다.
② 초소성은 일정한 온도 영역에서만 일어난다.
③ 초소성의 재질은 결정 입자 크기가 클 때 잘 일어난다.
④ 니켈계 초합금의 항공기 부품 제조 시 이 성질을 이용하면 우수한 제품을 만들 수 있다.

해설 초소성 재료는 초소성 온도 영역에서 결정 입자 크기를 미세하게 유지해야 한다.

6. 다음 중 보통 합금보다 회복력과 회복량이 우수하여 센서(sensor)와 액추에이터(actuator)를 겸비한 기능성 재료로 사용되는 합금은?

① 비정질 합금 ② 초소성 합금
③ 수소 저장 합금 ④ 형상 기억 합금

해설 외부의 응력에 의해 소성 변형된 것이 특정 온도 이상으로 가열되면 원래의 상태로 회복되는 현상을 형상 기억 효과라 하며, 형상 기억 효과를 나타내는 합금을 형상 기억 합금이라 한다.

7. 복합 재료 중에서 섬유강화 재료에 속하지 않는 것은?

① 섬유강화 플라스틱
② 섬유강화 금속
③ 섬유강화 시멘트
④ 섬유강화 고무

해설 복합 재료란 성분이나 형태가 다른 두 종류 이상의 소재가 조합되어 단일 재료로서는 얻을 수 없는 기능을 갖는 재료를 말하며, 특히 섬유강화 플라스틱은 섬유 같은 강화재로 복합시켜 기계적 강도와 내열성을 좋게 한 플라스틱이다.

8. 마텐자이트의 변태를 이용한 고탄성 재료인 것은?

① 세라믹 ② 합금 공구강
③ 게르마늄 합금 ④ 형상 기억 합금

해설 형상 기억 합금은 마텐자이트의 정변태, 역변태의 원리를 이용한 것으로 가열에 의해 원래의 성질로 돌아가는 성질을 나타내며 대표적인 형상 기억 합금은 Ti-Ni계 합금이다.

9. 다음 중 재료를 상온에서 다른 형상으로 변형시킨 후 원래 모양으로 회복되는 온도로 가열하면 원래 모양으로 돌아오는 것은 어느 것인가?

① 제진 합금
② 초전도 합금
③ 비정질 합금
④ 형상 기억 합금

10. 형상 기억 합금의 종류에 해당되지 않는 것은?

① Ti-Ni계 합금
② Cu-Zn-Al계 합금
③ Cu-Al-Ni계 합금
④ Cu-Zn-Cr계 합금

해설 Ti-Ni계는 기억 효과가 좋으며, Cu-Zn-Al계는 실용성이 우수하다.

정답 **9.** ④ **10.** ④

6-5 일반 열처리

(1) 일반 열처리

① **담금질(quenching)** : 강(鋼)을 A₃ 변태 및 A₁ 선 이상 30~50℃로 가열한 후 수랭 또는 유랭으로 급랭시키는 방법이며, A₁ 변태가 저지되어 경도가 큰 마텐자이트로 된다.

(개) 목적 : 경도와 강도를 증가시킨다.

(내) 질량 효과 : 재료의 크기에 따라 내·외부의 냉각 속도가 달라져 경도가 차이나는 것으로, 질량 효과가 큰 재료는 담금질 정도가 작다.

(대) 각 조직의 경도 순서 : 시멘타이트(H_B 800)＞마텐자이트(600)＞트루스타이트(400)＞소르바이트(200)

(래) 담금질액

㉮ 소금물 : 냉각 속도가 가장 빠르다.

㉯ 물 : 처음에는 경화능이 크나 온도가 올라갈수록 저하한다(C강, Mn강, W강의 간단한 구조).

㉰ 기름 : 처음에는 경화능이 작으나 온도가 올라갈수록 커진다(20℃까지 경화능 유지).

② **뜨임(tempering)** : 담금질된 강을 A₁ 변태점 이하로 가열 후 냉각시켜 담금질로 인한 취성을 제거하고 강도를 떨어뜨려 강인성을 증가시키기 위한 열처리이다.

(개) 저온 뜨임 : 내부 응력만 제거하고 경도 유지(150℃)

(내) 고온 뜨임 : 소르바이트(sorbite) 조직으로 만들어 강인성 유지(500~600℃)

③ **불림(normalizing)**

㈎ 목적 : 결정 조직의 균일화(표준화), 가공 재료의 잔류 응력 제거

㈏ 방법 : A_3, Acm 이상 30~50℃로 가열 후 공기 중 방랭하면 미세한 소르바이트 조직이 얻어진다.

④ **풀림(annealing)**

㈎ 목적 : 재질을 연하고 균일하게 한다.

㈏ 종류

㉮ 완전 풀림 : A_3, A_1 이상, 30~50℃로 가열 후 노(爐)내에서 서랭한다.

㉯ 저온 풀림 : 응력 제거 풀림이라고도 하며, 주조, 단조, 기계 가공, 용접 후에 잔류 응력을 제거하기 위한 것이다.

㉰ 시멘타이트 구상화 풀림 : 펄라이트 중에 층상으로 존재하는 시멘타이트를 구상화시켜 피가공성을 좋게 하고 인성을 증가시킨다.

(2) 항온 열처리

① **항온 열처리의 특징**

㈎ 계단 열처리보다 균열 및 변형이 감소하고 인성이 좋아진다.

㈏ Ni, Cr 등의 특수강 및 공구강에 좋다.

㈐ 고속도강의 경우 1250~1300℃에서 580℃의 염욕에 담금하여 일정 시간 유지 후 공랭한다.

② **항온 열처리의 종류**

㈎ 오스템퍼(austemper) : M_s점 상부의 과랭 오스테나이트에서 변태 완료까지 항온을 유지하여 점성이 큰 베이나이트 조직을 얻을 수 있으며, 뜨임이 불필요하고 담금 균열과 변형이 없다.

㈏ 마템퍼(martemper) : 오스테나이트 상태에서 M_s점과 M_f점 사이에서 항온 변태 후 열처리하여 얻은 마텐자이트와 베이나이트의 혼합 조직과 충격치가 높아진다.

㈐ 마퀜칭(marquenching) : S곡선의 코 아래서 항온 열처리 후 뜨임으로 담금 균열과 변형 적은 조직이 된다.

(3) 표면 경화법

① **침탄법** : 0.2% 이하의 저탄소강을 침탄제와 침탄 촉진제를 함께 넣어 가열하면 침탄층이 형성된다.

㈎ 고체 침탄법 : 침탄제인 목탄이나 코크스 분말과 침탄 촉진제($BaCO_3$, 적혈염,

소금 등)를 소재와 함께 침탄 상자에서 900~950℃로 3~4시간 가열하여 표면에서 0.5~2mm의 침탄층을 얻는 방법이다.

(나) 액체 침탄법: 침탄제($NaCN$, KCN)에 염화물($NaCl$, KCl, $CaCl_2$ 등)과 탄화염(Na_2CO_3, K_2CO_3 등)을 40~50% 첨가하고 600~900℃에서 용해하여 C와 N가 동시에 소재의 표면에 침투하게 하여 표면을 경화시키는 방법으로 침탄 질화법이라고도 하며, 침탄과 질화가 동시에 된다.

(다) 가스 침탄법 : 이 방법은 탄화수소계 가스(메탄 가스, 프로판 가스 등)를 이용한 침탄법이다.

② **질화법** : NH_3(암모니아) 가스를 이용하여 520℃에서 50~100시간 가열하면 Al, Cr, Mo 등이 질화되며, 질화가 불필요하면 Ni, Sn 도금을 한다.

침탄법과 질화법의 비교

침탄법	질화법
① 경도가 작다.	① 경도가 크다.
② 침탄 후 열처리가 크다.	② 열처리가 불필요하다.
③ 침탄 후 수정 가능하다.	③ 질화 후 수정이 불가능하다.
④ 단시간 표면 경화	④ 시간이 길다.
⑤ 변형이 생긴다.	⑤ 변형이 적다.
⑥ 침탄층이 단단하다.	⑥ 여리다.

③ **금속 침투법**

(가) 세라다이징 : Zn 침투

(나) 크로마이징 : Cr 침투

(다) 칼로라이징 : Al 침투

(라) 실리코나이징 : Si 침투

(마) 보로나이징 : B 침투

④ **기타 표면 경화법**

(가) 화염 경화법 : 0.4%C 전후의 강을 산소−아세틸렌 화염으로 표면만 가열 냉각시키는 방법으로, 경화층 깊이는 불꽃 온도, 가열 시간, 화염의 이동 속도에 의하여 결정된다.

(나) 고주파 경화법 : 고주파 열로 표면을 열처리하는 법으로 경화 시간이 짧고 탄화물을 고용시키기가 쉽다.

예상문제

1. 다음 중 강철의 담금질 성질을 높이기 위한 원소가 아닌 것은?

① 니켈　　　　② 망간
③ 텅스텐　　　④ 크롬

해설 니켈, 크롬, 텅스텐은 강철의 담금질 성질을 높여준다.

2. 금속 침투법 중 알루미늄을 침투시키는 것은 어느 것인가?

① 칼로라이징(calorizing)
② 세라다이징(sheradizing)
③ 크로마이징(chromizing)
④ 실리코나이징(siliconizing)

해설 ① 칼로라이징 : Al 침투
② 세라다이징 : Zn 침투
③ 크로마이징 : Cr 침투
④ 실리코나이징 : Si 침투

3. 크랙(crack) 방지와 변형을 감소시키기 위하여 실시하는 열처리 방식으로서 그 모양이 S자, C자이므로 S곡선, C곡선이 라고도 하는 TTT곡선을 이용한 열처리 방식은 어느 것인가?

① 담금질 열처리
② 항온 열처리
③ 표면 강화법
④ 고주파 경화법

해설 강을 Ac_1 변태점 이상으로 가열한 후 변태점 이하의 어느 일정한 온도로 유지된 항온 담금질욕 중에 넣어 일정한 시간 항온 유지 후 냉각하는 열처리로 특수강 및 공구강에 좋다.

4. 다음 중 담금질 조직이 아닌 것은 어느 것인가?

① 소르바이트　　② 레데부라이트
③ 마텐자이트　　④ 트루스타이트

해설 레데부라이트(ledeburite)는 공정 반응에서 생긴 조직으로 탄소 함량은 4.3 %이며 오스테나이트와 시멘타이트의 혼합 조직이다.

5. 강을 M_s점과 M_f점 사이에서 항온 유지 후 꺼내어 공기 중에서 냉각하여 마텐자이트와 베이나이트의 혼합 조직으로 만드는 열처리는?

① 풀림　　　　② 담금질
③ 침탄법　　　④ 마템퍼

해설 항온 열처리의 종류에는 오스템퍼, 마템퍼, 마퀜칭이 있으며, 특징은 다음과 같다.
(1) 계단 열처리보다 균열 및 변형이 감소하고 인성이 좋다.
(2) Ni, Cr 등의 특수강 및 공구강에 좋다.
(3) 고속도강의 경우 1250~1300℃에서 580℃의 염욕에 담금질하여 일정 시간 유지 후 공랭한다.

6. 고주파 경화법에서 경화 깊이가 1 mm일 때 주파수는 몇 kHz인가?

① 60　　　　　② 600
③ 6000　　　　④ 60000

해설 고주파 경화법은 고주파 열로 표면을 열처리하는 법으로 경화 시간이 짧고 탄화물을 고용시키기가 쉬우며, 경화 깊이가 1 mm, 즉 0.1 cm일 때 60 kHz의 주파수가 필요하다.

정답 1. ②　2. ①　3. ②　4. ②　5. ④　6. ①

7. 강의 담금질에서 나타나는 조직 중 경도가 가장 높은 조직은?

① 트루스타이트 ② 마텐자이트
③ 소르바이트 ④ 오스테나이트

해설 조직의 경도 : 시멘타이트>마텐자이트>트루스타이트>소르바이트

8. 강을 충분히 가열한 후 물이나 기름 속에 급랭시켜 조직 변태에 의한 재질의 경화를 주목적으로 하는 것은?

① 담금질 ② 뜨임
③ 풀림 ④ 불림

해설 • 뜨임 : 강인성 증가
• 불림 : 가공 재료의 잔류응력 제거
• 풀림 : 재질의 연화

9. 강의 표면 경화법에서 화학적 방법이 아닌 것은 어느 것인가?

① 침탄법 ② 질화법
③ 침탄 질화법 ④ 고주파 경화법

10. 탄소강의 열처리 종류에 대한 설명으로 틀린 것은?

① 노멀라이징 : 소재를 일정 온도에서 가열 후 유랭시켜 표준화한다.
② 풀림 : 재질을 연하고 균일하게 한다.
③ 담금질 : 급랭시켜 재질을 경화시킨다.
④ 뜨임 : 담금질된 것에 인성을 부여한다.

해설 노멀라이징(normalizing : 불림)은 결정 조직의 균일화로 가공 재료의 잔류 응력·제거가 목적이다.

11. 담금질 응력 제거, 치수의 경년 변화 방지, 내마모성 향상 등을 목적으로 100~

200℃에서 마텐자이트 조직을 얻도록 조작을 하는 열처리 방법은?

① 저온뜨임 ② 고온뜨임
③ 항온풀림 ④ 저온풀림

해설 • 저온뜨임 : 내부 응력만 제거하고 경도 유지
• 고온뜨임 : 소르바이트 조직으로 만들어 강인성 유지

12. 일반적인 풀림 방법의 종류에 해당되지 않는 것은?

① 완전 풀림 ② 응력 제거 풀림
③ 수지상 풀림 ④ 구상화 풀림

해설 풀림(annealing)은 재질의 연화 및 균열 방지 등을 목적으로 고온으로 가열한 후 천천히 냉각시키는 열처리이다.

13. 심랭처리(subzero cooling treatment)를 하는 주목적은?

① 시효에 의한 치수 변화를 방지한다.
② 조직을 안정하게 하여 취성을 높인다.
③ 마텐자이트를 오스테나이트화하여 경도를 높인다.
④ 오스테나이트를 잔류하도록 한다.

해설 담금질 후 경도 증가, 시효 변형 방지를 목적으로 0℃ 이하의 온도로 냉각하여 잔류 오스테나이트를 마텐자이트로 만드는 처리를 심랭처리라 한다.

14. 열처리 방법 중에서 표면 경화법에 속하지 않는 것은?

① 침탄법 ② 질화법
③ 고주파 경화법 ④ 항온 열처리법

해설 항온 열처리란 강을 Ac_1 변태점 이상으로 가열한 후 변태점 이하의 어느 일정한 온

정답 **7.** ② **8.** ① **9.** ④ **10.** ① **11.** ① **12.** ③ **13.** ① **14.** ④

도로 유지된 항온 담금질욕 중에 넣어 일정한 시간 항온 유지 후 냉각하는 열처리이다.

15. 강의 표면에 암모니아 가스를 침투시켜 내마멸성과 내식성을 향상시키는 표면 경화법은?

① 침탄법　　　　② 시안화법
③ 질화법　　　　④ 고주파경화법

16. 강의 표면 경화법으로 금속 표면에 탄소(C)를 침입 고용시키는 방법은?

① 질화법　　　　② 침탄법
③ 화염경화법　　④ 쇼트 피닝

해설 0.2% 이하의 저탄소강을 침탄제와 침탄 촉진제를 함께 넣어 가열하면 침탄층이 형성된다.

17. 다음 중 정지 상태의 냉각수 냉각속도를 1로 했을 때, 냉각속도가 가장 빠른 것은?

① 물　　　　　　② 공기
③ 기름　　　　　④ 소금물

해설 물은 처음에는 경화능이 크나 온도가 올라갈수록 저하되며, 기름은 처음에는 경화능이 작으나 온도가 올라갈수록 커진다.

18. 기계 부품이나 자동차 부품 등에 내마모성, 인성, 기계적 성질을 개선하기 위한 표면 경화법은?

① 침탄법　　　　② 항온풀림
③ 저온풀림　　　④ 고온뜨임

해설 침탄법은 저탄소강으로 만든 제품의 표층부에 탄소를 침입시켜 담금질하여 표층부만을 경화하는 표면 경화법이다.

19. 뜨임은 보통 어떤 강재에 하는가?

① 가공 경화된 강
② 담금질하여 경화된 강
③ 용접 응력이 생긴 강
④ 풀림하여 연화된 강

해설 뜨임은 담금질로 인한 취성을 제거하고 강도를 떨어뜨려 강인성을 증가시키기 위한 열처리이다.

20. 다음 중 항온 열처리 방법에 포함되지 않는 것은?

① 오스템퍼　　　② 시안화법
③ 마퀜칭　　　　④ 마템퍼

해설 항온 열처리는 어느 온도에서 일정 시간 유지하여 변태를 완료시키는 열처리이며, 오스템퍼, 마퀜칭, 마템퍼가 있다. 시안화법은 시안화나트륨(NaCN) 또는 시안화칼륨(KCN)을 이용한 액체 침탄법이다.

21. 강도와 경도를 높이는 열처리 방법은?

① 뜨임　　　　　② 담금질
③ 풀림　　　　　④ 불림

해설 설담금질은 가열 후 급랭하여 강도와 경도를 높이는 열처리이다.

22. 강재의 크기에 따라 표면이 급랭되어 경화하기 쉬우나 중심부에 갈수록 냉각 속도가 늦어져 경화량이 적어지는 현상은?

① 경화능　　　　② 잔류 응력
③ 질량 효과　　　④ 노치 효과

해설 강을 담금질할 때는 재료를 가열한 후 급랭해야 한다. 질량이 큰 재료는 내부에서는 냉각 속도가 느려지므로 표면만 경화되고 내부는 경화량이 적다. 질량이 큰 재료를 담금질할 때는 이러한 질량 효과를 고려해야 한다. 참고로 경화능이란 담금질이 잘 되는 정도를 나타낸 것이다.

제**8**장

안전 규정 준수

제8장 안전 규정 준수

1. 안전 수칙 확인

1-1 가공 작업 안전 수칙

(1) 기계 안전 수칙

① 자기 담당 기계 이외의 기계는 손을 대지 않는다.

② 기계 가동은 각 직원의 위치와 안전장치를 확인 후 행한다.

③ 움직이는 기계를 방치한 채 다른 일을 하면 위험하므로 기계가 완전히 정지한 다음 자리를 뜬다.

④ 정전이 되면 우선 스위치를 내린다.

⑤ 기계의 조정이 필요하면 끈 후 완전정지할 때까지 기다려야 하며, 손이나 막대기 등으로 정지시키지 않아야 한다.

⑥ 기계는 깨끗이 청소해야 하는데, 청소할 때는 브러시나 막대기를 사용하고 손으로 청소하지 않는다.

⑦ 기계 작업자는 보안경을 착용하여야 한다.

⑧ 기계 가동 시에는 소매가 긴 옷, 넥타이, 장갑 또는 반지를 착용하지 않는다.

⑨ 고장 중인 기계는 "고장·사용금지"라고 표지를 붙여 둔다.

⑩ 기계는 매일 점검하여야 하며, 사용 전에 반드시 점검하여 이상 유무를 확인한다.

(2) 통행 시 안전 수칙

① 통행로 위의 높이 2m 이하에는 장애물이 없어야 한다.

② 기계와 다른 시설물과의 사이의 통행로 폭은 80cm 이상으로 하여야 한다.

③ 우측 통행 규칙을 지켜야 한다.

④ 통행로에 설치된 계단은 다음 사항을 고려하여 설치하여야 한다.

㈎ 견고한 구조로 하여야 하며, 경사는 심하지 않게 할 것

㈏ 각 계단의 간격과 너비는 동일하게 할 것

㈐ 높이 5 m를 초과할 때에는 높이 5 m 이내마다 계단실을 설치할 것

㈑ 적어도 한쪽에는 손잡이를 설치할 것

예상문제

1. 다음 중 기계 안전 수칙에서 틀린 것은?

① 정전이 되면 우선 스위치를 내린다.

② 기계는 깨끗이 청소해야 하는데, 청소할 때는 손으로 깨끗이 한다.

③ 기계 사용 전에 반드시 점검하여 이상 유무를 확인한다.

④ 기계작업자는 보안경을 착용하여야 한다.

[해설] 기계를 청소할 때는 브러시나 막대기를 사용하고 손으로 청소하지 않는다.

2. 다음 중 기계 가공 전 안전점검 내용이 아닌 것은?

① 공작물의 고정 상태

② 작업장의 조명 상태

③ 가공 칩의 처리 상태

④ 공구의 장착 및 파손 상태

[해설] 가공 칩의 처리는 기계 가공 후에 이루어진다.

3. 통행 시 안전 수칙에 대한 설명으로 틀린 것은?

① 통행로 위의 높이 2 m 이하에는 장애물이 없어야 한다.

② 기계와 다른 시설물과의 사이의 통행로 폭은 60 cm 이상으로 하여야 한다.

③ 우측 통행 규칙을 지켜야 한다.

④ 높이 5 m를 초과할 때에는 높이 5 m 이내마다 계단실을 설치하여야 한다.

[해설] 기계와 다른 시설물과의 사이의 통행로 폭은 80 cm 이상으로 하여야 한다.

[정답] 1. ②　2. ③　3. ②

1-2　수공구 작업 안전 수칙

(1) 드라이버 작업의 안전

① 드라이버의 날 끝이 홈의 너비와 길이에 맞는 것을 사용하도록 한다.

② 드라이버의 날 끝은 편편한 것이어야 하며, 이가 빠지거나 동그랗게 된 것은 사용하지 않는다.

③ 나사를 조일 때 날 끝이 미끄러지지 않게 나사 탭 구멍에 수직으로 대고 한 손으로 가볍게 잡고서 작업을 한다.

④ 용도 이외의 다른 목적으로 사용하지 않는다.

(2) 스패너 작업의 안전

① 양발을 적당하게 벌리고 몸의 균형을 잡은 상태로 작업을 한다. 높은 곳이나 균형을 잡기 힘든 장소에서는 각별히 주의하여야 한다.

② 스패너는 너트에 알맞은 것을 사용하며, 너트에 스패너를 깊이 물려서 약간씩 앞으로 당기는 식으로 풀고 조이도록 한다.

③ 스패너는 가급적 손잡이가 긴 것을 사용하는 것이 좋으며, 스패너의 자루에 파이프를 연결하지 않도록 한다.

④ 스패너를 해머로 때리지 않아야 하며, 용도 외에 다른 목적으로 사용하지 않도록 한다.

(3) 해머 작업의 안전

① 녹이 있는 재료를 가공할 때는 보호 안경을 착용하여야 한다. 열처리된 재료는 해머로 때리지 않도록 주의하고, 자루가 불안정한 것(쐐기가 없는 것 등)은 사용하지 않는다.

② 공동으로 가공을 할 때에는 호흡을 잘 맞추어 신호에 유의를 하고 주위를 잘 살펴야 한다.

③ 장갑을 끼거나 기름이 묻은 손으로 가공하지 않는다.

④ 처음부터 큰 힘을 주면서 가공하지 않는다.

(4) 정 작업의 안전

① 항상 날 끝에 주의하고, 따내기 가공 및 칩이 튀는 가공에는 보호 안경을 착용하도록 한다.

② 정을 잡은 손은 힘을 빼며, 처음에는 가볍게 때리고 점차 힘을 가하도록 한다.

③ 가공물의 절단된 끝이 튕길 경우가 있으므로 특히 주의를 하도록 한다.

(5) 쇠톱 작업의 안전

① 톱날은 틀에 끼워 두세 번 사용한 후 다시 조정하고 절단한다.

② 쇠톱의 손잡이와 틀의 선단을 손으로 확실하게 잡고서 좌우로 흔들리지 않게 작업을 하도록 한다.

③ 모가 난 재료를 절단할 때는 톱날을 기울이고 모서리부터 절단하기 시작한다. 둥근 강이나 파이프는 삼각줄로 안내 홈을 가공한 다음 그 위를 절단한다.

④ 절단을 시작할 때와 끝날 무렵에는 알맞게 힘을 줄이고 절단하도록 한다.

예상문제

1. 나사를 조일 때 드라이버를 안전하게 사용하는 방법으로 틀린 것은?

① 날 끝이 홈의 너비와 길이보다 작은 것을 사용한다.

② 날 끝에 이가 빠지거나 동그랗게 된 것은 사용하지 않는다.

③ 나사를 조일 때 나사 탭 구멍에 수직으로 대고 한 손으로 가볍게 잡고 작업한다.

④ 용도 외에 다른 목적으로 사용하지 않는다.

해설 드라이버의 날 끝이 홈의 너비와 길이에 맞는 것을 사용하도록 한다.

2. 다음 중 스패너나 렌치를 사용할 때 안전 수칙으로 적합하지 않은 것은?

① 넘어지지 않도록 몸을 가누어야 한다.

② 해머 대용으로 사용하지 말아야 한다.

③ 손이나 공구에 기름이 묻었을 때 사용하지 않아야 한다.

④ 스패너 또는 렌치와 너트 사이의 틈에는 다른 물건을 끼워 사용해야 한다.

해설 스패너의 자루에 파이프 등을 연결하지 않도록 한다.

3. 정과 해머로 재료에 홈을 따내려고 할 때, 안전 작업 사항으로 틀린 것은?

① 칩이 튀는 것에 대비해 보호 안경을 착용한다.

② 처음에는 가볍게 때리고 점차 힘을 가하도록 한다.

③ 손의 안전을 위하여 양손 모두 장갑을 끼고 작업한다.

④ 절단물이 튕길 경우가 있으므로 특히 주의해야 한다.

해설 장갑을 끼거나 기름이 묻은 손으로 가공하지 않는다.

4. 해머와 정 작업을 할 때 잘못된 것은 어느 것인가?

① 장갑을 끼거나 기름 묻은 손으로 가공하지 말 것

② 따내기 작업 시 보안경을 착용할 것

③ 정을 잡은 손은 힘을 꽉 줄 것

④ 열처리된 재료는 해머로 때리지 않도록 주의할 것

해설 정을 잡은 손은 힘을 빼며, 처음에는 가볍게 때리고 점차 힘을 가하도록 한다.

5. 해머 작업을 할 때의 안전 사항 중 틀린 것은?

① 손을 보호하기 위하여 장갑을 낀다.

② 파편이 튀지 않도록 칸막이를 한다.

③ 녹이 있는 재료를 가공할 때는 보호 안경을 착용한다.

④ 해머의 끝 부분이 빠지지 않도록 쐐기를 한다.

6. 쇠톱 작업 시 누르는 힘에 대하여 바르게 설명한 것은?

① 밀 때는 힘을 주지 않고, 당길 때 힘을 준다.

② 밀 때는 힘을 주고, 당길 때는 힘을 주지 않는다.

③ 밀 때와 당길 때 모두 힘을 준다.

④ 밀 때와 당길 때 모두 힘을 주지 않는다.

해설 당길 때 힘을 주면 톱날이 부러질 위험이 있다.

정답 1. ① 2. ④ 3. ③ 4. ③ 5. ① 6. ②

2. 안전 수칙 준수

2-1 안전보호장구

(1) 안전보호장구의 개요

보호구는 유해·위험상황에 따라 발생할 수 있는 재해를 예방하고, 그 영향이나 부상의 정도를 경감시키기 위한 용구이다.

(2) 안전보호장구의 특징

① 인간의 생산 활동에는 항상 기계장치가 동반된다고 할 수 있으며 기계장치를 안전하게 하는 것만으로 안전이 충분히 유지된다고 할 수 없다.

② 인간의 외적 조건을 완전하게 안전화할 수 없는 경우에는 기계에 안전장치를 하거나 작업 환경을 쾌적하게 하여야 한다.

③ 보호장구는 유해물질로부터 인체의 전부나 일부를 보호하기 위해 착용하는 보조기구이다.

④ 작업자는 반드시 안전 수칙들을 준수해야 하며, 보호장구를 착용해야 할 의무가 있다.

(3) 보호구 구비 조건

① 착용의 간편성 ② 작업의 적합성
③ 충분한 방호 성능 ④ 품질의 양호

(4) 안전보호장구의 종류

안전모, 안전대, 안전화, 보안경, 안전장갑, 보안면, 방진마스크, 방독마스크, 귀마개 또는 귀덮개, 송기마스크, 방열복 등이 있다.

① 안전모

㈎ 작업자가 작업할 때, 비래하는 물건, 낙하하는 물건에 의한 위험성을 방지하고, 하역작업에서 추락했을 때, 머리부위에 상해를 받는 것을 방지할 뿐만 아니라 머리부위에 감전될 우려가 있는 전기공사 작업에서 산업재해를 방지하기 위해 머리를 보호하는 모자를 말한다.

㈏ 바닥으로부터 높이가 2m 이상인 작업장에서 추락 재해의 위험이 있는 작업에 이용한다.

② **보안경** : 그라인드 작업 중에 날리는 먼지나 선반이나 밀링 · 연삭기에서 칩에 의해 손상되는 것을 방지하기 위해 보안경을 착용한다.

③ **안전장갑** : 전기 작업에서 감전위험을 예방하기 위해 사용한다.

④ **작업복**

⑺ 신체에 꼭 맞고 가벼워야 하며, 옷자락이나 소매는 짧은 것이 좋다.

⑷ 단추를 풀지 않고 넥타이도 절대 착용하지 않는다.

⑸ 기름이 묻은 경우 불이 붙기 쉬우므로 빨아서 입는다.

⑹ 고온 작업 시 덥다고 작업복을 벗지 않는다.

⑺ 재료는 일반적으로 내구력이 있는 옷감을 선택한다.

⑻ 세탁이나 일광에 잘 견디어야 한다.

⑤ **안전화**

⑺ 착용감이 좋고 작업이 쉬워야 한다.

⑷ 선심(先心)이 발가락에 닿지 않고 크기가 맞아야 한다.

⑸ 굽혀지고 펴지는 성질이 양호해야 하며, 가급적 가벼워야 한다.

⑥ **방음 보호구** : 소음 수준이 85~115dB일 때는 귀마개 또는 귀덮개를 사용하고, 110~120dB 이상에서는 귀마개와 귀덮개를 동시에 착용한다.

예상문제

1. 작업복 착용에 대한 안전사항으로 틀린 것은?

① 신체에 맞고 가벼워야 한다.
② 실밥이 터지거나 풀린 것은 즉시 꿰맨다.
③ 작업복 스타일은 연령, 직종에 관계없다.
④ 고온 작업 시 작업복을 벗지 않는다.

[해설] 작업복은 고열, 중금속, 유해 물질 등으로부터 보호하기 위해 착용하는 것으로 연령, 직종에 따라 다르다.

2. 다음 중 가죽제 안전화의 구비 조건으로 틀린 것은?

① 가능한 가벼울 것

② 착용감이 좋고 작업이 쉬울 것
③ 잘 구부러지고 신축성이 있을 것
④ 크기에 관계없이 선심(先心)에 발가락이 닿을 것

3. 다음 중 범용 선반 작업 시 보안경을 착용하는 목적으로 가장 적합한 것은?

① 가공 중 비산되는 칩으로부터 눈을 보호
② 절삭유의 심한 냄새로부터 눈을 보호
③ 미끄러운 바닥에 넘어지는 것을 방지
④ 가공 중 강한 섬광을 차단하여 눈을 보호

[해설] 칩이 비산되는 선반, 밀링 등의 공작기계 작업 시에는 보안경을 착용한다.

4. 다음과 같은 재해를 예방하기 위한 대책으로 거리가 가장 먼 것은?

> 금형가공 작업장에서 자동차 수리금형의 측면가공을 위해 CNC 수평 보링기로 절삭가공 후 가공면을 확인하기 위해 가공 작업부에 들어가 에어건으로 스크랩을 제거하고 검사하던 중 회전 중인 보링기의 엔드밀에 협착되어 중상을 입는 사고가 발생하였다.

① 공작기계에 협착되거나 말림 위험이 높은 주축 가공부에 접근 시에는 공작기계를 정지한다.
② 불시 오조작에 의한 위험을 방지하기 위해 기동장치에 잠금장치 등의 방호 조치를 설치한다.
③ 공작기계 주변에 방책 등을 설치하여 근로자 출입 시 기계의 작동이 정지하는 연동구조로 설치한다.
④ 회전하는 주축 가공부에 가공 공작물의 면을 검사하고자 할 때는 안전 보호구를 착용 후 검사한다.

해설 예방 대책으로는 공작기계 정비, 검사, 수리 작업 시 운전 정지와 공작기계 주변 방책 설치 등이 있다.

5. 다음 중 반드시 장갑을 착용하고 작업 해야 하는 것은?

① 드릴 작업   ② 밀링 작업
③ 선반 작업   ④ 용접 작업

해설 절삭 작업에서는 안전을 위하여 절대 장갑을 착용하지 않는다.

6. 기계 가공을 하고자 할 때 유의사항으로 틀린 것은?

① 복장을 단정히 한다.
② 공작물은 기계에 단단히 고정한다.
③ 칩의 제거는 주축의 회전 중에 실시한다.
④ 기계를 사용하기 전에 이상 유무를 확인한다.

해설 칩은 반드시 기계 정지 후 갈고리나 칩 제거 기구를 이용하여 제거한다.

7. 다음 중 보호구를 사용할 때의 유의 사항이 아닌 것은?

① 작업에 적절한 보호구를 선정한다.
② 관리자에게만 사용 방법을 알려준다.
③ 작업장에는 필요한 수량의 보호구를 비치한다.
④ 작업을 할 때에 필요한 보호구를 반드시 사용하도록 한다.

해설 보호구를 사용할 때 작업자에게 사용 방법을 알려주어야 한다.

8. 다음 중 청력 보호를 위한 방음 보호구에 대한 설명으로 틀린 것은?

① 소음 수준이 85~115dB 일때는 귀마개 또는 귀덮개를 사용한다.
② 110~120dB 이상에서는 귀마개와 귀덮개를 동시에 착용한다.
③ "청력보호구"라 함은 청력을 보호하기 위하여 사용하는 귀마개를 말한다.
④ "소음작업"이란 1일 8시간 작업을 기준으로 85dB 이상의 소음이 발생하는 작업을 말한다.

해설 "청력보호구"라 함은 청력을 보호하기 위하여 사용하는 귀마개와 귀덮개를 말한다.

2-2   기계 가공 시 안전 사항

(1) 선반 작업의 안전

① 작동 전 기계의 모든 상태를 점검한다(각종 레버, 하프 너트, 자동 장치 등).
② 절삭 작업 중에는 보안경을 착용한다.
③ 바이트를 교환할 때는 기계를 정지시키고 한다.
④ 바이트는 가급적 짧고 단단히 조인다.
⑤ 가공물이나 척에 휘말리지 않도록 작업자는 옷소매를 단정히 한다.
⑥ 작업 도중 칩이 많아 처리할 때에는 기계를 멈춘 다음에 행한다.
⑦ 긴 물체를 가공할 때는 반드시 방진구를 사용한다.
⑧ 칩을 제거할 때는 압축공기를 사용하지 말고 브러시를 사용한다.
⑨ 공작물 설치가 끝나면 척에서 렌치류는 반드시 제거한다.

(2) 밀링 작업의 안전

① 칩이 비산하므로 반드시 보안경을 착용한다.
② 사용 전에 반드시 기계 및 공구를 점검, 시운전한다.
③ 일감은 테이블 또는 바이스에 안전하게 고정한다.
④ 커터의 제거, 설치 시에는 반드시 스위치를 내리고 한다.
⑤ 테이블 위에 측정구나 공구를 놓지 않도록 한다.
⑥ 칩을 제거할 때는 기계를 정지시킨 후 브러시로 행한다.
⑦ 공작물의 거스러미는 매우 날카롭기 때문에 주의해서 제거한다.
⑧ 가공 중에 손으로 가공면을 점검하지 않는다.

(3) 연삭 작업의 안전

① 연삭 숫돌은 사용 전에 확인하고 3분 이상 공회전시킨다.
② 연삭 숫돌은 덮개(cover)를 설치하여 사용한다.
③ 연삭 가공할 때 원주 정면에 서지 말아야 한다.
④ 연삭 숫돌 측면에 연삭하지 말 것(특히, 양두 그라인더로 연삭할 때)
⑤ 받침대와 숫돌은 3mm 이내로 조정할 것(특히, 양두 그라인더로 연삭할 때)

(4) 드릴링 작업의 안전

① 회전하고 있는 주축이나 드릴에 옷자락이나 머리카락이 말려들지 않도록 주의한다.
② 드릴을 회전시킨 후에는 테이블을 조정하지 않으며, 가공물은 완전하게 고정한다.

③ 드릴을 고정하거나 풀 때는 주축이 완전히 정지된 후에 한다.

④ 얇은 판의 구멍 뚫기에는 보조판 나무를 사용하는 것이 좋다.

⑤ 구멍 뚫기가 끝날 무렵은 이송을 천천히 한다.

⑥ 장갑을 끼고 작업을 하지 않는다.

⑦ 가공물을 손으로 잡고 드릴링하지 않는다.

예상문제

1. 선반 가공에서 지켜야 할 안전 및 유의 사항으로 잘못된 것은?

① 척 핸들은 사용 후 척에서 빼 놓아야 한다.

② 공작물을 척에 느슨하게 고정한다.

③ 기계 조작은 주축이 정지 상태일 때 실시한다.

④ 작업 중 장갑을 착용해서는 안 된다.

해설 척이 회전하는 도중에 일감이 튀어나오지 않도록 확실히 고정하여야 한다.

2. 선반 작업에서 지켜야 할 안전 사항 중 틀린 것은?

① 칩을 맨손으로 제거하지 않는다.

② 회전 중 백 기어를 걸지 않도록 한다.

③ 척 렌치는 사용 후 반드시 빼둔다.

④ 일감 절삭 가공 중 측정기로 외경을 측정한다.

해설 측정을 할 때는 반드시 기계를 정지한다.

3. 밀링 작업의 안전 관리에 적절하지 않은 것은?

① 정면 커터 작업 시에는 칩이 튀므로 칩 커버를 설치한다.

② 가공 중에 가공 상태를 정확히 파악해야 하므로 얼굴을 가까이 대고 본다.

③ 절삭 가공 중에는 브러시로 칩을 제거하지 않는다.

④ 절삭 공구나 공작물을 설치할 때에는 전원을 끄고 작업한다.

해설 밀링 작업 시 가공 중에 기계에 얼굴을 대지 않고, 안전을 위하여 반지, 팔찌, 목걸이 등은 착용하지 않는다.

4. 다음 중 연삭 작업에 대한 설명으로 맞는 것은?

① 필요에 따라 규정 이상의 속도로 연삭한다.

② 연삭 숫돌 측면에 연삭하지 않는다.

③ 숫돌과 받침대는 항상 6 mm 이내로 조정해야 한다.

④ 숫돌의 측면에는 안전 커버가 필요 없다.

해설 연삭 작업 시 받침대와 숫돌은 3 mm 이내로 조정한다.

5. 다음 중 드릴 작업 시 주의할 점으로 틀린 것은?

① 작업복과 작업모를 착용한다.

② 칩은 기계를 정지시킨 후 브러시로 제거한다.

③ 드릴 작업 시에는 보호 안경을 쓴다.

정답 1. ② 2. ④ 3. ② 4. ② 5. ④

④ 작은 공작물은 직접 손으로 잡고 작업을 한다.

해설 드릴 작업 시 가공물을 손으로 잡고 드릴링하지 않는다.

6. 다음 중 선반 가공의 작업 안전으로 거리가 먼 것은?

① 절삭 가공을 할 때에는 반드시 보안경을 착용하여 눈을 보호한다.

② 겨울에 절삭 작업을 할 때에는 면장갑을 착용해도 무방하다.

③ 척이 회전하는 도중에 일감이 튀어나오지 않도록 확실히 고정한다.

④ 절삭유가 실습장 바닥으로 누출되지 않도록 한다.

해설 절삭 작업 시에는 안전을 위하여 절대로 장갑을 끼고 작업하지 않는다.

7. 공작기계 작업 안전에 대한 설명 중 잘못된 것은?

① 표면 거칠기는 가공 중에 손으로 검사한다.

② 회전 중에는 측정하지 않는다.

③ 칩이 비산할 때는 보안경을 사용한다.

④ 칩은 솔로 제거한다.

해설 표면 거칠기는 가공이 끝난 후 주축이 정지된 상태에서 검사한다.

8. 다음 중 선반 작업에서 방호장치로 부적합한 것은?

① 칩이 짧게 끊어지도록 칩브레이커를 둔 바이트를 사용한다.

② 칩이나 절삭유 등의 비산으로부터 보호를 위해 이동용 실드를 설치한다.

③ 작업 중 급정지를 위해 역회전 스위치를 설치한다.

④ 긴 일감 가공 시 덮개를 부착한다.

해설 급정지를 위해 설치하는 역회전 스위치는 기계에 무리를 준다.

9. 드릴 작업 시 주의할 사항을 잘못 설명한 것은?

① 얇은 일감의 드릴 작업 시 일감 밑에 나무 등을 놓고 작업한다.

② 드릴 작업 시 면장갑을 끼지 않는다.

③ 회전을 정지시킨 후 드릴을 고정한다

④ 작은 일감은 손으로 단단히 붙잡고 작업한다.

해설 공작물을 고정하지 않은 채 손으로 잡고 가공해서는 안 된다.

10. 선반 작업에서 안전 사항 중 맞는 것은?

① 바이트는 가능한 길게 물린다.

② 손 보호를 위하여 장갑을 착용한다.

③ 보호안경을 착용한다.

④ 선반을 멈추게 할 때는 역회전시켜 멈추게 한다.

해설 칩의 비산을 방지하기 위하여 꼭 보호안경을 착용해야 하며, 바이트는 최소한 짧게 장착해야 떨림을 최소화하여 안정된 가공을 한다.

11. 선반 작업에서 안전 및 유의 사항에 대한 설명으로 틀린 것은?

① 일감을 측정할 때는 주축을 정지시킨다.

② 바이트를 연삭할 때는 보안경을 착용한다.

③ 홈 바이트는 가능한 길게 고정한다.

④ 바이트는 주축을 정지시킨 다음 설치한다.

해설 바이트는 최소한 짧게 장착해야 떨림을 최소화하여 안정된 가공을 할 수 있다.

정답 **6.** ② **7.** ① **8.** ③ **9.** ④ **10.** ③ **11.** ③

12. 밀링 작업 시 안전 및 유의 사항으로 틀린 것은?

① 작업 전에 기계 상태를 사전 점검한다.
② 가공 후 거스러미를 반드시 제거한다.
③ 공작물을 측정할 때는 반드시 주축을 정지한다.
④ 주축의 회전속도를 바꿀 때는 주축이 회전하는 상태에서 한다.

해설 주축의 회전속도를 바꿀 때는 안전을 위하여 반드시 주축이 정지된 것을 확인하고 바꾸고, 청소는 기계를 정지시킨 후 한다.

13. 밀링 작업을 할 때의 안전 수칙으로 가장 적합한 것은?

① 가공 중 절삭면의 표면 조도는 손을 이용하여 확인하면서 작업한다.
② 절삭 칩의 비산 방향을 마주보고 보안경을 착용하고 작업한다.
③ 밀링 커터나 아버를 설치하거나 제거할 때는 전원 스위치를 킨 상태에서 작업한다.
④ 절삭 날은 양호한 것을 사용하며, 마모된 것은 재연삭 또는 교환하여야 한다.

해설 절삭 날에 따라 표면 조도가 결정되므로 항상 양호한 것을 사용하여야 한다.

14. 드릴링 머신의 작업 시 안전 사항 중 틀린 것은?

① 드릴을 회전시킨 후에는 테이블을 조정하지 않는다.
② 드릴을 고정하거나 풀 때는 주축이 완전히 정지한 후에 작업을 한다.
③ 드릴이나 드릴 소켓 등을 뽑을 때는 해머 등으로 가볍게 두드려 뽑는다.
④ 얇은 판의 구멍 뚫기에는 밑에 보조 판 나무를 사용하는 것이 좋다.

해설 해머로 드릴이나 드릴 소켓을 두드리면 안 되며, 고무망치를 사용한다.

정답 12. ④   13. ④   14. ③

3. 공구 · 장비 정리

3-1 공구 이상 유무 확인

(1) 수공구 안전

① 수공구는 사용 전 깨끗이 청소하고 점검한 다음에 사용한다.
② 정이나 끌과 같은 기구는 때리는 부분이 버섯 모양 같이 되면 반드시 교체하여야 하며, 자루가 망가지거나 헐거우면 바꾸어 끼운다.
③ 수공구는 사용 후 반드시 보관함에 넣어 둔다.

④ 끝이 예리한 수공구는 반드시 덮개나 칼집에 넣어서 보관한다.

⑤ 파편이 튀길 위험이 있는 작업에는 반드시 보안경을 착용하여야 한다.

⑥ 각 수공구는 용도 이외에는 사용하지 말아야 한다.

(2) 공구 관리의 목적

① 필요시 최적 공구를 필요량만큼 공급함으로써 생산성을 향상시킨다.

② 공구를 표준화 · 규격화하여 관리를 용이하게 한다.

③ 적정 공구량을 파악할 수 있으므로 적정 공구량을 확보할 수 있다.

④ 공구의 품질 향상, 새로운 공구의 개발에 용이하다.

예상문제

1. 수공구 안전에 관한 사항으로 틀린 것은?

① 정이나 끌은 때리는 부분이 타원 모양과 같이 되면 교체하여야 한다.

② 끝이 예리한 수공구는 덮개나 칼집에 넣어서 보관한다.

③ 사용 후 반드시 보관함에 넣어서 보관하고, 용도 이외에는 사용하지 않는다.

④ 파편이 튀길 위험이 있는 작업에는 보안경을 착용하여야 한다.

해설 정이나 끌은 때리는 부분이 버섯 모양과 같이 되면 반드시 교체한다.

2. 다음 중 공구 관리의 목적이 아닌 것은 어느 것인가?

① 필요량만큼 공급함으로써 생산성을 향상시킨다.

② 공구를 표준화 · 규격화하여 관리를 용이하게 한다.

③ 적정 공구량을 파악할 수 있어 공구 비용을 절감할 수 있다.

④ 새로운 공구의 개발에 용이하다.

해설 적정 공구량 파악으로 적정 공구량을 확보할 수 있다.

정답 1. ① 2. ③

3-2 장비 이상 유무 확인

(1) 장비 이상 유무 확인

① 기계를 점검하고 저속으로 시운전하여 본다.

② 기계 및 공구의 조임부 또는 연결부 이상 여부를 확인한다.

③ 칩의 비산을 대비하여 안전 커버가 이상이 없는지 확인한다.

④ 각종 레버는 정위치에 있는지 확인한다.

⑤ 위험설비 부위에 방호장치(보호 덮개) 설치 상태를 확인한다.

⑥ 윤활유의 순환 여부를 확인한다.

⑥ 이송축 및 리드 스크루 축에는 이상이 없는지 확인한다.

⑦ 기계를 무부하 상태에서 운전하여 회전음을 점검한다.

⑧ 각 기어들은 정확하게 작동하고 있는지 확인한다.

(2) 선반 이상 유무 확인

① 기계 설치가 정상적이며 진동이 없는가를 확인한다.

② 각 부분의 미끄럼 면은 정상적인가 확인한다.

③ 기어의 물림 상태는 양호한가를 확인한다.

④ 이송 기구가 제대로 동작되고 있는가를 확인한다.

⑤ 공작물 고정구(척)가 확실하게 고정되어 있는가 확인한다.

⑥ 전원 스위치 및 전동기 동작이 원활한가를 확인한다.

(3) 밀링 이상 유무 확인

① 테이블 수동 이송 핸들을 좌우로 돌려서 테이블의 좌우 이송 상태를 확인한다.

② 새들 전후 이송 핸들을 좌우로 돌려서 테이블의 전후 이송 상태를 확인한다.

③ 니 상하 이송 핸들을 좌우로 돌려서 테이블의 상하 이송 상태를 확인한다.

예상문제

1. 장비의 이상 유무에 대한 설명으로 틀린 것은?

① 기계를 점검하고 고속으로 시운전하여 본다.

② 기계 및 공구의 조임부 또는 연결부 이상 여부를 확인한다.

③ 각종 레버는 정위치에 있는지 확인한다.

④ 위험설비 부위에 방호장치(보호 덮개) 설치 상태를 확인한다.

해설 기계를 점검하고 저속으로 시운전한 후 가공한다.

2. 공작기계 안전에 관한 사항으로 틀린 것은?

① 칩의 비산을 대비하여 안전커버가 이상이 없는지 확인한다.

② 칩 제거 시에는 반드시 기계 정지 후 장갑을 끼고 청소한다.

③ 이송축 및 리드 스크루 축에는 이상이 없는지 확인한다.

④ 가공 전 기계를 무부하 상태에서 운전하여 회전음을 점검한다.

해설 칩 제거 시에는 반드시 기계 정지 후 솔로 청소한다.

정답 1. ① 2. ②

4. 작업장 정리

4-1 작업장 정리 방법

(1) 정리정돈의 의의

"안전은 정리정돈에서부터"라고 할 정도로 정리정돈과 안전과는 밀접한 관계를 가지고 있다. 산업사고의 원인을 조사해 보면 공구들이 제대로 정리정돈되어 있어야 할 물건들이 무질서하게 펼쳐 있어 이에 의하여 사고가 발생되는 경우가 많다. 따라서 정리정돈이 제대로 잘 된 사업장은 근로자들이 유쾌한 기분으로 근로를 할 수 있으며 일의 성과도 크게 나타난다.

① **정리** : 불요불급의 물품과 긴급을 요하는 물품을 구분하여 필요한 것을 정비해 두고 불필요한 것은 작업장에서 다른 곳으로 옮겨 두는 것을 말한다.

② **정돈** : 필요한 물품을 필요한 장소에 어떻게 배치해 놓느냐를 말하는 것이다.

(2) 정리정돈의 효과

품질, 보전성, 능률이 향상되고 원가가 절감되며, 안전사고를 예방할 수 있다. 또한 생산 품종 변경 시 손실을 최소화할 수 있다.

(3) 작업장 정리의 기본 원칙

① 먼저 어지르지 않도록 노력한다.

② 사용 빈도가 많은 것은 바로 꺼낼 수 있도록 하고, 쓸모없는 것은 즉시 치운다.

③ 품명, 수량을 알기 쉽게 정돈하고, 물건은 정해진 장소(놓아둘 곳)에 둔다.

④ 무너지기 쉬운 것은 나무를 대어 정돈하고, 안전하게 쌓는 방법을 습관화한다.

⑤ 항상 청소하고 청결하게 한다.

⑥ 타기 쉬운 것, 발화하기 쉬운 것 등 위험한 것은 따로 모아 보관한다.

⑦ 작업장 통로는 80cm 이상의 폭을 유지하여 표시하고 장애물이 없도록 한다.

(4) 작업장 조도 기준

조도	작업 내용
750 럭스(lx) 이상	초정밀 작업
300 럭스(lx) 이상	정밀 작업
150 럭스(lx) 이상	보통 작업
75 럭스(lx) 이상	기타 작업

예상문제

1. 밀링 가공할 때 유의해야 할 사항으로 틀린 것은?

① 기계를 사용하기 전에 윤활 부분에 적당량의 윤활유를 주입한다.

② 측정기 및 공구를 작업자가 쉽게 찾을 수 있도록 밀링 머신 테이블 위에 올려 놓아야 한다.

③ 밀링 칩은 예리하므로 직접 손을 대지 말고 청소용 솔 등으로 제거한다.

④ 정면 커터로 가공할 때는 칩이 작업자의 반대쪽으로 날아가도록 공작물을 이송한다.

해설 측정기 및 공구는 항상 지정된 안전한 위치에 두어야 한다.

2. 다음 중 작업상 안전 수칙과 가장 거리가 먼 것은?

① 연삭기의 커버가 없는 것은 사용을 금한다.

② 드릴 작업 시 작은 일감은 손으로 잡고 한다.

③ 프레스 작업 시 형틀에 손이 닿지 않도록 한다.

④ 용접 전에는 반드시 소화기를 준비한다.

해설 작은 일감은 바이스나 고정구로 고정하고 직접 손으로 잡지 말아야 한다.

3. 기계 가공 작업장에서 일반적인 작업 시 작업 전 점검 사항으로 적절하지 않은 것은 어느 것인가?

① 주변에 위험물의 유무

② 전기 장치의 이상 유무

③ 냉 · 난방 설비 설치 유무

④ 작업장 조명의 정상 유무

4. 정밀 작업을 할 때 적당한 작업장 조도는 어느 것인가?

① 75 럭스 이상   ② 150 럭스 이상

③ 300 럭스 이상   ④ 750 럭스 이상

5. 다음 중 작업장 정리의 기본 원칙에 대한 설명으로 틀린 것은?

① 사용 빈도가 많은 것은 바로 꺼낼 수 있도록 한다.

② 항상 청소하고 청결하게 한다.

③ 타기 쉬운 것, 발화하기 쉬운 것 등 위험한 것은 따로 모아 보관한다.

④ 작업장 통로는 30cm 이상의 폭을 유지하여 표시하고 장애물이 없도록 한다.

6. 작업장에서 운반물을 안전하게 쌓는 법에 대한 설명으로 틀린 것은?

① 물건과 물건 사이는 반출하기 쉽도록 일정한 간격을 두어야 한다.

② 무거운 것과 큰 것은 위에, 가벼운 것과 작은 것은 아래에 쌓는다.

③ 긴 물건을 우물 정자형으로 쌓아 무너지는 것을 방지한다.

④ 작은 물건은 상자나 용기에 넣어 선반 등에 수납한다.

해설 무거운 것과 큰 것은 아래에, 가벼운 것과 작은 것은 위에 쌓는다.

정답 1. ②   2. ②   3. ③   4. ③   5. ④   6. ②

5. 장비 일상 점검

5-1 일상 점검

(1) 공작기계 점검 종류

① **일상 점검** : 현장에서 매일 기계 설비를 가동하기 전 또는 가동 중에는 물론 작업 종료 시에 행하는 점검
② **월간 점검** : 매월 정해진 일자에 행하는 점검
③ **정기 점검** : 6개월, 1년 등 일정한 기간을 정해서 행하는 점검
④ **특별 점검** : 점검 주기에 의한 것이 아닌 수시 점검 또는 부정기적인 점검

(2) 일상 점검표 항목

① **일반 안전**
 ㈎ 정리정돈 및 청결 상태
 ㈏ 흡연 및 음식물 섭취 여부
 ㈐ 안전 수칙, 안전표지, 개인보호구, 구급약품 등 관리 상태

② **기계 안전**
 ㈎ 기계 및 공구의 조임부 또는 연결부 이상 여부
 ㈏ 위험설비 부위에 방호장치(보호 덮개) 설치 상태
 ㈐ 기계기구 회전반경, 작동반경 위험지역 출입금지 방호설비 설치 상태

③ **전기 안전**
 ㈎ 사용하지 않는 전기기구의 전원투입 상태 확인 및 무분별한 문어발식 콘센트 사용 여부
 ㈏ 접지형 콘센트를 사용, 전기배선의 절연피복 손상 및 배선 정리 상태
 ㈐ 기기의 외함접지 또는 정전기 장애 방지를 위한 접지 실시 상태
 ㈑ 전기 분전반 주변 이물질 적재 금지 상태 여부

(3) 일상 점검표 작성

① **목적** : 모든 설비 및 측정기기의 일상 점검표 작성과 활용 방법에 대한 업무를 표준화함으로써 효율적인 설비 관리를 도모하는 데 있다.

② 용어 및 작성 방법

㈎ 점검 기재 시 사용 마크는 두 가지로 구분하는데, 정상은 OK, 이상은 ×로 표시한다.

㈏ 고장 상태란 설비의 작동 및 전원 공급에 이상이 발생되어 작업을 하지 못하는 상태를 말한다.

㈐ 설비 가동에 이상이 있으면 특기 사항에 기재 후 조치를 하며, 통상 1년 동안 보관한다.

예상문제

1. CNC 기계의 일상 점검 중 매일 점검해야 할 사항은?

① 유량 점검
② 각부의 필터(filter) 점검
③ 기계 정도 검사
④ 기계 레벨(수평) 점검

해설 유량은 매일 점검하여 부족하면 보충해야 한다.

2. 머시닝센터의 작업 전에 육안 점검 사항이 아닌 것은?

① 윤활유의 충만 상태
② 공기압 유지 상태
③ 절삭유 충만 상태
④ 전기적 회로 연결 상태

해설 전기적 회로 연결 상태는 테스트기를 사용하여 점검한다.

3. 기계의 일상 점검 중 매일 점검에 가장 가까운 것은?

① 소음 상태 점검
② 기계의 레벨 점검
③ 기계의 정적정밀도 점검
④ 절연 상태 점검

해설 기계를 ON 했을 때 평소의 기계 소리와 다른 이상음이 발생하면 기어 등 기계 부위를 점검한다.

4. 현장에서 매일 기계 설비를 가동하기 전 또는 가동 중에는 물론이고 작업의 종료 시에 행하는 점검은 무엇인가?

① 일상 점검
② 특별 점검
③ 정기 점검
④ 월간 점검

5. 다음 중 머시닝센터의 기계 일상 점검에 있어 매일 점검 사항과 가장 거리가 먼 것은 어느 것인가?

① 각부의 유량 점검
② 각부의 압력 점검
③ 각부의 필터 점검
④ 각부의 작동 상태 점검

해설 각부의 필터 점검은 매일 행하지 않고 일정한 주기를 정하여 한다.

정답 1. ① 2. ④ 3. ① 4. ① 5. ③

6. CNC 공작기계에서 작업 전 일상적인 점검 사항과 가장 거리가 먼 것은?

① 적정 유압압력 확인

② 습동유 잔유량 확인

③ 파라미터 이상 유무 확인

④ 공작물 고정 및 공구 클램핑 확인

해설 파라미터는 특별한 경우가 아니면 작업 전 절대 손대어서는 안 된다.

정답 6. ③

5-2 점검 주기

(1) 범용 공작기계

① **매일 점검** : 소음 상태 점검

② **매월 점검** : 절삭유 유량 확인, 주축 회전 이상 유무 확인

③ **매년 점검** : 절연 상태 점검, 기계 정도 검사

(2) CNC 공작기계

① **매일 점검** : 외관 점검, 유량 점검, 압력 점검, 각부의 작동 점검

② **매월 점검** : 각부의 필터 점검, 각부의 팬 모터 점검, 그리스유 주입, 백래시 보정

③ **매년 점검** : 레벨(수평) 점검, 기계 정도 검사, 절연 상태 점검

예상문제

1. 다음 중 CNC 공작기계의 점검 시 매일 실시하여야 하는 사항과 가장 거리가 먼 것은 어느 것인가?

① ATC 작동 점검

② 주축의 회전 점검

③ 기계 정도 검사

④ 습동유 공급 상태 점검

해설 기계 정도 검사는 측정 후 정밀도가 저하될 경우에 실시한다.

2. CNC 공작기계 일상 점검 중 매일 점검 사항이 아닌 것은?

① 베드면에 습동유가 나오는지 손으로 확인한다.

② 유압 탱크의 유량은 충분한가 확인한다.

③ 각 축은 원활하게 급속이송 되는지 확인한다.

④ NC 장치 필터 상태를 확인한다.

해설 NC 장치 필터 상태는 매월 확인한다.

정답 1. ③ 2. ④

3. CNC 장비의 점검 내용 중 매일 점검 사항이 아닌 것은?

① 외관 점검

② 유량 점검

③ 압력 점검

④ 기계 본체 수평 점검

해설 기계 본체 수평 점검은 치수의 오차가 있을 경우에 행한다.

4. 다음 중 CNC 공작기계의 월간 점검사항과 가장 거리가 먼 것은?

① 각부의 필터(filter) 점검

② 각부의 팬(fan) 점검

③ 백래시 보정

④ 유량 점검

해설 유량은 게이지로 확인하여 점검한다.

정답 3. ④ 4. ④

5-3 윤활제

(1) 윤활제의 개요

① **윤활 작용** : 윤활 작용이란 고체 마찰을 유체 마찰로 바꾸어 동력 손실을 줄이기 위한 것이며 이때 사용하는 것이 윤활제이다. 윤활에 사용되는 윤활제로는 액체(광물유, 동식물유 등), 반고체(그리스 등), 고체(흑연, 활석, 운모 등)가 있다.

② **윤활제의 구비 조건**

㈎ 양호한 유성을 가진 것으로 카본 생성이 적어야 한다.

㈏ 금속의 부식성이 적어야 한다.

㈐ 열전도가 좋고 내하중성이 커야 한다.

㈑ 열이나 산에 대하여 강해야 한다.

㈒ 가격이 저렴하고 적당한 점성이 있어야 한다.

㈓ 온도 변화에 따른 점도 변화가 작아야 한다.

③ **윤활 방법**

㈎ 완전 윤활 : 유체 윤활이라고도 하며 충분한 양의 윤활유가 존재할 때 접촉면에 두 금속면이 분리되는 경우를 말한다.

㈏ 불완전 윤활 : 상당히 얇은 유막으로 쌓여진 두 물체 간의 마찰로 상대 속도나 점성은 작아지지만 충격이 가해질 때 유막이 파괴되는 정도의 윤활로 경계 윤활이라고도 한다.

㈐ 고체 윤활 : 금속 간의 마찰로 발열, 용착 등이 생기는 윤활로 절대 금지해야 한다.

(2) 윤활유의 점도

① 일반적으로 윤활유가 묽으면 점도가 낮고 변형에 대한 저항성이 작다.

② 윤활유의 점성이 높으면 높을수록 점도도 더 높아진다.

③ 점도는 윤활유의 종류에 따라 다르지만, 일반적으로 온도가 상승하면 현저하게 낮아지고, 압력이 상승하면 현저하게 높아진다.

(3) 윤활제 보관 장소

① 적절한 온도가 일정하게 유지될 수 있는 옥내에 보관하는 것이 가장 이상적이다.

② 운송 차량이 쉽게 접근할 수 있어야 하며, 제품을 하차하기에 충분한 공간이 있어야 한다.

③ 윤활유나 그리스 제품을 최초로 개봉하거나, 덜어서 사용하기 위해서는 먼지가 없는 깨끗한 장소에서 하여야 한다.

④ 수용성 절삭유제 등의 보관소의 온도가 0℃ 이하로 떨어지지 않도록 해야 하며, 다음 제품은 개방된 옥외에 보관해서는 안 된다.

㈎ 절연유(insulating oil) 및 그리스(grease)

㈏ 냉동기유(refrigerator oil)

㈐ 식품용 및 약용 화이트 오일(white & medicinal oil)

㈑ 항공기용 윤활유 및 콤파운드(aero shell oil & compounds)

(4) 윤활의 장애 요인

주요 요소	장애 요인
윤활제	• 부적합한 윤활유의 사용 • 오일의 열화와 오염 • 오일의 누설 및 성질이 다른 오일의 혼합 사용
작업장	• 급유 작업의 부주의, 과잉 급유 및 과소 급유 • 급유가 빠르거나 너무 느림 • 급유해도 마찰면에 닿지 않음 • 플러싱의 불충분 및 작업상의 움직임과 충격에 의한 문제
환경	• 높은 전도열 및 마찰열의 불충분한 방열 • 불순물의 혼합 및 현저한 온도 변화 • 산의 증기, 염분 등의 환경

예상문제

1. 다음 중 윤활제가 갖추어야 할 조건이 아닌 것은?

① 사용 상태에서 충분한 점도가 있어야 한다.

② 화학적으로 활성이며, 균질하여야 한다.

③ 산화나 열에 대하여 안정성이 높아야 한다.

④ 한계윤활상태에서 견딜 수 있는 유성이 있어야 한다.

해설 금속에 대한 부식성이 적어야 하며, 화학적으로 안정되어야 한다.

2. 다음 중 절삭유의 취급 안전에 관한 사항으로 틀린 것은?

① 미끄럼 방지를 위해 실습장 바닥에 누출되지 않도록 한다.

② 공기 오염의 원인이 되므로 항상 청결을 유지해야 한다.

③ 미생물 증식 억제를 위하여 정기적으로 절삭유의 pH를 점검한다.

④ 작업 완료 후에는 공작물과 손을 절삭유로 깨끗이 세척한다.

해설 작업 완료 후에는 비누 또는 세제를 사용하여 피부를 세척한다.

3. 다음 중 절삭제의 구비 조건이 아닌 것은 어느 것인가?

① 방청, 윤활성이 우수할 것

② 냉각성이 충분할 것

③ 장시간 사용해도 잘 변질되지 않을 것

④ 발화점이 낮을 것

해설 인화점이 높고 고온에서 잘 변질되지 않아야 한다.

4. 다음 중 윤활제에 대한 설명으로 틀린 것은 어느 것인가?

① 수용성 절삭유제 등의 보관소의 온도가 0℃ 이하로 떨어지지 않도록 해야 한다.

② 적절한 온도가 일정하게 유지될 수 있는 옥내에 보관하는 것이 가장 이상적이다.

③ 그리스(grease)는 옥외 보관을 해도 된다.

④ 개봉하거나, 덜어서 사용하기 위해서는 먼지가 없는 깨끗한 장소에서 하여야 한다.

해설 절연유, 항공기용 윤활유, 그리스 등은 개방된 옥외에 보관해서는 안 된다.

5. 다음 중 윤활유의 점도에 대한 설명으로 틀린 것은?

① 윤활유가 묽으면 점도가 낮고 변형에 대한 저항성이 작다.

② 윤활유의 점성이 높으면 높을수록 점도도 더 높아진다.

③ 점도는 온도 및 압력이 상승하면 높아진다.

④ 점도란 윤활유의 끈적끈적한 정도를 나타내는 척도이다.

해설 점도는 윤활유의 종류에 따라 다르지만, 일반적으로 온도가 상승하면 현저하게 낮아지고, 압력이 상승하면 현저하게 높아진다.

6. 작업일지 작성

6-1   작업일지 이해

(1) 안전작업일지

① **목적** : 안전작업일지란 안전관리 작업에 관한 제반 사항을 일자별로 기록한 문서를 말하며, 안전관리의 목적은 작업 중 발생할 수 있는 안전사고를 방지하여 작업자의 안전과 회사의 자산을 보호하는 데 있다.

② **장점** : 재해 사고의 잠재 위험 등을 일자별로 기록하여 이에 대한 신속한 대책을 수립할 수 있다.

(2) 작성 시 유의 사항

① 재해 방지를 위한 중점 사항과 안전활동의 세부 내용을 정확히 기재해야 한다.

② 안전점검 결과와 재해사고의 발생 현황 등을 명확하게 기재해야 한다.

③ 특기사항이 있을 시에는 별도 기재하도록 한다.

예상문제

1. 다음 중 안전 작업 일지에 대한 설명으로 틀린 것은?

① 작업자의 안전과 회사의 자산을 보호하는 데 있다.

② 안전활동의 세부 내용을 정확히 기재해야 한다.

③ 특기사항이 있을 시에는 별도 기재하도록 한다.

④ 재해 사고의 잠재 위험은 기재할 필요가 없다.

2. 다음 중 안전작업일지 작성 시 유의 사항이 아닌 것은?

① 안전점검 결과와 재해사고의 발생 현황 등을 명확하게 기재해야 한다.

② 작성 시에는 안전활동의 세부 내용을 정확히 기재해야 한다.

③ 안전점검 결과와 재해사고의 발생 현황 등을 명확하게 기재해야 한다.

④ 특기사항이 있을 시에는 기재하지 않고 별도의 대책 회의를 한다.

정답   1. ④   2. ④

부 록

실전 모의고사

제 1 회 실전 모의고사

1. 보기의 치수 기입 방법 중 옳게 나타난 것을 모두 고른 것은?

| 보기 |

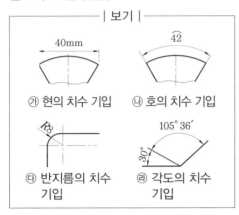

㉮ 현의 치수 기입   ㉯ 호의 치수 기입

㉰ 반지름의 치수 기입   ㉱ 각도의 치수 기입

① ㉮, ㉯, ㉰, ㉱

② ㉯, ㉰, ㉱

③ ㉮, ㉯, ㉰

④ ㉯, ㉰

해설 현의 치수 기입 시 길이 단위인 mm는 사용하지 않는다.

2. 축과 구멍의 끼워 맞춤에서 축의 치수는 $\phi 50^{-0.012}_{-0.028}$, 구멍의 치수는 $\phi 50^{+0.025}_{0}$일 경우 최소 틈새는 몇 mm인가?

① 0.053   ② 0.037

③ 0.028   ④ 0.012

해설 최소 틈새=구멍의 최소 허용 치수−축의 최대 허용 치수=0+0.012=0.012

3. 보기와 같은 나사 가공 도면의 M12×16/10.2×20으로 표시된 치수 기입의 도면 해독으로 올바른 것은?

| 보기 |

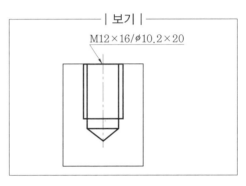

M12×16/∅10.2×20

① 암나사를 가공하기 위한 구멍 가공 드릴 지름은 12mm

② 암나사를 가공하기 위한 구멍 가공 드릴 지름은 16mm

③ 암나사를 가공하기 위한 구멍 가공 드릴 지름은 10.2mm

④ 암나사를 가공하기 위한 구멍 가공 드릴 지름은 20mm

해설 • M12 : 암나사의 골지름
  • 16 : 나사의 깊이
  • ∅10.2 : 암나사 가공용 드릴 지름
  • 20 : 드릴 깊이

4. 축과 구멍의 실제 치수에 따라 죔쇄가 생길 수도 있고 틈새가 생길 수도 있는 끼워 맞춤은?

① 이중 끼워 맞춤   ② 중간 끼워 맞춤
③ 헐거운 끼워 맞춤   ④ 억지 끼워 맞춤

해설 헐거운 끼워 맞춤은 구멍의 최소 치수가 축의 최대 치수보다 큰 경우로 항상틈새가 생기는 끼워 맞춤이고, 억지 끼워 맞춤은 구멍의 최대 치수가 축의 최소 치수보다 작은 경우로 항상 죔쇄가 생기는 끼워 맞춤이다.

5. 보기 그림은 제3각법으로 나타낸 정투상도이다. 입체도로 가장 적합한 것은?

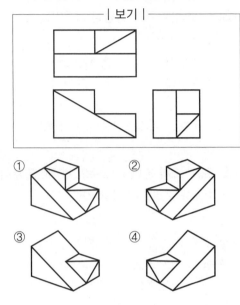

6. ISO 규격에 있는 미터 사다리꼴 나사의 표시 기호는?

① M   ② Tr
③ UNC   ④ R

> **해설** • M : 미터 보통 나사, 미터 가는 나사
> • UNC : 유니파이 보통 나사
> • R : 관용 테이퍼 수나사

7. 면의 지시 기호에서 가공 방법의 기호 중 "B"가 나타내는 것은?

① 보링 머신 가공
② 브로칭 가공
③ 리머 가공
④ 호닝 가공

> **해설** • BR : 브로칭 가공
> • FR : 리머 가공
> • GH : 호닝 가공

8. 다음 중 나사의 도시법에 대한 설명으로 틀린 것은?

① 수나사의 바깥지름, 암나사의 안지름은 굵은 실선으로 한다.
② 완전 나사부와 불완전 나사부의 경계선은 굵은 실선으로 한다.
③ 수나사, 암나사의 골 및 불완전 나사의 골을 표시하는 선은 굵은 실선으로 한다.
④ 수나사와 암나사가 조립된 부분은 항상 수나사가 암나사를 감춘 상태에서 표시한다.

> **해설** 나사의 제도법
> (1) 수나사의 바깥지름과 암나사의 안지름을 나타내는 선은 굵은 실선으로 그린다.
> (2) 수나사와 암나사의 골을 표시하는 선은 가는 실선으로 그린다.
> (3) 완전 나사부와 불완전 나사부의 경계선은 굵은 실선으로 그린다.
> (4) 불완전 나사부의 골 밑을 나타내는 선은 축 선에 대하여 30°의 가는 실선으로 그린다.
> (5) 암나사 탭 구멍의 드릴 자리는 120°의 굵은 실선으로 그린다.
> (6) 가려서 보이지 않는 나사부의 산봉우리와 골을 나타내는 선은 같은 굵기의 파선으로 한다.
> (7) 수나사와 암나사의 결합 부분은 수나사로 표시한다.
> (8) 수나사와 암나사의 측면 도시에서 각각의 골지름은 가는 실선으로 약 3/4만큼 그린다.
> (9) 단면 시 나사부의 해칭은 수나사는 바깥지름, 암나사는 안지름까지 해칭한다.

9. 축의 설계 시 고려해야 할 사항으로 거리가 먼 것은?

① 강도   ② 변형
③ 부식   ④ 제동장치

> **해설** 축의 설계 시 강도, 강성도, 진동, 부식, 온도 등을 고려해야 한다.

정답 5. ①   6. ②   7. ①   8. ③   9. ④

10. 볼트와 볼트 구멍 사이에 틈새가 있어 전단응력과 휨 응력이 동시에 발생하는 현상을 방지하기 위한 가장 올바른 방법은?

① 와셔를 사용한다.
② 로크 너트를 사용한다.
③ 멈춤 나사를 사용한다.
④ 링이나 봉을 끼워 사용한다.

해설 와셔나 로크 너트는 너트의 풀림 방지에 사용한다.

11. 아래 도시된 내용은 리벳 작업을 위한 도면 내용이다. 바르게 설명한 것은?

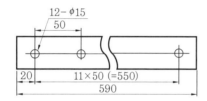

① 양끝 20mm 띄워서 50mm 피치로 지름 15mm의 구멍을 12개 뚫는다.
② 양끝 20mm 띄워서 50mm 피치로 지름 12mm의 구멍을 15개 뚫는다.
③ 양끝 20mm 띄워서 12mm 피치로 지름 15mm의 구멍을 50개 뚫는다.
④ 양끝 20mm 띄워서 15mm 피치로 지름 50mm의 구멍을 12개 뚫는다.

해설 $12-\phi 15$에서 12는 구멍 개수를 말하고 $\phi 15$는 지름 15mm의 구멍을 뜻한다.

12. 지름이 6cm인 원형 단면의 봉에 500kN의 인장하중이 작용할 때 이 봉에 발생되는 응력은 약 몇 N/mm²인가?

① 160.8 ② 166.8
③ 170.8 ④ 176.8

해설 응력 $= \dfrac{하중}{단면적} = \dfrac{500000\,\text{N}}{\dfrac{\pi}{4} \cdot (60\,\text{mm})^2}$

$= 176.8\,\text{N/mm}^2$

13. 나사의 피치가 일정할 때 리드(lead)가 가장 큰 것은?

① 4줄 나사 ② 3줄 나사
③ 2줄 나사 ④ 1줄 나사

해설 리드(l) = 줄 수(n) × 피치(p)이므로 4줄 나사의 경우 1리드는 피치의 4배가 된다.

14. 표준 스퍼 기어의 잇수가 40개, 모듈이 3인 소재의 바깥지름(mm)은?

① 120 ② 126
③ 184 ④ 204

해설 $D_O = (Z+2)m$
$= (40+2) \times 3 = 126$

15. 다음 중 축에 키 홈을 파지 않고 축과 키 사이의 마찰력만으로 회전력을 전달하는 키는?

① 둥근 키 ② 성크 키
③ 반달 키 ④ 새들 키

해설 • 성크 키 : 축과 보스에 다 같이 홈을 파는 것으로 가장 많이 사용한다.
• 반달 키 : 축의 원호상에 홈을 판다.
• 둥근 키 : 축과 보스에 드릴로 구멍을 내어 홈을 만든다.

16. 시편의 표점거리가 40mm이고 지름이 15mm일 때 최대하중이 6kN에서 시편이 파단되었다면 연신율은 몇%인가? (단, 연신된 길이는 10mm이다.)

① 10 ② 12.5
③ 25 ④ 30

해설 연신율(ε) = $\dfrac{l - l_0}{l_0} \times 100(\%)$

정답 **10.** ④ **11.** ① **12.** ④ **13.** ① **14.** ② **15.** ④ **16.** ③

여기서, l_0 : 원래의 길이, l : 늘어난 길이

$$\therefore \varepsilon = \frac{50-40}{40} \times 100 = 25\%$$

17. 주로 각도 측정에 사용되는 측정기는?

① 게이지 블록
② 하이트 게이지
③ 공기 마이크로미터
④ 사인 바

해설 사인 바는 블록 게이지 등을 병용하여 삼각 함수의 사인(sine)을 이용하여 각도를 측정하고 설정하는 측정기이다.

18. 다음 중 비교 측정기에 해당하는 것은?

① 버니어 캘리퍼스
② 마이크로미터
③ 다이얼 게이지
④ 하이트 게이지

해설 다이얼 게이지는 기어 장치로 미소한 변위를 확대하여 길이 또는 변위를 정밀 측정하는 비교 측정기이다.

19. 측정 대상물을 측정기의 눈금을 이용하여 직접적으로 측정하는 길이 측정기는?

① 버니어 캘리퍼스
② 다이얼 게이지
③ 게이지 블록
④ 사인 바

해설 버니어 캘리퍼스는 길이, 깊이, 두께, 안지름 및 바깥지름 등을 측정할 수 있다.

20. 사인 바를 사용할 때 각도가 몇 도 이상이 되면 오차가 커지는가?

① 30°
② 35°
③ 40°
④ 45°

해설 45° 이상이면 오차가 커지므로 45° 이하의 각도 측정에 사용해야 한다.

21. 측정기 선정 시 고려사항이 아닌 것은?

① 제품 공차의 1/10보다 높은 정도의 측정기를 선택한다.
② 수량이 많은 경우 비교측정 및 한계 게이지에 의한 측정이 유리하다.
③ 측정물이 비금속일 경우에는 접촉식 측정기를 사용한다.
④ 측정범위가 너무 크거나 작은 경우 비교측정을 한다.

해설 측정물이 금속이 아니고 고무, 종이, 합성수지 등과 같이 연질인 경우에는 비접촉식 측정기를 사용한다.

22. 선반에서 주축 회전수를 1500rpm, 이송속도 0.3mm/rev로 절삭하고자 한다. 실제 가공길이가 562.5mm라면 가공에 소요되는 시간은 얼마인가?

① 1분 10초
② 1분 15초
③ 1분 20초
④ 1분 25초

해설 $T = \frac{l}{nf} = \frac{562.5}{1500 \times 0.3} = 1.25$분

0.25분 × 60 = 15초이므로 1분 15초이다.

23. 선반에서 구멍이 뚫린 일감의 바깥 원통면을 동심원으로 가공할 때 사용하는 부속품은?

① 방진구
② 돌림판
③ 면판
④ 맨드릴

해설 • 면판 : 척을 떼어내고 부착하는 것으로 공작물의 모양이 불규칙하거나 척에 물릴 수 없을 때 사용
• 방진구 : 지름이 작고 긴 공작물을 절삭할 때 생기는 떨림을 방지하기 위한 장치

정답 17. ④ 18. ③ 19. ① 20. ④ 21. ③ 22. ② 23. ④

24. 가공물의 회전운동과 절삭공구의 직선 운동에 의하여 내·외경 및 나사가공 등을 하는 가공 방법은?

① 밀링 작업 ② 연삭 작업
③ 선반 작업 ④ 드릴 작업

해설 기계의 상대운동

기계	공구	공작물 또는 테이블
선반	직선운동	회전운동
연삭	회전운동	직선운동
밀링	회전운동 이송운동	직선운동

25. 선반을 이용하여 가공할 수 있는 가공의 종류와 거리가 먼 것은?

① 홈 가공 ② 단면 가공
③ 기어 가공 ④ 나사 가공

해설 기어를 가공할 때는 호빙 머신이나 기어 셰이퍼를 사용한다.

26. 선반의 종류별 용도에 대한 설명 중 틀린 것은?

① 정면 선반 – 길이가 짧고 지름이 큰 공작물 절삭에 사용
② 보통 선반 – 공작기계 중에서 가장 많이 사용되는 범용 선반
③ 탁상 선반 – 대형 공작물의 절삭에 사용
④ 수직 선반 – 주축이 수직으로 되어 있으며 중량이 큰 공작물 가공에 사용

해설 탁상 선반은 작업대 위에 설치해야 할 만큼의 소형 선반으로 시계 부품, 재봉틀 부품 등의 소형물을 주로 가공하는 선반이다.

27. 다음 중 선반(lathe)을 구성하고 있는 주요 구성 부분에 속하지 않는 것은?

① 분할대 ② 왕복대

③ 주축대 ④ 베드

해설 분할대는 밀링 가공에 사용하며, 사용 목적으로는 (1) 공작물의 분할 작업(스플라인 홈 작업, 커터나 기어 절삭 등) (2) 수평, 경사, 수직으로 장치한 공작물에 연속 회전 이송을 주는 가공 작업(캠 절삭, 비틀림 홈 절삭, 웜 기어 절삭) 등이 있다.

28. 공구 마멸의 형태에서 윗면 경사각과 가장 밀접한 관계를 가지고 있는 것은?

① 플랭크 마멸(flank wear)
② 크레이터 마멸(crater wear)
③ 치핑(chipping)
④ 섕크 마멸(shank wear)

해설 크레이터 마멸은 공구 경사면이 칩과의 마찰에 의하여 오목하게 마모되는 것으로 주로 유동형 칩의 고속절삭에서 자주 발생한다.

29. 그림과 같이 프로그램의 원점이 주어져 있을 경우 A점의 올바른 좌표는?

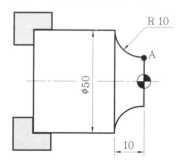

① X40. Z10. ② X10. Z50.
③ X30. Z0. ④ X50. Z–10.

해설 X는 지름 지령이므로 50−(10+10)=30 이며 프로그램 원점이 오른쪽에 있고 Z는 움직이지 않았으므로 Z0.0이다.

30. 다음 프로그램에서 공작물의 지름이 60mm일 때 주축의 회전수는 얼마인가?

```
G50 S1300 ;
G96 S130 ;
```

① 147 rpm   ② 345 rpm

③ 690 rpm   ④ 1470 rpm

해설 $N = \dfrac{1000V}{\pi d} = \dfrac{1000 \times 130}{3.14 \times 60} = 690 \, \text{rpm}$

31. CNC 선반에서 나사 가공과 관계없는 G 코드는?

① G32   ② G75

③ G76   ④ G92

해설 G32, G76, G92는 CNC 선반에서 나사 가공을 하는 준비 기능이며, G75는 내외경 홈가공 사이클 준비 기능이다.

32. CNC 공작기계에 주로 사용되는 방식으로, 모터에 내장된 태코 제너레이터에서 속도를 검출하고, 인코더에서 위치를 검출하여 피드백하는 NC 서보 기구의 제어 방식은?

① 개방회로 방식(open loop system)

② 폐쇄회로 방식(closed loop system)

③ 반개방회로 방식(semi-open loop system)

④ 반폐쇄회로 방식(semi-closed loop system)

해설 반폐쇄회로 방식은 서보모터의 축 또는 볼 스크루의 회전각도를 통하여 위치를 검출하는 방식으로, 직선운동을 회전운동으로 바꾸어 검출한다.

33. CNC 공작기계 좌표계의 이동 위치를 지령하는 방식에 해당하지 않는 것은?

① 절대 지령 방식

② 증분 지령 방식

③ 잔여 지령 방식

④ 혼합 지령 방식

해설 절대 지령 방식은 공구의 위치와는 관계없이 프로그램 원점을 기준으로 하여 현재의 위치에 대한 좌푯값을 절대량으로 나타내는 방식이고, 증분 지령 방식은 공구의 바로 전 위치를 기준으로 목표 위치까지 이동량을 증분량으로 나타내는 방식이며, 혼합 지령 방식은 CNC 선반의 경우에만 사용하는데 절대와 증분을 한 블록 내에서 같이 사용하는 방법이다.

34. 1000 rpm으로 회전하는 스핀들에서 3 회전 휴지(dwell : 일시 정지)를 주려고 한다. 다음 중 정지시간과 CNC 프로그램이 옳은 것은?

① 정지시간 : 0.18초, CNC 프로그램 : G03 X0.18 ;

② 정지시간 : 0.18초, CNC 프로그램 : G04 X0.18 ;

③ 정지시간 : 0.12초, CNC 프로그램 : G03 X0.18 ;

④ 정지시간 : 0.12초, CNC 프로그램 : G04 X0.18 ;

해설 드웰 시간 $= \dfrac{60 \times \text{드웰 회전수}}{\text{주축 회전수}} = \dfrac{60 \times 3}{1000}$

$= 0.18$이며, 드웰 준비 기능은 G04이므로 G04 X0.18 ; 이다.

35. CNC 선반 프로그램에서 사용되는 공구 보정 중 주로 외경에 사용되는 우측 보정 준비 기능의 G코드는?

① G40   ② G41

③ G42   ④ G43

해설 • G40 : 공구 인선 반지름 보정 취소
• G41 : 공구 인선 반지름 보정 좌측
• G42 : 공구 인선 반지름 보정 우측

정답 31. ②   32. ④   33. ③   34. ②   35. ③

36. 다음 그림에서 B → A로 절삭할 때의 CNC 선반 프로그램으로 맞는 것은?

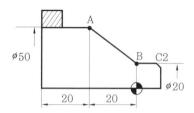

① G01 U30. W-20. ;
② G01 X50. Z20. ;
③ G01 U50. Z-20 ;
④ G01 U30. W20. ;

해설 · 절대 좌표 : G01 X50.0 Z-20.0 ;
· 증분 좌표 : G01 U30.0 W-20.0 ;
· 혼합 좌표 : G01 X50.0 W-20.0 ;
　　　　　　G01 U30.0 Z-20.0 ;

37. 다음 중 CNC 기계 조작반의 모드 선택 스위치 중 새로운 프로그램을 작성하고 등록된 프로그램을 삽입, 수정, 삭제할 수 있는 모드는?

① AUTO　　② EDIT
③ JOG　　④ MDI

해설 · MDI : MDI(manual data input)는 수동 데이터 입력 또는 반자동 모드이며, 간단한 프로그램을 편집과 동시에 시험적으로 실행할 때 사용
· AUTO : 자동 가공

38. CNC 공작기계의 안전에 관한 사항으로 틀린 것은?

① 비상정지 버튼의 위치를 숙지한 후 작업한다.
② 강전반 및 CNC 장치는 어떠한 충격도 주지 말아야 한다.
③ 강전반 및 CNC 장치는 압축 공기를 사용하여 항상 깨끗이 청소한다.
④ MDI로 프로그램을 입력할 때 입력이 끝나면 반드시 확인하여야 한다.

해설 강전반 및 CNC 장치는 함부로 손대지 말고 이상이 있으면 전문가에게 의뢰한다.

39. CNC 선반의 복합형 고정 사이클(예 : G71~G76 등)에 있어서 사이클 가공의 종료 시 공구가 복귀하는 위치는?

① 프로그램의 원점
② 제2원점
③ 기계 원점
④ 사이클 가공 시작점

해설 복합형 고정 사이클 기능이 종료되면 공구는 사이클 가공 시작점으로 복귀한다.

40. 다음 설명 중 틀린 것은?

① G코드가 다른 그룹(group)이면 몇 개라도 동일 블록에 지령하여 실행시킬 수 있다.
② 동일 그룹에 속하는 G코드는 동일 블록에 2개 이상 지령하면 나중에 지령한 G코드만 유효하다.
③ 00 그룹의 G코드는 연속 유효(modal) G코드이다.
④ G코드 알람표에 없는 G코드는 지령하면 경보가 발생한다.

해설 G코드의 분류는 다음과 같다.

구분	의미	구별
one shot G-code	지령된 블록에 한해서 유효한 기능	00 group
modal G-code	동일 group의 다른 G-code가 나올 때까지 유효한 기능	00 이외의 group

41. 다음 프로그램을 설명한 것으로 틀린 것은 어느 것인가?

```
N10 G50 X150.0 Z150.0 S1500 T0300 ;
N20 G96 S150 M03 ;
N30 G00 X54.0 Z2.0 T0303 ;
N40 G01 X15.0 F0.25 ;
```

① 주축의 최고 회전수는 1500 rpm이다.
② 절삭속도를 150 m/min로 일정하게 유지한다.
③ N40 블록의 스핀들 회전수는 3185 rpm이다.
④ 공작물 1회전당 이송속도는 0.25 mm이다.

해설 $N = \dfrac{1000\,V}{\pi d} = \dfrac{1000 \times 150}{3.14 \times 15} = 3185\,\text{rpm}$이

지만 G50에서 주축 최고 회전수를 1500 rpm으로 지정했으므로 회전수는 1500 rpm이다.

42. CNC 선반에서 a에서 b까지 가공하기 위한 원호보간 프로그램으로 틀린 것은?

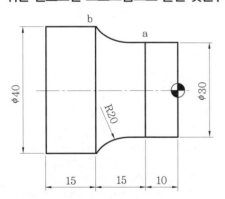

① G02 X40. Z−25. R20. ;
② G02 U10. W−15. R20. ;
③ G02 U40. W−15. R20. ;
④ G02 X40. W−15. R20. ;

해설 시계 방향으로 G02이며 증분 지령이므로 U40.0 W−15.0이다. 또한 절대 지령은 G02 X40.0 Z−25.0 R20.0 ; 이다.

43. 다음 중 CNC 프로그램 구성에서 단어(word)에 해당하는 것은?

① S
② G01
③ 43
④ S500 M03 ;

해설 블록을 구성하는 가장 작은 단위가 워드이며, 워드는 어드레스와 데이터의 조합으로 구성된다.

44. 드릴로 뚫은 구멍의 내면을 매끈하고 정밀하게 하는 가공은?

① 전자 빔 가공
② 래핑
③ 쇼트 피닝
④ 리밍

해설 쇼트 피닝은 경도와 피로강도를 증가시키며, 래핑은 랩과 일감 사이에 랩제를 넣어서 서로 누르고 비비면서 다듬는 방법이다.

45. 결합도가 높은 숫돌을 사용하는 경우로 적합하지 않은 것은?

① 접촉면이 클 때
② 연삭깊이가 얕을 때
③ 재료표면이 거칠 때
④ 숫돌차의 원주속도가 느릴 때

해설 접촉면이 클 때에는 무른 숫돌, 작을 때에는 굳은 숫돌을 선택한다.

46. 지름이 250 mm인 연삭 숫돌로 지름 20 mm인 일감을 연삭할 때 숫돌 바퀴의 회전수는 얼마인가? (단, 숫돌 바퀴의 원주 속도는 1800 m/min이다.)

① 2093 rpm
② 2193 rpm
③ 2293 rpm
④ 2393 rpm

해설 $N = \dfrac{1000\,V}{\pi d} = \dfrac{1000 \times 1800}{3.14 \times 250}$
$= 2293\,\text{rpm}$

47. 다음 중 공작물에 암나사를 가공하는 작업은?

① 보링 작업　　② 탭 작업
③ 리머 작업　　④ 다이스 작업

해설 탭 작업이란 드릴로 뚫은 구멍에 탭과 탭 핸들에 의해 암나사를 내는 작업이다.

48. 다음과 같은 연삭 숫돌 표시 기호 중 밑줄 친 K가 뜻하는 것은?

WA · 60 · K · 5 · V

① 숫돌 입자　　② 조직
③ 결합도　　④ 결합제

해설 · WA : 숫돌 입자
· 60 : 입도
· 5 : 조직
· V : 결합제

49. 다음 중 Cr 또는 Ni을 다량 첨가하여 내식성을 현저히 향상시킨 강으로서 조직상 페라이트계, 마텐자이트계, 오스테나이트계 등으로 분류되는 합금강은?

① 규소강　　② 스테인리스강
③ 쾌삭강　　④ 자석강

해설 스테인리스강은 Cr, Ni 등을 첨가하여 내식성을 갖게 한 강으로 기호는 STS이고, 쾌삭강은 강의 절삭성을 향상시키기 위하여 인, 납, 황, 망간 등을 첨가한 강이며, 규소강은 발전기, 변압기 등의 철심을 만드는 데 사용한다.

50. "밀링에 사용하는 엔드밀의 재료는 일반적으로 SKH2를 사용한다"에서 SKH는 어떤 재료를 나타내는 KS 기호인가?

① 일반 구조용 압연 강재
② 고속도 공구강 강재
③ 기계 구조용 탄소 강재
④ 탄소 공구 강재

해설 고속도강의 표준 성분은 W 18 %, Cr 4 %, V 1 %이며, 종류에는 표준형인 W 고속도강, Co 고속도강, Mo 고속도강, Co 고속도강, Mo 고속도강이 있다.

51. 일반적으로 탄소강에서 탄소의 함유량이 증가하면 경도는?

① 증가한다.　　② 감소한다.
③ 같다.　　④ 관계 없다.

해설 탄소의 함유량이 증가하면 강도, 경도 및 전기저항은 증가하며, 연성, 단면수축률은 감소한다.

52. 다음 중 열경화성 수지가 아닌 것은?

① 규소 수지　　② 멜라민 수지
③ 페놀 수지　　④ 아크릴 수지

해설 합성수지의 종류와 특징

	종류	특징
열경화성 수지	페놀 수지	경질, 내열성
	요소 수지	착색 자유, 광택이 있음
	멜라민 수지	내수성, 내열성
	실리콘 수지	전기 절연성, 내열성, 내한성
열가소성 수지	염화비닐 수지	가공이 용이함
	폴리에틸렌 수지	유연성 있음
	초산비닐 수지	접착성이 좋음
	아크릴 수지	강도가 크고, 투명도가 특히 좋음

53. 황동에 Pb 1.5~3.0% 첨가한 합금을 무엇이라 하는가?

① 쾌삭 황동　　② 강력 황동

③ 문츠 메탈　　④ 톰백

해설 황동의 절삭성을 높이기 위하여 황동에 Pb 1.5~3.0%를 첨가한 것을 쾌삭 황동 또는 연황동이라 하며, 대량 생산, 정밀 가공품에 사용한다. 톰백은 Zn을 8~20% 함유한 것으로 금 대용품, 장식품 등에 사용한다.

54. 다음 중 형상 기억 합금으로 가장 대표적인 합금은?

① Cu-Zn-Si　　② Ti-Cu
③ Ti-Ni　　④ Cu-Zn-Al

해설 형상 기억 합금의 용도
- Ti-Ni : 기록계용 펜 구동장치, 안경테, 온도 경보기
- Cu-Zn-Si : 집적 회로 접착 장치
- Cu-Zn-Al : 온도 제어 장치

55. 재결정 온도 이상에서 소성 가공하는 것을 무엇이라 하는가?

① 열간 가공　　② 냉간 가공
③ 상온 가공　　④ 저온 가공

해설 금속 가공에 있어 재결정 온도를 기준으로 재결정 온도 이하의 가공을 냉간 가공, 그 이상의 온도에서 가공하는 것을 열간 가공이라 한다.

56. 통행 시 안전 수칙에 대한 설명으로 틀린 것은?

① 통행로 위의 높이 2 m 이하에는 장애물이 없어야 한다.
② 기계와 다른 시설물과 사이의 통행로 폭은 70 cm 이상으로 하여야 한다.
③ 우측 통행 규칙을 지켜야 한다.
④ 높이 5 m를 초과할 때에는 높이 5 m 이내마다 계단실을 설치하여야 한다.

해설 기계와 다른 시설물과 사이의 통행로 폭은 80 cm 이상으로 하여야 한다.

57. 다음 중 스패너나 렌치를 사용할 때 안전 수칙으로 적합하지 않은 것은?

① 넘어지지 않도록 몸을 가누어야 한다.
② 해머 대용으로 사용하지 말아야 한다.
③ 손이나 공구에 기름이 묻었을 때 사용하지 않아야 한다.
④ 스패너 또는 렌치와 너트 사이의 틈에는 다른 물건을 끼워 사용해야 한다.

해설 스패너의 자루에 파이프 등을 연결하지 않도록 한다.

58. 다음과 같은 재해를 예방하기 위한 대책으로 거리가 가장 먼 것은?

> 금형가공 작업장에서 자동차 수리금형의 측면가공을 위해 CNC 수평 보링기로 절삭가공 후 가공면을 확인하기 위해 가공 작업부에 들어가 에어건으로 스크랩을 제거하고 검사하던 중 회전 중인 보링기의 엔드밀에 협착되어 중상을 입는 사고가 발생하였다.

① 공작기계에 협착되거나 말림 위험이 높은 주축 가공부에 접근 시에는 공작기계를 정지한다.
② 불시 오조작에 의한 위험을 방지하기 위해 기동장치에 잠금장치 등의 방호조치를 설치한다.
③ 공작기계 주변에 방책 등을 설치하여 근로자 출입 시 기계의 작동이 정지하는 연동구조로 설치한다.
④ 회전하는 주축 가공부에 가공 공작물의 면을 검사하고자 할 때는 안전 보호구를 착용 후 검사한다.

해설 재해 발생 원인은 공작기계 정비, 검사, 수리 작업 시 운전 정지 미실시와 근로자 출입 시 기계의 작동이 정지하는 연동구조의 방책 미설치 등이다.

정답 54. ③　55. ①　56. ②　57. ④　58. ④

59. 선반 작업에서 지켜야 할 안전 사항 중 틀린 것은?

① 칩을 맨손으로 제거하지 않는다.
② 회전 중 백 기어를 걸지 않도록 한다.
③ 척 렌치는 사용 후 반드시 빼둔다.
④ 일감 절삭 가공 중 측정기로 외경을 측정한다.

해설 측정을 할 때는 반드시 기계를 정지한다.

60. 드릴 작업 시 주의할 사항을 잘못 설명한 것은?

① 얇은 일감의 드릴 작업 시 일감 밑에 나무 등을 놓고 작업한다.
② 드릴 작업 시 장갑을 끼지 않는다.
③ 회전을 정지시킨 후 드릴을 고정한다.
④ 작은 일감은 손으로 단단히 붙잡고 작업한다.

해설 드릴 작업 시 일감을 손으로 잡으면 회전체에 말려 들어갈 위험이 있다.

제 2 회 실전 모의고사

1. 3각법으로 정투상한 보기와 같은 정면도 와 평면도에 적합한 우측면도는 어느 것인 가?

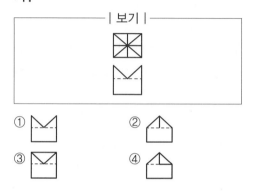

2. 헐거운 끼워 맞춤에서 구멍의 최소 허용 치수와 축의 최대 허용 치수와의 차를 무 엇이라 하는가?

① 최소 틈새   ② 최대 틈새
③ 최소 죔새   ④ 최대 죔새

해설 틈새(clearance)는 구멍의 지름이 축의 지름보다 큰 경우 두 지름의 차를 말하며 죔 새(interference)는 축의 지름이 구멍의 지 름보다 큰 경우 두 지름의 차를 말한다.
① 최소 틈새=구멍의 최소 허용 치수−축의 최대 허용 치수
② 최대 틈새=구멍의 최대 허용 치수−축의 최소 허용 치수
③ 최소 죔새=축의 최소 허용 치수−구멍의 최대 허용 치수
④ 최대 죔새=축의 최대 허용 치수−구멍의 최소 허용 치수

3. 다음 중 기계 제도에서 물체의 보이는 부 분의 형상을 나타내는 외형선으로 사용하

는 선은?

① 가는 실선
② 굵은 1점 쇄선
③ 굵은 실선
④ 가는 1점 쇄선

해설 굵은 실선은 대상물이 보이는 부분의 모 양을 표시하는 데 사용한다.

4. 기하 공차 중에서 온 흔들림 공차를 나타 내는 것은?

① ———   ② ══
③ ✒   ④ ✒✒

해설 기하 공차 기호

공차의 명칭		기호
모양 공차	진직도 공차	—
	평면도 공차	▱
	진원도 공차	○
	원통도 공차	⌭
	선의 윤곽도 공차	⌒
	면의 윤곽도 공차	◠
자세 공차	평행도 공차	//
	직각도 공차	⊥
	경사도 공차	∠
위치 공차	위치도 공차	⊕
	동축도 공차 또는 동심도 공차	◎
	대칭도 공차	═
흔들림 공차	원주 흔들림 공차	↗
	온 흔들림 공차	↗↗

5. 구름 볼 베어링의 호칭번호 6305의 안지름은 몇 mm인가?

① 10   ② 15
③ 20   ④ 25

해설
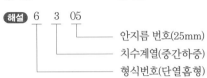

안지름 번호(25mm)
치수계열(중간하중)
형식번호(단열홈형)

6. 수나사의 측면을 도시하고자 할 때, 다음 중 가장 적합하게 나타낸 것은?

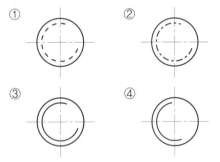

①   ②
③   ④

해설 수나사와 암나사의 측면 도시에서 각각의 골지름은 가는 실선으로 약 $\frac{3}{4}$ 만큼 그린다.

7. 코일 스프링 제도에 관한 내용이다. 틀린 것은?

① 코일 스프링은 일반적으로 무하중인 상태로 그린다.
② 그림에 기입하기 힘든 사항은 요목표에 일괄하여 표시한다.
③ 코일 부분의 중간을 생략할 때는 생략한 부분의 소선지름의 중심선을 가는 1점 쇄선으로 나타낸다.
④ 스프링의 종류 및 모양만을 간략도로 도시할 때는 재료의 중심선만을 가는 2점 쇄선으로 도시한다.

해설 스프링의 종류 및 모양만을 간략하게 그릴 때에는 스프링 소선의 중심선을 굵은 실선

으로 그리며, 정면도만 그리면 된다.

8. 나사 표시가 "Tr40×14(P7)"로 표시 된 경우 "P7"은 무엇을 뜻하는가?

① 피치   ② 등급
③ 리드   ④ 호칭지름

해설 Tr은 미터 사다리꼴 나사를, P7은 나사의 피치를 의미한다.

9. 브레이크 블록의 길이와 너비가 60mm× 20mm이고, 브레이크 블록을 미는 힘이 900N일 때 브레이크 블록의 평균 압력은 얼마인가?

① $0.75\,\mathrm{N/mm^2}$ ② $7.5\,\mathrm{N/mm^2}$
③ $10.8\,\mathrm{N/mm^2}$ ④ $108\,\mathrm{N/mm^2}$

해설 $p=\dfrac{F}{st}=\dfrac{900}{60\times20}=0.75\,\mathrm{N/mm^2}$

10. 두 축이 평행하지도 교차하지도 않으며 나사 모양을 가진 기어로, 주로 큰 감속비를 얻고자 할 때 사용하는 기어 장치는?

① 웜 기어   ② 제롤 베벨 기어
③ 래크와 피니언   ④ 내접 기어

해설 웜과 웜 기어를 한 쌍으로 사용하며, 큰 감속비를 얻을 수 있고 원동차를 웜으로 한다.

11. 원통형 코일의 스프링 지수가 9이고, 코일의 평균 지름이 180mm이면 소선의 지름은 몇 mm인가?

① 5   ② 10
③ 15   ④ 20

해설 스프링 지수 = $\dfrac{\text{코일 평균 지름}}{\text{소선 지름}}$ 이므로,

소선 지름 = $\dfrac{\text{코일 평균 지름}}{\text{스프링 지수}} = \dfrac{180}{9}$

= 20 mm

12. 저널 베어링에서 저널의 지름이 30mm, 길이가 40mm, 베어링의 하중이 2400N일 때, 베어링의 압력은 몇 MPa인가?

① 1   ② 2

③ 3   ④ 4

해설 압력 $= \dfrac{\text{하중}}{\text{단면적}} = \dfrac{2400}{30 \times 40} = 2\,\text{MPa}$

13. 가장 널리 쓰이는 키(key)로 축과 보스 양쪽에 키 홈을 파서 동력을 전달하는 것은 어느 것인가?

① 성크 키   ② 반달 키

③ 접선 키   ④ 원뿔 키

해설 • 반달 키 : 축의 원호상에 홈을 판다.
- 접선 키 : 축과 보스에 축의 접선 방향으로 홈을 파서 서로 반대의 테이퍼를 가진 2개의 키를 조합하여 끼워 넣는다.
- 원뿔 키 : 축과 보스에 홈을 파지 않는다.

14. 축을 설계할 때 고려하지 않아도 되는 것은?

① 축의 강도

② 피로 충격

③ 응력 집중의 영향

④ 축의 표면 조도

해설 축의 표면 조도는 절삭 가공에서 고려한다.

15. 24산 3줄 유니파이 보통 나사의 리드는 몇 mm인가?

① 1.175   ② 2.175

③ 3.175   ④ 4.175

해설 $p = \dfrac{25.4}{n}$ 이므로 $p = \dfrac{25.4}{24} = 1.0583$

리드 = 피치 × 나사 줄수 = 1.0583 × 3
     = 3.175 mm

16. 원뿔 베어링이라고도 하며 축 방향 및 축과 직각 방향의 하중을 동시에 받는 베어링은?

① 레이디얼 베어링

② 테이퍼 베어링

③ 스러스트 베어링

④ 슬라이딩 베어링

해설 • 레이디얼 베어링 : 축의 중심에 대하여 직각 방향으로 하중을 받는다.
- 스러스트 베어링 : 축의 방향으로 하중을 받는다.

17. 둥근 봉의 단면에 금긋기를 할 때 사용되는 공구와 가장 거리가 먼 것은?

① 다이스   ② V-블록

③ 정반   ④ 서피스 게이지

해설 다이스(dies)란 환봉 또는 관 바깥지름에 수나사를 내는 공구이다.

18. 도구 자체의 면과 면 사이의 거리로 측정하는 측정기가 아닌 것은?

① 버니어 캘리퍼스   ② 한계 게이지

③ 블록 게이지   ④ 틈새 게이지

해설 버니어 캘리퍼스는 측정 중에 표점이 눈금에 따라 이동하는 측정기이다.

19. 다음 중 측정 방법이 아닌 것은?

① 영위법   ② 편위법

③ 치환법   ④ 허용법

해설 측정 방법은 영위법, 편위법, 치환법, 보상법 등으로 분류되며, 길이 측정에는 일반적으로 영위법과 편위법이 사용되고, 비교 측정에는 영위법, 보상법, 치환법 등이 복합되어 사용하며, 일반적으로 영위법이 널리 사용된다.

정답   12. ②   13. ①   14. ④   15. ③   16. ②   17. ①   18. ①   19. ④

20. 그림과 같이 테이퍼 $\frac{1}{30}$의 검사를 할때 A에서 B까지 다이얼 게이지를 이동시키면 다이얼 게이지의 차이는 몇 mm인가?

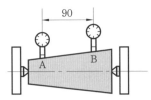

① 1.5mm   ② 2mm

③ 2.5mm   ④ 3mm

해설 $\frac{1}{30}=\frac{a-b}{90}$, $a-b=\frac{90}{30}=3\,\text{mm}$

a는 A점의 지름이고, b는 B점의 지름이므로 A점에서의 높이와 B점에서의 높이의 차는 그 절반값이 된다. 따라서 $3\div2=1.5\,\text{mm}$가 된다.

21. 어미자의 눈금이 0.5mm이며, 아들자의 눈금 12mm를 25등분한 버니어 캘리퍼스의 최소 측정값은?

① 0.01mm   ② 0.02mm

③ 0.05mm   ④ 0.025mm

해설 어미자의 $12\,\text{mm}$(한 눈금이 $0.5\,\text{mm}$이고 24눈금)를 25등분 아들자의 한 눈금은 $0.48\,\text{mm}\left(\frac{12}{25}\right)$이고 어미자와 아들자의 한 눈금의 차는 $0.02\,\text{mm}\left(\frac{1}{50}\right)$이다.

22. 수평 밀링 머신의 플레인 커터 작업에서 상향 절삭에 대한 특징으로 맞는 것은?

① 날 자리 간격이 짧고, 가공면이 깨끗하다.

② 기계에 무리를 주지만 공작물 고정이 쉽다.

③ 가공할 면을 잘 볼 수 있어 시야 확보가 좋다.

④ 커터의 절삭방향과 공작물의 이송방향이

서로 반대로 백래시가 없어진다.

해설 (1) 상향 절삭
- 칩이 잘 빠져 나와 절삭을 방해하지 않는다.
- 백래시가 제거된다.
- 공작물이 날에 의하여 끌려 올라오므로 확실히 고정해야 한다.
- 커터의 수명이 짧다.
- 동력 소비가 많다.
- 가공면이 거칠다.

(2) 하향 절삭
- 칩이 잘 빠지지 않아 가공면에 흠집이 생기기 쉽다.
- 백래시 제거 장치가 필요하다.
- 커터가 공작물을 누르므로 공작물 고정에 신경 쓸 필요가 없다.
- 커터의 마모가 적다.
- 동력 소비가 적다.
- 가공면이 깨끗하다.

23. 1날당 이송량 0.12mm, 밀링 커터의 날 수 12개, 회전수 800rpm일 때 이송속도는 몇 mm/min인가?

① 1152   ② 1192

③ 1252   ④ 1292

해설 $F=f_z\times n\times Z=0.12\times800\times12$
$=1152\,\text{mm/min}$

24. 절삭 속도 75m/min, 밀링 커터의 날수 8, 지름 95mm, 1날당 이송을 0.04mm라 하면 테이블의 이송 속도는 몇 mm/min인가?

① 60.4   ② 70.4

③ 80.4   ④ 90.4

해설 주축 회전수(N)는 다음과 같이 구한다.
$$N=\frac{1000V}{\pi d}=\frac{1000\times75}{3.14\times95}=251\,\text{rpm}$$
따라서 이송 속도(F)$=f_z\times z\times N$
$=0.04\times8\times251=80.4\,\text{mm/min}$

25. 니(kNee)형 밀링 머신의 종류에 해당하지 않는 것은?

① 수직 밀링 머신　② 수평 밀링 머신
③ 만능 밀링 머신　④ 호빙 밀링 머신

해설 니형 밀링 머신은 칼럼의 앞면에 미끄럼면이 있으면 칼럼을 따라 상하로 니(knee)가 이동하며, 니 위를 새들과 테이블이 서로 직각 방향으로 이동할 수 있는 구조로 수평형, 수직형, 만능형 밀링 머신이 있다.

26. 절삭 시 발생하는 절삭 온도에 대한 설명으로 옳은 것은?

① 절삭 온도가 높아지면 절삭성이 향상된다.
② 가공물의 경도가 낮을수록 절삭 온도는 높아진다.
③ 절삭 온도가 높아지면 절삭 공구의 마모가 증가된다.
④ 절삭 온도가 높아지면 절삭 공구 인선의 온도는 하강한다.

해설 절삭 온도는 절삭 속도, 절입 깊이, 가공물의 경도가 높아질수록 증가한다.

27. 공작기계의 부품과 같이 직선 슬라이딩 장치의 제작에 사용되는 공구로 측면과 바닥면이 60°가 되도록 동시에 가공하는 절삭 공구는?

① 엔드밀
② 더브테일 밀링 커터
③ T홈 밀링 커터
④ 정면 밀링 커터

해설 더브테일 밀링 커터는 더브테일 홈 가공, 기계 조립 부품에 많이 사용한다.

28. 절삭 공구가 갖추어야 할 조건으로 틀린 것은?

① 고온 경도를 가지고 있어야 한다.
② 내마멸성이 커야 한다.
③ 충격에 잘 견디어야 한다.
④ 공구 보호를 위해 인성이 적어야 한다.

해설 피절삭재보다 단단하고 인성이 있어야 한다.

29. 머시닝 센터에서 주축의 회전수가 1500rpm 이며 지름이 80mm인 초경합금의 밀링 커터로 가공할 때 절삭 속도는?

① 38.2m/min　② 167.5m/min
③ 376.8m/min　④ 421.2m/min

해설 절삭 속도$(V) = \dfrac{\pi DN}{1000}$

$= \dfrac{3.14 \times 80 \times 1500}{1000} = 376.8\,\text{m/min}$

30. 다음 머시닝 센터 프로그램에서 F200이 의미하는 것은?

> G94 G91 G01 X100. F200 ;

① 0.2mm/rev　② 200mm/rev
③ 200mm/min　④ 200m/min

해설 이송 속도 200mm/min로 절삭을 의미한다.

31. 머시닝 센터에서 M10×1.5의 탭 가공을 위하여 주축 회전수를 200rpm으로 지령할 경우 탭 사이클의 이송 속도로 맞는 것은 어느 것인가?

① F300　② F250
③ F200　④ F150

해설 $F = N \times$ 나사의 피치 $= 200 \times 1.5 = 300$

정답 25. ④　26. ③　27. ②　28. ④　29. ③　30. ③　31. ①

32. 머시닝 센터 프로그램에서 그림과 같은 증분좌표 지령으로 맞는 것은?

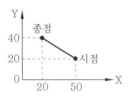

① G90 X20. Y40 ;
② G91 X-30. Y20. ;
③ G90 X50. Y20. ;
④ G91 X30. Y-20. ;

> **해설** 절대방식으로 지령하면 G90 X20.0 Y40.0 ; 이다.

33. 다음 중 명령된 블록에 한해서만 유효한 1회 유효 G-코드(one shot G-code)인 것은?

① G90   ② G40
③ G01   ④ G04

> **해설** G04는 "00" 그룹으로 한 번만 유효하다. G28, G30 등이 대표적인 1회 유효 G코드이다.

34. CAD/CAM 시스템에서 입력 장치로 볼 수 없는 것은?

① 키보드(keyboard)
② 스캐너(scanner)
③ CRT 디스플레이
④ 3차원 측정기

> **해설** 출력 장치로는 CRT 디스플레이, 프린터, 플로터, 하드 카피 등이 있다.

35. 간단한 프로그램을 편집과 동시에 시험적으로 실행할 때 사용하는 모드 선택 스위치는?

① 반자동 운전(MDI)
② 자동 운전(AUTO)
③ 수동 이송(JOG)
④ DNC 운전

> **해설** • MDI : MDI (manual data input)는 수동 데이터 입력 또는 반자동 모드이며, 간단한 프로그램을 편집과 동시에 시험적으로 실행할 때 사용
> • JOG : 축을 빨리 움직일 때 사용
> • EDIT : 프로그램을 편집할 때 사용
> • AUTO : 자동 가공

36. 1대의 컴퓨터에 여러 대의 CNC 공작기계를 연결하고 가공 데이터를 분배 전송하여 동시에 운전하는 방식은?

① FMS   ② FMC
③ DNC   ④ CIMS

> **해설** DNC는 컴퓨터와 CNC 공작기계들을 근거리 통신망(LAN)으로 연결하여 1대의 컴퓨터에서 여러 대의 CNC 공작기계에 데이터를 분배하여 전송함으로써 동시에 운전할 수 있으므로 생산성을 향상시킬 수 있다.

37. CNC 프로그램에서 공구 인선 반지름 보정과 관계없는 G코드는?

① G40   ② G41
③ G42   ④ G43

> **해설** • G40 : 공구 인선 반지름 보정 취소
> • G41 : 공구 인선 반지름 보정 좌측
> • G42 : 공구 인선 반지름 보정 우측

38. 기계의 일상 점검 중 매일 점검에 가장 가까운 것은?

① 소음 상태 점검
② 기계의 레벨 점검
③ 기계의 정적정밀도 점검

④ 절연 상태 점검

해설 기계를 ON했을 때 평소의 기계 소리와 다른 이상음이 발생하면 기어 등 기계 부위를 점검한다.

39. 머시닝 센터 프로그램에서 X-Y 평면 지령을 위한 G코드는?

① G17   ② G18
③ G19   ④ G29

해설 • G17 : X-Y 평면
• G18 : Z-X 평면
• G19 : Y-Z 평면

40. 보조 프로그램을 호출하는 보조기능(M)으로 옳은 것은?

① M02   ② M30
③ M98   ④ M99

해설 • M02 : 프로그램 끝
• M30 : 프로그램 끝 & 되감기
• M99 : 보조 프로그램 종료

41. CAD/CAM 시스템의 적용 시 장점과 거리가 가장 먼 것은?

① 비효율적인 생산체계
② 설계·제조시간의 단축
③ 생산성 향상
④ 품질 관리의 강화

해설 CAD/CAM 시스템을 적용하면 설계·제조시간 단축에 따른 생산성 향상은 물론 품질 관리에도 기여한다.

42. 머시닝 센터 프로그램에서 주축 회전수를 1000rpm으로 설정하고 4날 엔드밀을 사용 하였을 때 테이블의 이송 속도는 몇 mm/min인가? (단, 1날당 이송은

0.05mm이다.)

① 100   ② 160
③ 200   ④ 240

해설 $F = f_z \times z \times N$
$= 0.05 \times 4 \times 1000 = 200\,\text{mm/min}$

43. 머시닝 센터 프로그램에서 그림의 A(15, 5)에서 B(5, 15)로 가공할 때의 프로그램으로 옳지 않은 내용은?

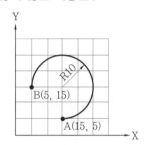

① G90 G03 X5. Y15. J-10. ;
② G90 G03 X5. Y15. R-10. ;
③ G91 G03 X-10. Y10. J10. ;
④ G91 G03 X-10. Y10. R-10. ;

해설 원호보간에 사용하는 좌표어 I, J, K는 원호의 시작점에서 중심까지의 거리를 나타낸다.

44. 센터리스 연삭의 장점으로 옳은 것은?

① 공작물이 무거운 경우에도 연삭이 용이하다.
② 공작물의 지름이 큰 경우에도 연삭할 수 있다.
③ 공작물에 별도로 센터 구멍을 뚫을 필요가 없다.
④ 긴 홈이 있는 공작물도 연삭할 수 있다.

해설 센터리스 연삭기는 원통 연삭기의 일종이며, 센터 없이 연삭 숫돌과 조정 숫돌 사이를 지지판으로 지지하면서 연삭하는 것이다.

45. 다음은 연삭 숫돌의 표시법이다. 각 항에 대한 설명 중 틀린 것은?

WA 46 H 8 V

① WA : 연삭 숫돌 입자
② 46 : 조직
③ H : 결합도
④ V : 결합제

해설 연삭 숫돌의 표시법

WA　70　K　m　V　1호　A　205×19×15.88

↑　↑　↑　↑　↑　↑　↑　↑

숫돌　입도　결합도　조직　결합제　숫돌　연삭면　바깥　두께　구멍

입자　　　　　　　　　형상　형상　지름　　　지름

46. 연삭 작업에서 숫돌이 일감의 영향을 받아 모양이 좋지 못할 때 정확한 모양으로 깎아내는 작업은?

① 트루잉　　　　② 글레이징
③ 로딩　　　　　④ 입자 탈락

해설 트루잉을 모양 고치기라고도 하며 공구는 다이아몬드 드레스를 많이 사용한다.

47. 일반적으로 드릴링 머신에서 가공하기 곤란한 작업은?

① 카운터 싱킹　　② 스플라인 홈
③ 스폿 페이싱　　④ 리밍

해설 스플라인 홈은 밀링에서 주로 가공한다.

48. 탭으로 암나사를 가공하기 위해서는 먼저 드릴로 구멍을 뚫고 탭 작업을 해야 한다. M6×1.0의 탭을 가공하기 위한 드릴 지름을 구하는 식으로 맞는 것은? (단, d= 드릴 지름, M=수나사의 바깥지름, P=나사의 피치이다.)

① $d=M×P$　　　② $d=M-P$

③ $d=P-M$　　　④ $d=M-2P$

해설 탭 작업 시 미터 나사인 경우 드릴 지름을 구하는 식은 $d=M-P$이다.

49. 열처리 방법 및 목적으로 틀린 것은?

① 불림-소재를 일정 온도에 가열 후 공랭시킨다.
② 풀림-재질을 단단하고 균일하게 한다.
③ 담금질-급랭시켜 재질을 경화시킨다.
④ 뜨임-담금질된 것에 인성을 부여한다.

해설 풀림은 재질을 연화시킨다.

50. 다이캐스팅용 알루미늄(Al) 합금이 갖추어야 할 성질로 틀린 것은?

① 유동성이 좋을 것
② 열간 취성이 적을 것
③ 금형에 대한 점착성이 좋을 것
④ 응고 수축에 대한 용탕 보급성이 좋을 것

해설 다이캐스팅 알루미늄 합금은 금형 충진성을 좋게 하기 위해 유동성이 좋을 것, 응고 수축에 대한 용탕 보급성이 좋을 것, 내열간 균열성이 좋을 것, 금형에 용착하지 않을 것 등이 요구된다.

51. FRP로 불리며 항공기, 선박, 자동차 등에 쓰이는 복합재료는?

① 옵티컬 파이버
② 세라믹
③ 섬유강화 플라스틱
④ 초전도체

해설 섬유강화 플라스틱이란 합성수지 속에 섬유기재를 혼입시켜 기계적 강도를 향상시킨 수지의 총칭이다. 수명이 길고 가볍고 강하며 부패하지 않는 등의 특징을 살려 욕조, 요트, 골프클럽, 공업용 절연자재 등 폭넓은 용도로 사용되고 있다.

52. 다음 중 7 : 3 황동에 대한 설명으로 옳은 것은?

① 구리 70% , 주석 30%의 합금이다.
② 구리 70% , 아연 30%의 합금이다.
③ 구리 70% , 니켈 30%의 합금이다.
④ 구리 70% , 규소 30%의 합금이다.

해설 황동은 Cu와 Zn의 합금이다.

53. 탄소공구강의 단점을 보강하기 위해 Cr, W, Mn, Ni, V 등을 첨가하여 경도, 절삭성, 주조성을 개선한 강은?

① 주조경질합금   ② 초경합금
③ 합금공구강   ④ 스테인리스강

해설 탄소공구강의 결점인 담금질 효과, 고온 경도를 개선한 것이 합금공구강이다.

54. 탄소강에 첨가하는 합금 원소와 특성과의 관계가 틀린 것은?

① Ni-인성 증가
② Cr-내식성 향상
③ Si-전자기적 특성 개선
④ Mo-뜨임취성 촉진

해설 Mo은 뜨임취성 방지를 위하여 첨가한다.

55. 구상 흑연주철에서 구상화 처리 시 주물 두께에 따른 영향으로 틀린 것은?

① 두께가 얇으면 백선화가 커진다.
② 두께가 얇으면 구상흑연 정출이 되기 쉽다.
③ 두께가 두꺼우면 냉각속도가 느리다.
④ 두께가 두꺼우면 구상흑연이 되기 쉽다.

해설 구상 흑연주철은 용융상태의 주철 중에 마그네슘, 세륨 또는 칼슘 등을 첨가 처리하여 흑연을 구상화한 것이다.

56. 해머 작업을 할 때의 안전 사항 중 틀린 것은?

① 손을 보호하기 위하여 장갑을 낀다.
② 파편이 튀지 않도록 칸막이를 한다.
③ 녹이 있는 재료를 가공할 때는 보호 안경을 착용한다.
④ 해머의 끝 부분이 빠지지 않도록 쐐기를 한다.

해설 장갑을 끼거나 기름 묻은 손으로 가공하지 않는다.

57. 밀링 가공할 때 유의해야 할 사항으로 틀린 것은?

① 기계를 사용하기 전에 윤활 부분에 적당량의 윤활유를 주입한다.
② 측정기 및 공구를 작업자가 쉽게 찾을 수 있도록 밀링머신 테이블 위에 올려 놓아야 한다.
③ 밀링 칩은 예리하므로 직접 손을 대지 말고 청소용 솔 등으로 제거한다.
④ 정면커터로 가공할 때는 칩이 작업자의 반대쪽으로 날아가도록 공작물을 이송한다.

해설 측정기 및 공구는 항상 지정된 안전한 위치에 두어야 한다.

58. 정밀 작업을 할 때 적당한 작업장 조도는 어느 것인가?

① 75 럭스 이상
② 150 럭스 이상
③ 300 럭스 이상
④ 750 럭스 이상

해설 초정밀 작업은 750 럭스 이상이며, 보통 작업은 150 럭스 이상이다.

59. 다음 중 공구 관리의 목적이 아닌 것은 어느 것인가?

① 필요량만큼 공급함으로써 생산성을 향상 시킨다.

② 공구를 표준화 · 규격화하여 관리를 용이 하게 한다.

③ 적정 공구량을 파악할 수 있어 공구 비용 을 절감할 수 있다.

④ 새로운 공구의 개발에 용이하다.

해설 적정 공구량을 파악함으로써 적정 공구 량을 확보할 수 있다.

60. 다음 중 범용 밀링 가공 시의 안전 사항 으로 틀린 것은?

① 측정기 및 공구는 밀링 머신의 테이블 위 에 올려 놓지 않는다.

② 밀링 머신의 윤활 부분에 적당량의 윤활 유를 주입한 후 사용한다.

③ 정면 커터로 평면을 가공할 때 칩이 작업 자의 반대쪽으로 날아가도록 한다.

④ 밀링 칩은 예리하여 위험하므로 가공 중 에 청소용 브러시로 제거하여야 한다.

해설 청소는 기계를 정지시킨 후 한다.

제3회 실전 모의고사

1. 그림과 같은 KS 구름 베어링 제도(상세 간략 도시 방법)법으로 제도되어 있는 경우 베어링의 종류는?

① 단열 깊은 홈 볼 베어링
② 복열 깊은 홈 볼 베어링
③ 복열 자동 조심 볼 베어링
④ 단열 앵귤러 콘택트 분리형 볼 베어링

해설

간략도	적용	
	볼 베어링	롤러 베어링
+	단열 깊은 홈 볼 베어링	단열 원통 롤러 베어링
++	복렬 깊은 홈 볼 베어링	복렬 원통 롤러 베어링
⌒⊢		복렬 구형 롤러 베어링

2. 기계제도에서 가는 2점 쇄선을 사용하여 도면에 표시하는 경우인 것은?

① 대상물의 일부를 파단한 경계를 표시할 경우
② 인접하는 부분이나 공구, 지그 등의 위치를 참고로 표시할 경우
③ 특수한 가공 부분 등 특별한 요구사항을 적용할 범위를 표시할 경우
④ 회전 도시 단면도를 절단한 곳의 전후를 파단하여 그 사이에 그릴 경우

해설 ①은 불규칙한 파형의 가는 실선 또는 지 그재그선으로 표시하고, ③은 굵은 1점 쇄선 으로 표시하며, ④는 굵은 실선으로 그린다.

3. 스퍼 기어의 피치원은 무슨 선으로 도시 하는가?

① 굵은 실선
② 가는 실선
③ 가는 파선
④ 가는 1점 쇄선

해설 • 이끝원 : 굵은 실선
• 피치원 : 가는 1점 쇄선
• 이뿌리원 : 가는 실선

4. 그림과 같이 필요한 키 홈 부분만을 투상 한 투상도의 명칭으로 가장 적합한 것은?

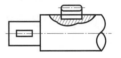

① 국부 투상도
② 가상 투상도
③ 회전 투상도
④ 보조 투상도

해설 대상물의 구멍, 홈 등 한 국부만의 모양 을 표시하는 것으로 충분한 경우에 국부 투 상도로 나타낸다.

5. 제3각법으로 정투상한 보기 그림과 같은 정면도와 평면도에 가장 적합한 우측면도 는 어느 것인가?

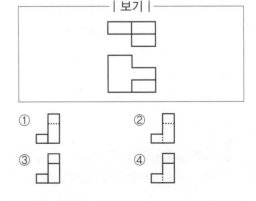

6. 롤러 베어링의 호칭번호 6302에서 베어링 안지름 호칭을 표시하는 것은?

① 0 ② 02

③ 63 ④ 6

해설 안지름을 나타내는 숫자는 끝에서 2개 자리이며, 00 : 안지름 10mm, 01 : 12mm, 02 : 15mm, 03 : 17mm를 나타내고, 04부터는 숫자×5=안지름(mm)이다.

7. 형상 공차의 기호의 연결이 틀린 것은?

① ▱ : 평면도 ② ○ : 원통도

③ ⌖ : 위치도 ④ — : 진직도

해설 ○ : 진원도, ⌭ : 원통도

8. 치수와 병기하여 사용되는 다음 치수 기호 중 KS 제도 통칙으로 올바르게 기입된 것은?

① SR25 ② 25ϕ

③ 25□ ④ 25C

해설 치수 숫자와 같은 크기로 치수 숫자 앞에 기입한다.

- □ : 정육면체의 변
- C : 45° 모따기
- SR : 구면의 반지름
- ϕ : 지름

9. 재료의 안전성을 고려하여 허용할 수 있는 최대 응력을 무엇이라 하는가?

① 주 응력 ② 사용 응력

③ 수직 응력 ④ 허용 응력

해설 응력은 단위면적당 외력에 저항하는 내력의 크기이며, 안전을 고려한 최대 응력을 허용 응력이라 한다.

10. 스프링의 길이가 100mm인 한 끝을 고정하고, 다른 끝에 무게 40N의 추를 달았더니 스프링의 전체 길이가 120mm로 늘어났을 때 스프링 상수는 몇 N/mm인가?

① 2 ② 3

③ 5 ④ 10

해설 $K=\frac{W}{\delta}=\frac{40\text{N}}{20\text{mm}}$

$=2\text{N/mm}$

11. 스퍼 기어에서 Z는 잇수(개)이고, P가 지름 피치(인치)일 때 피치원 지름(D, mm)을 구하는 공식은?

① $D=\frac{PZ}{25.4}$ ② $D=\frac{25.4}{PZ}$

③ $D=\frac{P}{25.4Z}$ ④ $D=\frac{25.4Z}{P}$

해설 $P=\frac{25.4Z}{D}$이므로

피치원 지름$(D)=\frac{25.4Z}{P}$이다.

12. 구름 베어링의 종류 중에서 스러스트 볼 베어링의 형식 기호는 어느 것인가?

① 형식 기호 : 2

② 형식 기호 : 5

③ 형식 기호 : 6

④ 형식 기호 : 7

해설

형식 기호	베어링
2	자동조심 롤러 베어링
6	단열 깊은 홈 볼 베어링
7	단열 앵귤러 볼 베어링

13. 한 변의 길이 12mm인 정사각형 단면봉에 축선 방향으로 144kgf의 압축하중이 작용할 때 생기는 압축응력(kgf/mm^2)의 값은 얼마인가?

정답 6. ② 7. ② 8. ① 9. ④ 10. ① 11. ④ 12. ② 13. ①

① 1   ② 2
③ 3   ④ 4

해설 $\sigma_c = \dfrac{P_c}{A} = \dfrac{144}{12 \times 12} = 1\,\text{kgf/mm}^2$

여기서, A : 단면적
P_c : 압축하중

14. 우드러프 키라고도 하며, 일반적으로 60 mm 이하의 작은 축에 사용되고, 특히 테이퍼 축에 편리한 키는?

① 원뿔 키   ② 성크 키
③ 반달 키   ④ 평 키

해설 반달 키는 축이 약해지는 결점이 있으나 공작기계 핸들 축과 같은 테이퍼 축에 사용된다.

15. 코일 스프링 상수가 6 N/cm인 경우에 80 N의 하중을 걸면 늘어남은 얼마인가?

① 10.3 cm   ② 11.3 cm
③ 12.3 cm   ④ 13.3 cm

해설 스프링 상수$(K) = \dfrac{W}{\delta}$

$\delta = \dfrac{W}{K} = \dfrac{80}{6} = 13.3\,\text{cm}$

16. 전동용 기계요소가 아닌 것은?

① 벨트   ② 로프
③ 코터   ④ 마찰차

해설 전동 장치의 종류로는 기어, 마찰차, 벨트, 체인, 로프 등이 있다.

17. 측정 대상 부품은 측정기의 측정 축과 일직선 위에 놓여 있으면 측정 오차가 적어진다는 원리는?

① 윌라스톤의 원리

② 아베의 원리
③ 아보트 부하곡선의 원리
④ 히스테리시스차의 원리

해설 길이를 측정할 때 측정자를 측정할 물체와 일직선상에 배치함으로써 오차를 최소화하는 것이 아베의 원리이다.

18. 지름이 같은 3개의 와이어를 나사산에 대고 와이어 바깥쪽을 마이크로미터로 측정하여 계산식에 의해 나사의 유효 지름을 구하는 측정 방법은?

① 나사 마이크로미터에 의한 방법
② 삼선법에 의한 방법
③ 공구 현미경에 의한 방법
④ 3차원 측정기에 의한 방법

해설 나사의 유효 지름 측정법 중 정밀도가 가장 높은 것은 삼선법(삼침법)이다.

19. 표면 거칠기를 작게 하면 다음과 같은 이점이 있다. 틀린 것은?

① 공구의 수명이 연장된다.
② 유밀, 수밀성에 큰 영향을 준다.
③ 내식성이 향상된다.
④ 반복 하중을 받는 교량의 경우 강도가 크다.

해설 표면 거칠기는 극히 작은 길이에 대하여 μ 단위 길이나 높이로서 구분하고 있으며 교량 등에는 적용할 수 없다.

20. 다음 중 각도 측정기가 아닌 것은?

① 사인 바   ② 각도 게이지
③ 서피스 게이지   ④ 콤비네이션 세트

해설 서피스 게이지는 선반에서 많이 사용하며, 작업하는 제품에 수평을 맞추기 위해 사용하는 공구이다.

21. 3차원 측정기를 이용한 측정의 사용 효과로 거리가 먼 것은?

① 피측정물의 설치 변경에 따른 시간이 절약된다.
② 보조 측정기구가 거의 필요하지 않다.
③ 측정점의 데이터는 컴퓨터에 의해 처리가 신속 정확하다.
④ 단순한 부품의 길이 측정으로 생산성이 향상된다.

해설 3차원 측정기를 이용한 측정의 사용 효과
(1) 측정 능률 향상
(2) 복잡한 형상물의 측정 용이
(3) 사용자의 피로 경감
(4) 측정값의 안정성과 정밀도 향상

22. 선반에서 면판이 설치되는 곳은?

① 주축 선단　　② 왕복대
③ 새들　　④ 심압대

해설 면판은 척을 떼어내고 부착하는 것으로 공작물의 모양이 불규칙하거나 척에 물릴 수 없을 때 사용한다.

23. 둥근봉 바깥지름을 고속으로 가공할 수 있는 공작기계로 가장 적합한 것은?

① 수평 밀링　　② 직립 드릴 머신
③ 선반　　④ 플레이너

해설 • 수평 밀링 : 평면, 홈, T홈 가공
• 직립 드릴 머신 : 구멍, 태핑, 리밍 가공
• 플레이너 : 대형 평면 가공

24. 바이트로 재료를 절삭할 때 칩의 일부가 공구의 날 끝에 달라붙어 절삭날과 같은 작용을 하는 구성 인선(built-up edge)의 방지법으로 틀린 것은?

① 재료의 절삭 깊이를 크게 한다.

② 절삭 속도를 크게 한다.
③ 공구의 윗면 경사각을 크게 한다.
④ 가공 중에 절삭유제를 사용한다.

해설 구성 인선의 방지책
(1) 공구의 윗면 경사각을 크게 한다.
(2) 절삭 속도를 크게 한다.
(3) 윤활성이 좋은 윤활제를 사용 한다.
(4) 절삭 깊이를 작게 한다.
(5) 절삭 공구의 인선을 예리하게 한다.

25. 선반의 주요 구성 부분이 아닌 것은?

① 주축대　　② 회전 테이블
③ 심압대　　④ 왕복대

해설 선반은 4개의 주요부(주축대, 심압대, 왕복대, 베드)로 구성되어 있다.

26. 다음 그림에서 테이퍼(taper) 값이 $\frac{1}{8}$일 때 A부분의 지름 값은 얼마인가?

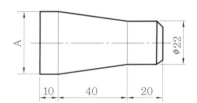

① 25　　② 27
③ 30　　④ 32

해설 $\dfrac{D-d}{l}=\dfrac{1}{8}$

$\dfrac{D-22}{40}=\dfrac{1}{8}$

$D=\dfrac{1}{8}\times40+22=27$

27. 다음 중 절삭유제의 사용 목적이 아닌 것은?

① 공구인선을 냉각시킨다.
② 가공물을 냉각시킨다.

③ 공구의 마모를 크게 한다.

④ 칩을 씻어 주고 절삭부를 닦아 준다.

해설 절삭유의 작용

- 냉각 작용 : 절삭 공구와 일감의 온도 상승을 방지한다.
- 윤활 작용 : 공구날의 윗면과 칩 사이의 마찰을 감소시킨다.
- 세척 작용 : 칩을 씻어 버린다.

28. 다음 중 보통 선반의 심압대 대신 회전공구대를 사용하여 여러 가지 절삭공구를 공정에 맞게 설치하여 간단한 부품을 대량 생산하는 데 적합한 선반은?

① 차축 선반 ② 차륜 선반

③ 터릿 선반 ④ 크랭크축 선반

해설 • 차축 선반 : 철도차량의 차축을 절삭하는 선반
- 차륜 선반 : 철도차량 차륜의 바깥둘레를 절삭하는 선반
- 크랭크축 선반 : 크랭크축의 베어링 저널과 크랭크 핀 가공

29. 다음과 같은 CNC 선반의 외경 가공용 프로그램에서 공구가 공작물의 외경 30mm 부위에 도달했을 경우 주축 회전수는 약 몇 rpm인가?

G96 S180 M03 ;

① 1320 ② 1540

③ 1690 ④ 1910

해설 주축 회전수$(N) = \dfrac{1000V}{\pi D}$

$= \dfrac{1000 \times 180}{3.14 \times 30} = 1910 \, \text{rpm}$

30. CNC 선반에서 복합 반복 사이클(G71)

로 거친 절삭을 지령하려고 한다. 다음 중 각 주소(address)의 설명으로 틀린 것은 어느 것인가?

```
G71 U(Δd) R(e) ;
G71 P(ns) Q(nf) U(Δu) W(Δw) F(f) ;
또는
G71 P(ns) Q(nf) U(Δu) W(Δw) D(Δd) F(f) ;
```

① Δu : X축 방향 다듬질 여유로 지름값으로 지정

② Δw : Z축 방향 다듬질 여유

③ Δd : Z축 1회 절입량으로 지름값으로 지정

④ F : G71 블록에서 지령된 이송속도

해설 Δd는 부호 없이 반지름값으로 지령한다.

31. CNC 프로그램에서 공구 기능에 속하는 어드레스는?

① F ② G

③ M ④ T

해설 • G : 준비 기능
- F : 이송 기능
- M : 보조 기능

32. CNC 공작기계 조작판에서 공구 교환, 주축 회전, 간단한 절삭 이송 등을 명령할 때 사용하는 반자동 운전 모드는?

① MDI ② JOG

③ EDIT ④ TAPE

해설 • MDI : MDI(manual data input)는 수동 데이터 입력 또는 반자동 모드이며, 간단한 프로그램을 편집과 동시에 시험적으로 실행할 때 사용
- JOG : 축을 빨리 움직일 때 사용
- EDIT : 프로그램을 편집할 때 사용

정답 28. ③ 29. ④ 30. ③ 31. ④ 32. ①

33. 서보기구에서 검출된 위치를 피드백하여 이를 보정하여 주는 회로는?

① 개방 회로　　　　② 정보처리 회로
③ 연산 회로　　　　④ 비교 회로

해설 서보기구란 구동모터의 회전에 따른 속도와 위치를 피드백시켜 입력된 양과 출력된 양이 같아지도록 제어할 수 있는 구동기구를 말한다.

34. 인서트 팁의 규격 선정법에서 "N"이 나타내는 내용은?

> DN̲MG 150408

① 공차　　　　　② 인서트 형상
③ 여유각　　　　④ 칩 브레이커 형상

해설 ・D : 인서트 형상
・N : 여유각
・M : 공차
・G : 인서트 단면 형상

35. 다음 중 CNC 공작기계에서 속도와 위치를 피드백하는 장치는?

① 서브 모터　　　　② 컨트롤러
③ 인코더　　　　　④ 주축 모터

해설 인코더는 서보 모터에 부착되어 CNC 기계에서 속도와 위치를 피드백하는 장치이다.

36. 1.5초 동안 일시정지(G04) 기능의 명령으로 틀린 것은?)

① G04 U1.5 ;　　　② G04 P1.5 ;
③ G04 X1.5 ;　　　④ G04 P1500 ;

해설 1.5초 일시정지는 G04 P1500 ; 이다.

37. CNC 공작기계에서 사용되는 좌표계 중 사용자가 임의로 변경해서는 안 되는 좌표계는?

① 공작물 좌표계　　② 기계 좌표계
③ 지역 좌표계　　　④ 상대 좌표계

해설 ・공작물 좌표계 : 절대 좌표계의 기준인 프로그램 원점
・기계 좌표계 : 기계의 기준점으로 메이커에서 파라미터에 의해 정하며 기계 원점에서 0
・상대 좌표계 : 상댓값을 가지는 좌표

38. 다음 도면은 CNC 선반에서 내외경 절삭 사이클(G90)을 이용하여 프로그램한 것이다. (　) 안에 알맞은 것은?

```
G00 X65.0 Z100. T0101 ;
G90 X58.0 Z30. F0.2 M08 ;
    X56.0 ;
    X55.0 ;
    X53.0 (    ) ;
G00 X200. Z200. T0100 M09 ;
M02 ;
```

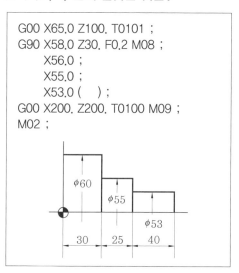

① Z30.0　　　　　② G90
③ Z−65.0　　　　④ Z55.0

해설 X53.0은 계단축 가운데 가장 적은 53을 가공하며, 프로그램 원점이 좌측에 있으므로 Z55.0이다.

39. CNC 선반 프로그램에서 G96 S120 M03 ; 의 의미로 옳은 것은?

① 절삭 속도 120rpm으로 주축 역회전한다.
② 절삭 속도 120 m/min으로 주축 역회전한다.

③ 절삭 속도 120rpm으로 주축 정회전한다.

④ 절삭 속도 120m/min으로 주축 정회전한다.

> **해설** 단면이나 테이퍼 절삭에서는 지름이 절삭 과정에 따라 변하므로 절삭 속도도 이에 따라 달라지기 때문에 가공면의 표면 거칠기가 나빠진다. 이러한 문제를 해결하기 위하여 지름 값의 변화에 대응하여 회전수를 제어하여 절삭 속도를 일정하게 유지시켜 주는 기능이 주축 속도 일정 제어(G96)이다. 이에 대해 주축 속도 일정 제어 취소(주축 회전수 지정 기능)는 G97로 지령하는데, 이는 회전수만 일정하게 제어하는 기능이다.

40. 일반적으로 CNC 선반에서 가공하기 어려운 작업은?

① 원호 가공 ② 테이퍼 가공
③ 편심 가공 ④ 나사 가공

> **해설** CNC 선반은 연동척을 사용하므로 편심 가공은 어렵다.

41. 다음과 같은 CNC 선반에서의 나사 가공 프로그램에서 [ ] 안의 내용으로 알맞은 것은?

```
   :
G76 P010060 Q50 R30 ;
G76 X13.62 Z-32.5 P1190 Q350
   F [ ] ;
   :
```

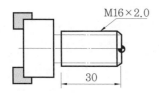

M16×2.0

30

① 1.0   ② 1.5
③ 2.0   ④ 2.5

> **해설** G76은 나사 가공 사이클이고 F는 나사의 리드를 의미하는데, M16×2.0에서 나사의

리드는 2.0이다.

42. 단일형 고정 사이클에서 안쪽과 바깥지름 절삭 사이클로 테이퍼를 가공할 때 옳게 지령한 것은?

① G90 X__ Z__ W__ F__ ;
② G90 X__ Z__ U__ F__ ;
③ G90 X__ Z__ K__ F__ ;
④ G90 X__ Z__ I__ F__ ;

> **해설** G76(나사 가공 사이클)으로 가공 시에는 피드 홀드(일시정지) 스위치를 눌러도 한 사이클이 끝난 후 정지한다.

43. CNC 공작기계가 자동 운전 도중에 갑자기 멈추었을 때의 조치사항으로 잘못된 것은?

① 비상 정지 버튼을 누른 후 원인을 찾는다.
② 프로그램의 이상 유무를 하나씩 확인하며 원인을 찾는다.
③ 강제로 모터를 구동시켜 프로그램을 실행시킨다.
④ 화면상의 경보(alarm) 내용을 확인한 후 원인을 찾는다.

> **해설** 강제로 모터를 구동시키면 매우 위험하므로 절대로 하면 안 된다.

44. 다음 중 외경 연삭기의 이송 방법에 해당하지 않는 것은?

① 연삭 숫돌대 방식 ② 테이블 왕복식
③ 플랜지 컷 방식 ④ 새들 방식

> **해설** 외경 연삭기의 이송 방법에는 (1) 공작물에 이송을 주는 방식, (2) 연삭 숫돌에 이송을 주는 방식, (3) 공작물, 연삭 숫돌에 모두 이송을 주지 않고 전후 이송만으로 작업을 하는 플랜지 컷 방식이 있다.

정답 40. ③ 41. ③ 42. ④ 43. ③ 44. ④

45. 원통 연삭기에서 숫돌 크기의 표시 방법의 순서로 올바른 것은?

① 바깥반지름×안지름
② 바깥지름×두께×안지름
③ 바깥지름×둘레길이×안지름
④ 바깥지름×두께×안반지름

해설 연삭 숫돌의 크기는 바깥지름×두께×안지름으로 표시하며, 연삭 숫돌의 3요소는 숫돌 입자, 결합제, 기공을 말한다.

46. 이미 뚫어져 있는 구멍을 좀 더 크게 확대하거나, 정밀도가 높은 제품으로 가공하는 기계는?

① 보링 머신
② 플레이너
③ 브로칭 머신
④ 호빙 머신

해설 • 브로칭 머신 : 구멍 내면에 키 홈을 깎는 기계
• 호빙 머신 : 절삭 공구인 호브(hob)와 소재를 상대운동시켜 창성법으로 기어를 절삭

47. 센터리스 연삭기로 가공하기 가장 적합한 공작물은?

① 척에 고정하기 어려운 가늘고 긴 공작물
② 지름이 불규칙한 공작물
③ 단면이 사각형인 공작물
④ 일반적으로 평면인 공작물

해설 센터리스 연삭기는 원통 연삭기의 일종이며, 센터 없이 연삭 숫돌과 조정 숫돌 사이를 지지판으로 지지하면서 연삭한다.

48. 다음 중 정밀도가 가장 높은 가공면을 얻을 수 있는 가공법은?

① 호닝
② 래핑
③ 평삭
④ 브로칭

해설 래핑은 랩과 일감 사이에 랩제를 넣어 서로 누르고 비비면서 다듬는 방법으로 정밀도

가 향상되며 다듬질면은 내식성, 내마멸성이 높다.

49. 고탄소강에 W, Cr, V, Mo 등을 첨가한 합금강으로 고온경도, 내마모성 및 인성을 상승시킨 공구강은?

① 합금 공구강
② 탄소 공구강
③ 고속도 공구강
④ 초경합금 공구강

해설 고속도강은 대표적인 절삭용 공구 재료로 기호는 SKH이며 표준형 고속도강은 W 18%, Cr 4%, V 1%이다.

50. Ca-Si 또는 Fe-Si 등으로 접종처리한 강인한 펄라이트 주철로 담금질 후 내마멸성이 요구되는 공작기계의 안내면과 기관의 실린더 등에 사용되는 주철은?

① 고력 합금 주철
② 칠드 주철
③ 미하나이트 주철
④ 흑심 가단 주철

해설 기차의 바퀴는 칠드 주철로 만드는데, 칠드 주철의 표면은 매우 단단하여 내마모성이 있는 시멘타이트 조직이며 이것을 금형에 주입함으로써 금형에 닿는 부분은 급랭되어 칠층이 형성된다. 칠드 주철을 냉경주철이라고도 한다. 또한 가단 주철의 대표적인 것에는 백주철을 풀림 열처리하여 탈탄시켜 제조하는 백심 가단 주철과 흑연화를 목적으로 하는 흑심 가단 주철 및 흑연화를 목적으로 하나 일부의 탄소를 Fe_3C(시멘타이트)로 남게 하는 펄라이트 가단 주철이 있다.

51. 일반적으로 탄소강에서 탄소 함유량이 증가하면 용해온도는?

① 낮아진다.
② 높아진다.
③ 불변이다.
④ 불규칙적이다.

해설 탄소강에서 탄소량의 증가에 따라 비중, 용융점, 열팽창계수, 탄성률, 열전도율, 전기 전도율은 감소하나 비열, 전기저항, 항자력은 증가한다.

52. 열간가공이 쉽고 다듬질 표면이 아름다우며 특히 용접성이 좋고 고온강도가 큰 장점을 갖고 있어 각종 축, 기어, 강력볼트, 암, 레버 등에 사용하는 것으로 기호 표시를 SCM으로 하는 강은?

① 니켈-크롬강
② 니켈-크롬-몰리브덴강
③ 크롬-몰리브덴강
④ 크롬-망간-규소강

해설 SCM(크롬-몰리브덴강)은 Cr강에 뜨임 취성을 개선하기 위하여 Mo을 첨가한 특수강이다.

53. 구리에 니켈 40~50% 정도를 함유하는 합금으로서 통신기, 전열선 등의 전기저항 재료로 이용되는 것은?

① 모넬메탈　　② 콘스탄탄
③ 엘린바　　　④ 인바

해설 모넬메탈은 구리에 니켈 60~70% 정도를 함유한 합금으로 기계적 강도, 내식성 및 내열성 등이 우수하여 화학기계, 광산기계, 증기터빈의 날개 등의 열기관 재료에 사용된다.

54. 다음 중 플라스틱 재료로서 동일 중량으로 기계적 강도가 강철보다 강력한 재질은 어느 것인가?

① 글라스 섬유　　② 폴리카보네이트
③ 나일론　　　　④ FRP

해설 FRP(fiber reinforced plastics)는 섬유 강화 플라스틱으로 강철보다 강력한 재질이다.

55. 알루미늄 합금인 Y합금은 어떤 성질이 가장 우수한가?

① 취성　　　　② 부식성

③ 마멸성　　　　④ 내열성

해설 Y합금은 고온 강도가 크므로 내연기관 실린더에 사용한다.

56. 다음 중 기계 안전 수칙에서 틀린 것은?

① 기계 사용 전에 반드시 점검하여 이상 유무를 확인한다.
② 기계는 깨끗이 청소해야 하는데, 청소할 때는 손으로 깨끗이 한다.
③ 기계 사용 전에 반드시 점검하여 이상 유무를 확인한다.
④ 기계 작업자는 보안경을 착용하여야 한다.

해설 기계를 청소할 때는 브러시나 막대기를 사용하고 손으로 청소하지 않는다.

57. 해머와 정 작업을 할 때 잘못된 것은 어느 것인가?

① 장갑을 끼거나 기름 묻은 손으로 가공하지 말 것
② 따내기 작업 시 보안경을 착용할 것
③ 정을 잡은 손은 힘을 꽉 줄 것
④ 열처리된 재료는 해머로 때리지 않도록 주의할 것

해설 정을 잡은 손은 힘을 빼며, 처음에는 가볍게 때리고 점차 힘을 가하도록 한다.

58. 다음 중 범용 선반 작업 시 보안경을 착용하는 목적으로 가장 적합한 것은?

① 가공 중 비산되는 칩으로부터 눈을 보호
② 절삭유의 심한 냄새로부터 눈을 보호
③ 미끄러운 바닥에 넘어지는 것을 방지
④ 가공 중 강한 섬광을 차단하여 눈을 보호

해설 칩이 비산되는 선반, 밀링 등의 공작 기계 작업 시에는 보안경을 착용한다.

정답 52. ③　53. ②　54. ④　55. ④　56. ②　57. ③　58. ①

59. 다음 중 선반 작업에서 방호장치로 부적합한 것은?

① 칩이 짧게 끊어지도록 칩브레이커를 둔 바이트를 사용한다.

② 칩이나 절삭유 등의 비산으로부터 보호를 위해 이동용 실드를 설치한다.

③ 작업 중 급정지를 위해 역회전 스위치를 설치한다.

④ 긴 일감 가공 시 덮개를 부착한다.

해설 급정지를 위해 설치하는 역회전 스위치는 기계에 무리를 준다.

60. 안전 작업 일지에 대한 설명으로 틀린 것은?

① 작업자의 안전과 회사의 자산을 보호하는 데 있다.

② 안전활동의 세부 내용을 정확히 기재해야 한다.

③ 특기사항이 있을 시에는 별도 기재하도록 한다.

④ 재해 사고의 잠재 위험은 기재할 필요가 없다.

해설 재해 사고의 잠재 위험 등을 일자별로 기록하여 이에 대한 신속한 대책을 수립할 수 있다.

컴퓨터응용 밀링기능사

제4회 실전 모의고사

1. 기하 공차 중 데이텀이 적용되지 않는 것은 어느 것인가?

① 평행도   ② 평면도
③ 동심도   ④ 직각도

해설 기하 공차를 규제할 때 단독 형상이 아닌 관련되는 형체의 기준으로부터 기하 공차를 규제하는 경우 어느 부분의 형체를 기준으로 기하 공차를 규제하느냐에 따른 기준이 되는 형체를 데이텀이라 하며, 평면도는 적용되지 않는다.

2. 다음 중 가공 방법의 기호를 옳게 나타낸 것은?

① 보링 가공 : BR   ② 줄 다듬질 : FL
③ 호닝 가공 : GBL   ④ 밀링 가공 : M

해설 • B : 보링 가공
• FF : 줄 다듬질
• GH : 호닝 가공

3. 3각법으로 그린 보기와 같은 투상도의 입체도로 가장 적합한 것은?

| 보기 |

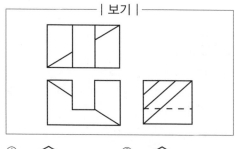

4. 다음 중 기계제도에서 각도 치수를 나타내는 치수선과 치수 보조선의 사용 방법으로 올바른 것은?

①   ②

③   ④

해설 ①은 변의 길이 치수이고, ②는 현의 길이 치수이며, ③은 호의 길이 치수이다.

5. 구멍 $50^{+0.025}_{+0.009}$에 조립되는 축의 치수가 $50^{0}_{-0.016}$이라면 이는 어떤 끼워 맞춤인가?

① 구멍 기준식 헐거운 끼워 맞춤
② 구멍 기준식 중간 끼워 맞춤
③ 축 기준식 헐거운 끼워 맞춤
④ 축 기준식 중간 끼워 맞춤

해설 헐거운 끼워 맞춤은 구멍의 최소 치수가 축의 최대 치수보다 큰 경우이며, 항상 틈새가 생기는 끼워 맞춤이다.

6. ϕ50 H7/g6으로 표시된 끼워 맞춤 기호 중 "g6"에서 "6"이 뜻하는 것은?

① 공차의 등급   ② 끼워 맞춤의 종류
③ 공차역의 위치   ④ 아래 치수 허용차

해설 ϕ50 g 6
공차의 등급
축의 종류
기준치수

정답 1. ②   2. ④   3. ①   4. ④   5. ③   6. ①

7. KS 기어 제도의 도시 방법 설명으로 올바른 것은?

① 잇봉우리원은 가는 실선으로 그린다.
② 피치원은 가는 1점 쇄선으로 그린다.
③ 이골원은 굵은 1점 쇄선으로 그린다.
④ 잇줄 방향은 보통 2개의 가는 1점 쇄선으로 그린다.

해설 (1) 이끝원은 굵은 실선으로 그린다.
(2) 피치원은 가는 1점 쇄선으로 그린다.
(3) 이뿌리원은 가는 실선으로 그린다. 단, 정면도를 단면으로 도시할 때는 굵은 실선으로 그린다.

8. 도형의 한정된 특정 부분을 다른 부분과 구별하기 위해 사용하는 선으로 단면도의 절단된 면을 표시하는 선을 무엇이라고 하는가?

① 가상선   ② 파단선
③ 해칭선   ④ 절단선

해설 해칭선은 가는 실선으로 규칙적으로 줄을 늘어놓은 것이다.

9. 소선의 지름 8mm, 스프링의 지름 80mm인 압축코일 스프링에서 하중이 200N 작용하였을 때 처짐이 10mm가 되었다. 이때 스프링 상수는 몇 N/mm인가?

① 5   ② 10
③ 15   ④ 20

해설 $k = \dfrac{\text{하중}(W)}{\text{스프링의 처짐}(\delta)}$

$= \dfrac{200\,\text{N}}{10\,\text{mm}} = 20\,\text{N/mm}$

10. 길이가 50mm인 표준 시험편으로 인장시험하여 늘어난 길이가 65mm였다. 이

시험편의 연신율은?

① 20%   ② 25%
③ 30%   ④ 35%

해설 연신율 $= \dfrac{\text{시험 후 늘어난 거리}}{\text{표점거리}} \times 100\%$

$= \dfrac{l - l_0}{l_0} \times 100\%$

$= \dfrac{65 - 50}{50} \times 100\% = 30\%$

11. 나사의 용어 중 리드에 대한 설명으로 맞는 것은?

① 1회전 시 작용되는 토크
② 1회전 시 이동한 거리
③ 나사산과 나사산의 거리
④ 1회전 시 원주의 길이

해설 리드(lead)란 나사가 1회전하여 진행한 방향의 거리를 말하며, 1줄 나사의 경우는 리드와 피치가 같지만 2줄 나사인 경우 1 리드는 피치의 2배가 된다.
리드(l) = 줄수(n) × 피치(p)
$\therefore p = \dfrac{l}{n}$

12. 진동이나 충격에 의한 너트의 풀림을 방지하는 것은?

① 로크 너트   ② 플레이트 너트
③ 슬리브 너트   ④ 나비 너트

해설 로크 너트는 와셔 볼트의 너트가 진동 등으로 인해 이완되는 것을 방지하기 위하여 너트의 안쪽에 사용하는 것으로, 스프링의 힘으로 볼트에 장력을 주어 회전 풀림을 방지한다.

13. 하중 18kN, 응력 5MPa일 경우, 하중을 받는 정사각형의 한 변의 길이는 몇 mm인가?

① 40   ② 50

③ 60   ④ 70

해설 $\sigma = \dfrac{P}{A} = \dfrac{P}{a \times a}$

$a^2 = \dfrac{P}{\sigma} = \dfrac{18000}{5} = 3600$

$\therefore a = \sqrt{3600} = 60 \, mm$

14. 큰 토크를 전달시키기 위해 같은 모양의 키 홈을 등 간격으로 파서 축과 보스를 잘 미끄러질 수 있도록 만든 기계요소는?

① 스플라인   ② 코터

③ 묻힘 키   ④ 테이퍼 키

해설 스플라인은 축의 둘레에 4~20개의 턱을 만들어 큰 회전력을 전달할 경우에 쓰인다.

15. 모듈이 2이고 잇수가 각각 36, 74개인 두 기어가 맞물려 있을 때 축간 거리는 몇 mm인가?

① 100 mm   ② 110 mm

③ 120 mm   ④ 130 mm

해설 중심거리$(C) = \dfrac{M(Z_A + Z_B)}{2}$

$= \dfrac{2(36 + 74)}{2} = 110 \, mm$

16. 다음은 어떤 측정기의 특징들에 대한 설명인가?

┌──────────────────────────────────┐
⊙ 소형, 경량으로 취급이 용이하다.
ⓒ 다이얼 테스트 인디케이터와 비교할 때, 측정 범위가 넓다.
ⓒ 눈금과 지침에 의해서 읽기 때문에 읽음 오차가 적다.
ⓔ 연속된 변위량의 측정이 가능하다.
└──────────────────────────────────┘

① 버니어 캘리퍼스

② 다이얼 게이지

③ 마이크로미터

④ 한계 게이지

해설 다이얼 게이지는 기어 장치로 미소한 변위를 확대하여 길이 또는 변위를 정밀 측정하는 비교 측정기이다.

17. 다음이 설명하고 있는 공작기계 정밀도의 원리는?

┌──────────────────────────────────┐
공작기계의 정밀도가 가공되는 제품의 정밀도에 영향을 미치는 것
└──────────────────────────────────┘

① 모성 원리(copying principle)

② 정밀 원리(accurate principle)

③ 아베의 원리(Abbe's principle)

④ 파스칼의 원리(Pascal's principle)

해설 아베의 원리는 측정하려는 시료와 표준자는 측정 방향에 있어서 동일 축 선상의 일직선상에 배치하여야 한다는 것으로 콤퍼레이터의 원리라고도 한다.

18. 사인 바로 각도를 측정할 때 필요 없는 것은?

① 블록 게이지   ② 각도 게이지

③ 다이얼 게이지   ④ 정반

해설 사인 바로 각도 측정 시 필요한 것

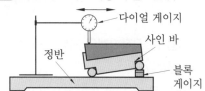

19. 버니어 캘리퍼스 중에서 CB형과 CM형은 몇 mm 이하의 안지름 측정이 불가능한가?

① 5 mm   ② 10 mm

③ 12 mm   ④ 15 mm

해설 CB형은 10~20 mm, CM형은 10 mm 이하의 작은 안지름은 측정할 수 없다.

20. 하이트 게이지 중 스크라이브 밑면이 정반에 닿아 정반면으로부터 높이를 측정할 수 있으며, 어미자는 스탠드 홈을 따라 상하로 조금씩 이동시킬수 있어 0점 조정이 용이한 구조로 되어 있는 것은?

① HB형 하이트 게이지
② HT형 하이트 게이지
③ HM형 하이트 게이지
④ 간이형 하이트 게이지

해설 (1) HB형 : 스크라이브가 정반에 닿을 수 있다.
(2) HM형 : 0점 조정을 할 수 없다.
(3) HT형 : 스크라이브가 정반에 닿을 수 있으며, 0점 조정이 용이하다.

21. 버니어 캘리퍼스의 크기를 나타낼 때 기준이 되는 것은?

① 아들자의 크기
② 어미자의 크기
③ 고정나사의 피치
④ 측정 가능한 치수의 최대 크기

해설 버니어 캘리퍼스의 크기를 나타내는 기준은 측정 가능한 최대 크기이다.

22. 다음 중 공작기계의 기본 운동에 속하지 않는 것은?

① 절삭 운동　　　② 분사 운동
③ 이송 운동　　　④ 위치 조정 운동

해설 공작기계의 3대 기본 운동은 절삭 운동, 이송 운동, 조정 운동(위치 결정 운동)이다.

23. 공작기계의 구비조건이 아닌 것은?

① 높은 정밀도를 가질 것
② 가공능력이 클 것

③ 내구력이 작을 것
④ 고장이 적고, 기계효율이 좋을 것

해설 공작기계는 정밀도가 높고 내구력이 커야 한다.

24. 다음 중 수용성 절삭유에 대한 설명으로 틀린 것은?

① 점성이 높고 비열이 작아 냉각 효과가 작다.
② 원액과 물을 혼합하여 사용한다.
③ 표면활성제와 부식방지제를 첨가하여 사용한다.
④ 고속 절삭 및 연삭 가공액으로 많이 사용한다.

해설 (1) 절삭유의 작용
• 냉각작용 : 절삭 공구와 일감의 온도 상승을 방지한다.
• 윤활작용 : 공구날의 윗면과 칩 사이의 마찰을 감소한다.
• 세척작용 : 칩을 씻어 버린다.
(2) 절삭유가 구비할 성질
• 칩 분리가 용이하여 회수하기가 쉬워야 한다.
• 기계에 녹이 슬지 않아야 한다.
• 위생상 해롭지 않아야 한다.

25. 밀링에서 홈, 좁은 평면, 윤곽 가공, 구멍 가공 등에 적합한 공구는?

① 엔드밀　　　② 정면 커터
③ 총형 커터　　④ 메탈 소

해설 • 정면 커터 : 평면 가공, 강력 절삭
• 총형 커터 : 기어 가공, 드릴의 홈 가공, 리머, 탭 등 형상 가공
• 메탈 소 : 절단, 홈파기

26. 평면 밀링 커터(plane milling cutter)의

설명으로 틀린 것은?

① 원통의 원주에 절삭날이 있다.

② 비틀림 날의 나선각은 보통 1~3° 정도 경사져 있다.

③ 직선인 절삭날과 비틀림 형상의 절삭날이 있다.

④ 밀링 커터 축과 평행한 평면을 절삭한다.

해설 비틀림 날의 나선각은 25~45°이며, 45~60° 및 그 이상은 헬리컬 밀이라 한다.

27. 니형 밀링 머신의 칼럼면에 설치하는 것으로 주축의 회전 운동을 수직 왕복 운동으로 변환시켜 주는 장치는?

① 원형 테이블　　② 분할대

③ 래크 절삭 장치　④ 슬로팅 장치

해설 슬로팅 장치는 니형 밀링 머신의 칼럼면에 설치하여 사용하며, 이 장치를 사용하면 밀링 머신의 주축의 회전 운동을 공구대 램의 직선 왕복 운동으로 변환시켜 바이트로 밀링 머신에서도 직선 운동 절삭 가공을 할수 있다.

28. 밀링 머신에서 분할대를 이용하여 분할하는 방법이 아닌 것은?

① 직접 분할 방법

② 간접 분할 방법

③ 단식 분할 방법

④ 차동 분할 방법

해설 분할대는 (1) 공작물의 분할 작업, (2) 수평, 경사, 수직으로 장치한 공작물에 연속 회전 이송을 주는 가공 작업 등에 사용된다.

29. 다음 그림에서 a에서 b로 가공할 때 원호 보간 머시닝 센터 프로그램으로 맞는 것은?

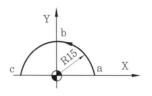

① G02 G90 X0. Y15. R15. F100. ;

② G03 G91 X−15. Y15. R15. F100. ;

③ G03 G90 X15. Y15. R15. F100. ;

④ G03 G91 X0. Y15. R−15. F100. ;

해설 반시계 방향이므로 G03이며, 증분 지령이므로 G91이고, 절대 지령으로 하려면 G03 G90 X0.0 Y15.0 R15.0 F100 ;이다.

30. 머시닝 센터 프로그램에서 고정 사이클을 취소하는 준비기능은?

① G73　　　　　② G76

③ G80　　　　　④ G87

해설 머시닝 센터 프로그램

　• G73 : 고속 펙 드릴 사이클

　• G76 : 정밀 보링 사이클

　• G87 : 보링 백보링 사이클

31. 일반적으로 CNC 프로그램의 준비 기능(G 기능)에 속하지 않는 것은?

① 원호 보간

② 직선 보간

③ 기어 속도 변환

④ 급속 이송

해설 기어 속도 변환은 보조 기능(M 기능)에서 행하는데 최근의 CNC 공작기계에서는 기어 속도 변환을 사용하지 않는다.

원호 보간	시계방향	G02
	반시계방향	G03
직선 보간		G01
급속 이송		G00

32. 머시닝 센터에서 공구교환을 지령하는 기능은?

① M기능　　　　② G기능
③ S기능　　　　④ F기능

해설 머시닝 센터에서 공구교환을 지령하는 기능은 M(보조) 기능으로 M06이다.

33. CNC 프로그램에서 공구길이 보정과 관계없는 준비 기능은?

① G42　　　　② G43
③ G44　　　　④ G45

해설

공구길이 보정 G-코드	
G43	+방향 공구길이 보정 (+방향으로 이동)
G44	−방향 공구길이 보정 (−방향으로 이동)
G49	공구길이 보정 취소

34. CAD/CAM 시스템에서 입력장치가 아닌 것은?

① 라이트 펜(light pen)
② 마우스(mouse)
③ 태블릿(tablet)
④ 플로터(plotter)

해설 (1) 입력장치 : 키보드, 라이트 펜, 디지타이저, 마우스
(2) 출력장치 : 플로터, 프린터, 모니터, 하드카피

35. 머시닝 센터의 기계 일상 점검 중 매일 점검 사항이 아닌 것은?

① 각부의 작동 검사　② 유량 점검
③ 기계 정도 검사　　④ 압력 점검

해설 일상 점검으로는 기계부의 정상적인 작동 점검과 유압이 기준치인지 알아보는 유량 점검이 있으며, 조작판상의 키 작동 정상 여

부 등을 점검하게 된다.

36. 다음 중 CNC의 서보기구 제어방식이 아닌 것은?

① 위치결정 제어　　② 디지털 제어
③ 직선절삭 제어　　④ 윤곽절삭 제어

해설 제어방식으로는 위치결정 제어(급속 위치 결정), 직선절삭 제어(직선 가공), 윤곽 절삭 제어(직선 또는 곡면 가공)가 있다.

37. 다음 그림의 A → B → C 이동 지령 머시닝 센터 프로그램에서 ㉠, ㉡에 들어갈 내용으로 맞는 것은?

A → B : N01 G01 G91 ㉠ Y10. F120 ;
B → C : N02 G90 X40. ㉡ ;

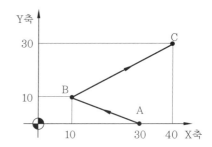

① ㉠ X−20. ㉡ Y30.
② ㉠ X20. ㉡ Y20.
③ ㉠ X20. ㉡ Y30.
④ ㉠ X−20. ㉡ Y20.

해설 A → B는 G91(증분 지령)이므로 X−20.0이고, B → C는 G90(절대 지령)이므로 Y30.0이다.

38. 다음 중 NC의 서보(servo) 기구를 위치 검출 방식에 따라 분류할 때 해당하지 않는 것은?

① 폐쇄회로 방식(closed loop system)
② 반폐쇄회로 방식(semi-closed loop

system)
③ 반개방회로 방식(semi-open loop system)
④ 복합회로 방식(hybrid servo system)

해설 서보(servo) 기구는 사람의 손과 발에 해당되는 부분으로 위치 검출 방법에 따라 개방회로(open loop) 방식, 폐쇄회로(closed loop) 방식, 반폐쇄회로(semi-closed) 방식, 하이브리드 서보(hybrid servo) 방식이 있다.

39. 보기와 같이 이동하는 머시닝 센터 프로그램에서 증분방식으로 지령할 경우 올바른 지령은?

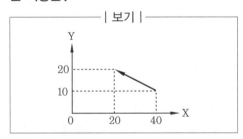

┌─────── | 보기 | ───────┐

① G00 G90 X20. Y20. ;
② G00 G90 X-20. Y10. ;
③ G00 G91 X-20. Y10. ;
④ G00 G91 X20. Y20. ;

해설 절대방식으로 지령하면 G00 G90 X20.0 Y20.0 ; 이다.

40. 머시닝 센터 가공 시의 안전사항으로 틀린 것은?

① 급속이송 운전은 항상 고속을 선택한 후 운전한다.
② 기계에 전원 투입 후 안전 위치에서 저속으로 원점 복귀한다.
③ 핸들 운전 시 기계에 무리한 힘이 전달되지 않도록 핸들을 천천히 돌린다.
④ 위험 상황에 대비하여 항상 비상정지 스위치를 누를 수 있도록 준비한다.

해설 급속이송 운전은 안전을 위하여 처음에는 항상 저속을 선택한 후 운전한다.

41. 머시닝 센터에서 지름 20mm의 커터로 회전수 500rpm으로 주축을 회전시킬 때 분당 이송량(mm/min)은? (단, 커터날 수 12개, 날 1개당 이송 0.2mm이다.)

① 1200
② 1500
③ 1800
④ 2000

해설 $F[\text{mm/min}]$
$= N[\text{rpm}] \times$ 커터날 수 $\times f[\text{mm/tooth}]$
$= 500 \times 12 \times 0.2 = 1200$

42. 머시닝 센터의 고정 사이클 기능에 관한 설명으로 틀린 것은?

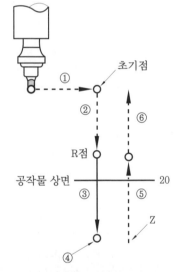

① ①은 X, Y축 위치 결정 동작
② ②는 R점까지 급속 이송하는 동작
③ ③은 구멍을 절삭 가공하는 동작
④ ④는 R점까지 급속으로 후퇴하는 동작

해설 고정 사이클은 프로그램을 간단히 하는 기능으로 6개 동작으로 이루어진다.
① : X, Y축 위치결정, ② : R점까지 급송, ③ : 구멍가공, ④ : 구멍바닥에서 동작, ⑤ : R점까지 나오는 동작, ⑥ : 초기점까지 급송

43. 다음 그림의 머시닝센터의 원호 가공 경로를 나타낸 것으로 옳은 것은?

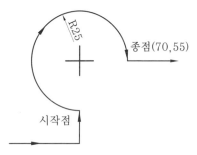

① G90 G02 X70. Y55. R25.
② G90 G03 X70. Y55. R25.
③ G90 G02 X70. Y55. R−25.
④ G90 G03 X70. Y55. R−25.

해설 시계방향이므로 G02이고 R가 180°가 넘는 원호이므로 −를 붙인다.

44. 성형 연삭 작업을 할 때 숫돌바퀴의 질이 균일하지 못하거나 일감의 영향을 받아 숫돌바퀴의 형상이 변화되는데 이것을 정확한 형상으로 가공하는 작업을 무엇이라고 하는가?

① 드레싱   ② 로딩
③ 트루잉   ④ 그라인딩

해설 드레싱(dressing)은 글레이징이나 로딩 현상이 생길 때 강판 드레서 또는 다이아몬드 드레서로 숫돌 표면을 정형하거나 칩을 제거하는 작업이며, 로딩(loading)은 숫돌 입자의 표면이나 기공에 칩이 끼어 연삭성이 나빠지는 현상으로 눈메움이라고도 한다.

45. 평면 연삭기의 크기를 나타내는 방법으로 틀린 것은?

① 테이블의 길이×폭
② 숫돌의 최대지름×폭
③ 테이블의 무게×높이

④ 테이블의 최대 이송거리

해설 공작기계의 크기를 테이블의 무게로 나타내는 경우는 없다.

46. 드릴링 머신의 가공 방법 중에서 접시머리 나사의 머리부를 묻히게 하기 위해 원뿔자리를 만드는 작업은?

① 카운터 싱킹   ② 태핑
③ 스폿 페이싱   ④ 카운터 보링

해설 스폿 페이싱(spot facing)은 너트 또는 볼트 머리와 접촉하는 면을 고르게 하기 위한 작업이며, 카운터 보링(counter boring)은 볼트의 머리가 일감 속에 묻히도록 깊게 스폿 페이싱을 하는 작업이다.

47. 원통연삭에서 바깥지름 연삭방식에 해당하지 않는 것은?

① 숫돌대 왕복형   ② 플런지 컷형
③ 유성형   ④ 테이블 왕복형

해설 원통연삭기는 연삭 숫돌과 가공물을 접촉시켜 연삭 숫돌의 회전 연삭 운동과 공작물의 회전 이송 운동에 의하여 원통형 공작물의 외주 표면을 연삭 다듬질하는 기계이다.

48. 다음 특수가공법 중 가공물 표면에 공작액과 미세 연삭입자의 혼합물을 고속으로 분사하여 매끈한 다듬질면을 얻는 방법은 어느 것인가?

① 버니싱(burnishing)
② 버핑(buffing)
③ 쇼트 피닝(shot peening)
④ 액체 호닝(liquid honing)

해설 액체 호닝의 장점
(1) 단시간에 매끈하고 광택이 없는 다듬질면을 얻을 수 있다.

(2) 피닝 효과가 있고 피로한계를 높일 수 있다.
(3) 복잡한 모양의 일감에 대해서도 간단히 다듬질할 수 있다.
(4) 일감 표면에 잔류하는 산화피막과 거스러미를 간단히 제거할 수 있다.

49. 다음 중 합금공구강의 KS 재료 기호는?
① SKH ② SPS
③ STS ④ GC

해설 • SKH : 고속도강
• SPS : 스프링강
• GC : 회주철

50. 구리에 아연이 5~20% 첨가되어 전연성이 좋고 색깔이 아름다워 장식품에 많이 쓰이는 황동은?
① 톰백 ② 포금
③ 문츠메탈 ④ 7 : 3 황동

해설 구리에 아연 5~20%를 가한 황동을 톰백(tombac)이라 하는데, 전연성이 좋고 색깔도 금에 가까우므로 모조 금으로 사용된다.

51. 강재의 크기에 따라 표면이 급랭되어 경화하기 쉬우나 중심부에 갈수록 냉각속도가 늦어져 경화량이 적어지는 현상은?
① 경화능 ② 잔류응력
③ 질량 효과 ④ 노치 효과

해설 질량 효과란 재료의 질량 및 단면 치수의 대소에 의하여 열처리 효과가 달라지는 정도를 말한다.

52. Fe-C 상태도에서 온도가 낮은 것부터 일어나는 순서가 옳은 것은?
① 포정점 → A₂ 변태점 → 공석점 → 공정점
② 공석점 → A₂ 변태점 → 공정점 → 포정점

③ 공석점 → 공정점 → A₂ 변태점 → 포정점
④ 공정점 → 공석점 → A₂ 변태점 → 포정점

해설 • 공석점 : 723℃
• A₂ 변태점 : 768℃
• 공정점 : 1130℃
• 포정점 : 1495℃

53. 일반적인 합성수지의 공통적인 성질에 대한 설명으로 틀린 것은?
① 가볍고 튼튼하다.
② 비강도는 비교적 높다.
③ 가공성이 크고 성형이 간단하다.
④ 전기 절연성이 나쁘다.

해설 합성수지의 공통적 성질
(1) 가볍고 튼튼하다(비중 1~1.5).
(2) 가공성이 크고 성형이 간단하다.
(3) 전기 절연성이 좋다.
(4) 단단하나 열에 약하다.
(5) 투명한 것이 많으며 착색이 자유롭다.
(6) 비강도가 비교적 높다.

54. 주철에 대한 설명 중 틀린 것은?
① 주조성이 우수하다.
② 강에 비해 취성이 크다.
③ 비교적 강에 비해 강도가 높다.
④ 고온에서 소성변형이 곤란하다.

해설 주철의 성질

장점	단점
① 용융점이 낮고 유동성(주조성)이 좋다.	① 인장 강도가 작다.
② 마찰 저항력이 우수하다.	② 충격값이 작다.
③ 가격이 저렴하여 절삭 가공이 된다.	③ 상온에서 가단성 및 연성이 없다.
④ 내식성이 있다.	④ 용접이 곤란하다.
⑤ 압축 강도가 크다. (인장 강도의 3~4배)	

55. 다음 중 철강의 5대 원소에 포함되지 않는 것은?

① 아연 ② 탄소
③ 망간 ④ 규소

해설 철강의 5원소는 C, Si, Mn, P, S이다.

56. 다음 중 윤활유의 점도에 대한 설명으로 틀린 것은?

① 윤활유가 묽으면 점도가 낮고 변형에 대한 저항성이 작다.
② 윤활유의 점성이 높으면 높을수록 점도도 더 높아진다.
③ 점도는 온도 및 압력이 상승하면 높아진다.
④ 점도란 윤활유의 끈적끈적한 정도를 나타내는 척도이다.

해설 점도는 윤활유의 종류에 따라 다르지만, 일반적으로 온도가 상승하면 현저하게 낮아지고, 압력이 상승하면 현저하게 높아진다.

57. CNC 공작기계에서 작업 전 일상적인 점검 사항과 가장 거리가 먼 것은?

① 적정 유압압력 확인
② 습동유 잔유량 확인
③ 파라미터 이상 유무 확인
④ 공작물 고정 및 공구 클램핑 확인

해설 파라미터는 특별한 경우가 아니면 작업 전 절대 손대어서는 안 된다.

58. 다음 중 작업상 안전 수칙과 가장 거리가 먼 것은?

① 연삭기의 커버가 없는 것은 사용을 금한다.
② 드릴 작업 시 작은 일감은 손으로 잡고 한다.
③ 프레스 작업 시 형틀에 손이 닿지 않도록 한다.
④ 용접 전에는 반드시 소화기를 준비한다.

해설 작은 일감은 바이스나 고정구로 고정하고 직접 손으로 잡지 말아야 한다.

59. 장비의 이상 유무에 대한 설명으로 틀린 것은?

① 기계를 점검하고 고속으로 시운전하여 본다.
② 기계 및 공구의 조임부 또는 연결부 이상 여부를 확인한다.
③ 각종 레버는 정위치에 있는지 확인한다.
④ 위험설비 부위에 방호장치(보호 덮개) 설치 상태를 확인한다

해설 기계를 점검하고 저속으로 시운전한 후 가공한다.

60. 밀링 작업의 안전 관리에 적절하지 않은 것은?

① 정면 커터 작업 시에는 칩이 튀므로 칩 커버를 설치한다.
② 가공 중에 가공 상태를 정확히 파악해야 하므로 얼굴을 가까이 대고 본다.
③ 절삭 가공 중에는 브러시로 칩을 제거하지 않는다.
④ 절삭 공구나 공작물을 설치할 때에는 전원을 끄고 작업한다.

해설 밀링 작업 시 가공 중에 기계에 얼굴을 대지 않고, 안전을 위하여 반지, 팔찌, 목걸이 등은 착용하지 않는다.

정답 55. ① 56. ③ 57. ③ 58. ② 59. ① 60. ②

제5회 실전 모의고사

1. 보기는 입체 도형을 제3각법으로 도시한 것이다. 완성된 평면도, 우측면도를 보고 미완성된 정면도를 옳게 도시한 것은?

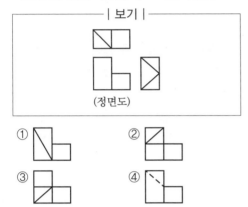

— | 보기 | —

(정면도)

① ② ③ ④

2. 다음 중 기하 공차 기입 틀의 설명으로 옳은 것은?

| // | 0.02 | A |

① 표준 길이 100mm에 대하여 0.02mm의 평행도를 나타낸다.
② 구분 구간에 대하여 0.02mm의 평면도를 나타낸다.
③ 전체 길이에 대하여 0.02mm의 평행도를 나타낸다.
④ 전체 길이에 대하여 0.02mm의 평면도를 나타낸다.

해설 //는 평행도를 나타내며, A는 데이텀을 지시하는 문자 기호이다.

3. 기계 제도에서 사용하는 다음 선 중 가는 실선으로 표시되는 선은?

① 물체의 보이지 않는 부분의 형상을 나타 내는 선
② 물체의 특수한 표면 처리 부분을 나타내 는 선
③ 절단된 단면임을 명시하기 위한 해칭선
④ 단면도를 그릴 경우에 그 절단 위치를 나 타내는 선

해설 ① 가는 파선 또는 굵은 파선
② 굵은 1점 쇄선
④ 가는 1점 쇄선

4. 축의 치수가 $\phi 300_{-0.20}^{-0.05}$, 구멍의 치수가 $\phi 300_{0}^{+0.15}$인 헐거운 끼워맞춤에서 최소 틈새는?

① 0.05 ② 0.10
③ 0.15 ④ 0.20

해설 최소 틈새＝구멍의 최소 허용 치수－축 의 최대 허용 치수＝300－299.95＝0.05

5. 도면에서의 치수 배치 방법에 해당하지 않는 것은?

① 직렬 치수 기입법
② 누진 치수 기입법
③ 좌표 치수 기입법
④ 상대 치수 기입법

해설 (1) 직렬 치수 기입법 : 직렬로 나란히 치 수를 기입하는 방법
(2) 병렬 치수 기입법 : 한 곳을 기준으로 치 수를 기입하는 방법
(3) 누진 치수 기입법 : 한 개의 연속된 치수 선으로 간편하게 표시하는 방법
(4) 좌표 치수 기입법 : 구멍의 위치나 크기 등의 치수를 별도의 표를 사용하여 표시하 는 방법

정답 1. ④ 2. ③ 3. ③ 4. ① 5. ④

6. 그림과 같은 도면에서 K의 치수 크기는?

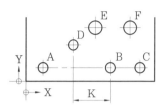

	X	Y	
A	20	20	13.5
B	140	20	13.5
C	200	20	13.5
D	60	60	13.5
E	100	90	26
F	180	90	26

① 50 ② 60
③ 70 ④ 80

해설 D의 X값이 60이고, B의 X값이 140이므로 K=140−60=80이다.

7. 보기 도면과 같이 표시된 치수의 해독으로 가장 적합한 것은?

| 보기 |

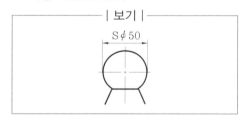

① 호의 지름이 50mm
② 구의 지름이 50mm
③ 호의 반지름이 50mm
④ 구의 반지름이 50mm

해설 ∅는 지름을 나타내고 S∅는 구면의 지름을 나타낸다.

8. 다음 기하 공차에 대한 설명으로 틀린 것은 어느 것인가?

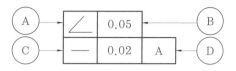

① Ⓐ : 경사도 공차
② Ⓑ : 공차값
③ Ⓒ : 직각도 공차
④ Ⓓ : 데이텀을 지시하는 문자기호

해설 — : 진직도 공차

9. 아이볼트에 로프를 걸어 20000N의 물체를 들어올릴 때 아이볼트 나사의 크기로 가장 적당한 것은? (단, 나사는 미터 보통나사를 사용하며, 허용인장응력은 48N/mm²이다.)

① M26 ② M30
③ M32 ④ M36

해설 $d=\sqrt{\frac{2W}{\sigma_a}}=\sqrt{\frac{2\times20000}{48}}=28.87$이므로 M30이 적당하다.

10. 평벨트와 비교한 V벨트 전동장치의 특징이 아닌 것은?

① 고속 운전이 가능하다.
② 미끄럼이 적고 속도비가 크다.
③ 엇걸기로 사용 가능하다.
④ 동력 전달 상태가 정숙하고 충격을 잘 흡수한다.

해설 V벨트의 특징
(1) 미끄럼이 적고 전동 회전비가 크다.
(2) 속도비는 1 : 7이며 수명이 길다.
(3) 축간거리가 5m 이하로 짧은 데 사용한다.

11. 길이가 100mm인 스프링의 한 끝을 고정하고, 다른 끝에 무게 40N의 추를 달았더니 스프링의 전체 길이가 120mm로 늘어났다. 이때의 스프링 상수(N/mm)는?

① 1   ② 2
③ 3   ④ 4

해설 스프링 상수$(k)=\dfrac{작용하중(N)}{변위량(mm)}=\dfrac{40}{20}$
$=2\,N/mm$

12. 축의 원주에 많은 키를 깎은 것으로 큰 토크를 전달시킬 수 있고, 내구력이 크며, 보스와의 중심축을 정확하게 맞출 수 있는 키는?

① 성크 키   ② 반달 키
③ 접선 키   ④ 스플라인

해설 (1) 성크 키 : 축과 보스에 다같이 홈을 파는 것으로 가장 많이 쓰인다.
(2) 반달 키 : 축의 원호상에 홈을 판다.
(3) 접선 키 : 축과 보스에 축의 접선 방향으로 홈을 파서 서로 반대의 테이퍼를 가진 2개의 키를 조합하여 끼워 넣는다.

13. 모듈 3, 잇수 30과 60을 갖는 한 쌍의 표준 평기어 중심 거리는 얼마인가?

① 135mm   ② 140mm
③ 145mm   ④ 150mm

해설 $d=\dfrac{(Z_1+Z_2)}{2}\times m=\dfrac{30+60}{2}\times3=135$

14. 나사의 풀림을 방지하는 용도로 사용되지 않는 것은?

① 스프링 와셔   ② 캡 너트
③ 분할 핀   ④ 로크 너트

해설 캡 너트는 유체의 누설을 막기 위한 용도로 사용된다.

15. 동력 전달을 직접 전동법과 간접 전동법으로 구분할 때, 직접 전동법으로 분류되는 것은?

① 체인 전동   ② 벨트 전동
③ 마찰차 전동   ④ 로프 전동

해설 • 직접 전동법 : 기어나 마찰차와 같이 직접 접촉으로 전달하는 것으로 축 사이가 비교적 짧은 경우에 쓰인다.
• 간접 전동법 : 벨트, 체인, 로프 등을 매개로 한 전달 장치로 축 사이가 클 경우에 쓰인다.

16. 게이지 블록의 부속품 중 내측 및 외측을 측정할 때 홀더에 끼워 사용하는 부속품은?

① 둥근형 조   ② 센터 포인트
③ 나이프 에지   ④ 베이스 블록

해설 • 센터 포인트 : 원을 그릴 때 중심을 지지하며 끝이 60°로 되어 있어 나사산을 검사할 때 사용
• 베이스 블록 : 금긋기 작업이나 높이를 측정할 때 홀더와 함께 사용

17. 마이크로미터의 나사 피치가 0.5mm이고, 심블(thimble)의 원주를 50등분하였다면 최소 측정값은 몇 mm인가?

① 0.1   ② 0.01
③ 0.001   ④ 0.0001

해설 $0.5\,mm\times\dfrac{1}{50}=\dfrac{1}{100}=0.01\,mm$

18. 나사 마이크로미터는 앤빌이 나사의 산과 골 사이에 끼워지도록 되어 있으며 나사에 알맞게 끼워 넣어서 나사의 어느 부분을 측정하는가?

① 바깥지름   ② 골지름
③ 유효지름   ④ 안지름

해설 나사 마이크로미터는 수나사용으로 나사의 유효지름을 측정하며 고정식과 앤빌 교환식이 있다.

정답 **12.** ④ **13.** ① **14.** ② **15.** ③ **16.** ① **17.** ② **18.** ③

19. 다이얼 게이지의 일반적인 특징으로 틀린 것은?

① 눈금과 지침에 의해서 읽기 때문에 오차가 적다.
② 소형, 경량으로 취급이 용이하다.
③ 연속된 변위량의 측정이 불가능하다.
④ 많은 개소의 측정을 동시에 할 수 있다.

해설 다이얼 게이지는 연속된 변위량의 측정이 가능하며, 어태치먼트의 사용 방법에 따라서 측정 범위가 넓어진다.

20. 측정의 종류에서 비교 측정 방법을 이용한 측정기는?

① 전기 마이크로미터
② 버니어 캘리퍼스
③ 측장기
④ 사인바

해설 • 버니어 캘리퍼스 : 직접 측정
• 사인바 : 각도 측정

21. 선반의 부속장치가 아닌 것은?

① 방진구   ② 분할대
③ 면판   ④ 돌림판

해설 분할대는 밀링의 부속장치로 사용 목적으로는 (1) 공작물의 분할 작업(스플라인 홈 작업, 커터나 기어 절삭 등), (2) 수평, 경사, 수직으로 장치한 공작물에 연속 회전 이송을 주는 가공 작업(캠 절삭, 비틀림 홈 절삭, 웜 기어 절삭 등) 등이 있다.

22. 절삭 공구를 재연삭하거나 새로운 절삭 공구로 바꾸기 위한 공구 수명 판정 기준으로 거리가 먼 것은?

① 가공면에 광택이 있는 색조 또는 반점이 생길 때
② 공구 인선의 마모가 일정량에 달했을 때

③ 완성 치수의 변화량이 일정량에 달했을 때
④ 주철과 같은 메진 재료를 저속으로 절삭했을 시 균열형 칩이 발생할 때

해설 공구 수명 판정 기준
(1) 날끝 마모가 일정량에 달했을 때
(2) 가공 표면에 광택 있는 색조나 반점이 생길 때
(3) 완성품의 치수 변화가 일정 허용 범위에 있을 때
(4) 주분력에 변화 없이 배분력, 횡분력이 급격히 증가했을 때

23. 다음 중 가공 표면이 가장 매끄러운 면을 얻을 수 있는 칩은?

① 유동형 칩   ② 경작형 칩
③ 전단형 칩   ④ 균열형 칩

해설 유동형 칩은 바이트 경사면에 연속적으로 흐르며, 절삭면은 광활하고 날의 수명이 길어 절삭 조건이 좋다.

24. 다음 중 구성 인선(built-up edge)을 방지하기 위한 가공 조건으로 틀린 것은?

① 절삭 깊이를 작게 할 것
② 경사각을 작게 할 것
③ 윤활성이 있는 절삭유제를 사용할 것
④ 절삭 속도를 크게 할 것

해설 구성 인선의 방지법
(1) 공구의 윗면 경사각을 크게 한다.
(2) 절삭 깊이를 얕게 한다.
(3) 절삭 속도를 크게 한다(구성인선의 임계 속도 : 120 m/min).
(4) 이송 속도를 줄인다.

25. 선반에서 양센터 작업을 할 때, 주축의 회전력을 가공물에 전달하기 위해 사용하는 부속품은?

① 연동척과 단동척

② 돌림판과 돌리개

③ 면판과 클램프

④ 고정 방진구와 이동 방진구

해설 면판은 척을 떼어내고 부착하는 것으로 공작물의 모양이 불규칙하거나 척에 물릴 수 없을 때 사용한다.

26. 칩(chip)의 형태 중 유동형 칩의 발생 조건으로 틀린 것은?

① 연성이 큰 재질(연강, 구리 등)을 절삭할 때

② 윗면 경사각이 작은 공구로 절삭할 때

③ 절삭 깊이가 적을 때

④ 절삭 속도가 높고 절삭유를 사용하여 가공할 때

해설 칩의 형태는 일반적으로 유동형, 전단형, 균일형으로 나눌 수 있으며 절삭조건과 칩의 형태는 다음과 같다.

구분	피삭재의 재질	공구의 경사각	절삭 속도	절삭 깊이
유동형 절삭	↑연하고 점성	대	대	소
전단형 절삭		↓	↓	↓
균열형 절삭	단단하고 취성↓	소	소	대

27. 공작기계를 구성하는 중요한 구비 조건이 아닌 것은?

① 가공 능력이 클 것

② 높은 정밀도를 가질 것

③ 내구력이 클 것

④ 기계효율이 적을 것

해설 공작기계의 구비 조건

(1) 절삭 가공 능력이 좋을 것

(2) 제품의 치수 정밀도가 좋을 것

(3) 동력 손실이 적을 것

(4) 조작이 용이하고 안전성이 높을 것

(5) 기계의 강성(굽힘, 비틀림, 외력에 대한 강도)이 높을 것

28. 다음과 같은 그림에서 A점에서 B점까지 이동하는 CNC 선반 가공 프로그램에서 ( ) 안에 알맞은 준비기능은?

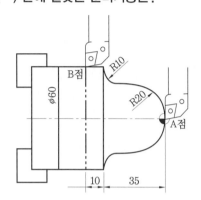

```
G03 X40.0 Z-20.0 R20.0 F0.25 ;
G01 Z-25.0 ;
( ) X60.0 Z-35.0 R10.0 ;
G01 Z-45.0 ;
```

① G00

② G01

③ G02

④ G03

해설 시계방향이므로 G02이다.

29. 공작기계의 핸들 대신에 구동모터를 장치하여 임의의 위치에 필요한 속도로 테이블을 이동시켜 주는 기구의 명칭은 어느 것인가?

① 펀칭기구

② 검출기구

③ 서보기구

④ 인터페이스 회로

해설 인간에 비유했을 때 손과 발에 해당하는 서보기구는 머리에 해당되는 정보처리회로의 명령에 따라 공작기계의 테이블 등을 움직이는 역할을 한다.

30. 다음 프로그램에서 공작물의 지름이 40mm일 때 주축의 회전수는 약 몇 rpm인가?

> G50 S1300 ;
> G96 S130 ;

① 1000   ② 1035
③ 1200   ④ 1235

해설 $N = \dfrac{1000V}{\pi D} = \dfrac{1000 \times 130}{3.14 \times 40} = 1035\,\text{rpm}$

31. 다음 중 CNC 공작 기계의 점검 시 매일 실시하여야 하는 사항과 가장 거리가 먼 것은?

① 주축의 회전 점검
② ATC 작동 점검
③ 습동유 공급 상태 점검
④ 기계 정도 검사

해설 기계 정도 검사는 측정 후 정밀도가 저하될 경우에 실시한다.

32. 그림에서 단면 절삭 고정 사이클을 이용한 프로그램의 준비 기능은?

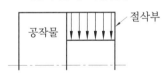

① G76   ② G90
③ G92   ④ G94

해설 • G90 : 내 · 외경 절삭 사이클
• G92 : 나사 절삭 사이클
• G94 : 단면 절삭 사이클

33. 다음 중 CNC 공작 기계 작업 시 안전사항으로 가장 적절하지 않은 것은?

① 충돌의 위험이 있을 때에는 전원 스위치를 눌러 기계를 정지시킨다.
② 전원은 순서대로 공급하고 끌 때에는 역순으로 한다.
③ 윤활유 공급 장치의 기름의 양을 확인하고 부족 시 보충한다.
④ 작업 시에는 보안경, 안전화 등 보호장구를 착용하여야 한다.

해설 충돌의 위험이 있을 때에는 비상 정지 버튼을 눌러 전원을 정지시킨다.

34. CNC 선반에서 다음과 같이 프로그램할 때 "F"의 의미로 가장 옳은 것은?

> G92 X_Z_F_ ;

① 나사 면취량
② 나사산의 높이
③ 나사의 리드(lead)
④ 나사의 피치(pitch)

해설 F는 나사의 리드를 의미하며, 나사의 리드=피치×나사의 줄수이다.

35. 다음 중 보조 기능(M기능)에 대한 설명으로 틀린 것은?

① M02 – 프로그램 종료
② M03 – 주축 정회전
③ M05 – 주축 정지
④ M09 – 절삭유 공급 시작

해설 • M08 : 절삭유 ON
• M09 : 절삭유 OFF

36. 다음 중 CNC 선반에서 공구 기능 "T0303"의 의미로 가장 올바른 것은 어느 것인가?

① 3번 공구 선택
② 3번 공구의 공구 보정 3번 선택

정답 30. ② 31. ④ 32. ④ 33. ① 34. ③ 35. ④ 36. ②

③ 3번 공구의 공구 보정 3번 취소

④ 3번 공구의 공구 보정 3회 반복 수행

해설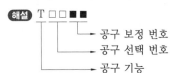

37. 다음 프로그램의 ( ) 부분에 생략된 연속 유효(modal) G코드(code)는 다음 중 어느 것인가?

```
N01 G01 X30. F0.25 ;
N02 ( )  Z-35. ;
N03 G00 X100. Z100. ;
```

① G00　　　　② G01

③ G02　　　　④ G03

해설 G01은 연속 유효 G코드인데 ( )에 들어가는 G01은 생략이 가능하다.

38. 다음은 선반용 인서트 팁의 ISO 표시법이다. M의 의미는 무엇인가?

```
CNMG12
```

① 인서트 형상　　② 공차

③ 인서트 단면 형상　④ 여유각

해설 • C : 인서트 형상
• N : 여유각
• M : 공차
• G : 인서트 단면 형상
• 12 : 절삭날 길이

39. CNC 선반에서 나사의 호칭 지름이 32mm이고, 피치가 1.5mm인 2줄 나사를 가공할 때의 이송량(F값)으로 맞는 것은?

① 1.5　　　　② 2.0

③ 3.0　　　　④ 3.2

해설 나사의 리드=피치×줄수=1.5×2=3

40. 다음 CNC 프로그램의 N004 블록에서 주축 회전수는?

```
N001 G50 X150. Z150. S2000 T0100 ;
N002 G96 S200 M03 ;
N001 G00 X-2. ;
N003 G01 Z0 ;
N004 X30. ;
```

① 1200 rpm　　② 1323 rpm

③ 2000 rpm　　④ 2123 rpm

해설 $N = \dfrac{1000V}{\pi D} = \dfrac{1000 \times 200}{3.14 \times 30} = 2123\,\mathrm{rpm}$

이지만, G50에서 주축 최고 회전수를 2000 rpm으로 했기 때문에 2000 rpm이다.

41. CNC 지령 중 기계원점 복귀 후 중간 경유점을 거쳐 지정된 위치로 이동하는 준비 기능은?

① G27　　　　② G28

③ G29　　　　④ G30

해설 • G27 : 원점 복귀 확인
• G28 : 최종 원점 복귀
• G29 : 원점으로부터 자동 복귀
• G30 : 제2원점 복귀

42. CNC 공작기계에서 일시적으로 운전을 중지하고자 할 때 보조 기능, 주축 기능, 공구 기능은 그대로 수행되면서 프로그램 진행이 중지되는 버튼은?

① 사이클 스타트(cycle start)

② 취소(cancel)

③ 머신 레디(machine ready)

④ 이송 정지(feed hold)

해설 가공 중에 일시적으로 운전을 중지하고자 할 때 이송만을 정지시키는 기능이 피드 홀드(feed hold)이다.

정답 37. ②　38. ②　39. ②　40. ③　41. ③　42. ④

43. 다음 수용성 절삭유에 대한 설명 중 틀린 것은?

① 광물성유를 화학적으로 처리하여 원액과 물을 혼합하여 사용한다.
② 표면 활성제와 부식 방지제를 첨가하여 사용한다.
③ 점성이 낮고 비열이 커서 냉각 효과가 작다.
④ 고속 절삭 및 연삭 가공액으로 많이 사용한다.

해설 수용성 절삭유는 윤활성, 침윤성, 방청성이 부족하나 냉각성이 좋다.

44. 연삭 숫돌에서 결합도가 높은 숫돌을 사용하는 조건에 해당하지 않는 것은?

① 경도가 큰 가공물을 연삭할 때
② 숫돌차의 원주 속도가 느릴 때
③ 연삭 깊이가 작을 때
④ 접촉 면적이 작을 때

해설 결합도에 따른 숫돌의 선택 기준

결합도가 높은 숫돌 (굳은 숫돌)	결합도가 낮은 숫돌 (연한 숫돌)
• 연한 재료의 연삭 • 숫돌차의 원주 속도가 느릴 때 • 연삭 깊이가 얕을 때 • 접촉면이 작을 때 • 재료 표면이 거칠 때	• 단단한(경한) 재료의 연삭 • 숫돌차의 원주 속도가 빠를 때 • 연삭 깊이가 깊을 때 • 접촉면이 클 때 • 재료 표면이 치밀할 때

45. 다음 중 연삭 숫돌의 구성 요소가 아닌 것은?

① 기공
② 결합제
③ 숫돌 입자
④ 드레싱

해설 연삭 숫돌의 3요소는 숫돌 입자, 결합제, 기공을 말하며, 숫돌 입자는 숫돌 재질을, 결합제는 입자를 결합시키는 접착제를, 기공은 숫돌과 숫돌 사이의 구멍을 말한다.

46. 지름이 240mm인 연삭 숫돌로 지름 20mm인 일감을 연삭할 때 숫돌 바퀴의 회전수는 얼마인가? (단, 숫돌 바퀴의 원주 속도는 2000m/min이다.)

① 2354rpm
② 2454rpm
③ 2554rpm
④ 2654rpm

해설 $N = \dfrac{1000V}{\pi D} = \dfrac{1000 \times 2000}{3.14 \times 240} = 2654\,\text{rpm}$

47. 드릴링 머신에 의해 접시머리 나사의 머리 부분이 묻히도록 원뿔 자리를 만드는 작업은?

① 스폿 페이싱
② 카운터 싱킹
③ 보링
④ 태핑

해설 • 태핑 : 드릴을 사용하여 뚫은 구멍의 내면에 탭을 사용하여 암나사를 가공하는 작업
• 보링 : 드릴을 사용하여 뚫은 구멍이나 이미 만들어진 구멍을 넓히는 작업
• 스폿 페이싱 : 너트 또는 볼트 머리와 접촉하는 면을 고르게 하기 위하여 깎는 작업

48. 주로 일감의 평면을 가공하며, 기둥의 수에 따라 쌍주식과 단주식으로 구분하는 공작기계는?

① 셰이퍼
② 슬로터
③ 플레이너
④ 브로칭 머신

해설 • 셰이퍼 : 작은 평면을 절삭하는 데 사용
• 플레이너 : 큰 평면을 절삭하는 데 사용

49. 고급 주철의 한 종류로 저 C, 저 Si의 주

철을 용해하여 주입하기 전에 Fe-Si 또는 Ca-Si 분말을 첨가하여 흑연의 핵 형성을 촉진시켜 만든 것은?

① 에멜 주철
② 피워키 주철
③ 미하나이트 주철
④ 라이안쯔 주철

해설 미하나이트 주철은 고강도의 내마멸성, 내열성, 내식성이 우수한 주철로 공작기계의 안내면, 내연기관의 실린더 등에 쓰이며 담금질이 가능하다.

50. 다음 중 담금질한 강에 뜨임을 하는 주된 목적은?

① 재질을 더욱더 단단하게 하려고
② 응력을 제거하고 강도와 인성을 증가하려고
③ 기계적 성질을 개선하여 경도를 증가시켜 균일화하려고
④ 강의 재질에 화학성분을 보충하여 주려고

해설 뜨임은 담금질로 인한 취성을 제거하고 경도를 떨어뜨려 강인성을 증가시키기 위한 열처리이다.

51. Sn 8~12%에 1~2% Zn을 넣어 만든 합금으로 내수성이 좋아 선박용 재료로 널리 사용되는 것은?

① 포금
② 연청동
③ 규소 청동
④ 알루미늄 청동

해설 포금은 단조성이 좋고 강력하며 내식성, 내해수성이 있다.

52. 델타 메탈(delta metal)의 성분으로 올바른 것은?

① 7 : 3 황동에 주석을 3% 내외 첨가
② 6 : 4 황동에 망간을 1~2% 첨가
③ 7 : 3 황동에 니켈을 3% 내외 첨가
④ 6 : 4 황동에 철을 1~2% 첨가

해설 6 : 4 황동에 Fe 1~2%를 첨가하여 강도, 내식성이 우수한 델타 메탈을 철황동이라고도 한다.

53. 주철의 풀림 처리(500~600℃, 6~10시간)의 목적과 가장 관계가 깊은 것은?

① 잔류 응력 제거
② 전연성 향상
③ 부피 팽창 방지
④ 흑연의 구상화

해설 주철은 주조 응력 제거의 목적으로 풀림 처리한다.

54. Cu 4%, Mn이 0.5% 함유된 알루미늄 합금으로 기계적 성질이 우수하여 항공기, 차량부품 등에 많이 쓰이는 재료는?

① 두랄루민
② Y 합금
③ 실루민
④ 켈밋합금

해설 두랄루민은 단조용 Al 합금의 대표적 합금으로 항공기 부품 등에 많이 사용한다.

55. 탄소강의 열처리 종류에 대한 설명 중 틀린 것은?

① 노멀라이징 : 소재를 일정 온도에서 가열 후 유랭시켜 표준화한다.
② 풀림 : 재질을 연하고 균일하게 한다.
③ 담금질 : 급랭시켜 재질을 경화시킨다.
④ 뜨임 : 담금질된 것에 인성을 부여한다.

해설 노멀라이징(normalizing : 불림)의 목적은 재질의 연화이다.

정답 50. ② 51. ① 52. ④ 53. ① 54. ① 55. ①

56. 선반 작업에서 지켜야 할 안전 사항 중 틀린 것은?

① 칩을 맨손으로 제거하지 않는다.
② 회전 중 백 기어를 걸지 않도록 한다.
③ 척 렌치는 사용 후 반드시 빼둔다.
④ 일감 절삭 가공 중 측정기로 외경을 측정한다.

해설 측정을 할 때는 반드시 기계를 정지한다.

57. 다음 중 연삭 작업에 대한 설명으로 맞는 것은?

① 필요에 따라 규정 이상의 속도로 연삭한다.
② 연삭숫돌 측면에 연삭하지 않는다.
③ 숫돌과 받침대는 항상 6mm 이내로 조정해야 한다.
④ 숫돌의 측면에는 안전 커버가 필요 없다.

해설 연삭 작업 시 받침대와 숫돌은 3mm 이내로 조정한다.

58. 선반 작업에서 안전 및 유의사항에 대한 설명으로 틀린 것은?

① 일감을 측정할 때는 주축을 정지시킨다.
② 바이트를 연삭할 때는 보안경을 착용한다.
③ 홈 바이트는 가능한 길게 고정한다.
④ 바이트는 주축을 정지시킨 다음 설치한다.

해설 바이트는 최소한 짧게 장착해야 떨림을 최소화하여 안정된 가공을 할 수 있다.

59. 선반 가공의 작업 안전으로 거리가 먼 것은?

① 절삭 가공을 할 때에는 반드시 보안경을 착용하여 눈을 보호한다.
② 겨울에 절삭 작업을 할 때에는 면장갑을 착용해도 무방하다.
③ 척이 회전하는 도중에 일감이 튀어나오지 않도록 확실히 고정한다.
④ 절삭유가 실습장 바닥으로 누출되지 않도록 한다.

해설 절삭 작업 시에는 안전을 위하여 절대로 장갑을 끼고 작업하지 않는다.

60. 작업복 착용에 대한 안전사항으로 틀린 것은?

① 신체에 맞고 가벼워야 한다.
② 실밥이 터지거나 풀린 것은 즉시 꿰맨다.
③ 작업복 스타일은 연령, 직종에 관계없다.
④ 고온 작업 시 작업복을 벗지 않는다.

해설 작업복은 고열, 중금속, 유해 물질 등으로부터 보호하기 위해 착용하는 것으로 연령, 직종에 따라 다르다.

제6회 실전 모의고사

1. 스퍼 기어의 요목표가 다음과 같을 때, 비어 있는 모듈은 얼마인가?

스퍼 기어		
기어 모양		표준
공구	치형	보통이
	모듈	
	압력각	20°
잇수		36
피치원 지름		108

① 1   ② 2
③ 3   ④ 4

해설 모듈 $=\dfrac{\text{피치원 지름}}{\text{잇수}}=\dfrac{108}{36}=3$

2. 좌우 대칭인 보기 입체도의 화살표 방향 정면도로 가장 적합한 것은?

| 보기 |

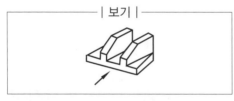

①   ②
③   ④

3. 다음 중 축의 도시 방법에 관한 설명으로 옳은 것은?

① 축은 길이 방향으로 온단면 도시한다.
② 길이가 긴 축은 중간을 파단하여 짧게 그

릴 수 있다.
③ 축의 끝에는 모떼기를 하지 않는다.
④ 축의 키 홈을 나타낼 경우 국부 투상도로 나타내어서는 안 된다.

해설 길이가 긴 축은 중간 부분을 파단하여 짧게 그릴 수 있는데, 잘라낸 부분은 파단선으로 나타낸다.

4. 그림과 같은 도면에서 괄호 안에 들어갈 치수는?

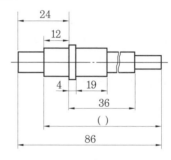

① 60   ② 62
③ 70   ④ 74

해설 $86-12=74$

5. 기계제도 도면에서 치수가 50H7/p6라 표시되어 있을 때의 설명으로 올바른 것은?

① 구멍기준식 헐거운 끼워맞춤
② 축기준식 중간 끼워맞춤
③ 구멍기준식 억지 끼워맞춤
④ 축기준식 억지 끼워맞춤

해설 H가 대문자이므로 구멍기준식이고 g~h는 헐거운 끼워맞춤, js~m은 중간 끼워 맞춤, p~r은 억지 끼워맞춤이다.

6. KS 나사의 도시법에서 도시 대상과 사용하는 선의 관계가 틀린 것은?

① 수나사의 골 밑은 굵은 실선으로 표시한다.
② 불완전 나사부는 경사된 가는 실선으로 표시한다.
③ 완전 나사부와 불완전 나사부의 경계는 굵은 실선으로 표시한다.
④ 암나사를 단면한 경우 암나사의 골 밑은 가는 실선으로 표시한다.

해설 수나사와 암나사의 골 밑은 가는 실선으로 표시한다.

7. 다음 중 분할 핀의 호칭 지름에 해당하는 것은?

① 분할 핀 구멍의 지름
② 분할 상태의 핀의 단면 지름
③ 분할 핀의 길이
④ 분할 상태의 두께

해설 분할 핀은 두 갈래로 갈라지기 때문에 너트의 풀림 방지에 쓰이며, 테이퍼 핀의 호칭 지름은 작은 쪽의 지름으로 표시한다.

8. 인장 코일 스프링에 3kgf의 하중을 걸었을 때 변위가 30mm이었다면, 이 스프링의 상수는 얼마인가?

① 0.1kgf/mm ② 0.2kgf/mm
③ 0.3kgf/mm ④ 0.4kgf/mm

해설 $\text{스프링 상수} = \frac{\text{작용하중(kgf)}}{\text{변위량(mm)}}$
$= \frac{3}{30} = 0.1\text{kgf/mm}$

9. 강을 절삭할 때 쇳밥(chip)을 잘게 하고 피삭성을 좋게 하기 위해 황, 납 등의 특수 원소를 첨가하는 강은?

① 레일강 ② 쾌삭강
③ 다이스강 ④ 스테인리스강

해설 쾌삭강은 강도를 떨어뜨리지 않고 절삭하기 쉽도록 개량한 강이다.

10. 지름 d[mm]의 스러스트 피벗(pivot) 저널 베어링에서 베어링 압력 P[kgf/mm²]를 나타내는 식으로 옳은 것은? (단, 저널이 받는 하중을 W[kgf]이라 한다.)

① $P=\frac{\pi}{2}Wd^2$ ② $P=\frac{\pi}{4}Wd^2$
③ $P=W/\frac{\pi d^2}{2}$ ④ $P=W/\frac{\pi d^2}{4}$

해설 $P=\frac{W}{A}$에서 $A=\frac{\pi d^2}{4}$이므로 $P=W/\frac{\pi d^2}{4}$

11. 코일 스프링의 지름이 30mm, 소선의 지름이 5mm일 때 스프링 지수는?

① 4 ② 5
③ 6 ④ 7

해설 스프링 지수(C)는 코일의 평균 지름(D)과 재료의 지름(d)의 비이다.
$C=\frac{D}{d}=\frac{30}{5}=6$

12. 피치 4mm인 3줄 나사를 1회전시켰을 때의 리드는?

① 6mm ② 12mm
③ 16mm ④ 18mm

해설 나사의 리드 = 피치 × 나사의 줄수
$=4\times3=12\text{mm}$

13. 다음 그림에서 W=300N의 하중이 작용하고 있다. 스프링 상수가 k_1=5N/mm, k_2=10N/mm라면, 늘어난 길이는 몇 mm

정답 6. ① 7. ① 8. ① 9. ② 10. ④ 11. ③ 12. ② 13. ③

인가?

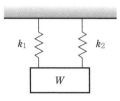

① 10　　　　　② 15

③ 20　　　　　④ 25

해설 $k = k_1 + k_2 = 5 + 10 = 15\,\text{N/mm}$

$\delta = \dfrac{W}{k} = \dfrac{300}{15} = 20\,\text{mm}$

14. 비틀림 각이 30°인 헬리컬 기어에서 잇수가 40이고, 축 직각 모듈이 4일 때 피치원의 지름은 몇 mm인가?

① 160　　　　② 170

③ 180　　　　④ 200

해설 $m = \dfrac{d}{Z}$이므로

$d = m \cdot Z = 4 \times 40 = 160\,\text{mm}$

15. 기계 재료에 반복 하중이 작용하여도 영구히 파괴되지 않는 최대 응력을 무엇이라 하는가?

① 탄성한계　　　② 크리프한계

③ 피로한도　　　④ 인장강도

해설 반복 하중을 받아도 파괴되지 않는 한계를 피로한도라 한다.

16. 다음 중 비교 측정에 사용되는 측정기기는 어느 것인가?

① 투영기　　　　② 마이크로미터

③ 다이얼 게이지　④ 버니어 캘리퍼스

해설 버니어 캘리퍼스, 마이크로미터는 직접 측정기이다.

17. 다음 중 눈금이 없는 측정 공구는?

① 마이크로미터　　② 버니어 캘리퍼스

③ 다이얼 게이지　　④ 게이지 블록

해설 게이지 블록은 길이 측정의 기준으로, 외측 마이크로미터의 0점 조정 시 기준이 된다.

18. 측정량이 증가 또는 감소하는 방향이 다름으로써 생기는 동일 치수에 대한 지시량의 차를 무엇이라 하는가?

① 개인 오차　　　② 우연 오차

③ 후퇴 오차　　　④ 접촉 오차

해설 후퇴 오차는 동일 측정량에 대하여 다른 방향으로부터 접근할 경우 지시의 평균값의 차로 되돌림 오차라고도 하며, 마찰력과 히스테리시스 및 흔들림이 원인이다.

19. 마이크로미터에서 나사의 피치가 0.5 mm, 심블의 원주 눈금이 100등분되어 있다면 최소 측정값은 얼마가 되겠는가?

① 0.05mm　　　② 0.01mm

③ 0.005mm　　　④ 0.001mm

해설 $C = \dfrac{1}{N} \times A = \dfrac{1}{100} \times 0.5 = 0.005\,\text{mm}$

여기서, C : 최소 눈금, N : 심블의 등분
A : 슬리브의 최소 눈금

20. 시준기와 망원경을 조합한 것으로 미소 각도를 측정하는 광학적 측정기는?

① 오토 콜리메이터

② 콤비네이션 세트

③ 사인 바

④ 측장기

해설 오토 콜리메이터는 정반이나 긴 안내면 등 평면의 진직도, 진각도 및 단면 게이지의 평행도 등을 측정하는 계기이다.

21. 밀링 절삭 조건을 맞추는 데 고려할 사항이 아닌 것은?

① 밀링의 성능
② 커터의 재질
③ 공작물의 재질
④ 고정구의 크기

해설 밀링 작업에서 절삭 조건의 기본 요소는 절삭깊이, 날 하나에 대한 이송, 절삭 속도 등이다.

22. 밀링 머신에서 주축의 회전 운동을 공구대의 직선 왕복 운동으로 변화시켜 직선 운동 절삭 가공을 할 수 있게 하는 부속 장치는?

① 슬로팅 장치
② 회전 테이블 장치
③ 수직축 장치
④ 래크 절삭 장치

해설 슬로팅 장치는 수평 밀링 머신이나 만능 밀링 머신의 주축 회전 운동을 직선 운동으로 변환하여 슬로터 작업을 하는 것이다.

23. 밀링 가공에서 일감의 절삭 속도가 62.8 m/min이고 일감의 지름이 20 mm이면 회전수는 몇 rpm인가? (단, 원주율 π = 3.14로 한다.)

① 600
② 800
③ 1000
④ 1200

해설 $N = \dfrac{1000V}{\pi D} = \dfrac{1000 \times 62.8}{3.14 \times 20} = 1000 \text{ rpm}$

24. 다음 중 밀링 절삭 공구가 아닌 것은?

① 엔드밀(endmill)
② 맨드릴(mandrel)
③ 메탈 소(metal saw)

④ 슬래브 밀(slab mill)

해설 맨드릴(심봉)은 선반의 부속장치로 정밀한 구멍과 직각 단면을 깎을 때 또는 외경과 구멍이 동심원이 필요할 때 사용한다.

25. 일반적인 방법으로 밀링 머신에서 가공할 수 없는 것은?

① 테이퍼 축 가공
② 평면 가공
③ 홈 가공
④ 기어 가공

해설 테이퍼 축 가공은 선반에서 한다.

26. 밀링 커터의 주요 공구각 중에서 공구와 공작물이 서로 접촉하여 마찰이 일어나는 것을 방지하는 역할을 하는 것은?

① 경사각
② 여유각
③ 날끝각
④ 비틀림각

해설 커터의 날 끝이 그리는 원호에 대한 접선과 여유면과의 각을 여유각이라 한다. 일반적으로 재질이 연한 것은 여유각을 크게, 단단한 것은 작게 한다.

27. 수평 밀링 머신에서 금속을 절단하는 데 사용하는 커터는?

① 메탈 소
② 측면 커터
③ 평면 커터
④ 총형 커터

해설 메탈 소는 절단용 밀링 커터이므로 절삭날이 있는 곳으로부터 중심으로 들어감에 따라 $\dfrac{2}{1000}$의 구배가 되어 있어 두께가 얇아진다.

28. CAD/CAM 시스템의 입력장치가 아닌 것은?

① 조이스틱(joy stick)
② 라이트 펜(light pen)
③ 트랙 볼(track ball)
④ 하드 카피 기기(hard copy unit)

해설 (1) 입력장치 : 키보드, 라이트 펜, 디지타이저, 마우스
(2) 출력장치 : 플로터, 프린터, 모니터, 하드 카피

29. 다음은 머시닝 센터 가공 도면을 나타낸 것이다. B에서 C로 진행하는 프로그램으로 올바른 것은?

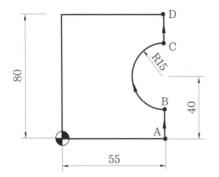

① G02 X55. Y55. R15. ;
② G03 X55. Y55. R15. ;
③ G02 X55. Y55. I-15. ;
④ G03 X55. Y55. J-15. ;

해설 원호의 시점에서 원호 중심점까지의 상대값 중 X는 I, Y는 J로 지정한다.

30. CNC 공작 기계의 운전 시 일상 점검 사항이 아닌 것은?

① 공구의 파손이나 마모 상태 확인
② 가공할 재료의 성분 분석
③ 공기압이나 유압 상태 확인
④ 각종 계기의 상태 확인

해설 가공할 재료의 성분 분석은 CNC 공작기계의 일상 점검사항이 아니고, 재료 시험에 관한 사항이다.

31. 자동 공구 교환 장치(ATC)가 부착된 CNC 공작기계는?

① 머시닝 센터
② CNC 성형 연삭기
③ CNC 와이어컷 방전 가공기
④ CNC 밀링

해설 CNC 밀링과 머시닝 센터의 차이점은 ATC(automatic tool changer : 자동 공구 교환 장치)와 APC(automatic pallet changer : 자동 팰릿 교환 장치)이다.

32. 머시닝 센터에서 지름이 100mm인 밀링 커터로 가공물을 절삭하려 할 때, 커터의 회전수는 몇 rpm으로 해야 하는가? (단, 절삭속도는 100m/min이다.)

① 256.3
② 318.3
③ 456.3
④ 518.3

해설 $N = \dfrac{1000\,V}{\pi D} = \dfrac{1000 \times 100}{3.14 \times 100}$
$= 318.3\,\mathrm{rpm}$

33. 머시닝 센터에서 프로그램 원점을 기준으로 직교 좌표계의 좌푯값을 입력하는 절대 지령의 준비 기능은?

① G90
② G91
③ G92
④ G89

해설 • G91 : 증분 지령
• G92 : 좌표계 설정
• G89 : 보링 사이클

34. CAD/CAM 시스템의 이용 효과를 잘못 설명한 것은?

① 작업의 효율화와 합리화
② 생산성 향상 및 품질 향상
③ 분석 능력 저하와 편집 능력의 증대
④ 표준화 데이터의 구축과 표현력 증대

해설 CAD/CAM 시스템을 적용하면 설계 · 제조시간 단축에 따른 생산성 향상은 물론 품질 관리 강화 효과가 있다.

35. 다음 그림은 머시닝 센터의 가공용 도면이다. 절대방식에 의한 이동 지령을 바르게 나타낸 것은?

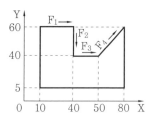

① F1 : G90 G01 X40. Y60. F100 ;
② F2 : G91 G01 X40. Y40. F100 ;
③ F3 : G90 G01 X10. Y0. F100 ;
④ F4 : G91 G01 X30. Y60. F100 ;

해설 F2 : G91 G01 Y−20.0 F100 ;
F3 : G90 G01 X50.0 Y40.0 F100 ;
F4 : G91 G01 X30.0 Y20.0 F100 ;

36. 그림과 같이 M10 탭가공을 위한 프로그램을 완성시키고자 한다. ( ) 속에 차례로 들어갈 값으로 옳은 것은? (단, M10 탭의 피치는 1.5)

```
N10 G92 X0. Y0. Z100. ;
N20 ( ) M03 ;
N30 G00 G43 H01 Z30. ;
N40 G90 G99 ( ) X20. Y30.
        Z−25. R10. F450 ;
N50 G91 X30. ;
N60 G00 G49 G80 Z300. M05 ;
N70 M02 ;
```

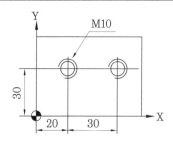

① S200, G74　② S300, G84

③ S400, G85　④ S500, G76

해설 이송속도$(F)=n\times P$에서
$$n=\frac{F}{P}=\frac{450}{1.5}=300\,\mathrm{rpm}$$

• G74 : 역 태핑 사이클
• G76 : 정밀 보링 사이클
• G84 : 태핑 사이클
• G85 : 보링 사이클

37. 머시닝 센터에서 프로그램에 의한 보정량을 입력할 수 있는 기능은?

① G33　② G24
③ G10　④ G04

해설 G10 P__ R__ ; 지령에서 P는 보정번호, R은 공구길이 또는 공구경 보정량을 의미한다.

38. 머시닝 센터에서 그림과 같이 1번 공구를 기준공구로 하고 G43을 이용하여 길이 보정을 하였을 때 옳은 것은?

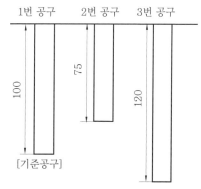

① 2번 공구의 길이 보정값은 75이다.
② 2번 공구의 길이 보정값은 −25이다.
③ 3번 공구의 길이 보정값은 120이다.
④ 3번 공구의 길이 보정값은 −45이다.

해설 G43은 공구 길이 보정 +방향을 나타내는데, 2번 공구는 1번 공구보다 짧으므로 −25이고 3번 공구는 1번 공구보다 길기 때문에 20이다.

39. 머시닝 센터에서 공구지름 보정 취소와 공구길이 보정 취소를 의미하는 준비기능으로 맞는 것은?

① G40, G49
② G41, G49
③ G40, G43
④ G41, G80

해설 • G40 : 공구지름 보정 취소
• G41 : 공구지름 보정 좌측
• G42 : 공구지름 보정 우측
• G43 : +방향 공구길이 보정
• G44 : −방향 공구길이 보정
• G49 : 공구길이 보정 취소

40. 머시닝 센터에서 ∅12−2날 초경합금 엔드밀을 이용하여 절삭 속도 35m/min, 이송 0.05mm/날, 절삭 깊이 7mm의 절삭 조건으로 가공하고자 할 때 다음 프로그램의 ( )에 적합한 데이터는?

G01 G91 X200.0 F( ) ;

① 12.25
② 35.0
③ 92.8
④ 928.0

해설 $N=\dfrac{1000V}{\pi D}=\dfrac{1000\times35}{3.14\times12}=928\,\text{rpm}$

$F[\text{mm/min}]=N\times$커터의 날수$\times f[\text{m/teeth}]$
$=928\times2\times0.05=92.8$

41. 머시닝 센터에서 주축 회전수를 100rpm으로 피치 3mm인 나사를 가공하고자 한다. 이때 이송 속도는 몇 mm/min으로 지령해야 하는가?

① 100
② 200
③ 300
④ 400

해설 $F=N\times$나사의 피치
$=100\times3=300\,\text{mm/min}$

42. 다음 중 CNC 공작기계의 매일 점검 사항으로 볼 수 없는 것은?

① 각부의 유량 점검
② 각부의 작동 점검
③ 각부의 압력 점검
④ 각부의 필터 점검

해설 필터는 일정한 주기를 정하여 점검한다.

43. 숫돌바퀴를 구성하는 3요소는?

① 숫돌입자, 결합제, 기공
② 숫돌입자, 결합도, 입도
③ 숫돌입자, 결합도, 성분
④ 숫돌입자, 입도, 성분

해설 연삭숫돌의 3요소는 숫돌입자, 결합제, 기공을 말하며 숫돌입자는 숫돌 재질을, 결합제는 입자를 결합시키는 접착제를, 기공은 숫돌과 숫돌 사이의 구멍을 말한다.

44. 줄 작업을 할 때 주의할 사항으로 틀린 것은?

① 줄을 밀 때 체중을 몸에 가하여 줄을 민다.
② 보통 줄의 사용 순서는 황목 → 세목 → 중목 → 유목 순으로 작업한다.
③ 눈은 항상 가공물을 보면서 작업한다.
④ 줄을 당길 때는 가공물에 압력을 주지 않는다.

해설 줄 작업법에는 사진법, 횡진법, 직진법이 있으며, 보통 줄의 사용 시 황목 → 중목 → 세목 → 유목 순으로 작업한다.

45. 방전 가공용 전극 재료의 조건으로 틀린 것은?

① 가공 전극의 소모가 많을 것
② 가공 정밀도가 높을 것
③ 구하기 쉽고 값이 저렴할 것
④ 방전이 안전하고 가공속도가 클 것

해설 전극 소모율이 적어야 하고 전기 저항값이 낮아야 하며 용융점이 높아야 한다.

46. 일반적으로 연삭숫돌의 표시는 WA · 48 · H · m · S와 같은 방법으로 표시한다. 여기서 S가 의미하는 것은?

① 입도　　　　　② 결합제
③ 조직　　　　　④ 연삭숫돌 입자

해설 • WA : 숫돌 입자
• 48 : 입도
• H : 결합도
• m : 조직
• S : 결합제

47. 일감을 테이블 위에 고정시키고 수평 왕복 운동시켜서 큰 공작물의 평면부를 가공하는 공작기계로서 선반의 베드, 대형 정반 등의 가공에 편리한 공작기계는?

① 밀링 머신　　　② 셰이퍼
③ 슬로터　　　　④ 플레이너

해설 플레이너(planer)는 비교적 큰 평면을 절삭하는 데 쓰이며 평삭기라고도 한다.

48. 기계가공에서 사용되는 절삭 유제의 작용으로 틀린 것은?

① 냉각작용　　　② 윤활작용
③ 세척작용　　　④ 마찰작용

해설 절삭유의 작용과 구비 조건은 다음과 같다.

절삭유의 작용	절삭유의 구비 조건
① 냉각작용 : 절삭공구와 일감의 온도 상승을 방지한다.	① 칩 분리가 용이하여 회수하기가 쉬워야 한다.
② 윤활작용 : 공구날의 윗면과 칩 사이의 마찰을 감소시킨다.	② 기계에 녹이 슬지 않아야 한다.
③ 세척작용 : 칩을 씻어 버린다.	③ 위생상 해롭지 않아야 한다.

49. 원자의 배열이 불규칙한 상태의 합금은

어느 것인가?

① 비정질 합금　　② 제진 합금
③ 형상 기억 합금　④ 초소성 합금

해설 비정질 합금은 결정으로 되어 있지 않은 상태를 말한다.

50. 소결 초경합금 공구강을 구성하는 탄화물이 아닌 것은?

① WC　　　　　② TiC
③ TaC　　　　　④ TMo

해설 초경합금은 금속 탄화물을 프레스로 성형 · 소결시킨 합금으로 분말야금 합금이다.

51. 구리의 일반적인 특징으로 틀린 것은?

① 화학 저항력이 작아 부식이 잘 된다.
② 가공성이 우수하다.
③ 전기 및 열의 전도성이 우수하다.
④ 전연성이 좋다.

해설 구리는 염산에 용해되며, 일반적으로는 부식이 안 되나 해수에 녹이 생긴다.

52. 기계 부품이나 자동차 부품 등에 내마모성, 인성, 기계적 성질을 개선하기 위한 표면 경화법은?

① 고온뜨임　　　② 침탄법
③ 항온풀림　　　④ 저온풀림

해설 침탄법은 저탄소강으로 만든 제품의 표층부에 탄소를 침입시켜 담금질하여 표층부만을 경화하는 표면 경화법이다.

53. 스테인리스강의 주성분 중 틀린 것은?

① Cr　　　　　② Fe
③ Al　　　　　④ Ni

해설 스테인리스강(STS)은 강에 Cr, Ni 등을 첨가하여 내식성을 갖게 한 강으로 주성분은

정답 46. ②　47. ④　48. ④　49. ①　50. ④　51. ①　52. ②　53. ③

Fe—Cr—Ni—C이다.

54. 외력의 크기가 탄성한도 이상이 되면 외력을 제거하여도 재료가 원형으로 복귀되지 않고 영구 변형이 잔류하는 변형을 무엇이라 하는가?

① 소성변형   ② 탄성변형
③ 취성변형   ④ 인성변형

해설 탄성변형은 외력을 제거하면 변형 전의 원래 상태로 되돌아가는 변형으로 탄성한도 내의 변형을 말한다.

55. 비중이 약 2.7이며 가볍고 내식성과 가공성이 좋으며 전기 및 열전도도가 높은 재료는?

① Fe   ② Al
③ Ag   ④ Au

해설 Al은 용융점이 660℃이고 색깔은 은백색이며 내식성이 좋다.

56. 정과 해머로 재료에 홈을 따내려고 할 때, 안전 작업 사항으로 틀린 것은?

① 칩이 튀는 것에 대비해 보호 안경을 착용한다.
② 처음에는 가볍게 때리고 점차 힘을 가하도록 한다.
③ 손의 안전을 위하여 양손 모두 장갑을 끼고 작업한다.
④ 절단물이 튕길 경우가 있으므로 특히 주의해야 한다.

해설 장갑을 끼거나 기름이 묻은 손으로 가공하지 않는다.

57. 다음 중 CNC 공작기계의 월간 점검 사항과 가장 거리가 먼 것은?

① 각부의 필터(filter) 점검
② 각부의 팬(fan) 점검
③ 백래시 보정
④ 유량 점검

해설 유량은 게이지로 확인하여 점검한다.

58. 머시닝 센터의 작업 전에 육안 점검 사항이 아닌 것은?

① 윤활유의 충만 상태
② 공기압 유지 상태
③ 절삭유 충만 상태
④ 전기적 회로 연결 상태

해설 전기적 회로 연결 상태는 테스트기를 사용하여 점검한다.

59. 공작기계 작업 안전에 대한 설명 중 잘못된 것은?

① 표면 거칠기는 가공 중에 손으로 검사한다.
② 회전 중에는 측정하지 않는다.
③ 칩이 비산할 때는 보안경을 사용한다.
④ 칩은 솔로 제거한다.

해설 표면 거칠기는 가공이 끝난 후 주축이 정지된 상태에서 검사한다.

60. 밀링 작업 시 안전 및 유의 사항으로 틀린 것은?

① 작업 전에 기계 상태를 사전 점검한다.
② 가공 후 거스러미를 반드시 제거한다.
③ 공작물을 측정할 때는 반드시 주축을 정지한다.
④ 주축의 회전속도를 바꿀 때는 주축이 회전하는 상태에서 한다.

해설 주축의 회전속도를 바꿀 때는 안전을 위하여 반드시 주축이 정지된 것을 확인하고 바꾸고, 청소는 기계를 정지시킨 후 한다.

정답 54. ① 55. ② 56. ③ 57. ④ 58. ④ 59. ① 60. ④

컴퓨터응용 선반·밀링 기능사
필기 총정리

2015년 4월 10일 1판1쇄
2021년 4월 10일 1판8쇄
2022년 3월 15일 2판1쇄 (완전개정)

저　자 : 하종국
펴낸이 : 이정일

펴낸곳 : 도서출판 **일진사**
　　　　www.iljinsa.com

(우) 04317 서울시 용산구 효창원로 64길 6
전화 : 704-1616 / 팩스 : 715-3536
등록 : 제1979-000009호 (1979.4.2)

값 26,000 원

ISBN : 978-89-429-1697-9